数据安全与隐私计算（第2版）

主　编：范　渊　刘　博

副主编：周亚超　王吾冰　程文博

電子工業出版社

Publishing House of Electronics Industry

北京 · BEIJING

内 容 简 介

本书分为三个部分，分别介绍了数据要素市场、数据安全和隐私计算。第一部分介绍了数据要素市场的基本情况，包括数据要素制度体系和数据要素市场发展；第二部分结合数字化转型的背景，讲述了多个具备代表性的数据安全理论及实践框架、数据安全常见风险、数据安全保护最佳实践、代表性行业数据安全实践，以及数据安全技术原理、大模型与数据安全等内容；第三部分详细讲解了可信数据流通交易空间、隐私计算技术原理、隐私保护大模型基础设施等内容。

本书可以作为高校学生、数据要素市场从业者、数据安全行业从业者的入门读物，也可作为相关机构或组织进行数据要素市场流通体系建设实践的参考指南。

图书在版编目（CIP）数据

数据安全与隐私计算 / 范渊, 刘博主编. -- 2 版.
北京 : 电子工业出版社, 2024. 9. -- ISBN 978-7-121
-48737-8

Ⅰ. TP274

中国国家版本馆 CIP 数据核字第 2024MH6805 号

责任编辑：张瑞喜
印　　刷：中国电影出版社印刷厂
装　　订：中国电影出版社印刷厂
出版发行：电子工业出版社
北京市海淀区万寿路 173 信箱　邮编：100036
开　　本：787×1092　1/16　印张：25.75　字数：626 千字
版　　次：2023 年 5 月第 1 版
2024 年 9 月第 2 版
印　　次：2024 年 9 月第 1 次印刷
定　　价：88.00 元

凡所购买电子工业出版社图书有缺损问题，请向购买书店调换。若书店售缺，请与本社发行部联系，联系及邮购电话：（010）88254888，88258888。

质量投诉请发邮件至 zlts@phei.com.cn，盗版侵权举报请发邮件至 dbqq@phei.com.cn。

本书咨询联系方式：zhangruixi@phei.com.cn。

本书编委会

主　编：范　渊　刘　博

副主编：周亚超　王吾冰　程文博

参　编：

聂桂兵　陶立峰　马宇杰　徐　磊　林　鹭　何志坚

杨　蓉　莫　凡　孙　佳　宋舒意　徐东德　杭　亮

郭卓越　许聪聪　肖　威　郝唯杰　郭立文　郑霞菲

叶　鹏　张海川　代　刚　王飞飞　苗　雨

推荐语

信息时代，数据作为新型生产要素，在收集、传输、存储、使用、加工、共享的过程中创造着巨大的价值。与此同时，社会对数据的有效保护和合法利用，以及对保障数据持续安全性的要求也越来越高。本书深入探讨了数据安全的核心概念与实践应用，以及数据要素市场与隐私计算的相关内容；它全面分析了数据处理活动对安全保护的需求，并基于数据在其全生命周期的不同阶段所面临的各种威胁和风险，提供了针对具体安全与流通场景的详尽解决方案和实施方法。本书还精心挑选了多个数据安全领域的杰出实战案例与读者分享。这本书对于各个领域的运营者、管理者和技术人员都会有很高的参考价值。

——中国计算机学会计算机安全专业委员会主任　严　明

数据已成为与土地、劳动力、资本、技术等传统要素并列的新型生产要素。加快数据要素市场培育，推进数据开放共享，提升数据资源价值，加强数据资源整合，强化数据安全保护，是国家提出的战略性要求。本书作者长期从事数据安全和隐私计算领域的工作，水平高、实战经验丰富。本书以数据梳理为基础，以数据保护为核心，以监控预警为支撑，以全过程“数据安全运营”为保障，以最终实现数据智能化治理的安全为目标，为数据安全保障及可信安全流通提供了系统化的解决方案。本书理论根基扎实、实战经验丰富、框架设计合理、技术措施到位，对相关行业的读者具有较高的借鉴意义。

——中国计算机用户协会副理事长　顾炳中

数据安全与隐私计算是实现数据合规流通和高效使用的必要条件。但是，如何做好数据安全工作呢？怎样使用隐私计算呢？这是数据控制者、数据处理者，以及数据经营者十分关心的话题。只有在做好数据安全和个人信息保护基础前提下，才能实现数据资源的流通和使用价值。本书介绍了数据安全的理论方法和实现路径，总结梳理数据使用中常见的风险因素，并根据风险情况制定数据安全保护的实施方案，提出了针对敏感数据保护的CAPE数据安全实践框架。此外，本书中还收集整理了有代表性的数据安全实践案例。就隐私计算而言，本书从技术层面介绍了“原始数据不出域、数据可用不可见”的实现方法。医疗行业是数据密集型行业，大量患者的个人信息，特别是个人敏感信息，需要做好数据安全防护，避免出现数据泄露风险。希望本书的理论知识与实践经验，能为医院数据安全及数据流通领域的相关人员带来启示和价值。

——中国医院协会信息专业委员会主任委员　王才有

在政策驱动和市场需求同时作用下，隐私计算技术作为保障数据安全流通的有效方式，已逐渐成为促进数据要素跨域流通和应用的核心技术，并广泛应用于诸多领域。而在满足数据融合需求的同时，如何增强数据安全防护也是数据流通面临的关键问题。本书深入剖析了隐私计算和数据安全的最新理论和实践，通过丰富的案例分析和实践经验分享，为我们展示了如何在保障数据安全、隐私合规的前提下实现数据要素的跨域流通和应用。隐私计算正处于产业快速增长期，相信本书能够为广大的从业者提供参考和借鉴价值。

——中国信通院云计算与大数据研究所所长　何宝宏

随着全社会数字化转型的推进，数据作为一种新型的生产资料，被视为新时代的“石油”，成为企业的核心资产。与此同时，数据作为信息的载体，自诞生之初，其作用就是被用来“共享”。如何在确保安全合规的前提下，保障数据的合理流通与使用，是业界都在权衡的一个核心难题。本书从法规和制度出发，对业界通用的数据安全框架和数据要素流通体系框架做了全面解析，并对支持数据安全实践落地的关键技术和隐私计算技术做了系统且全面的介绍。对于需要开展数据安全保护的机构和组织有着极大的参考意义。

——中国农业银行科技与产品管理局信息安全与风险管理处处长　何启翱

浙江大学“智云联合研究中心”在不断推进数字智慧校园建设的过程中，面临着一系列数据安全与数据流通相关问题的挑战。本书以数据安全实践为出发点，深度剖析了数据全生命周期各过程域中采用的安全技术和数据安全建设实践；以数据可信流通实践为起点，深度介绍了隐私计算技术与数据要素流通框架体系。对于教育行业实施数据安全建设而言，本书具有很好的参考价值。

——浙江大学信息中心主任、教授　陈文智

数字经济时代，数据连接着人们的生活、生产和社会关系，数据已经由原来简单的信息传递和展示功能变成了新时期社会关系中重要的生产要素。如何开展数据分类分级，如何保障数据安全是各行业都在深度探讨的问题。

本书从数据安全与数据要素流通的法律法规、数据安全与数据要素流通的理论框架、数据安全的常见风险等几个角度，系统化、体系化地分析了数据安全与数据可信流通问题，同时用实践案例的形式生动形象地为大家展示了解决方法。这本书理论性和实践性兼顾，为数据安全与隐私计算建设提供了从理论到实践的全方位指南。

——赛迪顾问业务总监　高　丹

我国的数据量规模巨大，具备极大的开发价值，各行各业的数据安全建设将成为一项重要的工作。伴随《中华人民共和国数据安全法》的发布与实施，如何有效进行数据安全建设已经成为一个新的热点话题。本书结合我国的法律法规和行业管理规定，全面讨论数据安全与隐私计算建设方面的问题，并提炼出一套 CAPE 数据安全实践框架。该框架可以帮助企业明晰数据安全建设思路，为数据安全与隐私计算建设提供有价值的指导，是企业在数据安全建设过程中非常值得阅读的指导材料。

——IDC 中国研究总监　王军民

本书是一本关注数据流通安全和隐私保护领域的前沿书籍。书中详细讲解了各种加密技术、身份认证、访问控制和安全协议等内容，使读者能够全面了解数据安全的基本原理和实际应用，同时，书里介绍了机密计算、安全多方计算、联邦学习等技术，为数据的合规流通提供了可以落地的应用解决方案。

——北京国际大数据交易所首席专家　郎佩佩

当前，数据安全领域有很多矛盾现象存在。数据安全基础问题还没有解决，对数据交易和数据要素流通的讨论却已如火如荼；促进数据安全产业发展的政策文件已经出台，数据产业市场却尚不成熟。这本书的出版恰逢其时，它的专业性定会让数据安全从业者手不释卷。

——中国科学技术大学公共事务学院、网络空间安全学院教授　左晓栋

本书从基础原理出发，逐步深入到实际应用，全面介绍了数据安全与隐私计算的关键技术、最新研究成果和实践经验。书中结合丰富的实例，详细解析了如何在保障数据安全的前提下，实现数据的高效利用和合规处理。这本书对于数据安全从业者和关注个人隐私保护的普通用户都具有很高的参考价值。

——四川大学教授 数据安全防护与智能治理教育部重点实验室主任　陈兴蜀

在大数据时代，企业如何在充分利用数据的价值与保护用户数据隐私之间找到平衡点？这本书为读者提供了解决方案。作者深入浅出地介绍了数据安全与隐私计算领域的核心概念、关键技术及应用实践。通过阅读这本书使读者在了解到如何在保护个人隐私的同时，实现数据的安全共享与高效利用。这是一本理论与实践相结合的优秀著作，值得广大读者关注。

——上海社会科学院互联网研究中心主任 赛博研究院首席研究员　惠志斌

序 言 1

近年来，以大数据、云计算、人工智能、物联网和5G通信网络为代表的新信息技术迅猛发展，数字经济已成为推动我国经济高质量发展的重要引擎，数据成为数字经济的基础性资源和生产要素。2021年我国颁布了《中华人民共和国数据安全法》《中华人民共和国个人信息保护法》等相关法律法规，标志着我国网络数据法律体系建设日趋完善，也为数据安全保障提供了重要的法律依据。2022年12月，发布了《中共中央 国务院关于构建数据基础制度更好发挥数据要素作用的意见》，从数据产权、流通交易、收益分配、安全治理4个方面提出了20条政策举措，初步搭建了我国数据基础制度体系，激活数据要素潜能，做强、做优、做大数字经济，增强经济发展新动能，构筑国家竞争新优势。然而，大量个人隐私和重要信息流动也带来了信息泄露和非法利用的风险。为了确保数据依法、合规、受控、有序地流动，我们要充分整合从政府到行业再到企业层面的人力和资源，建立并部署数据流通基础制度体系，协同做好数据安全工作。

本书作为数据安全技术和隐私计算技术和实践的科普读物，第一部分介绍了数据要素市场的制度体系与发展，第二部分介绍了数据安全技术和实践，第三部分介绍了隐私计算技术和实践。第一部分深入剖析了当前数据要素市场所面临的挑战与机遇，并探讨了数据合规流通数字证书及企业数据资产入表等业界关注的焦点议题。第二部分分析了DSG、DCAP、DSMM等模型的数据安全防护经验与特色，提出用于敏感数据保护的CAPE数据安全实践框架。CAPE数据安全实践框架采用预防性建设为主、检测响应为辅的技术路线，从风险核查、数据梳理、数据保护和预警监控等四个环节出发，以“身份”和“数据”为中心，有效防止敏感数据泄露、数据篡改等事件发生，是一个覆盖数据全生命周期的安全保障和监管框架。第三部分提出了可信数据要素流通交易空间，并介绍了隐私计算技术原理与实践案例。数据要素流通交易体系以数据供给平台通过数据治理等技术手段辅助数据产权的确定，以数据交易平台通过交易撮合与合约管理助力收益分配的完成，以数据交付平台基于隐私计算技术支撑数据流通交易安全、可控地进行，以框架支撑平台保护框架通过数据安全保障和监管辅助平台内的数据安全活动。

同时，本书针对政务、运营商、金融、电力、公安、医疗、教育等重点行业面临的数据安全及数据流通的痛点问题，提出了有效的应对策略，介绍了如何在依法、合规、受控、安全的前提下进行数据流通，为广大读者提供了有关行业的数据安全流通实践案例。本书立意高远，理论思考深入，方法扎实可行，具有很好的指导和示范意义。

中国科学院院士　何积丰

序 言 2

随着大数据和人工智能的兴起，数据已成为重要的资源和资产，对数据安全和隐私保护的需求越来越强烈。为了保障数据安全和隐私保护，世界各国都在积极从顶层设计、政策法规、标准规范和技术体系等层面推进相关工作，取得了一系列重要成果和较为丰富的实践经验。

大数据时代的数据安全不仅包括传统的机密性、完整性、可用性等，也包括隐私保护；不仅包括防止数据泄露的隐私保护，也包括数据分析意义下的隐私保护。为了突出隐私保护的重要性，人们通常还是将数据安全和隐私保护这两个词并列起来使用，其实大数据时代的数据安全必然包括隐私保护的内容。在这种背景下，近年来催生出一大批数据安全和隐私保护新技术，如同态加密、函数加密、基于风险分析的访问控制、具体高效的安全多方计算、差分隐私、联邦学习、密文检索、零信任等。

本书从数据安全和隐私计算两个方面介绍相关数据安全技术的基本概念、技术原理和实际应用。在数据安全领域，介绍了使用对称加密、非对称加密、Hash函数等技术，构建以“身份”和“数据”为中心的数据安全实践框架的方法，确保数据在采集、存储、传输和处理过程中的安全性。在隐私计算领域，介绍了机密计算、安全多方计算、联邦学习等技术，揭示这些技术如何在保护个人隐私的同时，实现数据价值的最大化；这些技术不仅有助于平衡数据应用与隐私权益的关系，还为行业合作和监管合规提供了可行方案。

本书可作为从事数据安全的管理者、科研工作者和工程技术人员参考。尤其是本书通过案例分析和实践操作，可为读者提供实用的指导和建议，帮助读者更好地理解和应用相关技术。希望本书的出版能够为我国数据安全技术与观念的传播和普及作出应有贡献。

中国科学院院士　冯登国

前 言

社会与经济的发展与新型生产要素的诞生息息相关。纵观人类数千年发展历史，凡遇经济形态的重大变革，则必定催生新型生产要素，进而依赖新型生产要素进行生产力的再解放、生产资源的再分配及生产关系的迭代，最终达到全球经济阶段性井喷式发展。从农业经济时代的劳动力要素和土地要素到工业经济时代的资本要素和技术要素，尽皆如此。

技术的迭代升级可以促进新生产要素的诞生。随着电子信息技术的发展，数据的载体逐渐从纸张转变成了电子媒介。随着产业数据化的发展，数据的数量、多样性、离散程度都有了爆炸式的增长。1998年，美国计算机科学家John Mashey准确预测了电子信息技术的未来，将大数据的概念孵化问世。在大数据概念的引领下，各大公司相继提出可以通过对数据的处理提升数据的质量与价值的大数据处理框架，为数据成为生产要素，进一步赋能社会的发展提供了可能性。我国清晰地认识到，伴随着全球老龄化趋势、经济周期调整等变化带来的压力，我国的经济结构也会随之调整。加快数据要素市场构建、充分释放数据和创新红利，将是进入数字经济全球竞争新赛道的关键。2019年10月，党的十九届四中全会提出：数据可作为生产要素参与分配，要求健全劳动、资本、土地、知识、技术、管理、数据等生产要素由市场评价贡献、按贡献决定报酬的机制。自此，数据要素正式进入公众视野。2022年12月发布的《中共中央 国务院关于构建数据基础制度更好发挥数据要素作用的意见》，被业内人士简称为“数据二十条”。这一政策文件的出台，标志着我国对数据资源的管理和利用进入了一个新的阶段。为了深入贯彻“数据二十条”的指导思想，2023年初，党中央作出了组建国家数据局的重大决策。这一机构的成立，不仅体现了国家对数据资源的高度重视，也显示出我国对于数字经济的深远规划。国家数据局肩负着协调推进数据基础制度建设，统筹数据资源整合共享和开发利用，统筹推进数字中国、数字经济、数字社会规划和建设等职责。该机构致力于充分发挥数据的基础资源作用和创新引擎作用，不断做强做优做大我国数字经济。

时至今日，数据要素在全球经济运转中的价值日益凸显，国际上对数字经济制高点的竞争也日趋激烈。美国、欧盟、英国均先后发布了数据战略相关的文件，各国各地区也不约而同地将数据战略提升到了国家战略高度，以期通过掌控数据要素把控全球价值链的上游，提高整个经济体的竞争力及社会生产力。

本书紧跟时代步伐，立足于数字经济的繁荣发展，结合安恒信息在数据安全与数据要素市场体系构建中的实践经验，向读者深刻剖析了数据要素市场的构建与运行规律。书中不仅系统介绍了数据安全治理与隐私计算领域的先进理念和技术框架，还结合安恒信息在数据安全与数据要素市场体系建设方面的丰富实践，展示了如何运用CAPE（Check，风险核查；Assort，数据梳理；Protect，数据保护；Examine，监控预警）数据安全实践框架等一系列综合措施，确保数据从生产、流转到使用的全生命周期安全可靠。

本书旨在全面探讨数据要素市场的发展历程、面临的挑战，以及数据安全与隐私计算技术的前沿应用。

第一部分数据要素市场，介绍了数据要素市场的发展与挑战，随着大数据技术的飞速发展，数据要素市场日益成为经济增长的新引擎。数据交易逐渐规范化、市场化，为企业提供了更为广阔的创新空间。然而，市场繁荣的背后也隐藏着诸多挑战。数据资源分布不均、质量参差不齐，导致数据价值难以充分发挥。此外，数据安全与隐私保护问题也日益凸显，严重制约了数据市场的健康发展。因此，如何促进数据要素市场的规范化、高效化，同时保障数据安全与隐私权益，成为摆在我们面前的重要课题。

第二部分数据安全，详细论述了数据安全在数据要素市场稳健发展中的重要作用。在数字化日益深入的背景下，数据泄露、篡改和滥用等风险不断攀升，对个人隐私、企业运营乃至国家安全构成了严重挑战。因此，确保数据安全贯穿于数据要素价值创造与实现的全过程显得至关重要。本部分系统阐述了数据安全的基本概念、技术原理及其在实际中的应用介绍了多个数据安全理论和实践框架，深入研究数据安全面临的主要风险及相应的防范工具与技术，同时探讨AI大模型在数据安全领域的实际应用场景，并结合多个行业的数据安全实践案例进行对比分析，旨在为读者构建一个全面、高效的数据安全保障体系。

第三部分隐私计算，主要讲述了隐私计算的技术原理和实践案例。隐私计算技术的运用能够在保障数据提供方原始数据不被泄露的前提下，实现对数据的分析计算，确保数据以“可用不可见”的形式进行安全流通。为了推进国家数据流通，实施“数据要素×”行动，必须加速构建数据基础设施，结合多方安全计算、区块链等先进技术，打造可信的数据流通体系。这一体系能够使数据供给方对数据的使用目的、方式及流向进行有效管理和控制，从而确保数据的安全，防范潜在的数据泄露风险，实现数据的可管理和可控性。通过推动数据在多领域的应用，我们不仅能够提高资源配置效率，还能催生新产业、新模式，为经济发展注入新动能，进一步发挥数据要素对经济发展的倍增效应，推动数字经济迈向激发数据价值的新阶段。

本书的目标读者包括但不限于政企的首席数据官、首席安全官、首席信息官、数据安全从业者、数据分析师、数据开发者、数据科学家、数据库管理员、数据要素市场的从业者，以及对数据安全及隐私计算技术实践落地感兴趣的学生等人群。希望读者通过本书的学习，在数字产业化发展的过程中，在数据要素流通体系建设的实践中，能够合理规划设计整体方案，高效落地数据全生命周期的安全防护。鉴于时间仓促、能力有限，本书中如有不全面、不合理的内容，请读者多反馈指导和海涵。

反馈邮箱：data.security@dbappsecurity.com.cn

范　渊、刘　博

目　　录

第一部分　数据要素市场

第二部分　数据安全

第三部分　隐私计算

第一部分　数 据 要 素 市 场

第 1 章　数据要素制度体系

随着大数据、人工智能和物联网等技术的不断发展，数据要素成为数字经济时代最为重要的生产要素之一，数据要素制度体系相关政策文件的要求不断更新和完善，促进数据的互联互通，推动数据共享和开放，促进数据驱动的创新和发展。中国数据要素流通市场活跃度显著提升，数据要素市场规模不断增长，数据商和第三方专业服务机构加快涌现，数据产品形态和交付形式不断丰富，同时数据资产入表等政策引起市场高度重视。

在数据安全方面，《中华人民共和国数据安全法》《中华人民共和国网络安全法》《中华人民共和国个人信息保护法》等法律法规共同构成更加完整的信息领域法律体系，确保数据的收集、存储和处理符合法律法规，保护用户隐私和数据安全，为维护我国的数据主权，保障国家的安全、促进经济健康发展起到重要的支撑和保障作用。

1.1　数据基础制度建设

1.1.1　构建数据基础制度体系

我国高度重视培育数据要素市场，出台多项政策文件和法律法规，数据要素制度体系基本形成。2015年8月，国务院印发《促进大数据发展行动纲要》；2018年3月，国务院办公厅印发《科学数据管理办法》；2020年4月，发布《中共中央 国务院关于构建更加完善的要素市场化配置体制机制的意见》；2022年12月，发布《中共中央 国务院关于构建数据基础制度更好发挥数据要素作用的意见》，从数据产权、流通交易、收益分配、安全治理等方面提出20条政策举措；2023年8月，财政部发布《企业数据资源相关会计处理暂行规定》，明确数据资源的确认范围和会计处理适用准则等；2024年1月，国家数据局等17部门联合印发《“数据要素×”三年行动计划（2024—2026年）》，推动数据在不同场景中发挥出乘数效应。

中国信息通信研究院2023年4月发布的《中国数字经济发展研究报告（2023年）》显示，我国数字经济进一步实现量的合理增长。我国数字经济发展情况（2017—2022年）如图1-1所示，2022年我国数字经济规模达到50.2万亿元，同比名义增长10.3%，已连续11年显著高于同期GDP名义增速，数字经济占GDP比重相当于第二产业占国民经济的比重，达到41.5%。由此可见，数字经济已成为我国国民经济增长要素的重要一员。

我国数据基础制度体系的建立，对进一步激活数据要素潜能和做强做优做大数字经济具有重大意义，有助于增强经济发展新动能，构筑国家竞争新优势。《中共中央 国务院关于构建数据基础制度更好发挥数据要素作用的意见》从总体要求、建立数据产权制度、建立数据要素流通和交易制度、建立数据要素收益分配制度、建立数据要素治理制度和保障措施六个维度提出具体意见。

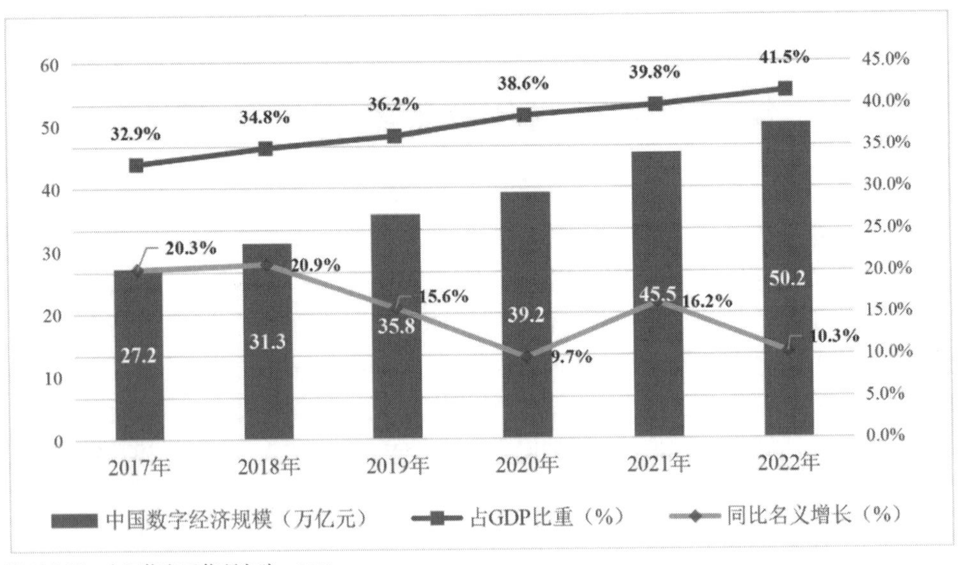

资料来源：中国信息通信研究院，2023

图1-1　我国数字经济发展情况（2017—2022年）

1. 明确数据基础制度总体要求

数据基础制度坚持以维护国家数据安全、保护个人信息和商业秘密为前提，以促进数据合规高效流通使用、赋能实体经济为主线，以数据产权、流通交易、收益分配、安全治理为重点，深入参与国际高标准数字规则制定，构建适应数据特征、符合数字经济发展规律、保障国家数据安全、彰显创新引领的数据基础制度，充分实现数据要素价值、促进全体人民共享数字经济发展红利。数据基础制度指导思想导图如图1-2所示。

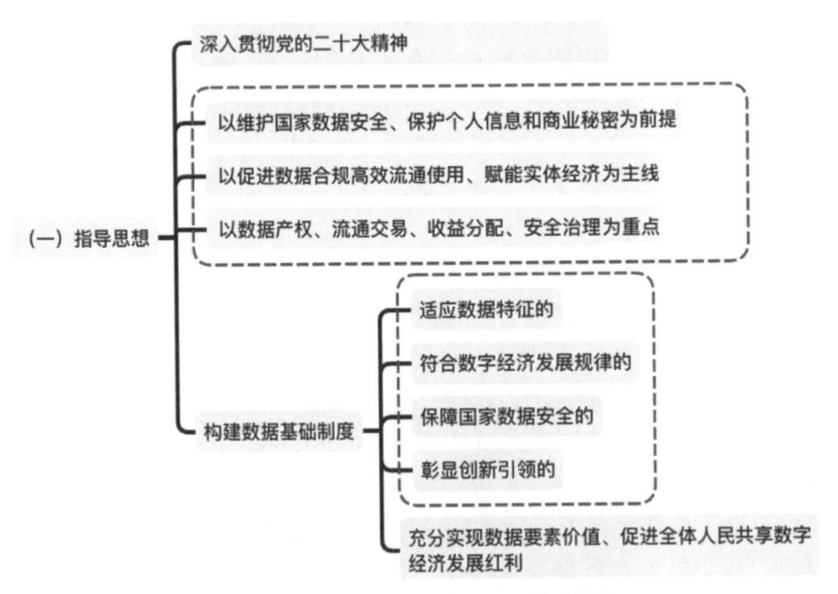

图1-2　数据基础制度指导思想导图

数据基础制度工作原则如图1-3所示。一是遵循发展规律，创新制度安排；二是坚持共享共用，释放价值红利；三是强化优质供给，促进合规流通；四是完善治理体系，保障安全发展；五是深化开放合作，实现互利共赢。

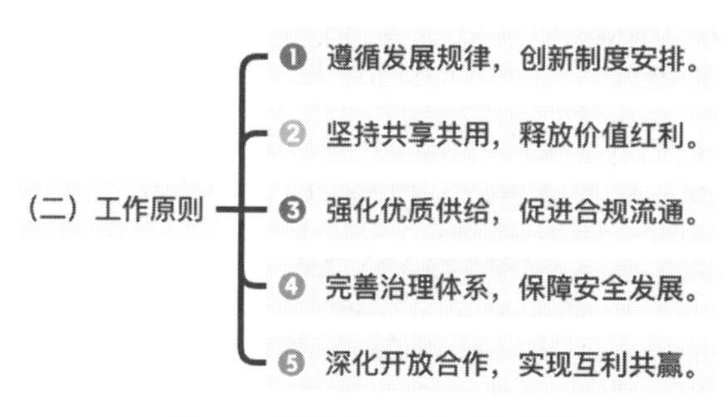

图1-3　数据基础制度工作原则

2. 建立数据产权制度

建立数据产权制度是为了适应数字化时代的到来和数字经济的蓬勃发展，解决数据作为一种新型生产要素在使用、流转、交易、保护过程中产生的权益归属和价值分配问题。明晰产权归属：数据产权制度通过法律手段界定了数据资源的所有权、使用权、转让权和收益权等各项权益，明确了数据产生的各个环节中各个主体的权利边界，确保数据来源清晰，权责分明。促进数据流通与共享：通过数据产权制度，可以在尊重和保护数据主体权益的基础上，规范数据的合法流通与交易，打破数据孤岛，促进数据要素的市场化配置和价值最大化。推动数字经济有序发展：完善的数据产权制度是数字经济健康有序发展的基石，它能够为数据交易市场设立游戏规则，降低交易成本，提高市场资源配置效率，同时引导和规范数据产业的结构优化和转型升级。实现数据要素价值：数据产权制度有助于构建合理的数据收益分配机制，确保数据产生的经济效益能够合理回馈给数据的生成者和使用者，促进数字经济的公平公正和可持续发展。

3. 建立数据要素流通和交易制度

数据要变为可交易流通的数据资产，需要经过归集、清洗、治理、确权，然后根据国家的合规政策进行场内和场外交易。数据的价值跟普通商品不一样，其价值更多地通过数据使用和赋能的产业来体现，且不一定要交易数据本身，而是通过数据的计算、使用就能将数据价值交换出来。通过数据服务商，可以为数据交易方提供数据产品开发、发布、承销和数据资产的合规化、标准化、增值化服务，促进提高数据交易效率。合规认证、安全审计、数据公证、数据保险、数据托管、资产评估、争议仲裁、风险评估、人才培训等也需要第三方专业服务机构来提升数据流通和交易全流程服务能力。

4. 建立数据要素收益分配制度

通过隐私计算+区块链相结合的技术手段，可以翔实地记录数据提供方和算法模型开发方在数据流通过程中的参与度和贡献值，以此作为收益产出分配的客观依据。合理倾斜向数据价值和使用价值的创造者。激励导向是指数据价值各环节的投入有相应回报，它基于数据价值创造和价值实现。

政府作为公共数据的持有方和管理方，只有推动公共数据开发利用，才能有效促进公共数据的价值挖掘，在过程中建立公平合理的收益分配机制，从而更好发挥政府在数据要素收益分配中的引导调节作用。

5. 建立数据要素治理制度

为了确保数据安全贯穿整个数据治理过程，需要构建全链路的数据安全风险监测与管控机制。数据要素治理制度聚焦于咨询规划、身份安全、数据流通、数据保护四个方向，提供面向全场景、全链路、全生命周期、数据治理全过程的数据安全解决方案；利用平台统一管控数据安全的能力，并进行风险感知及安全运营。数据要素治理制度能够保障数据的全生命周期安全性。

6. 建立数据要素保障措施

为了保障数据要素的高效发展，国家将加大统筹推进力度，创新政策支持，鼓励地方和行业在制度建设、技术路径及发展模式方面先行先试，并推动企业建立完善的数据合规管理体系。在党和政府的全面领导下，强化跨地区、跨部门的协同联动，推进数据基础制度建设。通过加快发展数据要素市场，支持数据要素型企业发展，提升金融服务水平，并鼓励试验探索，特别是在数据要素的产权、定价、流通等方面，逐步完善相关政策与标准，推动数据基础制度不断丰富和完善。

1.1.2 发挥数据要素乘数效应

《“数据要素×”三年行动计划（2024—2026年）》提出，到2026年底，数据要素应用广度和深度大幅拓展，在经济发展领域数据要素乘数效应得到显现，打造300个以上示范性强、显示度高、带动性广的典型应用场景，数据产业年均增速超过20%。

1. 政策背景

作为新型生产要素，数据已快速融入生产、分配、流通、消费和社会服务管理各环节，成为推动经济社会高质量发展的关键动力。我国数字经济快速发展，数字基础设施规模能级大幅跃升，数字技术和产业体系日臻成熟。当前，各行各业积累了大量数据，根据2024年4月召开的全国数据工作会议上的最新信息显示，经初步测算，2023年我国数据生产总量超过32ZB。这表明我国已是全球数据大国，让流动的数据创造更多价值是未来方向。但是，数据要素开发利用刚刚起步，还存在数据供给质量不高、流通机制不畅、应用潜力释放不够等问题。

实施“数据要素×”行动，就是要发挥我国超大规模市场、海量数据资源、丰富应用场景等多重优势，推动数据要素与劳动力、资本等要素协同，以数据流引领技术流、资金流、人才流、物资流，提高全要素生产率；发挥数据要素报酬递增、低成本复用等特点，培育基于数据要素的新产品和新服务，催生新产业、新模式，培育经济发展新动能，从而实现经济规模和效率的倍增。

为充分释放数据要素的乘数效应，首先，需深化数据挖掘与分析，以精准洞察市场趋势和消费者需求，进而指导产品和服务创新，提升业务价值；其次，推动数据跨领域、跨行业的融合应用，打破信息孤岛，实现资源共享，以释放更大的经济效益和社会效益；再者，加强数据安全保障，确保数据在收集、存储、处理和应用过程中的安全性和隐私性，为数据要素的广泛应用提供坚实保障；最后，优化数据要素市场环境，建立健全数据交易规则和监管机制，促进数据要素市场的健康发展，为数据要素发挥乘数效应提供有力支撑。通过上述措施，可以有效发挥数据要素的乘数效应，推动经济社会的高质量发展。

2. 总体目标

在重点行业领域，深入挖掘高价值数据要素应用场景，积极激励更多主体参与数据要素的开发与利用，以释放其潜在价值。同时，通过寻找并设立试点，不断完善数据要素的价值释放机制，让在数据应用上取得显著效果的领域发挥示范引领作用。在此过程中，充分发挥市场与政府的作用，推动数据资源的有效配置，并致力于扩大公共数据资源的供给，以满足社会经济发展的需求。此外，始终将安全作为数据治理及流通的核心要素，贯穿于全过程，同时积极促进跨境数据的安全、合规流通，以推动全球数据资源的共享与利用。

到2026年底，通过数据要素乘数效应，打造300个以上标杆性的典型应用场景，涌现出一批成效明显的数据要素应用示范地区，并培育一批优质的数据商和第三方专业服务机构，这里包含数源方、数据使用方、数据加工方等。数据产业年均增速超过20%，数据交易规模大幅提升。

3. 重点领域

在重点行动中，明确提出了包括智能制造、智慧农业、商贸流通、交通运输、金融服务、科技创新等在内的12个关键数据要素应用领域。这些领域均致力于通过多方数据的深度融合与协同应用，进一步挖掘和释放数据要素的巨大潜力，为相关产业的创新发展提供有力支撑。

在智能制造领域，通过打通供应链上下游的数据壁垒，实现数据的互联互通和共享利用，为智能制造提供精准、高效的数据支持，从而推动制造业的智能化升级和转型。

在智慧农业方面，农业生产种植数据与第三方企业、平台、商贸流通等数据的有效融合，为智慧农业的发展提供了丰富的数据资源。通过数据分析与挖掘，能够精准指导农业生产，提高农业生产的智能化水平和效益。

在商贸流通领域，注重将客流数据、消费行为、交通状况、人文特征等市场环境数据与订单需求、物流、产能、供应链、支付等数据相结合，形成全面、精准的市场分析，有效促进商贸流通的高效运作和优化升级。

对于交通运输、科技创新和文化旅游等行业，强调要结合多方数据及人工智能平台的优势，推动行业的创新发展。例如，通过实现不同交通行业数据的互联互通，为差异化信贷、保险服务、二手车消费等提供有力的数据支撑；同时，积极培育行业人工智能平台和工具，助力交通运输企业提升运输效率和服务质量。

此外，在金融服务领域，基于科技、环保、工商、税务、医疗等多维度数据资源，结合人工智能算法对金融市场、信贷资产、风险核查等进行深入分析，为金融机构提供精准的风险预警和防范机制，增强其反欺诈、反洗钱能力，保障金融市场的稳健运行。

4. 保障支撑

通过提升数据供给水平、优化数据流通环境等来强化保障支撑数据基础制度。首先，需要完善数据资源体系，包括在重点领域开展行业共性数据资源库建设，加强公共数据资源供给，支持在重点领域开展公共数据授权运营。其次，需要建立健全的标准体系，充分激发数据生产力乘数效应的有效发挥，逐步推动数字经济走向高级阶段。

数据价值的产生在于流通，因此，数据要素交易流通是释放数据价值的前提。优化流通环境，打造安全可信的流通环境等措施则必不可少，需要建立健全数据安全治理体系，加强数据安全保障，深度利用隐私计算、可信数据空间、区块链等技术，提高多主体间数据共享效率，促进数据合规高效流通使用。

需要培育流通服务主体，比如培育一批创新能力强、市场影响力大的数据商和第三方专业服务机构，助其融资，支持上市；鼓励有实力的数据安全企业，开展基于云端的安全服务，比如提供SaaS化的隐私计算服务，数据分类分级、数据脱敏等服务。

1.2　数据安全法律法规

我国高度重视网络与数据安全，数据安全法治建设不断加速。《中华人民共和国数据安全法》《中华人民共和国网络安全法》《中华人民共和国个人信息保护法》等法律法规共同构成更加完整的信息领域法律体系。同时，我国还积极推动国际数据安全合作，加强与其他国家的沟通与协作，共同应对数据安全挑战。

1.2.1　立法背景

数字化改革推动我国生产模式的变革，随着经济数字化、政府数字化、企业数字化的建设，数据已经成为我国政府和企业最核心资产。合资企业、跨境贸易、多厂商全球合作的模式变迁，数据开始在企业与企业之间、政府与企业之间，以及国与国之间流转、融合、使用直至泄露。与此同时，数据泄露事件也大幅增加，影响大、损失重。

1. 主要国家数据立法情况

近年来，各国纷纷推进个人隐私和数据保护立法。目前全球已有100多个国家和地区制定了有关个人信息保护的法律，发达国家基本都制定了个人信息或个人数据保护法。

早在1980年，为协调各国立法，避免因各成员国国内立法不同妨碍信息的跨境流动，经济合作与发展组织（OECD）制定《个人数据隐私保护和跨境流动指南》，并于2013年进行修订。该指南构成经济合作与发展组织《隐私保护框架》的重要组成部分。《个人数据隐私保护和跨境流动指南》对个人信息保护作出了原则性规定。

2011年，亚太经合组织（APEC）推出跨境商业个人隐私保护规则体系。该体系旨在促进在亚太经合组织框架内实现无障碍跨境信息交换，推动参与该体系的亚太经合组织成员经济体中经营业务的公司就形成保护数据隐私的常规惯例达成一致。2012年，东盟（ASEAN）部长会议通过《东盟个人数据保护框架》，确立一系列个人数据保护原则，指导成员国和区域层面的数据保护实践。

2018年5月25日，欧盟《一般数据保护条例》（GDPR）正式实施。GDPR法案要求不论数据控制者、处理者及其处理行为在欧盟境内还是境外，只要处理的是欧盟境内居民的数据，均适用此法案，对数据实施长臂管理。目前全球已有近100个国家和地区制定了数据安全保护的法律，数据安全保护专项立法已成为国际惯例。

2018年3月，时任美国总统特朗普正式签署了《澄清域外合法使用数据法》，法案要求对危害美国国家安全的犯罪、严重刑事犯罪等重大案件，无论服务提供者的通信、记录或其他信息是否存储在美国境内，要求服务商根据该法案进行调取并提供相关证据。

2018年6月，美国首部关于数据隐私的全面立法《加州消费者隐私法案》（CCPA）颁布，在随后的两年内又陆续做了多次修订，2020年7月1日开始正式执行。CCPA虽然是美国的州级立法，但加州是美国经济最发达的州，它的立法意义很大。

美国目前尚未发布通用数据保护法律，只在一些特殊行业或领域立法里，有关于隐私保护的内容散落在其中。例如，《健康保险流通与责任法案》（HIPAA）中提到如何保护患者隐私信息，《儿童在线隐私保护法案》（COPPA）则是专门为保护儿童个人信息制定的联邦法律。CCPA的出台弥补了美国在数据隐私专门立法方面的空白，它旨在加强加州消费者隐私权和数据安全保护，被认为是美国当前最严格的消费者数据隐私保护立法。

2024年2月，美国总统拜登签发行政令《关于防止受关注国家访问美国人的大量敏感个人数据和美国政府相关数据的行政命令》，限制乃至禁止中国、俄罗斯、伊朗、朝鲜、古巴和委内瑞拉等主体获取大量美国主体敏感个人数据及政府相关数据。2024年3月，美众议院全票通过《保护美国人数据免受外国对手侵害法案》，该法案主要内容是禁止数据经纪人把美国个人的敏感数据传输给外国对手国家或者外国对手控制的实体。

2. 满足数字经济发展需要

当前全球范围内传统经济增长缓慢，迫切需要通过寻找新的经济增长点拉动内需、增加就业，而数字经济正是切入点和发动机。据中国信息通信研究院发布的《中国数字经济发展白皮书》数据显示，我国数字经济的总体规模已从2005年的2.62万亿元增长至2019年的35.84万亿元；数字经济总体规模占GDP的比重也从2005年的14.2%提升至2019年36.2%。可见，数字经济已成为我国国民经济增长要素的重要一员。

从2015年，国务院发布的《促进大数据发展行动纲要》开始，2018年国务院发布《科学数据管理办法》，2020年4月国务院发布《中共中央 国务院关于构建更加完善的要素市场化配置体制机制的意见》，2021年3月，新华社公布了《中华人民共和国国民经济和社会发展第十四个五年规划和2035年远景目标纲要》，数据安全政策导向明确，国家数据战略清晰。

发展数字经济的首要前提，就是筑牢数据安全的底线。2023年2月，中共中央、国务院印发《数字中国建设整体布局规划》，数字安全屏障和数字技术创新体系并列为强化数字中国的“两大能力”，彰显了安全在建设数字中国中的底板作用。筑牢可信可控的数字安全屏障，切实维护网络安全，完善网络安全法律法规和政策体系；增强数据安全保障能力，建立数据分类分级保护基础制度，健全网络数据监测预警和应急处置工作体系。

1.2.2 总体情况

在国家数据安全管理层面，我国已经将数据安全上升为国家战略，通过制定一系列法律法规，构建起国家数据安全的法治基础。《中华人民共和国数据安全法》明确了数据安全工作的基本原则、制度机制、责任主体和保障措施，为数据安全提供了全面系统的法律保障。在管理机制上，中央国家安全领导机构负责国家数据安全工作的决策和议事协调，研究制定、指导实施国家数据安全战略和有关重大方针政策，统筹协调国家数据安全的重大事项和重要工作，建立国家数据安全工作协调机制。各地区、各部门对本地区、本部门工作中收集和产生的数据及数据安全负责。工业、电信、交通、金融、自然资源、卫生健康、教育、科技等主管部门承担本行业、本领域数据安全监管职责。公安机关、国家安全机关等依照本法和有关法律、行政法规的规定，在各自职责范围内承担数据安全监管职责。国家网信部门依照本法和有关法律、行政法规的规定，负责统筹协调网络数据安全和相关监管工作。同时，国家还积极推动数据安全技术研发和标准制定，提升数据安全的技术保障能力。

在国际合作方面，我国积极倡导数据安全的多边合作，与世界各国共同分享数据安全治理经验，推动形成数据安全国际规则和标准，共同应对数据安全领域的全球性挑战。2020年9月，我国提出《全球数据安全倡议》，有效应对数据安全风险挑战，应遵循秉持多边主义、兼顾安全发展、坚守公平正义三大原则。

针对不同行业的数据安全特点，我国制定了一系列行业数据安全政策和标准。例如，在金融领域，国家金融监管总局于2024年3月发布《银行保险机构数据安全管理办法（征求意见稿）》，要求金融机构加强客户数据的保护，通过强化政策要求引导银行保险机构压实主体责任，完善内部制度，采取有效的措施加强数据管理和保护，确保客户信息和金融交易数据安全。在工业领域，系统推进《工业和信息化领域数据安全管理办法（试行）》《工业领域数据安全能力提升实施方案（2024—2026年）》等落地实施，加快推广数据安全技术标准，并从组织架构、政策制度、管理机制、标准规范、技术手段等方面加强指导，加快构筑工业数据安全生态，应从安全体系、治理格局、治理模式等方面积极发力。

各行业主管部门根据行业特点，制定并实施了相应的数据安全管理制度和监管措施，对行业内数据的使用和管理进行规范。同时，还推动了行业内数据安全技术的研发和应用，提升行业整体的数据安全防护能力，并通过制定行业标准、开展行业培训等方式，提升行业内的数据安全意识和能力。

1.2.3 《中华人民共和国数据安全法》要点解读

《中华人民共和国数据安全法》体现了总体国家安全观的立法目标，聚焦数据安全领域的突出问题，确立了数据分类分级管理，建立了数据安全风险评估、监测预警、应急处置，数据安全审查等基本制度，并明确了相关主体的数据安全保护义务，这是我国首部数据安全领域的基础性立法。《中华人民共和国数据安全法》的施行标志着我国在数据管理和保护方面迈出了重要一步，保障数据依法有序自由流动，促进以数据为关键要素的数字经济发展。

国家数据分类分级保护制度是《中华人民共和国数据安全法》的重要组成部分，根据数据在经济社会发展中的重要程度和对国家安全、公共利益，以及个人、组织合法权益可能造成的危害程度，对数据实行分类分级保护。特别是将“关系国家安全、国民经济命脉、重要民生、重大公共利益等数据”列为国家核心数据，实行更加严格的管理制度。这一制度为政务数据、企业数据、工业数据和个人数据的保护奠定了法律基础。

国家数据安全审查制度是确保国家安全的重要组成部分，对影响国家安全的数据处理活动进行审查。与网络安全审查制度相比，《中华人民共和国数据安全法》中的审查对象更广泛，主要针对影响或可能影响国家安全的数据处理活动。而为了配合数据安全审查，国家互联网信息办公室（以下简称“国家网信办”）于2021年7月发布《网络安全审查办法（修订草案征求意见稿）》，将数据安全审查纳入其中。

国家数据安全应急处置机制是在数据安全事件发生时迅速采取行动的重要手段。相关部门应根据紧急程度、发展态势和可能造成的危害程度等对数据安全事件进行分类，采取相应的应急措施，并及时向公众发布警示信息，以保障数据安全。

此外，数据处理者有着严格的合规义务，包括依法合规开展数据处理活动、符合社会伦理道德、加强风险监测及定期开展数据风险评估等。这些合规义务的执行有助于确保数据的安全性和合法性，推动数字经济健康发展。

数据安全风险监测与评估是参照数据安全风险评估标准和管理规范，对数据资产价值、潜在威胁、薄弱环节、已采取的防护措施等进行监测，分析和判断数据安全事件发生的概率及可能造成的损失，并采取有针对性的处置措施和提出数据安全风险管控措施。针对重要数据的处理者，应按照规定对其数据处理活动定期开展风险评估，向有关主管部门报送，包括处理的重要数据的种类、数量，开展数据处理活动的情况，面临的数据安全风险及应对措施等。

1.2.4 《个人信息保护法》要点解读

《个人信息保护法》是为了保护个人信息权益，规范个人信息处理活动，促进个人信息合理利用而制定的一部重要法律。该法明确了个人信息的定义，即指以电子或者其他方式记录的与已识别或者可识别的自然人有关的各种信息，但不包括匿名化处理后的信息。这表明法律保护的是与具体自然人相关且具有识别性的信息，匿名化处理后的信息则不在此列。

《个人信息保护法》要求个人信息处理活动必须遵循合法、正当、必要和诚信原则。这意味着任何组织或个人在收集、存储、使用、加工、传输、提供、公开、删除个人信息时，都必须有明确的法律依据和合理的目的，且处理方式应当对个人权益影响最小。同时，法律严禁通过误导、欺诈、胁迫等方式处理个人信息。此外，法律还特别强调了敏感个人信息的保护。敏感个人信息是指一旦泄露或者非法使用，容易导致自然人的人格尊严受到侵害或者人身、财产安全受到危害的个人信息。对这类信息，法律要求采取更加严格的保护措施，防止不当泄露或滥用。

在个人信息处理者的责任方面，法律要求其对个人信息处理活动负责，并采取必要措施保障所处理的个人信息的安全。这包括确保个人信息的准确性、完整性和及时性，以及防止个人信息被非法获取、泄露或滥用。此外，法律还规定了一系列禁止行为，如非法收集、使用、加工、传输他人个人信息，非法买卖、提供或者公开他人个人信息，以及从事危害国家安全、公共利益的个人信息处理活动等。这些规定旨在维护个人信息的合法权益和社会公共利益。

在个人信息主体权利方面，《个人信息保护法》确立了个人对个人信息的多方面权利，包括对个人信息处理的知情权、决定权、要求解释说明权、拒绝权等；在个人信息处理过程中享有要求更正、补充权、删除权等；对处理者所掌握的个人信息享有查阅、复制权、承继行使权、可携带权等。特别是可携带权，为个人信息在不同互联网平台间进行指定转移、数据互联互通提供了合规路径。

综上所述，《个人信息保护法》为个人信息权益提供了坚实的法律保障，同时也对个人信息处理活动提出了明确的要求和规范。在实际操作中，应严格遵守法律规定，确保个人信息的合法、安全和合理利用。

第 2 章 数据要素市场发展

随着数字经济的蓬勃发展，数据要素市场正逐渐成为推动社会进步和经济转型的重要引擎。本章将深入探讨数据要素市场的发展状况，从市场概述到发展难题，再到基础设施架构与合规流通机制，为我们全面理解数据要素市场的现状和未来趋势提供了宝贵的视角。

在数据要素市场的发展道路上，虽然取得了显著的成果，但同样也面临着不少难题和挑战。市场如何更好地解决数据共享、流通和隐私保护等问题，构建高效、安全的数据基础设施架构体系，以及确保企业数据资源的合规会计处理，都是本章将要探讨的重要议题。通过对这些关键问题的深入探讨，我们期望能够为数据要素市场的健康发展提供有益的参考和启示。

2.1 数据要素市场发展概述

2.1.1 数据要素价值化

数据的“三化”过程，通常是指数据的资源化、资产化和资本化过程，是将数据从原始状态转化为能够产生经济价值的状态的重要步骤。首先，数据的资源化强调的是将数据视为基础资源，通过采集、整理和分析，提高数据的可用性和价值潜力；随后，资产化过程涉及将数据转化为可识别、可评估和可管理的资产，这一步骤使得数据的价值得以具体化和量化；最后，资本化则是将数据资产通过交易、共享或其他方式进一步转化，实现其经济价值的增值和资本的积累。数据的资源化、资产化和资本化过程，不仅为数据的广泛应用提供了路径，也是推动数字经济高质量发展的关键驱动力。

2.1.1.1 数据

一般来说，数据是对客观事物的数字化记录或描述，实质上是无序的、未经精细加工的原始素材。其形式可以呈现为连续不断的形式，如像声音、视频图像等媒介所展现的；也可以是离散的，如由符号、文字等所构成。

数据本身具有多重特征。首先，数据具备可记录性，对事物的原始信息进行详尽记录、描述与识别的物理符号，从而实现对客观世界信息的精确捕捉与表达。其次，数据展现了规律性，能够系统地、全面地记录人类行为和事物的变化轨迹，揭示其内在规律，进而为决策提供科学依据。第三，数据具有客观性，反映客观事物的真实信息或者最接近真实的信息，而非主观臆断或凭空猜测的产物，因此具备高度的可信度和准确性。最后，数据在表现形式上呈现出多样性。它既可以是结构化的，如数据库中的表格数据；也可以是非结构化的，如社交媒体上的文本、图片或视频；还可以是半结构化的，如某些特定格式的文件或网页。这种多样性使得数据能够适应不同领域和场景的需求，为各类应用提供丰富的信息资源。

2.1.1.2 数据资源

数据资源，是记录信息的物理符号按一定规则排列组合而形成的集合，是能够参与社会生产经营活动、可以为使用者或所有者带来经济效益的、以电子方式记录的数据。数据资源可以是数字、文字、图像，也可以是计算机代码的集合。区别数据与数据资源的依据主要在于其是否具有使用价值。数据资源具有特定的使用价值，是一种宝贵的资源，但是数据资源的法律权属界定仍然是一个世界性难题，传统的法学确权理论还无法移植到数据这类易复制的无形资源上。

2.1.1.3 数据资产

数据资产，从本质上来讲具备产权的概念，是指由个人或企业拥有或者控制的，能够为个人或企业带来经济利益的，以物理或电子的方式记录的数据资源。从会计学角度讲，数据资产并不完全符合会计准则中对资产及无形资产的定义，其很难计入财务报表。因此，数据目前还不能被视为传统意义上的资产。但数据资产化是世界经济发展的必由之路，也是数据成为一种生产要素的必然要求。

数据资产的基本特征通常包括非实体性、依托性、多样性、可加工性和价值易变性。

（1）非实体性：数据资产本身不具备实物形态，需要依托实物载体存在。数据资产的非实体性同时意味着其具备非消耗性，即数据不因使用而发生磨损和消耗等。因此，数据资产在存续期间可无限使用。

（2）依托性：数据资产必须存储在一定的介质里。介质的种类多种多样，例如纸、磁盘、磁带、光盘、硬盘等，甚至可以是化学介质或者生物介质。同一数据资产可以通过不同的形式，同时存在于多种不同的介质之中。

（3）多样性：数据资产在表现形式和融合形态等方面具有多样性的特征。数据资产的表现形式包括数字、表格、图像、文字、光电信号、生物信息等。此外，数据与数据库技术、数字媒体、数字制作特技等技术融合也可以产生更多样的数据资产。多样的信息可以通过不同方法实现互相转换，从而满足不同数据消费者的需求。数据资产的多样性在数据消费者身上表现的时候，是通过使用方式的不确定性展示的。不同数据资产类型拥有不同的处理方式。数据资产应用的不确定性导致数据资产的价值变化波动较大。

（4）可加工性：数据可以被维护、更新、补充、增加；也可以被删除、合并、归集、消除冗余；还可以被分析、提炼、挖掘、加工以得到更深层次的数据资源。

（5）价值易变性：数据资产的价值受多种不同因素的影响，包括技术因素、数据容量、数据价值密度、数据应用的商业模式和其他因素等。这些因素随时间推移不断变化，导致数据资产价值具备易变性。

2.1.2　数据要素市场

2.1.2.1　数据要素

数据要素是参与社会生产经营活动中、为使用者或所有者带来经济效益、以电子方式记录的数据资源。与传统生产要素一样，数据要素就是将数据作为一种生产性资源，投入产品生产和服务过程中去，由一般的信息商品转化为新的生产要素。即数据作为新型生产要素，具有劳动工具和劳动对象的双重属性。首先，数据作为劳动工具，通过与场景的融合应用，能够提升生产效能，促进生产力发展。其次，数据作为劳动对象，通过采集、加工、存储、流通、分析环节，产生了价值。

区别数据资源与数据要素的依据主要在于其是否产生了经济效益。数据资源是具有价值的数据集合。只有投入社会生产经营活动之中，给个人、企业、社会带来经济效益的数据资源才能成为数据要素。

数据要素主要具有非竞争性、非稀缺性、非损耗性、非排他性和非恒价性的特点。

（1）非竞争性：任何人使用数据时都不会影响他人使用数据的数量。与劳动力、资本等传统生产要素相比，数据要素虽然具有较高的开发成本，但其可以在同一时间点被多种不同的主体在不同场景下使用，且增加使用者的边际成本基本为零。

（2）非稀缺性：数据要素突破了土地、资本、劳动力等传统生产要素有限供给的局限性，数据要素能够海量积累使数据规模趋近无限，同时具有自我繁衍的功能，在使用过程中创造丰富的数据资源。

（3）非损耗性：数据要素是可再生的，其开发和利用过程本质上就是一个不断产生信息和知识的过程，数据要素的价值在动态使用中得以发挥，不仅不会发生损耗，甚至还可以实现增值。

（4）非排他性：数据要素可以无限复制给多个主体同时使用，且各使用主体之间互不排斥也互不干扰，数据要素的非排他性随着消费者或使用者的增加而增强。

（5）非恒价性：数据要素的价值随着应用场景的变化而变化。数据要素在交易和流通过程中产生价值，且与应用场景有较大相关性。同样的数据要素，在不同的应用场景中，价值也不同。

2.1.2.2　数据要素市场的概念与特性

数据要素市场是以数据要素价值的开发和利用为目的，围绕数据要素生命周期中的各个环节所形成的市场。数据要素市场化就是将尚未完全由市场配置的数据要素转向由市场配置的动态过程，其目的是形成以市场为根本的调配机制，实现数据流动的价值或者数据在流动中产生的价值。数据要素市场化配置是一种结果，而不是手段。数据要素市场化配置是建立在明确的数据产权、交易机制、定价机制、分配机制、监管机制、法律范围等保障制度基础之上的。数据要素市场的发展，需要不断动态调整以上保障制度，最终形成数据要素的市场化配置。

数据要素市场有很多特性，相较于其他生产要素市场，其独具的特性如下。

（1）数据要素市场需求多样化。由于数据要素的非稀缺性和非损耗性，数据要素使用量大，取之不尽、用之不竭，且涉及国计民生的方方面面，这就导致数据要素市场具有需求多样化的特性。

（2）数据要素市场参与主体多元化。由于数据要素本身的非排他性、易复制性，使得同一数据要素可能涉及多个主体，具有多种权属关系，从而造成数据要素主体权责不清晰、数据权属难界定等特性。

（3）数据要素市场联动性较强。与传统生产要素市场相比，数据要素本身流通需求较旺盛。因此，数据要素要在不同机构、企业及行业间流通，实现其价值就离不开高度协同联动的市场环境。

（4）数据要素市场买卖模式多样。数据要素市场不一定是简单的撮合买卖模式，可以存在其他复杂模式。例如，多家金融机构之间通过共享用户数据，可以合作成立合资公司，按照数据贡献的比例来分配股权，合资公司整合数据资源后开发数据产品对外销售。这样，各个金融机构既获得了完整用户信息，又作为股东分享合资公司的利润。这个模式通过股权分配实现了利益绑定，使得数据整合产生了“1+1>2”的效应，解决了数据共享中的激励相容问题。

2.1.2.3 数据要素市场的建设意义

数据要素市场的建立和完善，有利于数据要素的整合分析、价格确定、交易流通和开发利用，激发各市场主体对数据流通的积极性；同时有利于构建公平有序的市场规则，打破已有的数据垄断现象，保障各市场主体平等获取和使用数据的权利。

当前，由于数据类型和特征的多样性，以及数据价值缺乏客观计量标准等原因，数据要素市场在建立过程中遇到了诸多问题，且尚待解决。但数据的点对点交易，即场外交易一直在发生。市场中现已存在大量的数据提供商，它们对数据的处理程度从浅到深大致可分为原始数据提供者、轻处理数据提供者和信息提供者。场外数据交易已经发展出咨询中介、数据聚合服务商和技术支持中介等，作为连接数据买方和数据提供方之间的桥梁。这些场外交易服务仍很不透明且非标准化，这是当前数据交易面临的普遍问题。更不容忽视的是非法数据交易，比如非法交易个人隐私数据的“数据黑市”和“数据黑产”。自2019年以来，我国对“数据黑产”展开了集中整顿。

如何在不影响数据所有权的前提下交易数据使用权，成为一个可行的探索方向。基于不同的技术手段，市场展开了多方面的尝试。一方面，将区块链技术用于数据存证和使用授权，在数据产权界定中发挥作用；另一方面，采用隐私计算技术，对外提供数据时采取密文而非明文的形式，从而使数据具备排他性。

2.1.2.4 数据要素市场的发展历程

1. 国家层面

2020年4月，《中共中央 国务院关于构建更加完善的要素市场化配置体制机制的意见》正式发布，明确了完善要素市场化配置的具体措施，并重点提出要加快培育数据要素市场，包括推进政府数据开放共享，为数据要素市场化配置指明了方向。

2021年12月，国务院印发了《“十四五”数字经济发展规划》，指出了数据资源作为数字经济的关键生产要素，是数字经济深化发展的核心引擎。

2022年12月，发布了《中共中央 国务院关于构建数据基础制度更好发挥数据要素作用的意见》，提出了为解决数据确权问题的“三权分置”理念，合规使用的数据产权制度，建立合规高效、场内外结合的数据要素流通和交易制度，促进公平的数据要素收益分配制度等，旨在初步搭建我国数据基础制度体系，推动构建新发展格局，促进数字经济高质量发展。

2023年2月，国务院印发了《数字中国建设整体布局规划》，该规划提出了数字中国建设的整体框架，明确了数字中国建设的目标和具体任务，标志着数字经济被放到更重要的位置。

2023年10月，国家数据局挂牌。国家数据局负责协调推进数据基础制度建设，统筹数据资源整合共享和开发利用，统筹推进数字中国、数字经济、数字社会规划和建设等工作。

2023年12月，国家数据局会同中央网信办、科技部、工业和信息化部等17部门联合印发《“数据要素×”三年行动计划（2024—2026年）》，该行动计划明确了未来三年的具体目标和任务，充分发挥数据要素乘数效应，赋能经济社会发展。

2. 地方层面

随着国家数据局挂牌，新一轮机构改革在省一级推进，各地数据局纷纷进行改组并挂牌成立。

各地方政府也陆续出台了一系列与数据要素市场培育相关的政策文件。例如，为了加强数字基础设施建设，培育数据要素市场，推进数字产业化和产业数字化，北京市相继发布了《北京市数字经济全产业链开放发展行动方案》《北京市数字经济促进条例》《关于更好发挥数据要素作用进一步加快发展数字经济的实施意见》等文件。

在地方法规层面，2021年6月深圳市率先发布《深圳经济特区数据条例》，为地方数据治理提供了法规依据。《深圳市数据条例》涵盖了个人数据保护、公共数据共享开放、数据要素市场培育和数据安全等方面。在个人数据保护方面，条例明确了个人数据的收集、使用、处理等应遵循的原则和要求；在公共数据共享开放方面，条例鼓励政府部门和企业之间的数据共享与合作，推动数据资源的有效利用；在数据要素市场培育方面，条例提出了一系列措施，以促进数据要素市场的健康发展；在数据安全方面，条例强调了数据安全的重要性，并提出了相应的监管措施。

上海市于2021年11月发布《上海市数据条例》，涵盖了数据权益保护、数据处理规范、数据共享开放、数据要素市场培育、数据安全等方面。其中，数据权益保护部分明确了自然人、法人和非法人组织与数据有关的权益；数据处理规范部分则对数据收集、存储、使用、加工、传输、提供、公开等活动提出了具体要求；数据共享开放部分鼓励公共数据和非公共数据的融合应用，推动数据资源的开放共享；数据要素市场培育部分则旨在加快数据要素市场的建设与发展；数据安全部分强调了数据安全的重要性，并提出了相应的保障措施。

上海印发了《推进上海经济数字化转型赋能高质量发展行动方案（2021—2023年）》，

旨在探索建立数据要素市场体系，深化数据资源市场化配置。另外，走在数字化前沿的浙江推出了《浙江省公共数据授权运营管理办法（试行）》，率先尝试通过授权运营的办法，将政府公共数据市场化，赋能给社会。这些政策文件，旨在理顺政府和市场的关系，厘清数据要素市场主体之间的关系，以及平衡数据有序流动与数据安全之间的关系。

3. 市场层面

随着国家大力推进数据要素市场化配置，各地掀起了新一代数据要素市场建设的浪潮。各地数据交易所的定位和特点主要基于其所在地区的产业特色、政策环境及市场需求。例如，上海数据交易所作为国家级的交易所，其定位更加广泛，致力于推动全国乃至全球的数据交易；而浙江、天津、广州等地的数据交易所则更多地结合了本地产业特色和政策优势，形成了各具特色的数据交易生态。随着数据要素市场的不断发展和完善，各地数据交易所将继续发挥其在数据资源整合、交易、应用等方面的核心作用，为数据要素市场的进一步发展注入新的活力。表2-1中列举了部分地方数据交易中心（所）成立情况。

表 2-1　部分地区数据交易中心（所）成立情况

机构	成立时间	公司主体	地区
香港大数据交易所	2019年4月	长城共同基金旗下的投资主体	香港
贵阳大数据交易所	2015年4月	贵阳大数据交易所有限责任公司	贵州贵阳
华东江苏大数据交易中心	2015年11月	华东江苏大数据交易中心股份有限公司	江苏盐城
武汉东湖大数据交易中心	2015年7月	武汉东湖大数据交易中心股份有限公司	湖北武汉
武汉长江大数据交易所	2015年7月	武汉长江大数据交易中心有限公司	湖北武汉
华中大数据交易所	2015年11月	湖北华中大数据交易股份有限公司	湖北武汉
重庆大数据交易平台	2015年9月	数海信息技术有限公司拟参与建设	重庆
西咸新区大数据交易所	2016年4月	西咸新区大数据交易所有限责任公司	陕西西安
交通大数据交易平台	2015年11月	中国科学院深圳先进技术研究院、深圳北斗应用技术研究院有限公司、深圳前海华视移动互联有限公司联合成立	广东深圳
河北大数据交易中心	2015年12月	北京数海科技有限公司参股	河北承德
杭州钱塘大数据交易中心	2015年12月	杭州钱塘大数据交易中心有限公司	浙江杭州
上海数据交易中心	2016年4月	上海数据发展科技有限责任公司	上海
浙江大数据交易中心	2016年11月	浙江大数据交易中心有限公司	浙江杭州
哈尔滨数据交易中心	2015年1月	哈尔滨数据交易中心有限公司	黑龙江哈尔滨
丝路辉煌大数据交易中心	2016年10月	丝绸之路大数据有限公司出资组建	甘肃兰州
广州数据交易服务平台	2016年3月	广州数据交易服务有限公司	广东广州
亚欧大数据交易中心	2016年8月	九次方大数据信息集团有限公司参与建设	新疆乌鲁木齐
南方大数据交易中心	2016年12月	深圳南方大数据交易有限公司	广东深圳

（续表）

机构	成立时间	公司主体	地区
青岛大数据交易中心	2017 年 4 月	青岛大数据交易中心有限公司	山东青岛
河南平原大数据交易中心	2017 年 11 月	河南平原大数据交易中心有限公司	河南新乡
河南中原大数据交易中心	2017 年 2 月	河南中原大数据交易中心有限公司	河南郑州
东北亚大数据交易服务中心	2018 年 1 月	吉林省东北亚大数据交易服务中心有限公司	吉林长春
山东数据交易平台	2020 年 1 月	山东数据交易有限公司	山东济南
安徽大数据交易中心	2020 年 9 月	安徽大数据产业发展有限公司	安徽淮南
北部湾大数据交易中心	2020 年 8 月	广西北部湾大数据交易中心有限公司	广西南宁
山西数据交易平台	2020 年 7 月	山西综改示范区、百度公司	山西太原
中关村医药健康大数据交易平台	2020 年 9 月	北京大数据中心参与	北京
北京国际大数据交易所	2021 年 3 月	北京国际大数据交易有限公司	北京
贵州省数据流通交易服务中心	2022 年 8 月	贵州省事业单位	贵州贵阳
北方大数据交易中心	2021 年 11 月	北方大数据交易中心（天津）有限公司	天津
上海数据交易所	2021 年 11 月	上海数据交易所有限公司	上海
华南国际数据交易公司	2021 年 11 月	华南（广东）国际数据交易有限公司	广东佛山
西部数据交易中心	2021 年 12 月	西部数据交易有限公司	重庆
深圳数据交易所（筹）	2021 年 12 月	深圳数据交易有限公司	广东深圳
合肥数据要素流通平台	2021 年 12 月	安徽大数据产业发展有限公司	安徽合肥
德阳数据交易平台	2021 年 12 月	德阳数据交易有限公司	四川德阳
长三角数据要素流通服务平台	2021 年 9 月	凌志软件股份有限公司参与	江苏苏州
海南数据产品超市	2021 年 12 月	中国电信海南分公司参与	海南海口
海南数据产品超市	2021 年 12 月	中国电信海南分公司参与	海南海口
湖南大数据交易所	2022 年 1 月	湖南大数据交易所有限公司	湖南长沙
无锡大数据交易平台	2022 年 3 月	江苏无锡大数据交易有限公司	江苏无锡
福建大数据交易所	2022 年 7 月	福建大数据交易所有限公司	福建福州
青岛海洋数据交易平台	2022 年 8 月	青岛国实科技集团有限公司参与	山东青岛
郑州数据交易中心	2022 年 8 月	郑州数据交易中心有限公司	河南郑州
广州数据交易所	2022 年 9 月	广州数据交易所有限公司	广东广州

2020年8月，北部湾大数据交易中心在广西南宁揭牌。北部湾大数据交易中心是以“政府指导，自主经营，市场化运作”为原则组建的国际化数据资源交易服务机构和数据服务

全生态交易平台，可以提供“一站式”全生态数据服务，是面向中国与东盟区域汇聚、处理、使用和交易各类数据产品的枢纽，也是建设“中国—东盟信息港”和实施数字广西战略的基础设施平台之一。

2021年3月，北京国际大数据交易所成立。它是贯彻北京市“国家服务业扩大开放综合示范区”和“中国（北京）自由贸易试验区”建设的标杆性重点项目。北京国际大数据交易所探索建立集数据登记、评估、共享、交易、应用、服务于一体的数据流通机制，推动建立数据资源产权、交易流通、跨境传输和安全保护等基础制度和标准规范，引导数据资源要素汇聚和融合利用，促进数据资源要素规范化整合、合理化配置、市场化交易、长效化发展，打造国内领先的数据交易基础设施和国际重要的数据跨境交易枢纽，加快培育数字经济新产业、新业态和新模式，助力北京市在数据流通、数字贸易、数据跨境等领域发挥创新引领作用，成为全球数字经济的标杆城市。

2021年8月，我国西北地区首个大数据交易所——陕西省大数据交易所在西安揭牌。陕西省立足培育发展数据大集市，吸引一批企业聚集，促进大数据生态体系建设。通过创新大数据发展模式，实现教育、医疗、环境、语音、交通、电商、微博、微信等各类大数据资源的汇集、交易、发布，并不断培育数据市场。

2021年10月，贵州省新一代数据交易市场推出，通过建立“三个一”，使政府公信力和政务数据资源供给得到进一步提高。其中，“三个一”分别为：一个贵州省数据流通交易服务中心，一家国有控股运营公司，一个数据流通交易平台。贵州省数据流通交易服务中心属于公益类事业单位，该中心计划兼顾效益、公平和数据安全，履行数据流通交易管理职责，在数据要素市场领域，建立和完善流通交易规则、交易平台运营管理、数据商准入管理等制度规范。国有控股运营公司是指由省国资企业和贵阳市国资企业等共同组建的贵州云上数据交易有限公司，负责运营贵州省数据流通交易平台，具体承担市场推广、交易撮合、业务拓展等工作，积极探索市场化运营路径，培育一批专业“数据商”和第三方服务机构，努力营造一个服务全国的数据流通交易生态。通过采用隐私计算、区块链等新技术手段，以安全可信的开发利用环境为底座搭建的贵州省数据流通交易平台，包含数据产品上架、数据产品交易、数据商准入、交易监管等子系统，实现数据“可用不可见”“可控可计量”“可信可追溯”。

2021年11月，天津获批设立北方大数据交易中心。该中心立足天津，服务京津冀和北方地区，辐射全国，旨在建立市场化主导的数据交易服务机构，搭建数据供需双方互联沟通的桥梁，以创新培育大数据业务场景驱动数据交易业务。

2021年11月，上海数据交易所正式揭牌。上海数据交易所的成立是贯彻落实中共中央、国务院《关于支持浦东新区高水平改革开放打造社会主义现代化建设引领区的意见》的生动实践，是推动数据要素流通、释放数字红利、促进数字经济发展的重要举措，是全面推进上海城市数字化转型工作、打造“国际数字之都”的应有之义，有望成为引领全国数据要素市场发展的“上海模式”。上海数据交易所的设立，重点聚焦确权难、定价难、互信难、入场交易难、监管难等关键共性难题，形成系列创新安排。一是全国首发数商体系，全新构建“数商”新业态，涵盖数据交易主体、数据合规咨询、质量评估、资产评估、交付等多领域，培育和规范新主体，构筑更加繁荣的流通交易生态。二是全国首发数据交易配套制度，率先针对数据交易全过程提供一系列制度规范，涵盖从数据交易所、数据交易主体到数据交易生态体系的各类办法、规范、指引及标准，确立了“不合规不挂牌，无场景不交易”的基本原则，让数据流通交易有规可循、有章可依。三是全国首发全数字化数据交易系统，上线新一代智能数据交易系统，保障数据交易全时挂牌、全域交易、全程可溯。四是全国首发数据产品登记凭证，首次通过数据产品登记凭证与数据交易凭证的发放，实现一数一码，可登记、可统计、可普查。五是全国首发数据产品说明书，以数据产品说明书的形式使数据可阅读，将抽象数据变为具象产品。

2.2　数据要素市场发展难题

2.2.1　数据确权难

数据的权属问题是讨论数据要素市场合规运转的法律依据之一，但是数据权属的确定仍困难重重。在探讨数据的权属难点之前，本节将先通过对物质权属现状的简单介绍，使读者大致了解权属相关的法律知识。随后，通过介绍数据权属确认中的困难、数据确权的理论探索和数据确权的产业实践，向读者介绍数据权属确认的实践。

2.2.1.1　物权的概念

根据《中华人民共和国民法典》中对物权的描述，物权是大陆法系民法所采纳的概念，它是指公民、法人依法享有的直接支配特定物的财产权利。所谓直接支配，是指权利人无须借助于他人的帮助，就能够依据自己的意志依法直接占有、使用、或采取其他的支配方式支配其物。通俗地说，一头牛属于你，你可以用它来耕田、拉车，可以租给他人使用，也可以杀掉卖牛肉。这种支配的权利是排他的，任何人都不能干涉。

物权的分类如图2-1所示。物权一般包含三个大类，即所有权、用益物权和担保物权，所有权是指所有人依法对其财产享有的占有、使用、收益、处分的权利。用益物权是指以物的使用、收益为目的的物权，例如国有土地使用权、宅基地使用权等。担保物权是指以担保债权为目的，即以担保债务的履行为目的的物权；担保物权包括抵押权、质权、留置权等。

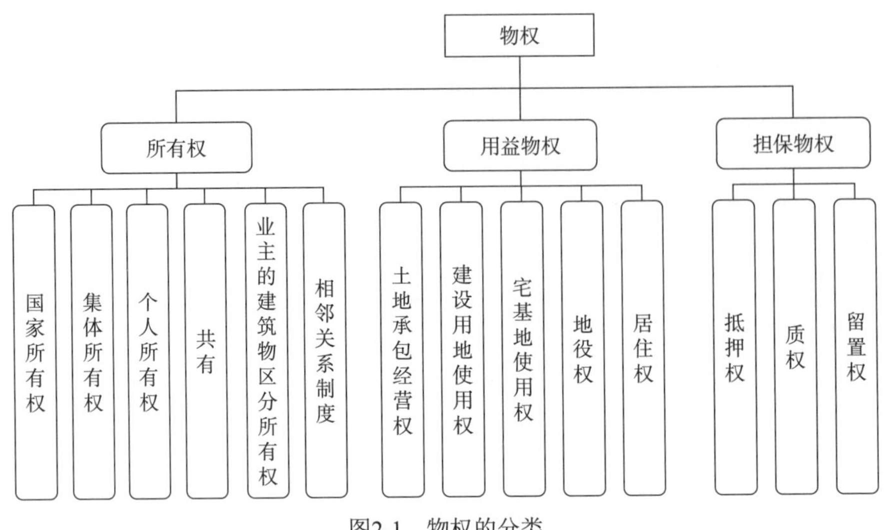

图2-1　物权的分类

担保物权与用益物权制度共同构成物权体系，如果没有担保物权，则不仅整个物权法的体系是残缺的，而且很难确定《中华人民共和国担保法》中规定的抵押、质押、留置是否为担保物权。

1. 所有权

所有权是物权法中的重要内容，所有权是指所有人依法可以对自己的物进行占有、使用、收益和处分的权利。它是物权中最完整、最充分的权利。通俗地说，你拥有一件物品，你可以自己使用；可以出租给别人，收取租金；也可以转手卖给他人。这就是你对这件物品的所有权，是一种绝对的权利。所有权通常包括国家所有权、集体所有权和个人所有权。此外，还有共有的概念，特别是在建筑物区分所有权方面。相邻关系制度用于规范相邻不动产权利人之间的关系。

（1）国家所有权是指由全民所有。法律规定属于国家所有的财产，由国务院代表国家行使所有权，法律另有规定的，依照法律行使。国家所有财产的范围主要有矿藏、水流、海域、无居民海岛、城市的土地、森林、山岭、草原、荒地、滩涂等自然资源，野生动植物资源，无线电频谱，文物，国防资产，基础设施等。

（2）集体所有权是指由集体所有。法律规定属于集体所有的财产，主要包括属于集体的土地、森林、山岭、草原、荒地、滩涂，集体所有的建筑物、生产设施、农田水利设施，集体所有的教育、科学、文化、卫生、体育等设施，以及其他的不动产和动产。

（3）个人所有权是指法律规定属于私人所有的财产所享有的权益。这些私人财产主要包括但不限于合法的收入、房屋、生活用品、生产工具、原材料等不动产和动产。

（4）共有是指数人共同享有一物的所有权，共有不是一种独立种类的所有权，而是同种或不同种所有权间的联合。通常可以分为按份共有和共同共有。按份共有人按照其份额对共有的不动产或者动产享有占有、使用、收益和处分的权利。通俗地说，甲、乙、丙共有一套房屋，其应有部分各为1/3，为提高房屋的价值，甲主张将此房的地面铺上木地板，乙表示赞同，但丙反对。因甲乙的应有部分合计已过半数，故甲乙可以铺木地板。而共同共有则是，共同共有人对共有的不动产或者动产共同享有占有、使用、收益和处分的权利。通俗地说，共同共有关系通常发生在互有特殊身份关系的当事人之间，如夫妻之间的夫妻共同财产关系、个人合伙和企业之间的联营等。

（5）此外，在所有权制度中，还存在相邻关系制度。相邻的两个业主之间会形成相邻关系，这是一种比较复杂的权利状态，既不能完全用普通所有权规则，也不能完全用共有权规则来解决。如在一栋大楼内，相邻业主之间可能互相造成噪声污染；建筑物也可能对周围邻居的通风采光造成负面影响，这些都在相邻关系制度的范畴内。物权法中的相邻关系的主要目的是促进和睦的人与人之间的关系的建立，维护社会秩序的安定。在我国的司法实践中，出现了不少业主与开发商之间、业主与业主之间的产权纠纷，这些问题处理不好，会影响社会安定，因此我国设立了相邻关系制度来加以解决。

2. 用益物权

用益物权是指非所有人所享有的对物的使用和收益的权利；是用益物权人在法律规定的范围内，对他人所有的不动产，享有占有、使用、收益的权利；它着眼于财产的使用价值。通俗地说，某餐饮企业租用别人的房屋进行经营，它依法享有对租用房屋的占有、使用、收益的权利，但是它没有处分房屋的权利。也就是说餐饮企业拥有的是房屋的用益物权。我国物权法在用益物权方面，主要规定了土地承包经营权、建设用地使用权、宅基地使用权、地役权、居住权等权利。

（1）土地承包经营权，是指承包农户以从事农业生产为目的，对集体所有或国家所有的，由农民集体使用的土地进行占有、使用和收益的权利。在土地利用过程中，土地承包经营权人应当维持土地的农业用途，不得用于非农建设，禁止占用耕地建窑、建坟或者擅自在耕地上建房、挖砂、采石、采矿、取土等，禁止占用基本农田发展林果业和挖塘养鱼。

（2）建设用地使用权，是指自然人、法人或非法人组织依法对国家所有的土地享有的建造并保有建筑物、构筑物及其附属设施的用益物权。建设用地使用权人对国家所有的土地依法享有占有、使用和收益的权利，有权自主利用该土地建造并经营建筑物、构筑物及其附属设施。

（3）宅基地使用权，宅基地是农村村民用于建造住宅及其附属设施的集体建设用地，包括住房、附属用房和庭院等用地，在地类管理上属于（集体）建设用地。宅基地使用权是指农村居民对集体所有的土地占有和使用，自主利用该土地建造住房及其附属设施，以供居住的用益物权。宅基地使用权人依法享有对集体所有的土地占有和使用的权利，有权依法利用该土地建造住房及其附属设施。

（4）地役权，是按照合同约定利用他人的不动产，以提高自己不动产效益的权利。在行使权利的过程中，将自己的不动产提供给他人使用的一方当事人称为供役地人；因使用他人不动产而获得便利的不动产为需役地；为他人不动产的便利而供使用的不动产为供役地，即他人的不动产为供役地，自己的不动产为需役地。地役权的基本内容是，地役人有权按照合同约定，利用供役地人的土地或者建筑物，以提高自己需役地的效益。地役权自地役权合同生效时设立。当事人要求登记的，可以向登记机关申请地役权登记。不登记，不得对抗善意第三人。通俗地说，甲为了能在自己的房子里欣赏远处的风景，便与相邻的乙约定：乙不在自己的土地上从事高层建筑；作为补偿，甲每年支付给乙4000元。两年后，乙将该土地使用权转让给丙。丙在该土地上建了一座高楼，与甲发生了纠纷。对此纠纷，甲对乙的土地不享有地役权。

（5）居住权，是指权利人为了满足生活居住的需要，按照合同约定或遗嘱，在他人享有所有权的住宅之上设立的占有、使用该住宅的权利。居住权作为用益物权具有特殊性，即居住权人对于权利客体（即住宅）只享有占有和使用的权利，不享有收益的权利，不能以此进行出租等营利活动。

3. 担保物权

担保物权，是指债权人所享有的，为确保债权实现，在债务人或者第三人所有的物或者权利之上设定的，就债务人不履行到期债务或者发生当事人约定的实现担保物权的情形，优先受偿的他物权。担保不单有物的担保，也有人的担保；债务人自己提供物的担保的，债权人应当先就该物的担保实现债权，也可以要求保证人承担保证责任。例如，甲向乙借款20万元，以其价值10万元的房屋、5万元的汽车作为抵押担保，以1万元的音响设备作质押担保，同时由丙为其提供保证担保。其间汽车遇车祸损毁，获保险赔偿金3万元。如果上述担保均有效，丙应对借款本金在6万元数额内承担保证责任。丙承担的是物的担保以外的担保责任。担保物权主要包括抵押权、质押权、留置权。

（1）抵押权是为担保债务的履行，债务人或者第三人不转移财产的占有，将该财产抵押给债权人，债务人未履行债务时，债权人有权就该财产优先受偿。例如，甲公司为获得贷款，将其厂房抵押给银行，如不能按期归还贷款，银行有权将该厂房拍卖，从拍卖所得的价款中优先受偿，这就是所谓的抵押权。

（2）质权是为担保债务的履行，债务人或者第三人将其动产出质给债权人占有，债务人未履行债务时，债权人有权就该动产优先受偿。例如，公民甲向公民乙借款，将其摩托车设定质押，双方签订质押合同以后，还必须将摩托车存放在乙处，这就是质押。质权与抵押权的不同在于，前者是转移动产的占有，而后者则是不转移动产的占有。通俗地说，抵押和质押的区别在于抵押一般需要登记，而质押一般不需要登记。抵押的对象主要是不动产，而质押的对象包括动产和权利（如有价证券、公司的股份及知识产权中的财产权等）。

（3）留置权是债务人未履行债务时，债权人可以留置已经合法占有的债务人的动产，并有权就该动产优先受偿。例如，农民甲到期没有履行对农民乙的债务，农民乙就留置了农民甲与债务有关的农用车一辆，但是农民甲还在这辆车上设立了抵押权或者质权，如果各个权利人均对此车行使自己的权利，谁应该首先得到补偿呢？那就应该是设立了留置权的农民乙。

2.2.1.2 数据的权属

1. 数据权属界定面临的困境

物权可归纳为所有权、用益物权及担保物权三大类，但在实践操作过程中，会根据物的不同衍生出不同的细分权利。例如，由于楼房房产的特殊性，衍生出了业主的建筑物区分所有权；由于土地的属性不同，衍生出了建设用地使用权、宅基地使用权等。自从数据被定义为生产要素后，数据的权属问题也在产学研各界开始被广泛讨论。

数据的权属界定过程中面临的问题可以分成理论与实践两个维度。数据权属界定的理论困境主要由法律界对数据的法律属性认知的差异性而导致。数据权属界定的实践困境主要是在数据确权的实践中产生的。由于数据产权的法律关系不明确，会导致个人、企业及国家在数据上的权利内容及分配规则不清，进而影响数字经济的发展。数据权属困境如图2-2所示。

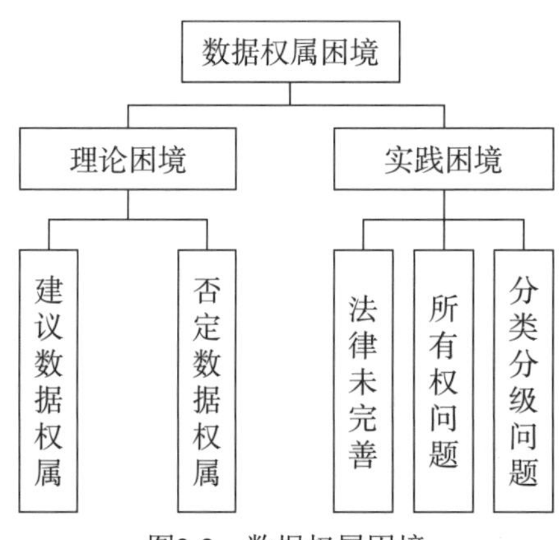

图2-2　数据权属困境

1）理论困境

数据的法律属性是界定数据产权的重要因素，由于传统法学理论体系难以解决数据产权问题，国内外学术界对数据的法律属性问题也产生了极大的争议。

部分观点认为不应该针对数据单独提出数据权属及数据权利的概念，主要有以下方面的原因：一是数据不能作为民事权利的客体。数据没有特定性、独立性，也不属于无形物，因此不能归入表彰民事权利的客体。二是数据不能独立视作财产。数据无独立经济价值，其交易性受制于信息的内容，且其价值实现依赖于数据安全和自我控制保护，因此不宜将其独立视作财产。三是数据权利化难以实现。基于数据主体不确定、外部性问题和垄断性等问题，数据权利化也难以实现。

此外，还有学者从经济学和法学的角度阐述了不建议为数据设置专有权的理由。从经济学的角度，数据专有权会对经济学中的经营自由和竞争自由带来负面干扰，进而会提高市场准入门槛、影响市场的公平性。从法学的角度，在现有的法律框架中，不存在将数据分配给特定法律主体的强制性要求；例如，为了促进数据的流通，哪怕是个人隐私数据，在明确得到个人授权的前提下，也是可以通过权属转移实现流通的；再如，通过传感器生成的数据的专有权也不只属于传感器的所有者。

另外，有部分学者正在尝试根据不同的理论梳理数据的法律属性，以辅助明确数据权属。关于数据的法律属性，学术界基于人格权、财产权、知识产权、新型财产权等多个理论产生了以下几种不同的观点。

第一种观点，认为个人信息应当是人格权的范畴。从《中华人民共和国民法典》总则编的规范设置来看，个人信息在性质上应当属于人格权益的范畴，个人信息权利以主体对其个人信息所享有的人格权益为客体。

第二种观点，认为数据具有财产权。部分学者认为，用户数据具有财产属性已经成为数据时代的社会共识，在市场实践中，用户数据商品化现象充分说明了其具有财产性质。也有学者从数据所有权和用益权的角度提出了二元权利结构模式的理论，认为可以借助“自物权—他物权”和“著作权—邻接权”的权利分割思想，根据不同主体对数据形成的贡献来源和程度，设定数据所有者拥有数据所有权和数据处理者拥有数据用益权的二元权利结构，以实现数据财产权益分配的均衡。

第三种观点，认为数据是知识产权的一种。作为一种知识产权，数据存储和成果可通过著作权法中的专利、商标等知识产权手段进行保护；也有学者将数据与著作进行了类比，认为由于数据被公开后应禁止他人公开传播的特性与著作类似，故可参考知识产权法完善对数据的相关立法。

第四种观点，认为数据属于新型财产权。由于数据在流通过程中会流经多个主体，涉及复杂的利益关系，因此需要根据该特性确立复杂的数据新型财产权体系，以达到数据的初始主体与数据流通主体间的利益平衡。例如，可以通过为初始数据的主体配置基于个人数据的人格权和财产权，为数据流通主体配置排他性的数据经营权和数据资产权的方式构建新型数据权属体系。

2）实践困境

在数字经济体系建设的实践活动中，数据权责不明导致个人、企业、国家在数据权利与责任的划分上不清晰，降低了数据所有方对数据共享的意愿、增加了数据共享后的法律风险，成为促进数据价值释放、打造数字经济过程中的核心障碍之一。随着数字化转型全面推进，数据权属制度的制定对于整个经济发展具有举足轻重的作用。在数据权属界定的实践过程中，遇到的问题可以按照确权过程的前、中、后三个阶段展开讨论。

（1）在界定数据权属过程前，需要对数据进行预处理，以便于确权工作的展开。当前被广泛认可的预处理手段是数据的分类分级。数据是一个抽象的概念，实践应用中数据包含很多种类，例如个人数据、企业数据、政务公共数据、原生数据、衍生数据等，不同种类的数据在权属界定的实践上存在差别。相同数据可以使用的场景也千差万别，例如政务、金融、国安、互联网、医疗等，相同的数据在不同场景下的权属界定也不尽相同。相比欧美许多国家已经构建完成了对个人数据和非个人数据进行区分管理的自由流通框架，我国目前尚未建立数据分级分类的管理制度，尤其对非个人数据和个人数据的统一监管，严重制约了数据要素价值的发挥。

（2）在界定数据权属过程中，需要依赖法律对数据权属的界定提供尺度。目前，国内外立法层面尚未对数据权属问题给出明确答案。在国际社会中，欧盟的GDPR、美国的数据安全与数据隐私相关法律，均在规定个人和企业对于数据权利的同时，规避了数据权属界定的问题。

在法律层面权属界定难点之一是数据所有权归于单方主体的局限性与归于多方主体的困难程度。若将数据所有权简单地归于数据收集人（如企业），则难以产生整体上的产权意义。因为，数据存在“一数多权”的现象，如果多个主体都对同一数据进行采集，均享有数据所有权；但是所有权的排他性否定了“一数多权”的可能性。另外，若将数据所有权归于被收集人（如用户），由于个人权利行使与企业积极性激发的难度，则不利于个人权利的行使和数据产业的发展。

（3）在数据权属界定之后，需要积极发挥行政监管作用，保证数据按照权属界定的结论依法流通。其一是企业对数据使用与处理过程中的法律意识有待培养，多数企业数据处理尚不透明，要提高企业处理数据的透明度，要求企业对个人数据在处理与共享过程中的行为对用户进行公开与确认。其二是政府与社会对数据安全的监管能力有待加强，当前的监管尚处于“局部监管、突出问题”阶段，需要向“全流程、全链条、全主体”的监管模式转变。

2. 数据确权的探索

对比已有的物权法，数据也应该包含所有权、用益物权及担保物权。2022年之前，在实践生产活动中，为了方便数据的流通与管理，通常将数据的用益物权拆分为使用权、收益权、管理权等。同时，对数据的用益物权进行了分离。分离之前，所有权、使用权、收益权、管理权实际表达的全是所有者的权利；分离之后，除上述四项所有权仍然存在之外，所有权增加了一类数据使用者的所有权，即使用权增加了一类数据使用者的使用权，收益权增加了一类数据使用者的收益权，管理权增加了一类数据使用者的管理权。这时的两权分离，实质是在拥有者与非拥有者之间的权利的分割分配。

在《中共中央 国务院关于构建数据基础制度更好发挥数据要素作用的意见》中，明确提出了“数据资源持有权、数据加工使用权、数据产品经营权等分置的产权运行机制。”

（1）数据资源持有权。物权中的所有权是具有排他特性的权利，而数据的可复制、易共享的特性与排他性背道而驰。数据资源持有权概念的提出，旨在搁置对数据所有权的争议，推动数据要素的进一步流通。相较于所有权，“持有”的概念指的是不依赖于所有权源的、对有形或无形的物通过一定的方式或手段有意识地控制或支配。

数据资源持有权中对数据资源的控制或支配能力是通过对数据的管理权及衍生出的私益性实现的。在法律层面，“持有”一词分别在刑法与民商法中得以使用；刑法中的“持有”更多的是规制持有行为，民商法中的“持有”更多强调的是权益归属。在实践层面，根据国家相关文件，建议数据持有者可以对依法持有的数据进行自主管理，并防止干扰或侵犯数据处理者合法权利的行为。因而，数据持有者可以根据持有权赋予的排他性享有相应的益处。

（2）数据加工使用权。数据加工使用权是指企业自我使用、加工处理指定数据的权利。数据具有低成本复制的特性，可以在使用过程中，在不造成数据损耗和质量下降的前提下，将数据复制成无限份。数据的低成本复制性增加了使用权转移的方便程度，利于实现多方共赢，在新经济价值创造的过程中具有积极的意义。但是同时，为防止对数据低成本复制特性的滥用行为，数据持有者将指定数据的使用权授予使用者后，数据的使用者不能将数据转手倒卖获利。数据的加工使用权只可以从数据中获取信息并加工生成相应的数据产品与数据服务。

另一个角度，数据加工使用权可以提升数据的排他性，增加企业对数据在会计意义上的控制权。公共公开的数据，由于所有人都具有对他的加工使用权，没有排他性。如公共公开的数据能给每个企业带来经济收益，则该数据就不具有排他性，企业对该数据不具备控制权。而通过加工使用之后，就生成了全新的具有排他性的企业独占的数据，这些数据就享有了会计意义上的数字经济利益，因而也具有了会计意义上的控制权。

（3）数据产品经营权。数据产品经营权是指政府授予法人机构数据产品的经营权利，例如授予数据交易机构开展数据交易活动的权利。数据产品经营权的展开有三项前提。首先，享有数据产品经营权的数据必须是合法收集、生成或其他合法来源的数据，非法获得的数据不享有经营权。其次，企业对数据必须依法经营。最后，数据产品经营权涵盖的数据对象不能违反其他法律法规，例如《中华人民共和国个人信息保护法》。

数据的产品经营权需要基于数据分类分级的结果开展。数据产品经营权的行使与数据的类型及场景的属性息息相关。例如，个人属性数据、行为数据比产品规格数据具有更高的隐私及敏感程度；又如企业持有用户的身份证号码等最高隐私级别的数据时，必须遵循《中华人民共和国个人信息保护法》中明确的“告知—同意”原则，且用户享有数据的撤回权；针对如手机号等一般隐私级别的数据，企业可在合规操作的前提下控制这类数据。

3. 数据确权的实践

（1）中国。

中国还未在法律法规层面对数据产权结构进行明确的定义。出于促进数字经济市场体系建立的考虑，我国在多地开展了数据产权试点计划。例如，2021年9月全国首个数据知识产权质押案例落地浙江杭州高新区（滨江），通过杭州高新融资担保公司增信，将数据资产进行质押，获得上海银行滨江支行授信人民币100万元。2021年10月，全国首张公共数据资产凭证（企业用电数据）在广东发布，公共数据资产凭证以数据资产凭证作为数据流通的专用载体，实现资产主体、资产本体、资产权利三位一体的绑定关系，以此声明数据主体、数据提供方和数据使用方。公共数据资产凭证作为政府认可的可信数据载体，具备可验证、可溯源等特点，可实现跨域互信互认、互联互通，受到主管部门的监管与保护。数据资源持有权、数据加工使用权、数据产品经营权分置运行。

（2）欧盟。

欧盟是全球范围内最早进行数据产权体系构建的地区，通过《通用数据保护条例》（GDPR）和《非个人数据在欧盟境内自由流动框架条例》，确立了“个人数据”和“非个人数据”的二元架构。GDPR明确任何已识别或可识别的自然人相关的个人数据，其权利归属于该自然人，该自然人享有包括知情同意权、修改权、删除权、拒绝和限制处理权、遗忘权、可携权等一系列广泛且绝对的权利。针对个人数据以外的非个人数据，企业享有数据生产者权，不过其权利并非是绝对的。

（3）美国。

美国将个人数据置于传统隐私权的架构之下，利用“信息隐私权”来化解互联网对私人信息的威胁。通过《公平信用报告法》（Fair Credit Reporting Act，FCRA）、《金融隐私权法》（Right to Financial Privacy Act, RFPA）、《电子通信隐私法》（Electronic Communications Privacy Act，ECPA）等法律，在金融、通信等领域制定行业隐私法，辅以网络隐私认证、建议性行业指引等行业自律机制，形成了“部门立法+行业自律”的体制。

（4）其他部分国家。

日本并不主张对数据本身另行设定新的排他性私权。经过学界、产业界及政府部门的多方探讨，目前日本对数据权属问题的处理规则已经比较明确。概括来说，对数据权属以自由流通为原则，特殊保护为例外。具体而言，就是以构建开放型数据流通体系为目标，不突破现有法律规定和法律解释，不对数据另行设置私权限制，以尊重数据交易契约自由为原则，促进数据自由流通。

俄罗斯规定的数据主体的权利与其他国家落脚点不同，其更多的是针对处理人开展的。所谓处理人，是指独立或与其他单位合作处理个人数据，并能确定个人数据处理的目的、范围的国家机关、主管机关、法人或个人。

印度《个人数据保护法》将数据视为“信托”问题，将每个决定处理个人数据目的和方法的实体定义为“数据受托人”，并要求其承担主要责任。数据受托人是指单独或者与其他人一起决定处理个人数据的目的和方式的任何人，包括邦、公司、法律实体或个人。

2.2.2 数据产品定价难

数据产品定价的问题是数据要素市场构建的重要问题之一。随着数据使用方法的改进及数据价值的提高，数据产品定价的问题也被学界和业界不断探索，更先进的数据定价方法与模型也被不断提出。近些年来，数据产品在流通过程中出现了一些关键的趋势，对数据定价问题产生了以下影响。

（1）个人数据价值的提升。个人数据包括有关个人特征、行为、偏好和态度的信息，可以从包括社交媒体、搜索引擎和硬件设备在内的各种来源收集。随着数字营销需求的增长，个人数据已成为一种宝贵的商品。专门从事购买、销售个人数据的数据经纪人和其他中介机构也应运而生。许多公司愿意为获得高质量的个人数据支付访问费用，以便更好地了解和定位客户。因此，蕴含个人数据的数据产品的价值也随之水涨船高。

（2）数据正用于创建新产品和服务。许多公司通过购买和使用数据来创建新的产品和服务，例如个性化建议、个性化新闻提要及其他数据驱动的应用程序。这催生了Data-as-a-Service（DaaS）业务模型，在该模型中，为了创造和改善产品和服务，公司产生了对数据产品的需求，并且愿意支付费用以获得数据的使用权力。例如，一家出售定制化营养计划的公司可能会购买有关个人饮食习惯、锻炼计划、健康目标相关数据的使用权限，以更精准地创建定制化的营养计划。金融技术公司为了定制更精确的客户投资计划，也会需要使用与个人的支出习惯和财务目标相关的数据。

（3）通过许可和订阅获利。许多公司正在通过许可和订阅模型从数据中获利。对于拥有大量高质量数据的公司来说，这可能是非常可观的收入来源。对于该模型涉及的双方，数据许可和订阅通常是双赢的。提供数据的公司能够将其数据产品出售并获利以产生收入，而访问数据的公司能够使用这些数据来构建和改善自己的产品和服务。例如，一家收集和处理消费者购买习惯相关数据的公司，可能会将这些数据的使用权许可给营销机构或其他想要使用它开发新产品的公司。

（4）数据隐私和法规变得越来越重要。随着数据变得越来越有价值，数据的使用频率也骤然升高。随之而来的是对数据隐私及个人数据滥用问题的担忧。正是由于看到了这些问题，全球各个国家相继出台了与数据隐私保护相关的法律法规。例如，欧盟的GDPR对公司如何收集、使用和销售个人数据给予限制。

在传统经济学中，有很多不同的模型和方法可以支持对商品的定价操作。但是，没有一种模型或者方法可以解决所有商品的定价问题；企业可能需要根据具体商品的应用场景对这些方法进行选择与组合，以得到合适的定价模型。

相较传统商品的定价，数据产品的定价问题尚未形成行业共识，产生行业标准。因此，数据交易平台的交易定价辅助模块的目的是基于已有的定价模型，给数据提供方、数据需求方及数据加工方提供数据定价的支持，以辅助交易参与方能就数据产品价格一事达成共识。

数据要素市场是多样的，在不同市场中，数据价值释放的主导因素不尽相同，数据产品定价方式五花八门；数据产品定价的模式也多种多样。本节通过对数据产品定价问题现状的梳理，希望可以帮助快速地完成数据定价辅助模块的构建。具体而言，本节将首先介绍数据产品定价问题的难点，其次分析影响数据产品定价的因素，再次对数据产品定价的方法进行阐述，最后介绍数据产品定价的模型。

2.2.2.1 数据产品定价的难点

数据产品相较传统商品有着很多特性。有些特性在给用户提供更多便利、创造更多价值的同时，对数据产品的定价造成了一定的障碍。国内外众多学者对数据产品定价问题的根本难点进行了研究。有学者认为数据来源的多样、数据管理的复杂、数据自身结构的多样是造成数据产品定价困难的根本原因。也有学者认为，数据产品交易定价的困难是由于数据产品的分类困难。此外，数据产品价值的不确定性、稀缺性、多样性，以及交易过程中数据流通的困难也造成数据产品价格难以统一。数据产品的产权问题，也在一定程度上对数据产品定价问题造成了负面的影响。要从经济价值角度衡量数据产品的价值可能需要先解决数据产品交易中的数据所有权归属问题。具体来说，在对数据产品进行定价的时候，可能会遇到以下一些困难。

（1）难以确定数据产品对数据需求方的价值。数据产品的价格与供需关系密切相关，而数据产品能向数据需求方提供价值的量化是一项挑战。为了确定数据产品对数据需求方的价值，需要进行市场研究并且收集客户反馈，以更好地了解产品的使用方式，以及产品对客户业务的影响。如果将数据产品的价格设定得过高，则难以吸引客户；如果将价格设定得太低，则无法获利。

（2）难以确定数据产品的质量。数据产品的质量对数据产品价格具有重大影响。数据产品质量越好，数据产品价格就会越高。数据的质量通常由数据的规范性、一致性、完整性、时效性、准确性、稀缺性、多维性、有效性及安全性九个维度决定。但是，数据产品的质量也是一个难以量化的指标。

（3）难以确定数据产品的成本。数据产品定价时需要考虑的另一个因素是数据产品的成本。数据产品的成本包括但不限于从外部来源获取数据的成本，以及存储、处理、保护数据的成本。准确计算收集数据、治理数据、托管和维护数据等的成本对于数据产品定价十分重要。

（4）难以确定不断变化的市场状况。当市场条件发生变化时，会对数据产品的需求、数据产品的竞争、数据产品的质量、数据产品许可协议的条款、数据提供方的声誉等造成影响；这些影响会进一步影响数据产品的价格。例如，如果市场增加了对特定类型数据产品的需求时，该类数据产品的价格就可能会随之提高。经济环境的变化、行业趋势的变化等外部市场因素也会影响数据产品的价格。这些市场状况的变化都会给确定数据产品的价格增加挑战。

（5）难以确定数据产品的权属。数据产品的权属是确定数据产品价格的重要因素，因为它会影响获取数据产品的成本和数据产品的使用条款。如果公司或组织不拥有出售的数据，则可能需要从第三方购买，这时数据产品的价格就会受到从第三方获取数据产品的成本影响。如果公司或组织拥有正在销售的数据，则价格可能更多基于数据产品提供给数据需求方的价值，而不是获取数据的成本。此外，数据的权属还会影响数据的使用条款。如果公司拥有数据，则能够设置约束力更强的使用条款，例如限制使用数据的方式，这些约束也会影响数据产品的整体价格。但是，实际情况是，法律层面数据权属尚未清晰，大多数公司无法明确自己拥有的数据的权属。

2.2.2.2 数据产品定价的影响因素

数据产品的价值可以从成本、数据质量、应用价值三个维度进行评估。数据产品价值评估指标如图2-3所示。

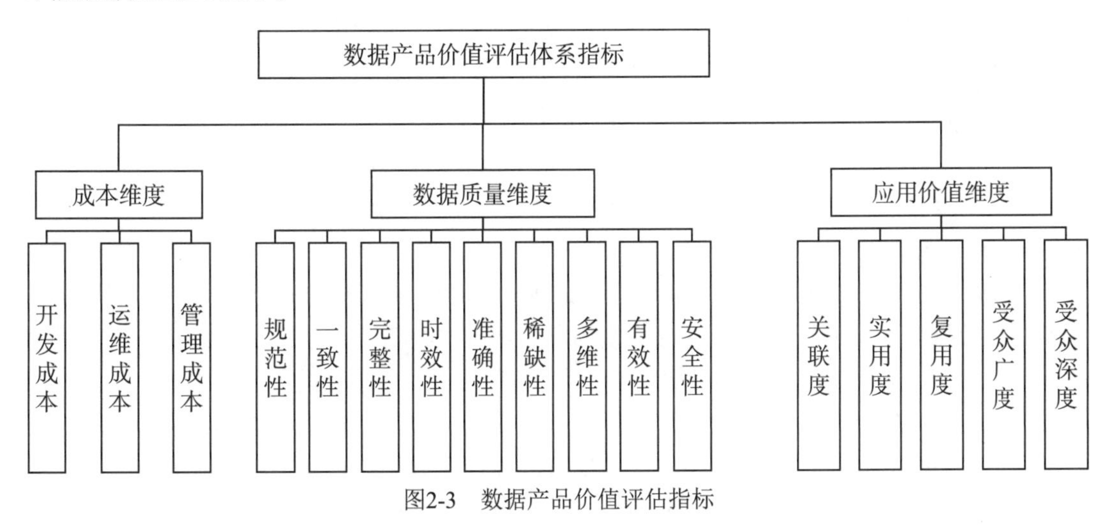

图2-3 数据产品价值评估指标

1. 成本

产品的价格受到产品生产成本的影响，数据产品也不例外。对数据产品成本的一种定义是：企业对数据产品的获取、传递、表达、存储、搜索、处理等直接或间接支出的费用。数据产品的成本主要由开发成本、运维成本及管理成本构成。

相较传统产品的开发成本，由于生产技术的不同，数据产品的开发成本有显著的降低。

这种成本抑减现象主要是由数据产品的信息检索成本、生产成本、复制成本、传输成本及个性化定制成本导致的。

（1）信息检索成本。指的是搜索构成数据产品的信息所发生的开销；这类开销包括人力开销、信息搜索及存储的软硬件开销、机密或隐私数据购买的开销等。

（2）生产成本。指的是通过对海量数据进行处理，得到具有价值的数据产品的开销。相较于传统产品，数据产品的生产成本也有所降低。首先，数据产品的生产原料、半成品采购及传输成本相对较低；其次，一个数据产品的边际成本几乎为零；最后，数据产品的定制化成本相较于传统产品也显著降低。

（3）复制成本。数据产品是非竞争性的，即一个用户获得了数据产品以后，并不会降低其他用户获得该产品的数量和质量。由于数据产品的非竞争性及零边际成本特性，数据产品的复制成本也接近零。零复制成本在降低数据产品开发成本的同时，也给知识产权及数据隐私保护带来了隐患。

（4）传输成本。传统产品通常需要依赖物流业将产品在全球范围内进行流转，流转过程中由时间、人力、油费、路费等构成了传输成本。数据产品，由于互联网的存在，由上述几个维度构成的传输成本趋近于零。

（5）个性化定制成本。传统产品个性化定制的成本通常是十分高昂的。以定制一张桌子为例，工厂需要根据个性化需求进行设计，需要对个性化材料进行采购，还需要对桌子进行建模并生产。哪怕是对桌子的某个部位（如桌腿）进行个性化定制，也需要重复上述步骤。相较而言，数据产品就可以通过少量的修改，快速便捷地生产出很多不同的版本。

运维成本是指在维护数据产品生产的环节，为确保数据产品质量的过程中所带来的开销。运维成本可以包含负责运维数据产品的数据科学家、工程师和其他专业人员的劳动成本；用于存储、处理和分析数据的硬件和软件费用，包括升级或更换设备的任何费用；收集和处理其他数据以保持数据产品时效性和准确性的开销等。

管理成本是指行政管理部门为组织和管理生产经营活动而发生的各项费用支出，数据产品成本中的管理成本与传统产品的管理成本是一致的。

2. 数据质量

数据质量是评价数据价值的基础。数据采集过程中难免出现错误、缺失、冗余等情况，导致原始数据质量参差不齐。通过对收集的原始数据进行清洗和治理，可以提升数据的准确性、完整性，并解决数据的重复性、出错率高等问题，实现数据质量的提升，为后续数据的开发利用奠定基础。参考全国信息技术标准化技术委员会提出的数据质量评价指标，可以设定规范性、一致性、完整性、时效性、准确性等数据质量评估指标。同时，由于数据质量对数据价值实现层面具有特定影响，可以增加稀缺性、多维性、有效性、安全性四类评估指标。

（1）数据规范性是指数据记载的形式符合要求的程度。不规范的数据往往不能准确反映被测现象的性质和程度，造成描述和理解误差，造成统计分析困难。所以需要对数据规范性进行检验。

（2）数据一致性是确保多个用户对同一个数据的访问获得的信息是一致的。当多个用户试图同时访问一个相同的数据时，可能会发生以下情况：丢失更新、未确定的相关性、不一致的分析和误读。数据一致性要求避免这些情况的发生。

（3）数据完整性是要求所有数据值均正确的状态，没有被未授权篡改。

（4）数据时效性是指在不同需求场景下，数据的及时性和有效性。

（5）数据准确性是指数据记录的信息不存在异常或者错误。例如，一个人的生日是2022年1月10日，中国习惯的格式是2022/1/10，美国习惯的格式是1/10/2022，英国习惯的格式是10/1/2022，在此示例中，日期在数据的内容上是正确的，但其表达形式容易导致数据准确性降低。

（6）数据稀缺性是指在特定目的或主题下缺乏相似数据的情况。数据稀缺性可能由多种原因导致，例如缺乏收集和存储数据的资源或基础架构，缺乏数据收集的计划，出于行业规定或法律道德限制不能收集数据等。

（7）数据多维性是指在特定目的或主题下，从多个角度对该主题信息的记录。通常数据产品的维度越多，蕴含的信息就越多，数据产品的价值就越高。

（8）数据有效性指的是数据的准确性和正确性。这是使用数据产品时要考虑的一个重要特性，因为无效的数据可能导致结论不正确及结果不准确。

（9）数据安全性是指保护数据免受未经许可传送、泄露、破坏、修改的能力指标，是标志数据安全程度的重要指标。

3. 应用价值

数据产品的应用价值是指通过各种方式使用数据（如决策、计划、解决问题等）而获得的价值收益。数据的应用价值可以通过多种方式得以体现。例如，可以通过对数据的分析得到更好的决策；可以通过分析数据，识别并优化“瓶颈”以提高效率；可以利用个性化数据给用户提供更符合用户偏好和特点的产品与服务、从而获得更好的用户体验；可以将数据用于识别和减轻风险（如金融风控、设备故障预警）等。通过分析历史交易数据，量化评估数据产品在不同应用场景下的效用和价值，可以将上述能力综合为数据产品的关联度、实用度、复用度、受众广度、受众深度五类指标。

（1）数据产品的关联度是指数据产品提供的信息与应用场景之间的相关性程度。当数据产品与应用场景相关联时，就意味着数据产品中至少有某一个变量与应用场景的某一个维度相关，该变量的变化与维度的更改是相关联的。但是，相关不一定意味着因果关系，仅仅因为变量和维度的相关性，并不一定意味着因为应用场景中某个维度的变化而导致了数据产品变量的更改。了解数据产品与场景的关联度对提升预测、识别等任务的结果能起到显著的作用。

（2）数据产品的实用度指的是数据产品能被使用并产生价值的程度。在评估数据产品的应用价值时，数据产品实用性是需要着重考虑的因素。无论数据产品的质量、潜在价值如何，如果数据产品无法以有意义的方式产生价值，该数据产品的实用度也是很低的。数据产品实用度会受到许多因素的影响，例如数据产品质量、数据产品的应用关联度、数据产品的格式、数据产品的可访问性等。

（3）数据产品的复用度指的是数据产品对应用场景的兼容性，一个能在更多场景中复用的数据产品具有更高的数据产品复用度。通常来说，复用度高的数据产品具有更高的应用价值。因为，复用度更高的数据产品能够节省大量收集新数据产品所需的时间和资源，提高了效率；对已经被证明是准确和可靠的数据产品重复使用，易于进一步提高数据产品的准确性；复用度高的数据产品可以用于多种场景，提供更大的灵活性和适应性。要提升数据产品的复用度，需要提供充分的文献记录，使用正确的数据产品格式，并使其易于访问和使用。

（4）数据产品的受众广度指的是能够访问并使用数据产品的人群数量。数据产品的受众群体可以包括各种各样的人群，例如研究人员、分析师、决策者、普通公众等。通常，拥有广泛受众的数据产品比具有狭窄受众的数据产品更有价值，因为它可以被更多的人或组织使用，能够产生更大的总体效应。

（5）数据产品的受众深度指的是个人或组织对数据产品理解的程度。具有更高受众深度的数据产品是指被更多拥有专业知识的人或者组织使用的数据产品，而具有较低受众深度的数据产品则是被较不专业的人或组织使用的数据产品。通常，具有更高受众深度的数据产品能拥有更高的应用价值，因为数据产品的使用者能从其中挖掘出更多数据价值。例如，行业专家使用一份数据产品可能会总结出具有较少专业知识的人看不到的新模式或者新见解，这些新模式和新见解可以帮助人们更好地理解该数据产品，并实现更多的应用价值。

终端用户通过对数据产品的使用最终实现数据价值的释放。因此，在数据产品市场中，数据产品的应用价值是影响该阶段数据产品价值的主要因素之一。数据产品提供方在充分调研市场需求的基础上，开发具有较高场景关联度的数据产品，并及时优化、迭代数据产品，提升数据产品的实用度，通过不断拓宽产品的使用范围，提高数据产品的复用度和受众广度，提升数据产品的使用频率；最后通过将数据产品交由高受众深度的专家进行分析，从而实现数据要素价值的全面释放。

2.2.2.3 数据产品定价的方法

数据作为一种生产要素，现已成为重要资产。其与无形资产有许多相似的特性，如无实物形态、价值不确定性、时效性、非竞争性等。因此，一种对数据产品进行定价的方法是将成本法、收益法、市场法等无形资产评估的方法沿用到数据产品之中。

1. 成本法

成本法是从数据产品价值的成本维度出发完成定价的方法。在无形资产的评估中，成本法是反映企业经济效益的最基本方法。该方法以生产费用价值论为理论基础，将数据资产的重置成本作为其价值计量基础，适用于市场不活跃的情况。刘玉等学者对数据产品的无形资产属性进行了确认，认为对于企业外购和主动获取的数据产品，应将成本法作为会计计量。

成本法虽然简单易操作，但存在许多局限。首先，数据产品趋近于零的边际成本，以及较高的固定成本，使单位产品均摊难以实现，数据产品成本量化困难。其次，数据成本与价值之间的对应关系弱，仅靠成本并不能衡量其获益能力，成本法估值偏低。最后，由于数据独特的生产过程，数据产品不存在平均化的社会必要劳动时间，衡量数据产品的价值不能仅考虑成本而忽视具体使用情境。此外，也有研究指出，数据产品难以计量的功能性贬值也是成本法的应用障碍之一。

2. 收益法

由于数据产品不具有物理功能，其价值可以由其带来的收益决定。收益法是评估数据产品价值的首要方法。该方法以效用价值论为理论基础，将待估数据产品的预期收益值作为价值计量。此方法的前提是已知数据产品的预期收益、折现率和效益期限，这也是该方法实际落地的障碍所在。首先，由于数据产品价值的不确定性，数据产品的效益依赖于数据处理技术等具体条件，预期收益难以量化。其次，信息不对称导致数据产品难以得到不同主体都认可的合理价值，评估主观性较大。最后，数据产品折现率的确定难度大。鉴于此，目前多数企业将数据产品使用热度作为收益的计量维度，具体指标有数据产品的使用次数、调用频率等。

3. 市场法

市场法从市场获取指标，考虑了市场供求，更具客观性和公平性。该方法以均衡价格论为理论基础，参照市场上类似数据产品交易案例的价格，利用技术水平、价值密度、评估日期、数据容量等可比因素进行修正，得到待估数据产品的价格。随着数据市场的日趋活跃，市场法更具适用性。但目前市场法仍然存在诸多挑战。首先，我国的数据产品交易尚处于初期实践中，市场不成熟，交易案例少，且案例多为协议定价，主观性强，参考性低。其次，数据产品的个性化程度高，难以寻找到具有相似特性的交易案例。最后，修正系数确定困难，某些修正项（如数据质量）难以量化，且难以确保数据产品差异修正全面。

2.2.2.4　数据产品定价的模型

数据产品的定价方法是方法论，需要有具体的定价策略对数据产品的价值进行量化。常见的数据产品定价策略有静态定价、动态定价、免费增值定价和基于博弈论的定价策略。

1. 静态定价

采用静态定价的数据产品，价格一般是固定的，并且不会随着时间的变化而变化。数据提供方根据自身的市场定位，自主地调整确定数据产品的价格，以达到数据提供方盈利等的目的。这意味着所有的数据需求方需要为数据产品支付相同的价格，无论他们使用多少或使用多长时间。静态定价主要包括固定定价、分层定价及打包定价三种方式。

（1）固定定价是指数据提供方根据数据产品的成本和效用，结合市场供需情况，设定一个固定价格的定价方式。固定定价的优势在于价格固定，节省了撮合协调的时间成本和沟通成本；其局限在于适用范围狭窄，仅限于批量廉价的数据产品交易。基于使用量的定价方式就是一种固定定价方式，根据数据产品的时效和需求确定固定价格，然后根据数据需求方的数据使用程度（如API调用次数、订阅方式等）进行收费，主要适用于一般性的批量数据。

（2）分层定价是指将数据产品分成不同的价格层次，每个层次设置具有不同特性的数据产品。数据需求方可以根据自己的需求及预算，选取相应的数据产品。分层定价在给数据需求方提供更多选择性、增加数据需求方购买可能的同时，还能激励数据需求方向更高层级的数据产品升级。

（3）打包定价是指将多种数据产品捆绑在一起作为一个套餐，并以折扣价出售的定价模型。打包定价的目的是通过将多种具有关联性的数据产品打包在一起折扣出售，为数据需求方提供优惠与便利，为数据提供方创造更多的收益。

静态定价的优点是，数据需求方可以更容易地理解数据产品的价格，并完成预算。因为无须根据用量或其他因素不断调整价格，数据需求方也可以简单地完成价格管理。但是，在绝大多数情况下，静态定价并不是最佳的选择。例如，如果数据产品的生产成本是随时间不断变化的，静态定价就无法达到利润最大化的目的。

2. 动态定价

动态定价是一种响应式定价策略，其中数据产品的价格会根据数据要素市场的需求、供应、趋势和竞争情况实时变化。例如，航空公司可能会使用动态定价，根据一年中的时间、路线及提前购票情况，对航班价格进行调整；酒店可能会根据房间占用率、该地区房间的需求来调整房间价格。动态定价的目的是通过动态地设定对客户有吸引力的价格来优化收入，同时考虑了生产、存储和销售数据产品的成本。但是，动态定价策略的实施和管理相对复杂，不适合所有数据产品。在数据要素流通体系尚未健全，数据要素市场机制尚在建立过程中的当下，数据产品的动态定价模式的应用环境尚未成熟。常见的动态定价方法包括自动定价、协商定价及拍卖式定价。

（1）自动定价是指根据供需情况，通过算法和软件自动调整价格的方式。自动定价通常是使用定价引擎来完成的，该引擎通过分析竞争对手的价格、数据产品的可用性、数据需求方的需求等因素，动态地计算出最佳价格。自动定价允许数据提供方快速、准确地调整价格，以响应不断变化的市场状况，从而帮助企业最大化利润并保持竞争力。具体而言，自动定价可以由具有权威性和公信力的机构对数据产品的价值作出初步评估，以供数据产品交易的参与方参考，提高数据定价的效率。

自动定价是一种为数据交易所、交易中心、交易平台等数据交易场所通过选定的数据产品价值评估指标为数据产品提供第三方定价的手段。例如，贵州大数据交易所会先使用数据质量评价指标初步评估数据产品的价值，然后根据评估结果、数据产品的历史成交价格得出一个合理的数据产品价格区间，供数据产品交易的参与方参考。

（2）协商定价是一种数据产品交易的参与方通过协商、轮流出价等方式，直至达成所有参与方都能接受的合理价格的定价策略。这可以是手动过程，参与方进行直接讨论以达成价格协议；也可以通过促进谈判过程的软件或其他工具自动化完成协商过程。各方对数据产品价值的认可是协商定价的基础。进行协商的根本原因是不同参与方之间信息的不对称，对数据产品的价值存在不同的认知。因此，需要通过协商减小不同参与方之间的信息差，进而使所有参与方可以对数据产品的价值达成一致。

协商定价在实践中最为常见，其优点在于定价的自由度及交易的成交率较高。由于参与方之间可以进行充分的沟通，在定价的过程和模型的选择上自由度较高。通过协商能够最大限度地满足所有参与方的需求，因此通过协商定价的数据产品交易成交率也较高。在实践中，数据提供方、数据需求方及数据加工方在开展数据产品交易时，往往采用协商定价的数据产品定价模式，由所有参与方协商具体的价格，达成合意后数据需求方与数据加工方即可调用相关数据产品。

（3）拍卖式定价是指将数据产品通过拍卖方式确定价格的定价策略。拍卖定价通常针对优质的数据产品，属于需求导向定价，适用于一个数据提供方和多个数据需求方交易的场景，以最高竞拍价为数据产品的成交价格。拍卖的方式有物理拍卖和在线拍卖两种形式。在物理拍卖过程中，投标人聚集在一个地点竞标相关的数据产品；在在线拍卖的方式下，数据需求方通过网站或平台远程参与拍卖过程。

拍卖定价的优点在于充分依靠市场来确定数据产品价格，由市场上的数据需求方根据数据产品效用的预期决定数据产品价格，无须设置繁杂的数据产品价值评估标准。贵阳大数据交易所将拍卖定价作为其数据定价的模式之一，对部分数据产品采取拍卖定价模式。荷兰学生曾通过竞拍的方式以350欧元出售了包括其个人隐私信息在内的数据产品，相关个人隐私信息包括个人简历、医疗信息、位置信息、电子邮箱、行程信息等。但是，由于数据产品的非竞争性（边际成本和复制成本趋近于零），拍卖式定价能否在实际场景中得到广泛应用，还有待市场的反馈。

3. 免费增值定价

免费增值定价是指通过向数据需求方提供免费的数据产品或者补贴价格的方式提升用户黏性，进而促使其中一部分数据需求方购买其他具备增强功能的数据产品，或者向第三方销售数据需求方数据的交易模式。通常，免费增值定价可以分为两个阶段，免费付费阶段及增值付费阶段。免费付费阶段会首先向数据需求方提供免费的基本数据产品，以提高顾客满意度和用户黏性。进而在增值付费阶段，吸引数据需求方为更高级的数据产品付费，或者向第三方销售数据需求方的相关数据。例如软件、游戏，或应用程序常会向用户免费提供基本版本，并提供收费的高级版本。又如，在健身房会员或在线约会网站，用户可以免费尝试部分产品或服务，但必须付费以访问更多功能。免费增值模型可以成为数据提供方产生收入的有效方法，同时利于建立客户群，提高品牌知名度。

4. 基于博弈论的定价策略

博弈论是数学中研究战略决策的分支。在博弈论体系中，博弈是由两个或多个参与方参与，根据其他参与方的行动与输出作出决策的情形。博弈论常被用来分析不同参与方之间的战略互动，并且可以应用到包括数据产品定价在内的多种现实场景中。

在数据产品定价的场景中，博弈论是基于对参与方行为的决策互动关系描述而发展起来的理论体系。纯粹的博弈论定价模型主要是描绘数据产品在一个具体场景中最终达到均衡状态的过程。博弈论在产品定价场景中已经得到了广泛应用。例如，在双寡头竞争下，数据驱动的博弈论模型可以预测竞争对手的价格反应和参考价格演变。在美国中型汽车市场中，存在使用博弈论对销售数据和价格数据进行分析完成需求预测的实例。有专家将博弈论与基于使用量的定价策略结合，完成了数据产品的广义定价模型。还有学者将博弈论应用于物联网数据定价领域，实现了云计算辅助、区块链增强的数据产品市场中的数据提供方与需求方各自的利益最大化。

博弈论是一个广义的理论名词，在这个理论体系之下，包含了很多不同的模型，常见的博弈论模型包括纳什均衡模型、伯特兰德模型、领导者—追随者模型、价格歧视模型。

（1）纳什均衡模型。该模型是以著名数学家约翰·纳什（John Nash）的名字命名的。这是一个用于研究两个或多个参与方竞争的场景，在该场景中每个参与方的竞争策略与其他参与方的策略都具有很强的相关性。纳什均衡代表多个参与方的竞争策略最终形成的稳定的状态。在纳什均衡之下，所有参与方均能达到最优，所有参与方均不期望对自己的策略进行更改。

（2）伯特兰德模型。该模型是以经济学家约瑟夫・伯特兰德（Joseph Bertrand）的名字命名的。该模型用于分析两个或多个数据提供方通过对相似的数据产品以设定价格的方式形成竞争的场景。在该模型达到均衡状态时，数据产品的价格将被设定为每个数据提供方的边际生产成本。因为，在了解其他数据提供方定价以后，每个数据提供方都会将价格尽可能降低，以获取更多的市场份额并最大化利润。

（3）领导者—追随者模型。该模型用于分析一个数据提供方（领导者）先设定价格，其他数据提供方（追随者）根据领导者的定价设定价格的场景。在该模型下，领导者先根据自身的成本结构及对追随者设计价格的预期设计价格；追随者再根据已知领导者的价格及自身的成本结构完成定价。领导者—追随者模型的目标是，领导者得出一个能最大化利润的定价，追随者的定价能够使其获得尽可能多的市场份额以保持盈利水平。

（4）价格歧视模型。该模型用于分析数据提供方根据不同数据需求方的付款意愿设定价格的场景。对数据需求方的区分可以根据资产情况、地理位置、购买历史等因素完成。在该预测模型下，公司将根据数据产品在不同数据需求者间对需求价格的弹性设计数据产品的定价。例如，为以小企业或个人消费者为主的数据需求方提供较低的价格，同时向较大的公司或者政府机构收取相对高的价格。具体的定价将根据数据需求群体的需求弹性进行调节与优化。

2.2.3 数据主体间互信难

在构建国家数据市场的过程中，“互信难”成为一个显著的障碍。数据的独特属性，即其真实性、共享性与安全性的三者之间存在的固有矛盾，加剧了这一挑战。数据的核心价值依赖于其真实性，而其价值的实现又依赖于有限的共享。然而，由于数据本身的可复制性，不可能像实物一样进行无限制的共享，必须在确保个人隐私和国家安全的前提下进行谨慎管理。因此，建立一个基于可信技术的数据市场，确保数据共享在不侵犯隐私和威胁安全的情况下进行，是促进市场参与者之间互信的关键。

2.2.3.1 确保数据的安全可信

对数据安全性的顾虑成为数据要素市场参与方之间建立互信的核心问题之一，原因在于数据安全性直接关联到个人隐私、商业秘密和国家安全等敏感领域。这些数据的泄露会造成较为严重的影响，且当前的技术手段和机制体系无法精准地实现定位与追责。而在数据流通交易过程中，数据的收集、存储、处理和传输环节都可能成为潜在的安全漏洞，一旦数据被非法访问、泄露或篡改，就可能对数据提供方和使用方造成无法预估的损失，包括财务损失、声誉损害乃至法律责任。因此，未能充分保障数据的安全性，就无法建立起参与方之间的信任，阻碍了数据的有效流通和利用。

对数据有效性的顾虑同样是造成数据要素市场参与方之间互信困难的核心问题。数据有效性关乎数据的准确性和完整性，是数据价值的基础。在数据要素市场中，如果数据质量低下，或被篡改和伪造，将直接影响数据使用方的决策质量，带来错误的商业决策和投资失误。例如，基于不真实数据的市场分析可能导致企业错失商机或投资失败。因此，确保数据的有效性，对于建立市场参与方的信任关系、促进数据交易和利用具有至关重要的意义。

要实现保护数据的安全性与真实性这一目标，关键在于在全面监管的基础上，采用先进的技术手段，从而实现保护。例如，可以采用数据安全技术，从而保护数据在流通过程中的安全；可以采用先进的隐私计算技术，在保护数据持有权的同时，解决使用权的问题，从而保护数据在流通过程中的可信。

2.2.3.2　实现数据的有限共享

数据的共享性指的是数据能够被多方访问、使用和分析的特性，它是数据价值实现和知识传播的重要途径。共享性使得数据不仅能服务于原始收集者的目的，还能为其他个体或组织带来利益，通过共享和再利用促进创新和经济发展。

然而，对数据共享性的顾虑也是造成数据要素市场参与方之间互信难的问题之一。这是因为数据共享时难以确保数据的隐私和安全得到充分保护，数据的原始所有者可能担忧其敏感信息泄露，或数据被滥用而损害其利益。此外，缺乏明确的数据所有权和使用权界定，也增加了共享过程中的法律和商业风险。

解决数据共享性所引发互信难题的方法在于建立健全的数据共享机制和标准，同时引入先进的技术来保障数据的隐私和安全。一方面，需要通过法律法规明确数据共享的权责界限，建立数据共享的标准化协议，确保数据共享过程透明、合法和公正。另一方面，采用隐私计算技术，如可信执行环境、安全多方计算、联邦学习等，确保数据在共享过程中不泄露敏感信息，只交易流通数据的使用权，保障数据所有者的持有权，实现数据的“可用不可见”。此外，建立数据追踪和审计系统，加强对数据使用行为的监管，提高数据共享的安全性和可信度，从而增强市场参与方之间的信任。

2.2.4　数据入场交易难

数据要素市场的入场交易，从广义上理解即数据在要素市场中流动和共享。因此，入场交易对于当今的数字经济和社会发展具有至关重要的作用。首先，它促进了创新，为企业提供了前所未有的洞察力，使得产品和服务能够更精准地满足市场需求。此外，数据共享能够提高效率，通过优化资源分配和运营流程，降低成本，增加产业链的协同效应。在公共领域，数据流通对于增强政府服务、提升公共安全、改善健康和教育等方面也有着显著影响。更重要的是，数据的集成和分析能够帮助应对全球性挑战，如气候变化、疫情防控等，通过更好的决策支持系统，实现可持续发展目标。因此，数据要素的入场不仅是技术进步的驱动力，也是推动社会整体福祉提升的关键。

2.2.4.1 数据提供方权益难以得到保障

数据提供方权益难以得到保障的问题主要源于数据权属界定不清、数据安全和隐私保护风险高、数据交易规则和标准不统一，以及数据提供方议价能力较弱等方面。为了解决这些问题，需要完善相关法律法规，明确数据权属和交易规则；加强数据安全和隐私保护，建立有效的数据保护机制；推动数据交易市场的标准化和规范化，降低交易门槛和不确定性；同时，提升数据提供方的议价能力，保障其在交易中的合法权益。

首先，数据权属界定不清。在当前的法律体系下，数据的所有权、使用权、经营权等权益并没有明确的界定。这导致在数据交易过程中，数据提供方往往难以明确自己的权益范围，难以确保自己的权益不受侵犯。同时，由于缺乏明确的法律指导，数据交易各方在权益纠纷解决上也面临困难，进一步加剧了数据提供方权益保障的难度。

其次，数据安全和隐私保护风险高。数据提供方在参与数据交易时，需要面临数据泄露、滥用等安全风险。一些不法分子可能通过非法手段获取数据，进行非法利用，给数据提供方带来严重的损失。同时，由于缺乏有效的隐私保护机制，数据提供方的个人信息和商业秘密也可能在数据交易过程中被泄露，进一步威胁其权益。

此外，数据交易规则和标准不统一也是导致数据提供方权益难以得到保障的原因之一。目前，数据交易市场尚未形成统一的交易规则和标准，不同交易平台之间的数据格式、质量标准、交易方式等存在差异。这使得数据提供方在参与交易时面临较高的门槛和不确定性，难以保障自己的权益。

最后，数据提供方在数据交易中的议价能力较弱。由于数据交易市场的信息不对称和供需关系不平衡，数据提供方往往处于弱势地位，难以在交易中争取到合理的权益保障。一些大型数据需求方可能利用市场地位优势，对数据提供方施加压力，迫使其接受不合理的交易条件，进一步削弱了数据提供方的权益保障。

2.2.4.2 政策法规有待完善，入场交易存顾虑

数据要素价值的释放依赖于其在高效流通、使用和赋能实体经济过程中的不断聚合和加工，这一过程能够产生显著的乘数效应。为了更好地发挥数据要素的作用，不仅需要政策层面的支持，也离不开法律法规的完善。我国已在这方面作出了不断的尝试，例如，《中共中央 国务院关于构建数据基础制度更好发挥数据要素作用的意见》提出了数据“三权”的概念，为促进数据要素市场的发展作出了积极的探索。

尽管我国已经认识到数据作为关键经济要素的重要性，并开始构建相应的法律框架，但这一体系仍在不断演进之中。许多企业在实际操作中发现，现有的法律法规既缺乏具体的操作指南，也缺少对数据交易、共享及其安全保护等关键问题的明确规定。这种不确定性不仅限制了企业在数据流通和利用上的积极性，也加剧了企业在数字经济活动中面临的法律风险，从而阻碍了数据资源的有效流通和高效利用。

高价值数据往往掌握在各行业领先企业的手中，这些企业利用高价值数据优化产品、

支持决策，从而保持其市场领先地位。在企业内部，这些数据使用的风险相对可控。然而，在当前不完善的法律法规框架下，一旦这些数据被引入市场进行流通，就可能使企业面临法律诉讼、违规操作等风险。正因如此，面对潜在的法律和合规风险，许多企业选择不将其高价值数据推向市场交易。这种情况反映了法律法规缺失对数据流通和经济发展潜力释放的制约作用，也凸显了完善数据交易相关法律法规、构建安全可靠的数据流通环境的迫切需要。

为解决这一问题，还需进一步完善和细化数据相关的法律法规体系，明确数据权利归属、使用规则、交易机制，以及安全和隐私保护的标准。特别是，应当着重制定涵盖数据流通全过程的综合性法律政策，既要促进数据的开放和共享，又要确保数据交易的透明公正，同时加强数据安全和个人隐私的保护。此外，建立健全的数据纠纷解决机制和监管框架，对于增强企业的信心、鼓励企业更积极地参与数据流通和经济活动，以及推动中国数字经济的健康发展，都具有重要意义。在“中国数谷”中提出并应用的“数据合规流通数字证书”是其中的一种有效的解决方式，详情请参考第2.4节。

此外，加强对企业数据流通和利用过程中的指导和支持，也是提升企业信心、促进数据资源高效利用的重要措施。通过发布实施细则、操作指南和最佳实践案例，可以帮助企业更好地理解和遵守数据相关的法律法规，降低合规成本，提高数据处理的效率和安全性。同时，建立多方参与的沟通协调机制，鼓励企业、行业协会和监管机构之间的互动交流，共同探讨和解决数据流通过程中遇到的问题和挑战。通过这种合作模式，不仅能够促进法律法规与市场实际需求的紧密结合，也能够提升整个社会对数据安全和隐私保护的认识，共同推动形成公正、开放、透明的数据市场环境，进一步释放数字经济的潜力。

2.2.4.3　公共数据与企业数据开放程度不高

在当今信息化时代，数据被誉为新的石油，对经济社会发展具有极其重要的作用。然而，公共数据与企业数据的开放程度普遍不高，这一现象限制了数据潜力的充分发挥，成为限制创新与发展的瓶颈。

公共数据，指的是政府及其相关机构在履职过程中产生或掌握的数据。按理来说，这些数据的开放有助于提高政府透明度，促进公共服务的优化，以及激发社会创新能力。然而，实际上，公共数据的开放程度还远未达到理想状态。首先，数据开放的标准化和规范化程度不足。不同部门、不同级别政府间在数据格式、更新频率、访问方式等方面存在差异，且缺乏统一的数据资源目录，增加了数据利用的难度。其次，数据开放的数量和质量仍有待提高。尽管近年来已经采取措施推动公共数据的开放，但开放的数据量相对于庞大的政府数据资源仍然较少，且很多数据缺乏实用性和时效性，难以满足社会公众和企业的实际需求。

与公共数据相比，企业数据的开放更加复杂。企业通常出于商业利益的考虑，对数据持有较为保守的态度。企业数据开放程度不高主要表现在以下三个方面。一是企业对数据价值认识不足。尽管越来越多的企业意识到数据对于业务发展的重要性，但如何通过开放数据创造新的商业模式、提升行业整体效率的认识仍然不够。二是担忧数据安全和隐私保护。数据泄露不仅会损害企业声誉，还可能带来法律风险。因此，很多企业对于数据开放持谨慎态度。三是缺乏有效的激励机制。在缺少政策引导和市场激励的情况下，企业开放数据的积极性不高。

2.2.5 数据监管难

数据技术与市场体系的结合，重构了市场中参与主体间的关系结构，也带来新的市场竞争方式和竞争规则。但是当前的市场监管大多是在工业经济时代诞生的，与数字经济的发展还存在诸多不匹配的地方。这主要是因为数字经济市场的竞争增加了线上维度，是一场新的竞争，数字经济市场竞争在赋予企业更强能力的同时，也带来了不规范。比如，针对垄断型平台企业监管手段有待加强。当前，在社交媒体、共享经济、移动支付、电子商务等数字经济重点领域，平台垄断现象日益凸显，一些头部超大型企业掌握的数据资源规模和价值甚至已超过政府监管部门，存在形成数据市场“法外之地”的隐患。

当前，数据要素市场监管中的三个“不适应”问题值得关注。

一是传统监管方式契合度不高。传统监管方式与数据要素市场尚处于发展阶段的特性不具有契合性。一方面，数据要素市场处于发展初期，如果进行严格监管将可能阻碍其“蝶变”，错失发展机遇；另一方面，如不进行监管，那么会出现市场无序扩张等系统性风险。因此，对于数据要素市场的监管是以效率为导向，还是以安全为导向；是以促进产业发展为主，还是以规制风险为主，值得政策制定者或监管者深入分析。

二是传统监管思维适用性不强。传统监管思维对不断变化的数据要素市场不具有适用性。传统的监管政策建立在对风险客观、科学的评价之上，风险解决方案应以明确的风险界定和发生概率作为依据，但在数据要素市场发展中很多潜在风险并不能被社会识别。倘若政府无法了解数据要素市场风险的函数，那就无从获得风险发生的概率，更无法设定监管的“度”。因此，面对数据要素市场，监管部门进行风险规制的利弊很难判断，制定监管规则实属困难。

三是传统监管模式难以形成合力。传统单向度的监管模式在数据要素市场中难以形成监管合力。传统的监管方式强调监管部门凭借其权力自上而下对经济活动进行管制，总是使用“看得见的手”调节“看不见的手”。但是，监管部门的主体相对单一，易产生各自为战、“单打独斗”的现象，难以应对数据要素市场带来的具有高度复杂性和高度不确定性的新经济业态问题，有限的监管资源有可能导致监管失灵，既无法调动其他主体的监管积极性，也难以形成高效的监管系统。

2.3 数据基础设施架构体系

数据是新时代的关键生产要素，对经济社会的深远影响与日俱增。为此，国家数据局的成立和其推进的系列重点工作，如数据基础制度体系的完善、数据流通交易和开发利用的促进、数据基础设施建设的推动等，旨在释放数据的潜能，推动数字经济的高质量发展。

2.3.1　数据基础设施背景

数据基础设施是实现数据价值、促进数据流通利用的关键载体，包括但不限于网络、算力和数据流通设施。它通过高速的连接能力、高效敏捷的处理能力及安全的数据保障，支撑数据从汇聚、处理、流通到应用的全流程。这种基础设施的建设，不仅需要技术的支持，更需顶层设计和国际合作的推动。

从能力角度来看，数据基础设施的建设围绕着数据汇聚、处理、流通、应用、运营和安全保障的全流程。它利用先进的技术如5G、云计算、边缘计算、大数据处理等，实现数据的高效接入、精准确权和高效便捷的存储计算。此外，通过数据空间、隐私计算、区块链等技术，数据基础设施还提供了一个可信的数据共享、开放、交易环境，保障数据流通的安全可靠。

数据基础设施的建设不仅是技术上的革新，它还意味着对数据治理模式的革新。通过建立一套全新的数据基础设施，可以有效解决数据流通中的堵点难点，激活数据要素的价值，推动数据服务深度融入社会生产生活。此外，据业界估算，数据基础设施的建设将吸引大量投资，为数字经济的高质量发展提供有力支撑。

面向未来，我国将加快推进数据基础设施的建设工作，通过加强顶层设计、繁荣产业生态和开展国际合作等措施，共同为我国数据事业发展贡献力量。这一蓝图的实现，将是我国数字经济创新发展的重要里程碑，标志着我国在全球数字经济中的领导地位将进一步巩固。

2.3.2　数据基础设施架构

数据基础设施架构是数字经济发展的基石，它为数据的采集、存储、管理、分析和共享提供了必要的技术平台和服务。这种架构不仅涉及物理硬件的部署，如数据中心、服务器和网络设备，也包括了软件系统和应用，例如大数据处理平台、云计算服务和数据安全保护工具。通过构建高效、可靠和安全的数据基础设施架构，可以实现数据资源的高效利用和流动，为各行各业提供强大的数据支持，进而推动社会经济的创新和发展。

国家数据局刘烈宏局长在第二届全球数字贸易博览会上致辞，提出了数据基础设施可以包含四大设施和六大能力。具体而言，从基础设施层面出发，设置了四大设施，分别是网络设施、算力设施、流通设施和安全设施；从数据能力角度出发，归纳了六大能力包括数据汇聚、数据处理、数据流通、数据应用、数据运营和数据安全保障能力。

根据四大设施和六大能力框架设计，结合实践经验，我们设计了数据基础设施架构方案。其中，底层算力网络融合了网络设施和算力设施，提供了数据汇聚和处理的基础；流通设施促进了数据的有效流动，支持数据共享和开放；而安全设施则确保数据的保护和合规性。这些基础设施和能力的相互作用，不仅加强了数据的实用性和可靠性，而且也为数据的创新应用铺平了道路。数据基础设施整体架构方案如图2-4所示。

通过对这些设施和能力的综合分析，本节旨在展现它们是如何相互依赖和相互增强，共同构建起一个能够支持现代业务需求的强大数据生态系统。我们将探讨每个组成部分的具体功能和重要性，以及它们如何共同作用，提升数据的收集、处理、安全和应用效率。此外，我们还将在本节中探讨数据基础设施如何更好地发挥作用，帮助企业和组织在竞争激烈的市场中保持领先地位，以及可能面临的挑战和未来发展趋势。

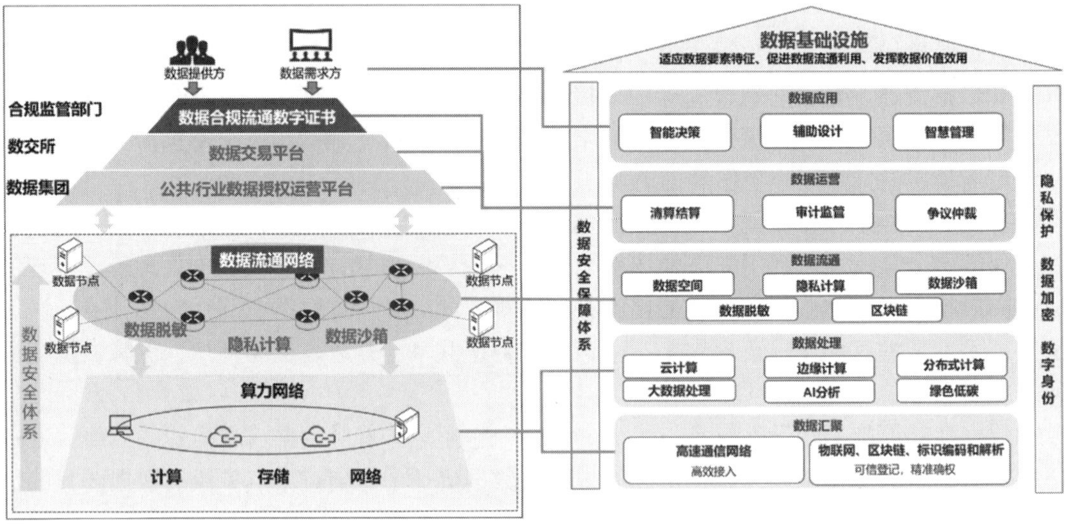

图2-4　数据基础设施整体架构方案

2.3.2.1　基础设施

1. 算力网络

作为现代数据基础设施的核心组成部分，融合了网络设施与算力设施，构成了数据处理与分析的强大引擎。它不仅负责数据的高效传输，还提供了必要的计算能力来处理和分析这些数据，是支持大数据、云计算和人工智能等技术发展不可或缺的基础。随着数字化转型的深入，算力网络的建设和优化成为企业和组织实现技术革新、提升业务能力的关键因素。

算力网络能够支持数据汇聚与数据处理的能力。从汇聚角度看，算力网络通过高效的网络设施保证了来自多个源的数据可以迅速、安全地被集中。这对于实时数据分析、物联网（IoT）应用及需要集成多种数据源的复杂业务场景至关重要。另外，算力网络可以通过对汇聚的数据应用区块链等技术实现对数据的可信登记和精准确权。

从数据处理角度看，算力网络提供的计算资源能够满足支撑数据流通、数据运营、数据应用及数据安全保障能力的各种需求。从简单数据清洗到复杂大模型训练，这些需求所需的算力差别巨大。无论是在数据中心内部进行大规模计算，还是利用云计算资源进行分布式处理，算力网络都能够提供必要的支持，确保数据分析任务的高效执行。

算力网络的实现依赖于多种不同技术的融合。首先，硬件资源是算力网络的物质基础，包括数据中心的服务器、存储系统和网络交换设备。这些资源按需分配，确保数据的快速处理和存储。其次，软件定义网络（SDN）技术允许网络管理员中央控制网络资源，实现更灵活的网络流量管理和优化。通过SDN，算力网络能够根据数据处理需求动态调整资源分配，提高数据传输效率。再次，云服务提供了一种可扩展的计算资源获取方式，使得算力网络可以根据处理需求弹性扩展。云平台上的虚拟机和容器技术使得部署和管理计算任务变得更加高效。最后，虚拟化技术通过在单个物理服务器上创建多个虚拟机，最大化资源的利用率。这对于算力网络中的数据处理尤为重要，因为它允许同时处理多个任务，而不需额外的物理资源。

通过这种方式，算力网络成为连接数据与应用的关键纽带，不仅支撑了数据的收集和处理，还为数据的深入分析和应用提供了强大的基础。随着技术的不断进步，算力网络的建设和优化将继续是支持企业数字化转型和创新的重要领域。

2. 流通设施

流通设施在数据基础设施中占据着至关重要的地位，它涵盖了支持数据在不同系统、组织之间自由流动的技术和协议。这些设施不仅包括物理的网络连接和数据传输技术，还包括数据格式标准、交换协议和隐私保护机制等。流通设施的建立和优化，使得数据能够实现在不同主体间“可用不可见、可控可计量”。

流通设施对数据流通能力起到了支撑作用。流通设施通过促进数据的流通能力，对数据驱动的决策制定、跨域合作，以及新知识和洞察的生成起到了至关重要的作用。在全球化的经济背景下，数据的自由流动成为竞争优势的源泉，流通设施的建设和优化直接关系到企业、行业、地区能否充分利用这一优势。

流通设施需要具备解决数据要素市场发展难题的能力。解决这部分难题目前主要采用以下技术。

（1）可信数据空间：可信数据空间提供了一个安全可信的环境，使得数据资产可以被发现、访问和共享，而不泄露敏感信息。通过实施数据治理和合规性措施，数据空间确保数据流通时的隐私保护和安全。

（2）隐私计算技术：如机密计算、安全多方计算和联邦学习技术，使得数据在加密状态下被处理，保证数据在流通过程中的隐私安全。这对于医疗健康、金融服务等对数据隐私要求极高的行业尤其重要。

（3）API和数据交换协议：通过标准化的API和数据交换协议，流通设施支持不同来源和格式的数据互操作。这种技术标准化降低了数据共享的障碍，加速了数据的流通和利用。

（4）合规性和数据主权相关技术：随着数据保护法律和条例的实施，流通设施必须确保数据流通符合相关的合规性要求。数据主权的概念强调了数据流通时对本地法律和规定的遵守，流通设施需要支持数据在符合法规的前提下自由流动。

通过实现数据的有效流通，能够更好地整合内外部数据资源，提升数据分析的质量和深度。同时，合理的流通设施设计还能保护数据隐私，遵守法律法规，平衡数据利用与数据保护之间的关系。

3. 安全设施

在数字经济时代，数据的安全性直接关系到组织的竞争力、信誉、运营连续性及客户信任度。随着数据资产的重要性不断提升，网络攻击的日益复杂和频繁，构建和维护强大的安全设施成为防御外部威胁、保护数据资产不可或缺的任务。因此，安全设施是数据基础设施中至关重要的一环。

安全设施不仅保护数据免受外部威胁，还帮助组织管理内部风险，如数据滥用和内部泄露。通过实施综合的安全策略和技术，安全设施为数据的整个生命周期提供了保护，从数据的创建、存储、传输到销毁，每一环节都受到严格的安全控制。此外，安全设施的建设也是建立客户信任和保持业务声誉的关键，信任的建立是促进数据流通的关键前提。在数据泄露事件频发的今天，强大的安全设施不仅是组织的防线，也是其竞争优势的一部分。

安全设施涉及一系列网络安全、数据安全及大模型安全相关的技术、策略和措施，旨在保护数据免受未授权访问、泄露、篡改或破坏。网络安全技术关注于保护组织内部网络，以及使组织与外界的网络通信免受攻击、侵入或其他潜在的安全威胁。常见的网络安全技术有防火墙、入侵检测和防御系统（IDS/IPS）、态势感知等。数据安全技术着重保护存储和处理中的数据不被未授权访问、泄露或篡改。常见的数据安全技术有数据加密、数据分类分级、数据脱敏等。随着人工智能技术的广泛应用，旨在提升AI全生命周期的安全技术，特别是针对大模型的安全技术也尤为重要。常见的AI安全技术包括内容安全技术、模型安全技术、训练与推理的数据安全技术等。

2.3.2.2 数据能力

1. 数据汇聚能力

数据汇聚能力指的是对多源、多维数据进行高效接入、可信登记、精准确权，有效提升数据汇聚环节的广泛性、便捷性和精准性。在信息量日益爆炸的今天，企业面临着来自社交媒体、物联网设备、业务交易系统等多样化数据源的挑战。数据汇聚能力不仅能够帮助企业获得更全面的数据视角，还能提升企业数据分析、决策制定和创新发展的能力。

数据汇聚能力的实现依赖于强大的算力网络。算力网络提供了必要的计算和网络资源，支持数据的高速传输和处理。例如，云计算平台能够提供可扩展的存储和计算资源，支持大规模数据集成任务；而软件定义网络（SDN）技术则可以优化数据传输路径，降低数据汇聚过程中的延迟。

数据汇聚过程中存在着以下三方面的挑战。

（1）数据质量和一致性问题：在数据汇聚过程中，来自不同源的数据可能存在质量和格式不一致的问题。解决方案包括实施数据清洗和标准化流程，以及使用数据质量管理工具。

（2）数据安全与隐私：在汇聚敏感数据时，必须确保数据的安全和用户隐私的保护。这要求在数据汇聚的各个环节实施加密、访问控制、数据脱敏和隐私计算等数据安全措施。

（3）处理能力和存储限制：随着数据量的增长，数据汇聚任务对计算和存储资源的需求也不断增加。云服务和分布式计算技术提供了解决这一问题的途径，通过弹性资源分配来满足不断变化的需求。

数据汇聚能力的增强不仅提升了数据分析的深度和广度，也为实现数据驱动的决策提供了坚实的基础。随着技术的发展，组织需要不断探索和采用新工具和方法，以应对数据汇聚过程中的挑战，充分挖掘数据的价值。

2. 数据处理能力

数据处理能力指的是组织处理、分析和解释数据的能力，从而转化为有价值的信息和知识。这包括数据的清洗、分类、分析，以及利用数据挖掘和机器学习等高级技术生成洞见的过程。在数据驱动的决策制定过程中，数据处理能力是提升业务效率、优化客户体验和推动创新的关键。

有效的数据处理能力极大地受益于强健的算力网络基础。这样的网络为从基本数据查询到高级数据分析及机器学习等任务提供了关键的计算支持。针对海量数据的处理，云计算和分布式计算框架展现了其独特的优势，能够依据任务需求灵活调配资源，从而为数据分析工作带来可伸缩的扩展性。

在数据处理过程中，主要的问题和挑战集中在海量数据的计算能力。随着数据量的爆炸性增长，如何高效处理大规模数据集成为一大挑战。在应对这一挑战方面，云计算和分布式计算技术提供了有效的解决方案。云计算技术提供了弹性的计算资源，允许用户根据需要轻松扩展或缩减资源。与此同时，分布式计算技术允许在多个计算节点上并行处理数据，显著提高了数据处理的速度和效率。通过将大数据集分割成更小的数据块，并将它们分配到网络中的多个节点进行并行处理，分布式计算能够解决单个计算机处理能力有限的问题。Apache Hadoop、Apache Spark等技术已被广泛应用于大数据处理领域，它们能够提供快速的数据处理能力，支持复杂的数据分析和机器学习任务。

3. 数据流通能力

数据流通能力指的是通过实现数据在不同主体间“可用不可见、可控可计量”，为不同行业、不同地区、不同机构提供可信的数据共享、开放、交易环境，有效提升数据流通环节的安全可靠水平，使得数据能在不同系统、组织间自由、安全地移动和共享。在当今互联的世界里，数据流通是促进知识共享、创新加速和业务协同的关键。它使得组织能够充分利用外部和内部的数据资源，提高决策的质量和效率，同时促进了跨行业和跨国界的合作。

确保数据在共享和流通过程中的隐私与安全、应对全球各地区复杂且多变的数据保护法规，以及克服不同数据源带来的互操作性问题，这些都是数据跨域流通过程中面临的主要挑战。首先，个人隐私和机密数据安全的保护是一项紧迫的挑战。在数据共享和流通的过程中，保护信息不被未授权访问或泄露是极其困难的。其次，跨域数据流通所面临的合规性挑战，由于不同行业和地区之间存在的数据安全要求的差异，给组织带来了极大的法律和运营复杂性。此外，数据互操作性问题由于数据来源的多样性，以及不同系统间格式和标准的不一致性而变得尤为突出。

数据基础设施中数据流通能力的有效落地可以高效解决这些问题。数据流通能力的核心依赖于融合了数据空间、隐私计算、区块链、数据脱敏及数据沙箱等先进技术的流通设施。这些技术共同创建了一个环境，使数据在流通过程中既可用又不可见，实现了数据使用的高度控制和精准度量。通过这样的设施，组织可以在确保数据安全和遵守数据保护法规的同时，促进数据在内部与外部的自由流通。例如，数据空间为数据的发现和访问提供了安全环境，而隐私计算技术如机密计算保护了数据处理过程中的隐私。区块链技术通过其不可篡改的分布式账本，增强了数据交易的安全性和透明度。同时，数据脱敏和数据沙箱等技术保障了数据在分析和共享过程中个人和敏感信息的安全。这些集成技术和设施的应用不仅提高了数据的利用效率，也为全球数据合作打下了坚实基础，是组织在数字经济时代保持竞争力的关键。

4. 数据运营能力

数据运营能力是指利用技术工具和规则体系相结合的方式，有效地推动数据的汇聚、处理、流通、应用及交易等关键功能顺畅且高效地运行。这一能力的核心在于通过精细化管理和技术的应用，实现数据要素市场供需之间的精准对接，从而为数据市场的健康发展提供动力。进一步来说，数据运营能力不仅关乎数据的有效利用，更包括确保精算结算、审计监管、争议仲裁等公共服务的高效和高质量执行，以此保障数据市场中各类资源能够高效配置。

通过部署和维护一套全面的技术解决方案和规则体系，可以在确保数据安全性和合规性的前提下，优化数据的整合、分析、共享和应用流程。例如，利用“公共数据授权运营平台”为数据需求者提供一个可靠访问公共数据的平台；通过“数据交易平台”作为数据流通和共享的中介，促进数据资源的有效匹配、交易和利用，从而激发数据的潜在价值并推动数字经济的发展；采用“数据合规流通数字证书”，利用密码学和区块链技术确保数据流通的合规性和安全性，以及实现数据的智能应用和价值转化。

此外，数据运营能力还强调在数据全生命周期内实施细致的管理和监控，包括但不限于数据的采集、存储、使用、共享和销毁等各个环节。通过建立健全的数据治理机制和监管框架，不仅能够提升数据处理的效率和效果，还能确保数据活动的透明度和可信度，满足审计监管的需求，有效处理数据相关的争议和问题。

数据运营能力紧密依赖于组织的数据基础设施，包括算力网络、流通设施和安全设施。一个健全的数据基础设施为数据运营提供了技术支持和资源保障，使组织能够高效地管理和利用数据资源。同时，数据运营的实践反过来也促进了数据基础设施的优化和升级，形成了良性互动。

5. 数据应用能力

数据应用能力是指通过通用化的智能决策、辅助设计、智慧管理等能力，帮助数据应用方优化设计、生产、管理、销售及服务全流程，进一步降低数据应用门槛，提升数字化水平的能力。数据应用能力能够赋能各行各业。

通过数据应用能力，使用大数据分析、人工智能和机器学习技术，可以帮助企业从庞杂的数据中提取有价值的信息，实现基于数据的决策制定。这种决策方式能够大幅提高决策的速度和准确性，为企业在市场竞争中把握先机提供了可靠的数据支持。例如，在市场营销领域，智能决策能够帮助企业准确识别目标客户群体，预测市场趋势，优化广告投放策略，提升营销效率和投资回报率。

通过数据应用能力，可以利用数据分析和模拟技术实现辅助设计，为产品和工程设计领域提供强大的支持。通过分析历史设计数据、消费者偏好及市场需求，辅助设计工具能够帮助设计师快速生成设计方案，进行效率预测和性能评估，缩短产品开发周期，降低设计成本。

通过数据应用能力，应用数据分析、物联网（IoT）等技术实现智慧管理，完成对企业运营的实时监控和智能调度，有效提升管理效率和业务流程的自动化水平。在生产管理领域，通过实时收集生产线数据，智慧管理系统能够实时监控设备状态，预测维护需求，优化生产调度，减少停机时间，提高生产效率。在人力资源管理方面，智慧管理有助于优化人员配置，提升工作效率，实现人力资源的最优化利用。

数据应用能力的发挥紧密依赖于组织的数据运营能力。只有当数据被正确地收集、管理、保护，并且处于可用状态时，才能有效地应用这些数据。数据运营提供了数据应用所需的高质量数据基础，同时数据应用反馈也促进数据运营的持续优化。

6. 数据安全保障能力

在数字经济时代，数据安全不仅关乎个人隐私保护，也是企业信誉、客户信任和业务连续性的基石。数据安全保障能力指通过隐私保护、数据加密、数字身份等技术手段，帮助各参与方建立数据安全保障体系，推动各参与方在数据合规性建设方面形成最佳实践，贯穿数据生命周期全流程，确保数据的可信性、完整性和安全性的能力。

随着网络攻击的日益频繁和复杂，构建强大的数据安全保障能力成为每个组织的首要任务。数据安全保障能力与组织的数据基础设施紧密相关。安全设施作为数据基础设施的一部分，借助网络安全、数据安全及大模型安全等相关技术，保障数据基础设施的安全。同时，数据的安全保障能力也需要依托于强大的算力网络和数据流通设施，实现数据的加密、备份、灾难恢复、入侵检测、入侵防御、态势感知等技术，以提升安全保障产品的能力。

2.3.2.3　数据基础设施的整合与协同

在构建和维护数据基础设施时，各个组成部分（算力网络、流通设施、安全设施）之间的整合与协同作用至关重要。这种整合不仅涉及技术层面的融合，还包括策略和管理层面的协调，旨在实现数据的高效利用和保护。

在技术层面的整合涉及将计算、网络和安全技术无缝连接，形成一个统一的数据处理和保护框架。例如，利用软件定义网络（SDN）技术实现网络资源的灵活调度，以支持算力网络中的数据处理任务；同时，通过部署统一的安全策略和技术，如统一身份认证和访问控制，确保数据在流通过程中的安全。

在策略层面的整合要求在企业内部建立跨部门的合作机制，统一数据管理和安全政策。这不仅涉及技术标准和流程的统一，还包括对合规要求的共同遵守和风险管理策略的协调。

在管理层面的协同确保了数据基础设施的各个组成部分在企业的战略目标下高效运作。这需要数据基础设施的规划、建设和运营活动得到高级管理层的支持，并与企业的业务目标和发展战略紧密结合。

整合和协同不仅提升了数据基础设施的效率和效能，还增强了数据的安全性和合规性。随着技术的进步和业务需求的变化，企业需要持续优化数据基础设施的整合与协同策略，确保能够充分发挥数据的价值，同时保护数据资产免受威胁。

2.4　数据合规流通数字证书

2.4.1　数据要素流通交易全流程合规和监管痛点

《中共中央 国务院关于构建数据基础制度更好发挥数据要素作用的意见》提出“完善

数据全流程合规与监管规则体系”。具体而言，要求建立数据流通准入标准规则，强化市场主体数据全流程的合规治理，确保流通数据来源的合法、隐私的保护、流通和交易的规范，加强企业数据合规体系建设和监管，严厉打击黑市交易，取缔数据流通非法产业。

在国家对数据资源管理的战略规划尚未完全明确之时，市场已自行形成了大量的数据流通和交易活动。然而，这些活动大多数处于监管之外，难以有效纳入法规管理之中。尽管在许多领域内，对数据的需求持续高涨，供应端却相对冷清，这主要是因为数据管理领域的法律法规尚不健全、规则不明确，导致数据合规成本过高。这种情况使得企业在数据提供和使用时变得谨慎，因为“法不明则不敢行”的困境使它们在供应和利用数据时存有顾虑。

2024年3月23日，《经济日报》发布的“确保数据安全合规流通”的专家观点指出，数据流通的安全合规最终取决于使用环节。一旦这一环节失去监管，就可能引发难以预测的风险挑战，给利益相关方带来巨大损失。因此，加强开发和利用环节的监管，构建“可控可量化”的数据使用监管机制，是保障数据流通安全合规治理“最后一公里”的关键。我们应明确授权范围，探索建立数据安全合规使用的标准合同机制，明确各方在数据开发和利用上的目的及场景，确保数据的开发和利用限定在法定的场景和范围内，并实现数据使用的全程留痕存证，以防止非法使用导致的数据安全风险。同时，明确安全责任，严格落实各类数据处理主体的安全保护义务与责任，具体化数据处理活动主体责任的情形和形式，设定数据处理活动的底线，提高数据应用的合规性。此外，加强协同监管，建立政府、产业、研究机构和用户等多方主体协同联动的监管体系，形成跨部门、跨地区、跨行业的协同监管合力。企业也要加强内部的数据安全合规体系建设，形成有效的自律安全合规内控系统，主动承担起数据安全的主体责任，确保数据处理的全流程符合《中华人民共和国数据安全法》《个人信息保护法》等相关法律法规的要求。

2.4.2　数字证书：破解“全链路合规难”

由安恒信息与客户共同创立的“数据合规流通数字证书”和随之成立的“中国数谷”合规委员会机制，双管齐下，形成了促进数据流通的强有力机制，这一创新做法获得了国家发展和改革委员会、国家数据局等相关国家部门的高度认可。这一成就标志着我国在数据流通和合规管理方面迈出了重要一步，展现了通过政企合作推进数据合规流通领域创新的巨大潜力。

“数据合规流通数字证书”不仅是基于数据要素特征精心设计的，还是全国首个既实用又具备存证稽查功能的“数据发票”。它充当了数据流通过程中的全流程合规监督者，通过确保数据交换的合规性，极大地提高了数据使用的透明度和安全性。此外，作为一种制度性工具和软件基础设施，它在促进数字经济健康发展方面发挥着至关重要的作用，为数据流通提供了可靠的合规保障，确保了数据交易的合法性和正当性。

与此同时，“中国数谷”合规委员会的建立为数据合规流通提供了强有力的组织保障。该委员会汇聚了来自政府部门、行业协会、企业界和学术界的专家，共同探讨和制定数据流通与合规的最佳实践和标准。委员会的工作不仅加强了行业的自律和监管，而且促进了公私部门间的沟通和合作，为数据流通和利用提供了更加明确和可靠的规则和指导。

通过这些创新举措，不仅加强了数据的安全合规管理，也为我国的数字经济发展打下了坚实的基础。这一系列措施的实施，有助于建立一个更加开放、透明、高效的数据流通环境，进一步激发数据价值，推动经济社会全面数字化转型。

2.4.2.1　设计理念

数据合规流通数字证书的设计理念基于政府的灵活包容和审慎监管原则，同时鼓励企业通过诚信自治来自我证明其合规性。该系统遵循“三不两实现”的核心原则。

（1）“三不”原则，一是确保系统不直接参与任何交易过程；二是不接触或存储任何交易数据；三是不作为交易过程中的第三方参与者。

（2）“两实现”原则，一是通过低成本措施实现合规交易的有效存证；二是采用无须编程的方式，确保安全高效地进行交易抽检。

数据合规流通数字证书的设计目标旨在减轻企业在数据合规性验证、交易过程记录及存证成本方面的负担，通过构建一个全流程灵活而包容的监管机制成为其重要支撑。通过这一系统设计，不仅提高数据交易的透明度和安全性，还为企业和政府之间建立起一种更为高效、低成本的合作模式，以促进数据流通的健康发展。

2.4.2.2　运作机制

数据合规流通数字证书业务流程图如图2-5所示。

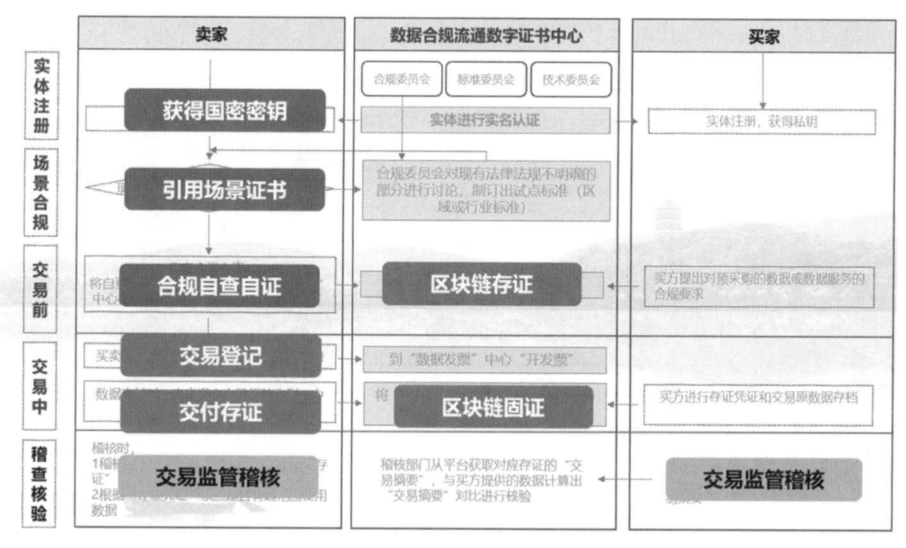

图2-5　数据合规流通数字证书业务流程图

交易前“合规委员会”会针对市场提出的数据交易场景，深入审视涉及的数据。这一审视过程涵盖数据的来源、管理方式、使用方法及最终的数据输出等多个维度。通过法律专家和技术手段，采用“场景证书”的形式，对该场景相关的法律法规、标准和管理方法的规范性文件进行详细的查证。此外，基于这些查证结果，委员会将编制一份详尽的合规自查手册。这份“场景证书”及其配套的“企业合规自查手册”共同构成了一个有效的规范化工具。企业可以依照“自查手册”的指导进行自我审查和自证，然后将自查和自证的材料提交至“数字证书”中心，进行司法互认的区块链存证。这不仅为企业在数据合规方面提供了明确的指导，而且有效地减少了合规的不确定性，降低了整个市场的合规成本。

在数据交易过程中，卖方需主动前往“数字证书中心”开具“数据发票”，并将“买方身份、卖方身份、交易内容、价格、交付方式”等核心信息进行登记备案。在交付数据时会根据特定算法计算出交付对象的不可逆摘要，并进行存证。

交易完成后，“数字证书”中心将提供一套交易监管工具箱，协助进行交易监管和审计。通过这一系列措施，实现从企业合规准入、数据交易和交付到事后监管的整个数据流通交易过程的全流程闭环管理。

2.4.2.3 功能模块

数据合规流通数字证书架构如图2-6所示。数据合规流通数字证书系统平台主要包括场景证书模块、数据资产登记模块、数据流通登记（模块）、数据交付记录（模块）、交易稽核模块、合规自查自助模块、跨域管理（模块）等。

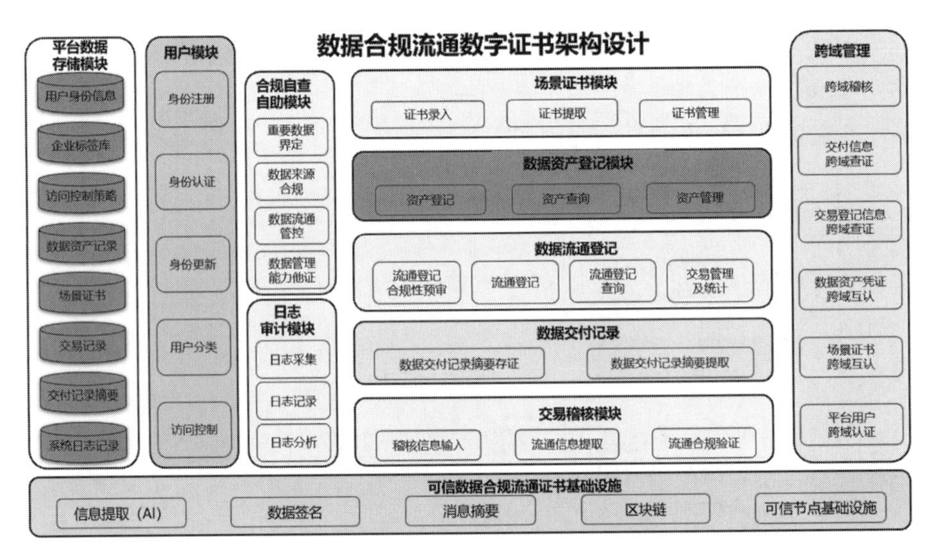

图2-6 数据合规流通数字证书架构

1. 场景证书模块

该模块负责根据特定的数据交易场景发放证书。合规委员会评估涉及数据的各个方面，包括来源、管理、使用方式和结果输出，并结合法律专家和技术手段，颁发证明该场景合规性的“场景证书”。

2. 合规自查自助模块

合规自查自助模块为企业提供了一份合规自查手册，企业可以利用这份手册进行自我审查和合规性证明。该手册会基于场景证书详细阐述相关法律、法规、标准和管理办法，引导企业理解并遵循合规要求。

3. 数据资产登记模块

该模块允许企业将合规自查和自证的材料上传至数字证书中心。上传的材料将通过司法互认的区块链技术进行存证，确保信息的安全性和不可篡改性。

4. 数据流通登记

在数据流通交易阶段，卖方需向数字证书中心提交并登记交易信息，包括买卖双方信息、交易内容、定价和交付方式等。该模块确保所有关键信息都得到了适当的记录和备案。

5. 数据交付记录

数据交付记录（模块）负责在数据交付时记录交付物的摘要信息。通过使用特定算法计算摘要确保了交付的标的物的一致性和不可逆性，这些信息也会被存证以供未来查询。

6. 交易稽核模块

完成交易后，交易稽核模块拥有一系列监管工具，帮助监管机构进行稽核和审计。这些工具保障了交易的合规性，确保所有活动均符合相关法律法规。

7. 跨域管理

跨域管理（模块）负责验证数据交易参与方的身份，确保只有经过授权的实体可以参与到交易中。这有助于加强安全性和信任度，特别是在跨域进行数据交易时。

整体而言，该架构为确保数据合规流通提供了一个全面的系统，从预先的合规性审查到交易后的监管稽核，每个模块都是保障数据交易安全、合规且高效进行的关键部分。

2.4.2.4　跨域互认机制

我国在打造数据要素市场的进程中，已经逐步建立起一套完整的法律法规体系。这一体系从《中华人民共和国宪法》到《中华人民共和国国家安全法》《中华人民共和国网络安全法》《中华人民共和国数据安全法》《中华人民共和国个人信息保护法》，再到《网络安全等级保护条例》《关键信息基础设施安全保护条例》，全方位涵盖了数据安全、隐私保护、数据权益及数据交易等关键方面。

考虑到不同地区在数据要素产业发展上的不均衡性，国家鼓励条件成熟的地区进行先行先试，并出台了相应的区域性试点政策。在这一背景下，场景证书作为“数据合规流通数字证书”系统的核心的合规工具和标准，在不同地区也可能会出现差异化的应用。监管与稽核部门在执法时可能会受到地域限制，这也意味着场景证书中的具体生效条款在未来可能会呈现区域性特色。

随着先试区域的深入实践和探索，这些区域在制度和规则上的成功经验将为全国范围内的制度建设提供示范和引领。基于此，系统将被赋予跨域互认的功能和能力，以适应不同地区间的合规需求，并促进全国数据要素市场的整体协调与一体化发展。

2.4.3　应用实践案例

2023年8月，“数据合规流通数字证书”在“中国数谷”2023杭州峰会（夏季）正式发布。“数字合规流通数字证书”代表了浙江省在数据要素市场化配置改革探索中的重要进展，特别是体现在杭州方案和滨江实践上的突破。经过实践应用场景的检验，该证书展现了其逻辑严谨性，并证明了在实际应用中的简便性和高效率。

在“中国数谷”2023杭州峰会（夏季）期间，“数据合规流通数字证书”在首批数字交易场景中的正式启用。图2-7展示了首个数据合规流通数字证书的样例。这个发布仪式不仅展示了数字证书的实际应用潜力，也标志着合规数字交易环境的一个新纪元。

数据合规流通数字证书

DATA COMPLIANCE CIRCULATION DIGITAL CERTIFICATE

证书编号：100000001X

交易标的物名称：基于大屏收视行为的用户画像

交易标的物资产登记编号：HZIDEC00300083009

数量：

交易价格：

数据交付方式：自行交付

交付有效期：2023年8月1日起一年

其他约定条件：

购买方信息：浙江传媒学院

统一社会信用编码：12330000470008410N

销售方信息：华数传媒控股股份有限公司

统一社会信用编码：123300004700084

杭州数据交易所

2023年8月2日

图2-7　首个数据合规流通数字证书

“数据合规流通数字证书”利用人工智能、区块链和密码学等尖端技术，构筑了一个全面的数据合规性与监管规则体系，该体系让业务部门能主动推动合规工作，监管部门能有效进行监管，市场主体则拥有了合规的积极动机。经中国数谷的实践验证，这一“数据发票”制度已证明是一种解决全链路合规难题的有效且可行的策略。

2.5　企业数据资源会计处理

数据是数字经济的关键要素。近年来，我国产业数字化程度显著提高，数据资源对于企业特别是相关数据企业的价值创造日益发挥着重要作用。2023年8月，财政部发布《企业数据资源相关会计处理暂行规定》，明确数据资源的确认范围和会计处理适用准则等。

《企业数据资源相关会计处理暂行规定》适用于企业按照企业会计准则相关规定确认为无形资产或存货等资产类别的数据资源，以及企业合法拥有或控制的、预期会给企业带来经济利益的、但由于不满足企业会计准则相关资产确认条件而未确认为资产的数据资源的相关会计处理（简称数据资源入表）。根据该规定，企业在编制资产负债表时，应当根据重要性原则并结合本企业的实际情况，在“存货”项目下增设“其中：数据资源”项目，反映资产负债表日确认为存货的数据资源的期末账面价值；在“无形资产”项目下增设“其中：数据资源”项目，反映资产负债表日确认为无形资产的数据资源的期末账面价值；在“开发支出”项目下增设“其中：数据资源”项目，反映资产负债表日正在进行数据资源研究开发项目满足资本化条件的支出金额。

但是，数据资源是否可以作为资产确认，如何对数据资产进行评估定价，如何纳入企业财务报表等很多问题还需要探索。本节围绕企业数据资源入表落地实施有关问题，探讨如何切实提升企业数据资源价值，将数据资源作为企业报表的一部分。

2.5.1　企业数据资源入表背景

随着经济形态的转变，我们正见证一个从以物质商品和制造业为主导的工业经济，向以知识、信息、和服务为核心的数字经济的演进。在知识经济中，无形资产，尤其是数据资源，成了企业价值的重要组成部分，其重要性甚至可能超过传统的实物资产。企业不再仅仅依赖实物资产来创造价值，而是通过利用数据分析来指导决策，优化运营，和增强用户体验。随之而来的是服务和平台经济的兴起，这改变了生产和消费的方式，加速了信息流通和资源优化配置。此外，价值创造的路径变得更为多样化，企业开始通过数据分析提供个性化服务，利用网络效应构建生态系统，通过开放创新加速产品和服务的开发。

与经济形态的转变并行的是技术的快速进步，这为数据资产的收集、存储、分析和应用开辟了新的可能性。云计算技术赋予了企业更为灵活且成本优化的方式，以访问计算资源和数据存储，进而为大规模数据处理与分析提供了有力支撑。这一变革不仅显著提升了数据处理能力，更推动了远程工作和协作模式的蓬勃发展，为企业开创了全新的运营与合作模式。大数据技术和先进的分析方法，如机器学习和人工智能，极大地增强了企业从数据中提取洞见、预测趋势和制定个性化策略的能力。此外，区块链技术提供了一种安全、透明、去中心化的数据记录和交易验证机制，而物联网技术通过使设备智能化并互联，收集大量实时数据，为自动化、远程监控和优化运营提供了可能。

这种经济和技术的双重转变要求企业重新思考它们的业务模式和战略，同时对会计和财务报告提出了新的挑战。尤其是在评估和报告无形资产、衡量和披露数据资产的价值方面，需要更加精确和全面的方法。在这个过程中，会计准则和实践必须不断适应，以准确反映基于技术的资产和经济活动，确保财务报告的真实性和透明度。

2.5.2　企业数据资源入表要求

2.5.2.1　数据资源和数据资产

数据资源是任何种类的有价值的信息、数据、元数据、属性，可以是原始的、结构化的，甚至是半结构化的。它可以是按照元数据标准建模的，或是任意未结构化数据。数据资源不仅包括事物和实体，还需要考虑关系，以及它们之间的行为和事件。因此，数据资源也可以视为一种事件驱动型信息资源，它描述其物理结构和关系，以及对事件的响应能力。数据资源可以以各种形式存在，如文档、表格、数据库、网页及图像等；并可以存储在本地磁盘上、网络存储服务上，或是云端服务器上。

数据资产是以物理或电子的方式记录的数据资源，是拥有数据权属（勘探权、使用权、所有权）、有价值、可计量、可读取的网络空间中的数据集。这些数据可以是结构化数据，如数据库中的表格，也可以是非结构化数据，如文本、图像和视频。数据资产的价值来自数据中所包含的信息和洞察力，数据资产被认为是数字时代最重要的资产形式之一。

简言之，数据资源是一个更广泛的概念，涵盖了所有有价值的数据和信息，而数据资产则是这些资源中由个人或企业拥有或控制，并能够带来经济利益的那一部分。在实际应用中，理解这两者之间的区别有助于更好地管理和利用数据，从而为企业创造更大的价值。

2.5.2.2　入表数据资源的必要条件

根据财政部《企业数据资源相关会计处理暂行规定》中对可入表的企业数据资源的定义，所有满足以下三个特点的数据资源方可入表。

（1）企业合法拥有：企业对数据资源拥有的合法性源自合同性权利或其他法定权利，无论这些权利是否可以从企业或其他权利和义务中转移或者分离。

（2）成本可计量：企业一项数据资源投入的价值可以被准确地量化和表示为一个具体的数值。在会计准则中，能够对数据资源的获取成本进行准确计量是其被确认为资产并在财务报表中体现的一个基本条件。

（3）预期会给企业带来经济利益：数据资源被认为能够在未来通过产生收入、节省成本、增加效率、提供融资便利、增加投资回报或其他方式为企业创造价值。

2.5.2.3　入表数据资源的分类

随着数据、数据资源、数据资产等热词被广泛使用，造成了同一词语在不同领域、不同场合使用混乱的情况。本节通过枚举的方式详细探讨可入表的数据资源形态，以便在正式探讨入表方法前对背景达成统一。

根据对《企业数据资源相关会计处理暂行规定》的解读，可入表的数据资源包含数据集、数据产品、数据服务等多种形态。

（1）数据集。数据集指的是企业在其运营和管理过程中产生、收集、存储和加工利用产生的所有数据和信息。这些数据覆盖了企业的各个方面，包括但不限于财务数据、客户信息、产品数据、市场分析、员工记录、生产和供应链信息等。

（2）数据产品。数据产品是基于数据的加工和分析而创建的，旨在满足特定用户需求的产品或服务。它们可以是信息洞察和数据驱动的工具、应用程序或平台，为最终用户提供价值，使用户能够基于数据作出更好的决策、提高效率或获得新的洞察。数据产品的开发通常涉及数据收集、处理、分析和可视化等步骤，目的是将原始数据转化为易于理解和使用的格式。

（3）数据服务。企业将内部数据资源和数据分析能力，转化为对外部客户或合作伙伴提供的数据驱动的解决方案或服务。这些服务借助企业的数据资产，结合数据分析、数据挖掘和机器学习等技术，为用户提供洞察、预测、优化建议或其他形式的价值。

2.5.3　企业数据资源入表框架

企业将数据资源入表的工作是一项复杂而全面的任务，它不仅涉及企业内部多个部门的密切合作，如财务部门、数据部门、法务部门等，还可能涉及与外部企业和机构的协作。财务部门负责统计数据资源的成本、销售数据等信息，并确保数据资源的会计处理符合会计要求；数据部门则负责统计数据成本来源、价值实现路径等信息；法务部门需要确认数据的收集和使用遵循相关的合规要求。此外，会计师事务所、律师事务所、咨询公司可能也会参与到入表审计、数据合规评估、数据入表咨询等环节。这一跨部门、跨企业的合作确保了数据资源入表工作的全面性和准确性，帮助企业有效管理和利用其数据资产，增强竞争力和市场地位。

企业数据资源入表实践框架如图2-8所示。

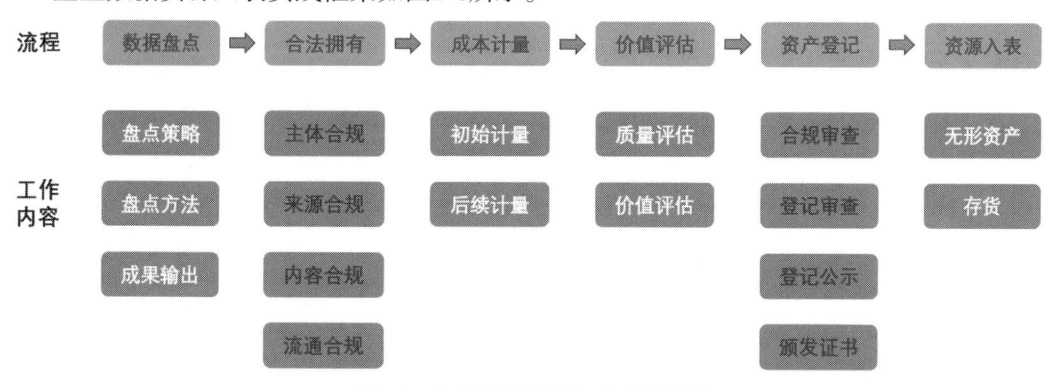

图2-8　企业数据资源入表实践框架

企业数据资源入表的实践主要包括以下六个环节。

（1）数据盘点。这是一种旨在彻底审查和评估组织持有的数据资源的系统性的方法。随着企业数字化转型的推进，企业所拥有数据的总量爆炸式增长、数据的类型多样，组织面临着如何有效发现、管理、保护和利用这些数据资源的问题。数据资源盘点通过系统性地审查和评估企业已有的情况，全面地盘点企业已有的数据资源及相关信息，为企业数据资源入表奠定基础。

（2）合法拥有。这是对企业拥有的数据资源的合法性系统性的判断过程。基于数据资源盘点的结果，展开数据资源合法性确认工作，筛查确保组织入表的数据资源是在法律和伦理框架内获取、使用和处理的。

（3）成本计量。成本计量是通过对组织获取、维护、存储和处理数据资源所涉及的全部成本的评估和计算。成本计量的结果一方面可以作为历史成本作为入表数值计入资产负债表中，另一方面可以作为成本法数据价值评估的依据。

（4）价值评估。数据资源价值评估是针对完成合法拥有确认的数据，从为企业带来经济价值的角度，分析和确定数据资源价值的过程；其核心目的是帮助组织认识到数据的重要性，合理投资数据管理和分析，优化数据的使用和管理，从而最大化数据的经济和战略价值。数据资源价值评估的结果虽然无法直接在资产负债表中体现，但可以作为数据资源公允价值的参考，用于融资等操作。

（5）资产登记。数据资产登记是指对数据资源及其物权进行登记的行为。具体而言，是指经登记者申请，数据资产登记机构将有关申请人的数据资源的权属及其事项、流通交易记录记载于系统中，取得数据资产登记证书，并供他人查阅的行为。

（6）资源入表。根据《企业数据资源相关会计处理暂行规定》中的规定，通过将满足2.1节中要求的数据资源分别确定为无形资产或者存货的方式，纳入企业资产负债表的过程。

2.5.4 企业数据资源入表服务

我们可以看到，能够入表的数据资源必须是企业合法拥有、成本可计量、预期带来经济利益的数据资源，结合数据资源与数据资产的定义，这部分数据资源已经满足了数据资产的定义。因此，有些文件中也称“数据资源入表”为“数据资产入表”，两者的意义相同。在本小节的示例中，使用“数据资产入表”一词，并将可以认定为资产的数据资源称为数据资产。

企业数据资产入表服务的目标是通过一站式、专业化的服务，帮助企业识别高价值资产、及时转化为数据资产反映到财务报表上，客观地反映高价值数据对企业的真实、合法资产价值，为企业的资产负债、盈利能力甚至投资决策提供有效依据，满足国家数据资产管理法律法规和监管要求，占领数据要素新赛道，深度开发数据资产潜力，赢得更多商机机会和竞争优势。

数据资产入表服务工作框架示例如图2-9所示。本节主要介绍数据资产入表服务工作流程中涉及“明确入表数据资产，数据合规，检视数据资产管理体系、开展数据资产评估，数据资产入表”四个工作环节。

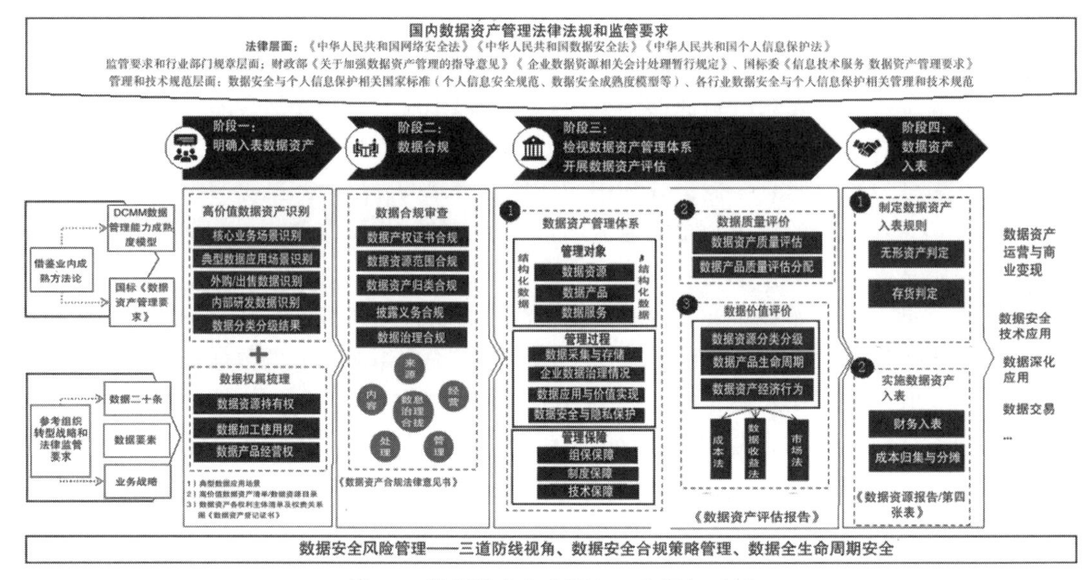

图2-9 数据资产入表服务工作框架示例

2.5.4.1 明确入表数据资产

明确入表数据资产环节分为高价值数据资产识别与数据权属梳理两个步骤。

1. 高价值数据资产识别

梳理企业对过去的交易或事项形成的数据资产，包括但不限于数据集、数据库、系统、应用程序及人工智能模型等，识别出可能作为资产的高价值数据资源，形成初步的作为资产的数据资产清单或数据资产目录。

数据资源是否具备价值，取决于其是否存在明确可界定的商业化应用场景；其次，判断数据资源是否属于高价值，取决于其是否适用于不同的商业场景，能够实现不同的价值。毫无疑问，数据资源所适用的场景越多维，场景之间的兼容性越高，则数据资源的价值越高。我们将从企业的核心业务场景、典型数据应用场景、外售/出售数据、内容研发数据、数据分类分级结果等多个维度的场景，研判出有价值的数据，并从中识别出可作为企业资产的高价值数据资源。

2. 数据权属梳理

数据资源具有非实体性、依存性、可复制性、可加工性、多样性等基本特征，受这些特征的影响，识别企业是否拥有数据资产完整的所有权可能并不容易。除了通过对数据产权登记证书的识别之外，我们通过排他法的方式，结合业务合同、协议等文件的解读，初步判断企业是否合法地控制数据资产，输出企业数据资产各权利主体清单及权责关系图。同时联合律所协助企业补充出具具有法律效力的《数据资产登记证书》，确保数据资产来源和权属明晰。

《企业数据资源相关会计处理暂行规定》建议披露的事项包括原始数据的类型、规模、来源、权属、质量等，这些信息在大部分企业往往是零散、不成体系的。通过第一个步骤的数据资源盘点，梳理清楚企业内部有哪些数据，这些数据与业务/系统存在何种关系，以及数据从产生、传输到使用的链路如何。在此基础上厘清数据权属关系。在法务部门协助企业完成对数据资产持有权、数据加工使用权、数据产品经营权的数据权属确定及数据产权登记工作后，证明该资产由企业所拥有或者控制，为后续数据资产入表提供关键依据。

2.5.4.2　数据合规

第二个工作环节需确保企业数据合规，主要解决企业数据资产入表的合法性和安全性的法律保障问题，律师为企业出具数据资产合规（Data Asset compliance）法律意见书（简称“DAC法律意见书”）。

法律尽职调查与合规评估是数据资产入表的必要条件。根据《数据资产评估指导意见》第12条的规定，数据资产的基本情况至少包含其信息属性、法律属性、价值属性等。其中，法律属性主要包括授权主体信息、产权持有人信息，以及权利路径、权利类型、权利范围、权利期限、权利限制等权利信息。因此，企业数据资源相关的法律风险和利益需要得到有效的识别、评估和保护，具备一套完善的数据资产合规的法律评估体系，以保障数据资产入表的合法性和安全性。

为此，建议以DAC法律意见书的形式，保障数据资产入表的合法性，为入表后数据资产交易保驾护航，全方位为企业的数据确权、数据治理、数据分类、数据入表、数据披露等提供合规、保护及入表意见；对数据资产的流通与交易中的数据产权风险、数据合规风险、表内数据风险进行提示，并提供相应的建议和解决方案。

2.5.4.3　检视数据资产管理体系、开展数据资产评估

第三个工作环节包括检视企业数据资产管理体系、开展数据资产评估两个步骤，目的

帮助企业评估是否具备数据资产入表及数据资产化的能力。

第一，检视数据资产管理体系。依据DCMM及DAMA两个标准，帮助企业评估其实际的数据管理能力水平，为下一步骤的数据估值奠定基础。

对数据资产管理体系的检视，主要从数据管理过程、数据管理保障两方面，结合数据管理对象来进行。数据管理对象包括数据资产、数据产品与数据服务。数据管理过程反映了数据资产的可用性、易用性、安全性、可靠性、完整性及时效性等问题，包括数据采集与分析、数据治理程度、数据应用与价值实现，以及数据安全与隐私保护。数据管理保障规定了数据资产管理活动的资源保障，包括组织、制度和技术等方面。以此来判断一个企业是否具备成熟且完善的数据资产管理体系。帮助企业在后续入表过程中能实现精准的成本分摊，从数据资产角度助力业务财务精细化管理，保障高品质、高价值数据资源供给，推动企业实现数据资产的最大化管理和价值释放。

第二，开展数据资产评估活动。在检视结果的基础上，评价企业数据资产的质量和价值，并根据实际情况，联合出具数据资产评估报告。

在梳理完企业数据资产管理现状的同时，企业可以进一步确定各类数据资产的价值，结合数据质量、业务需求、数据安全性等多方面因素进行评估。在数据资产价值评估的方法选用中，在实践中主要从数据资产分类分级、数据产品生命周期及数据资产经济行为三个维度，在成本法、收益法、市场法三大基本方法的基础上，结合数据资产的特殊因素，不断修正优化，构建适应数据要素市场需求的数据资产评估模型。

2.5.4.4 数据资产入表

第四个工作环节包括制定数据资产入表规则及实施数据资产入表两个步骤，主要目标是实现最终的数据资产的列报与披露、为后续的数据交易做好准备。

（1）制定数据资产入表规则。在核实数据资产安全等级的同时，结合资产类型综合判断。属于无形资产的，无论是内研项目取得的还是外购取得的数据资产，均按照无形资产准则，进行初始计量、后续计量、处置和报废相关会计处理。在持有期间如开展对外提供服务的，则按照无形资产准则，将摊销金额记录当期损益或相关资产成本，同时依据收入准则确认收入；属于存货的，无论是外购取得的还是数据加工取得的数据资产，均按照存货准则，进行初始计量、后续计量等相关会计处理。如进行出售，则按照存货准则将其成本结转为当期损益，同时按照收入准则等规定确认相关收入。

（2）实施数据资产入表。数据资产入表的实施分为资产负债表和“数据资产报告”两个部分。企业决策纳入资产负债表的数据资产，按照财政部《企业数据资产相关会计处理暂行规定》的要求，编入企业资产负债表中。另外，企业可以通过出具“数据资产报告”的方式，对外披露企业数据资产入表工作中的相关信息，包括且不限于：在财务报表中披露的数据资产成本、累计摊销额及减值准备累计金额等数值，数据资产使用寿命的估计情况和判断依据，数据资产的摊销方法等。

第二部分　数 据 安 全

第3章　数字化转型驱动数据安全建设

数字化时代，数据已经成为政府和企业的核心资产。经济全球化带来商品、技术、信息、服务、货币、人员、资金、管理经验等生产要素的全球化流动，数据这个重要的生产要素在企业与企业、政府与企业、国与国之间快速流转、处理和使用，数据资源的作用、影响和价值变得越来越重要。与此同时，数据泄露事件造成的影响也逐步增加。

对数据掌控、利用和保护的能力已成为衡量国家之间竞争力的核心要素。

3.1　数据安全的市场化价值挖掘

3.1.1　数据安全的市场化发展趋势

数据是现代信息化社会的重要核心资源，是企业乃至国家全面、快速发展的重要保障性资源。根据IDC（中国）在2021年发表的《IDC全球网络安全支出指南》中的预测数据，中国网络安全市场投资规模有望在2025年增长至187.9亿美元，增速持续领跑全球。预计未来几年，政府、金融、医疗卫生及能源行业在数据安全领域的投入有望增加1至3倍，整体数据安全领域仍有近1倍的弹性增长空间。中国IT安全市场支出预测（2020—2025年）如图3-1所示。

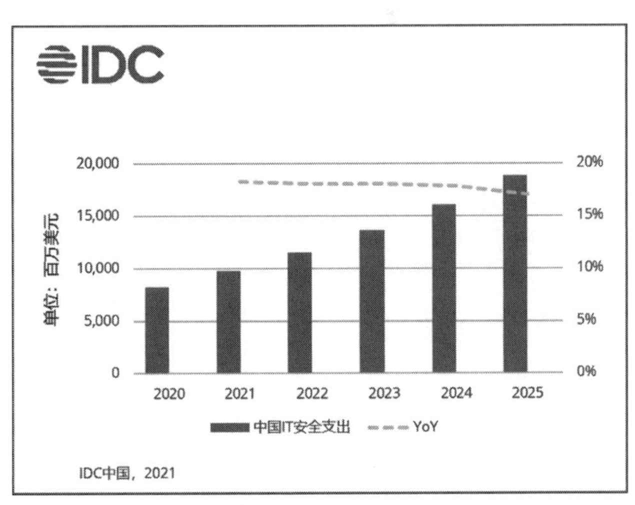

资料来源：IDC 中国，2021

图3-1　中国IT安全市场支出预测（2020—2025年）

当前，数据产业规模为万亿元级，其中的数据安全产业尚处于发展初期，仅占数据总产业规模的5%～10%。而随着数据安全技术与行业的结合更密切，应用场景更丰富，这个市场将迎来更大的机遇。

3.1.2 数据安全的技术发展趋势

美国IT研究与顾问咨询公司Gartner公司发布的2021年安全运营技术成熟度曲线涵盖了31种数据安全技术，其中超过70%的数据安全技术类型处在“稳步爬升恢复期”之前，说明该领域创新技术活跃，有着巨大的发展空间。Gartner公司发布的安全运营技术成熟度曲线如图3-2所示。

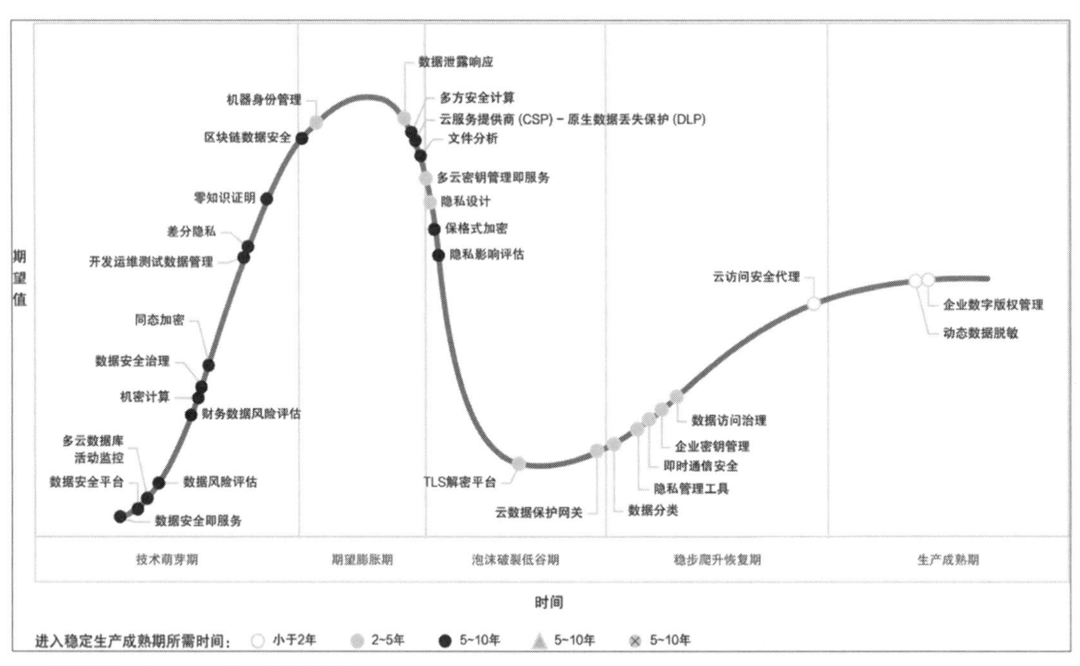

资料来源：Gartner，2021（作者译）

图3-2 安全运营技术成熟度曲线

3.2 数字化转型战略意义和趋势

3.2.1 数字化转型的战略意义

传统产业如果未能积极利用新技术、新设备和新的管理思想，其发展情况和经营状况会普遍落后，这也显示出信息技术的重要作用，体现了数字经济的巨大活力。近年来，传统产业发展遭遇严重制约，数字经济开始崭露头角。

数字化转型通常被定义为对组织的工作内容、生产流程、业务模式和人员与资源管理等全部实现计算机化、数字化、网络化，并与上下游的供应商和客户建立有效的网络化、数字化连接。由于数字化转型不是简单的从“非数字化”到“数字化”的过程，其本质是从业务需求出发最终回归到完整的业务数字化解决方案，因此不同机构的数字化转型路径各不相同。近年来，数字化转型也可以理解为利用移动互联网、大数据、云计算、人工智能等数字化技术来推动组织转变业务模式和组织架构等的变革措施，例如近年来衍生的智能制造、智慧城市等概念。数字化转型是新时代的新需求，一些行业先行者的数字化转型案例已经充分说明，传统产业需要数字化转型来达到质的改变，数字化转型的市场需求是巨大的。虽然数字化转型浪潮已至，但“数字化”这三个字对很多传统企业来说却一直是机遇和挑战并存。数字化转型的意义是通过数字化技术来大幅提高创新的能力，重塑业务，以获取更为快速的商业成功。由于很多传统企业不具有天然的数字化基因，所以在数字化的进程中往往更需要第三方的服务机构帮助完成，这也被称为“数字化护航”。

对于中小型企业，特别是数据安全能力建设较为薄弱的企业，建议考虑采用“零信任”合作模式进行信息化建设。企业将着眼于数据管理的整个生命周期，并将关注点从数据安全本身扩展到企业整体信息安全框架。

3.2.1.1　数字中国建设背景

为了抢抓数字时代的新机遇，构筑国家竞争新优势，2023年2月发布的《数字中国建设整体布局规划》，旨在全面推进数字中国建设，以数字化驱动生产生活和治理方式变革，为以中国式现代化全面推进中华民族伟大复兴注入强大动力。

数字中国建设是数字时代推进中国式现代化的重要引擎。随着大数据、云计算、人工智能等新一代信息技术的快速发展，数字经济已经成为推动经济增长的重要动力。数字中国建设将加快数字技术创新和应用，促进数字经济和实体经济深度融合，推动产业结构优化升级，提高经济发展的质量和效益。

《数字中国建设整体布局规划》提出了“2522”整体框架，为数字中国建设提供了清晰的路径和方向。具体而言：夯实数字基础设施和数据资源体系“两大基础”，将为数字中国建设提供坚实的支撑；推进数字技术与经济、政治、文化、社会、生态文明建设的深度融合，将促进数字技术在各领域的应用和创新；强化数字技术创新体系和数字安全屏障“两大能力”，将提升数字中国建设的创新能力和安全保障水平；优化数字化发展国内国际“两个环境”，将为数字中国建设创造良好的发展环境。

在推进数字中国建设的过程中，数据安全的重要性不容忽视。随着信息技术的快速发展和数字化程度的不断加深，数据已成为国家和社会发展的核心资源。然而，数据安全面临着诸多挑战，包括数据泄露、网络攻击等风险。因此，加强数据安全保障是数字中国建设的必然要求。

综上所述，数字中国建设是适应数字化时代发展趋势、推动经济社会发展的重要举措。通过全面推进数字中国建设，提升数据安全防范和应对能力，确保数字中国建设在安全可控的前提下稳步推进，为经济社会发展提供有力支撑。

3.2.1.2　金融行业数字化转型

在金融行业数字化转型带来正面效益的同时，金融业务中的数据安全的种种问题也成为金融业数字化转型中亟须解决的问题。例如，2020年国内某商业银行在未经用户允许的情况下泄露用户个人信息案件、一些电商平台出现的“大数据杀熟”事件，以及2021年中央电视台“3•15”晚会爆出的各种个人隐私泄露事件等，似乎在告诉我们一个我们不愿意相信但确实已经存在的事实：借助数字技术，个人隐私有可能成为不良经营者手中用于利益交换的廉价甚至免费的筹码。

金融行业在数字化转型的过程中，需要营造良好的安全生态。国家和行业层面需要完善相关法律法规，加强监管；企业层面需要从制度、技术、业务、架构各个维度加强自身建设。未来，数据安全能力将成为数字化转型成果的“试金石”之一，即数字化的成功必须有数据安全作为基本保障。

3.2.1.3 医疗行业数字化转型

医疗行业数字化转型拉动了整个医疗信息系统的架构升级，从传统的“医院—卫生健康委员会”转向“企业—医院—卫生健康委员会”“三方式”的平台架构，这种架构逐渐成为医疗升级的基础保障。随着医疗大数据体系建设的逐渐深入，医院和患者享受到了数字化挂号、化验、检查、病历数字档案、医院间信息共享等种种便利，但是也陆续暴露出医疗数据保护的问题和难点。目前，我国尚缺明确的法律、法规或行业管理规定来确定医疗数据的归属，因此许多AI医疗组织只需通过与医院或主管负责人员合作科研项目，就可获得医院海量的医疗数据，这些科研数据的安全已成为医疗行业亟须解决的问题。如何在更好地保护患者健康隐私的前提下，实现医疗数据安全的高效共享和开放？随着多方数据安全融合计算、联邦学习、同态加密、区块链等技术的发展，这一问题相信会得到解决。

3.2.1.4 电信运营商数字化转型

电信运营商（指提供固定电话、移动电话和互联网接入的通信服务公司）在数字化创新的过程中逐渐转型为数据运营驱动型企业，如何保障并进一步提升数字化转型成果？建议从数据安全保障能力和数据安全运营能力两个层面进行建设，数据安全是保障企业数字化转型的前提，数据运营是企业数字化转型的驱动，二者如一体双翼，缺一不可。

电信运营商拥有大量的客户数据，且数据准确性高，每天实时更新，国内能大规模掌握此类精准数据的，只有电信运营商和大型互联网公司。互联网公司通过介入支付领域，拥有了部分用户的电信和金融两类数据，电信运营商的数据有2000余个标签；而互联网公司针对客户的标签会有2万～5万个，具体到企业或个人可能有近百或上千个。因此，电信运营商在数字化转型浪潮中需要考虑开放数据与第三方合作，这对电信运营商的数据安全管控能力和数据开放共享能力提出了很高的要求。

3.2.1.5 教育行业数字化转型

近年来很多学校的教学方式从面授向线上转型，与此同时，大量教育组织也获取和存储了大量学生及家长的个人敏感信息，如姓名、地址、电话、身份证号码等信息，这些都是最重要的核心敏感数据。然而，近几年数据泄密事件时有发生，在造成学生个人隐私信息泄露的同时，也给学生心理带来打击，甚至酿成悲剧。这虽属个别的极端事件，但也必须引起相关组织、管理者及用户个人的警觉。

如何做好数据信息防护已成亟须解决的问题。在预防外部攻击的同时，也要严防内部泄露，通过对数据进行有效的分类分级、敏感数据脱敏显示、精细化的访问控制，对数据访问行为进行完整审计，并基于用户行为分析进行全面预警，保证数据安全的全程防护。

3.2.2　数字化转型的核心竞争力

我国政企数字化转型，应始终坚持以客户为中心，以数据安全为基础，努力构建数字洞察、数字营销、数字创新、数字风控和数字运营五大核心竞争力。

数字洞察。数字洞察指以数字化方式深入了解客户，是数字化运营最基本的能力，也是数字化转型需要优先培养的能力。谁最了解客户，谁能提供符合客户需求的产品和服务，谁就能拥有更多的客户，要做到这些，数字洞察是一个重要的前提和手段。因此，必须加强客户信息系统和数据平台建设，加强对外部数据资源的采集和整合，建立统一的客户标签体系，提高客户聚类和客户画像能力。

数字营销。数字营销对于实现“团队—渠道—客户—产品”的良好匹配，实现团队与渠道的对接，实现人员能力提升，实现企业快速发展均具有重要作用。数字营销涉及客户洞察、产品与服务匹配、内容操作、营销策略管理、营销活动管理、人员培训和绩效管理等多个方面，是一个多功能的数字闭环系统。

数字创新。大数据时代为个性化、差异化、定制化的产品和服务创新开辟了广阔空间。通过数据驱动的客户洞察，精准把握和细分客户的需求，通过大数据进行趋势分析和产品设计，实现产品定制和个性化定价。

数字风控。通过对大数据建模和机器学习技术的分析，对风险和违规进行预判和把控。比如：对直播营销中不合法、不合规的内容，违反公序良俗或基本道德规范的话题，当前热点事件或敏感话题等进行舆情把控。在数字化合法合规运维中，审计和风险预警等也发挥着重要作用。

数字运营。通过数字化升级带动流程再造和业务模式变革，实现业务、财务、人力资源管理的数字化、智能化升级，降低运营成本，提高运营效率，推动组织经营管理和决策向以数据为支撑的科学管理转变。

3.3　数字化转型面临的安全威胁

3.3.1　数据安全形势日趋严峻

数字化发展带来全新的网络威胁和安全需求，安全不仅是指信息和网络的安全，更是国家安全、社会安全、基础设施安全、城市安全、人身安全等更广泛意义上的安全，安全发展进入大安全时代。

在当前数字化社会、数字政府建设、现代化国防建设、智能化转型的趋势下，筑牢国家数据、个人信息、智能应用服务、新型信息基础设施网络安全防护屏障，是统筹安全与发展双向驱动的必由之路。网络空间作为继陆、海、空、天之后的第五维空间，已成为信息时代国家间博弈的新舞台和战略利益拓展的新疆域。

中国互联网络信息中心（CNNIC）于2024年3月发布的第53次《中国互联网络发展状况统计报告》显示，截至2023年12月，我国网民规模达10.92亿人，较2022年12月新增网民2480万人，互联网普及率达77.5%。

我国建立了全球最大的信息通信网络，在新基建不断发展的同时，网络空间的安全形势非常严峻。安全漏洞的普遍性、后门的易安插、网络空间构架基因的单一性、攻防双方的不对称性使得安全漏洞无法被根除且容易被利用，从而导致安全事件频发，给数字经济的发展带来隐患。

近年来，全球针对政府组织大规模、持续性的网络攻击层出不穷，成为国家安全的重要隐患，常见的攻击类型包括数据泄露、勒索软件、DDoS攻击、APT攻击、钓鱼攻击及网页篡改等。国家互联网应急中心发布的《2019年中国互联网网络安全报告》数据显示，2019年我国境内遭篡改的网站约有18.6万个，其中被篡改的政府网站有515个。

在国家计算机网络应急技术处理协调中心发布的《2020年中国互联网网络安全报告》中，对通过联网造成的数据泄露行为进行分析。报告显示，2020年累计监测并通报联网信息系统数据存在安全漏洞、遭受入侵控制、个人信息遭盗取和非法售卖等重要数据安全事件3000余起，涉及电子商务、互联网企业、医疗卫生、校外培训等众多行业组织。

近年来，我国以数据为新生产要素的数字经济蓬勃发展，数字经济已成为国际竞争的重要指标。数据被盗、数据端口对外网开放、数据违规收集等数据安全问题，也愈发突出。《中华人民共和国数据安全法》的实施使得企业在进行数据的获取、使用、处置及侵权或争议处理时有法可依。随着法律法规越来越完善、监管越来越严格，企业在数据安全管理方面的合法合规刻不容缓。

3.3.2 数据安全事件层出不穷

我国已有超过十亿用户接入互联网，形成了全球最为庞大、生机勃勃的数字化社会；在网络安全上也面临着巨大挑战，主要表现在三个方面：全球网络空间局部冲突不断，国家级网络攻击频次持续增加，攻击复杂性呈上升趋势；国家级网络攻击正与私营企业技术融合发展，网络攻击私有化趋势明显增强；网络攻击与社会危机交叉结合，国际上陆续发生多起有重大影响的网络攻击事件。

IBM Security于2023年7月发布的年度《数据泄露成本报告》显示，2023年数据泄露的全球平均成本上升至445万美元，达到历史新高，比2022年的435万美元增加了2.3%，比2020年的386万美元增加了15.3%。在众多领域中，医疗行业数据泄露成本最高，达到1093万美元，其后分别是金融、能源、工业、科技、服务、运输、教育等行业，其中金融机构的数据泄露平均成本为590万美元，能源行业的平均成本为478万美元，教育行业的平均成本为365万美元。造成数据泄露的主要攻击方式仍是网络钓鱼和凭证泄露（被盗），这两种攻击手段分别占泄露行为的16%和15%，其后则是云配置错误和商业电子邮件泄露，分别占11%和9%。

综合网络媒体的报道，近年来国际上发生了多起重大网络安全事件。

2021年8月，美国某公司旗下的一家生育诊所的网络被攻击，不仅仅泄露了大量用户个人信息，包括姓名、地址、电话号码、电子邮件地址、出生日期和账单等；同时还泄露了大量健康信息，包括CPT代码、诊断代码、测试申请和结果、测试报告和病史信息等。该公司还承认，在此次攻击事件中，被泄露驾驶执照号码、护照号码、社会安全号码、金融账户号码和信用卡号码等信息的人不计其数。

2021年10月，加拿大某省卫生网络遭到网络攻击造成瘫痪，导致全省数千人的医疗预约被取消。黑客窃取了近14年以来众多东部卫生系统患者与员工的个人信息，包括患者的姓名、地址、医保编号、就诊原因、主治医师与出生日期等，员工信息则可能包括姓名、地址、联系信息与社会保险号码。医疗数据泄露的严重性可上升到国家安全层面。

在国际赛事活动中也发生过数据泄露事件。2018年2月，平昌冬奥会开幕式遭遇网络袭击，当晚，互联网、广播系统和奥运会网站都出现问题，致使许多观众无法打印入场券，导致座位空置。2021年7月，东京奥运会（包括东京残奥会）部分购票人的ID和密码遭到泄露，包括购票人的姓名、地址、银行账户等信息。

核心数据资产泄露不仅发生在医疗网络、企业、国际性赛事活动中，更是在某些国家的政府机构中出现。如：2018年10月，非洲某国家70多个政府网站遭受黑客的DDoS攻击；2019年9月联合国信息和技术办公室共42台服务器遭受APT组织攻击，导致约400GB的文件被盗，据报道其中包括员工记录、健康保险和商业合同等数据。

2023年10月，23andMe数据泄露：基因检测提供商23andMe遭遇撞库攻击，导致重大数据泄露，690万用户的数据被泄露，其中包括550万DNA寻亲功能用户和140万家谱功能用户。攻击者试图出售窃取的数据，但由于没有买家接手，黑客在论坛上泄露了数百万用户个人数据。该数据泄露事件导致23andMe因未充分保护数据而被提起多起集体诉讼。

2023年11月，中国工商银行美国子公司被勒索软件攻击：勒索软件攻击了中国工商银行（ICBC）的美国全资子公司工银金融服务有限责任公司（ICBCFS），导致部分系统中断。

大数据时代，数据作为数字经济最核心、最具价值的资源，正深刻地改变着人类社会的生产和生活方式。据统计，2020年全球公开范围报告了将近4000起重要的安全泄露事件，泄露的记录数量达到惊人的370亿条。其中，政务数据、医疗数据及生物识别信息等高价值特殊敏感数据泄露风险加剧，云、端等数据安全威胁在各类风险中处于高位。数据安全已经上升到国家主权的高度，是国家竞争力的直接体现，是数字经济健康发展的基础。

3.3.3　数据安全制约经济发展

2020年以来，网络教学、视频会议、直播带货、在线办公等新业态迅速成长，数字经济显示了拉动内需、扩大消费的强大带动效应，促进了我国经济的稳定与增长。保障数字经济的健康发展对世界经济发展意义重大。

当前，我国的数字经济具有巨大的发展空间，数字经济深刻融入了国民经济的各个领域。从全球范围来看，随着新一轮科技革命和产业变革的加快推进，数字经济为各国经济发展提供了新动能，并且已经成为世界各国竞争的新高地。

数据安全已经成为国家安全的重要组成部分。《促进大数据发展行动纲要》提出了“数据已成为国家基础性战略资源”的重要判断。《中共中央 国务院关于构建更加完善的要素市场化配置体制机制的意见》提出了土地、劳动力、资本、技术、数据五个要素领域改革的方向，明确了完善要素市场化配置的具体举措，数据作为一种新型生产要素被写入文件。与此同时，由于数据广泛使用而衍生的新问题也层出不穷。一方面，碎片化的海量数据被挖掘、整合、分析，不断产生着新价值，让人们工作与生活日益便捷高效；另一方面，数据泄露、数据贩卖、数据勒索事件时有发生，也给人们的生产生活带来新困扰。

随着数据量激增和数据跨境流动日益频繁，有效的数据安全防护和流动监管将成为国家安全的重要保障。数据与国家的经济运行、社会治理、公共服务、国防安全等方面密切相关，一些个人隐私信息、企业核心数据甚至国家重要信息的泄露，给社会安全甚至国家安全带来隐患。

除此之外，在全球范围内，以数据为目标的跨境攻击也越来越频繁，并成为挑战国家主权安全的跨国犯罪新形态。除了数据本身的安全，对数据的合法合规使用也是数据安全的重要组成部分，违规使用数据或进行数据垄断，不合法合规地保存或移动数据，也将对数据安全产生威胁。

3.4 数据跨境流动与数字贸易

3.4.1 数据跨境流动与数字贸易发展

数据作为数字经济时代的关键生产要素，逐步融入生产生活各方面，深刻影响并重构着世界经济社会运行和社会治理，成为影响未来发展的关键战略性资源，全球数据贸易规模再创新高。2023年9月，国务院发展研究中心发布的《数字贸易发展与合作报告》显示，全球数字贸易发展新态势表现为跨境数字服务贸易继续保持增长、附属机构数字服务贸易持续调整、跨境电商进入相对缓慢增长阶段。2022年，全球数字服务贸易规模为3.82万亿美元，同比增长3.9%，ICT（电信、计算机和信息）服务继续领跑细分数字服务贸易增长，区域数字服务贸易增长出现分化，跨国公司数字领域投资保持较快增长。

中国数字贸易发展规模、增速位居世界前列。2022年中国数字服务进出口总值3.71千亿美元，同比增长3.2%，占服务进出口比重为41.7%。中国跨境电商规模扩大、结构持续优化，出海主体从头部企业向中小企业延伸，出海产品从工具类为主向多品类拓展。严格的数据跨境管理要求将增加中小企业合规成本，不利于跨境数字贸易高质量发展。

数据掌控能力的竞争是全球数字经济的竞争重点，数据掌控能力的核心在于对数字贸易及其数据跨境流通的话语权和主动权，这成为各国数字经济服务监管的重要领域。多国已出台相关法律规范数据出境活动，我国也出台了《中华人民共和国网络安全法》《中华人民共和国数据安全法》《个人信息保护法》《数据出境安全评估办法》等政策法规。

因此，数据跨境流动管理既要维护个人信息权益、公共利益和国家安全，又要满足数字经济发展的需要。伴随着产业全球协同化发展和数字经济的全面到来，在全球范围内进行的跨境数据流通愈发变得频繁，成为全球经济发展过程中的刚性需求。通过对全球跨境数据流通的现状进行深入分析，全球跨境数据流通具有以下发展趋势：一是数据跨境治理政策愈发明确。一方面，全球数据跨境流动的政策、规则和标准存在越来越多的共同点、互补性和趋同因素，都聚焦数据跨境安全保护和自由流动双重目标。另一方面，各国对数据跨境流动的监管力度、约束规则、惩戒措施虽总体趋向严格，并出现相关处罚案例，但跨境数据流通的相关政策已愈发清晰具体。二是数据主权之争愈演愈烈。数据是基础性、战略性资源，数据主权之争成为国家冲突的新形态，许多国家和国际组织积极推动数据主权战略部署和政策规制；迄今，全球近60个国家和地区出台了数据主权相关法律或战略；特别是一些国家滥用长臂管辖进一步导致数据主权冲突加剧。三是数据跨境安全面临新技术冲击。生成式人工智能等新技术的发展促进数据应用场景和主体日益多样化，同时也给数据安全带来新的威胁，导致隐秘在新技术外衣下的数据泄露、数据贩卖、数据侵权等数据跨境安全事件频发；例如，用户在使用ChatGPT等大模型过程中若使用不当，将对个人隐私、商业秘密、国家安全造成严重威胁。四是数据本地化趋势上升。出于国家主权、数据安全、个人信息保护等多种因素的考虑，越来越多的国家和地区采取数据本地化措施，限制部分相关重要数据跨境流动；同时，这些措施的限制性越来越强，许多措施涉及禁止数据流动的存储要求。

3.4.2　主要国家数据跨境安全管理模式

目前，国际社会针对跨境数据流动与数据安全方面的政策法规差异较大，尚未形成统一共识。各国基于自身能力、资源、优势等，对跨境数据安全的管理主要有以下三种模式。

一是促进数据跨境自由流动模式，以美国为代表。美国在全球数字经济中居于领先地位，其战略旨在促进数据自由流动，形成引流效应。美国通过属人保护和数据控制者等名义，以国内立法建立境外执法权，以保护本国利益为由调取使用他国数据；通过影响国际组织规则、打造多边协议等方式，利用强权为其提供获取境外数据的通道，拓展网络空间疆土，掌握和控制全球数据使用，以便满足自身利益需求。美国基于其在数字贸易与数字技术领域的优势，极力主张全球数据自由流动，同时为遏制战略竞争对手发展，也严格限制了重要关键技术与特定领域数据出境。2010年，美国推出“受控非密信息”列表，并通过《出口管制条例》，对非个人数据采取严格出境管理措施。2016年，美国推动的《跨太平洋伙伴关系协定》（TPP）主张，应当允许为数据主体利益而进行的数据跨境传输，以破除许多国家所设置的数据本地化存储等市场准入壁垒。2018年，美国出台了《澄清境外数据合法使用法案》（CLOUD），通过“数据控制者”原则的适用，扩大了美国政府直接调取境外数据的权利，同时又给其他国家调取美国境内个人数据设置“符合资格的外国政府”审查门槛。美国积极推行由亚太经合组织（APEC）主导的跨境商业个人隐私保护规则体系（CBPR），致力于促进APEC各经济体之间无障碍的跨境数据传输与流通，并与欧盟达到互认。

二是欧盟、英国、新加坡和日本等数字经济发展较为成熟的地区和国家采取的各具特色的“平衡型”模式。“平衡型”模式的监管思路是通过属人原则获取境内外高标准隐私保护，并在此前提下支持跨境数据流动，以充分性认定、建立信任机制等方式维护数据立法话语权。从2018年出台的欧盟《非个人数据自由流动条例》与《通用数据保护条例》（GDPR）可以看出欧盟数据出境安全管理思路。欧盟致力于推动其成员国内部数据的自由流动，而对外要求其他国家只有在具有与欧盟同等保护水平的条件下，才允许将数据传输出境。“充分性认定”是欧盟核心的个人数据出境管控制度，由欧盟委员会负责对欧盟以外国家或地区的数据保护立法实施、执法能力、监管机构设置和国际条约等因素进行综合评估，最终确定数据自由流动的“白名单”国家。可以看到，欧盟这一机制促使其他国家按照GDPR的要求进行数据保护，以便本国企业能够与欧盟企业正常进行数据流动，进而有助于欧盟引领全球的数据合作。

三是俄罗斯、印度、巴西、南非、土耳其、沙特阿拉伯等国家。因这些国家缺乏强有力的数据引流能力，如果放开管制，其数据可能大规模向发达经济体输出，进而导致这些国家自身竞争力的削弱。因此，这些国家采取属地原则以限制重要数据出境，形成了优先考虑安全保护的“本地化”政策模式。例如，俄罗斯在《关于信息、信息技术和信息保护法》和《俄罗斯联邦个人信息法》中，加强了对信息跨境传输的监管，确立了数据本地化存储的基本规则。俄罗斯对个人数据出境控制相当严苛，一是俄罗斯联邦公民个人信息和数据库需要存放在俄罗斯境内；二是对俄罗斯公民个人数据的处理活动必须使用位于俄罗斯境内的数据库；三是处理数据前履行信息告知的义务。俄罗斯同样存在与欧盟相似的“白名单”制度，要求数据接收国必须符合同等保护要求才可进行跨境数据传输，否则，只有在个人数据主体已书面同意其个人数据出境、个人数据主体作为合同当事人履行合同等前提条件下，才可传输数据出境。

3.4.2.1 欧盟《通用数据保护条例》

欧盟于2018年实施的《通用数据保护条例》（GDPR），为个人数据的收集、处理、存储和传输构建了一个严密的安全框架。对于不遵守条例规定的企业，GDPR明确规定了相应的罚款和处罚措施。在跨境个人数据传输方面，GDPR提出了三种保障机制：首先，通过充分性认定程序，只有确保第三国的数据保护标准与欧盟相当，方可允许个人数据在欧盟与第三国之间自由流通；其次，标准合同条款（SCC）作为欧盟委员会认可的合同模板，为企业间跨境传输欧盟公民个人数据提供了规范；最后，约束性企业规则（BCR）适用于跨国公司或组织内部的数据跨境传输，确保数据传输的合规性。

在GDPR的规范下，个人数据向非欧盟国家的转移必须经过充分性认定或采取相应保护措施，如签署SCC或BCR。在这一过程中，数据主体、控制者和处理者共同承担着责任。为了应对数字化、全球化和数据驱动型经济的新挑战，GDPR进一步确立了隐私原则，强调数据的安全性、个人权限的扩展、数据泄露通知及安全审计的重要性。

在GDPR的框架下，数据主体、控制者和处理者三方的责任得到了明确界定：数据主体即个人数据的被收集和处理者；控制者则负责决定数据处理的目的和方式；而处理者则是在控制者的指示下处理数据的实体。这些角色的明确划分有助于确保数据处理的合规性和透明度。

为了适应新的经济形势，GDPR还引入了新的隐私原则，如问责制和数据最小化。这些原则要求企业采取一系列措施来保护个人数据的安全性和隐私性。例如，企业需要实施适当级别的安全控制，包括采用技术和组织措施来防止数据丢失、泄露或未经授权的处理。同时，GDPR还鼓励企业采用加密技术、事件管理，以及保障网络和系统的完整性、可用性和弹性等安全实践。

此外，GDPR还扩展了个人对其数据的控制权和所有权。个人现在拥有更高的数据保护权限，包括数据可移植性和被遗忘权等。这意味着个人可以更加灵活地管理和控制自己的数据，同时也要求企业在处理个人数据时更加谨慎和透明。

在数据泄露方面，GDPR要求企业在发现数据泄露后立即通知相关监管机构和受影响的个人。这一规定有助于及时发现和处理数据泄露事件，减少潜在的风险和损失。自GDPR实施以来，已对多家具有跨国数据流动业务的企业开出多张天价罚单，起到威慑作用，切实提高了企业对数据合规的重视程度。

最后，安全审计也是GDPR强调的一个重要环节。企业需要记录并维护其安全实践记录，定期审计其安全计划的有效性，并根据审计结果采取必要的纠正措施。这有助于确保企业的数据处理活动始终符合GDPR的要求，保障个人数据的安全和隐私。

3.4.2.2　新加坡的数据保护政策和跨境数据控制措施

近年来，新加坡采用“智慧国家”战略推进国内信息基础设施的现代化，加大了对电信业的投资，推动了数据中心的建设，建立并完善了个人信息保护制度，同时建立相应的监管框架。这个监管框架包括设立主管部门、制定完善的法规体系，以及设定数据跨境流动的条件等。这一完善而系统的数据跨境流动管理规则有助于全球数据汇聚和流动到新加坡，将其打造成为数据融合的重要中心城市。

新加坡依据《个人数据保护法》及相关法规，确立了一系列规范跨境数据流动的准则。在新加坡，个人数据的处理和存储受到严格的监管，个人数据主体的隐私权受到高度尊重。类似于俄罗斯的做法，新加坡要求在大部分情况下个人数据必须在国内存储，并且跨境传输受到特定的条件和要求的限制。

例如，新加坡也实行与欧洲联盟（EU）相似的“白名单”制度，规定只有当接收国的数据保护法律和标准与新加坡保持同等水平时，才允许进行跨境数据传输。这种机制确保了在数据跨境流动时，数据主体的个人信息依然受到足够的保护。此外，新加坡还强调数据控制和透明性，要求数据处理方在处理个人数据之前履行充分的信息告知义务，以明确解释数据的用途和处理方式。

新加坡的数据跨境流动受到两个主要监管部门的监督，分别为个人数据保护委员会和信息通信部下设的信息通信与媒体发展局。具体而言，主要职责包括建立个人数据保护机制、进行监管和政策实施，要求监管对象（包括各种私人组织，涉及数据获取、使用、储存、传输和跨境转移）建立完善的数据传输机制、审核机制，并设立相应的问责工具。此外，鉴于不同专业领域（例如医疗、教育、金融等）的数据内涵更加丰富，保护难度更大，因此，对于这些领域的数据流动，数据合规监管部门会与各专业领域的主管部门合作，制定相关咨询指南，并共同进行监管。

对于不同的数据流动情形，数据安全监管要求不同，如表3-1所示。

表 3-1　新加坡数据跨境流动监管的法规框架

序号	数据流动情形	数据流动监管要求
1	由境外流入新加坡境内	不设限制
2	仅在新加坡中转	原则上不监管，但如果涉及数据交换，则要对负责数据交换的“桥公司”按照国内同等监管要求进行监管
3	由新加坡境内流向境外	实施跨境监管

针对个人信息在新加坡与其他国家之间的传输，现有以下严格规定。

（1）对于涉及跨境传输的个人数据，相关组织或机构必须依法制定个人数据保护标准，确保所传输的数据在新加坡法律框架内得到同等程度的保护。若未能达到此等保护标准，则禁止将数据传输至新加坡境外的国家或地区。此举旨在维护个人数据的隐私性和安全性，防止数据泄露和滥用。

（2）根据特定机构的申请，经审批后可获得书面豁免，免除其数据跨境传输的部分合规义务。此项豁免旨在适应不同机构的实际情况和业务需求，同时确保数据传输的合规性和安全性。

（3）个人数据保护委员会（PDPC）将以书面形式对可豁免的情形进行明确说明，此类豁免无须在《政府公报》中公布。此外，PDPC保留随时撤销豁免的权利，以确保数据传输的规范性和灵活性之间的平衡。

（4）PDPC有权根据实际情况和需要，随时增加、改变或撤销豁免的具体适用情形。这一规定有助于适应不断变化的国际数据保护环境和业务需求，确保新加坡在跨境数据传输方面的法规始终保持与时俱进。

此外，为了提升新加坡在全球数字经济发展中的竞争力，政府一直积极倡导跨境国际规则的相互认可。2018年2月，新加坡成功加入由亚太经济合作组织（APEC）主导的跨境隐私规则体系（CBPR）。在此基础上，新加坡不断吸纳和借鉴东盟数字数据治理框架，以及经济合作与发展组织（OECD）隐私原则的相关要求，积极推动跨境数据保护标准的互通、相互协调和国际互认。这些举措旨在引领新加坡成为亚洲跨境数据流动的示范区，为全球数字经济的繁荣发展贡献力量。

3.4.2.3　日韩靠近欧盟数据保护标准

在亚洲，目前仅有日本、韩国两个国家通过欧盟数据保护的“充分性认定”程序。2019年1月，欧盟和日本先后认定双方的个人数据保护措施相当。欧盟的数据保护标准被认作是世界上最严格的，因此日本为这一对等认定承诺了额外的保障措施。第一，日本通过“补充规则”弥合与欧盟在个人数据保护上的差异。具体措施包括扩展对敏感数据的定义范围、保障数据个人权利的行使、向日本以外的第三方传输的数据将受到更高级别的保护；第二，日本承诺，以国家安全和刑事执法为目的获取欧盟数据将被限制，受到独立监督和有效的补救机制；第三，日本同意在已有的数据保护机构个人信息保护委员会（Personal Information Protection Commission，IPRC）下建立争议处理机制（complaint-handling mechanism），以处理日本使用欧盟数据时产生的投诉。

2021年12月，韩国通过欧盟数据保护的“充分性认定”程序，意味着韩国企业可不受限制地将在欧盟收集的个人数据引入国内。此前韩国企业须与欧盟签署标准合约才能引入个人数据。标准合约的签署过程长达三个月以上，且费用超过一亿韩元。为了通过欧盟的“充分性认定”程序，韩国也作出了类似日本的努力，修订了韩国的《数据保护法》（PIPA）。整合数据保护相关法规，增强韩国个人数据保护委员会（Personal Data Protection Commission，PDPC）机构的管辖力。修正案明确规定，违反PIPA将可能产生对企业总销售额3%的行政罚款，重者可处刑事处罚或监禁；GDPR的罚款达到企业全球营业额的4%。第三，PIPA引用GDPR中出现的“假名化”概念，增强数据流动性。在未经数据主体同意的情况下，出于符合公众利益的科学目的，韩国允许数据处理者处理假名化的信息。

3.4.2.4　美英数据跨境机制

2023年9月，英国议会通过《充分性认定条例》，该条例于2023年10月12日生效。根据该法规，英国企业可在不需额外机制、传输影响评估及其他附加传输保障措施的情况下，将能够将个人数据传输到获得“欧盟—美国数据隐私框架的英国扩展”认证的美国组织。在官方文件中，这一决策通常被称为“数据桥”，即指允许英国的个人数据自英国传输至其他国家，而无须进行额外的数据保障措施。数据桥不具有互惠性，因此它不允许数据从其他国家自由地流向英国。对于数据桥的评估需要考虑国家对个人数据的保护、法治情况、对人权与基本自由的尊重，以及监管机构的运作模式。数据桥的构建有利于确保源自英国的个人数据能够实现自由且安全的跨境交换、方便共享关键信息以促进与生命安全相关的研究、减少数据共享方面的障碍等。

3.4.2.5　美国数据跨境新规

2024年2月，美国政府依据《国际紧急经济权力法》（IEEPA）发布了《关于防止受关注国家获取美国人大量敏感个人数据和美国政府相关数据的行政令》，美司法部同日发布关于该行政令的情况说明，并于次日发布《行政令的拟议规则预通知》进一步细化阐述，防止受关注国家访问收集涉及美国政府和个人的敏感数据。

2024年3月，美国众议院通过《保护美国人免受外国对手侵害的数据法案》，该法案禁止数据经纪人从美国人的个人数据中获利，并阻止向对手国家或其控制的实体出售美国敏感个人信息，特别是涉及美国军事服务人员的数据，以保护个人隐私和国家安全。

美国《关于防止受关注国家获取美国人大量敏感个人数据和美国政府相关数据的行政令》《保护美国人免受外国对手侵害的数据法案》的出台，反映了美国政府从主导“数据自由流动”的跨境政策，逐步转变为以国家安全为由的“数据安全流动”。受关注国家指针对那些美国认为可能利用敏感数据进行恶意行为的国家，包括中国、俄罗斯、伊朗、朝鲜、古巴和委内瑞拉，以及与这些国家有关的所有实体。中美之间潜在数据流动规模巨大，围绕数据和技术领域的竞争也最为激烈，显然中国是该项政策最关键和最重要的管制目标，未来可能对我国数据跨境政策实施，以及技术和产业的发展造成影响。

3.4.3 我国数据跨境安全管理要求

随着《中华人民共和国网络安全法》《中华人民共和国数据安全法》《个人信息保护法》《数据跨境安全评估办法》《促进和规范数据跨境流动规定》及相关实施细则的发布，我国数据跨境安全管理制度基本完善。《中华人民共和国网络安全法》规定“关键信息基础设施的运营者在中华人民共和国境内运营中收集和产生的个人信息和重要数据应当在境内存储。因业务需要，确需向境外提供的，应当按照国家网信部门会同国务院有关部门制定的办法进行安全评估”。《中华人民共和国数据安全法》扩展了数据出境安全评估制度的范围，对关键信息基础设施运营者以外的数据处理者的重要数据出境监管制度提供了原则性规定。《个人信息保护法》提供了三种个人信息出境合规路径，包括：通过国家网信部门组织的数据出境安全评估经专业机构进行个人信息保护认证，以及按照国家网信部门制定的标准合同与境外接收方订立合同。

作为配套政策，国家网信办于2022年7月发布《数据出境安全评估办法》、2022年12月发布《个人信息保护认证实施规则》、2023年2月公布《个人信息出境标准合同办法》。2024年3月，国家网信办发布《促进和规范数据跨境流动规定》，集中调整了上述合规路径对应场景，明确了如下免予申报数据出境安全评估、订立个人信息出境标准合同、通过个人信息保护认证的情形。

（1）国际贸易、跨境运输、学术合作、跨国生产制造和市场营销等活动中收集和产生的不含个人信息和重要数据的数据向境外提供。

（2）境外个人信息在我国处理且没有境内个人信息或者重要数据参与时，其后续向境外提供。

（3）为订立、履行个人作为一方当事人的合同确需向境外提供个人信息。

（4）按照依法制定的劳动规章制度和依法签订的集体合同实施跨境人力资源管理确需向境外提供员工个人信息。

（5）紧急情况下为保护自然人的生命健康和财产安全确需向境外提供个人信息。

（6）关键信息基础设施运营者以外的数据处理者自当年1月1日起累计向境外提供不满10万人个人信息且不含敏感个人信息。上述“豁免”覆盖了跨境电商、跨境物流、跨境出行等大量数字贸易活动，降低了数据处理者的合规成本。

通过自贸区负面清单模式，进一步扩大数据跨境范围，吸引产业投资落地，促进贸易发展（参见7.8.3节）。

第 4 章　数据安全理论与实践框架

数据安全规划与建设虽非新兴议题，但传统方案多侧重于合规性。随着数据量激增及应用场景多样化，组织内外对数据使用的需求日益扩大，对数据保护及其解决方案的需求亦发生深刻变革。同时数据泄露事件频发，数据安全已上升为数据驱动型数字化转型战略的核心关切。鉴于数据安全贯穿数据全生命周期的各环节且涉及多方参与者，数据安全方案的规划与建设需借鉴成熟的模型框架。本章将介绍若干常见的数据安全模型框架与实践。

4.1　数据安全治理（DSG）框架

Gartner公司将数据安全治理（Data Security Governance，DSG）定义为：“信息治理的一个子集，专门通过定义的数据策略和流程来保护组织数据（包含结构化数据和非结构化文件的形式）。”在数字化转型浪潮中，数据量的激增为业务创造价值的同时，也伴随着数据风险的增加。为此，安全与风险管理领导者需构建数据安全治理框架，以有效应对数据安全和隐私保护方面的潜在威胁。随着数据的广泛共享，数据安全、隐私及信任等问题愈发凸显，DSG框架在降低相关风险、增强安全防御方面发挥着关键作用。

企业在数字化转型过程中面临双重挑战：既要强化数据和分析治理以提升竞争优势，又要加强安全和风险治理以确保业务稳健。数据安全治理在此情境下显得尤为关键，它有助于在两者之间实现最佳平衡。数据安全治理融合示意如图4-1所示。数据安全治理（DSG）既可辅助首席数据官（CDO）开展数据和分析治理，又可支持首席安全官（CSO）开展安全和风险治理，制定恰当的安全策略与管理规则，进而实现这些规则的协调与高效管理。

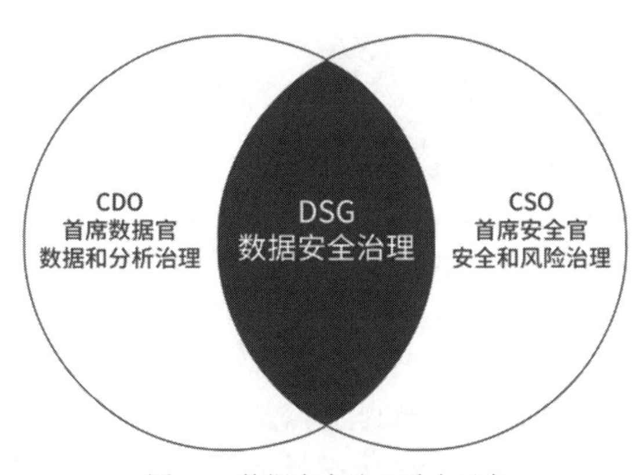

图4-1　数据安全治理融合示意

在数据安全建设初期，很多人倾向于首选热门技术或认为重要的产品。但从数据安全治理框架来看，这并不是一个最佳或最有效的开始位置。该框架明确指出“不要从这里开始”。因具体的产品或者技术是被孤立在其提供的安全控制和其操作的数据流中的，单一产品很难从全局或者全生命周期的视角降低业务风险。数据安全治理（DSG）框架如图4-2所示。

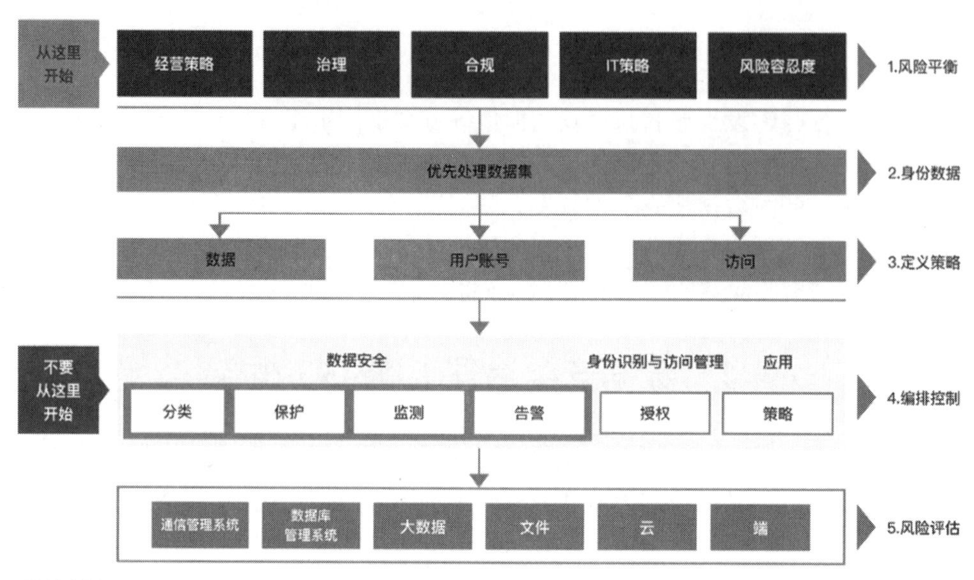

资料来源：Gartner

图4-2 数据安全治理（DSG）框架

数据安全管理者需要了解机会成本对业务的影响，数据安全治理应该从解决业务风险开始，评估在安全和隐私方面的投资是否会降低业务风险，这对数据安全管理者来说挑战更大。数据安全治理流程示意如图4-3所示。

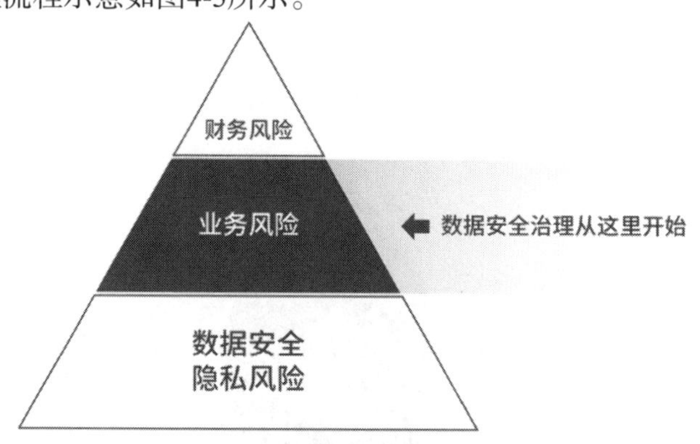

图4-3 数据安全治理流程示意

不同的数据或隐私风险对业务风险和财务风险的影响不同，其处理优先级也不同，即按照不同的优先级进行考虑和解决。数据集会发生变化，并在本地数据库和云服务之间流动。此外，部署多个应用和安全产品将产生多个管理控制台。管理者独立于安全管理团队和隐私管理团队之外，每个团队都有单独的预算；每个管理控制台具有不同的数据安全控制和管理权限，甚至对相同用户的不同账户也会有不同的控制策略；这些控制策略在不同的存储位置、终端或数据传输路径上以不同的方式执行。这些因素会导致不一致，增加了数据和隐私风险，从而可能产生业务风险。从统一的业务视角甄别和梳理数据安全风险，并与业务相关人建立紧密的支持或合作关系，对于确定如何缓解这些业务风险至关重要。

大多数企业的安全投资和策略都对应着一系列不同的产品，并对一些数据库和数据流通道进行了不同程度的控制。因此，开展全面的数据普查和地图创建工作，并确定现有数据安全和访问控制的状态是非常重要的。作为初始步骤，可以为某个垂直的数据流路径或者特定的数据集创建数据地图。

接下来需要使用数据发现产品，对存储在不同数据库的数据进行发现、梳理和关联。通常需要使用多种类型的产品和技术来覆盖存储、流通、分析和终端等不同的场景。因此，需要跨多个管理控制台进行手动编排，以确保数据发现、梳理、关联的一致性。随后，根据核心数据发布情况，从业务风险较高的数据开始，创建与之相关的业务流程和应用程序清单。核心数据分布情况如图4-4所示。

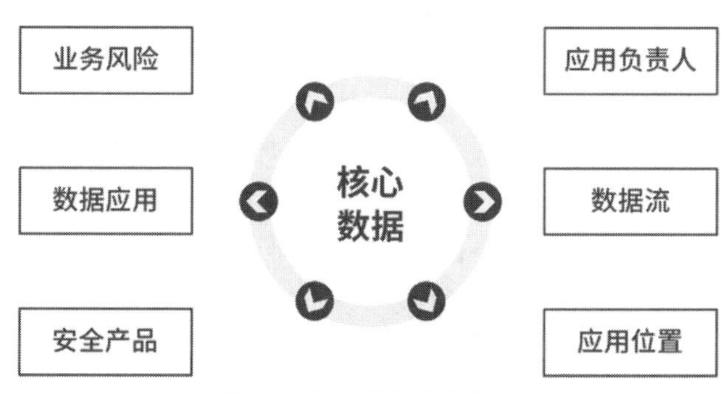

图4-4　核心数据分布情况

当完成了DSG框架所建议的工作之后，就可以进入数据安全产品和技术的预研、部署、上线和调整优化等环节。选择合适的工具，参照最佳实践，常态化地实现数据安全运营，往往比通过DSG框架从业务风险找突破口、制定项目目标更加有挑战性，也更加关键。在当前大部分政企快速数字化转型的进程中，安全管理部门与业务部门找到明显的薄弱环节和数据安全的风险点并达成共识是相对容易的。

4.2　数据驱动审计和保护（DCAP）框架

跨越多种异构数据库的数据生成和使用正在呈指数级的高速增长，使得原有的数据安全保护方法不再充分有效。因此需要在数据安全体系结构和产品技术选择方法上进行较大的调整和优化。为了业务的发展，许多企业都为“数据孤岛”式的使用场景建立了单独的团队，没有对数据安全产品、策略、管理和实施进行统一的规划和管理。为此，Gartner公司提出了以数据为中心的审计和保护（Data-Centric Audit and Protection，DCAP）框架。

DCAP框架能够集中监控不同的应用、各类用户、特权账号管理员对数据的使用情况，机器学习、行为分析的算法，使其具备智能化的更高级别的风险洞察力；采用跨越非结构化、半结构化和结构化数据库或存储库的应用数据安全策略和访问控制来实现数据保护。

DCAP框架主要具备以下六种支持能力，如图4-5所示。

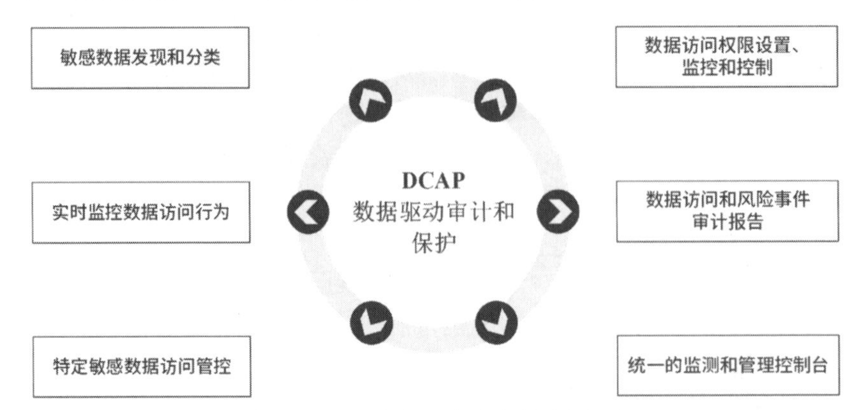

图4-5 DCAP框架具备的六种支持能力

（1）敏感数据发现和分类：DCAP框架具备强大的敏感数据发现和分类功能，不仅限于关系型数据库、数据仓库，还能对非结构化数据文件、半结构化数据文件和半结构化大数据平台（如Hadoop）等进行深度扫描。此外，该框架还能覆盖基础设施服务（IaaS）、软件即服务（SaaS）和数据库即服务（DBaaS）等各个层面的本地和云端存储，确保敏感数据的全面识别和分类。

（2）实时监控数据访问行为：DCAP框架采用先进的权限设置、监控和控制机制，针对用户的数据访问行为进行精细化管理。特别是对于管理员和开发人员等高权限用户，框架通过基于角色的访问控制（RBAC）和基于属性的访问控制（ABAC）等多种方式，实现对特定敏感数据的精准访问控制和实时监控。

（3）特定敏感数据访问管控：利用先进的行为分析技术，DCAP框架能够实时监控用户对敏感数据的访问行为，并根据不同场景构建模型生成可定制的安全警报。同时，框架还能有效阻断高风险的用户行为和访问模式，确保敏感数据的安全性和完整性。

（4）数据访问权限设置、监控和控制：DCAP框架具备灵活的数据访问权限设置、监控和控制功能。通过加密、去标识化、脱敏、屏蔽或阻塞等多种技术手段，实现对用户和管理员访问特定敏感数据的精细管控，满足不同业务场景下的安全需求。

（5）数据访问和风险事件审计报告：DCAP框架能够生成详尽的用户数据访问和风险事件审计报告，提供针对不同场景的可定制化详细信息。这有助于企业满足各种法律法规或标准审计要求，提升数据安全和合规性水平。

（6）统一的监测和管理控制台：DCAP框架提供统一的监测和管理控制台，支持跨多个异构数据格式的统一数据安全监测和策略管控。这大大降低了企业在多数据源环境下进行数据安全管理的复杂度，提高了管理效率和准确性。

4.3 数据安全能力成熟度模型（DSMM）

数据安全能力成熟度模型（Data Security Maturity Model，DSMM）基于数据在组织的业务场景中的数据生命周期，从组织建设、制度与流程、技术与工具、人员能力四个方面构建了数据安全过程的规范性数据安全能力成熟度模型及评估方法。DSMM架构图如图4-6所示。

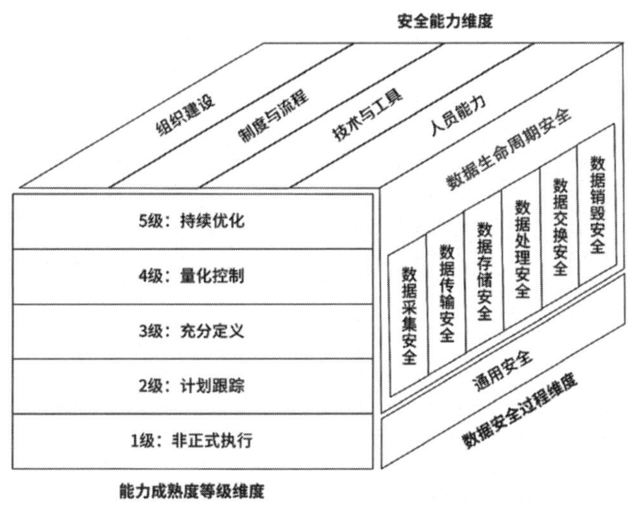

图4-6　DSMM架构图

DSMM架构主要包括以下维度。

（1）数据安全过程维度：以数据为中心，针对数据生命周期各阶段建立的相关数据安全过程体系，包括数据采集安全、数据传输安全、数据存储安全、数据处理安全、数据交换安全、数据销毁安全等过程。

（2）安全能力维度：明确组织在各数据安全领域所需要具备的能力，包括组织建设、制度与流程、技术与工具、人员能力四个维度。

（3）能力成熟度等级维度：基于统一的分级标准，细化组织在各数据安全过程域的五个级别的数据安全能力成熟度分级要求。五个级别分别是非正式执行、计划跟踪、充分定义、量化控制、持续优化。

4.3.1　DSMM评估流程

DSMM评估的是整个组织的数据安全能力成熟度，而不仅局限于某一系统。依据组织的业务复杂度、数据规模，按照业务部门进行拆分；从组织建设、制度与流程、技术与工具、人员能力展开。通过对各项安全过程所需具备的安全能力的评估，可评估组织在每项安全过程的实现能力属于哪个等级。DSMM评估流程如图4-7所示。

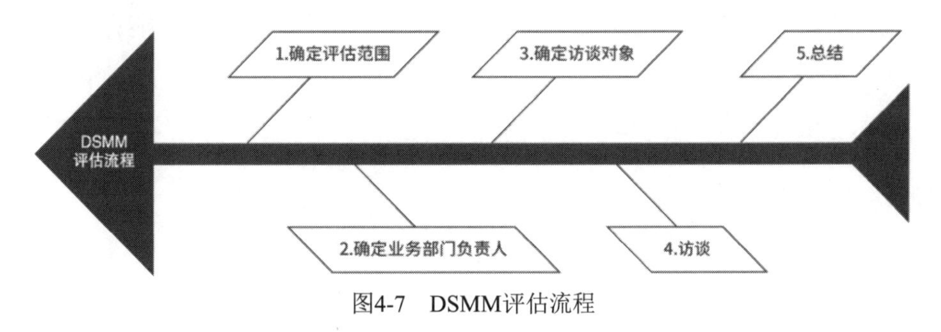

图4-7　DSMM评估流程

在实际应用中，应根据不同业务部门进行分组评估。首先，确定业务部门负责人，辅助评估过程的资源协调工作。随后，与业务部门负责人一同梳理基本的业务流程，结合PA（过程域），根据线上生产数据和线下离线数据两条线，确定各过程域（Process Area，PA）访谈部门和访谈对象，并根据评估工作的展开动态调整。

数据安全能力成熟度等级评估流程如图4-8所示。

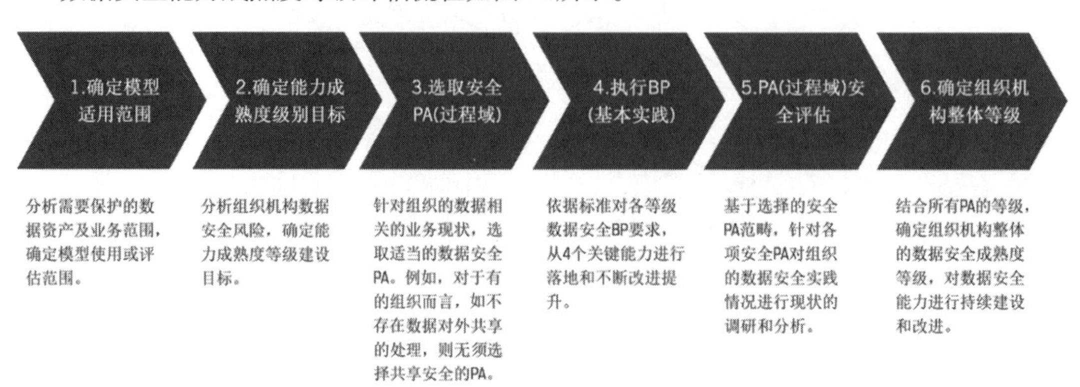

图4-8　数据安全能力成熟度等级评估流程

4.3.2　DSMM使用方法

由于各组织在业务规模、业务对数据的依赖性，以及组织对数据安全工作定位等方面的差异，组织对该模型的使用应“因地制宜”。

DSMM在组织中的应用如图4-9所示。首先，组织应明确其目标的数据安全能力成熟度等级。根据对组织整体的数据安全成熟度等级的定义，组织可以选择适合自己业务实际情况的数据安全能力成熟度等级目标。3级目标适用于所有具备数据安全保障需求的组织作为自己的短期目标或长期目标，达到3级标准者意味着组织能够针对数据安全的各方面风险进行有效的控制。然而，对于业务中尚未大量依赖于大数据技术的组织而言，数据仍然倾向于在固有的业务环节中流动，对数据安全保障的需求整体弱于强依赖大数据技术的组织，因此其短期目标可先定位为2级，待达到2级的目标之后再进一步提升到3级。

在确定目标数据安全能力成熟度等级的前提下，组织根据数据生命周期所覆盖的业务场景挑选适用于组织的数据安全过程域。例如，组织不存在数据交换的情况，数据交换过程域就可以从评估范围中剔除掉。组织基于对DSMM内容的理解，识别数据安全能力现状并分析与目标能力等级之间的差异，在此基础上执行数据安全能力的改进与提升计划。伴随着组织业务的发展变化，还需要定期复核、明确自己的目标数据安全能力成熟度等级，然后进行新一轮评估与工作。

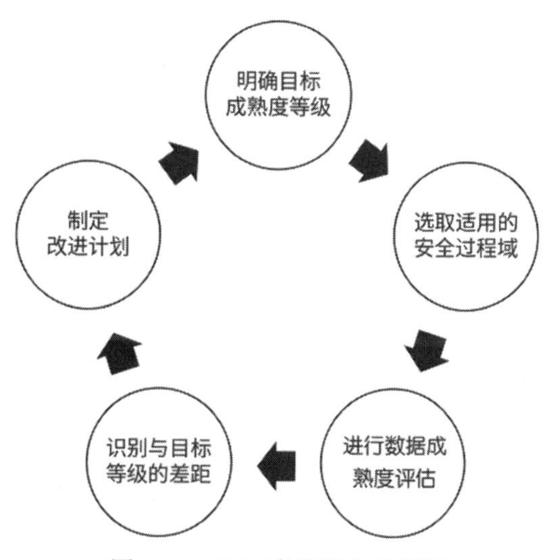

图4-9　DSMM在组织中的应用

4.4　CAPE 数据安全实践框架

本章第4.1至4.3节介绍的数据安全理论框架对数据安全建设具有较强的理论指导意义，它们互相之间并无冲突。它们从不同视角看待同一问题，互为补充。在具体实践中，本书作者吸收了各个理论框架的思想，通过丰富的数据安全领域项目实战经验，总结了一套针对敏感数据保护的CAPE数据安全实践框架，如图4-10所示。图中，C、A、P、E的字面含义分别是：Check，风险核查；Assort，数据梳理；Protect，数据保护；Examine，监控预警。接下来本书会详细介绍C、A、P、E分别代表什么，并在相应章节标题后边用（C）（A）（P）（E）加以标注，方便读者阅读。

图4-10　CAPE数据安全实践框架

4.4.1 建设原则

构建CAPE数据安全实践框架需要遵循以下原则。

（1）坚持全面覆盖立体化防护原则。

在数据安全体系的构建中，坚持全面覆盖与立体化防护的核心理念。从横向层面来看，数据安全需全面覆盖数据资源从收集、传输存储、加工、使用、提供、交易、公开直至销毁的整个生命周期。为确保安全策略得以有效实施，需运用多种先进的安全工具，对数据资源进行全方位的保护。

从纵向层面来看，须通过系统的风险评估、详尽的数据梳理、严格的访问监控及深入的大数据分析，对数据资产的价值、潜在弱点及威胁进行全面评估。这一过程有助于深入洞察数据资产的实际状况，进而形成精准的数据安全态势感知，为制定有针对性的安全防护策略提供坚实支撑。

此外，在构建数据安全防护体系时，需从组织、制度、场景、技术、人员等多个维度出发，自上而下地推进和完善。通过综合运用各种资源和手段，形成坚实可靠的数据安全防护屏障，确保数据资源的安全与稳定。

（2）坚持以身份和数据构成的双中心原则。

在保护数据安全的过程中，防止未经授权的用户进行数据非法访问和操作至关重要。从访问者“身份”和访问对象“数据”两方面入手，采取双管齐下的策略。对于未获授权的企业内部和外部人员、系统或设备，需严格基于身份认证和授权机制，实施以身份为中心的动态访问控制，确保数据资源仅对授权用户开放。

有针对性地保护高价值数据及业务，通过实施数据发现和数据分类分级，执行以数据为中心的安全管理和数据保护控制，确保数据资源的完整性和机密性。

（3）坚持安全智能化、体系化原则。

在信息技术和业务环境日益复杂的背景下，坚持安全智能化、体系化原则显得尤为重要。传统的人工方式在运维和管理安全方面已显得捉襟见肘，因此需借助人工智能、大数据技术等先进手段，如用户和实体行为分析（UEBA）、NLP加持的识别算法、场景化脱敏算法等，以实现更精准、高效的安全防护。

仅凭单独的技术措施难以解决复杂的安全问题。通过能力模块间的联动与整合，形成体系化的整体数据安全防护能力。这种体系化的安全防护不仅有助于提升安全运营和管理的质量与效率，还能为企业的数据安全提供坚实保障。

CAPE数据安全实践框架正是基于这一原则，实现了敏感数据安全防护的全生命周期过程域全覆盖。它以风险核查为起点，以数据梳理为基础，以数据保护为核心，以监控预警为支撑，最终构建了一个全过程、自适应的安全体系，旨在实现“数据安全运营”并达到“整体智治”的安全目标。

4.4.2 风险核查（C）

通过风险核查让数据资产管理人员全面了解数据资产运行环境是否存在安全风险。通过安全现状评估能及时发现当前数据库系统的安全问题，对数据库的安全状况进行持续化监控，保持数据库的安全健康状态。数据库漏洞、弱口令（指容易破译的密码）、错误的部署或配置不当都容易让数据陷入危难之中。

数据库漏洞扫描帮助用户快速完成对数据库的漏洞扫描和分析工作，覆盖权限绕过漏洞、SQL注入漏洞、访问控制漏洞等，并提供详细的漏洞描述和修复建议。

弱口令检测基于各种主流数据库密码生成规则实现对密码匹配扫描，提供基于字典库、基于规则、基于枚举等多种模式下的弱口令检测。

配置检查帮助用户规避由于数据库或系统的配置不当造成的安全缺陷或风险，检测是否存在账号权限、身份认证、密码策略、访问控制、安全审计和入侵防范等安全配置风险。基于最佳安全实践的加固标准，提供重要安全加固项及修复的建议，降低配置弱点被攻击和配置变更风险。

4.4.3　数据梳理（A）

数据梳理阶段包含以身份为中心的身份认证和设备识别、以数据为中心的识别与分类分级，并对资产进行梳理，形成数据目录。

以身份为中心的身份认证和设备识别是指，网络位置不再决定访问权限，在访问被允许之前，所有访问主体都需要经过身份认证和授权。身份认证不再仅仅针对用户，还将对终端设备、应用软件等多种身份进行多维度、关联性的识别和认证，并且在访问过程中可以根据需要多次发起身份认证。授权决策不再仅仅基于网络位置、用户角色或属性等传统静态访问控制模型，而是通过持续的安全监测和信任评估，进行动态、细粒度的授权。安全监测和信任评估结论是基于尽可能多的数据源计算出来的。以数据为中心的识别与分类分级是指，进行数据安全治理前，需要先明确治理的对象，企业拥有庞大的数据资产，本着高效原则，应当优先对敏感数据分布进行梳理。“数据分类分级”是整体数据安全建设的核心且最关键的一步。通过对全部数据资产进行梳理，明确数据类型、属性、分布、账号权限、使用频率等，形成数据目录，以此为依据对不同级别数据实施不同的安全防护手段。这个阶段也会为客户数据安全提供保护，如为数据加密、数据脱敏、防泄露和数据访问控制等进行赋能和策略支撑。

4.4.4　数据保护（P）

基于数据使用场景的需求制定并实施相应的安全保护技术措施，以确保敏感数据全生命周期内的安全。数据保护需要以数据梳理作为基础，以风险核查的结果作为支撑，在数据收集、存储、传输、加工、使用、提供、交易、公开等不同场景下，提供既满足业务需求又保障数据安全的保护策略，降低数据安全风险。

数据是流动的，且数据结构和形态会在整个生命周期中不断变化，需要采用多种安全工具支撑安全策略的实施，涉及数据加密、密钥管理、数据脱敏、水印溯源、数据泄露防护（也称数据防泄露）、访问控制、数据备份、数据销毁等安全技术手段。

4.4.5 监控预警（E）

数据安全风险与事件监测的措施包括数据溯源、行为分析、权限变化和访问监控等，通过全方位监控数据的使用和流动能够感知数据安全态势。

一是数据溯源。能够对具体的数据值如某人的身份证号码进行溯源，刻画数据在整个链路中的流动情况，如数据被谁访问、流经了哪些节点，以及其他详细的操作信息，方便事后追溯和排查数据泄露问题。

二是行为分析。能够对核心数据的访问流量进行数据报文字段级的解析操作，完全还原出操作的细节，并给出详尽的操作结果。用户和实体行为分析可以根据用户历史访问活动的信息刻画出一个数据的访问“基线”，并据此对后续的访问活动做进一步的判别，检测出异常行为。

三是权限变化。能够对数据库中不同用户、不同对象的权限进行梳理并监控权限变化。权限梳理可以从用户和对象两个维度展开。一旦用户维度或者对象维度的权限发生了变更，能够及时向用户反馈。

四是访问监控。实时监控数据库的活动信息。当用户与数据库进行交互时，系统应自动根据预先设置的风险控制策略进行特征监测及审计规则监测，监控预警任何尝试攻击的行为或违反审计规则的行为。

第 5 章 数据安全常见风险

网络安全与数据安全有效性遵循“木桶原理”，即木桶的盛水量受限于其最短的桶板。数据安全建设是一项涉及资金、时间与人力资源的综合性工程，投资者期望的不仅是满足法律法规的合规要求，更在于切实解决潜在的风险问题。然而，有些建设方案往往陷入功能、能力或参数的误区，技术人员可能过于追求功能的丰富性，却忽视了实际场景与需求，导致部分功能无法发挥其实际效用。

本章从常见的数据安全风险场景出发，进行系统的梳理与分析，明确我们需要解决的核心问题。在实际安全系统项目立项过程中，企业应结合自身需求与列出的风险场景进行对照，明确通过本期项目的资金投入能够切实解决哪些风险问题。换言之，组织应定期对现有安全现状与风险场景进行比对，并输出数据安全风险评估报告，以便及时了解风险问题的存在与否，确保对安全状况有清晰的认识。在此基础上，数据安全技术与运维建设的成熟度将得以提升。

依据第4.4节介绍的CAPE数据安全实践框架，本章列出的各类风险分别对应C、A、P、E的不同环节。

5.1 数据库部署情况底数不清（C）

在企业的发展过程中，信息系统是逐步建设起来的，数据库也会随之部署。在信息系统建设过程中，会根据企业业务情况、资金成本、数据库特性等条件来选择最合适的数据库，建立适当的数据存储模式，满足用户的各种需求。但一些数据库系统，特别是运行时间较长的系统，会出现数据库部署情况底数不清的状况。数据库部署情况底数不清原因如图5-1所示。

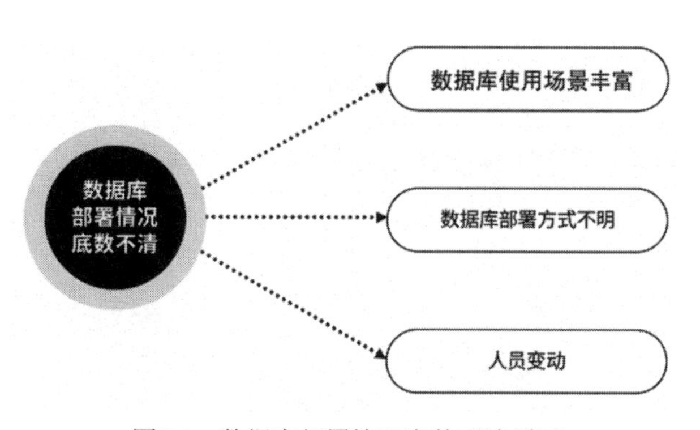

图5-1 数据库部署情况底数不清原因

1. 数据库使用场景丰富

数字化时代，数据库使用场景非常丰富，例如用于生产、用于测试开发、用于培训、用于机器学习等各类场景。而大多数资产管理者往往只重视生产环境而忽略其他环境，又或者只重视硬件资产而对软件和数据等关注不足，从而导致在资产清单中未能完整记载资产信息，数据库资产信息有偏差。

2. 数据库部署方式不明

由于安全可靠性的要求，数据库的部署方式也可能不同，典型的情况包括单机单实例、单机多实例、MPP、RAC、主数据库/备份数据库、读写分离控制架构等，部署的方式千差万别。最简单的主数据库/备份数据库部署方式由两个相同的数据库组成，但其对应用或客户端的访问出口是同一个IP地址和端口。当主数据库发生问题时，由备份数据库接管，对前端访问无感知。在这种情形下，如果只登记前端一个IP地址的资产信息，就会造成遗漏，导致数据资产清单登记不完整。

3. 人员变动

数据库一般由系统管理员进行建设和运维管理。随着时间变化，系统管理员可能会出现离职、转岗等情况，交接过程可能会出现有意或无意的清单不完整的情况，导致数据资产信息的不完整。

以上因素将导致数据资产部署情况底数不清，使部分被遗漏的数据资产得不到有效监管和防护，从而引发数据泄露或丢失的风险。

5.2 数据库基础配置不当（C）

在数据库安装和使用过程中，不适当的或不正确的配置可能会导致数据发生泄露。数据库基础配置不当的因素如图5-2所示。

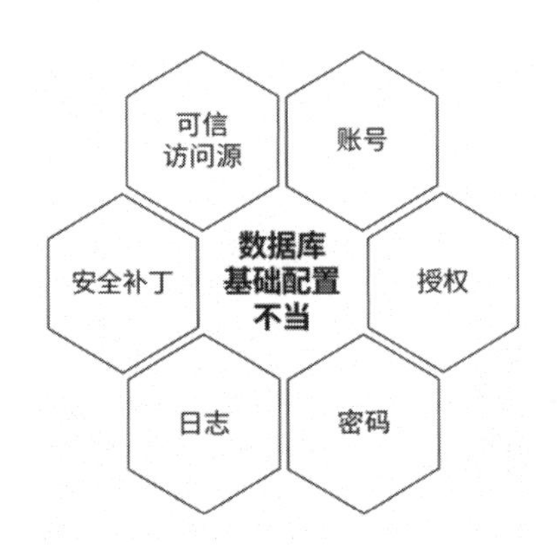

图5-2 数据库基础配置不当的因素

1. 账号配置

通常数据库会内置默认账号，其中会有部分账号是过期账号或处于被禁用状态的账号，而其他账号则处于启用状态。这些默认账号通常会被授予一定的访问权限，并使用默认的登录密码。如果此类账号的权限较大而且默认登录密码未被修改，则很容易被攻击者登录并窃取敏感数据，造成数据泄露。

2. 权限管理

有些手动创建的运维或业务访问账号，基于便利性而被授予一些超出其权力范围的权限，即授权超出了应授予的“最小访问权限”，从而使这些账号可以访问本不应被访问的敏感数据，导致数据泄露。

3. 密码强度

对于采用静态密码认证的数据库，系统账号如采用默认密码或易猜测的简单密码，如个人生日、电话号码、111111、123456等，攻击者只需通过简单的尝试就可以偷偷登录数据库，获取数据库访问权限，导致数据泄露。

4. 日志审计

数据库通常包含日志审计功能，而且能直接审计到数据库本地操作行为。但开启该功能后一般会占用较大的计算和存储资源，因此很多数据库管理人员关闭该功能，从而导致数据库操作无法被审计和记录，后续发生数据泄露或恶意操作行为时无法溯源。

5. 安全补丁

在数据库运行期间，安全人员可能发现诸多数据库安全漏洞。安全人员把数据库漏洞报告提交给数据库厂商后，数据库厂商会针对漏洞发布补丁程序。当该版本的数据库软件相关补丁不能及时更新时，攻击者就能利用该漏洞攻击数据库，从而导致数据泄露。

6. 可信访问源

当数据库所在的网络操作系统未设置安全的防火墙访问策略，且数据库自身也未限制访问来源时，在一个比较开放的环境中，数据库可能会面临越权访问。例如，攻击者通过泄露的用户名和密码、通过一个不受信任的IP地址也能访问数据库，轻易地获取数据库内部存储的敏感数据密码，从而造成数据泄露。

5.3　敏感重要数据分布情况底数不清（A）

在当今的互联网企业中，借助数据驱动决策已成为优化市场运营活动、提升产品质量的常态。与此同时，传统企业亦在近年逐渐接受并推广“数据驱动”的理念，大部分组织正致力于数字化转型，并设立了专门的数据安全管理部门。鉴于数据在企业决策中占据的举足轻重的地位，有必要深入探究其数量、分布、来源、存储、处理等方面的情况。

一个企业的数据库系统，少则有几千张、多则有几万张甚至更多数据表格。将各个数据库系统进行统计，所拥有的数据信息可能达到几亿条，甚至几十亿条、上百亿条。敏感重要数据分布情况底数不清，意味着对数据处理活动的风险无法准确评估，也就难以有针对性地进行数据的分类分级保护。

企业数据库系统库表示意如图5-3所示。

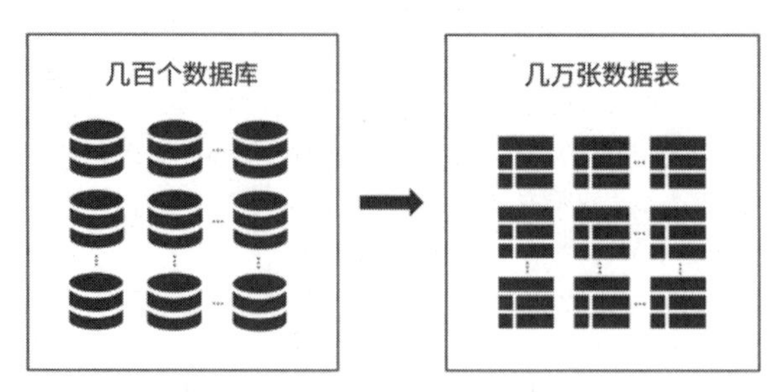

图5-3　企业数据库系统库表示意

在各行各业数据处理实践当中，造成上述问题最常见的原因是，低估了敏感重要数据分布的广泛性。一方面，部分业务类型的数据敏感性没有被客观认知。例如，个人身份信息、生物特征信息、财产信息、地址信息等容易得到重视，被标记为敏感数据；而在某些特定背景下，同样应该被标记为敏感重要数据的，如人员的身高、体重、生日、某些行为的时间信息、物品要素信息等数据，却往往被忽略。另一方面，“敏感重要数据”的界定是动态的，不同的数据获取方式将会影响同类数据的敏感级别判定结果。

业务数据分散在各个数据库系统中。一个企业的应用软件可能涉及多个提供商，很多企业实际使用着多达上百个数据库，而在本就庞杂的数据存储环境中又有不断新增的业务数据。如果不进行详细的摸查并完整记录敏感数据的分布情况，那么可能导致敏感数据暴露。

综上所述，为了避免敏感数据暴露或失窃的情况发生，需要对所有的敏感重要数据的分布情况摸查清楚、完整记录并进行持续关注和保护。

5.4　敏感数据和重要数据过度授权（A）

敏感数据和重要数据的过度授权现象在现实中屡见不鲜，对企业的数据安全构成严重威胁。在讨论此问题之前，首先需要明确“权限”这一概念在数据库管理中的具体含义。以Oracle数据库为例，权限通常分为“系统权限”和“实体权限”两大类。

“系统权限”指用户在数据库系统中能够执行的操作范围。例如，授予用户“connect”权限意味着该用户可以登录Oracle数据库，但无法创建数据库实体或结构。而授予“resource”权限的用户则可以创建实体，但仍旧不能创建数据库结构。至于数据库管理员，他们通常拥有创建数据库结构的权限，并享有最高的系统权限。

“实体权限”指针对特定数据库对象（如表、视图等）的操作权限，包括select（查询）、update（更新）、insert（插入）、alter（修改）、index（索引）、delete（删除）等。这些权限限定了用户只能对特定的数据库对象执行特定的操作。

在实际操作中，过度授权问题主要表现在以下两个方面：一是对只需访问业务数据表的角色，错误地授予了创建数据库结构的权限、系统表访问权限、系统包执行权限等。这种过度授权不仅增加了操作风险，还可能导致数据泄露或滥用。二是在业务上，某些数据表本应仅对A子部门可见，但由于权限设置不当或用户账号共享等原因，导致A、B子部门均可见。这不仅增加了数据泄露的风险，还可能引发内部控制失效等问题。

针对上述两类过度授权问题，确认并授予用户最小必要权限，即只授予用户完成工作所需的最小权限，避免赋予过多不必要的权限。建立完善的权限审核机制。定期对用户的权限进行审查和调整，确保权限设置与业务需求相匹配。加强用户账号管理，避免多个用户共用同一个账号，确保每个用户都有自己的独立账号，并严格执行账号、密码的保密和管理制度。通过以上措施的实施，可以有效减少敏感数据和重要数据的过度授权问题，提升企业的数据安全水平。

5.5　高权限账号管控较弱（A）

数据账号权限管理中应遵循权限最小化原则，特别是针对老旧信息化系统。这主要源于两方面原因：首先，过去数据库系统并未严格实施三权（管理员、审核员、业务员的权限）分立原则，授权操作常由数据库开发人员自行进行，缺乏规范管理和第三方审核机制；其次，对于大型商用数据库如Oracle、Db2、SQL Server等，由于历史资源配置问题，核心业务逻辑多通过数据库自身的高级功能实现，这导致在实际赋权过程中，为简化操作，常将高权限角色直接赋予用户。

在实际操作中，管理员可能将高权限角色或权限赋予通用角色，如public角色，使得任意用户通过间接方式获得高权限，且由于间接赋权的隐蔽性，这类问题难以被察觉。此外，在分布式事务数据库中，创建的dblink对端账号可能拥有高权限，导致本地用户虽拥有常规权限，却能在对端数据库实例中行使高权限，增加了安全风险。“沉睡”账号也是权限管理中的一个重要问题。这类账号的产生往往由于数据库运维外包或业务系统迁移下线等原因，而账号未得到及时处理。这些账号可能具有不同权限，若泄露或被利用，将对系统安全构成严重威胁。

当前，数据库权限管理多采用基于角色的访问控制模型（RBAC），角色间关系复杂，相互嵌套，为历史用户权限的梳理带来了极大困难。因此，加强数据账号权限的精细化管理，确保权限分配的合理性和安全性，是当前数据库管理工作的重中之重。

5.6　分析型和测试型数据风险（P）

分析型数据、测试型数据是指从生产环境导出的线上数据。这些数据作为独立数据导入分析、开发测试的场景，用作数据分析和测试等。为何要单独对这两类场景进行分析并关注其安全风险呢？因为这两类场景在越来越多的组织中都有着强烈的需求，同时在这两类场景中数据存在较大的安全隐患，容易造成泄密风险。数据分析、开发测试场景如图5-4所示。

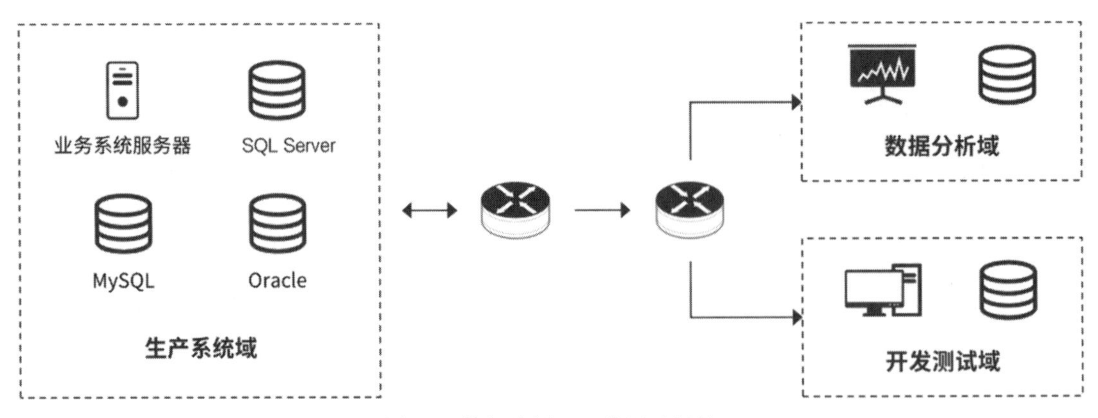

图5-4　数据分析、开发测试场景

随着大数据应用的成熟，数据分析的商用价值被日益重视。无论数据拥有者自身或是第三方，都希望通过对线上数据进行分析，从中提炼有效的信息，为商业决策提供可靠支撑；或将数据导入人工智能系统中，训练智能学习算法模型，期望将经过训练的智能系统部署上线，自动化地完成部分决策功能。无论是人工分析或是机器学习分析，均需要将数据从原始数据环境导出到独立的数据库，而用于数据分析的数据库环境可能在实验室，也可能在开发者的个人计算机上，甚至在第三方的系统中。数据分发给第三方的过程已将数据保护的责任一并交到了对方手上，组织的核心敏感数据是否得以保全完全取决于对方的安全意识及安全防护能力。如果分析环境没有任何保护措施，那么敏感数据等同于直接暴露、公开。对组织而言，数据不仅脱离了管控，同时可能因数据泄露而造成巨大损失。

同数据分析场景一样，数据开发测试场景也需要将数据从生产环境导出到独立的数据库上进行后续操作。开发测试人员为确保测试结果更符合真实环境，往往希望使用与真实数据相似的数据，或者直接使用真实数据的备份进行测试和验证。开发测试环境往往不像生产环境那样有严密的安全防护手段，同时因权限管控力度降低，数据获取成本降低，与外界存在更多接触面，这让不法分子能够更轻易地从开发测试库获取敏感数据。另外还有可能因获取门槛较低，让个别内部人员有机会窃取敏感数据。

考虑到数据导出后其安全性已不再受控，故需要针对导出的数据进行处理，尽量减小泄密风险，同时预留事后追溯途径。例如，某大型酒店曾经真实发生的一起数据泄密事件。因该酒店同时与多个第三方咨询公司合作，需要客户入住信息用作统计分析，酒店工作人员在未做任何处理的情况下将数据导出交给了多个咨询公司。后被发现有超过50万条客户隐私信息遭泄露，但因无据可查，最终也无法确定究竟是从哪家咨询公司泄密。若酒店在把数据交给第三方时经过了脱敏处理，则可避免泄密事件的发生；或添加好水印再将数据交出，则至少能在事后进行追查，定位泄密者。

综上所述，对于数据安全而言，不仅要关注实际生产环境下的数据安全，也要做好开发测试库及数据分析库的安全保障。在日益严峻的数据安全大背景下，只有完善的防护体系和可靠的防护策略，才能更有效地提高数据安全防护能力，保障组织的数据安全，防止因开发测试或数据分析等环节出现数据泄露而导致损失。

5.7　敏感数据泄露风险（P）

在数字中国与数字化转型建设背景下，敏感数据泄露事件频发，已成为当前亟待解决的重要问题。敏感数据泄露不仅涉及个人隐私安全，更直接关系到企业运营、公共安全和国家安全。

对于个人而言，敏感数据泄露可能导致个人金融账户、虚拟资产被盗用，造成经济损失。个人隐私的泄露也会引发大量的广告、垃圾信息等骚扰，给个人生活带来极大的不便。这种“信息裸奔”现象使个人成为“透明人”，隐私安全无法得到保障。对于企业而言，数据泄露的危害同样严重。企业网站遭受攻击或数据被窃取，将直接损害企业的品牌和声誉，导致客户信任度下降，影响企业的业务发展和市场竞争力。此外，处理数据泄露事件、恢复数据等都需要投入大量的人力和物力成本，进一步加重企业的负担。更为严重的是，敏感数据泄露可能威胁到国家安全。一些看似不保密的数据，一旦被窃取或滥用，可能对国家安全构成威胁。同时，关键数据的泄露或篡改也可能破坏经济社会稳定，对国家发展造成不可估量的损失。

敏感数据泄露主要有以下原因：一是黑客攻击与窃取，黑客利用专用程序或自行编制的程序攻击网络并入侵服务器，窃取敏感数据；二是内部人员失误或有意泄露，员工在处理数据时可能因疏忽或故意泄露数据，特别是关键岗位人员，其泄露行为可能带来巨大损失；三是通信工具漏洞和风险可能导致数据在传输过程中被截获或篡改，如果员工使用个人设备或账户进行敏感信息传输将更加大泄露风险；四是网络诈骗与电子邮件泄露，如钓鱼邮件、垃圾邮件等，可能导致敏感数据被不法分子利用。

此外，随着大模型技术的不断发展与应用，敏感数据泄露风险也随之增加。在利用大模型进行问题分析或模型训练时，可能因数据处理不当或模型漏洞导致敏感数据泄露。同时，API访问凭据的泄露也可能给整个系统带来安全风险。

敏感数据泄露风险与危害不容忽视。为了降低敏感数据泄露的风险和危害，需采取有效措施加强数据保护，维护个人隐私、企业利益和国家安全。加强数据安全管理，提高人员数据保护意识，完善通信工具的安全防护，打击网络诈骗行为，规范大模型应用中的数据处理和存储等，构筑数据安全合作综合防御体系，确保敏感数据的安全性和保密性。

5.8　SQL 注入风险（P）

数据作为企业的重要资产保存在数据库中，SQL注入可能使攻击者获得直接操纵数据库的权限，带来数据被盗取、篡改、删除的风险，给企业造成巨大损失。

SQL注入可能从互联网兴起之时就已诞生，早期关于SQL注入的热点事件可以追溯到1998年。时至今日，SQL注入在当前的网络环境中仍然不容忽视。

SQL注入产生的主要原因是，应用程序通过拼接用户输入来动态生成SQL语句，并且数据库管理对用户输入的合法性检验存在漏洞。攻击者通过巧妙地构造输入参数，注入的指令参数就会被数据库服务器误认为是正常的SQL指令而运行，导致应用程序和数据库的交互行为偏离原本的业务逻辑，从而导致系统遭到入侵或破坏。

所有能够和数据库进行交互的用户输入参数都有可能触发SQL注入，如GET参数、POST参数、Cookie参数和其他HTTP请求头字段等。

攻击者通过SQL注入可以实现多种恶意行为，如：绕过登录和密码认证，恶意升级用户权限，然后收集系统信息，越权获取、篡改、删除数据；或在服务器植入后门，破坏数据库或服务器等。

SQL注入的主要流程如图5-5所示，具体如下。

（1）Web服务器将表格发送给用户。

（2）攻击者将带有SQL注入的参数发送给Web服务器。

（3）Web服务器利用用户输入的数据构造SQL串。

（4）Web服务器将SQL发给DB服务器。

（5）DB服务器执行被注入的SQL，将结果返回Web服务器。

（6）Web服务器将结果返回给用户。

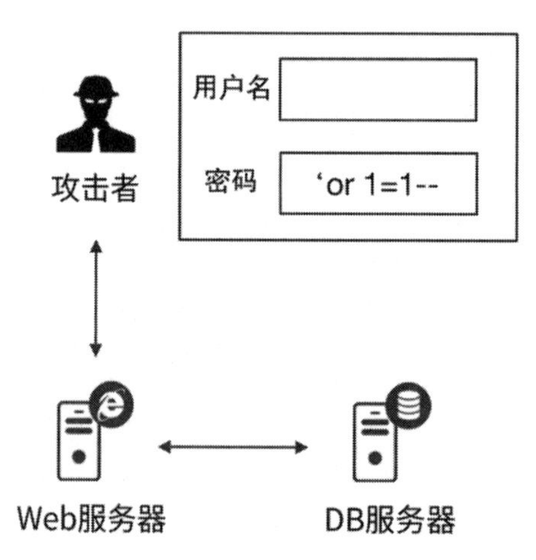

图5-5　SQL注入的主要流程

攻击者常用的SQL注入，主要有以下类型。

（1）Boolean-based blind SQL injection（布尔型注入）。在构造一条布尔语句时通过AND与原本的请求链接进行拼接。当这条布尔语句为真时，页面应该显示正常；当这条语句为假时，页面显示不正常或是少显示了一些内容。以MySQL为例，比如，攻击者使用在网页链接中输入https://test.com/view?id=X and substring(version(),1,1)=Y（X和Y分别为某特定值），如果MySQL的版本是6.X的话，那么页面返回的请求就和原本的一模一样，攻击者可以通过这种方式获取MySQL的各类信息。

（2）Error-based SQL injection（报错型注入）。攻击者不能直接从页面得到查询语句的执行结果，但通过一些特殊的方法却可以回显出来。攻击者一般通过特殊的数据库函数引发错误信息，而错误的回显信息又把这些查询信息给泄露出来了，因此攻击者就可以从这些泄露的信息中搜集各类信息。

（3）Time-based blind SQL injection（基于时间延迟注入）。不论输入何种请求链接，界面的返回始终为True，即返回的都是正常的页面情况，则攻击者就可以构造一个请求链接。当一个请求链接的查询结果为True时，通过加入特定的函数如sleep，让数据库等待一段时间后返回，否则立即返回。这样，攻击者就可以通过浏览器的刷新情况来判断输入的信息是否正确，从而获取各类信息。

（4）UNION query SQL injection（可联合查询注入）。联合查询是可合并多个相似的选择查询的结果集，它等同于将一个表追加到另一个表，从而将两个表的查询组合在一起，通过联合查询获取所有想要的数据。联合注入的前提是，页面要有回显位，即查询的结果在页面上要有位置可以展示出来。

（5）Stacked queries SQL injection（可多语句查询注入）。这种注入危害很大，它能够执行多条查询语句。攻击者可以在请求的链接中执行SQL指令，将整个数据库表删除，或者更新、修改数据。如输入：https://test.com/view?id=X；update userInfo set score = 'Y' where 1 = 1；（X和Y分别为某特定值），等到下次查询时，则会发现score全部都变成了Y。

5.9　数据库系统漏洞浅析（P）

根据国家漏洞库（CVE）数据安全漏洞统计，Oracle、SQL Server、MySQL等主流数据库的漏洞数量在逐年上升，以Oracle为例，数据库漏洞总数已超过7000个。数据库漏洞攻击主要涉及以下几类。

第一类是拒绝服务攻击，典型代表有Oracle TNS监听服务远程利用漏洞（CVE-2012-1675）。攻击者可以自行创建一个和当前生产数据库同名的数据库，用伪数据库向生产数据库的监听模块进行注册，这样将导致用户连接被路由指向攻击者创建的实例，造成业务响应中断。还有MySQL:sha256_password认证长密码拒绝式攻击（CVE-2018-2696），该漏洞源于MySQL sha256_password认证插件。该插件没有对认证密码的长度进行限制，如果传递一个很长的密码，就会导致CPU资源耗尽（参见6.2.10节）。

第二类是提权攻击，如Oracle 11g with as派生表越权、Oracle 11.1-12.2.0.1自定义函数提权、PostgreSQL高权限命令执行漏洞（CVE-2019-9193）。通过此类漏洞，攻击者可获得数据库或操作系统的相关高级权限，进而对系统造成进一步的破坏。

第三类是特权命令执行漏洞，攻击者可利用该漏洞在数据库中执行任意命令。比较有名的有postgres9.x的利用pg_copy执行操作系统命令、MSSQL的利用 xp_cmdshell命令执行操作系统命令。

第四类是缓冲区溢出漏洞，某些数据库软件由于编程缺陷，可能存在缓冲区溢出漏洞，被利用可能导致拒绝服务、数据损坏甚至远程代码执行。MySQL客户端栈溢出（CVE-2015-3152），当MySQL客户端试图连接一个返回了过长认证插件名称的服务器时，客户端会在栈上分配一个较小的缓冲区来存储这个名称，导致栈溢出。这个漏洞可以让攻击者在客户端程序中执行任意代码。

5.10 基于 API 的数据共享风险（P）

API作为数据传输流转的重要方式，越来越多地用于提供数据或数据相关服务，在政府、电信、金融、医疗、交通等诸多领域得到广泛应用。由于API方式灵活、实时性好，越来越多涉及包含敏感信息、重要数据在内的数据传输、操作，乃至业务策略制定等环节都会通过API来实现。伴随传输交互数据量飞速增长，API安全管理的难度也随之加大。近年来，国内外已发生多起由于API漏洞被恶意攻击或安全管理疏漏导致的数据安全事件，对相关组织和用户权益造成严重损害，逐渐引起各方关注。

API的初衷是使得数据的开放和使用变得更加简单、快捷，而各个API的自身安全建设情况参差不齐，将API安全引入开发、测试、生产、下线的全生命周期中是安全团队亟须考虑的问题。建设有效的整体API防护体系，落实安全策略对API安全建设而言尤为重要。API数据共享安全威胁包含外部和内部两个方面的因素。

1. 外部威胁因素

从近年API安全态势可以看出，API技术被应用于各种复杂环境，其背后的数据一方面为组织带来商机与便利，另一方面也为数据安全保障工作带来巨大压力。特别是在开放场景下，API的应用、部署面向个人、企业、组织等不同用户主体，面临着外部用户群体庞大、性质复杂、需求不一等诸多挑战，需要时刻警惕外部安全威胁。

一是API自身漏洞导致数据被非法获取。在API的开发、部署过程中不可避免会产生安全漏洞，这些漏洞通常存在于通信协议、请求方式、请求参数和响应参数等环节。不法分子可能利用API漏洞（如缺少身份认证、水平越权漏洞、垂直越权漏洞等）窃取用户信息和企业核心数据。例如在开发过程中使用非POST请求方式、Cookie传输密码等操作登录接口，存在API鉴权信息暴露风险，可能使得API数据被非法调用或导致数据泄露。

二是API成为外部网络攻击的重要目标。API是信息系统与外部交互的主要渠道，也是外部网络攻击的主要对象之一。针对API的常见网络攻击包括重放攻击、DDoS攻击、注入攻击、Cookie篡改、中间人攻击、内容篡改、参数篡改等。通过上述攻击，不法分子不仅可以达到消耗系统资源、中断服务的目的，还可以通过逆向工程，掌握API应用、部署情况，并监听未加密数据传输，窃取用户数据。

三是网络爬虫通过API爬取大量数据。“网络爬虫”能够在短时间内爬取目标应用上的大量数据，常表现为在某时间段内高频率、大批量进行数据访问，具有爬取效率高、获取数据量大等特点。通过开放API对HTML进行抓取是网络爬虫最简单直接的实现方式之一。不法分子通常采用假UA头和假IP地址隐藏身份，一旦获取组织内部账户，可能利用网络爬虫获取该账号权限内的所有数据。如果存在水平越权和垂直越权等漏洞，在缺少有效的权限管理机制的情况下，不法分子可以通过掌握的参数特征构造请求参数进行遍历，导致数据被全量窃取。此外，移动应用软件客户端数据多以JSON形式传输，解析更加简单，反爬虫能力更弱，更易受到网络爬虫的威胁。

五是API请求参数易被非法篡改。不法分子可通过篡改API请求参数，结合其他信息匹配映射关系，达到窃取数据的目的。以实名身份验证过程为例，其当用户在用户端上传身份证照片后，身份识别API提取信息并输出姓名和身份证号码，再传输至公安机关进行核验，并得到认证结果。在此过程中，不法分子可通过修改身份识别API请求参数中的姓名、身份证号码组合，通过遍历的方式获取姓名与身份证号码的正确组合。可被篡改的API参数通常有姓名、身份证号码、账号、员工ID等。此外，企业员工ID与职级划分通常有一定关联性，可与员工其他信息形成映射关系，为API参数篡改留下可乘之机。

2. 内部脆弱性因素

在应对外部威胁的同时，API也面临许多来自内部的风险挑战。一方面，传统安全通常是通过部署防火墙、WAF、IPS等安全产品，将组织内部与外部相隔离，达到防御外部非法访问或攻击的目的，但是这种安全防护模式建立在威胁均来自组织外部的假设前提下，无法解决内部隐患。另一方面，API类型和数量随着业务发展而扩张，通常在设计初期未进行整体规划，缺乏统一规范，尚未形成体系化的安全管理机制。从内部脆弱性来看，影响API安全的因素主要包括以下方面。

一是身份认证机制。身份认证是保障API数据安全的第一道防线。如果企业将未设置身份认证的内网API接口或端口开放到公网，可能导致数据被未授权用户访问、调用、篡改、下载。不同于门户网站等可以公开披露的数据，部分未设置身份认证机制的接口背后涉及企业核心数据，暴露与公开核心数据易引发严重安全事件。另一方面，身份认证机制可能存在单因素认证、无密码强度要求、密码明文传输等安全隐患。在单因素身份验证的前提下，如果密码强度不足，身份认证机制将面临暴力破解、撞库、钓鱼、社会工程学攻击等威胁。如果未对密码进行加密，不法分子则可能通过中间人攻击，获取认证信息。

二是访问授权机制。访问授权机制是保障API数据安全的第二道防线。用户通过身份认证即可进入访问授权环节，此环节决定用户是否有权调用该接口进行数据访问。系统在认证用户身份之后，会根据权限控制表或权限控制矩阵判断该用户的数据操作权限。常见的访问权限管控策略有三种：基于角色的授权、基于属性的授权、基于访问控制表的授权。访问授权机制风险通常表现为用户权限大于其实际所需权限，从而使该用户可以接触到原本无权访问的数据。导致这一风险的常见因素包括授权策略不恰当、授权有效期过长、未及时收回权限等。

三是数据脱敏策略。除了为不同的业务需求方提供数据传输，为前端界面展示提供数据支持也是API的重要功能之一。API数据脱敏策略通常可分为前端脱敏和后端脱敏，前者指数据被API传输至前端后再进行脱敏处理；后者则相反，API在后端完成脱敏处理，再将已脱敏数据传输至前端。如果未在后端对个人敏感信息等数据进行脱敏处理，且未加密便进行传输，一旦数据被截获、破解，将对组织、公民个人权益造成严重影响。此外，未脱敏数据在传输至前端时如被接收方的终端缓存，也可能导致敏感数据暴露。

四是返回数据筛选机制。如果API缺乏有效的返回数据筛选机制，可能由于返回数据类型过多、数据量过大等原因形成安全隐患。首先，部分API设计初期未根据业务进行合理细分，未建立单一、定制化接口，使得接口臃肿、数据暴露面过大。其次，在安全规范欠缺或安全需求不明确的情况下，API开发人员可能以提升速度为目的，在设计过程中忽视后端服务器返回数据的筛选策略，导致查询接口会返回符合条件的多个数据类型，大量数据通过接口传输至前端并进行缓存。如果仅依赖于前端进行数据筛选，不法分子可能通过调取前端缓存获取大量未经筛选的数据。

五是异常行为监测。异常访问行为通常指在非工作时间频繁访问、访问频次超出需要、大量敏感信息数据下载等非正常访问行为。即使建立了身份认证、访问授权、敏感数据保护等机制，有时仍无法避免拥有合法权限的用户进行异常数据查询、修改、下载等操作，此类访问行为往往未超出账号权限，易被管理者忽视。异常访问行为通常与可接触敏感数据岗位或者高权限岗位密切相关，如负责管理客户信息的员工可能通过接口获取客户隐私信息并出售谋利；即将离职的高层管理人员可能将大量组织机密和敏感信息带走等。企业必须高度重视可能由内部人员引发的数据安全威胁。

六是特权账号管理。从数据使用的角度来说，特权账号指系统内具有敏感数据读写权限等高级权限的账号，涉及操作系统、应用软件、企业自研系统、网络设备、安全系统、日常运维等诸多方面，常见的特权账号有admin、root、export等。除企业内部运维管理人员外，外包的第三方服务人员、临时获得权限的设备原厂工程人员等也可能拥有特权账号。多数特权账号可通过API进行访问，居心不良者可能利用特权账号非法查看、篡改、下载敏感数据。此外，部分企业出于提升开发、运维速度的考虑会在团队内共享账号，并允许不同的开发、运维人员从各自终端登录并操作，一旦发生数据安全事件，难以快速定位责任主体。

七是第三方供应商管理。随着数据共享应用场景增多，第三方调用API访问企业数据成为企业的安全短板。尤其对于涉及个人敏感信息或重要数据的API，如果企业忽视对第三方进行风险评估和有效管理、缺少对其数据安全防护能力的审核，一旦第三方机构存在安全隐患或人员有不法企图，则可能发生数据被篡改、泄露甚至非法贩卖等安全事件，对企业数据安全、社会形象乃至经济利益造成损失。

综上，API是数据安全访问的关键路径，不安全的API服务和使用会导致用户面临机密性、完整性、可用性等多方面的安全问题。用户在选择解决方案时也需要综合考虑大量API的改造成本和周期问题。

5.11　数据备份风险（P）

数据备份风险涉及数据库和文件两大方面。数据库备份策略可分为逻辑备份和物理备份。逻辑备份虽适用于中小规模数据迁移，但恢复效率和完整性不足；物理备份则更全面高效，需制订合理的备份计划，确保备份数据的可用性和完整性。同时，加强备份过程的监控和管理，及时发现并处理潜在风险。

文件备份则因非结构化数据的复杂性和分散性更具挑战，需结合实际情况选择备份途径，并加强数据加密和访问控制。随着技术发展，需保持对新技术的敏感度和员工数据安全意识培训，共同构建安全可靠的数据备份体系。

1. 数据库备份风险

数据库备份过程中存在的一个显著问题是，部分企业仅实施了逻辑备份，而忽略了物理备份的重要性。以MySQL这类开源数据库为例，其原生版本确实不具备物理备份功能，因而必须依赖如XtraBackup等第三方备份工具来实现数据库的全面保护。尤其是在各种公有云上的RDS服务中，这一问题表现得尤为突出。

逻辑备份作为一种数据迁移与复制的手段，在中小规模的数据量处理上确实具备其独特优势，尤其适用于异构或跨版本的数据复制迁移场景。但是，逻辑备份本身并不支持“增量备份”模式，导致在基于逻辑备份恢复数据后，还需借助其他工具来提取恢复时间点之后的数据，并进行二次写入操作。此外，在写入过程中还需比对逻辑备份时的scn或gtid，以确保数据的唯一性，避免重复写入。因此，从恢复效果和速度上看，逻辑备份相较于物理备份存在明显不足。

对于物理备份而言，制订合理的备份计划至关重要，这直接关系到备份的可用性。特别是在进行在线备份时，必须在备份集中设置一个检查点（checkpoint），以确保备份的一致性和完整性。若未设置检查点，可能导致备份数据不可用，从而严重影响业务的连续性。因此，为确保备份计划和备份集的有效性，应定期对备份集进行恢复演练。

保护备份集的安全同样不容忽视。做好备份集的冗余，即实施备份的备份工作，是防止数据丢失的关键举措，是避免数据库遭受勒索攻击的最后防线。当前许多勒索病毒已将攻击目标扩大到数据库备份上。特别是像Oracle、SQL Server这类数据库，其备份信息可直接保存在数据字典中，因此更易受到此类攻击。

最后，无论采用逻辑备份还是物理备份，都应加强备份数据的加密工作，以防止数据在异地恢复时因被复制而造成泄露。加密工作可借助数据库自身的加密技术来实现。

2. 文件备份风险

非结构化数据的备份相较于数据库集中管理更具挑战性，这主要源于其数量庞大且格式复杂多样。这类数据不仅包含敏感信息，如客户隐私和财务数据，而且分散存储于各种系统、应用和设备中，如文件服务器、企业文档管理系统及员工电脑等，其格式繁多，给数据识别、分类和备份工作带来了极大的挑战。

目前，文件备份的主要途径包括自建文件服务器、数据湖、对象存储等。然而，每种途径都存在一定的痛点与风险。例如，自建文件服务器在元数据管理和客户端管控方面存在不足，同时面临勒索病毒的威胁；而数据湖和对象存储则因数据量巨大、元数据管理复杂及云服务供应商的服务可用性风险而需要谨慎选择。

因此，文件备份需要全面考虑数据的特性、存储环境及备份方式的风险与收益，选择适合的备份策略，并结合多种备份方式的优势，以确保数据的安全性和可用性。同时，还需加强对备份过程的监控和管理，及时发现并处理潜在风险，确保备份工作的有效性和可靠性。通过综合考量与精心规划，我们能够在复杂多变的文件备份任务中取得更加理想的成果。

5.12 误操作风险（E）

在日常开发和数据库运维过程中，数据误操作屡见不鲜，无论是数据库开发人员、管理员还是数据抽取、加载、转换（Extract-Load-Transform，ETL）开发人员，都难免遭遇此类问题。常见情形如混淆生产环境与测试环境，导致误删重要数据，或是因删除（delete）、更新（update）逻辑错误而误操作本周数据。为避免此类风险，数据或元数据的变更需流程化、规范化，并经过严格审核。特别在进行truncate table、drop table等不可逆操作时，务必事先做好数据快照或备份，以便在出现问题时迅速回滚，减少损失。

此外，数据库文件误删除虽不常见，但一旦发生，其影响面及危害极大。例如，Oracle在无备份情况下删除current redo导致宕机，或MySQL的ibdata文件被误删引发实例崩溃等，都凸显了此类操作的严重性。因此，应严格避免在数据库服务器上使用高危命令如rm -rf，并考虑通过alias实现回收站效果，减少误操作损失。

随着云原生技术的普及，容器和容器编排技术成为企业主流。但随之而来的存储卷管理问题也不容忽视。特别是在数据文件通过具名挂载或特定PV挂载到宿主机时，节点故障可能导致存储卷未调度，进而引发服务异常或数据丢失。为此，数据备份显得尤为重要，确保数据丢失后能迅速恢复。同时，采用容错调度策略，可有效降低节点故障对数据的影响，提升系统稳定性。

5.13 勒索病毒（E）

随着企业逐步融入数字化、网络化和智能化转型的浪潮，勒索病毒的风险如影随形，带来了多方面的复杂威胁和经济损失。近年来，新型勒索病毒层出不穷，如YourData、HelpYou、Summon等，它们不仅加密受害者数据，更预先窃取数据，形成双重勒索，使得威胁更为严重。全球范围内的关键基础设施和社会基础服务行业，如交通、能源、医疗等，已成为勒索病毒的主要攻击对象。数据勒索攻击链极具复杂性和专业化程度，攻击者通过各种精心设计的手段，如挂马网站、垃圾邮件、病毒木马、社会工程学及高级可持续性威胁（APT）攻击等，成功入侵企业内部网络。一旦入侵成功，攻击者会潜伏在企业内网中，逐步掌握关键资源控制权，窃取敏感数据，并破坏备份系统，以确保企业在数据被加密后无法自行恢复，从而加大支付赎金的压力。

勒索病毒产业链分工明确，包括病毒制造、勒索组织、传播渠道及解密代理等角色，形成了一个完整的病毒开发、传播、感染及敲诈链条。攻击者采取横向渗透策略，盗取并加密数据库中的重要数据，导致业务系统瘫痪和数据库离线，严重影响企业正常运营。在实施勒索时，攻击者除要求巨额赎金外，还威胁公开被盗数据、卖给竞争对手或对高管进行个人攻击，迫使企业屈服。然而，即便支付赎金，数据恢复的成功率也并非必然，泄露的数据还可能被重新包装后流入黑市。

遭受勒索攻击的企业将面临巨大的直接和间接损失。生产可能因数据加密而崩溃，导致生产线停滞甚至全面停工，造成重大经济损失。关键数据的加密也可能导致经营决策混乱，阻碍企业发展。此外，攻击者窃取的商业秘密和客户信息将使企业面临商业挑战和法律责任。勒索组织还可能对企业高管及其家庭成员进行人身攻击，增加受害者支付赎金的压力。由于病毒清除不彻底，企业可能面临持续攻击，如同被迫支付“保护费”。更为严重的是，数据勒索事件的曝光将严重损害企业信誉，增加法律风险，无形资产损失难以估量。

因此，勒索病毒风险涉及技术、经营、法律和声誉等多个层面，对于依赖信息技术的企业而言，防范勒索病毒攻击已变得至关重要。构建全方位、多层次的安全防护体系，以应对这一日益严重的安全威胁，已成为企业数字化转型的当务之急。

5.14　一机两用风险（E）

在政府数字化转型的过程中，政务外网和政务内网作为关键的信息基础设施，承载着各级政府机构之间，以及政府与公众之间信息共享与沟通的重要任务。然而，“一机两用”现象，即同一台计算机设备同时连接政务外网和互联网（或非政务专用网络），为政府数字化转型带来了不容忽视的风险，给政务外网的安全保障、终端安全管理及高效智能运维带来了巨大挑战。传统的物理隔离方式虽然能够在一定程度上保障安全，但也导致了资源的极大浪费，并且无法有效应对由于用户风险操作和终端不安全性带来的潜在威胁。

首先，对于政务外网而言，“一机两用”可能导致严重的网络安全隐患。政务外网作为服务于各级政务部门的公共基础设施，其安全性直接关系到政务信息的保密性、完整性和可用性。当政务外网终端同时连接互联网时，这些终端极易成为网络攻击的跳板，将互联网上的威胁引入政务外网中。攻击者可能利用这些漏洞进行恶意入侵、数据窃取或篡改，对政务外网的安全稳定运行构成严重威胁。

其次，政务内网作为政府机构内部的信息网络系统，其安全性同样不容忽视。“一机两用”行为可能导致政务内网的信息泄露或被非法访问。政务内网中存储着大量敏感信息和关键数据，如政府决策文件、公民个人信息等。一旦这些信息被泄露或被非法利用，将对政府机构的正常运转和公民的合法权益造成严重损害。

以具体案例为例，2019年，一项政务外网边界安全检查显示，高达60%的地方外网终端存在“一机两用”现象，边界安全形势岌岌可危。此外，在2020年政务外网发布的全年网络安全通报中，80%的安全事件均源于终端感染木马病毒或被控，进而在政务外网发动横向渗透攻击，对政务外网全网安全造成了严重影响。更令人担忧的是，2021年上半年政府机构遭受的勒索病毒攻击规模虽有所下降，但仍占全行业的14%，且随着勒索病毒产业链的成熟，病毒威胁将变得更加多样化、高频化。

因此，在政府数字化转型的过程中，必须高度重视“一机两用”带来的风险。一方面，需要加强对政务外网和政务内网的安全管理和防护，采用技术手段确保网络的安全稳定运行。建立一套标准、规范、体系化的技术手段和监管措施，以全面管控终端风险，实现“可感、可视、可管、可控、可回溯”，还要能够预防潜在威胁，确保政务外网的安全稳定运行。另一方面，也需要加强对政府机构工作人员的安全意识和合规性培训，提高他们对网络安全风险的认识和应对能力。

5.15 大模型训练和使用风险

在快速变革的人工智能领域，大模型 （LLM）和生成式人工智能已成为真正的先驱。这些先进的工具凭借其创建反映人类对话的文本卓越能力，正在重塑从客户服务到内容制作甚至软件开发的众多行业。

大模型的训练和使用，虽然在推动技术进步和解决复杂问题方面有着显著的潜力，但也伴随着一系列网络安全和数据安全方面的风险。首先，大量数据的使用可能成为黑客攻击的目标，尤其是包含个人身份信息或商业机密的数据。一旦这些数据泄露，不仅会损害用户的隐私，还可能导致法律责任和声誉受损。其次，在模型的推理阶段，可能会受到恶意攻击的威胁。攻击者可以针对模型进行有目的性的扰动，以引导其产生错误的输出，这可能会对系统的可靠性和安全性造成严重影响。此外，由于大模型的复杂性和黑盒性，存在解释性不足的问题，这意味着用户可能无法准确理解模型的决策过程，从而增加了误解和不信任的可能性。

大模型数据安全风险示意如图5-6所示。认知风险是化解风险的前提，需要从静态和动态两个视角建立起大模型应用数据安全风险的认知体系，进一步采取有针对性的安全措施，包括加强数据保护、建立安全的访问控制和监测系统，以及定期开展安全审计等。

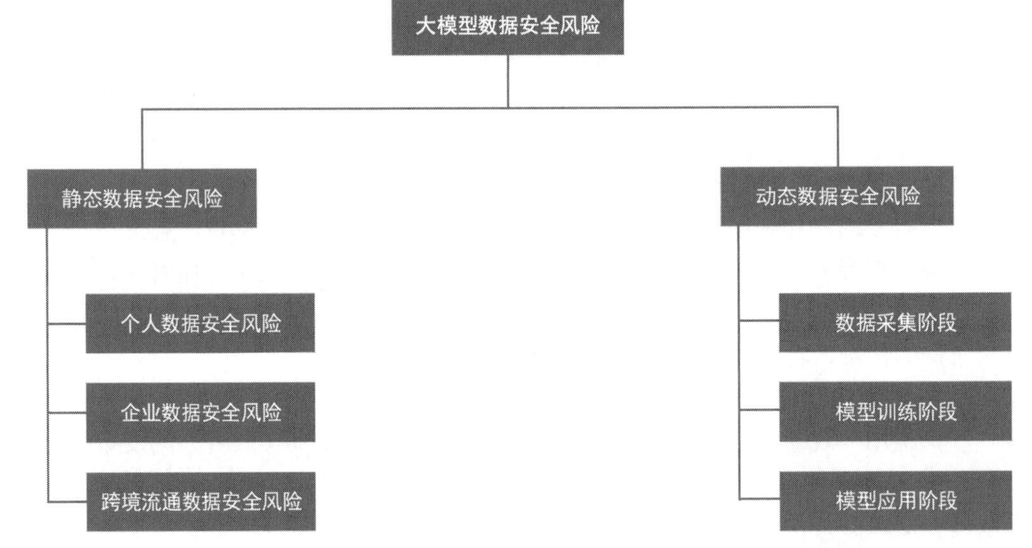

图5-6　大模型数据安全风险示意

1. 大模型带来的静态数据安全风险

首先，大模型加剧了个人信息泄露风险。大模型的数据采集、模型搭建和结果输出无一不涉及对个人数据的处理，尤其是大模型在医疗、金融等领域的应用，更是涉及个人的敏感信息，难以做到对个人数据的全面性保障。如果模型是根据敏感数据进行训练的，它可能会无意中生成揭示该数据各个方面的输出。尽管采取了预防措施，但恶意行为者可能会利用模型生成误导性或有害内容，从而可能暴露敏感信息。

其次，大模型加剧企业数据安全风险。企业基于对数据的实质性加工和创造性劳动获取了对数据及数据产品的财产性利益，对此我国在政策和地方法规层面予以认可，并在司法实践中通过著作权保护或反不正当竞争法的有关规定予以保护。大模型在应用过程中频繁地从互联网大量地爬取数据，而大模型在挖掘、使用数据的过程中却难以对所利用数据的权利状态一一进行辨析，若被爬取的数据中包含企业的商业秘密或被纳入著作权法保护范围的内容，则极易构成侵权。

第三，大模型加剧数据跨境流通安全风险。大模型在全球范围内收集和使用用户的个人数据将面临极大的数据跨境合规风险。国内用户出于数据分析或信息统计等目的，将其收集的一定规模的个人数据和敏感数据等作为垂域训练数据集，上传至海外通用大模型，就很可能构成事实上的数据出境行为。

2. 大模型带来的动态数据安全风险

大模型的应用涉及数据采集、模型训练和实际应用等多个阶段，每个阶段都存在着不同的数据安全风险，需要进行分析和控制。

首先，数据采集阶段对个人信息合规性和数据准确性提出了挑战。在海量数据的采集过程中，保障个人数据的合规性和隐私保护变得尤为重要。然而，由于大规模数据的处理难以确保每个数据主体的知情同意，以及数据的准确性和真实性，因此可能存在数据来源不明确、数据准确性受损等风险。

其次，在模型训练与调整阶段，数据泄露和模型偏见成为关注点。在训练过程中，模型所使用的数据可能面临黑客攻击或内部泄露的风险，导致数据泄露和信息安全问题。同时，模型的训练数据可能受到固有偏见的影响，从而影响模型的公正性和准确性。

最后，在大模型的应用阶段，个人信息保护和恶意使用问题需要重视。用户通过指令与大模型进行交互，可能涉及个人信息的输入和保护问题。同时，恶意使用大模型可能导致虚假信息传播和安全威胁，需要采取有效的安全措施保障系统的稳定和用户的隐私。

为了降低这些风险，组织需要建立完善的数据保护机制和安全管理体系，加强对模型训练和应用过程中的监控和审查，同时提升员工的安全意识和技能水平，以应对潜在的安全挑战和威胁。

第 6 章 数据安全保护最佳实践

随着信息技术的快速发展和普及，数据已经成为企业和个人生活中不可或缺的一部分；然而，与此同时，数据泄露、数据篡改、数据滥用等安全问题也日益突出，给企业和个人带来了巨大的风险和损失。因此，从国家到个人对数据安全日益重视，安全需求持续增长。

6.1 建设前：数据安全评估与咨询规划

6.1.1 数据安全管理组织建设

数据安全策略是数据安全的长期目标，数据安全策略的制定需从安全和业务相互平衡的角度出发，满足“守底线、保重点、控影响”的原则，在满足合法合规的基础上，以保护重要业务和数据为目标，同时保证对业务的影响在可控范围之内。

由于数据安全与业务密不可分，数据安全的工作开展不可避免地需要专职安全人员、业务人员、审计、法务等人员组成的团队的参与，在最后的落地实施上还需要全员配合。无论使用何种数据安全策略，都需要专门的数据安全组织的支持。一般来说，数据安全组织建设涉及组织架构、组织成员、权责机制三方面内容。

1. 组织架构

数据安全组织架构可参考数据安全能力成熟度模型（DSMM）中的组织架构进行建设，包括决策层、管理层、执行层、监督层和普通员工。数据安全组织架构如图6-1所示。

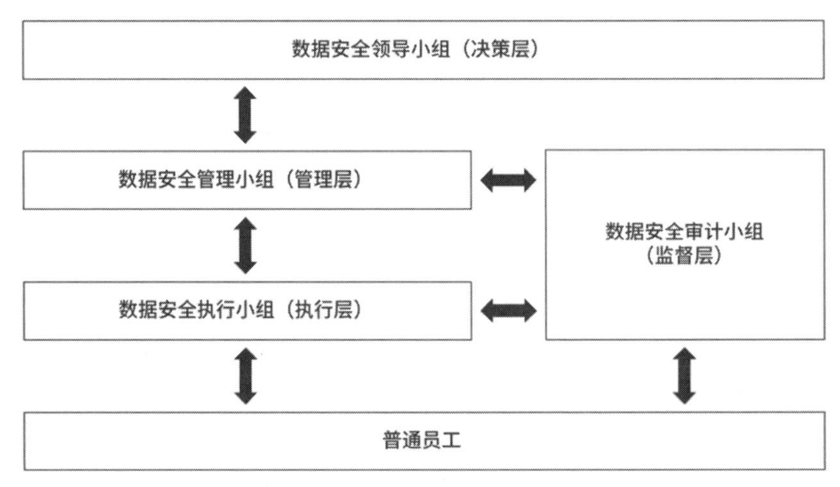

图6-1 数据安全组织架构

2. 组织成员

组织成员需包含业务领域领导、业务领域中负责安全职能的人员、安全负责人、专职安全部门、审计团队、普通员工等。监督层是独立的组织，其成员不建议由其他部门兼任，一般由审计部门担任。监督层需要定期向决策层汇报当前数据安全状况。

3. 权责机制

权责机制指依据权责对等的原则，为每个岗位角色确定相应的权力和职责，明确数据安全治理的责任、岗位人员的技能要求等。

数据安全治理的工作开展应遵循自上而下的原则，即需要在数据安全工作的前期先就总体策略在管理层达成共识，确定数据安全体系的目标、范围、安全事项的管理原则。这也是数据安全治理（DSG）框架倡导的方式。

6.1.2　数据安全风险评估视角

传统的信息安全风险评估基本上是围绕信息系统和网络环境开展安全评估工作。数据安全风险评估则是以数据为核心，通过现场调研和技术评估相结合的方式对数据运行现状开展全面风险评估，了解数据管理制度与实施控制的现状及有效性，评估分析数据整体的安全风险，将其作为安全体系规划建设的重要参照依据。数据安全风险评估报告至少需包含本组织掌握的重要数据的种类和数量，涵盖收集、存储、加工和使用数据的情况。

数据安全风险评估可以从组织整体视角、业务场景视角、个人信息视角三个维度进行。

1. 组织整体视角

基于组织整体视角，根据国家标准《信息安全技术 数据安全能力成熟度模型》（GB/T 37988—2019），对组织的系统、平台、组织等开展数据安全能力成熟度的评估工作，发现数据安全能力方面的短板，了解整体的数据安全风险，明确自身的数据安全管理水平；参照数据安全能力成熟度模型，制订有针对性的数据安全改进方案及整体提升计划，指导组织后期数据安全建设的方向。

从组织全局的角度，以身份认证与数据安全为核心，围绕数据生命周期各个安全过程域，从组织建设、制度与流程、技术与工具、人员能力四个维度对数据安全防护能力进行评估，全面了解组织数据安全管理运行整体状况。

2. 业务场景视角

基于业务场景视角，通过调研业务流和数据流，明确数据采集的风险评估方法，确定评估周期和评估对象，研究和理解相关的法律法规并纳入合规评估要求。综合分析评估资产信息、威胁信息、脆弱性信息、安全措施信息，形成风险状况的评估结果。基于业务场景的数据安全风险评估围绕数据相关业务开展详细的风险调研、分析，生成数据风险报告，并基于数据风险报告提出符合单位实际情况并且可落地推进的数据风险治理建议。

3. 个人信息视角

基于个人信息视角，数据安全风险评估包括横向和纵向两个维度的评估（横向评估指同一数据项从采集、传输、存储、处理、交换到销毁的全过程评估，纵向评估指在同一加工节点上针对不同数据类别的措施评估），以及第三方交互风险评估。通过采取有针对性的管理和技术措施形成个人信息保护规范指引，重点对隐私安全进行管理规划，确定合法合规的具体条例和主管部门，确定数据安全共享方式的细化方案等。围绕个人信息的数据安全风险评估能够在规避数据出境、数据越权使用等风险的同时，最大化地发挥数据价值。

个人信息安全影响评估是个人信息控制者实施风险管理的重要组成部分，旨在发现、处置和持续监控个人信息处理过程中的安全风险。在一般情况下，个人信息控制者必须在收集和处理个人信息前开展个人信息安全影响评估，明确个人信息保护的边界，根据评估结果实施适当的安全控制措施，降低收集和处理个人信息的过程对个人信息主体权益造成的影响；另外，个人信息控制者还需按照要求定期开展个人信息安全影响评估，根据业务现状、威胁环境、法律法规、行业标准要求等情况持续修正个人信息保护边界，调整安全控制措施，使个人信息处理过程处于风险可控的状态。

6.1.3 数据安全风险评估工具箱

为了应对数据安全风险与挑战，保障数据的安全性和完整性，数据安全风险评估工具箱应运而生。这类工具箱通常集成了多种数据安全检查工具和技术，旨在帮助企业或个人快速、准确地识别和评估数据安全风险，并提供相应的解决方案和建议。

开发数据安全风险评估工具箱能够帮助业系统地识别、评估和管理数据安全风险，满足数据安全合规要求，保护数据的机密性、完整性和可用性。数据安全风险评估工具箱通常包括一系列用于收集、分析和报告数据安全风险的工具和程序，以及传统安全检查工具箱所包含的扫描器、漏洞评估工具、日志分析工具等，能够自动化地监测和分析数据环境中的潜在风险。此外，工具箱还可能包括风险评估模型、安全策略模板等，为用户提供一套完整的风险评估和管理框架。

1. 评估体系

一般来说，数据安全风险评估分为五大阶段，包括评估准备、信息调研、风险识别、风险分析与评价、评估总结。在评估准备阶段，需明确评估对象、范围和边界，组建评估团队，并制定整体评估方案。信息调研阶段包括数据处理者调研、业务和信息系统调研、数据资质调研、数据处理活动调研、安全防护措施识别。在风险识别阶段，需要全面审视数据安全管理、处理活动和安全技术。在风险分析与评价阶段，根据风险的严重性和可能性进行评估并输出评估报告。在评估总结阶段，完成数据安全风险评估报告，提出整改建议。

2. 核心技术

数据安全风险评估工具箱采用自动化形式，通过漏洞扫描技术、弱口令扫描技术、流量分析技术、API风险检测技术、安全日志审计技术、资产发现及梳理技术等方式，识别数据安全风险，提高评估效率，帮助评估团队完成技术监测和分析报告。

具体而言，漏洞扫描技术通过扫描目标系统的网络端口和服务，自动化监测网络系统中的漏洞和安全弱点，并提供修复建议。弱口令扫描技术用于检测系统中的弱口令，如默认密码、弱密码等，以避免被攻击者利用。流量分析技术通过对网络流量进行检测和分析，识别异常流量和潜在的安全威胁。API风险检测技术通过对流量数据进行网络检测和分析，识别出流量数据中的API信息，判断API信息中是否存在敏感信息，或者API是否被非法使用的情况，从而预防数据安全风险。安全日志审计技术用于监控和审计系统中的安全事件和活动，记录和报告系统中的安全事件，帮助快速发现和定位问题。资产发现及梳理技术通过对评估对象所有网络环境进行扫描，探测出所有资产信息，并对资产进行定义和分类，梳理出相关的资产列表，供后续评估工作进行分析。入侵检测系统（IDS）用于检测系统中的潜在入侵行为，包括网络入侵、恶意软件等；合规知识库则提供法律法规及国家标准背书，内置不同纬度的完备知识库，可以根据实际业务需求灵活化、组合式选用知识库中的检查模板或检查内容，全方位、多角度辅助用户识别业务系统中的潜在风险等。

3. 应用场景

数据安全风险评估工具箱主要有以下几种应用场景：一是监管部门执法检查。通过工具箱为网络安全监督检查提供技术支撑，有效识别被检查方的数据安全处理活动的风险活动，有力推动对数据安全缺陷进行限期整改。二是专业机构开展安全测评。第三方机构在进行安全测评时，可以利用工具箱进行全面的数据安全检查，评估被测单位的数据安全状况，提供客观、公正的测评结果。三是组织单位开展安全自评。组织单位可以利用工具箱进行定期或不定期的数据安全自查自评估，及时发现并处理潜在的数据安全风险，提升单位的数据安全防护能力。此外，数据安全风险评估工具箱还可以应用于拥有海量数据资产的单位进行资产摸底，帮助用户进行数据资产发现与敏感数据梳理，形成敏感数据字典，并能够根据客户需求进行标签化处理。同时，工具箱还能以分析流量的方式对敏感资产的访问状况进行梳理，形成数据地图，为数据安全管理提供有力支持。

4. 价值体现

传统的数据安全评估通常依赖人工进行，效率低下且容易出错。数据安全风险评估工具箱采用自动化和智能化手段，支持便捷的安全评估工作，极大提高了评估效率。

数据安全风险评估工具箱内置了丰富的风险识别规则和算法，能够从多个维度全面识别数据安全风险，包括数据泄露、数据篡改、数据滥用等，帮助用户及时发现并处理潜在的数据安全风险。不同的组织、不同的业务场景对数据安全的需求是不同的，工具箱可以根据用户的需求提供定制化的评估方案，满足用户特定的数据安全评估需求。通过使用数据安全风险评估工具箱进行定期或不定期评估，组织可以及时发现和处理数据安全风险，避免或减少因数据安全问题导致的经济损失和声誉损害，从而降低数据安全风险成本。

6.2　建设中：CAPE数据安全实践框架

6.2.1　数据库服务探测与基线核查（C）

攻防双方在网络安全领域的信息不对称，是这一领域所面临的最大挑战。攻击者只需集中火力，针对某一薄弱环节发起攻击，而防守方则需全方位布防，守护整个系统的安全。从实际案例中发现，许多单位对其所拥有的数据库资产数量并不清晰；即便有详细的资产信息记录，也往往存在信息遗漏或与实际状况不符的情况。

为了有效评估数据资产的安全状况，我们可利用数据库服务探测与基线检查工具，通过数据库漏洞检查、配置基线检查、弱口令检查等手段，对数据库系统进行全面的安全评估。及时发现当前数据库系统的安全问题，确保其处于安全健康的状态。以Oracle数据库为例，其安全基线配置检查涵盖了多个方面。首先，是数据库漏洞的检查，包括授权检测和模拟黑客漏洞发现等；其次，是账号安全的管理，如删除不必要的账号、限制超级管理员远程登录等；再者，是密码安全的设置，如配置账号和密码的生存周期、禁止重复密码等；此外，还有日志安全和通信安全的保障措施，如开启数据库审计日志、开启通信加密连接等。

第三方安全产品通过一系列自动化的工具，帮助我们更好地识别并降低风险。这些工具能够探测全域的数据库服务资产，形成详细的资产清单；能够扫描数据库服务，发现未修复的漏洞和弱口令等问题；还能够核查数据库的配置是否符合安全基线要求。此外，建议对数据库服务开启可信连接配置，限制连接来源，提高安全性。同时，定期开展安全扫描检查并输出风险评估报告，确保数据库服务的自身环境安全可靠。数据库扫描工具部署图如图6-2所示。在部署扫描工具时，可参照图6-2进行检查。

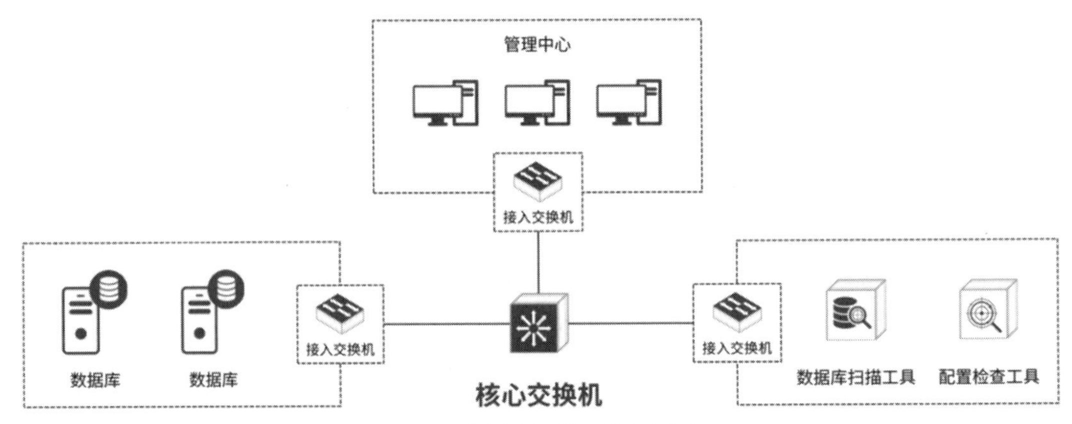

图6-2　数据库扫描工具部署图

6.2.2　数据分类分级（A）

1. 数据分类分级标准规范

为落实《中华人民共和国数据安全法》等法律法规要求，国家标准《数据安全技术 数据分类分级规则》（GB/T 43697—2024）给出了数据分类分级的通用规则，为数据分类分级管理工作的落地执行提供重要指导。该标准明确了数据分类与分级的基本原则，包括业务相关性、数据敏感性、风险可控性等。具体而言，数据分类应根据业务特点和数据属性进行划分，如个人信息、商业秘密、国家秘密等；数据分级则应根据数据的敏感性、重要性和潜在风险进行划分，如一般数据、重要数据、核心数据等。

同时，行业数据分类分级规则逐步明确，已发布行业数据分类分级标准包括：《证券期货业数据分类分级指引》（JR/T 0158—2018）、《金融数据安全 数据安全分级指南》（JR/T 0197—2020）、《基础电信企业数据分类分级方法》（YD/T 3813—2020）、《信息安全技

术 健康医疗数据安全指南》（GB/T 39725—2020）等。

2. 数据分类分级实施方法

数据分类分级是一种根据特定和预定义的标准，对数据资产进行一致性、标准化分类分级，将结构化和非结构化数据都组织到预定义类别中的数据管理过程；也是根据该分类分级实施安全策略的方法。

在数据安全实践的范畴中，分类分级的标识对象通常为“字段”，即数据库表中的各个字段根据其含义的不同会有不同的分类和分级。而在一些情况下则可以适当放宽分类分级的颗粒度，在“数据表”这一级别进行统一分类分级标识即可。基于字段的数据分类分级示例如图6-3所示。

字段名	字段注释	样本	所属表	表注释	分类	分级	是否敏感	操作
address	详细地址		user_info	用户基础信息表	客户...-个人地理位置信息	3级	是	修改
city	城市		user_info	用户基础信息表	客户...-个人地理位置信息	3级	是	修改
name	姓名		user_info	用户基础信息表	客户...-个人基本概况信息	3级	是	修改
phone	手机号		user_info	用户基础信息表	客户...信息-个人联系信息	3级	是	修改

图6-3　基于字段的数据分类分级示例

在大数据环境下，靠人工难以有效完成敏感数据梳理，需要借助专业的数据分类分级工具，帮助企业有效地开发和落地数据安全分类分级的流程，满足数据安全合规要求。数据分类分级建议流程如图6-4所示。

（1）明确目标。在实施数据安全分类分级时，首先需要依据明确的业务需求目标来制订具体计划。数据分类分级仅为手段而非目的本身，因此必须清晰界定为何进行此项工作，是为了保障安全、合规，还是保护隐私。针对敏感数据类型繁多及多数据库的情况，需审慎选择切入点，例如以可能包含众多敏感数据的数据库为起点。

图6-4　数据分类分级建议流程

（2）使用自动化工具。构建数据分类分级自动化解决方案，利用工具直接从数据源中精准搜索数据。在实践中这类工具常提供敏感数据识别、模板类目关联及手动梳理辅助等算法支持，以确保准确性和一致性。

（3）持续优化。数据发现和分类分级需持续优化，因数据具有动态性、分布性及按需处理的特点。新的数据和数据源不断涌现，数据共享、移动和复制频繁，且数据随时间变化可能由非敏感变为敏感。因此，自动化分类分级过程需具备可重复、可扩展及时效性的特点。

（4）采取行动。基于数据分类分级结果实施不同级别的安全防护，强化对关键敏感数据源和数据的分类分级，实施有效的访问控制策略，如脱敏、网闸技术，并利用UEBA技术持续监控可疑或异常行为。同时，部署保护敏感数据的软件或灵活加密方案，确保数据可用且安全。无论企业处于何种业务阶段，重视敏感数据的分类分级都是不可或缺的，特别是在业务迁移至云环境时，更需防范网络攻击并满足日益严格的数据安全合规要求。因此，对数据安全分类分级的需求愈发紧迫。

6.2.3 数据权限管控（A）

在数据分类分级基础上，根据业务运行需求实施细粒度权限管控，目前主要包括行级（row或cell）管控和字段级（column）管控两类。

对于业务账号来说，原则上需要赋予该账号所需的能保障业务正常运行的最小权限（principle of least privilege），但如何在操作中界定最小权限，实际上存在着种种困难，鉴于权限直接继承与间接继承的复杂性，根据访问行为发现过度授权行为存在一定的难度。以Oracle数据库为例，为了解决该问题，Oracle在12c以后的版本中引入了一个新特性：Privilege Analysis。该功能是Oracle database vault的一个模块，其核心原理是通过捕获业务运行时数据库用户实时调用的对象，结合其自身具备的权限来判断该数据库用户是否存在多余的系统或对象权限，并给出相应的优化建议。

由于上述工具内置在Oracle database vault中，无论是购买还是使用均存在较高成本，这不是所有企业都能接受的，但我们可以借鉴其思路，结合数据审计产品，依靠人工进行梳理和总结。

首先，我们需要获取当前用户本身已经具有的权限，再从数据审计中抽取一段时间内的审计日志。数据审计可以针对用户调用的对象、执行的操作进行汇聚统计。通过这些统计，可以发现该用户对数据库对象的操作情况。如user1同时具有对user2下某些对象的select权限，但在一段时间内的数据审计日志中，从未发现user1有查询user2下的表的行为记录，由此我们就可以进一步怀疑，将user2下的对象授权给user1是否是一种过度授权行为。此外，对于存储过程、函数、触发器等预编译对象，则可以借助于相关视图（如Oracle的ALL_DEPENDENCIES等）来判断这些对象具体引用了哪些表。如果过程、函数、包等未加密，还可展开分析代码，判断引用对象的具体操作，再借助数据审计中业务账号对这些udf、存储过程、package的调用情况来判断是否应该将相应权限赋予该业务账号。

其次，将数据账号权限梳理完成后，我们需要通过数据库自身的权限管控体系（简称权控体系）进行权限的授予（grant）或回收（revoke）。切记权限的操作需要在业务高峰时间段内发起，特别是对于像Oracle、DB2这类有执行计划缓存的数据库。对于字段级别的控制，除了像MySQL等特殊的数据库类型，大多只能通过上层封装视图来实现。另外，通过查看视图源码也可以找到底层的基表与字段，但效果不甚理想。而对于行级别的限制，目前主流数据库依靠自身能力均难以实现。

以上两类需求若要精准实现，通常需要通过数据库安全网关进行基于字段或返回行数的控制。基于字段的访问控制可结合用户身份与数据分类分级结果，数据库用户基于自身的业务需求及身份类型精细化控制指定表中哪些字段可以访问、哪些字段不能访问。如MySQL的root用户仅能访问业务中二级以下的非敏感数据，对二级以上敏感数据的访问，如无权限申请请求，则一律拒绝访问或返回脱敏后的数据。

基于行数的访问控制，主要采用针对SQL请求中返回结果集记录条数的阈值来进行控制。例如，正常情况下一个分页查询只能查500条记录，超过500条以上的返回行数则拒绝访问。行数控制的另外一种使用场景是，在数据操作中，数据库安全网关预先判断删除或升级的影响范围是否会超过指定值，一旦超过则进行阻断。

综上，独立于数据库自身的权控体系以外，使用第三方数据库安全网关的优势在于可支持的数据库类型多，且对业务和数据库自身无感知，数据库本身无须增加额外配置，从而极大地降低权限管控系统的使用门槛。通过部署第三方数据安全网关产品，基于IP地址、客户端工具、数据库用户、数据库服务器等对象，实施细粒度权限管理，实现数据安全访问控制。

6.2.4　特权账号管控（A）

特权账号一般适用于数据库管理员、安全管理员和数据仓库开发人员等用户。对于特权用户的监管是非常重要但同时也是非常困难的。在一些场景下可以禁用特权账号来降低安全风险。但在运维操作等场景中，仍需要一个高权限的账号来做数据库日常的备份、监控等工作，禁用账号的本质只是将账号重新命名，无法解决实际问题。而账号也无法对自身权限进行废除（revoke）。因此，仅依靠数据库自身的能力很难限制特权账号的权限范围，需要借助于类似Oracle VPD之类的安全组件，但这类组件只针对特定数据库的特定版本，并不具备普遍适用性。

对于特权账号的管控，首先要做到账号与人员的绑定。除特殊场景外，尽量减少系统账号的使用；同时关闭数据库的OS验证，所有账号登录时均需提供密码。对于像Oracle之类的商业数据库，有条件的情况下可以将账号与AD进行绑定，再结合数据库网络访问审计与本地审计能力，保证数据的操作行为可以直接定位到人。MySQL的企业版也提供了ldap模块，能实现类似的功能。对于云上的RDS服务，则需要严格管理控制台的账号，做到专人专号；对于通过数据库协议访问RDS的，建议通过黑、白名单机制来限制从指定的网络、IP地址登录，登录时必须通过数据库安全网关提供的七层反向代理IP及端口，才能登录RDS数据库。

特权账号在对业务数据访问与修改时，需要结合分类分级的成果确定其访问的黑、白名单。例如指定某一类别中某敏感级别以上的数据，如无审批一律不得访问或修改。利用数据库安全网关对特权账号进行二次权限编排，仅给其职责范围内的权限，如查看执行计划、创建SQL plan基线、扩展表空间、创建索引等，对于业务数据的curd操作则一律回收。而对于业务场景，当排错需要查看或修改部分真实数据时，需要提交运维申请，申请通过后方可执行。

对于通过申请的特权账号，还可以结合数据库安全网关的返回行数控制+返回值控制+数据动态脱敏来进行细粒度的限制，只允许该用户查看指定业务表的若干行数据，同时返回结果集中不得包含指定的内容，一旦超出设定的范围则立即阻断或告警。另外，利用动态脱敏技术限制该账号访问非授权的字段，在不影响数据存储和业务正常运行的情况下，阻止特权账号查询到真实的敏感数据。

在基于数据库自身权限管控的基础上，一般通过提供第三方数据安全网关解决特权用户账号权限过高和精细化细粒度权限管理问题。

6.2.5 数据加密存储（P）

在数据库中数据通常是以明文的形式进行存储的。要保证其中敏感数据存储层的安全，加密无疑是最有效的数据防护方式。数据以密文的形式进行存储，当访问人员通过非授权的方式获取数据时，获取的数据是密文数据。虽然加密算法可能是公开的，但在保证密钥安全的情况下，仍可以有效防止数据被解密获取。数据的加密应使用通过国家密码认证的加密产品完成加密，在保证数据安全存储的同时能够满足相关合规要求。

除了保证数据的保密性，还要用其他一些方法来辅助加密的可用性，其中包括权限管控、改造程度和性能影响。

对于密文数据的访问，需要进行权限控制，此时的权限控制应该是独立于数据库本身的增强的权限控制。当未授予密文数据访问权限时，即使数据库用户拥有对数据的访问权限，也只能获取密文数据，而不能读取明文数据；只有授予了访问权限，用户才能正常读取明文数据。

在数据加密时，还要考虑透明性，尤其对于一些已经运行的应用系统，应尽量避免应用系统的改造。因为如果为了实现数据加密对应用或数据库进行较大的改造工作，则会加大加密的落实难度，同时修改代码或数据库也可能带来更多问题，影响业务正常使用。

性能也是要着重考虑的事情。数据加密和解密必然带来计算资源消耗，不同的加密方式会有一定差别，但总体来讲资源消耗与加密/解密的数据量成正比，尤其是数据列级。当数据加密后查询时，全表扫描可能导致全部数据解密后才能获得预期数据结果，而这个过程通常需要很多计算资源和时间，使得业务功能无法正常使用。

第三方安全产品通过对本地数据实施加密/解密，可实现防拖库的功能。首先，业务系统数据传输到数据库中，直接通过加密/解密系统自动加密；其次，加密后数据以密文的形式存储。最后，做到用户层面无感知，在不修改原有数据库应用程序的情况下实现数据存储加密。数据存储加密示意如图6-5所示。

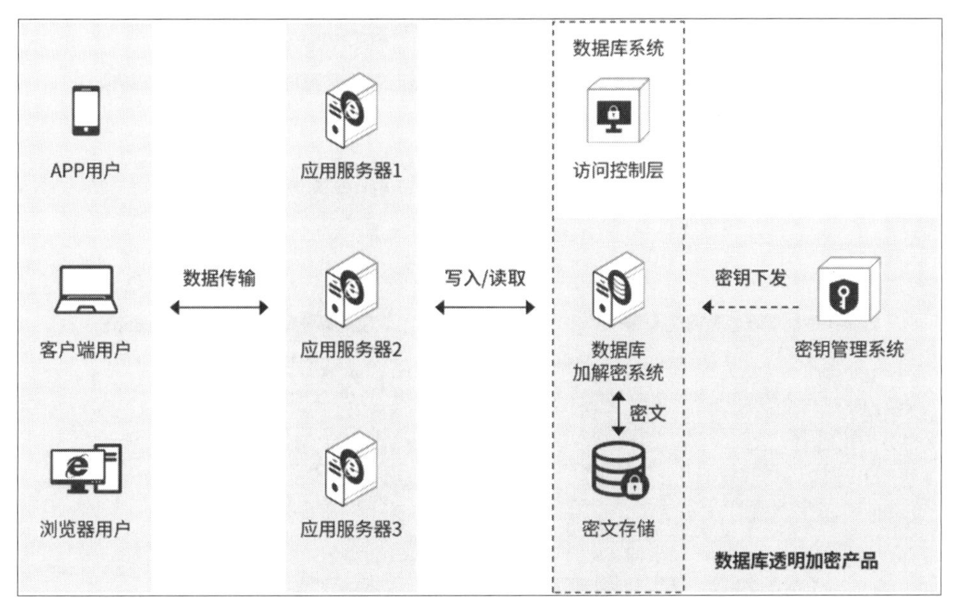

图6-5　数据存储加密示意图

6.2.6　数据脱敏（P）

在数据分发过程中，因分发对象的安全防护能力不可控，有可能造成数据泄密事件发生，因此需要对数据进行事先处理，通常我们采用将数据脱敏或为数据打水印的方法。

数据脱敏是指在指定规则下，将原始数据进行去标识化、匿名化处理、变形、修改等技术处理，数据脱敏示意如图6-6所示。脱敏后的数据因不再含有敏感信息，或者已无法识别或关联到具体敏感数据，故能够分发至各类数据分析、测试场景进行使用。早期的脱敏多为用手动编写脚本的方式将敏感数据进行遮蔽或替换处理。随着业务系统扩张，需要脱敏的数据量逐渐增多；另外，由于数据需求方对脱敏后的数据质量提出了更高的要求，如需要满足统计特征、需要满足格式校验、需要保留数据原有的关联关系等，使得通过脚本脱敏的方式已经无法胜任，从而催生出了专门用作脱敏的工具化产品，以针对不同的使用场景和需求。这里将从以下几个场景展开描述。

场景一：功能或性能测试

随着业务系统对稳定性和可靠性要求逐渐提升，新系统上线前的测试环节也加入了更多细致、针对性较强的测试项，不仅要保障系统在正常状态下稳定运行，还要尽可能保障极端情况下核心关键模块依然能够提供最基础服务；不仅要测试出异常问题，还需要测试出各个临界值，让技术团队可以事先准备应急响应方案，确保在异常情况下也能够有效控制响应时间。

为了达到此类测试目的，测试环节需要尽量模拟真实的环境，以便观察有效测试结果。因此如果使用脱敏后的数据进行测试，则脱敏后的数据要能保持原有数据特征及关联关系，例如需要脱敏后的数据依然保持身份证号码的格式，能够通过机器格式校验；需要使脱敏后的数据不同字段间依然保留脱敏前的关联关系。

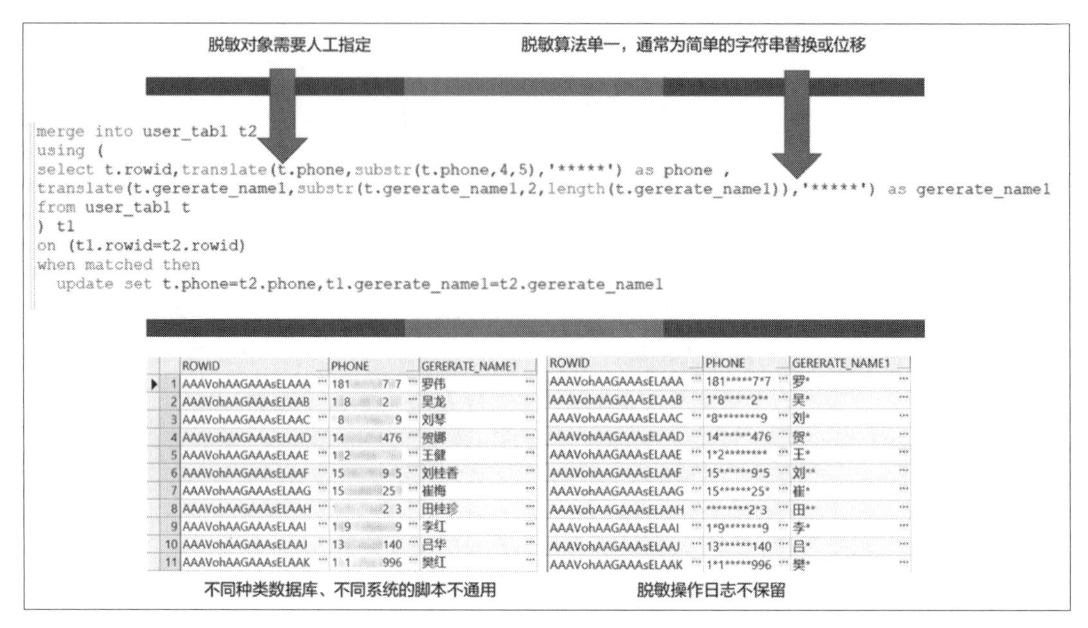

图6-6　数据脱敏示意图

场景二：机器学习或统计分析

大数据时代，人工智能技术在各行业遍地开花。企业决策者需要智能BI系统根据海量数据、样本得出分析结果，并以此作为决策依据；医疗机构需要将病患数据交由第三方研究组织进行分析，在保障分析结果的同时不泄露病患隐私信息，这就需要脱敏后的数据依旧满足原始数据的统计特征、分布特征等；手机购物App向个人用户推送的商品广告，也是通过了解用户的使用习惯及历史行为后构造了对应的人物画像，然后进行有针对性的展示。

这类智能系统在设计、验证或测试中，往往都需要大量的有真实意义或满足特定条件的数据，例如，去除字段内容含义但保留标签类别频次特征；针对数值型数据，根据直方图的数量统计其数据分布情况，并采样重建，确保脱敏后的数据依然保留相近的数据分布特征；要求脱敏后的数据依然保持原始数据的趋势特征；要求脱敏后数据依然保留原始数据中各字段的关联关系等。脱敏后的数据必须满足这些条件，才能被使用到这类场景中。脱敏前后数据分布统计趋势示意如图6-7所示，脱敏前后数据关联关系如图6-8所示。

场景三：避免脱敏后数据被反向推导

脱敏后的数据可能被分发至组织外使用，数据就脱离了组织管控范围。为了有效去标识化和匿名化，脱敏过程应当保证对相同数据分别执行的多次脱敏结果不一致，防止不法分子通过多次获取脱敏后的数据，并根据比对和推理反向推导原始数据。

场景四：多表联合查询

在某些情况下，因使用方式的需要，必须保证相同字段每次脱敏处理后的结果都要保持一致，以便协作时能够进行匹配和校验。这是比较特别的情况，此时将要求脱敏结果的一致性。例如多张数据表需要配合使用，或需要完成关联查询且其中关联字段为敏感数据需要脱敏，此时若脱敏结果不一致，则无法完成关联查询操作。

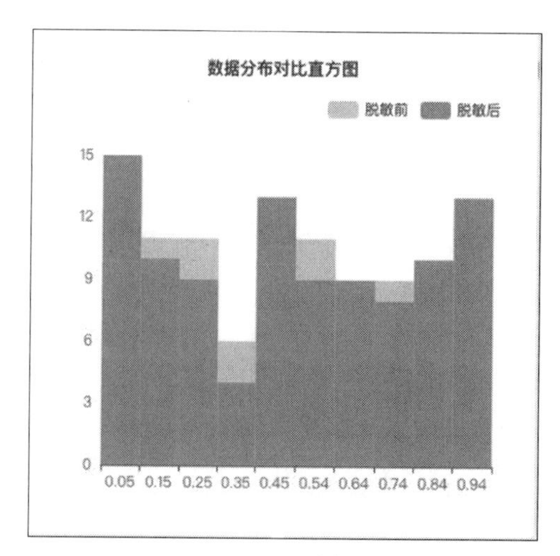

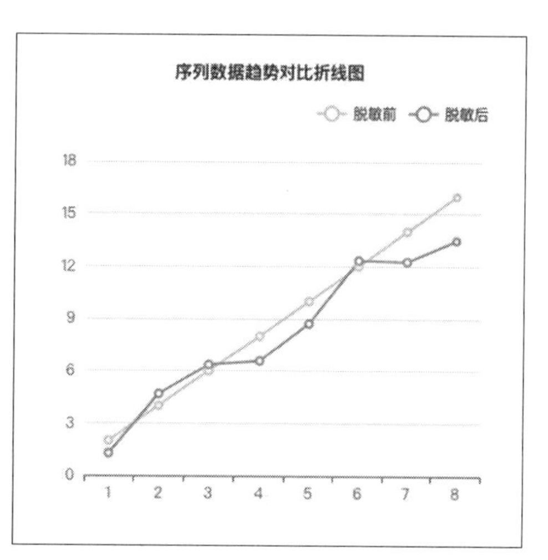

图6-7 脱敏前后数据分布统计趋势示意图

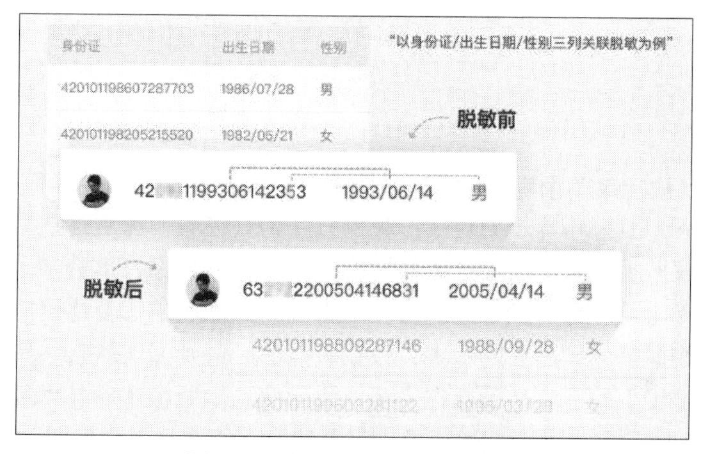

图6-8 脱敏前后数据关联关系图

场景五：不能修改原始数据

数字水印技术是指将事先指定的标记信息（如“XX科技有限公司”）通过算法做成与原始数据相似的数据，替换部分原始数据或插入原始数据中，达到给数据打上特定标记的技术手段。数字水印不同于显性图片水印。数字水印具有隐蔽性高、不易损毁（满足健壮性要求）、可溯源等特性，常见的水印技术有伪行、伪列、最小有效位修改、仿真替换等，根据不同场景，可使用不同的水印技术来满足需求。

在有些场景下，因数据处理的需要，不能对原始数据进行修改，或是敏感级别较低的数据字段，可对外进行公开。此时可添加数字水印。一旦发现泄密或数据被恶意非法使用，可通过水印溯源找到违规操作的单位对其进行追责。伪行水印技术示意如图6-9所示、伪列水印技术示意如图6-10所示。伪行、伪列水印技术，顾名思义是在不修改原始数据的前提下，根据指定条件，额外插入新的行或列，伪装成与原始数据含义相似或相关联的数据。这些新插入的数据即为水印标记，可用作溯源。

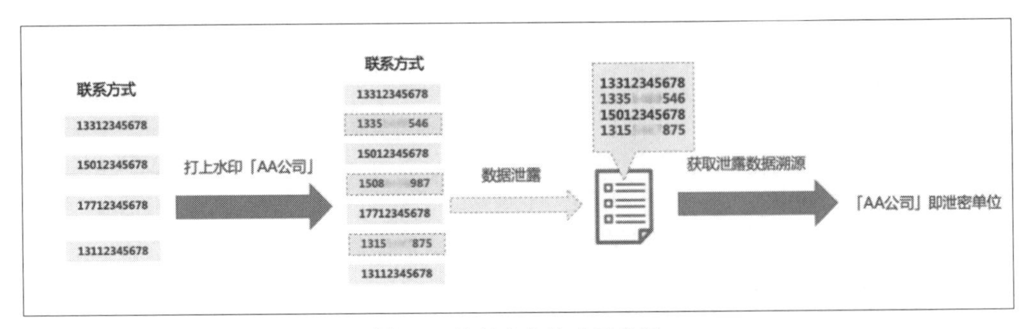

图6-9 伪行水印技术示意图

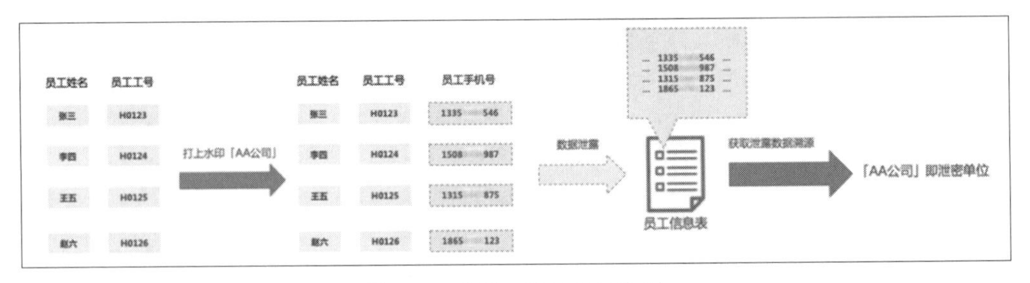

图6-10 伪列水印技术示意图

场景六：溯源成功率要求高

在有些情况下，因为环境较为复杂，管控力度相对较弱，为了给数据安全追加一道防护手段，在完成数据脱敏处理后，可另外挑选一些非敏感数据打上数字水印，以确保发生泄密事件时能够有途径进行追溯，此时会要求水印溯源的成功率要尽可能更高。同时由于无法保证获取的数据是分发出去的版本，数据可能已经遭到多次拼接、修改，那么就要求溯源技术能够通过较少的不完整的数据来还原水印信息。脱敏水印技术可仅通过一行数据就还原出完整的水印信息，适合此类需求。仿真替换水印技术示意如图6-11所示。

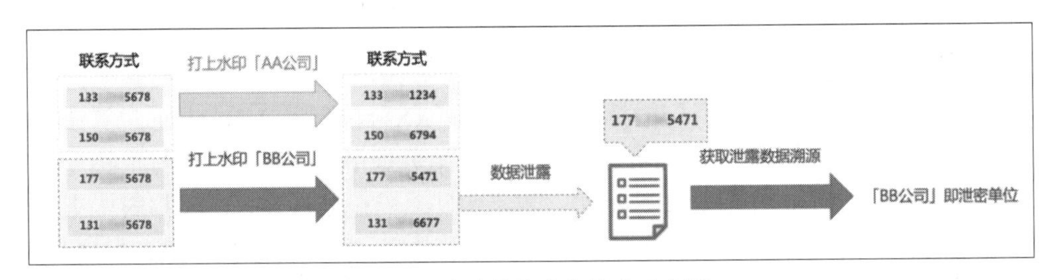

图6-11 仿真替换水印技术示意图

场景七：不修改原始数据业务含义

针对不能变更数据业务含义的场景，通常需要保留各字段间的业务关联关系。由于数据在业务环境中的使用不能被影响，因此对水印插入的要求极为苛刻。LSB（Least Significant Bit），即最低有效位算法，又称最小有效位修改水印技术。最小有效位修改水印技术示意如图6-12所示。该方法通过在数据末位插入不可见字符如空格，或修改最小精度的数值数据（如将123.02改为123.01）来实现最小限度地修改原始数据并插入数字水印标记。在数据使用过程中，若已做好一些格式修正设置（如去除字符串首末位空格，或数据精度可接受一定的误差），这种水印技术几乎可以做到不影响业务使用。同时由于修改位置比较隐蔽，难以被发现打了水印，一般常被用在面向个人端的业务中。

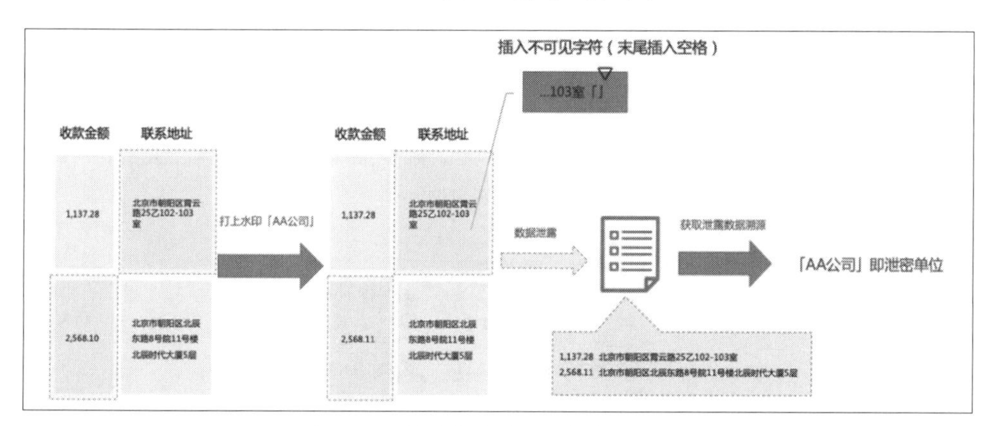

图6-12　最小位修改水印技术示意图

除了应当能够应对不同场景的具体需求，数据脱敏系统还应当具备下列核心功能以满足快速发展的业务需要。

（1）自动化处理。考虑到需要脱敏的数据量通常为每天万亿字节规模甚至更大，为避免高峰期脱敏影响生产系统性能，脱敏工作往往在半夜执行。出于人性化考虑，脱敏任务需要能够自动执行。管理员只需事先编排好脱敏任务的执行时间，系统将在指定时间自动执行脱敏操作。

（2）支持增量脱敏。针对数据增长较频繁或单位时间增长量较大的系统，脱敏系统还应支持增量脱敏，否则每次全量执行脱敏任务，很有可能导致脱敏的速度跟不上数据增长的速度，最终导致系统无法使用或脱敏失败。

（3）支持引用关系同步。当原始数据库表存在引用关系时（如索引），脱敏后应当保留该引用关系，确保表结构不被破坏，不然可能造成数据表在使用过程中异常报错。

（4）支持敏感数据发现及分组。当需要处理的数据量较为庞大时，不可能针对每个字段逐个配置脱敏策略，此时需要将数据字段根据类别分组，针对不同类别字段可批量配置脱敏策略，故脱敏系统能够发现识别的敏感数据字段种类及数量对系统使用体验极为关键。

（5）支持数据源类型。随着越来越多业务SaaS化，脱敏系统不仅需要适配传统关系型数据，也需要支持大数据组件如Hive、ODPS等；同时，在数据分发的场景中，以文件形式导出的需求也逐渐增多，因此还需要脱敏系统支持常见的文件格式，如csv、txt、xlsx等，并支持FTP、SFTP等文件服务器作为数据源进行添加。

（6）数据安全性。数据脱敏系统为工具，目的是保护敏感数据，降低泄密风险，因此对其自身的系统漏洞、加密传输等安全特性亦有较高的要求。可将数据脱敏系统视作常规业务系统进行漏洞扫描，同时尽可能选择已通过安全检测的产品。另外，数据脱敏系统的架构应当满足业务数据不落地的设计要求，应避免在脱敏系统中存储业务数据。

通过部署专业的数据脱敏系统来满足日常工作中的脱敏需求。常见的数据脱敏系统能够用主流的关系型数据（来自Oracle、MySQL、SQL Server等）、大数据组件（Hive、ODPS

等）、常用的非结构化文档（xls、csv、txt等格式）作为数据来源，从其中读取数据并向目标数据源中写入脱敏后的数据；能够自定义脱敏任务并记录为模板，方便重复使用，同时能按需周期性执行脱敏任务，让脱敏任务能避开业务高峰自动执行。另外，为确保数据脱敏系统的工作效率，应当选择支持表级别并行运行的脱敏系统。相较于任务级别并行运行，表级别细粒度更小，脱敏效率提升效果更为明显。

一般的数据脱敏系统多为旁路部署，仅需确保数据脱敏系统与脱敏的源库、目标库网络可连通即可。数据脱敏系统部署拓扑图如图6-13所示。

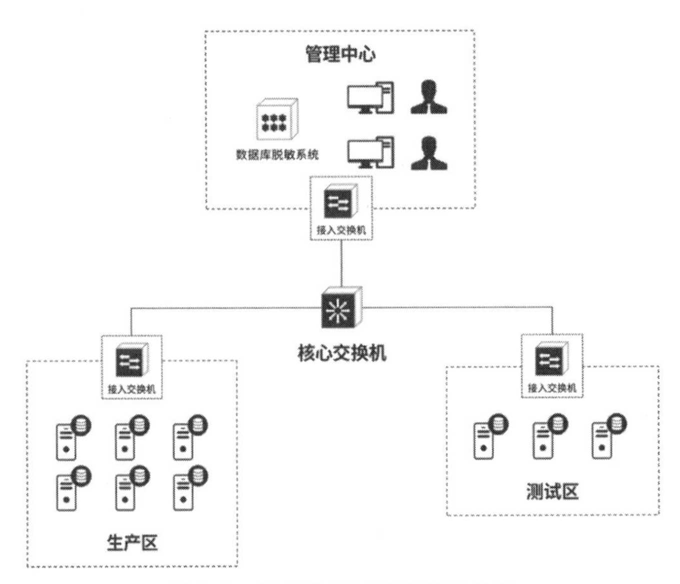

图6-13 数据脱敏系统部署拓扑图

6.2.7 网络防泄露（P）

网络防泄露注重数据内容的安全，依据数据特点及用户泄密场景设置对应规范，保障数据资产的传输和存储安全，最终实现数据泄露防护。该系统采用深度内容识别技术，如自然语言、数字指纹、智能学习、图像识别等，通过统一的安全策略，对网络中流动的数据进行全方位、多层次的分析和保护，对各种违规行为执行监控、阻断等措施，防止企业核心数据以违反安全策略规定的方式流出而泄密，实现对核心数据的保护和管理。

1. 典型场景

（1）多网络协议的实时解析。支持IPv4和IPv6混合网络环境SMTP、HTTP、HTTPS、FTP、IM等主流协议下的流量捕捉还原和监控，支持非主流协议下的定制开发。

（2）应用内容实时审计。支持主流应用协议的识别，支持几十种基于HTTP的扩展协议的解析，包括但不限于以下邮箱应用传输内容监测，如表6-1所示。

表6-1　邮箱应用传输内容监测

邮箱类型	应用场景
Tom 邮箱	邮件正文、普通附件
21CN 邮箱	邮件正文、普通附件
139 邮箱	邮件正文、普通附件、超大附件、天翼云
189 邮箱	邮件正文、普通附件
QQ 邮箱	邮件正文、群邮件、普通附件、超大附件
新浪邮箱	邮件正文、普通附件
搜狐邮箱	邮件正文、普通附件、网盘

应用内容实时审计还包括但不限于以下应用传输内容监测，如表6-2所示。

表6-2　应用传输内容监测

客 户 端	功　　能
即时通信客户端	离线文件传输
	共享文件上传
	离线文件传输
	聊天内容和文件传输
网盘客户端	文件传输
	文件上传
	文件传输

2. 实现方式

基于多规则组合及机器学习的敏感数据实时监测是一种典型的实现方式。通过综合运用关键字、正则表达式、结构化与非结构化指纹及数据标识符等多种方法，实现对敏感数据的精准识别。系统首先根据预先定义的敏感数据关键字扫描待监测数据，同时利用正则表达式标记与识别敏感数据的特征，如身份证号码、银行卡号等。此外，系统还支持生成办公文档、文本、XML、HTML、各类报表数据的非结构化指纹，以及受保护数据库关键表的结构化指纹，形成敏感数据指纹特征库，通过比对已识别敏感数据的指纹与待监测数据指纹，确认待监测数据的敏感性。同时，系统支持多种类型的数据标识符模板，如身份证号码、银行卡号等，以进一步识别敏感数据。

另一种常用的实现方式是基于自然语言处理的机器学习和分类。由于数据分类分级引擎以中文自然语言处理中的切词为基础，通过引入恰当的数学模型和机器学习系统，能够支持基于大数据识别特征，按照机器学习自动生成的识别规则，基于内容识别且不依赖于数据自身的标签属性，实现海量的非结构化敏感数据发现。

3. 第三方安全产品防护

根据应用场景不同，网络防泄露可以采用串行阻断部署和旁路审计部署两种模式。

（1）串行阻断部署。串行阻断部署在物理连接上采用串联方式将系统接入企业网络，实现网络外发敏感内容的实时有效阻断。若流量超过系统处理能力，则需要在客户网络环境中添加分流器，对大流量进行分流，同时增加系统设备，对网络流量进行实时分析处理。图6-14所示为串行阻断部署示意图（不带分流设备）。

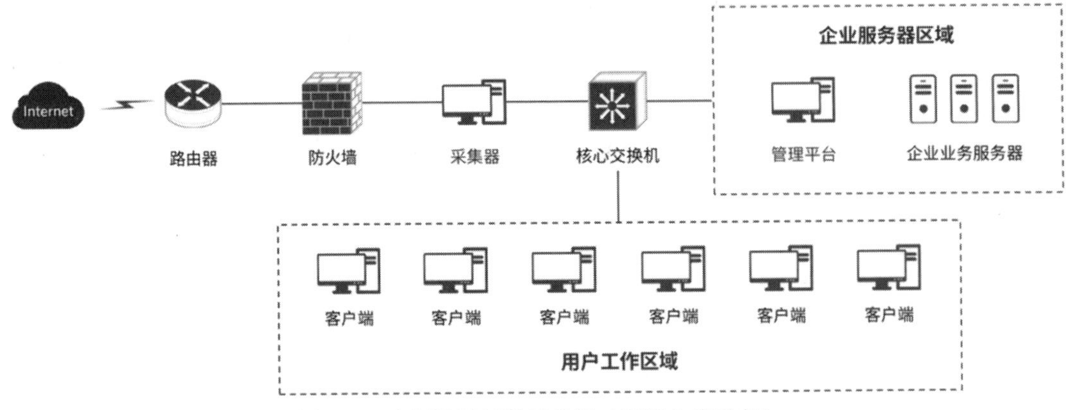

图6-14　串行阻断部署示意图（不带分流设备）

（2）旁路部署。旁路部署采用旁路方式将旁路设备接入企业网络，实现网络外发敏感内容的实时有效监测，但不改变现有用户网络的拓扑结构。若流量超过系统处理能力，同样需添加分流器进行分流，同时增加系统设备，对网络流量进行实时分析处理。图6-15所示为旁路部署示意图（不带分流设备）。

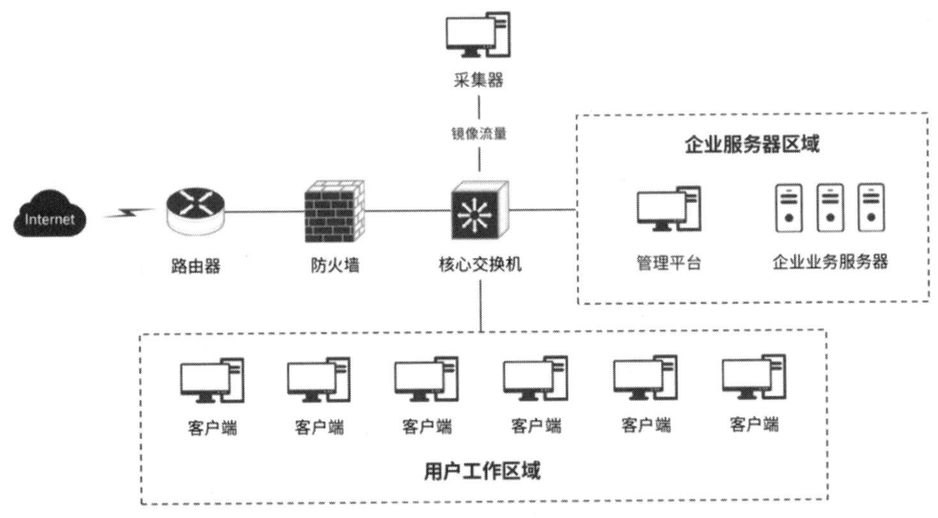

图6-15　旁路部署示意图（不带分流设备）

6.2.8　终端防泄露（P）

终端系统作为承载企业重要数据和商业机密信息的关键载体，面临着被黑客窃取商业机密、篡改重要数据、攻击应用系统等风险，其安全性至关重要。终端防泄露的实施需兼顾人性化和技术高效性，建立以内容安全为核心、事中监控为支撑、行为监控为补充的三位一体终端数据泄露防护体系，确保企业信息安全。

1. 典型场景

（1）终端状态监控。收集并上报终端信息，包括操作系统信息、应用软件信息和硬件信息；实时监控终端状态，包含进程启动情况、CPU使用情况、网络流量、键盘使用情况、鼠标使用情况等，有效监控网络带宽的使用及系统运行状态。

（2）终端行为监控。监控并记录终端的用户行为，实现用户对移动存储介质和共享目录的文件/文件夹的新建、打开、保存、剪切、复制、拖动操作，打印操作，光盘刻录操作；支持U盘插入、拔出操作，CD/DVD插入、弹出操作；支持SD卡插入、拔出操作的实时监测与审计。

（3）终端内容识别防泄露。通过采用文件内容识别技术，实现终端侧对于文件的使用、传输和存储的有效监控，防止敏感数据通过终端的操作泄露，能够有效进行事中的管控，避免不必要的损失。

2. 实现方式

系统由管理端与Agent端（即代理端）组成。管理端主要实现策略管理、事件管理、行为管理、组织架构管理及权限管理等功能模块。代理端配合管理端实施策略下载、事件上传、心跳上传、行为上传、基础监控等功能项，以及权限对接、审批对接两项需要定制开发的功能模块。终端数据泄露防护系统如图6-16所示。

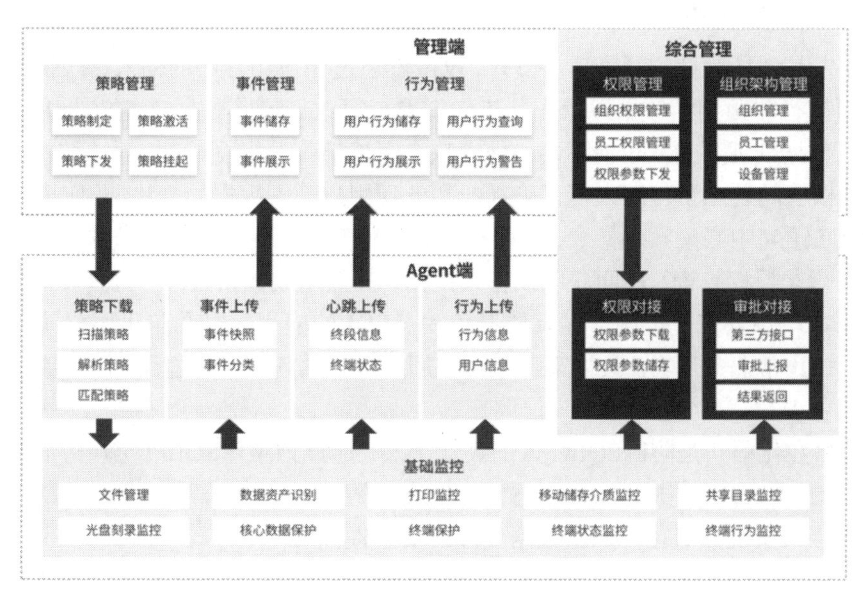

图6-16　终端数据泄露防护系统

3. 第三方安全产品防护

终端防泄露由管理服务端和客户端两部分组成，采用客户端/服务器（C/S）的部署方式，并具备管理员B/S管理中心，在系统部署时防护主要分两部分进行。在服务器区域中部署安装管理服务端程序与数据库服务器，管理员通过管理中心访问管理服务器，可实现策略定制下发、事件日志查看等功能。客户端则以代理的形式部署安装在用户工作区域各办公电脑当中，客户端负责实现终端的扫描监测、内容识别、外发监控、事件上报等功能。终端部署示意如图6-17所示。

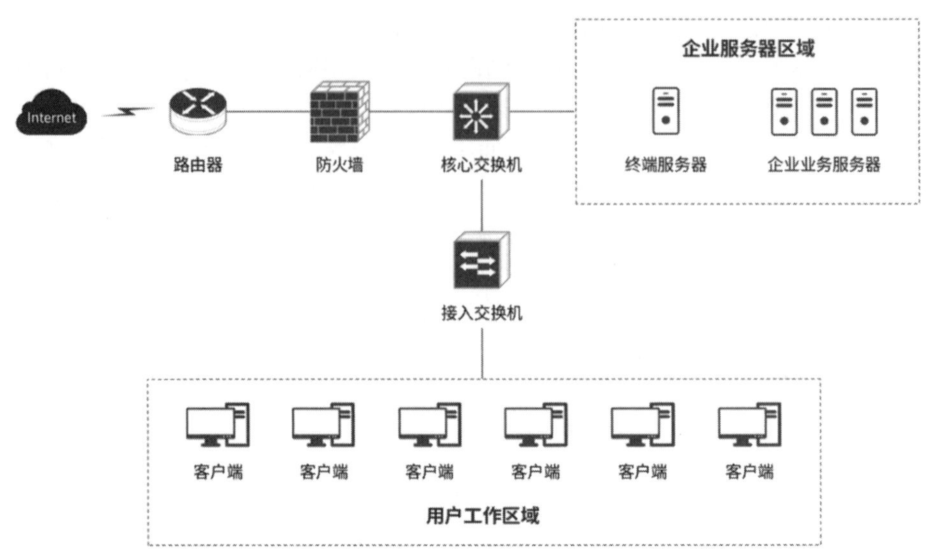

图6-17　终端部署示意图

6.2.9　防御SQL注入和漏洞（P）

SQL注入是一种典型的网络攻击方式，攻击者通过向应用程序的输入字段插入恶意SQL代码，进而执行非预期的数据库操作，诸如窃取、篡改或删除数据。此攻击手法源于应用程序对输入数据处理不当或过滤不足，使得攻击者能够绕开安全机制，直接与数据库交互。SQL注入的核心问题在于程序未能正确判断和处理用户输入数据的合法性，使得攻击者得以在预设的SQL语句中嵌入额外指令，从而在管理员不知情的情况下实施非法操作，欺骗数据库服务器执行非授权查询，进而获取或篡改数据，甚至造成数据丢失。为有效抵御SQL注入攻击，需采取一系列安全措施，尤其要避免动态SQL的使用，以及防止用户输入参数中的SQL片段干扰正常业务逻辑。具体策略包括使用参数化语句、存储过程、用户输入过滤及转义。

第一，参数化语句是防御SQL注入的关键手段，通过预编译SQL语句并指定输入参数位置，将用户数据与SQL结构分离，阻断恶意SQL代码的插入。在Java等语言中，可利用Prepared Statement等接口实现参数化，确保数据处理的安全性。

第二，使用存储过程增强数据库安全，通过参数化形式保存SQL语句并供程序调用，减少应用程序与数据库的直接交互，降低注入风险。但存储过程的定义亦需确保安全，避免涉及用户输入。

第三，用户输入过滤包括白名单和黑名单两种策略。白名单通过检查输入数据的类型、长度和范围，确保数据合规；黑名单则通过排除SQL关键字等不良内容，防范注入攻击。需根据业务场景选择合适的策略，并结合使用白名单和黑名单，以达到最佳防护效果。

第四，用户输入转义方式是指在合并用户输入到SQL语句前进行转义，此方法可有效阻止SQL注入。不同数据库管理系统可能需要不同的转义方式，需根据具体情况选择适当的字符转义机制。

通过第三方安全产品进行防护，包括安装部署Web应用防火墙、安装部署数据库防火墙、结合大数据分析平台部署数据审计系统，主要从用户输入检查、SQL语句分析、返回检查审核等方面进行。

（1）安装部署Web应用防火墙。Web应用防火墙是部署在应用程序之前的一道防护，检测的范围主要是Web应用的输入点，用以分析用户在页面上的各类输入是否存在问题，可以检查用户的输入是否存在敏感词等安全风险，是防范SQL注入的第一道防线。

（2）安装部署数据库防火墙。数据库防火墙是部署在应用程序和数据库服务器之间的一道防护，主要检测的内容是将前端用户输入的数据与应用中SQL模板拼接而成的完整SQL语句，同时还可以检测任何针对数据库的SQL语句，包括Web应用的注入点，数据库本身的注入漏洞等。数据库防火墙的防护主要通过用户输入敏感词检测、SQL执行返回内容检测、SQL语句关联检测进行，是防范SQL注入的第二道防线。

（3）结合大数据分析平台部署数据审计系统。这一防护部署在数据库服务器之后，主要用于审计和分析已执行的SQL语句是否存在注入风险。数据审计系统记录所有与数据库的连接和相关SQL操作，通过大数据分析平台结合AI分析挖掘算法分析用户或应用系统的SQL请求，发现疑似的SQL注入行为，是防范SQL注入的第三道防线。防范SQL注入部署建议如图6-18所示。

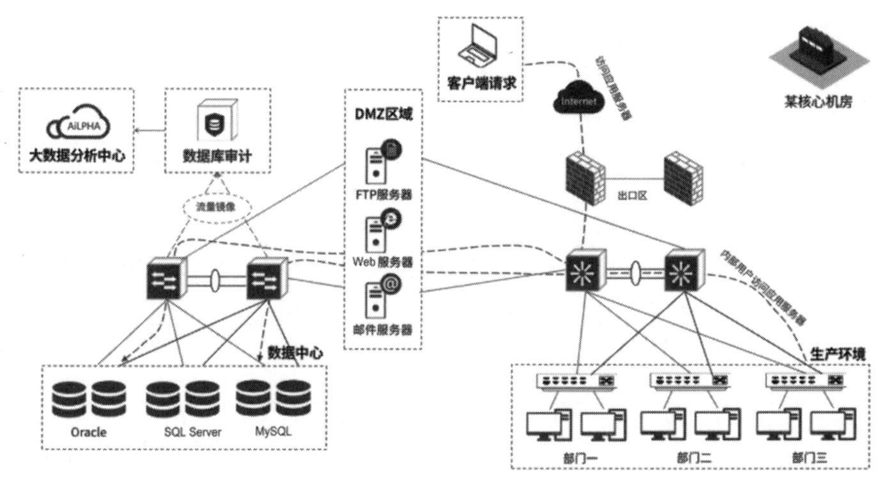

图6-18　防范SQL注入部署建议

综上所述，为了有效防御SQL注入和漏洞，我们需要采取一系列综合的安全措施。这些措施包括使用参数化语句、存储过程、对用户输入进行过滤和转义等。通过综合运用这些方法，提高数据库的安全性，保护数据的完整性和可靠性，并持续关注最新的安全技术和威胁动态，及时更新和完善防护措施，以应对不断变化的网络环境。

6.2.10　数据库补丁升级（P）

对于数据库系统来说，要想始终保持系统时刻运行在最佳状态，必要的补丁和更新是必不可少的。所有数据库均有一个软件生命周期，以Oracle为例，技术支持主要分为标准支持（Primer Support）与扩展支持（Extend Support）。Oracle各版本技术支持时间线如图6-19所示。原则上，各版本产品一旦超过了相应的付费扩展支持（Paid Extended Support）时间，厂商便不再提供任何技术支持。

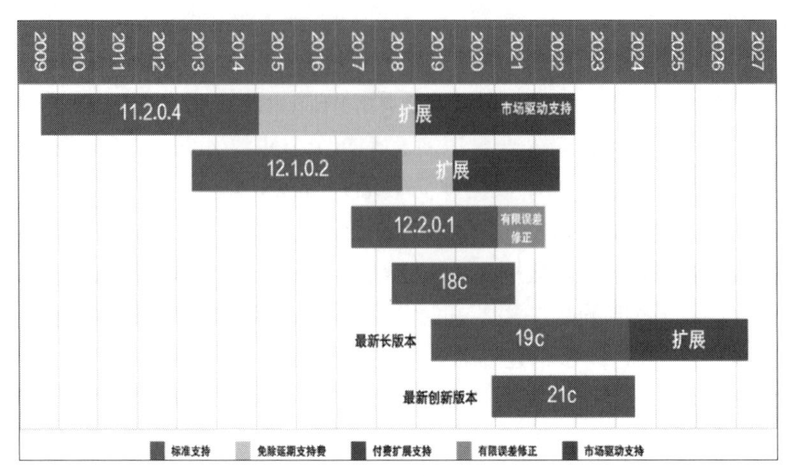

图6-19　Oracle各版本技术支持时间线

对于目前还在使用诸如Oracle 11.2.0.4及MySQL5.6.x等较早期版本的用户，建议尽快升级到最新版本，如表6-3所示。及时升级数据库版本不仅可以让用户避免一系列的数据安全威胁，更能体验到新版本的新特性。比如MySQL 8.0以后支持hash join，提升了在大结果集下多表join的性能；另外也提供了一系列分析函数，提升了开发效率。Oracle 12c以后的flex ASM与多租户功能极大节约了用户构建数据库的成本；提供了基于分区的分片（sharding）支持，扩展了海量数据下的数据检索能力。

表 6-3　MySQL 各版本技术支持时间线

版本	发布时间	标准支持服务	MySQL 延伸支持服务	持续支持服务
MySQL Database 5.0	2005.10	2011.12	不可用	无限期
MySQL Database 5.1	2008.12	2013.12	不可用	无限期
MySQL Database 5.5	2010.12	2015.12	2018.12	无限期
MySQL Database 5.6	2013.02	2018.02	2021.02	无限期
MySQL Database 5.7	2015.10	2020.10	2023.10	无限期
MySQL Database 8.0	2018.04	2023.04	2026.04	无限期
MySQL Cluster 6	2007.08	2013.03	不可用	无限期
MySQL Cluster 7.0	2009.04	2014.04	不可用	无限期
MySQL Cluster 7.1	2010.04	2015.04	不可用	无限期
MySQL Cluster 7.2	2012.02	2017.02	2020.02	无限期
MySQL Cluster 7.3	2013.06	2017.06	2020.06	无限期
MySQL Cluster 7.4	2015.02	2020.02	2023.02	无限期
MySQL Cluster 7.5	2016.10	2021.10	2024.10	无限期
MySQL Cluster 7.6	2018.05	2023.05	2026.05	无限期
MySQL Cluster 8.0	2020.01	2025.01	2028.01	无限期

通常，用户对于数据库补丁更新与大版本升级的主要顾虑在于：第一，可能需要停机，影响业务正常运行；第二，升级中存在一定风险，可能导致升级失败或宕机；第三，跨度较大的升级往往会导致SQL执行计划异常，进而导致性能下降；第四，新版本往往对现有组件不支持，如MySQL升级到8.0.22之后，由于redo格式发生变化，导致当时的XtraBackup无法进行物理备份。

为了解决以上问题，数据库厂商也提供了相应的措施进行保障，如Oracle 11.2.0.4以后大多数psu可以在线升级，或者可以借助于rac、dataguard进行滚动升级。而MySQL因为没有补丁的概念，需要直接升级basedir到指定版本，该升级同样可利用MySQL的主/从复制进行滚动升级，即：先对从数据库升级并进行验证；即便升级中遇到问题，也不会对主数据库造成影响。Oracle具备了性能优化分析器（SQL Performance Analyzer，SPA）功能，可以直接将dump share pool中正在执行的SQL导入目标版本的数据库实例中进行有针对性的优化，基于代价的优化方式（Cost-Based Optimization，CBO）会基于版本特性自动适配当前版本中的新特性，自动对SQL进行调整优化，同时给出性能对比，极大地降低了开发人员及数据库管理员的工作量。相比之下MySQL就无法实现此类功能了，建议在测试环境中妥善测试后再进行升级。对于MySQL 8.0之前的版本，应升级到MySQL 8.0以上。老版本MySQL不提供严格的SQL语法校验，特别是对于MySQL 5.6之前的版本，sql_mode默认为非严格，可能存在大量的脏数据、不规范SQL和使用关键字命名的对象，将导致升级后此类对象失效或SQL无法使用的情况，因此升级之前一定要做好SQL审核及对象命名规范审核。

此外，还可借助于第三方数据库网关类的产品。此类产品大多都具备打虚拟补丁的能力。虚拟补丁是指安全厂商在分析了数据库安全漏洞及针对该安全漏洞的攻击行为后提取相关特征形成的攻击指纹，对于所有访问数据库的会话和SQL，如果具备该指纹就进行拦截或告警。

以下用两个影响较大的安全漏洞来阐述数据库防火墙虚拟补丁的实现思路及应用。

（1）Oracle利用with as字句方式提权。涉及版本Oracle 11.2.0.x~12.1.0.x，该漏洞借助with as语句的特性，可以让用户绕开权控体系，对只拥有select权限的表进行dml操作。

解决该安全漏洞的最有效手段是打上相关的补丁。用户需要购买Oracle服务后通过MOS账号下载相应的补丁。升级数据库补丁也存在一定风险，因此很多企业不愿冒险升级。而通过数据库网关就可以有效地阻止该安全漏洞，在针对该漏洞的虚拟补丁没有出来之前，可在数据库网关上配置相应访问控制策略，仅允许foo用户查询bar.tab_bar，其他一律拒绝。由于网关的访问控制规则是与数据库自身的权控体系剥离的，同时网关自身具备语法解析的能力，也不依赖数据库的优化器生成访问对象，因此无法被with as子句绕开，在数据库没有相关补丁的情况下就可以很好地解决该问题。而在用户充分利用数据库网关配置细粒度访问控制的情况下，该问题甚至根本不会出现。

（2）sha256_password认证长密码拒绝式攻击情形如图6-20~图6-22所示。该漏洞源于MySQL sha256_password认证插件。该插件没有对认证密码的长度进行限制，而直接传给my_crypt_genhash()，用SHA256函数对密码加密求哈希值。该计算过程需要占用大量的CPU，如果传递一个很长的密码，则会导致CPU耗尽。SHA256函数在MySQL的实现中使用alloca()进行内存分配，无法对内存栈溢出保护，可能导致内存泄漏、进程崩溃。

```
[admin@4306][(none)]> exit
Bye
[root@cdh1 ~]#
[root@cdh1 ~]#
[root@cdh1 ~]# mysql -uadmin -padmin1234 -h10.50.3.110 -P4306
mysql: [Warning] Using a password on the command line interface can be insecure.
Welcome to the MySQL monitor.  Commands end with ; or \g.
Your MySQL connection id is 4
Server version: 5.7.10 MySQL Community Server (GPL)

Copyright (c) 2000, 2019, Oracle and/or its affiliates. All rights reserved.

Oracle is a registered trademark of Oracle Corporation and/or its
affiliates. Other names may be trademarks of their respective
owners.

Type 'help;' or '\h' for help. Type '\c' to clear the current input statement.

[admin@4306][(none)]> source create.txt
```

图6-20　sha256_password认证长密码拒绝式攻击情形（a）

```
mysql>
mysql>
mysql> show processlist;
+----+-------+-------------------+------+---------+------+-------------+------
| Id | User  | Host              | db   | Command | Time | State       | Info
+----+-------+-------------------+------+---------+------+-------------+------
|  3 | root  | localhost         | NULL | Query   |    0 | starting    | show processlist
|  4 | admin | 10.50.3.116:43584 | NULL | Query   |    9 | System lock | create user test1@'%' identified WITH sha256_password by 'abc123445abc123445abc123445abc
+----+-------+-------------------+------+---------+------+-------------+------
2 rows in set (0.00 sec)

mysql> show processlist;
```

图6-21　sha256_password认证长密码拒绝式攻击情形（b）

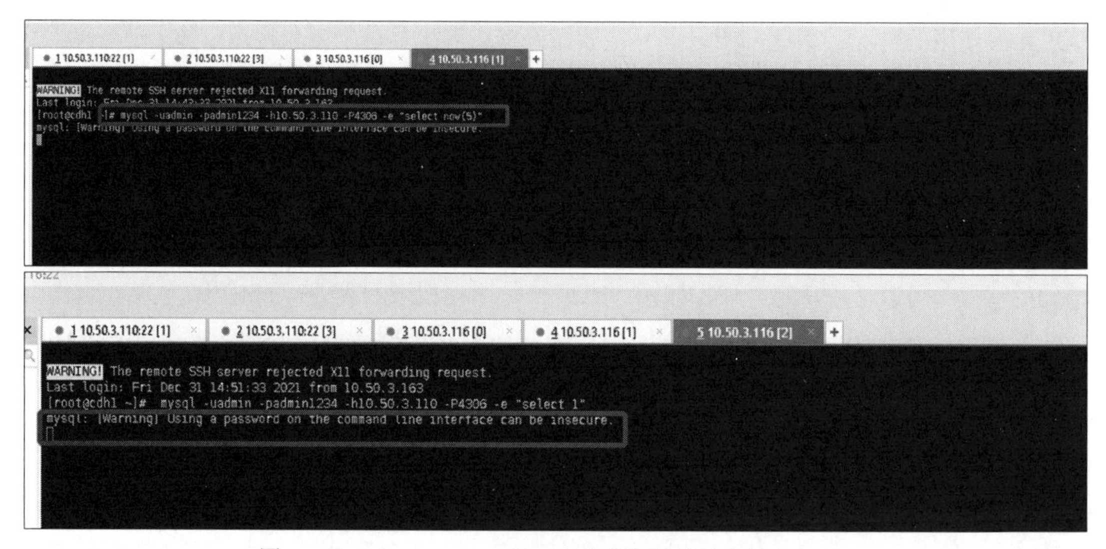

图6-22　sha256_password认证长密码拒绝式攻击情形（c）

通过数据库网关阻止该攻击的办法也很简单，只要针对create user、alter user等操作限制SQL长度即可；也可以直接启用相关漏洞的虚拟补丁。

通过上述两个案例我们可以发现，对于数据库的各种攻击或越权访问，我们只要分析其行为特征，然后在数据库网关上配置规则，对符合相应特征的数据访问行为进行限制，就可以实现数据库补丁的功能。同时，还可借助第三方组件将数据库的授权从数据库原有的权控体系中剥离出来。

使用数据库安全网关，通过对访问流量安全分析，可以给数据库打上“虚拟补丁”。

通过检测攻击者对数据库漏洞的利用行为，并结合产品的安全规则，实现数据库的防护。数据库安全网关虚拟补丁防护如图6-23所示。

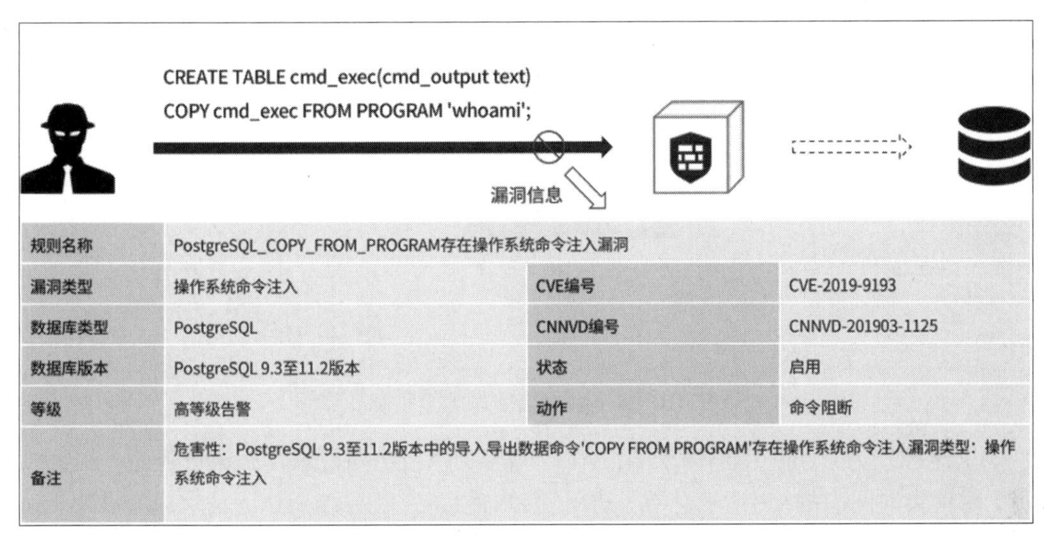

规则名称	PostgreSQL_COPY_FROM_PROGRAM存在操作系统命令注入漏洞		
漏洞类型	操作系统命令注入	CVE编号	CVE-2019-9193
数据库类型	PostgreSQL	CNNVD编号	CNNVD-201903-1125
数据库版本	PostgreSQL 9.3至11.2版本	状态	启用
等级	高等级告警	动作	命令阻断
备注	危害性：PostgreSQL 9.3至11.2版本中的导入导出数据命令'COPY FROM PROGRAM'存在操作系统命令注入漏洞类型：操作系统命令注入		

图6-23　数据库安全网关虚拟补丁防护

6.2.11　API安全防护（P）

API安全风险主要体现在其所面临的外部威胁和内部脆弱性之间的矛盾。除了要求接口开发人员遵循安全流程来执行功能开发以减轻内部脆弱性问题，还应该通过缩小API的风险暴露面来降低外部威胁带来的安全隐患。

在收缩API风险暴露面的同时，也需要考虑到API“开放共享”的基础属性。在支撑业务良好开展的前提下，统一为API提供访问身份认证、权限管控、访问监控、数据脱敏、流量管控、流量加密等机制，阻止大部分的潜在攻击流量，使其无法到达真正的API服务侧，并对API访问进行全程监控，保障API的安全调用及访问可视。API数据共享安全机制如图6-24所示。

（1）认证。身份认证机制为API服务赋予统一叠加的安全认证能力。API服务开发者无须关注接口认证问题，只需兼容现有API服务的认证机制，对外部应用系统提供统一的认证方式，实现应用接入标准的统一。

（2）授权。通过部署API安全网关，使API具备访问权限统一管理和鉴别能力。在完成API资产的发现、梳理、注册后，安全团队可启用API访问权限管控策略，为不同的访问主体指定允许访问的API接口。API安全网关在接收到访问请求后，将先与统一控制台联动，确认调用方（用户、应用）的访问权限，然后仅将符合鉴权结果的访问请求转发到真实的API服务处，从而拦截所有未授权访问，防止越权风险。在统一控制台的权限策略发生变化时，API安全网关实时作出调整，切断权限外的会话连接。

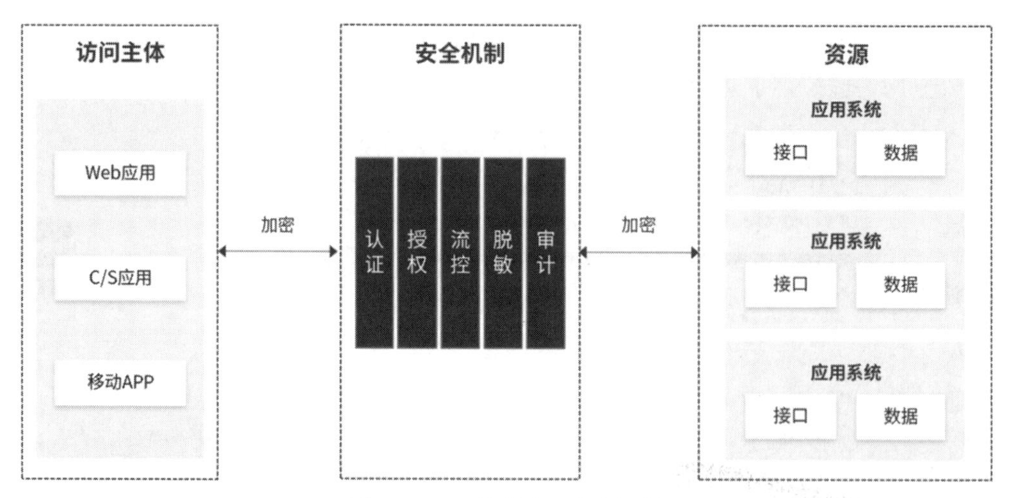

图6-24　API数据共享安全机制

（3）流控。为了防止用户请求淹没API，需要对API访问请求实施流量管控。根据预设阈值，对单位时间内的API请求总数、访问者API连接数，以及API访问请求内容大小、访问时段等进行检查，进而拒绝或延迟转发超出阈值的请求。当瞬时API访问请求超出阈值时不会导致服务出现大面积错误，使服务的负载能力控制在理想范围内，保障服务稳定。

（4）加密。确保出入API的数据都是私密的，为所有API访问赋予业务流量加密能力。无论API服务本身是否支持安全的传输机制，都可以通过API安全网关实现API请求的安全传输，从而有效抵御通信通道上可能会存在的窃取、劫持、篡改等风险，保障通道安全。

（5）脱敏。通过脱敏保证即使发生数据暴露，也不会造成隐私信息泄露。统一的接口数据脱敏，基于自动发现确认潜在敏感字段，安全团队核实敏感字段类型并下发脱敏假名、遮盖等不同的脱敏策略，满足不同场景下的脱敏需求，防止敏感数据泄露导致的数据安全风险。

（6）审计。确保所有的操作都被记录，以便溯源和稽核。应具备对API返回数据中包含的敏感信息进行监控的能力，为调用方发起的所有访问请求形成日志记录，记录包括但不限于调用方（用户、应用）身份、IP地址、访问接口、时间、返回字段等信息。对API返回数据中的字段名、字段值进行自动分析，从而发现字段中包含的潜在敏感信息并标记，帮助安全团队掌握潜在敏感接口分布情况。

通过部署API接口安全管控系统，为面向公众的受控API服务统一赋予身份认证、权限管控、访问审计、监控溯源等安全能力，降低安全风险。在现有API无改造的情况下，使用第三方安全产品建立安全机制。一是健全账号认证机制和授权机制，二是实时监控API账号登录异常情况，三是执行敏感数据保护策略，四是通过收窄接口暴露面建立接口防爬虫、防泄露保护机制。一方面可以确保数据调用方为真实用户而非网络爬虫，另一方面可以保证用户访问记录可追溯。

登录异常行为监控：帮助企业建立API异常登录实时监控机制，检测异常访问情况，可对接口返回超时、错误超限等进行分析，发现异常情况及时预警。

敏感数据保护策略：帮助企业对开放API涉及的敏感数据进行梳理，在分类分级后按照相应策略进行脱敏展示，所有敏感数据脱敏均在后端完成，杜绝前端脱敏。此外，敏感数据通过加密通道进行传输，防止传输过程中的数据泄露。API接口安全管控系统部署示意如图6-25所示。

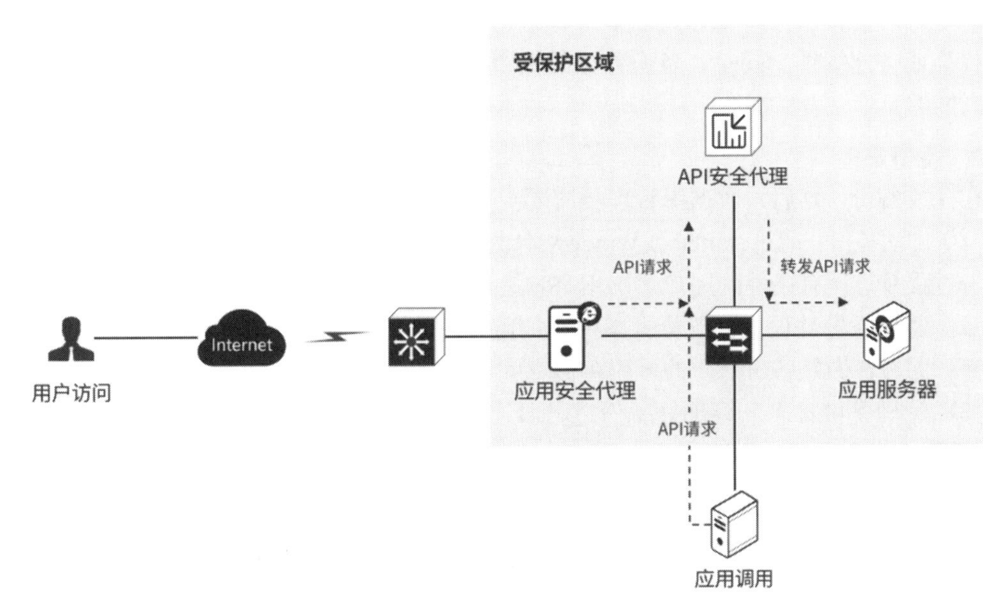

图6-25 API接口安全管控系统部署示意图

6.2.12 数据备份（P）

当硬件或软件发生灾难性故障时，确保数据能够在用户可接受的时间范围内得到恢复，并且已提交的数据不会丢失，是数据库管理员的重要职责。数据库管理员需评估其准备工作是否充分，包括对成功备份及在允许时间窗口内从备份中恢复数据的信心，以及是否满足灾难恢复计划中规定的服务水平协议或恢复时间目标。此外，数据库管理员还需积极采取措施，制订并测试备份恢复计划，以确保数据库能够应对各种故障情况。

为实现上述目标，在数据备份前参考以下检查清单，包括：是否已制订一个综合的备份计划，是否已执行有效的备份管理，是否定期进行了恢复演练，是否与各业务线负责人共同讨论并制定了可接受的服务水平协议（SLA），是否已起草《灾难恢复应急预案》，是否时刻保持知识更新以掌握最新的数据备份恢复技术。通过遵循这些检查点，数据库管理员能够更全面地保障数据的安全与可恢复。

1. 备份计划

一份全面的备份计划，除了覆盖数据库系统本身，还需包含操作系统、应用及中间件等关键组件的备份。在备份方式上，应根据业务场景灵活选择逻辑或物理备份，并利用多通道并行备份等技术加速处理海量数据。同时，备份计划应以不影响业务运行为前提，并选择合适存储介质，如ASM、磁带或NAS，以实现冗余备份。最后，合理的备份保留策略应该确保数据安全与业务连续性。

在备份内容方面，除了数据库本身的数据文件、控制文件、归档日志等，还需特别关注操作系统核心配置文件、数据库软件、适配软件及中间件、特权账号和业务账号的密码。这些内容的完整备份对于故障恢复和异常处理至关重要。

此外，备份计划的制订还需考虑数据量的大小、每日数据增量及存储介质的性能等因素。通过合理的备份策略，如定期全量备份与增量备份相结合，可以有效减少平均修复时间，提高业务连续性。同时，备份数据的保留期限也应根据业务需求进行设定，以确保在需要时能够迅速恢复数据。

2. 备份管理

在完成备份计划后，数据库管理员需要妥善管理备份，重点关注以下几点：

（1）自动备份。通过crontab或Windows计划任务自动执行备份，备份脚本中应当有完整的备份过程日志，有条件的用户建议用TSM、NBU等备份管理软件来管理备份集。

（2）监控备份过程。在备份脚本中添加监控，如备份失败可通过邮件、短信等方式进行告警；同时，做好备份介质的可用存储空间监控。

（3）管理备份日志。管理好备份过程日志，用于备份失败时的异常分析。对于Oracle数据库可以借助rman及内置相关数据字典来监控、维护备份，多实例的情况下可以搭建catalog server来统一管理所有备份。对于像MySQL等开源数据库，可在一个指定实例中创建备份维护表来模拟catalog server，实现对备份情况的管理与追踪。

（4）过期备份处理。根据备份保留策略处理过期备份，对于Oracle，可通过rman的“delete obsolete”自动删除过期备份集；而对于MySQL，需要数据库管理员具备一定的shell脚本或Python开发能力，根据备份计划和保留策略，基于全备和增量的时间删除过期备份。

3. 备份恢复测试

对于数据库系统来说，可能发生很多意外，但唯一不能发生的就是备份无法使用。为保障数据备份的有效性、备份介质的可靠性、备份策略的有效性，以及确认随着数据量的增长、业务复杂度的上升，确认已有备份能否满足既定的SLA，需要定期做备份恢复测试。

恢复测试基于不同的目的，可以在不同的环境下进行。如本地恢复、异地恢复，全量恢复，或者恢复到某一指定的时间点。

4. 明确服务水平协议

明确备份和恢复的服务水平协议（SLA），包含备份内容、备份过程及恢复的时间线，并得到管理层和业务部门认可。SLA并不能直接提升恢复能力，而是设定业务（或管理层）对于恢复时间窗口的期望。数据库管理团队在这一期望值下尽可能朝着该值去努力，在发生故障时将损失降到最低。

5. 灾难恢复计划

依据实际情况及政策规定，制定异地灾备方案，以应对可能出现的突发或不可抗力因素。对于具备条件的单位，推荐采用两地三中心的灾备策略，确保在遭遇意外情况后，业务系统能够迅速恢复，保障生产持续稳定运行，从而维持高生产率。

为防止系统出现操作失误或系统故障导致数据丢失，通过数据备份系统将全部或部分数据借助异地灾备机制同步到备份系统中。数据备份网络拓扑图如图6-26所示。

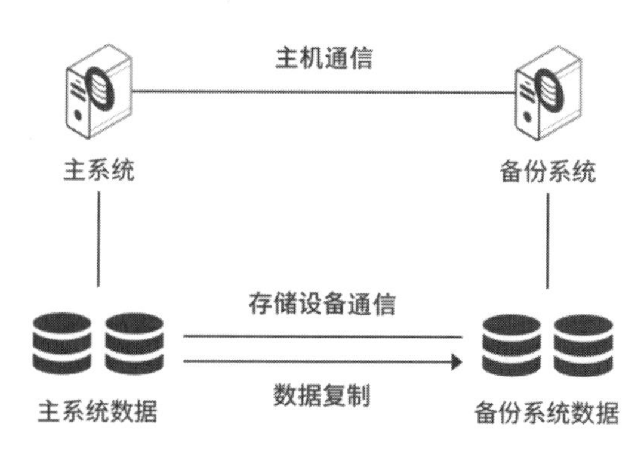

图6-26　数据备份网络拓扑图

6.2.13　全量访问审计与行为分析（E）

监控整个组织中的数据访问是追查取证的重要手段，实时感知数据的操作行为很有必要。无法监视数据操作的合规性异常，无法收集数据活动的审计详细信息，将导致在数据泄露后无法进行溯源分析，这在许多层面上都构成了严重的组织风险。异常的数据治理行为（例如非法执行数据查询脚本）会导致隐私泄露。如果没有分析审计手段，当异常行为发生时系统不能及时告警，那么异常行为发生后也无法追查取证。

发生重大敏感数据泄露事件后，必须要进行全面的事件还原和严肃的追责处理。但往往由于数据访问者较多，泄密途径不确定，导致定责模糊、取证困难，最后追溯行动不了了之。数据泄露溯源能力的缺乏极有可能导致二次泄露事件的发生。

数据安全审计通过对双向数据包的解析、识别及还原，不仅对数据操作请求进行实时审计，而且还可对数据库系统返回结果进行完整的还原和审计，包括SQL报文、数据命令执行时长、执行的结果集、客户端工具信息、客户端IP地址、服务端端口、数据库账号、客户端IP地址、执行状态、数据类型、报文长度等内容。数据安全审计将访问数据库报文中的信息解析出来。针对不同的数据库需要使用不同的方式进行解析，包括大数据组件、国产数据库及关系型数据库等，解决数据安全需求分析的“5W1H”问题（见表6-4）。

表 6-4　数据安全需求分析“5W1H”问题表

数据安全需求	描　述	举　例
Who（谁干的）	用户名、源 IP 地址	Little wang
Where（在什么地方）	客户端 IP+Mac、应用客户端 IP 地址	201.125.21.122
When（什么时间）	发生时间、耗时时长	2017/10/12　23:21:02
What（干了些什么）	操作对象是谁、操作是什么	Update salary
How（怎么干的）	SQL 语句、参数	Update salary set account =‘100000’ emloyee_name =‘张三’
What（结果怎么样）	是否成功、影响行数、性能情况	Success，999 行，耗时 1ms

通过分析数据高危操作，如删表、删库、建表、更新、加密等行为，并通过用户活动行为提取用户行为特征，如登录、退出等，在这些特征的基础上，构建登录检测动态基准

线、遍历行为动态基准线、数据操作行为动态基准线等。

利用这些动态基准线，可实现对撞库、遍历数据表、加密数据表字段、异常建表、异常删表及潜伏性恶意行为等多种异常行为的分析和检测，将这些行为基于用户和实体关联，最终发现攻击者和受影响的数据库，并提供数据操作类型、行数、高危动作详情等溯源和取证信息，辅助企业及时发现问题，阻断攻击。

通过部署第三方安全产品，如数据库审计系统，可提供以下数据安全防护。

（1）基于对数据库传输协议的深度解析，具备对全量数据库访问行为的实时审计能力，让数据库的访问行为可见、可查、可溯源。

（2）有效识别数据库访问行为中的可疑行为、恶意攻击行为、违规访问行为等，并实时触发告警，及时通知数据安全管理人员调整数据访问权限，进而达到安全保护的目的。

（3）监控每个数据库系统回应请求的响应时间，直观地查看每个数据库系统的整体运行情况，为数据库系统的性能调整优化提供有效的数据支撑。

全量访问数据库审计系统部署拓扑图如图6-27所示。

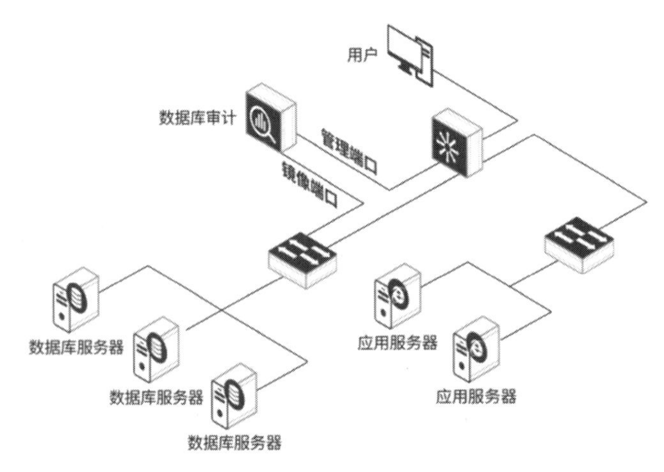

图6-27　全量访问数据库审计系统部署拓扑图

6.2.14　敏感数据溯源能力（E）

敏感数据溯源对数据生命周期过程中敏感数据的采集、查询、修改、删除、共享等相关操作进行跟踪，通过留存敏感数据流动记录等方式，确保敏感数据相关操作行为可追溯。敏感数据溯源与数字水印的主要区别在于，敏感数据溯源不会改变数据的完整性，因此，对于数据质量没有影响，能够适应更多需要溯源的业务场景。

场景一：个人敏感信息保护

某金融机构为确保高净值客户个人敏感信息数据的安全，实施了严格的访问控制机制。一旦这些特殊客户的个人身份及财产信息被访问，系统即自动记录访问详情。同时，系统设定了访问频率及单次获取数据量的报警阈值，一旦触发阈值，将自动报警。管理员可通过输入重点客户的身份证号码、姓名等信息，追溯相关数据被访问的精确时间、访问应用及IP地址等关键信息。

为实现上述功能，需对数据访问的双向流量进行深度解析，确保对敏感数据的请求及返回值均能准确记录。数据溯源系统组成和部署方式如图6-28所示。这是一种能够迅速部署并有效满足场景一需求的系统组成与部署方式。

数据溯源系统主要由业务流量探针、数据库流量探针、数据溯源引擎组成。通过业务流量探针解析API，分析API地址（ID）、访问源、行为、参数（数据）、返回（数据）、实体（IT资产）等。通过数据库流量探针解析数据库访问，主要包括访问源、行为（SQL）、参数（数据）、对象、返回（数据）、实体（IT资产）等。数据溯源引擎以数据为核心，通过参数（具备唯一性的数据）、行为、时间等，建立访问源、对象、实体（IT资产）之间的关联关系；将敏感数据的流向及以数据为中心建立的关联关系进行可视化展现。该场景的数据溯源效果示意如图6-29所示。

通过数据溯源系统可以清楚地看到数据流向，如数据在什么时间，通过什么方式流经哪些节点，以及其他详细信息。建立敏感数据的访问路径，通过不同路径去排查数据泄露风险及取证，对敏感数据路径进行日常监控，及时发现敏感数据访问异常，与其他监控和防护手段相结合，实现对敏感数据的长效监控。

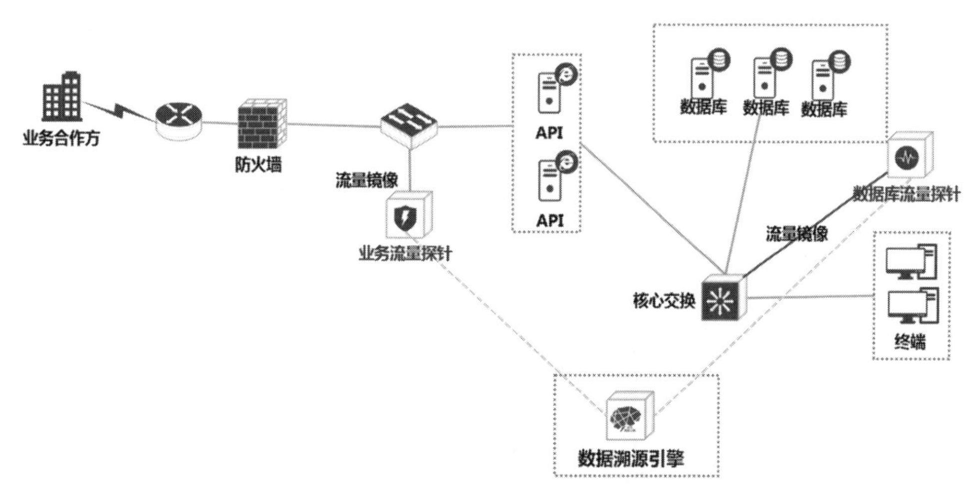

图6-28　数据溯源系统组成和部署方式

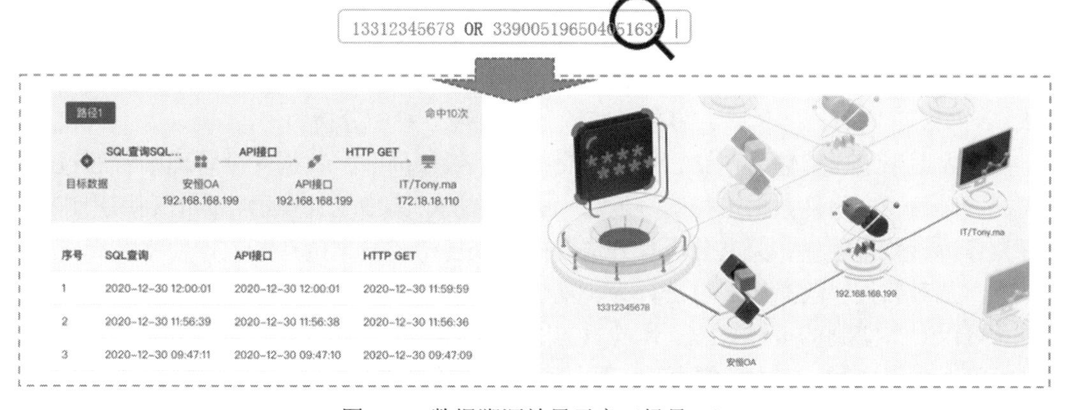

图6-29　数据溯源效果示意（场景一）

场景二：企业商业秘密保护

企业发现内部的最新商业机密文件被竞争对手窃取。在部署了数据泄露防护（DLP）产品的情况下，该文件的所有传播节点都有记录。管理员可上传泄露的机密文件，进行溯源查询，得到该文件传播的路径、时间点，以及涉及的终端设备。

在网络出口处部署网络防泄露产品，审计在网络上流经的各种文件，并且在终端部署防泄露产品，审计终端上的各种文件操作和流转情况。数据溯源引擎将网络上和终端上的审计记录与上传的机密文件进行关联，然后将机密文件的流向进行可视化展现。该场景的数据溯源效果示意如图6-30所示。

图6-30 数据溯源效果示意（场景二）

6.3 建设中：数据安全管理平台

当前，各类用户通过在不同的数据安全场景部署各种有针对性的安全产品解决相应场景的数据安全问题。例如：在测试开发场景通过部署数据静态脱敏解决数据共享造成的隐私泄露问题；在运维环境中，部署数据安全运维类系统解决运维过程中的风险操作、误操作等问题；在业务侧通过部署数据库防火墙解决对外的数据库漏洞攻击、SQL注入问题等。在不同的数据使用场景中，数据安全产品各自为战，往往容易造成安全孤岛。因此，急需一套整合不同使用场景的数据安全防护、集中呈现数据安全态势、具备统一数据安全运营和监管能力的数据安全集中管理平台，实现各类安全数据的集中采集，可视化地集中呈现资产详情、风险分布、安全态势等，便于进行不同安全设备的集中管理、安全策略的动态调整、下发，实现日志、风险、事件的统一运营管理、集中分析。

针对数据采集、传输、存储、处理、交换和销毁等环节，数据安全管理平台通过数据采集接口对各安全组件数据进行统一汇总、去重清洗、集中统计展示，同时利用用户和实体行为分析、数据建模、关联分析等方法对网络环境中的数据资产和数据使用情况进行统一分析，并对数据风险操作、攻击行为、安全事件、异常行为和未知威胁进行发现和实时告警，可以对采集到的审计日志、风险日志、事件日志信息数据进行关联分析，对安全态势进行可视化展现等，实现数据可见、风险可感、事件可控和数据的集体智治。

典型的数据安全管理平台整体系统架构如图6-31所示。

数据安全管理平台将贯穿数据安全管理中的数据采集、数据存储、计算分析、任务调度、AI算法、数据解析等各过程，实现策略统一下发、态势集中展示、事件集中处理，为客户持续创造价值。

数据安全管理平台具有数据可见、风险可感、事件可控、综合防控、整体智治的特点。

1. 数据可见

数据安全管理平台帮助用户实现对数据的统一管理。通过数据地图呈现能力，方便探索数据安全问题根源，增强用户业务洞察力；可以非常直观地查看数据资产分布、敏感表、敏感字段数量统计、涉敏访问源、访问量等，监控不同区域、业务的数据访问流向和访问热度，清楚洞察数据的静态分布和动态的访问情况。数据可见支持集中统一展示如下信息。

图6-31　数据安全管理平台整体系统架构

（1）数据资产分布。

对多源异构数据存在形式形成统一的数据资源目录，并且能够完成自动化内容识别，生成数据保护对象清单，充分掌握重要数据、个人数据、敏感数据的分布情况，并对不同等级的数据资源采取相应的安全防护措施。

（2）敏感数据分布。

梳理网络环境各业务系统后台数据库中存在的敏感表、敏感字段，统计敏感表、敏感字段数量和总量，标记数据的业务属性信息和数据部门归属等特性并展示详情。

（3）分类分级结果展示。

支持表列分布，分类结果、安全级别及分布等情况详情展示，方便数据拥有者了解敏感数据资产的分布情况。分类分级结果可与平台数据防护能力进行对接，一键生成敏感数据的细粒度访问控制规则、数据脱敏规则等，从而实现对数据全流程管理。

（4）数据访问流向记录。

记录数据动态访问详情，统计业务数据访问源，还原以网络访问、API、应用系统、数据库、账户行为等多层次的资产全方位视角构建的数据资产全生命周期内外部数据流转链路，为数据安全风险感知和治理监管提供可视化支撑。从源头上追踪、分析数据访问流向情况，方便溯源管理。

（5）数据访问热度展示。

具备数据访问热度分析能力，洞察访问流量较大、敏感级别较高的业务系统并实施重点监控、防护。结合静态数据资产梳理和动态数据访问热度统计，找出网络环境中的静默资产、废弃资产等，协助资产管理部门合理利用现有网络资源。

2. 风险可感

数据安全管理平台以数据源为起点，提供统一的数据标准、接口标准，从数据运行环境开始，关注数据生产、应用、共享开放、感知与管理等多个区域不同维度的安全风险，从数据面临的漏洞攻击、SQL注入、批量导出、批量篡改、未脱敏共享使用、API安全、访问身份未知等多角度审视数据资产的整体安全防护状态，打破信息孤岛，形成完整的风险感知、风险处置闭环。同时，平台具备基于用户视角的、对潜在威胁行为进行有效分析和呈现的能力，对于网络中活跃的各类用户及其行为进行精准监控与分析，结合UEBA技术，通过多种统计及机器学习算法建立用户行为模式，当发生的行为与合法用户行为不同时进行判定并预警。

3. 事件可控

数据安全管理平台具备对发现的数据安全事件进行统一呈现和处置的能力，包括安全事件采集、安全事件通报、安全事件处置。通过多维度智能分析对已发现的安全事件进行溯源，追踪风险事件的风险源、发生时间和事件发生的整个过程，为采取有效的事件处置、后续改进防范措施提供科学决策依据。

平台根据安全基线和风险模型实时监控全资产运行和使用情况，并支持多种即时告警措施。当触发安全事件时，平台第一时间进行事件告警并告知事件危害程度，辅助安全管理人员、数据管理人员及时对异常事件信息作出反馈与决策。当事件影响级别较高需要及时处置时，安全管理人员通过工单形式向安全运维人员通报安全事件并下发事件处置要求。安全运维人员通过平台事件详情链接确认事件溯源详情及影响，进行处置后返回事件处置状态信息。

4. 综合防控

在采集、存储、传输、处理、交换、销毁的过程中，数据的结构和形态是不断变化的，需要采取多种安全组件设备支撑安全策略的实施。数据安全管理平台支持动态联动安全组件设备。可在平台中定时、批量灵活地配置安全防护策略，动态优化安全防护策略，并同时下发至组件设备执行策略，分别对数据分类分级任务、数据脱敏加密、数据库安全网关策略等安全防护能力策略、敏感数据发现策略、数据流转监控策略实现集中化的安全策略管控。实时保持最高效的安全防护能力，帮助用户高效完成设备集中配置管理。

针对数据安全的风险，以数据为核心，以对所有的数据流转环节进行整体控制为目标，实现对外防攻击、防入侵、防篡改，对内防泄露、防伪造、防滥用的综合防控能力，便于及时发现问题，防范安全风险。

5. 整体智治

数据安全管理平台引入智能化梳理工具，通过自动化扫描敏感数据的存储分布，定位数据资产。同时，关注数据的处理和流转，及时了解敏感数据的流向，时刻全局监测组织内数据的使用和面向组织外部的数据共享；通过UEBA技术对数据访问行为进行画像，从数据行为中捕捉细微之处，找到潜藏在“正常”表象之下的异常数据操作行为。

数据安全管理平台具备渗透于数据生命周期全过程域的安全能力。融合数据分类分级、数据标识、关联分析、机器学习、数据加密、数据脱敏、数据访问控制、零信任体系、API安全等技术的综合性智能平台，能够提供整体数据安全解决方案。平台监控数据在各个生命阶段的安全问题，全维度防止系统层面、数据层面攻击或者疏忽导致的数据泄露，为各类数据赋予安全防护能力，并根据业务体系持续应用到不同的安全场景之中。

6.4　建设后：数据安全运营与培训

6.4.1　数据安全运营内容

数据安全运营是将技术、人员、流程进行有机结合的系统性工程，是保证数据安全治理体系有效运行的重要环节。数据安全运营遵循“运营流程化、流程标准化、标准数字化、响应智能化”的思想进行构建，数据安全运营需要具备流程落实到人，责任到人，流程可追溯，结果可验证等能力。同时，数据安全运营需要贯穿安全检测、安全分析、事件处置、安全运维流程，全面覆盖安全运营工作，满足不同类型、不同等级安全事件的检测、分析、响应，处置流程全域可知和可控。数据安全运营主要包含数据资源安全运营、数据安全策略运营、数据安全风险运营、数据安全事件运营和数据安全应急响应等部分。数据安全运营组成如图6-32所示。

数据资源安全运营	数据安全策略运营	数据安全风险运营	数据安全事件运营	数据安全应急响应
数据分布地图	安全合规运营	风险持续鉴测	涉敏数据事件	应急组织机构
敏感数据视图	安全策略指标	异常行为监测	安全运维事件	应急人员配置
分类分级视图	安全策略视图	安全风险告警	安全事件告警	编制应急预案
访问热度视图	安全策略下发	安全风险处置	安全事件处置	开展应急演练
数据流向视图	安全策略优化	安全风险防范	安全事件防范	快速应急响应

图6-32　数据安全运营组成

数据安全运营包含持续性的安全基线检查、漏洞检测、差距分析，安全事件和安全风险的响应、处置、通报，数据安全复盘分析等，强调数据安全管理工作过程中对数据运营目标的针对性，如数据资产梳理（含数据地图、敏感数据梳理、数据分类分级、数据访问流向分析、数据访问热度分析等）、下发数据安全管控策略、数据安全持续性评估、数据安全运营指标检测、安全阈值的设定等，还包括通过运用流程检测和事件处置结果的考评，对运营人员的能力进行评估，对现有技术控制措施有效性进行评估。

数据安全运营机制涵盖以下方面。

（1）预防检测，包括主动风险检查、渗透攻击测试、敏感核查和数据安全基线扫描等手段。

（2）安全防御，包括安全加固、控制拦截等手段。

（3）持续监测，包括数据安全事件持续监测和确定、定性风险检测、隔离事件等手段。

（4）应急预案，包括对数据安全事件的识别、分级，以及处置过程中的组织分工、处置流程、升级流程等。

（5）事件处置，包括流程工单、安全策略管理、安全风险及事件处置、处置状态通报等手段。

针对数据安全业务人员和技术人员定期开展安全基础培训和专项培训，提升相关人员数据安全意识，掌握数据安全发展趋势，了解新型风险和攻防新技术，规范数据安全管理制度，提高数据安全防护能力。

6.4.2 数据安全运营阶段

数据安全策略需要结合策略进行持续优化运营，才能达到比较理想的结果，运营通常分成五个阶段。运营时间矩阵参见表6-5。

表 6-5 运营时间矩阵表

项目时间	系统上线	1 个月后	3 个月后	6 个月后
第一阶段	1. 默认策略			
第二阶段		1. 默认策略优化 2. 建立业务策略 3. 依照《数据安全管理规范》建立自定义安全策略		
第三阶段			1. 优化业务策略 2. 优化自定义安全策略	
第四阶段				1. 形成自定义安全策略库 2. 备份自定义安全策略库
第五阶段	持续优化			

数据安全运营离不开“人”这一关键核心，人员能力最终决定安全运营效果，需对从事安全管理岗位的人员开展系统功能培训及定期开展安全知识培训，培训可分成四个阶段。员工培训时间矩阵参见表6-6。

表6-6　员工培训时间矩阵表

	项目启动	系统上线	1个月后	每季度
第一阶段	1．系统功能介绍			
第二阶段		1．系统部署架构说明 2．系统功能实操培训 3．系统日常运维作业培训		
第三阶段			1．系统需求收集 2．系统意见收集	
第四阶段				1．数据安全知识培训 2．数据安全能力考核

第 7 章　代表性行业数据安全实践

7.1　数字政府数据安全实践

7.1.1　数字政府数据安全建设需求

数字政府作为推动国家治理体系和治理能力现代化的重要力量，其数据安全建设需求愈发凸显。随着信息技术的迅猛发展，政府数据资源日益丰富，应用范围广泛，但同时也面临着复杂多变的安全威胁。为应对这些挑战，加强数字政府数据安全建设显得尤为重要。这不仅是保障政府数据安全、维护国家安全和社会稳定的必然要求，也是提升政府服务效率、优化营商环境、推动经济社会发展的重要举措。因此，构建完善的数字政府数据安全体系，强化数据安全防护，已成为当前和今后一个时期的重要任务。

近年来，各地数据管理机构（包括数据局、大数据发展管理局、政务服务和数据管理局、大数据中心等）纷纷成立，积极推动数字政府建设和政府数据资源开发利用。在信息化、网络化、智能化快速发展的时代背景下，政府数据已经成为国家基础性战略资源，其安全性直接关系到国家安全、社会稳定和民生福祉。因此，加强数字政府数据安全建设，不仅是保障政府数据安全运行的必然要求，也是提升政府服务效能、优化营商环境、增强国际竞争力的关键举措。通过构建完善的数据安全防护体系，加强数据全生命周期的安全管理，能够有效防范数据安全风险，持续稳定推进数字政府建设。

7.1.2　数字政府数据安全体系框架

为切实提升数字政府的数据安全监管能力，贯彻落实数据安全相关法律法规和管理要求，构建完善的数据安全治理体系势在必行，以保障公共数据安全，促进公共数据资源授权运营和开发利用。数字政府数据安全治理体系涵盖管理体系、技术体系、运营体系，通过三位一体的方式纵向打通管理体系、技术体系、运营体系，横向覆盖数据全生命周期，形成立体化的数据安全防护能力。

数字政府数据安全管理体系框架如图7-1所示，首先需要明确组织的数据安全战略目标，规划配套设计实现战略目标所需要的组织架构及制度流程。

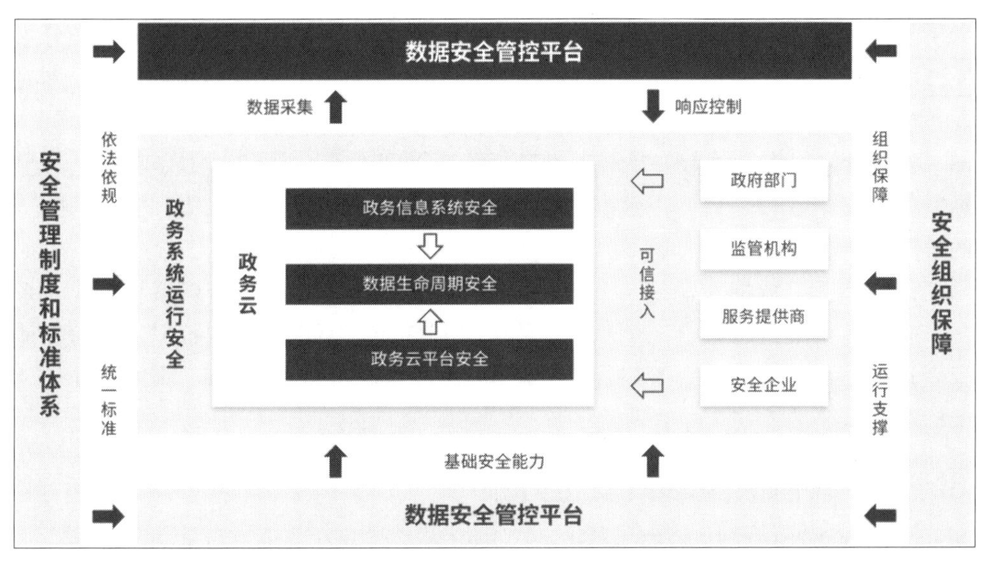

图7-1　数字政府数据安全管理体系框架

数据安全技术体系覆盖数据生命周期的采集、传输、存储、处理、交换与销毁六大过程，各阶段面临的风险、安全需求和防护能力差异明显。数字政府场景下数据生命周期安全防护能力如图7-2所示。该图展示了大数据环境下数据生命周期典型的流程及其防护技术。

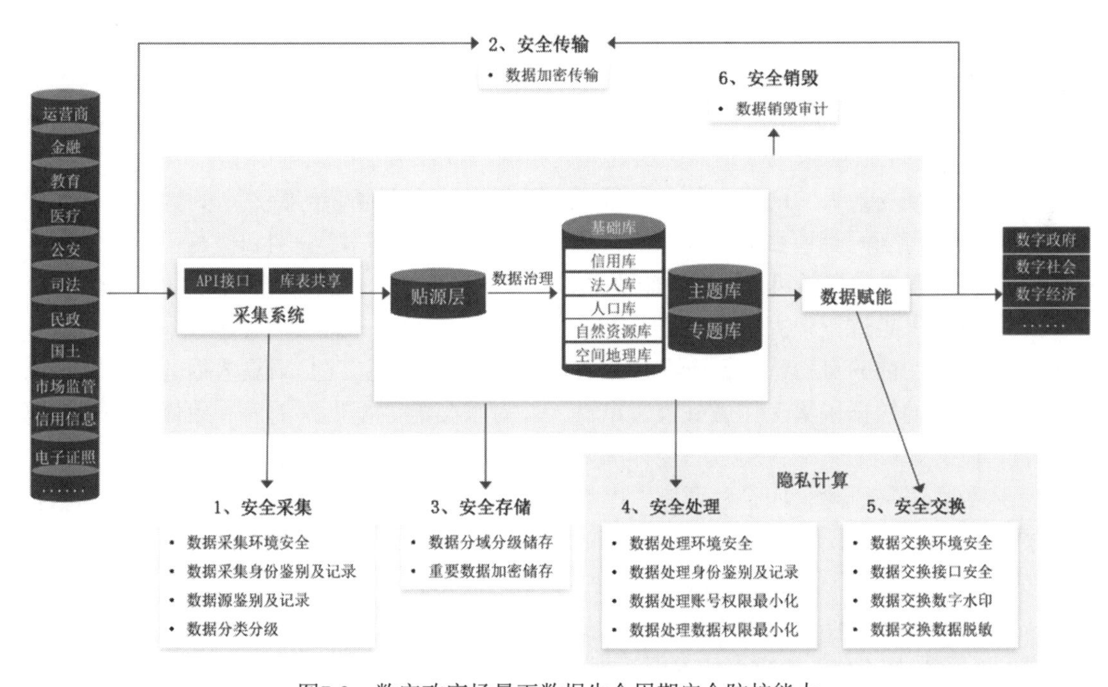

图7-2　数字政府场景下数据生命周期安全防护能力

（1）安全汇数。安全汇数涉及安全采集、安全传输、安全存储三个过程域，安全汇数以数据分类分级为基础，梳理数据资源目录清单，对于清单内的重要数据全链条加密，从加密传输到加密存储，并对全流程开展第三方审计记录，防止数据汇集过程中出现数据泄露风险。

（2）安全用数。安全用数涉及安全处理、安全交换两个过程域，以数据分类分级为基础，通过权限最小化、API安全防护、数据脱敏、数字水印等技术保障用数安全，同时可以根据业务需要采用隐私计算技术，实现数据可用不可见，数据可用不可取。

（3）安全管数。安全管数一是对身份进行统一管理、动态鉴权，引入零信任安全架构；二是通过数据安全管控平台，以数据为核心，实时感知数据从安全采集到安全销毁全生命周期的链路安全。

（4）运营体系。数据安全是一个动态的而非静态的过程，伴随着新系统上线、系统配置变更、安全技术演进，都会产生新的数据安全风险点，所以要建立数据安全运营体系。数据安全运营除了日常的安全策略优化，还包含应急响应、攻防演练、人才培养等，同时可以根据实际需要选择安全托管等服务。

7.1.3 数字政府典型场景安全方案

数据资产存储在数据湖/数据中台内部，数据资产存储全流程可以抽象为入湖、治湖、出湖三大类场景。

7.1.3.1 数据入湖安全方案

1. 数据采集

政府数据主要来自各类“政务业务系统”及其他可能的对接部门的系统，通过政务系统和各应用的接口调用、部署前置机、直接获取数据文件等方式来采集数据。在数据采集过程中，采集App或其他工具是否真实可靠，采集人员是否能如实、正确地采集数据，前置机是否安全，都会影响采集数据的真实性和完整性，存在潜在的安全风险。

在数据采集场景下，由于大数据体量大、种类多、来源复杂的特点，为数据的真实性和完整性校验带来困难，目前，尚无严格的数据真实性、可信度鉴别和检测手段，数据中存在虚假甚至恶意数据的可能，因此需要对数据源的真实性、数据采集过程进行安全防护。

政府数据采集过程中主要有以下风险点：一是采集工具，如果未对这些采集工具做好代码检视或使用前的身份认证，会在采集阶段引入安全风险；二是采集数据的工程师，需要对采集人员的数据采集工作做好监督审计，并对采集的数据做好前后一致性比对；三是前置机，政务数据汇聚平台通过与委办局“政务业务系统数据”的前置机连接采集数据，容易引入数据采集风险；四是贴源库，贴源库是“政务业务系统数据”等数据源导入数据湖或数据仓库的第一层，是容纳原始数据的缓冲层，如果未对贴源库本身的安全性做好检查防护，同样也会对采集的数据造成破坏，存在安全风险。

做好数据采集工作，应该管理与技术双管齐下，不但要制定相应的管理规范，对采集设备App、采集人员及采集数据的安全管理作出规定，也要通过一定的技术工具确保采集数据的真实性和完整性，并确保采集的数据不泄露。通过以下方法的综合运用，实现在数据采集过程中的数据治理。

（1）实施数据源采集工具的注册登记制度。

（2）对大数据共享交换平台的前置机进行数据库安全风险评估，并加固识别的风险，提升数据库环境的安全性，建立前置库运维操作的审批流程，采用动态脱敏方式防止敏感信息泄露。

（3）对“原始层”数据进行自动分类分级打标处理，赋能数据目录系统，为数据操作提供依据。

（4）实施数据采集工具、前置机和采集人员的访问控制，监控采集行为并具备违规告警能力，监控采集过程流量，记录相关日志，并通过大数据审计工具进行安全审计。

（5）利用数据审计工具和UEBA工具检测潜在操作行为，防止数据泄露。

（6）根据数据级别采取不同的处理方法，对高级别数据进行多重验证，采集过程实施持续动态认证，加密数据，并避免人工采集。

2. 数据传输

数据传输过程中可能会出现传输中断、篡改、伪造及窃取的风险。针对入湖场景中数据传输过程中的安全风险，可以采用校验技术、密码技术、安全传输通道或者安全传输协议等措施来防护。政务大数据平台可通过API、库表或者文件的方式采集传输“政务业务系统数据”及其他系统信息。

在数据传输场景中，不同级别的数据需要采用不同的处理方法。

（1）2级及以上数据的内部传输，应事先经过审批授权明确当前授权的范围、频次、有效期等，避免出现一次性授权、打包授权等情况。

（2）2级及以上数据的对外传输，应事先经过审批授权并采取数据加密、安全传输通道或安全传输协议进行数据传输。

（3）3级及以上的数据内部传输，应采取数据加密、安全传输通道或安全传输协议进行数据传输。

（4）3级及以上数据原则上不应对外传输，若因业务需要确需传输的，应经过事先审批授权，并采取技术措施确保数据保密性。

（5）4级及以上数据传输，应对数据进行字段级加密，并采用安全的传输协议进行传输。

（6）4级数据中的个人信息原则上不应对外传输，国家及行业主管部门另有规定的除外。

（7）通过物理介质批量传递3级及以上数据时应对数据进行加密或脱敏，并由专人负责收发、登记、编号、传递、保管和销毁等，传递过程中可采用密封、双人押送、视频监控等方式确保物理介质安全到位。传递过程中物理介质不应离开相关责任人、监控设备等的监视及控制范围，且不应在无人监管情况下通过第三方进行传递，国家及行业主管部门另有规定的除外。

7.1.3.2 数据治湖安全方案

1. 数据处理

数字政府数据处理场景主要是在对信息的数据治理、数据开发、数据分析或数据编目过程中，需要对数据进行处理后才能做进一步分析使用。在进行数据处理时，一般是直接访问源数据。

政务大数据平台的数据处理，不管是离线计算还是实时计算，都需要围绕着防范敏感数据泄露的风险来考虑加强数据安全防护。通常会考虑数据非授权访问、窃取、泄露、篡改、损毁等安全风险。具体而言，数据安全的风险点主要涉及数据处理环境风险、数据再生库风险及数据处理人员安全风险。

（1）数据处理环境风险：数据处理本身所处环境大数据平台或数据湖的安全性，直接关系着数据是否存在安全泄露风险。

（2）数据再生库风险存在于数据处理后的数据库，其多层次治理过程可能导致数据泄露风险，必须加强安全防护。

（3）数据处理人员安全风险：数据工程师作为数据处理的关键环节，可能存在恶意操作风险，因此需加强管理以降低人为因素造成的数据泄露风险。

在数据处理过程中，通过以下方法可以提升安全性。

（1）通过数据分类分级检测工具，对数据处理环境大数据平台或数据湖进行周期性的扫描和风险评估，有针对性地进行数据库安全加固，提升安全性。

（2）选择满足大数据平台大流量并发需要的数据脱敏工具，采用静态脱敏工具对离线计算的数据进行脱敏，采用动态脱敏工具，对实时计算的数据进行脱敏。

（3）采用数据库访问控制工具，对再生库进行安全防护，对数据工程师的访问控制进行授权，采用数据库防火墙技术进一步对其访问策略加入多因子认证，细粒度的权限访问控制，除了账号、密码，增加如客户端版本、操作系统版本等信息，依据分类分级的结果，结合数据工程师的人员身份级别，做精细化的访问控制策略，明确人员的级别和数据字段的级别访问关系，建立访问主体和访问客体的权限管控。

（4）对数据处理过程进行监控和审计。通过数据库审计技术，基于流量全流程地记录所有数据库的访问操作行为，同时将审计日志和告警进一步推送到UEBA工具，建立各类行为基线模型，从而保障异常操作行为的及时发现和溯源。

2. 数据编目

作为政务共享交换平台的前端，数据目录系统是政务部门搜索和发起交换流程的主入口，支持不同业务数据的共享交换。政务数据编目过程主要存在以下安全风险：一是政务数据目录系统目前仅包含数据库表字段的分类信息，缺乏分级信息，导致无法对不同字段级别采取相应数据安全保护措施；二是数据共享交换中采用库表方式直接交换的模式存在数据泄露风险，且定责追溯难度较大。

在数据编目过程中，通过以下方法可以提升安全性。

（1）通过数据分类分级检测系统，可基于数据编目系统底层对应的实际物理表所在数据库进行分类分级打标，将分级结果以接口方式同步给数据目录系统，对数据目录系统进行定制化开发改造，则可具备分级信息。这样，在为后续数据交换的过程中，就可以按照不同数据级别按需进行脱敏交换。

（2）基于字段的分级结果信息，在数据共享交换分发的过程中，可有针对性地植入水印种子，根据分发的对象不同选择不同的水印算法，保证安全性与业务稳定性。一旦发生数据共享过程中的数据泄露，可基于泄露的数据进行自动化溯源，发现数据泄露人员。

（3）通过UEBA工具，对数据共享交换流程的日志和流量保持记录和解析，结合场景化行为建模发现用户和实体行为异常。

3. 数据存储

政务大数据系统数据存储存在着数据泄露、篡改、丢失、不可用等安全风险。通过以下方法可以降低数据存储过程中的安全威胁。

（1）确保重要数据和核心数据存储安全。采用校验技术、密码技术等措施存储重要数据，不得直接提供存储系统的公共信息网络访问权限，并实施数据容灾备份和存储介质安全管理。在存储核心数据时，还应当实施异地容灾备份。

（2）数据分域分级存储，如基于级别、重要性、量级、使用频率等因素综合考虑是否选择隐私计算大数据可信执行环境（BDTee）技术，单独存储高敏数据。

（3）脱敏后的数据应与用于还原数据的恢复文件隔离存储，使用恢复原始数据的技术应经过严格审批，并留存相关审批及操作记录。

（4）在数据存储中，对不同级别的数据需要采用不同的处理方法。2级及以上数据应采取技术措施保证存储数据的保密性，必要时可采取多因素认证、固定处理终端、固定处理程序或工具、双人双岗控制等安全策略。3级数据的存储应采取加密等技术措施保证数据存储的保密性。保存3级及以上数据的信息系统，其网络安全建设及监督管理应满足网络安全等级保护3级要求。文件系统中存放含有3级及以上数据的文件，应采用整个文件加密存储方式进行保护。4级及以上数据应使用密码算法加密存储。在我国境内产生的5级数据应仅在我国境内存储。

（5）重视数据备份与恢复。需要指明备份数据的放置场所、文件命名规则、介质替换频率和将数据离站运输的方法、备份周期或频率、备份范围。应根据需要采取实时备份与异步备份、增量备份与完全备份的方式。应定期开展灾难恢复演练，定期检查备份数据的有效性和可用性。

4. 数据开发与测试

数据开发测试是指使用数据完成软件、系统、产品等开发和测试的过程。将数据文件导出到中间库或脱敏系统，经过数据脱敏处理后导入到目标库，供开发测试场景下使用。由于生产数据包含了大量的敏感数据，且在开发测试时对数据的使用具有灵活性，如果不采取必要的安全管控措施将极易发生数据泄露的风险。

采取数据全量脱敏的方式可以有效防止数据泄露，但在实际场景中，开发测试时难免要使用部分原始数据。由于开发测试环境的安全措施不完善，这些数据一旦导入开发测试环境中，还是会发生数据泄露的风险，因此，如何对开发测试环境中的数据进行有效管控也是需要重点考虑的。

政务数据应用程序的开发测试，需要防范生产数据中的敏感信息泄露风险。一是目标库风险，目标库是用于开发测试的数据库，尽管相对于生产数据库已经执行了脱敏处理，但不可避免地仍会包含一些敏感数据，在开发测试过程中，如果安全防控措施不到位，容易造成敏感信息泄露。二是数据工程师风险，数据工程师是执行数据导入导出的关键要素，如果对其安全防控措施不到位，很容易在数据导出导入环节造成敏感信息泄露。

通过以下方法可以降低数据开发与测试过程中的安全威胁。

（1）使用静态脱敏工具，对生产环境中的数据按指定策略和规则进行处理。

（2）使用自动化工具，实现生产数据向开发测试环境迁移，减少人工参与，降低泄露风险。

（3）使用数据资产梳理工具，对开发测试环境下的数据资产分布情况定期进行梳理，监测数据资产变化情况，及时发现超期使用等情形。

（4）使用数据资产梳理工具，对开发测试环境下的数据使用状况进行动态监测，及时发现违规使用行为，并通过告警的方式通知安全团队。

（5）使用数据分类分级工具，定期对测试环境的数据库进行扫描，结合敏感数据分布地图，实时洞察数据开发测试环境中的敏感信息分布状态。

（6）使用数据审计工具，对开发测试环境下的数据操作进行全面的审计，记录操作行为，及时发现违规操作并作为事后追溯的依据。

（7）使用终端安全管理工具，对接入开发测试环境的内外部终端设备进行统一安全管理。

（8）使用安全审计工具，定期对开发测试过程日志记录进行安全审计。

（9）在通过管理平台或专用终端获取3级及以上数据时，应通过技术手段控制数据的获取范围，包括对象、数据量等，并能对获取的数据按照策略进行脱敏处理，保证生产数据经过脱敏处理后才能被提取。通过安全运维管理平台或数据提取专用终端获取数据，专用终端事先经过审批授权后方可开通，原则上不应涉及4级数据。

5. 汇聚融合

数据汇聚融合是指在大数据局内部不同单位之间进行多源或多主体的数据汇集、整合等产生数据的过程。通过以下方法可以降低数据汇聚融合过程中的安全威胁。

（1）汇聚融合前应根据汇聚融合后可能产生的数据内容、所用于的目的、范围等开展数据安全影响评估，并采取适当的技术保护措施。

（2）涉及第三方机构合作的，应以合同协议等方式明确用于汇聚融合的数据内容和范围、结果用途和知悉范围、各合作方数据保护责任和义务、数据保护要求等，并采用多方安全计算、联邦学习、数据加密等技术手段降低数据泄露、窃取等风险。

（3）对脱敏后的数据集或其他数据集汇聚后重新识别出个人信息主体的风险进行识别和评价，并对数据集采取相应的保护措施。

（4）汇聚融合后产生的数据及原始数据的衍生数据，应重新明确数据所属单位和安全保护责任部门，并确定相应数据的安全级别。

（5）不同级别的数据，需要采用不同的处理方法。4级数据原则上不应用于汇聚融合；因业务需要确需汇聚融合的，应建立审批授权机制并在具备数据跟踪溯源能力后方可汇聚融合。

6. 数据删除

数据删除是指在产品和服务所涉及的系统及设备中去除数据，使其保持不可被检索、访问的状态。通过以下方法可以降低数据删除过程中的安全威胁。

（1）开发测试、数据分析等数据使用需求执行完毕后，由数据使用部门依据机构数据删除有关规定，对其使用的有关数据进行删除。

（2）记录数据处理过程并将处理结果及时反馈至大数据局数据安全管理部门，由其进行数据删除情况确认。

（3）针对3级及以上数据，建立数据删除的有效性复核机制，定期检查能否通过业务前台与管理后台访问已被删除数据。

7. 数据销毁

数据销毁是指在停止业务服务、数据使用及进行存储空间释放再分配等场景下，对数据库、服务器、终端、硬件存储介质等设备中的剩余数据采用数据擦除或者物理销毁的方式确保数据无法复原的过程。其中，数据擦除是指使用预先定义的无意义、无规律的信息多次反复写入存储介质的存储数据区域；物理销毁是指采用消磁设备、粉碎工具等设备以物理方式使存储介质彻底失效。

通过以下方法可以提升数据销毁过程中的安全性。

（1）对销毁活动进行记录和留存。

（2）明确数据销毁效果评估机制，定期对数据销毁效果进行抽样认定，通过数据恢复工具或数据发现工具进行数据的尝试恢复及检查，验证数据删除结果。

（3）采取双人制实施数据销毁，由执行人和复核人共同执行数据销毁，并对全过程记录，定期对数据销毁记录进行检查和审计。

（4）针对3级及以上数据，确保存储介质不作其他用途，销毁时应采用物理销毁的方式对其进行处理，如消磁、粉碎等。

（5）针对4级数据存储介质的销毁，确保由具备相应资质的服机构或数据销毁部门进行专门处理，并由机构相应岗位人员进行全程监督。

7.1.3.3　数据出湖场景

1. 数据访问

通过以下方法可以降低数据访问过程中的安全威胁。

（1）定期对数据的访问权限和实际访问控制情况进行审计，最长不超过6个月，对访问权限规则和已授权清单进行复核，及时清理已失效的账号和授权。

（2）确保2级及以上的数据访问身份认证，对访问者实名认证，将数据访问权限与实际访问者的身份或角色进行关联，防止数据的非授权访问。2级及以上的数据访问过程应留存相关操作日志。操作日志应至少包含明确的主体、客体、操作时间、具体操作类型、操作结果等。3级及以上的数据访问还应结合业务需要使用匿名、去标识化等手段，以满足最小化原则的要求。

特权访问指不受访问控制措施限制的数据访问，例如使用数据库管理员权限访问数据，或使用可在信息系统内执行所有功能、访问全量数据的特权账号等。针对特权访问情形，需要预先明确特权账号的使用场景和使用规则，并配套建立审批授权机制。可访问3级及以上数据的特权账号，在每次使用前应进行审批授权，并应采取措施确保实际操作与所获授权的操作是一致的，防止误执行高危操作或越权使用等违规操作。

2. 数据导出

数据导出是指数据从高等级安全域流动至低等级安全域的过程，例如数据从生产系统至运维终端、移动存储介质等情形。针对不同级别的数据应采用不同的处理方法，2级及以上数据的导出，应明确安全责任人，配备安全、完善的身份验证措施对导出操作人进行实名认证；确保有详细操作记录，包括操作人、操作时间、操作结果、数据类型及安全级别等，操作记录留存时间不少于6个月。3级及以上数据的导出，应有明确的权限申请和审核批准机制；使用多因素认证或二次授权机制，并将操作执行的网络地址限制在有限的范围内；使用加密、脱敏等技术手段防止数据泄露，国家及行业主管部门另有规定的除外。4级数据原则上不应导出，确需导出的，除上述要求外，还应经高级管理层批准，并配套数据跟踪溯源机制。

3. 数据展示

数据展示是指通过运营平台、客户端应用软件、受理设备、PC或App等的界面显示数据的过程。通过以下方法可以提升数据展示过程中的安全性。

（1）事前评估展示需求，如展示的条件、环境、权限、内容等，确定展示的必要性和安全性。

（2）对应用系统桌面、移动运维终端等界面展示增加水印，水印内容包括访问主体、访问时间等。

（3）禁用展示界面复制、打印等可将展示数据导出的功能。

（4）针对不同级别的数据，采用不同的处理方法，业务系统对2级及以上数据明文查询实现逐条授权、逐条查询，或具备对查询相关授权、次数、频率、总量等指标的实时监测预警功能，并留存相关查询日志；2级数据的展示应事先通过审批授权后方可展示；3级数据的展示应在审批的基础上采用屏蔽等技术措施防止信息泄露；4级及以上数据不应明文展示，国家及行业主管部门另有规定的除外。

4. 数据公开

数据公开披露是指产品或服务在提供过程中，因国家有关规定、行业主管部门规章及产品或服务业务等需要，在指定渠道公开数据的行为。例如，向社会公众公开信息。

在数据公开过程中，通过以下方法可以提高数据的安全性。

（1）公开前开展安全评估。

（2）对涉及个人隐私、个人信息、商业秘密、保密商务信息及可能对公共利益及国家安全产生重大影响的，不得公开。

（3）数据安全管理部门会同有关业务部门，对拟披露数据的合规性、业务需求、数据脱敏方案进行审核。

（4）机构业务部门对披露渠道、披露时间、拟公开数据的真实性及数据脱敏效果进行确认，披露时间指永久或固定时间段。

（5）依据机构有关程序执行数据公开披露审批程序，其审批过程和记录留档。

（6）网页防篡改等技术措施，防范披露数据篡改风险。

（7）3级及以上数据原则上不应公开披露，国家及行业主管部门另有规定的除外。

5. 数据转让

数据转让指将数据移交至外部机构，不再享受该数据相关权利和不再承担该数据相关义务的过程。在数据转让或承接的过程中，需要向主体等履行告知义务，还需要重新获得主体的明示同意或授权。

6. 委托处理

数据委托处理是指因服务的需要，在不改变该数据相关权利和义务的前提下，将数据委托给第三方机构进行处理，并获取处理结果的过程。

在数据委托处理过程中，通过以下方法可以提高数据的安全性。

（1）根据委托处理的数据内容、范围、目的等，对数据委托处理行为进行数据安全影响评估，涉及个人信息的，应进行个人信息安全影响评估，并采取相应的有效保护措施。

（2）对被委托方数据安全防护能力进行数据安全评估和资质核实，并确保被委托方具备足够的数据安全防护能力，提供了足够的安全保护措施。

（3）委托处理重要数据和核心数据的，还应当委托取得相应认证资质的检测评估机构对被委托方进行安全评估。

（4）对第三方机构开展事前尽职调查。

（5）个人信息应事先采用数据脱敏等技术防止个人信息泄露。

（6）不应对4级数据进行委托处理。涉及2级、3级数据的，应对数据进行加密处理，并采取数据标记、数字水印等。

7. 数据共享

数据共享包括委办单位内部共享、与下级单位共享、与其他企事业单位共享、与社会公众共享等场景。共享方式一般通过接口调用或数据文件来进行。通过数据共享可以使数据的价值提升，加快政府的数字化和信息化服务进程。由于存在重要和核心数据，在共享过程中需要采取必要的安全管控措施，保证数据在合理、安全的前提下进行共享和交互。

由于共享场景的复杂性和数据范围的不确定性普遍存在，因此，对数据共享过程进行安全管控时需要考虑针对性和灵活性。

数据共享的方式包括通过接口直接访问数据和直接提取两种。以通过接口的方式直接访问时，API的安全性需要进一步保障，如确认API是否存在没有开启认证、可大批量无限制遍历获取数据、API调用过程中敏感数据未脱敏等情况。以直接提取的方式进行共享时，数据可能不再受到本单位数据安全治理体系的保护，因此在对数据进行脱敏的同时还需要增加数字水印，起到溯源的作用。

政府部门在开展数据共享过程中，数据将突破大数据平台的边界进行流转，产生跨系统的访问或多方数据汇聚进行联合运算。保证个人信息、政府敏感信息或独有数据资源在合作过程中的机密性，是政府部门参与数据共享合作的前提，也是数据有序流动必须要解决的问题。

大数据局的大数据平台在数据共享场景下主要需防范数据文件本身所包含的风险。既然是数据的共享和流转，数据则会脱离数据所有者的控制范围，如果不在共享前对数据文件进行安全处理，如脱敏、加数字水印等，则一旦数据流转到其他部门，很容易造成敏感信息的泄露。如果流转环节比较多的话，最终可能无法确定这批数据（或某个数据文件）是否已被篡改、被谁篡改、文件的所有者是谁等，即无法有效确认该数据文件的真实性、完整性和数据来源，存在一定的安全风险。

在数据共享过程中，通过以下方法可以提高数据的安全性。

（1）数据共享前开展数据安全影响评估。

（2）数据共享通过接口方式访问数据，在开启API认证的基础上，通过API动态脱敏工具进行脱敏处理，保证数据使用范围最小化，同时进行API调用数据的敏感信息探测监控。

（3）通过提取方式进行数据共享时，需要通过静态脱敏工具对数据进行脱敏处理，例如通过数字水印技术对数据进行标识化处理用于溯源，通过仿真，添加伪行、伪列等数据库表水印技术，有效解决数据泄露后的追溯定责。

（4）通过数据安全访问控制技术对访问源身份和权限进行识别，访问源的身份识别能力包括访问源IP、访问工具、访问终端设备特征等。

（5）通过审计工具对数据共享的 API 接口、高危行为等进行识别、记录，具备告警能力，通过UEBA技术，建立各类行为模型，从而识别深层次的异常行为。

针对不同级别的数据共享活动，需要采用不同的处理方法。对2级及以上的数据共享过程留存日志记录，记录内容包括但不限于共享内容、共享时间、防护技术措施等。原则上应对3级及以上数据进行脱敏；脱敏措施的部署应尽可能靠近数据源头，如数据库视图、应用系统底层API接口等。不应对外共享4级数据。共享数据涉及2级、3级数据时，应对数据进行加密处理，并采取数据标记、数字水印等技术，降低数据被泄露、误用、滥用的风险。

7.1.3.4 用户行为分析

政务领域数据安全行为分析，是从人员实体活动视角出发，将单维度检测扩展到多维度分析，将单点检测延伸到长周期分析，从基于规则分析到关联分析、行为建模、异常分析来发现异常用户（失陷账号）与用户异常（非法行为），提升对安全欺诈、敏感数据泄露、内部恶意用户、有针对性攻击等高级威胁的防范能力。行为分析中心基于云主机、政务应用、数据库、安全设备等的海量日志，从“阈值+基线+模型”三视角构建并持续优化访问行为、操作行为、共享行为等预警规则，绘制用户行为画像，实现综合审计、关联分析、实时预警，强化行为细粒度监管。

1. 登录行为异常

在政务外网环境中，行为分析需针对云主机、政务应用和数据库等关键资源的登录活动实施精细化的安全监测与风险评估，围绕VPN访问、堡垒机与数据库网关中转访问、直接访问云主机和数据库三大环节展开登录行为的深入分析。

首先，在VPN访问环节，预警规则特别关注VPN账号的异常使用行为，如非工作时段登录、跨境登录、频繁变动登录地点，乃至一日之内跨越多地的登录活动。此类异常情况往往暗示着账号可能存在滥用、无序分享或是未经授权的使用风险。

其次，针对堡垒机与政务应用、数据库网关这一中间访问层的中转访问，规则着重分析非常规访问时间段和过高访问频率的现象，例如在非办公时间出现访问记录或者访问次数大幅度超越常规水平，这很可能意味着存在未经授权或异常访问的可能性。

最后，在云主机和数据库的直接访问阶段，规则强调合规性监测，包括但不限于检查是否遵守规定路径访问、是否存在规避正规访问控制措施，例如是否通过个人设备或其他云主机间接访问；同时也监测是否存在潜在的攻击行为和擅自修改密码等安全问题。

此外，规则还涵盖了对账号内在风险的细致筛查，诸如弱口令的使用、长期未活动账号的突然活跃、连续多次登录失败等情形，都是安全防御链条上的薄弱环节，容易招致黑客攻击，也可能标志着账号已处于失陷状态。

通过上述精心制定的行为监测规则，行为分析中心得以立体化地捕获并鉴别政务人员与服务外包人员在访问政务系统资产过程中的一切可疑行为，并能即时发出预警信号。此举确保了安全运营团队能够迅速应对各种安全威胁，有效防止敏感数据泄露、安全欺诈等高级别安全事件的发生，有力维护政务网络环境的安全稳定。

2. 操作行为异常

操作行为异常监测是针对政务外网环境中政务人员及服务外包人员对云主机、数据库等关键资产的操作行为进行严密监控和风险预警的重要机制，需严格依据国家和地方的政务信息安全管理体系与操作规范，紧密结合实际业务场景加以设计与实施。

在堡垒机风险操作方面，系统密切追踪账号的远程操作行为，一旦发现某个账号在极短的时间内（如5分钟内操作超过100次或触及20台以上云主机）出现超高频操作，即刻触发风险预警，以探寻是否存在潜在的数据窃取行为。

云主机风险操作监测则聚焦于文件导出、文本文件操作、可疑进程运行（可能含有恶意软件）、高风险指令执行、特权命令使用等高风险操作。通过对异常频繁的文件删除、非正常时间段的操作行为、非工作时间的访问行为、多用户同时访问等状况的精确识别和实时报警，确保能及时发现并预警潜在风险操作。

在数据库层面，操作行为异常监测不仅关注与云主机相似的高频查询、访问及数据遍历等行为，尤其强化了对敏感数据的监测力度，例如对定向查询敏感数据或过于频繁查询敏感信息的行为设定预警。系统支持根据具体情况调整预警触发的时间阈值，并采用动态基线的方法来灵活优化监测规则，从而确保对任何异常操作行为都能做到精准把握与及时响应。

3. 共享行为异常

共享行为异常监测是针对政务数据对外共享活动中潜在风险的关键监控机制，其目的在于确保数据交换的全过程严格遵循国家和地方出台的相关数据安全管理法规与操作指南，切实保障政务数据的安全性和合规性。该规则系统地覆盖了数据批量共享和数据接口共享这两种常见的数据共享场景。

在数据批量共享场景下，行为异常监测聚焦于数据使用方可能存在的越权操作风险，如未经授权擅自修改导出表结构、导出字段与申请信息不符、数据导出至非约定目标数据库、无正当授权的导出动作，特别是全量表复制等高风险行为。同时，行为异常监测也密切关注数据使用方私下进行的二级授权行为，因为此类操作往往会加剧数据遭非法获取、泄露或滥用的风险。

对于数据接口共享场景，行为异常监测从接口自身的安全属性及其调用行为两个维度予以考虑。在接口自身安全层面，监测主要针对接口认证方式的有效性、接口URL是否包含敏感信息、接口是否设置了空密码或存在未经授权的访问尝试。接口调用行为风险监测则聚焦于调用量异常增加、调用频率明显高于基准值，以及在调用过程中暴露大量敏感数据、接口遭受恶意遍历等异常情况。此外，针对接口调用方可能发生的违规行为，如违规存储数据、对数据进行二次封装等行为同样进行监测。

7.1.4 数字政府数据安全治理价值

数字政府数据安全治理的价值首先体现在数据安全运营能力的显著提升。通过构建全方位、多层次的数据安全防护体系，不仅横向覆盖了数据的全生命周期安全，从数据的产生、处理、存储到应用，都确保操作的安全性。打通管理体系、技术体系、运营体系，形成立体化的安全防护网络，增强数据安全运营能力，为政府数字化转型数据安全提供了坚实的保障，有效防止数据泄露、篡改等风险的发生。

数字政府数据安全治理的价值还在于对数据安全计算能力的提升。通过采用多方计算、联邦学习、隐私求交、可信执行环境等一系列先进的技术手段，在保障计算性能的同时，也确保了计算过程的安全可靠。不仅提高了数据处理的效率，也避免了敏感信息的泄露，为政府决策提供更为安全、准确的数据支持。

保障政府数字化转型顺利，数据安全是不可或缺的基石。在数字化浪潮中，政府工作越来越依赖于数据的支撑，数据安全的重要性也愈发凸显。通过数据安全治理，确保政府数据的安全性、完整性和可用性，为政府决策提供有力的数据支撑，推动数字政府向着更加安全、高效、智能的方向发展。

最后，监管合规是数字政府发展的前置条件，也是数据安全治理的重要目标之一。随着国家对数据安全监管的日益加强，满足相关法律法规的监管合规要求已经成为数字政府建设的必然要求。通过构建完善的数据安全治理体系，可以确保政府工作符合国家法律法规的规定，避免因数据安全问题而引发的法律风险，为数字政府的健康发展提供有力的法律保障。

7.2 电信行业数据安全实践

7.2.1 电信行业数据安全政策要求

近年来，电信行业的快速发展，创新型新技术、新模式的广泛运用，对促进经济社会发展起到了积极的作用。与此同时，用户个人信息的泄露风险和保护难度也不断增大。近年来，电信运营商行业相关政策法规相继出台，促进了电信行业个人信息保护制度的进一步完善。

为了进一步提升电信行业的数据安全防护能力，工业和信息化部发布了《关于做好电信和互联网行业网络数据安全管理工作的通知》，对电信行业数据安全防护提出了更为具体和严格的要求。这些要求包括持续深化行业数据安全专项治理，全面开展数据安全合规性评估，加强重要数据和新领域数据的安全管理，加快推进数据安全制度标准建设，提升数据安全技术保障能力，以及强化社会监督与宣传培训等。对于电信运营商来说，这些要求的落实不仅是满足行业安全合规政策检测的必要条件，更是提升自身数据安全防护能力、有序实施数据安全治理建设的关键所在。

近年来，电信行业加强数据安全监管政策文件和标准规范。行业标准如《电信网和互联网数据安全通用要求》《基础电信企业数据分类分级方法》等相继出台，为行业数据安全提供了有力的指导和保障。这些规范不仅详细阐述了基础电信企业数据分类分级的具体要求，还规范了数据采集、传输、存储、使用、开放共享、销毁等数据处理活动及其相关平台系统应遵循的原则和安全保护要求。同时，对于电信运营商而言，这些规范也明确了组织保障、制度建设、规范建立等安全管理要求，为电信企业加强数据安全防护提供了明确的指导。

7.2.2 电信行业数据安全风险分析

大数据新技术加大了电信数据安全和消费者隐私保护的难度。由于电信行业大数据平台数据量大、数据类型多样、大数据平台组件设计之初存在高解耦性等，面对大数据环境，数据的采集、存储、处理、应用、传输等环节均存在更大的风险和威胁。在电信运营商大数据安全管理层面，存在缺乏客户信息衡量标准，电信运营商的安全管控系统和安全管理职责不明确等风险，特别是在电信运营商大数据对外业务合作过程中，在数据传输、使用的过程中，存在诸多的安全漏洞。在安全运营层面，也存在着供应链、业务设计、软件开发、权限管理、运维管理、合作方引入、系统退出服务等安全风险。

电信行业数据类型多样，导致数据分类分级与安全管理实施困难。电信行业数据主要包括客户信息和企业业务数据信息。其中，客户信息中包含了用户身份和鉴权信息、用户数据及服务内容信息、用户服务相关信息等三大类。而在这三类信息中，又包含了身份标识、基本资料、鉴权信息、使用数据、消费信息等诸多不同类型的数据。这就导致在实际工作中，电信运营商往往很难进行全量的识别，致使在对这些客户信息进行管理时无法进行全部监控，因而不能在第一时间发现风险。由于电信运营商的内部业务系统复杂，各级政府业务数据信息存在非常高的业务属性，比客户信息更加繁杂，而且各业务系统的开发厂商也存在各自的专有标签。这些数据信息具有分散、数据量大、业务属性强的特点，导致数据分类分级难以推行实施，敏感信息无法准确定位、定级发现，整体的数据信息环境存在安全隐患。

此外，电信数据过于集中，导致数据安全风险易集中爆发。随着近些年来目标明确的持续性威胁攻击行为带来越来越大的风险，电信行业受到了越来越多更加隐蔽、更加深度的威胁。电信企业大数据环境积累了海量数据资产，但基于新模式新场景下的数据安全防护手段和措施仍然欠缺，这些数据资产容易成为网络攻击目标，带来数据安全难题。

7.2.3 电信行业数据安全治理要点

7.2.3.1 加强个人信息保护

为了使客户信息得到保护，电信运营商必须加强对大数据环境下客户信息保护的要求工作，深入探索大数据安全，开展大数据安全保障体系规划，同步推进大数据安全防护手段建设，保障大数据环境下的安全可管可控。在治理大数据客户信息安全的过程中，需要从安全策略、安全管理、安全运营、安全技术、合规评测、服务支撑等层面建立大数据客户信息安全管理总体方针，加强内部和第三方合作管理过程把控，强化数据安全运营和业务安全运营的过程要求，夯实对大数据平台系统的安全技术防护手段，定期开展大数据客户信息安全评估工作，强化大数据客户信息安全治理过程。

7.2.3.2 强化电信数据分类分级

电信企业需要全面加强对客户敏感信息的识别与分类分级工作。通过对业务数据的精准分类与分级，确立业务系统的分级安全建设标准，从海量的客户信息与业务数据中精准地甄别出敏感信息，并对其进行科学有效的管理，构建一个安全的电信数据流转环境。

根据业务属性或特征，将基础电信企业数据划分为若干主要的数据大类。依据各大类内部数据的隶属逻辑关系，将每个大类的数据细化为若干层级，每个层级再细分为若干子类，数据分类目录树如图7-3所示。在此过程中，需确保同一分支的同层级子类之间形成并列关系，而不同层级子类之间则形成明确的隶属关系，从而构建一个清晰、有序的数据分类体系。

在数据分类基础上，根据数据重要程度及泄露后造成的影响和危害程度，对基础电信企业数据进行分级。数据分级流程如图7-4所示。确定数据分级对象、确定数据安全受到破坏时造成影响的客体、评定对影响客体的影响程度、确定数据分级对象的安全等级，在此基础上实施安全防护策略。

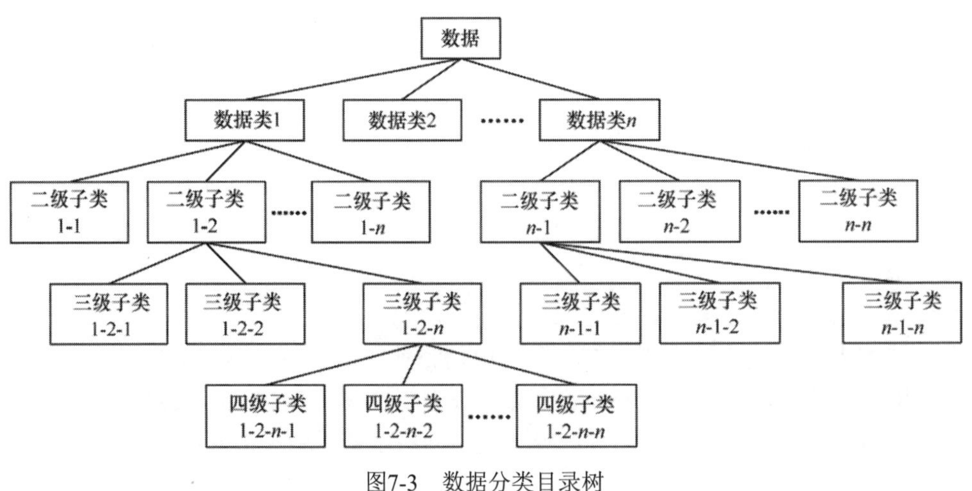

图7-3 数据分类目录树

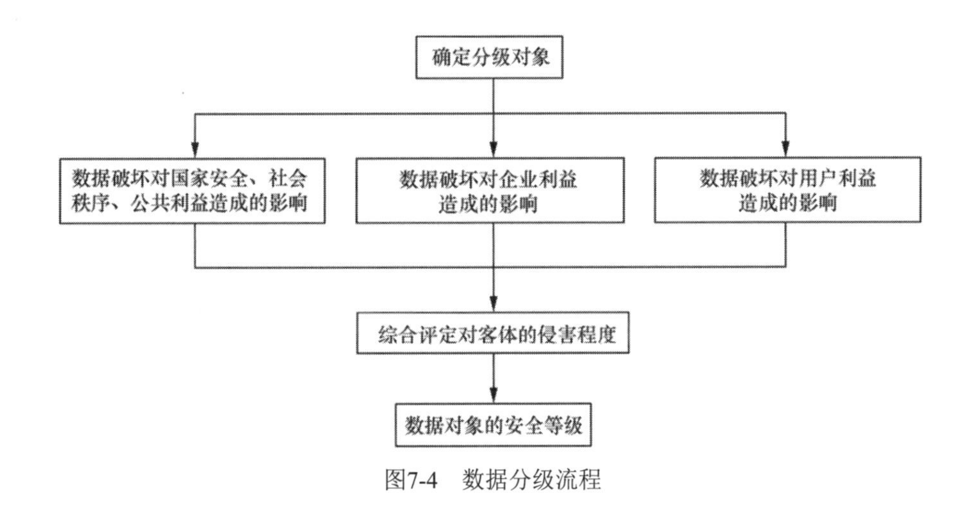

图7-4　数据分级流程

7.2.3.3　增强数据安全管理

在大数据蓬勃发展的时代背景下，电信运营商的客户信息面临着前所未有的数据安全挑战。为了切实提升客户信息的安全性，构建和完善数据安全治理体系显得尤为重要。

首先，持续强化传统网络安全手段的建设。系统梳理数据、部署数据库安全网关、实施数据审计、运用数据脱敏技术、加强数据加密措施、部署数据泄露防护（DLP）系统等基础数据安全设备，构筑起坚实的数据安全防护屏障，确保客户信息的机密性、完整性和可用性。

其次，鉴于大数据环境的特殊性，虚拟化、大数据共享、非关系型数据安全等新型问题对传统网络防御手段提出了新的挑战，需要创新解决方案，作为传统防御手段的有力补充，进一步提升数据安全保障能力。

最后，遵循国家针对大数据制定的安全标准，结合电信行业的实际情况，制定科学、合理的行业标准。这不仅能够规范行业行为，提升行业整体的数据安全水平，还能为电信和互联网数据安全奠定坚实的基础，推动行业的健康、持续发展。

7.2.4　电信行业典型场景安全实践

7.2.4.1　大数据平台访问控制

电信大数据平台以CDH为核心，采用Kerberos认证机制以确保数据访问的安全性。通过这一机制，平台实现了严格的准入控制，确保了只有经过合法认证的用户才能访问相关数据。此外，利用Sentry对hdfs、Hive、HBase等关键组件进行权限配置，实现了访问控制的精细化管理。需要注意的是，Sentry本身仅支持表级别的访问控制，即主要关注用户是否具备对整张表的curd权限，尚不能实现对已有权限的进一步精细化控制。为了满足更高层次的安全需求，用户需要在Sentry的基础上进一步实施三权分立原则，确保决策权、执行权、监督权相互独立、相互制约；加强对于数据库操作的审批，以确保数据操作的合规性和安全性。

在内部云环境中，用户通过大数据组件的访问控制模块，实现对分布在不同物理地域的多个IDC的CDH集群和clickhouse集群的访问。采用反向代理的方式，能够代理这些集群的数据访问请求，确保用户能够便捷地获取所需数据。同时，为了应对单点故障和处理性能瓶颈，平台还采用了多机负载均衡技术，确保了数据访问的高效性和稳定性。这一举措不仅提升了数据处理的效率，也进一步增强了数据的安全性，为电信行业的稳健发展提供了有力保障。

大数据组件访问控制部署架构如图7-5所示。

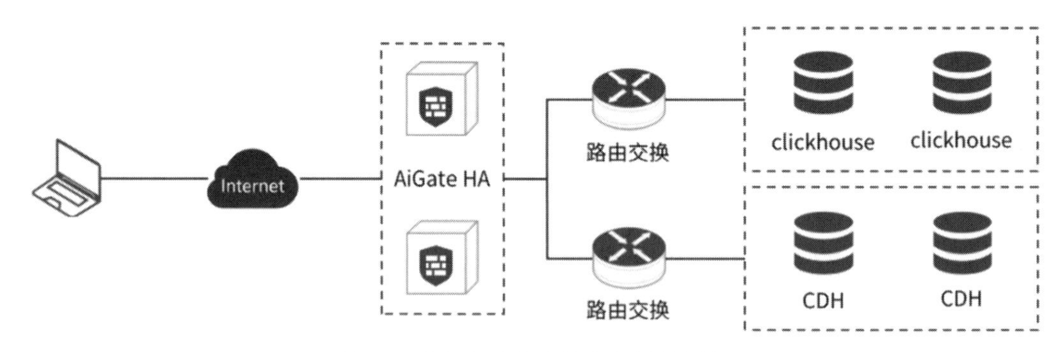

图7-5　大数据组件访问控制部署架构

7.2.4.2　数字水印添加

用户在通过各类文件平台下载文件时，为了避免文件外发后的无序扩散，需要对文件外发进行控制，并对文件添加水印信息，主要包含的文件格式有word、ppt、excel、pdf，以及各种图片格式等。在不影响文件使用的前提下对文件添加暗水印，水印内容可包含文件下载的应用地址、文件责任人、文件责任人工号、文件下载时间等信息。

在通过平台下载文件时，文件平台调取水印平台的接口，水印平台根据相关输入参数添加文件暗水印，添加完成后再将文件推送给相应的文件平台供相关责任人下载试用。如不慎发生文件层面的数据泄露，支持快速追溯相关源头。

7.2.4.3　数据安全价值

所有非业务侧对大数据访问的有效归集、统一展示，使管理者不仅能够实时了解数据流动的情况，还能及时发现并处理任何异常访问行为，从而避免数据泄露或被滥用。这种全面、透明的数据管理方式，可以显著提升电信行业的数据安全水平。例如，Kerberos认证的支持及分布式模式下的拖库阻断、越权阻断、动态脱敏等功能，为电信行业的数据安全提供了坚实的技术保障。这些技术手段的应用，使得电信行业的数据在传输、存储和使用过程中都能得到有效的保护，从而防止数据被非法获取或篡改，保护用户隐私权益，也维护了电信行业的信誉和利益。

通过精细化的权限管理，确保每个用户只能访问其权限范围内的数据和应用，从而防止数据被越权访问或滥用。同时，数字水印技术的应用也为电信行业的数据安全提供了有力的支持。通过添加水印，能够实现对数据的追溯和溯源，一旦发生数据泄露或滥用事件，能够迅速定位并找到问题的根源，从而及时采取应对措施，增强了电信行业对数据安全的管控能力。

综上所述，电信行业数据安全的价值不仅体现在技术手段的先进性和有效性上，更体现在其对整个行业的稳健发展和用户隐私权益的保护上。通过全面、细致的数据安全管理和技术手段，确保电信行业的数据安全得到充分的保障，为电信行业数字化转型提供坚实支撑。

7.3　金融行业数据安全实践

7.3.1　金融行业数据安全政策要求

随着信息技术的广泛应用，金融行业的信息系统已经成为支撑业务运行的核心基础设施。然而，这也使得金融行业面临的信息技术安全问题愈发复杂多样。从个人身份信息的泄露到支付卡记录的非法交易，金融数据安全的需求已经迫在眉睫。金融机构必须加强对信息系统的安全防护，提升数据安全防护能力，确保客户信息的保密性、完整性和可用性，以维护金融行业的稳健发展。

为规范银行保险机构数据处理活动，保障数据安全，促进数据合理开发利用，稳步提升金融服务数字化、智能化水平，保护个人和组织的合法权益，金融监管总局于2024年3月发布《银行保险机构数据安全管理办法（征求意见稿）》，向社会公开征求意见。这是继证监会2023年发布的《证券期货业网络和信息安全管理办法》及中国人民银行于2023年7月公布的《中国人民银行业务领域数据安全管理办法（征求意见稿）之后，金融行业主管部门发布的又一综合性数据安全部门规章。

金融行业数据安全管理主要包括以下内容。

一是明确数据安全治理架构。要求银行保险机构建立数据安全责任制，指定归口管理部门负责本机构的数据安全工作；按照“谁管业务，谁管业务数据，谁管数据安全”的原则，明确各业务领域的数据安全管理责任，落实数据安全保护管理要求。

二是建立数据分类分级标准。要求银行保险机构制定数据分类分级保护制度，建立数据目录和分类分级规范，动态管理和维护数据目录，并采取差异化的安全保护措施。

三是强化数据安全管理。要求银行保险机构按照国家数据安全与发展政策要求，根据自身发展战略建立数据安全管理制度和数据处理管控机制，在开展相关数据业务处理活动时应当进行数据安全评估。

四是健全数据安全技术保护体系。要求银行保险机构建立针对大数据、云计算、移动互联网、物联网等多元异构环境下的数据安全技术保护体系，建立数据安全技术架构，明确数据保护策略方法，采取技术手段保障数据安全。

五是加强个人信息保护。要求银行保险机构在处理个人信息时，应按照“明确告知、授权同意”的原则实施，并履行必要的告知义务；收集个人信息应限于实现金融业务处理目的的最小范围，不得过度收集；共享和对外提供个人信息时，应取得个人同意。

六是完善数据安全风险检测与处置机制。要求银行保险机构将数据安全风险纳入本机构全面风险管理体系，明确数据安全风险检测、风险评估、应急响应及报告、事件处置的组织架构和管理流程，有效防范和处置数据安全风险。

七是明确监督管理职责。规定国家金融监督管理总局及其派出机构对银行保险机构数据安全保护情况进行监督管理，开展非现场监管、现场检查，依法对银行保险机构数据安全事件进行处置。对违反行业相关法规要求的依法追究相应责任。

为配合数据安全管理政策实施，金融行业数据安全标准陆续发布，对数据安全国家标准进行细化。

（1）《个人金融信息保护技术规范》（JR/T 0171—2020），规定了个人金融信息在收集、传输、存储、使用、删除、销毁等生命周期各环节的安全防护要求，从安全技术和安全管理两个方面，对个人金融信息保护提出了规范性要求。

（2）《金融数据安全 数据安全分级指南》（JR/T 0197—2020），给出了金融数据安全分级的目标、原则和范围，明确了数据安全定级的要素、规则和定级过程，并给出了金融机构典型数据定级规则供实践参考，适用于金融机构开展数据安全分级工作，以及第三方评估组织等参考开展数据安全检查与评估工作。该标准的发布有助于金融机构明确金融数据保护对象，合理分配数据保护资源和成本，是金融机构建立完善的金融数据生命周期安全框架的基础。

（3）《金融数据安全 数据生命周期安全规范》（JR/T 0223—2021），在数据安全分级的基础上，结合金融数据特点，梳理数据安全保护要求，形成覆盖数据生命周期全过程的、差异化的金融数据安全保护要求，并以此为核心构建金融数据安全管理框架，为金融机构开展数据安全保护工作提供指导，为第三方安全评估组织等单位开展数据安全检查与评估提供参考。

（4）《证券期货业数据安全管理与保护指引》（JR/T 0250—2022），根据数据泄露或损坏造成的影响将数据分为不同级别的数据分级方法，提供了各级数据在数据采集、数据展现、数据传输、数据处理、数据存储（包含数据备份与恢复、删除、销毁环节）过程中的数据管理和技术指引，供证券期货业机构参考。其中，数据安全等级递进关系遵从《证券期货业数据安全风险防控 数据分类分级指引》（GB/T 42775-2023）中数据重要程度规定。

（5）《证券期货业数据安全风险防控 数据分类分级指引》为证券期货业数据分类分级工作提供指导性原则，并以《证券期货行业数据模型》的业务条线划分为基础，结合行业特点提出一种从业务到数据逐级划分的数据分类分级方法，同时提供数据分类分级管理的相关建议，供证券期货行业相关机构参考，并为数据管理、数据安全防护等提供参考。

7.3.2 金融行业数据安全风险分析

近年来，金融行业的数据安全形势日益严峻，数据泄露事件频发，给金融机构的声誉和客户的隐私安全带来了严重威胁。金融数据泄露等安全威胁的影响逐步从组织内转移扩大至行业间，甚至影响国家安全、社会秩序、公众利益与金融市场稳定。例如，2019年12月澳大利亚西澳大利亚州的P&N Bank银行在服务器升级期间遭遇网络攻击，导致客户关系管理系统中的个人信息和敏感账户信息被非法获取。这一事件不仅暴露了该银行在数据安全防护方面的漏洞，也引发了公众对金融机构信息安全能力的质疑。又如，2020年4月新加坡网络安全公司Group-IB发现包含大量支付卡记录详细信息的数据包在暗网上被非法交易，涉及韩国、美国等多个国家和地区的银行和金融机构。这些支付卡记录包含了持卡人的姓名、卡号、有效期、CVV等敏感信息，一旦泄露将给持卡人带来巨大的经济损失。

如何保证金融行业的数据安全，已成为亟须解决的问题。金融行业数据安全风险具有以下特征。

（1）金融数据价值高。金融数据通常涵盖了客户的个人信息、资产信息、征信信息、消费习惯、银行消费记录等众多高价值信息。如此庞大而详细的数据就是金融企业最核心、最重要的资产，其背后蕴藏着的巨大经济价值也引起了大量不法分子的觊觎。不法分子通过长期渗透和数据扒取手段窃取数据，数据一旦泄露，企业和客户就会遭受巨大的损失。

（2）金融数据暴露面广。随着移动支付的兴起，移动互联网恶意程序激增，业务系统和网络环境复杂、数据应用多样使得安全边界模糊，且攻击隐蔽性强：金融企业可能面临全天候暴露在不法分子的攻击中，新技术、新模式的广泛应用使环境更加复杂多变。在开放银行模式下，通过第三方SDK、开源代码针对应用软件的攻击频发，如被注入恶意代码的集成开发工具，导致App出现漏洞；随着数字经济的推行，大量数据被充分地共享和交换，其中包含着大量个人隐私数据和敏感数据。数据不断移动和扩散，而外部和第三方访问数据缺少监管也带来严重安全隐患。

（3）网络安全威胁严峻。金融行业数据除了面临黑客等外部不法人员的拖库、撞库、网络钓鱼、社会工程学攻击等，还面临内部员工及外协人员的违规操作、越权访问、无意泄露等情况。金融行业数据安全的监管要求相对较高，金融业务的高连续性、高可靠性要求对安全产品的稳定性要求极高，导致以代理方式部署数据安全产品的方式面临业务阻力。

（4）人员安全意识薄弱。金融客户和业务运营人员的安全意识依然有些薄弱，需要不断增强安全意识培训与考核，减少安全事件发生的可能性。

7.3.4　金融行业数据安全治理要点

金融行业数据安全治理可以从安全评估、安全管理和安全技术三个维度开展。根据金融数据类型和涉及金融子领域的不同，确定数据保护原则和体系框架。通过实施安全评估，结合金融机构的战略发展和规划、组织架构，设计相对应的数据安全管理体系，将数据安全治理逐步向下分解为可落地的管理制度和技术工具，并从安全的角度对数据的安全策略和安全访问措施进行梳理及落地实践。

7.3.4.1　安全评估

金融数据安全评估主要涉及金融数据安全管理、金融数据安全保护、金融数据安全运维三个评估域。具体而言，金融数据安全管理评估，适用于金融机构数据安全管理相关组织架构建设及制度体系建设两个方面的安全评估；金融数据安全保护评估，明确了金融机构数据资产分级管理安全评估内容和基于数据生命周期安全保护相关的安全评估；金融数据安全运维评估，包括金融机构的边界管控、访问控制、安全检测、安全审计、安全检查、应急响应与事件处置等与数据安全运维相关的安全评估。金融数据安全评估内容如图7-6所示。

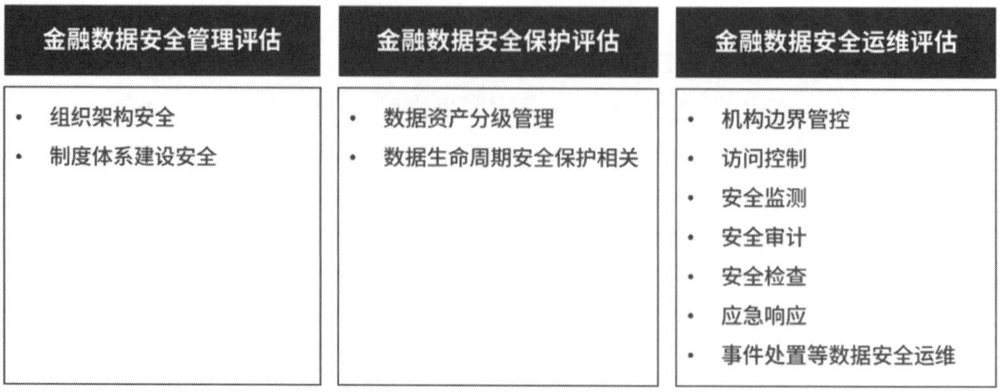

金融数据安全管理评估	金融数据安全保护评估	金融数据安全运维评估
• 组织架构安全 • 制度体系建设安全	• 数据资产分级管理 • 数据生命周期安全保护相关	• 机构边界管控 • 访问控制 • 安全监测 • 安全审计 • 安全检查 • 应急响应 • 事件处置等数据安全运维

图7-6　金融数据安全评估内容

7.3.4.2　安全管理

金融数据安全管理涵盖安全管理制度、组织、人员、访问控制、安全事件管理，应当结合自身发展战略、监管要求等，制定数据战略并确保有效执行和修订；根据数据安全监管要求和实际需要，制定与监管数据相关的监管统计管理制度和业务制度，及时发布、定期评价和更新，并报监督管理组织备案；金融机构应建立覆盖全部数据的标准化规划，需遵循统一的业务规范和技术标准。

7.3.4.3　安全技术

金融数据安全技术主要包括以下方面：根据金融数据敏感度、数量大小、运用场景、风险等级的不同，构建阶梯式数据安全保护原则，提升数据安全防护能力，释放数据要素价值；采用安全技术与工具，识别数据资产、实施数据分类分级，围绕敏感数据实施访问身份认证、访问控制、加密、去标志化、匿名化、安全审计、用户和实体行为分析等安全防护技术措施，为数据存储、传输、共享等处理过程提供安全保障；持续识别数据暴露面风险，制定敏感数据、风险管控策略，持续评估风险态势，并持续调整和完善数据安全管控策略。

7.3.5　金融数据分类分级场景实践

金融业务种类繁多，数据呈现出复杂、多样的特点。采用规范的数据分类、分级方法，有助于行业机构厘清数据资产、确定数据重要性或敏感度，并有针对性地采取适当、合理的管理措施和安全防护措施，形成一套科学、规范的数据资产管理与保护机制，从而在保证数据安全的基础上促进数据开放共享。

数据分类是数据保护工作中的关键部分，是建立统一、准确、完善的数据架构的基础，是实现集中化、专业化、标准化数据管理的基础。金融行业机构按照统一的数据分类方法，依据自身业务特点对产生、采集、加工、使用或管理的数据进行分类，可以全面清晰地厘清数据资产，对数据资产实现规范化管理，并有利于数据的维护和扩充。数据分类为数据分级管理奠定基础。

数据分级是以数据分类为基础，采用规范、明确的方法区分数据的重要性和敏感度差异，并确定数据级别。数据分级有助于行业机构根据数据不同级别，确定数据在其生命周期的各个环节应采取的数据安全防护策略和管控措施，进而提高机构的数据管理和安全防护水平，确保数据的完整性、保密性和可用性。

根据金融行业标准《金融数据安全 数据安全分级指南》（JR/T 0197—2020），将数据安全性遭到破坏后可能造成的影响当作确定数据安全级别的重要判断依据，其中主要考虑影响对象与影响程度两个要素。影响对象指金融机构数据安全性遭受破坏后受到影响的对象，包括国家安全、公众权益、个人隐私、企业合法权益等。影响程度指金融机构数据安全性遭到破坏后所产生影响的大小，从高到低划分为非常严重、严重、中等和轻微。

以某银行机构为例，按照其数据安全建设规划，需要对核心业务约50万以上量级的字段进行分类分级。数据分类最多可以细化至四级子类，如“客户—个人—个人自然信息—个人基本概况信息”；也可能存在某一级子类为空（仅用于占位）的情况，如“业务—账户信息—金额信息”。在分类分级工作实施当中，通常情况是一旦确定具体字段的分类，就意味着确定了相应的分级；但在另一方面需要注意的是，该分级的严格意义为“最低安全级别参考”，可能在特定条件下需要提高字段的分级。传统人工分类分级的方式在大数据量场景下是难以适用的，因为工作量会随着数据量的增加线性增加。借助专业的数据分类分级工具来保障准确率、提升效率势在必行。银行机构数据分类分级实施流程如图7-7所示。

（1）内置规则执行：主要通过内置的NER算法，结合金融行业通用的正则表达式，扫描识别“个人自然信息”分类的数据。判断依据主要为：字段内容、字段注释、表注释等。

（2）内置模型执行：使用专业分类分级工具的内置行业模板进行扫描补全。相对成熟的分类分级工具往往会内置主要行业的分类分级模型。注意，这里的算法模型更多体现的是端到端的深度学习模型，与前文描述的“敏感数据识别”=>“模板类目关联”两步走的分类分级方法有所区别。这样的好处是能更为准确地完成分类分级，人工不需要对中间层的字段业务含义进行定义或修正，而弊端是分类分级的可解释性会有所下降。在当前客户的场景中这显然利大于弊。

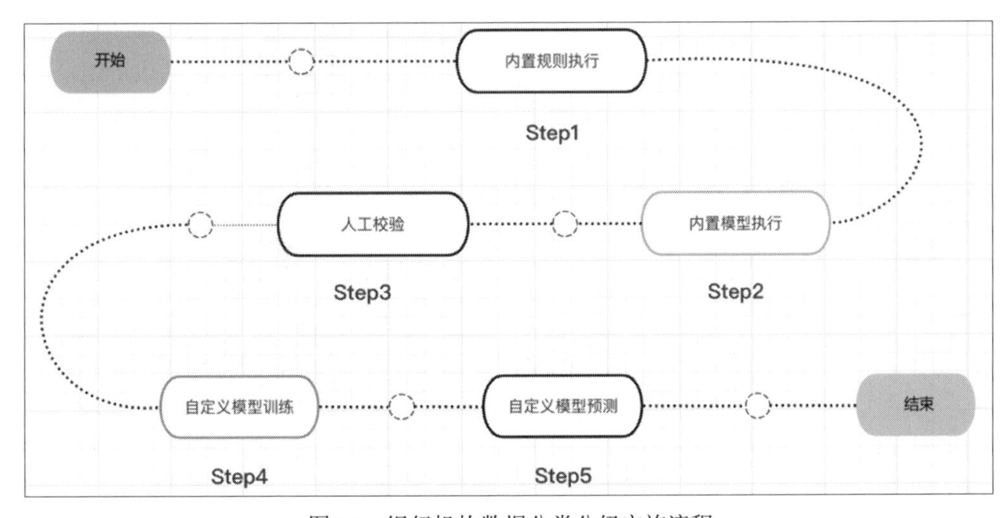

图7-7　银行机构数据分类分级实施流程

（3）人工校验：人工校验的效率，可以通过分类分级工具中的无监督学习算法模块进行大幅提升。尤其是在分类分级工作分期建设的场景下；当不要求一次性完成所有数据的分类分级时，我们可以优先对分布占比多的数据进行人工梳理，甚至可以在部署数据库审计相关产品联动后，将数据访问频次也纳入优先梳理的考量因素，以达到投入更少的时间，取得更多的分类分级打标结果产出的目的。

（4）自定义模型训练：在上述无监督学习算法引导下，人工校验已经修正了“内置规则执行”和“内置模型执行”中存在偏差的数据，并包含了该银行自身在特定条件下对字段分级进行调整的信息。这部分数据可用于重新训练一个有监督学习的模型。

（5）自定义模型预测：使用上述模型对新的业务数据进行预测，后续只需定期更新训练数据、调优模型参数等，对当前的自定义模型进行常规维护，即可大幅度降低人力成本，准确率也始终能够得到有效保障。

通过上述五个步骤，在专业工具的辅助下，此案例中超过80万条数据分类分级的工作量，经过人力投入等量“换算”，可以压缩到原来的1/16。

分类分级工具AI能力框架如图7-8所示。人工智能可以在数据分类分级的不同阶段发挥作用。

在系统直接扫描阶段，依据字段内容、字段名、字段注释、表名、表注释及数据库名等多个维度进行。通过AI算法预先识别出字段内容中敏感的部分，为后续人工校验缩小潜在的候选类目范围，从而提高工作效率。

在人工梳理确认阶段，系统通过聚类算法对用户进行引导，协助其优先批量处理特定数据，并确定同批次处理的数据范围。这种引导方式能够显著提升人工梳理的效率，减少重复劳动，使数据分类工作更加高效有序。

在自定义学习训练阶段，系统基于直接扫描结果的基础上进行人工梳理确认操作，随后进一步开展自定义模型训练。通过这种方式，通常能够获得更高准确率的模型，从而进一步提升数据分类的精确性和可靠性。

图7-8　分类分级工具AI能力框架

7.4　医疗行业数据安全实践

7.4.1　医疗业务系统与数据类型

医疗业务系统涵盖了从医院、卫生院的生产业务库，到电子健康档案平台的决策分析系统，再到互联网业务和公众健康平台等多个方面。这些系统中存储着大量的个人隐私数据、健康数据和医疗财务数据，其安全性直接关系到患者的隐私权益和医疗机构的正常运营。

医疗行业的主要业务系统涉及三类：第一类是各级医院、卫生院的HIS、LIS、PACS、RIS、EMR等生产业务系统，是医疗业务的核心；第二类是电子健康档案平台等决策分析系统，记录健康活动的电子化历史；第三类是医院等组织对外的互联网业务及公众健康平台等，作为医疗业务对外的窗口。医疗系统中存有大量敏感信息，如个人隐私、健康及财务数据，核心系统还采用多级容灾机制保障数据安全。

医疗数据是指和医学相关的有关数据，如各种诊治量、与技术质量有关的数据、有意义的病史资料、重大技术数据、新技术价值数据、科研数据，以及与社会有关的数据等。按照数据的使用范围归类，一般可包括汇聚中心数据、互联互通数据、远程医疗数据、健康传感数据、移动应用数据、器械维护数据、商保对接数据、临床研究数据等八大类。

医疗敏感数据包括但不限于：患者个人隐私信息、健康数据；患者预约信息、检查检验信息、就诊信息；医疗工作人员身份、隐私信息；医药品、医疗器材、耗材信息、库存信息；处方信息；医疗组织、研究组织或人员内部共享、使用和分析数据；医疗财务数据信息；与技术质量有关的数据；有意义的病史资料、重大技术数据、新技术价值数据、科研数据等；与社会有关的数据等。医疗行业数据类型如图7-9所示。

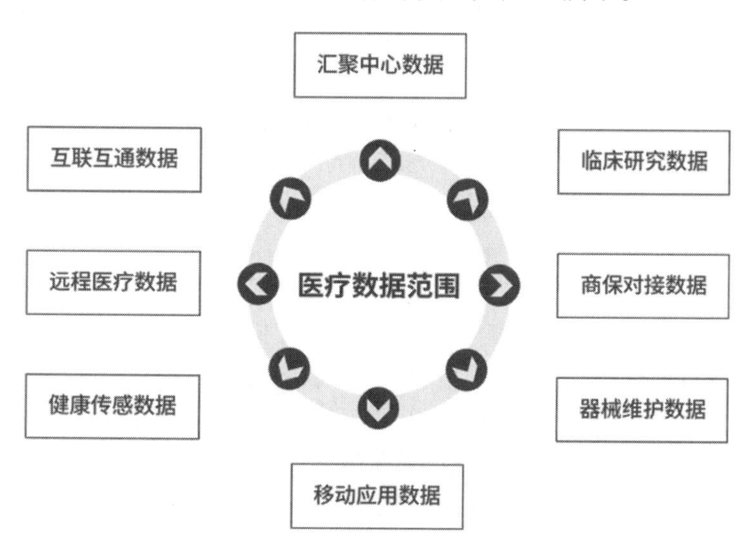

图7-9　医疗行业数据类型

汇聚中心数据。汇聚中心包括区域卫生信息平台、健康医疗大数据中心、学会数据中心、医院内部数据中心等，典型数据使用情境为科研使用、医生调阅、第三方使用。

互联互通数据。包括以电子病历、电子健康档案和医院信息平台为核心的医疗组织信息化项目中应用的数据。医院信息平台实现医院之间数据的互联互通和信息共享，实现跨组织、跨地域健康诊疗信息交互共享和医疗服务协同，该场景的信息控制者包括医疗组织和医联体等医疗应用，涉及数据包含数据中的电子病历数据、健康状况数据中的电子健康档案数据等。

远程医疗数据。远程医疗涉及的数据包括医疗应用数据和健康状况数据，该场景涉及的相关方包括医疗组织、患者、业务伙伴。

健康传感数据。通过健康传感器收集的与被采集者健康状况相关的数据。涉及的数据有包含个人身份信息的个人属性数据、包含生活方式等的健康状况数据。

移动应用数据。通过网络技术为个人提供的在线健康医疗服务（如在线问诊、在线处方）或健康医疗信息服务产生的数据，涉及的数据包含个人电子健康档案等。

器械维护数据。不同的医疗器械涉及不同的数据，影像系统涉及病人的影像和影像诊断报告，检验系统涉及病人的检验检查报告和检验结果。此外，还有为维护医疗器械而存有的器械维护历史记录等。

商保对接数据。商业保险公司通过与医疗组织建立连接的医疗信息系统，以便及时掌握购买商业保险的个人健康医疗信息主体的就诊治疗情况、个人健康医疗信息及发生费用等相关信息，根据商业保险组织的核赔规则自动进行支付结算等理赔业务。

临床研究数据。临床研究包括由医院、医生发起的科研项目，政府科研课题研究项目，科研组织研究等以社会公共利益为目的的医学科学研究，或者涉及公共卫生安全的临床科研实验研究项目，也可以是医疗企业发起的以商业利益为目的的临床研究。临床研究数据包括项目相关数据的采集和记录、分析总结和报告等。

7.4.2 医疗行业数据安全需求

医疗行业数据安全需求日益凸显，这既源于医疗行业业务系统的复杂性，也源于医疗数据的高度敏感性。医疗机构必须建立健全数据安全管理制度，加强对医疗数据的保护。这包括制定数据分类分级标准，对不同级别的数据进行不同级别的保护；建立数据访问控制机制，确保只有经过授权的人员才能访问相关数据；加强数据安全检测和应急响应能力，及时发现并处置数据安全事件。同时，医疗机构在数据互联互通的过程中，必须采取必要的安全措施，防止数据泄露和滥用。医疗机构应当与数据接收方签订保密协议，明确数据使用的目的和范围，并对数据的使用情况进行监督和审计。此外，医疗机构还应当加强对外部攻击和内部泄密的防范，采用先进的技术手段和管理措施，确保医疗数据的完整性和机密性。

医疗业务数据面临多重威胁。首先，互联互通大趋势使得数据在不同系统、院区甚至医院间流转，互联网和物联网的数据访问请求增多，导致数据安全风险成倍增加。其次，随着医疗信息系统的发展，数据类型和复杂度不断提升，从电子病历到PACS、LIS数据，再到物联网产生的大量数据，由于缺乏统一的安全分类分级标准，治理难度加大，安全策略难以细粒度实施。此外，传统的基于数据库审计与访问控制的数据防护手段已无法应对当前复杂的数据使用场景。例如，医院数据与外部交换时的安全防护、拟人化木马数据窃取，以及账号失窃后的数据访问等问题，用传统安全防护手段难以有效应对。

综上所述，医疗行业业务系统数据安全是一项复杂而重要的任务，需要综合考虑各种威胁和挑战，提升数据安全防护能力。针对安全威胁，采取更为先进和全面的数据安全防护措施，确保医疗数据的完整性和机密性，以保障患者和医疗机构的权益。

7.4.3　医疗行业数据安全治理

医疗行业数据安全治理，应以数据梳理为基础，落实数据安全防护策略，实施数据安全监控与稽核，打造数据资产新型安全防护模式。医疗行业的数据使用场景包括医生调阅、业务接口、临床科研、患者查询等；医疗行业的数据安全能力涵盖数据运行环境安全检查、数据梳理与分类分级、身份与角色权限管理、医疗敏感数据脱敏、水印溯源、数据访问控制和数据行为安全审计等内容。医疗行业数据安全能力框架如图7-10所示。

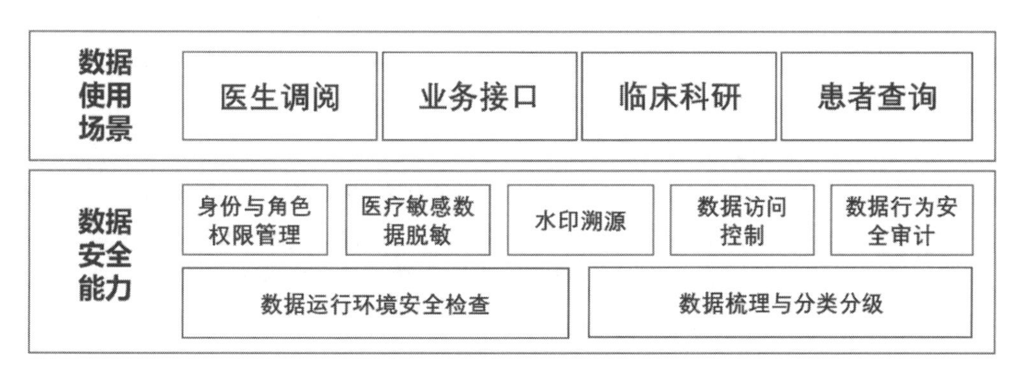

图7-10　医疗行业数据安全能力框架

（1）数据运行环境安全检查：具备监测与发现系统漏洞、资产管理、漏洞管理、扫描策略配置、漏洞扫描和报表管理等能力；支持CVE、CNNVD、CNCVE、CNVD、BUGTRAQ等5种漏洞库编号，按照国家新发布的漏洞及时更新；支持扫描操作系统、网络设备、虚拟化设备、数据库、移动设备、应用系统等6类系统和设备。

（2）数据梳理与分类分级：进行数据的汇聚和梳理，应明确数据资源目录，明确数据汇聚数量，留存数据汇聚记录；制定医疗行业的数据分类分级标准，如按照数据的重要程度、业务属性、数据权属等不同维度进行分类，在数据分类基础上根据数据损坏、丢失、泄露等对组织造成形象损害或利益损失程度进行数据分级等，通过对业务应用相关数据表、数据字段进行数据安全调研工作，形成可用的数据安全规则库。对采集到的数据按照业务场景需求、数据的重要性及敏感度进行分类分级处理。基于以上分类分级标准对数据进行统一的分类分级，并对不同类别和级别的数据采取不同的安全保护细则，包括对不同级别的医疗数据进行标记区分、明确不同数据的访问人员和访问方式、采取的安全保护措施（如加密、脱敏等），以便更合理地对数据进行安全管理和防护。

（3）身份与角色权限管理：通过身份验证机制阻止攻击者假冒其他医疗用户身份；统一的用户结构和访问授权机制，防止攻击者随意访问未经授权的数据。身份的定义是所有管控环节的基础，只有科学、有限、全面的身份定义控制才能识别所有主体，建立和维护数字身份，并提供有效、安全地进行IT资源访问的业务流程和管理手段，实现统一的身份认证、授权和身份数据集中管理与审计，从而对行为管控提供支撑。

（4）医疗敏感数据脱敏。数据静态脱敏一般用在非生产环境，即医疗敏感数据在从生产环境脱敏完毕之后再在非生产环境使用，一般用于解决医疗环境测试、开发库需要生产库的数据量与数据间的关联，以排查问题或进行数据分析等，但又不能将敏感数据存储于非生产环境。数据动态脱敏一般用在医疗生产环境，在访问敏感数据实时进行脱敏，一般用来解决在生产环境根据不同情况对同一敏感数据读取时需要进行不同级别脱敏的问题。

（5）水印溯源：这项技术通过将特定的水印信息嵌入到医学图像或电子病历数据中，为医疗数据提供了一层额外的安全保护。当数据遭遇未授权访问或泄露时，水印能够作为追踪数据来源的关键线索，帮助确定泄露的源头，从而追究责任并采取措施防止未来的数据泄露。

（6）数据访问控制：解决医疗环境应用和运维带来的数据安全问题，具备数据库漏洞防护、数据库准入、数据库动态脱敏和精细化的数据访问控制能力，通过IP地址、MAC地址、客户端主机名、操作系统用户名、客户端工具名和数据库账号等多个维度对用户身份进行认证，对核心数据服务的访问流量提供高效、精准的解析和精细的访问控制，保障数据不会被越权访问，提供风险操作审批机制，有效识别各种可疑、违规的访问行为。

（7）数据行为安全审计。具备数据审计、数据访问控制、数据访问检测与过滤、数据服务发现、敏感数据发现、数据库状态和性能监控、数据库管理员特权管控等功能，具备数据操作记录的查询、保护、备份、分析、审计、实时监控、风险报警和操作过程回放等功能。

7.4.4 典型数据安全治理场景案例

7.4.4.1 医疗数据安全治理助力医院审计增效

由于医院具有业务信息结构复杂、数据庞大等特点，其在许多环节都容易存在多方面的问题。在医疗服务项目环节，医院可能出现违规收费问题，例如重复收费、超标准收费、分解项目收费等；在药品管理使用环节，医院可能出现限制用药问题，例如药品超医保限定使用范围、违规加价等；在耗材采购销售环节，医院可能出现虚增耗材问题。

违规行为势头存在的主要原因之一在于，医院无法有效区分正常操作和非法操作的行为差异，不具备主动预防信息科人员、其他业务科室、第三方运维人员、系统维护人员等各类人群通过数据库、应用系统等获得医疗数据的能力。

为了防止违规行为发生，医疗行业根据应用系统的特点，借助数据审计、数据库防护墙、数据安全运维系统、异常数据行为分析系统等安全设备，以操作行为的正常规律和规则为依据，对相关计算机系统产生的动态或静态数据访问痕迹进行检测分析，发现和防范内部人员借助信息技术实施的违规和犯罪；对信息系统运行有影响的各种角色的数据访问行为过程进行实时监测，及时发现异常和可疑事件，避免由于信息科内部人员、数据库管理员、网络安全人员等的非法操作而发生严重的后果。

7.4.4.2　医学影像文件脱敏助力医疗数据应用

医学影像文件可以广泛用作医疗培训、科研教学和模型训练实现医学影像辅助诊断。医学影像实训依托多媒体、人机交互、数据库等信息化技术，构建高度仿真的虚拟实验环境和实验对象，让学生在虚拟环境中开展实验，达到教学大纲所要求的教学效果。利用人工智能方法开展医学影像智能分析及辅助诊断方法，能够在实际应用中帮助医生提高工作效率、减少漏诊。人工智能在训练学习与数据分析过程中，需要大量的数据标本作为学习依据。

在教学和辅助诊断两类场景中，需要大量使用医学影像文件、数据标本，而这些医学影像文件和数据标本中包含大量的患者个人隐私信息数据，这些数据在用作非业务场景的使用之前，需要做相关数据脱敏操作，对个人隐私信息做匿名化和去标志化处理，以达到隐藏或模糊处理真实敏感信息的目的，保证生产数据在测试、开发、BI分析、科研教学等使用场景中的安全性。医学影像文件脱敏示意如图7-11所示。

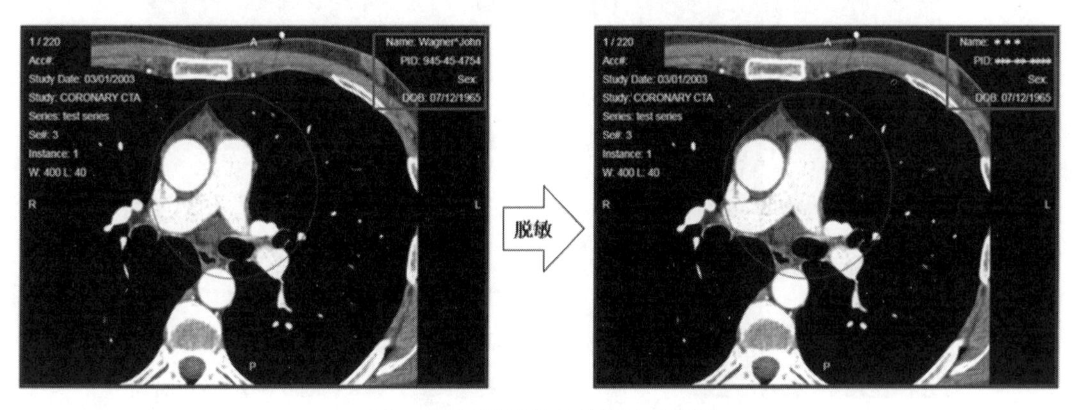

图7-11　医学影像文件脱敏示意图

7.5　教育行业数据安全实践

7.5.1　教育行业数字化转型

顺应国家的数字化转型战略要求，教育行业信息化建设工作也从传统业务系统向“智慧校园”转型升级。为落实《教育信息化2.0行动计划》《中国教育现代化2035》，推动信息技术与教育教学深度融合，提升高校信息化建设与应用水平，支撑教育高质量发展，教育部于2021年3月发布了《高等学校数字校园建设规范（试行）》，明确了高校数字校园建设的总体要求，充分利用信息技术特别是智能技术，实现高校在信息化条件下育人方式的创新性探索、网络安全的体系化建设、信息资源的智能化联通、校园环境的数字化改造、用户信息素养的适应性发展，以及核心业务的数字化转型。

教育信息化建设主要用于满足特定的校园管理需求，例如学校的某个系建设了一个业务系统，维护一部分学生信息，并产生许多教育相关数据。当建设的教育系统越来越多、每个教育系统积累的数据量越来越大时，现有的孤立系统和孤岛数据已难以支撑“智慧校园”的业务发展。急需通过有效的数据治理过程提升业务产能，从目标、组织、管理、技术、应用的角度持续提升数据质量的过程，帮助学校清洗数据、使用数据，挖掘数据价值，提高学校的科学决策能力、运营效率和管理水平，提高竞争力。

智慧校园应用架构如图7-12所示。智慧校园由教育管理系统、数据共享交换、教育数据仓库、智慧校园业务中台、智慧校园数据中台、智慧校园应用等模块组成。系统中主要包括教育系统、人事系统、图书管理系统、宿管系统，以及一卡通系统、FTP系统等。教育行业系统包含大量敏感数据，如教师、学生个人信息，科研信息等，因受到网络攻击高校的网络系统曾发生多起安全事件，例如学生篡改考试成绩、因学生信息泄露被诈骗造成经济损失等事件。因此，网络和数据安全的体系化建设已经成为高校数字化校园建设的重要环节。

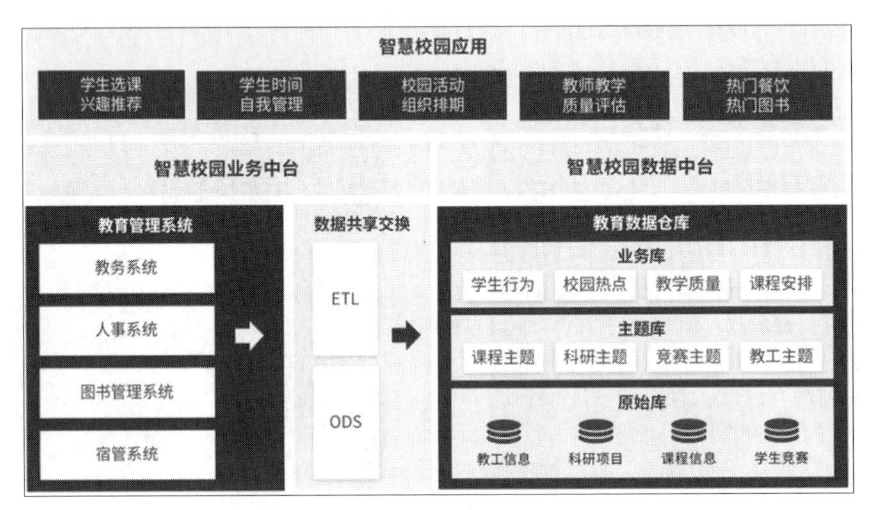

图7-12　智慧校园应用架构

7.5.2　教育行业数据安全需求

7.5.2.1　安全计算环境需求

校园网安全建设应合理规划网络布局，避免将重要区域部署在边界处，并采用技术隔离手段确保区域间安全；利用访问控制和入侵检测等技术，精准控制区域间访问并监测流量，确保校园网安全可控。在网络边界和重要节点实施安全审计，覆盖所有用户行为，及时发现安全隐患。

面对海量的安全信息和割裂的管理界面，有限的安全管理人员难以发现并有效应对潜在风险。此外，信息系统审计、内控要求及业务持续性需求的增强，也对客户构成严峻挑战。因此，需提升业务系统数据库审计能力，实时监测并对违规操作和异常访问告警，以使安全风险最小化。同时，加强校园网中物理和云主机的安全管理，统一授权和管理网络接入与访问，有效防范违规和泄密事件，提升网络维护效率和管理水平。

7.5.2.2 安全管理中心需求

需要在校园网的全网环境中提升综合审计能力，对来自业务应用系统和数据库系统用户的访问行为内容进行记录，对所发生安全事故的追踪与调查取证提供翔实缜密的数据支持。

审计记录各类用户进行的所有活动过程，系统事件的记录能够更迅速识别问题和攻击源，通过不断收集与积累安全事件并加以分析，有选择性地对用户进行审计跟踪，以便及时发现可能产生的破坏性行为。

需要开启网络设备的日志功能，并部署集中日志审计系统，安装集中的日志数据库，进行日志记录的统一收集、存储、分析、查询、审计和报表输出。

7.5.2.3 资产安全治理需求

为实现资产安全治理，同样需要提升校园网全网环境的综合审计能力。为实现资产安全治理，还需要启用网络设备的日志功能，并部署集中日志审计系统。通过安装集中的日志数据库，实现日志记录的统一收集、存储、分析、查询、审计及报表输出，确保校园网的安全运行与高效管理。

7.5.2.4 数据安全需求

通常采用采集、传输、存储、处理、交换、销毁等阶段来描述数据作为生产要素的生命周期。在采集阶段主要需要考虑数据来源是否合规、采集行为是否获得充分授权；在传输阶段主要考虑数据是否会被篡改或者复制；在存储阶段需要考虑数据明文存储可能会因为非授权访问造成数据泄露；在处理阶段存在身份冒用、权限滥用、黑客攻击等风险；在交换阶段存在着数据爬取、数据泄露、非法留存等风险；在销毁阶段则存在介质丢失和数据复原造成数据泄露的风险。通过以上分析可以看出，在数据生命周期中存在各种威胁和风险，随着数据参与生产的场景增多，数据开放的程度不断加深，迫切需要具备覆盖数据全生命周期的安全监测和防护能力。

7.5.2.5 安全态势感知需求

校园数据安全环境错综复杂，多样化的安全需求给学校的整体安全建设带来了不小的挑战。无论是为了满足政策性要求，还是应对实际安全防护和运维的迫切需求，亟须构建一个具备智能安全分析能力的综合安全事件管理平台。这一平台应能够实现对学校整体安全要素的集中管控，从传统的“被动防御、人工防护”模式，升级到更为先进的“主动防御、智能防护”模式。通过智能化的手段，平台能够实时分析安全事件，自动响应威胁，提高安全监测防护效率和准确性。

7.5.2.6 安全保障服务需求

随着国家层面对信息安全的重视程度越来越高，国家对高校信息安全的管理也不断提出新的要求，而学校在数据安全防护能力上普遍缺乏专业人员的支持，因此，学校亟须在数据安全的管理和建设方面与安全专业团队合作，共同构建信息安全保障体系。

7.5.3 教育行业数据安全框架

依据《中华人民共和国网络安全法》《中华人民共和国数据安全法》等法律法规及网络安全等级保护、数据安全保护相关标准规范的要求，结合教育系统建设需求与业务特性，规划层次化与区域化相结合的安全保障体系，构建全面覆盖、重点突出、经济高效且持续运行的安全防御体系。

根据安全保障体系的设计思路，安全域保护的设计与实施可按以下步骤进行。首先确定各安全域的安全要求，明确所需的安全指标。其次，评估系统各层次安全域的现状，识别安全差距，为安全技术解决方案设计和安全管理提供依据。随后，针对安全要求，建立安全技术措施库，并结合风险评估结果，设计系统的安全技术解决方案。最后，结合专业人员的协助，建立可持续、安全的运行体系，确保各项安全措施的有效实施。

网络与数据安全保障体系需结合安全管理、安全技术和安全运营层面的措施。在采取安全技术控制措施的同时，必须制定层次化的安全策略，完善安全管理组织和人员配备，提高安全意识和技术水平。通过多种安全技术和管理的综合应用，实现对核心敏感数据的多层保护，降低安全风险，防范安全事件的发生，并减少安全事件可能带来的损失和影响。

7.5.3.1 安全管理层面

明确安全管理机构部门，专责数据安全管理与监督，并制定贴合校内数据业务特点的人员安全管理条例。同时，加强信息化系统使用人员和运维管理人员的安全意识和技能培训至关重要，这有助于提升各级中心的安全管理水平，确保数据安全工作得到有效执行。

建立健全安全管理制度。需结合业务系统特性，制定符合国家和行业监管要求的管理制度，规范安全管理流程、强化制度执行力度，这将有助于保障数据的整体安全管理水平达到较高标准，从而维护信息系统的安全与稳定。

加强人员安全培训，提升人员安全意识。制订培训计划，内容可涵盖政策法规、安全意识、安全管理及安全技能等多个方面，确保培训内容的针对性和实效性，提升不同岗位人员的安全素养。

实施安全管理体系。结合国内外相关标准规范及行业最佳实践，定制一套符合实际状况的安全管理体系，包括制定安全策略、完善制度体系、规划安全运营等，并确保安全管理体系的有效实施和持续改进。

7.5.3.2 安全技术层面

面对不断演变的信息技术环境和安全威胁，要深入调研教育机构的安全状况和需求，结合安全政策要求和风险水平，进行切实可行的安全技术方案规划。

（1）教育数据资产梳理。通过专业探测和分析技术，对教育机构数据资产、用户身份及权限进行全面的扫描识别。这一过程不仅自动统计出数据资产的分布情况，更帮助摸清信息化和数据资产家底，消除安全盲区，赋予校园数据资产可知、可控、可溯能力，为建立数据资产管理和风险预警机制打下基础。

（2）教育数据分类分级。鉴于校园系统数据量大、类型多样且涉及敏感信息，首先需要对数据进行分类分级，明确不同级别数据的安全需求。按照数据采集部门不同，教育行政部门数据可以分为教育基础数据、教育业务数据、教育行政管理数据、其他数据四类。教育基础数据是指教育行政部门数据中具有高频、通用、核心的数据集合，包括人员基础数据和学校（机构）基础数据两个子类；教育业务数据是指教育行政部门在开展教育管理业务活动中收集和产生的数据集合，包括学生管理数据、教职工管理数据、办学条件管理数据、教育教学管理数据、考试招生就业管理数据、科研管理数据、国际交流与合作数据、教育督导数据八个子类；教育行政管理数据是指教育行政部门日常运行管理过程中收集和产生的数据集合，包括综合办公数据、财务资产数据、干部人事数据、后勤服务数据、信息系统运行数据五个子类。

按照教育数据业务属性不同，教育数据可以分为概况数据、学生数据、教职工数据、教学管理数据、科研管理数据、校务数据和其他数据七类。其中，概况数据是指学校基本情况的数据集合，包括学校基本数据和学科点数据两个子类；学生数据是指学生基本信息和活动情况的数据集合，包括学生基础数据和学生管理数据两个子类；教职工数据是指教职工基本信息和活动情况的数据集合，包括教职工基础数据和教职工管理数据两个子类；教学管理数据是指学校在开展教学活动中收集和产生的数据集合，包括课程数据、教学资源数据、教学质量与评价数据三个子类；科研管理数据是指学校在开展科研管理活动过程中收集和产生的数据集合；校务数据是指学校日常运行管理和服务过程中收集产生的数据集合，包括外事管理数据、办公管理数据、安全管理数据、财务管理数据、资产与设备管理数据、图书管理数据、后勤服务数据、信息系统运行数据八个子类。

（3）数据生命周期安全措施。实施身份认证和访问控制，对敏感信息的访问进行二次认证或阻断。确保数据传输和存储过程中使用符合标准的密码技术，确保数据保密性和完整性。在数据使用过程中，根据具体场景采取相应的安全措施，防止违规操作。数据销毁也严格按照规定进行，确保数据彻底不可恢复。

（4）系统终端和服务器安全。针对办公、运维信息系统和终端安全实施安全防护，包括防病毒软件、终端安全管理软件、日志采集系统等。同时，通过旁路部署数据库审计设备，实现对数据库访问行为的安全审计。所有防护日志均推送至日志审计平台，通过智能关联分析，能够及时发现访问风险，确保校园终端和服务器的安全稳定运行。

7.5.3.3　安全运营层面

在日常安全运营中，以数据为驱动，以安全分析为工作重点，立足于安全策略防护，充分利用数据安全分析及管理平台的数据收集、查询能力进行持续的监控与分析。在应急响应机制中，规范应急处置措施，规范应急操作流程，加强技术储备，定期进行预案演练。

强化安全漏洞监测发现能力。使用人工或渗透测试工具，进行全面覆盖信息收集、漏洞发现、漏洞利用、文档生成等的渗透测试。通过融入特有的渗透测试理念，解决测试发现的安全问题，有效降低安全事件发生的可能性。

定期开展安全评估与安全加固。至少每半年一次对运行环境、应用系统、数据、终端等多层面进行安全评估，形成评估报告。根据安全评估的结果，提供相应的加固建议和操作指南，指导安全加固，并持续跟踪加固效果。

7.5.4 教育行业数据安全实践案例

随着高校信息化的发展，校园一卡通作为信息管理系统被引入高校。校园一卡通整合校园各种信息资源，成为校园信息化、校园数字化的重要载体之一，也是学校整体办学水平、学校形象和地位的重要标志。实现校园一卡通后，师生可以方便地进行开门、考勤、就餐、消费、签到、借还书、上机、用水、用电、公共设施的使用等各项活动，使得高校摆脱过去烦琐、低效的管理模式，将校园各项设施和活动连接成一个整体，通过统一平台的运营管理各项数据活动，最大限度地提高管理效率。

校园一卡通系统可归结为“一库、一网、多终端”。其中，“一库”指一个完整的系统可能会包含校园管理的众多子系统，通过校园一卡通系统的建设可将众多系统归集到一个平台，在同一个平台、同一个数据库下实现各个业务活动流。“一网”指系统使用基于现有的局域网、无线网、校园网的统一网络将多种设备接入，集中控制，统一管理，降低复杂性。“多终端”指在统一认证后可在电脑、平板、手机、IC卡等多种终端中使用系统。

校园一卡通系统中也存有大量如个人信息、学籍信息、教学信息、科研成果信息等核心敏感数据信息，保障系统和数据安全非常重要。以下是两种典型风险和保护方案。

7.5.4.1 成绩防篡改

校园系统敏感数据很多，包括学生学习成绩、教师教学评价、科研数据等。外部攻击者或内部人员都可能会侵入系统或违规登录来篡改成绩数据等信息，如通过利用系统SQL注入漏洞来获取管理员权限；或内部数据库管理员、应用系统运维人员违规登录后台数据库操作数据，造成数据被篡改，对学校教学活动和声誉造成严重影响。

根据此类违规活动特点，可通过集中数据库防火墙对数据库运维管理系统进行防护。数据库防火墙类产品通常会包含访问控制功能、虚拟补丁、动态脱敏功能，其内置的大量防护规则可对数据库的访问做精细化的访问控制，能对IP地址、端口、用户名、对象、操作、时间、结果集等元素进行绑定，从而限制访问。虚拟补丁规则可以对利用漏洞发起的攻击进行拦截，如利用某特定版本的漏洞攻击特征的语句进行阻断拦截，避免未安装相应补丁的数据库遭受攻击。动态脱敏可应对运维方高权限用户的越权访问，如数据库管理员本身拥有很高权限，除了日常的调整优化、故障维护、备份恢复等运维操作，还可能利用职务之便查看敏感信息数据。在应用动态脱敏后，当数据库管理员发起访问时，可对其执行的语句进行解析，与预订策略进行匹配；如果是非授权访问，将对访问的SQL语句进行改写，将数据脱敏后再返回，达到防止越权访问的目的。

7.5.4.2 敏感信息防泄露

校园系统内的师生敏感数据较多，数据泄露将造成严重影响。一般情况可配置审计策略，例如当单次访问100条时，会触发审计报警，安全管理员将发现数据异常访问行为并处理。但是，这种策略无法发现通过少量高频的方式将数据进行爬取汇聚来获得敏感数据的行为，且对访问量比较高的情况可能会产生误拦截，导致应用功能异常。

针对这种情形，可部署用户和实体行为分析（UEBA）类产品。基于用户行为的访问基线，对后续的访问行为与基线进行智能分析比对，对偏离基线的行为进行评分。当偏离越大的时候，评分越低，用户风险则越高。例如，用户的正常访问情形是早晨或傍晚的时候访问较频繁，其他时间访问相对较少，而且每次访问的数据量会有差异；而如果是爬虫程序访问时，就可能在某个时间段内一直进行平稳的高频访问，例如每秒100次，且单次访问数据量较少，为9条（假设一个分页为10条）。这种情况仅靠静态规则的数据库审计或防火墙是无法发现的，但是建立基于UEBA的访问模型就能发现此类问题。

7.6　“东数西算”数据安全实践

7.6.1　“东数西算”场景描述

在数字经济高速发展的时代背景下，“东数西算”作为一项国家级系统工程，其战略意义不仅在于优化资源配置，更是推动国家算力基础设施现代化、提升国家整体算力水平的关键举措。

“东数西算”战略旨在利用西部地区丰富的自然资源优势，建设大规模的数据中心和算力基础设施，承接东部地区的算力需求外溢。这一战略不仅有助于解决我国数据中心供需不匹配的问题，还能促进算力的灵活调度，实现资源在全国范围内的优化配置。通过“东数西算”，推动东西部地区在数字经济领域的协同发展，缩小区域间的发展差距，实现国家整体经济结构的优化升级。

实施“东数西算”工程，推动数据中心合理布局、优化供需、绿色集约和互联互通，具有多方面意义。一是有利于提升国家整体算力水平，通过全国一体化的数据中心布局建设，扩大算力设施规模，提高算力使用效率，实现全国算力规模化、集约化发展。二是有利于促进绿色发展，加大数据中心在西部布局，大幅提升绿色能源使用比例，同时通过技术创新、以大换小、低碳发展等措施，持续优化数据中心能源使用效率。三是有利于扩大有效投资，数据中心产业链条长、投资规模大，带动效应强。通过算力枢纽和数据中心集群建设，将有力带动产业上下游投资。四是有利于推动区域协调发展，通过算力设施由东向西布局，带动相关产业有效转移，促进东西部数据流通、价值传递，延展东部发展空间，推进西部大开发，形成新格局。

7.6.2　“东数西算”安全需求

随着“东数西算”战略的深入推进，我们面临着越来越多的安全挑战。一是数据风险严峻，跨区域的算力交互使得数据的安全边界变得模糊，数据泄露、篡改等风险增加。二是多业务场景的数据调用对数据安全管控技术提出了更高的要求，需要确保数据在传输、存储和处理过程中的机密性、完整性和可用性。三是随着数据量的快速增长和算力的不断提升，传统的安全防护手段已经难以满足新的安全需求，需要采用更加先进、智能的安全技术来应对各种安全威胁。

针对这些安全挑战，需要构建一套完善的数据安全管控体系。首先，要加强数据的安全存储和传输，采用加密技术、安全协议等手段保障数据的安全。其次，要建立完善的安全管理制度和流程，规范数据的访问、使用和共享行为，防止数据滥用和泄露。同时，加强技术研发和创新，开发更加智能、高效的安全防护技术，提升整体的安全防护能力。

“东数西算”战略的推进实施，不仅需要数据资源的优化配置和产业的协同发展，还需要高度重视数据安全问题，加强数据安全管控技术和机制的研究与应用。只有确保数据的安全性和可靠性，才能充分发挥“东数西算”战略的优势，推动数字经济持续健康发展。

7.6.3 “东数西算”安全实践

“东数西算”全国一体化大数据中心旨在统筹考虑现有基础，搭建跨层级、跨地域、跨系统、跨部门、跨业务的一体化数据信息环境，建立以“数网”“数纽”“数链”“数脑”“数盾”为核心的大数据中心一体化平台，支撑工业互联网、区块链、人工智能、新能源汽车等重点领域示范应用。大数据中心一体化平台如图7-13所示。

图7-13 大数据中心一体化平台

"数网"，发展区域数据中心集群，落实以"东数西算"为目标的数据跨域流通需要在基础设施层面实现电网与数网联通布局。同时，也需要在业务运营层面实现"三网互通"，最终形成区域间基础设施和业务准入相互适配、动态直联的布局。

"数纽"，建设高水平云服务平台，为大数据中心提供底层基础支撑环境，为接入大数据中心体系的云平台进行全面的测试和评估；确保接入的云平台性能稳定、可靠、安全，为大数据中心的数据跨域请求、全域融合、综合应用等能力的形成提供支持保障。

"数链"多种方式推动数据开放，实现政企双方数据联合校验和模型对接，具备数据支撑与服务能力，提供数据供应链通用支撑服务、数据组织关联服务、数据要素流通服务及数据要素化支撑服务。实现基于动态本体、属性关联的方法论，一体化推进数据采集、汇聚、组织管理体系建设，筑牢大数据资源基础，完善数据治理体系。面向市场需求，实现基础信息登记、权力主体识别和权力内容分类等功能，面向数据组织关联、数据要素流通、数据要素化支撑平台建设中的数据清洗及综合治理、数据质量评估、"数据不见面、算法见面"模式下的通用功能，提供共性技术支撑。

"数脑"打造行业数据大脑和城市数据大脑，提供决策分析服务，在"数纽""数链""数盾"成果综合性集中可视化展示基础上，实现科学决策、协同治理。

"数盾"构建协同安全保障体系，具备安全防护保障能力，为"数纽""数链""数脑"等提供认证、脱敏、加密、代理及可信接入等安全保障服务。数盾依托大数据中心网、云、数、应用及场地相关基础设施，通过对"数网""数纽""数脑"日志、流量采集进行数据安全审计、用户和实体行为分析、漏洞管理、威胁管理安全数据分析、数据安全预警等，实现大数据中心数据安全运营管理。通过漏洞扫描、敏感数据发现、数据脱敏、水印溯源、数据加密、敏感数据分类分级等，实现数据安全流转及监测安全管理，提高大数据中心敏感及隐私数据安全管理能力。通过身份安全与访问控制基础设施系统为大数据中心各应用系统提供统一账号管理、统一认证管理、统一授权管理和统一访问控制。

7.7 工业数据安全实践

7.7.1 工业数据安全政策要求

随着信息化、工业化深度融合，工业数据已成为推动制造业高质量发展的核心要素。然而，工业数据的安全问题也日益凸显，成为制约工业领域数字化转型的关键因素。为了加强工业数据安全管理，保障国家安全和公共利益，工业数据安全政策文件陆续出台，为工业数据安全提供了有力的政策保障。

为了更好地指导企业实施工业数据安全管理，工信部办公厅于2020年2月发布了《工业数据分类分级指南（试行）》，为工业数据的分类和分级提供了明确的指导。该指南根据数据的敏感性、重要性和风险程度，将数据分为不同级别，并针对不同级别的数据提出了相应的安全管理要求。2022年12月，工信部发布《工业和信息化领域数据安全管理办法（试行）》，明确了工业数据安全管理的原则、要求和措施，强调了对工业数据的全生命周期管理，包括数据的采集、传输、存储、处理、使用和销毁等各个环节，要求企业建立健全数据安全管理制度，确保数据的保密性、完整性和可用性。2023年10月，公开征求对《工业和信息化领域数据安全风险评估实施细则（试行）（征求意见稿）》的意见，指导地方行业主管部门、工业和信息化领域数据处理者规范开展风险评估工作。2024年2月，工信部发布《工业领域数据安全能力提升实施方案（2024—2026年）》，明确了工业领域数据安全能力建设的目标和任务，提出了加强技术研发、完善标准体系、推动产业协同等多项措施，以全面提升工业领域的数据安全能力。

这些政策文件的发布，为工业数据安全管理提出了明确的指导和要求，有助于推动工业数据安全管理的规范化、制度化和科学化，为工业数字化转型提供有力保障。

7.7.2 工业数据安全风险分析

工业数据安全已成为工业数字化转型和工业互联网安全体系的核心。由于工业信息系统的开放性、互联性和共享性，以及工控应用的通用协议与软硬件融合趋势的增强，工业数据面临的攻击面日益扩大，形势愈发严峻。随着工业自动化和信息技术的快速发展，越来越多的设备和系统以智能化、自动化的业务流程形式升级成为工业4.0运营模式，从而产生了大量的数据。这些数据往往包含了企业的关键信息，包括生产流程、设备状态、质量控制及供应链信息等，其安全性直接关系到企业的核心竞争力和经济效益。

工业数据具有数据量大、类型多样、结构复杂及共享开放等特点，这些特性导致工业数据安全面临多重挑战。随着工业互联网复杂性的增加和网络边界的扩大，工业数据面临来自多方面的安全风险，包括内外威胁、硬件故障、软件脆弱性、操作失误和管理缺陷等，这些风险可能导致数据泄露、篡改和破坏。

工业数据安全主要面临以下类型的安全风险：一是工业控制系统实时数据库敏感性高，记录着生产数据、系统状态和控制指令，对生产线正常运作至关重要。若被不法分子控制，将直接影响生产安全和设备运行，导致严重后果。二是工业网络流量数据复杂且隐蔽，含有大量专用协议和非标准格式，增加了监测和保护的难度。攻击者可借此进行隐蔽活动，不易被察觉。三是核心生产数据关键作用显著，关系到企业运营、产品质量和信誉。数据篡改、未授权访问或泄露均可能导致严重后果。四是系统融合带来的新型威胁。随着信息技术（IT）与操作运营技术（OT）的融合，工业系统变得更加智能和网络化，但这也带来了网络安全、物理安全和数据安全等多重挑战。五是内部人员的安全风险日益突出，特别是他们具有访问关键系统和数据的权限，增加了误操作和恶意行为的风险，因此加强内部人员的安全培训和监控至关重要。

工业数据安全是一项复杂而紧迫的任务，与传统数据安全不同，工业数据安全还需要满足不同系统的安全需求。

首先，需考虑工业控制系统实时数据库安全需求。工业控制系统（ICS）的实时数据库记录着关键的生产和操作数据。这些数据的安全性至关重要，因为它们直接影响到生产过程的稳定性和效率。不法分子或恶意软件入侵可能导致数据被窃取、篡改或删除，从而导致生产停滞、设备损坏或其他严重后果。

其次，要应对工业网络流量数据的安全挑战。随着物联网（IoT）设备的广泛应用，工业网络的复杂性大大增加。工业网络流量数据包含了传输过程中各种设备的交互信息，这些信息可能被截获用于发动攻击。

最后，要加强工业系统核心生产数据的保护。工业系统核心生产数据是企业运营的核心，包括了生产配方、工艺流程、设备参数等。一旦这些数据遭到泄露，企业可能会面临重大的经济损失，甚至威胁到企业的生存。因此，工业数据安全防护方案需针对数据全生命周期设计，深入研究数据采集、传输、存储、处理及销毁等环节的安全问题，并配备相应的安全产品与服务。

7.7.2　工业数据分类分级举例

工业数据是工业领域产品和服务全生命周期产生和应用的数据，包括但不限于工业企业在研发设计、生产制造、经营管理、运维服务等环节中生成和使用的数据，以及工业互联网平台企业（以下简称平台企业）在设备接入、平台运行、工业App应用等过程中生成和使用的数据。

工业数据分类分级以提升企业数据管理能力为目标，坚持问题导向、目标导向和结果导向相结合，企业主体、行业指导和属地监管相结合，分类标识、逐类定级和分级管理相结合。结合工业企业生产制造模式、平台企业结合服务运营模式，分析梳理业务流程和系统设备，考虑行业要求、业务规模、数据复杂程度等实际情况，对工业数据进行分类梳理和标识，形成企业工业数据分类清单。

工业企业的工业数据分类维度包括但不限于研发数据域（研发设计数据、开发测试数据等）、生产数据域（控制信息、工况状态、工艺参数、系统日志等）、运维数据域（物流数据、产品售后服务数据等）、管理数据域（系统设备资产信息、客户与产品信息、产品供应链数据、业务统计数据等）、外部数据域（与其他主体共享的数据等）。平台企业的工业数据分类维度包括但不限于平台运营数据域（物联网采集数据、知识库模型库数据、研发数据等）和企业管理数据域（客户数据、业务合作数据、人事财务数据等）。

工业生产牵涉多个环节，随时随地都在生成数据。装配车间的排产，化学反应的成分、压力、流量、温度，工业机器人的路径规划算法、视频信号处理、能量 消耗控制，氮化车间的湿度、温度，配送物流运输车的配载、速度、位置，定制客户的参数、订单、支付信息等，均是工业生产流程数据的实例。工业互联网中可能生成海量工业数据，而这些数据及基于数据的模型是构建工业应用的基本前提，并通过工业互联网的各层平台进行计算储存。

工业互联网数据与一般互联网数据存在较大区别。工业互联网数据呈现出体量日趋增大、类别日益增加、结构日渐复杂、开放程度加速提升、安全要求不断增强，工厂网络内外部双向流动、共享显著增强的发展趋势。工业数据来自流程工业、离散工业及批量加工的工业现场与经营管理系统。无论是流程工业、离散工业还是批量加工，从业务角度来分析，都离不开原料、工艺、控制、运行、故障、操作、检验、调度等数据。按照工业企业组织形态来说，流程工业、离散工业和批量加工又在运营、研发与制造方面各有侧重。流程工业的数据更多的是配合工艺流程的连续运转，支持实时计算。

工业数据安全性将影响到企业的运营效率、商业决策及市场竞争力，以下是工业领域的数据类型及其数据安全价值举例。

（1）生产指数和供应链数据。这类数据为企业提供了生产效率、供应链状态和库存水平的关键信息，有助于企业优化生产流程和供应链管理。不当的数据访问或数据泄露会导致生产中断和供应链混乱，因此，保护这些数据的机密性和完整性至关重要。例如，使用生产指数和供应链数据来监控企业在全球各地工厂的产能利用率和零部件的库存水平。通过这些数据，企业能够预测哪些工厂可能面临零件短缺，哪些供应商交货时间延迟，并及时调整生产计划和供应链策略。若这些数据被未经授权访问或泄露，竞争对手可能会获得企业的生产能力和供应链状况，从而损害企业的市场竞争地位。

（2）销售数据和市场需求信息。这类数据可以帮助企业了解市场趋势和客户需求，对于制定市场策略和调整产品组合至关重要。数据的安全性直接影响到企业的市场定位和竞争策略，例如，利用销售数据和市场需求信息可以分析不同地区的消费者偏好，以及预测未来产品的市场趋势。这些数据帮助企业决定哪些产品应该推广，哪些应该逐步淘汰。如果这些敏感信息被泄露，可能会被竞争对手用于制定对策，损害企业的市场份额。

（3）设备利用率和能源消耗数据。这类数据涉及企业的成本管理和能效优化。泄露或篡改这些数据可能导致错误的成本计算和能源浪费，因此确保这些数据的真实性和准确性是优化生产成本和能效的基础。例如，某化工厂通过监测设备的使用率和能源消耗数据来优化生产过程和降低成本，这些数据能够揭示设备运行效率和能源使用的不足之处。若这些数据被篡改，可能导致不准确的成本分析和能源浪费，进而增加生产成本，降低利润率。

（4）劳动力市场指标。这类信息帮助企业制定人力资源策略和改善员工福利。数据安全在此处的作用是保护员工个人信息不被滥用，同时确保企业人力资源的战略部署符合市场和法律要求。例如，人力资源部门可能会利用劳动力市场指标来制订招聘计划和员工培训计划。这些数据可以帮助企业了解行业内的人才供需状况，制定相应的人力资源策略。如果这些敏感数据被泄露，可能会暴露企业的人力资源策略，影响企业在人才竞争中的优势。

（5）工业控制系统实时数据库。这类数据涉及实时监控工业生产过程数据。这些数据的完整性和可用性对于确保生产流程的连续性和安全性至关重要。例如，在一家电力公司中，实时数据库记录着电网的负荷、发电量及变电站的状态信息。这些实时数据对于电网的稳定运行至关重要。一旦这些数据被篡改，可能导致错误的负荷分配，引发操作员误操作，影响数百万用户的用电情况。

（6）工业网络流量数据。这类数据包括在企业内部网络中传输的所有数据。保护这些数据，防止恶意软件的传播和数据泄露，以保障企业内部信息的安全。例如，对于一家拥有广泛分布式网络的石油公司来说，监控网络流量数据以保证数据和控制命令的安全传输至关重要。如果攻击者入侵网络并监视或篡改流量数据，可能会对钻井操作、监控及安全管理造成严重危害。

（7）工业系统核心生产数据，包括生产配方、工艺流程、质量控制参数等。这类数据的安全性关系到企业核心竞争力的保护，以及产品质量的保证。例如，生产特种材料的工厂，其生产数据包括独特的配方和工艺参数。这些数据的泄露不仅会造成经济损失，还可能使企业丧失市场竞争力。

7.7.4　工业数据安全防护案例

7.7.4.1　铝业企业数据安全防护能力一体化建设实践

铝业作为国民经济重要行业，生产过程中涉及大量敏感的数据资产，数据安全攸关企业生存。针对铝业生产过程中的数据安全风险，通过工业数据动态安全防护的一体化建设方案可以实现全流程的数据动态防护，全面提升数据安全能力，有效降低数据泄露风险，保障生产运行安全。该方案融合了产品设计、工艺流程、网络架构等多个方面的安全考量，采取智能加密、实时监控、准入控制、安全隔离等技术手段，建立涵盖数据采集、传输、存储、分析全链路的安全防护体系。

通过具备自动化敏感数据识别分析能力的自动化系统与数据管控平台联动，自动化地完成已识别数据的分类分级管理；基于铝业的具体需求，对数据进行更细致的分类分级，如将生产控制数据、质量检测数据、物流数据等进行区分，并制定相应的安全策略，确保不同类型数据按需受到保护。定制化的数据安全管理平台，不仅要覆盖通用的数据安全管理功能，还需针对铝业特有的生产数据和流程进行特别设计。例如，集成铝业生产中关键参数（如电解电压、铝液温度等）的实时监控和警报系统，确保生产数据的即时性和准确性，同时防止敏感数据泄露。通过调用账户管理模块中维护的相关授权账户，对数据库或远程文件进行数据随机抽取，然后通过内置的多种敏感数据识别匹配模板进行以列为单位的数据模式匹配。根据匹配结果建立以列为基础的敏感数据类型定义，同时，对相关数据库、表、列进行进一步标识管理，实现敏感数据分布情况测绘能力，并通过数据管控平台返回的结果重新对相关标识进行调整达到满足数据分类分级要求的数据管理水平。基于铝业的数据类型和使用场景，开发和应用适用于高温、高电流等环境的数据脱敏方案。考虑到铝业数据的特点，例如，对温度和压力等敏感指标进行特别处理，以防止在数据分析和共享过程中泄露关键生产技术或工艺参数。数据执行全过程安全处理，保密性得到增强，工控网络实施严格隔离和访问控制，数据完整性保障。通过安全设计和过程管控，降低数据遭受威胁的可能性。

数据安全防护方案的价值主要体现在以下三个方面：首先，通过实施该方案，铝业企业能够实现数据动态防护能力的飞跃，从静态、被动转变为动态、主动的安全防护模式。这包括对数据进行实时监控、加密、全面审计及实时行为分析，有效预防和减少数据泄露和滥用风险，维护企业的核心商业机密和技术数据，确保市场竞争力和行业地位。其次，方案通过引入先进的数据安全管理工具和技术，显著提高数据安全事件响应效率。一旦发生安全事件，系统能迅速识别并响应威胁，快速锁定问题源头并减轻损害，大幅减少事件对生产和运营的影响，确保企业迅速恢复正常运营。最后，方案还优化了运维工作流程，提升工作效率。通过自动化数据安全管理，运维团队能减少日常监控和维护工作量，更专注于提升生产效率和业务发展。同时，优化数据处理流程，减少冗余和错误，提高企业决策的速度和准确性，从而在竞争激烈的市场环境中保持领先地位。

7.7.4.2 电气企业工业数据一体化案例

基于工业数据安全管理相关要求，结合某电气制造企业工业数据治理、数据安全评估、数据安全防护与数据风险检测的安全需求，帮助企业全面梳理核心数据资产，识别数据资产风险，完成数据资产类目构建与数据敏感信息归集等工作，助力企业全面掌握数据安全态势，防范数据安全风险、提升数据安全应急响应能力。

本案例五大亮点概述如下。

一是构建电力行业全链条统一的数据安全管理体系。针对电力行业的独特性，构建出一个覆盖全链条的数据安全管理体系，该体系全面涵盖了从电气制造、发电、输电、配电到销售等各个环节。对标电力行业标准和法规要求，统一制定并实施了数据安全政策、流程和技术标准，从而确保电力供应链各环节的数据安全得到全面保障。

二是实现工业数据安全智能化分类分级技术突破，显著提升数据识别和分类分级有效性。针对电力行业的特殊数据，如电网运行数据、用户用电信息等，业界已成功开发并部署了智能化的数据分类与分级技术。该技术能够通过运用先进的机器学习技术实现对数据资产的自动识别、精准分类和合理评级，为敏感和关键数据提供更为严密和个性化的保护。

三是建立工业数据全生命周期安全风险监测预警机制。为电力行业数据资产构建了全生命周期的安全风险监测预警机制，该机制利用先进的数据分析和实时监控技术，能够实时发现并分析内外部威胁，准确评估潜在风险，并提供及时的风险预警和响应建议，从而确保数据安全无死角。

四是基于零信任原则强化工业数据访问控制机制。通过实施严格的身份验证、设备安全性检查和行为分析等措施，确保只有经过验证的合法用户和设备才能访问敏感数据，从而极大地提升了数据的安全性。

五是实现数据安全运营的自动化编排与响应。基于自动化编排的数据安全运营方案实现了威胁监测、事故响应和安全修复的自动化处理。该方案显著提高了电力行业应对安全事件的响应速度和效率，减少了人为错误和操作延误，为企业的数据安全运营提供了强有力的技术支撑。

通过该一体化方案的实施，企业的数据安全防护能力得到了全面提升，各类数据资产得到了深入掌握和有效管理，数据安全风险得到了有效识别和应对，数据安全应急响应体系也得到了完善。

7.7.4.3 汽车企业数据安全监测预警方案案例

某汽车企业是国内一家大型汽车制造集团（以下简称某汽集团），随着工业企业上云等工作的持续推进，设计成果、制造工艺、控制参数及产能信息等数据在工业云平台加速汇集，高价值的数据资源池已成为不法分子牟利的优先攻击和窃密目标，企业面临管理难、监测难、分析难、取证难和处置难的“五难”局面。

为保障企业数据安全，某汽集团部署了工业数据安全监测预警系统。

一是建设企业级工业数据安全监测平台。集中式的企业级工业数据安全监测系统不仅覆盖了总部，还延伸到各个子公司和工厂的内网环境。通过在关键节点部署工业数据安全监测设备和工业资产安全探测设备，某汽集团能够实现对整个生产链数据流的全面监控和管理，确保从设计到制造再到销售各个环节的数据安全。

二是部署具有针对性的企业内网数据安全产品。一方面，开展企业数据安全合规性评估工作，为企业数据安全管理考核工作提供支撑；另一方面，通过网络流量深度解析，对异常的操作行为、数据共享异常等情况进行7×24小时持续性监测，及时发现企业数据流转过程中的风险，切实解决企业数据既需要流动又需要保护的问题。

三是建立安全问题处置审核机制。某汽集团建立了一套高效的问题处置机制，一旦发现安全问题，如明文传输敏感信息、数据跨境流动风险等，系统会立即触发预警并自动通知安全管理团队，确保安全问题能够得到快速、有效的解决，避免经济损失和品牌信誉损害。

通过这套系统的应用，某汽集团能够确保其设计成果、制造参数和产能信息等核心数据的安全，从而保护企业的竞争优势和市场地位。在实践应用中，该系统成功识别并处理了60多起安全事件，避免了超过500万元的直接经济损失，显著提高了企业的数据安全水平和业务连续性。通过这一系列创新举措，某汽集团不仅提升了自身的数据安全防护能力，也为汽车设计制造行业提供了一个数据安全管理的优秀案例。

7.8　数据跨境合规与安全实践

7.8.1　数据跨境典型合规路径

针对重要数据和个人信息跨境场景，《中华人民共和国网络安全法》《中华人民共和国数据安全法》《个人信息保护法》明确了三种合规路径，包括：通过国家网信部门组织的安全评估、经专业机构进行个人信息保护认证、与境外接收方订立标准合同。相应的实施细则也相继出台，包括《数据出境安全评估办法》《关于实施个人信息保护认证的公告》及附件《个人信息保护认证实施规则》，《个人信息出境标准合同办法》及附件《个人信息出境标准合同》。

2024年3月，国家网信办发布《促进和规范数据跨境流动规定》，对数据出境安全评估、个人信息出境标准合同、个人信息保护认证等数据出境制度的施行进行了调整，以保障数据安全，保护个人信息权益，促进数据依法有序自由流动。有数据出境需求的相关企业和机构，应当结合自身的出境业务场景及数据的不同类别，因地制宜地选择最适合自己的出境路径。

7.8.1.1　数据出境安全评估要点

根据《数据出境安全评估办法》及《数据出境安全评估申报指南》中的要求，数据出境安全评估申报工作重点如图7-14所示。

在申报数据出境安全的过程中，数据处理者需要关注以下方面：

一是动态监控企业可能触发安全评估的条件。对于跨国企业而言，核算在公众号、小程序、App或电商渠道收集的个人信息数量，以免因关注用户突破百万而触及申报红线。由于跨国集团境外总部集中管理的需求，若涉及员工或应聘者敏感个人信息的出境，亦需密切关注其数量变化，以免触发安全评估的申报条件。鉴于企业处理个人信息数量的动态变化，建议实时关注年度累计处理的信息量，一旦接近安全评估所要求的量级，应提前准备申报安全评估的相关工作。

二是加强数据出境合规相关人员培训。企业在开展数据出境风险自评估前，通过内部培训或邮件通知等开展培训，有助于数据出境安全自评估小组更清晰地梳理数据出境场景，撰写自评估报告，同时也有助于管理层更有效地协调各部门，确保相关人员在访谈中能够全面、具体地披露所知情况。

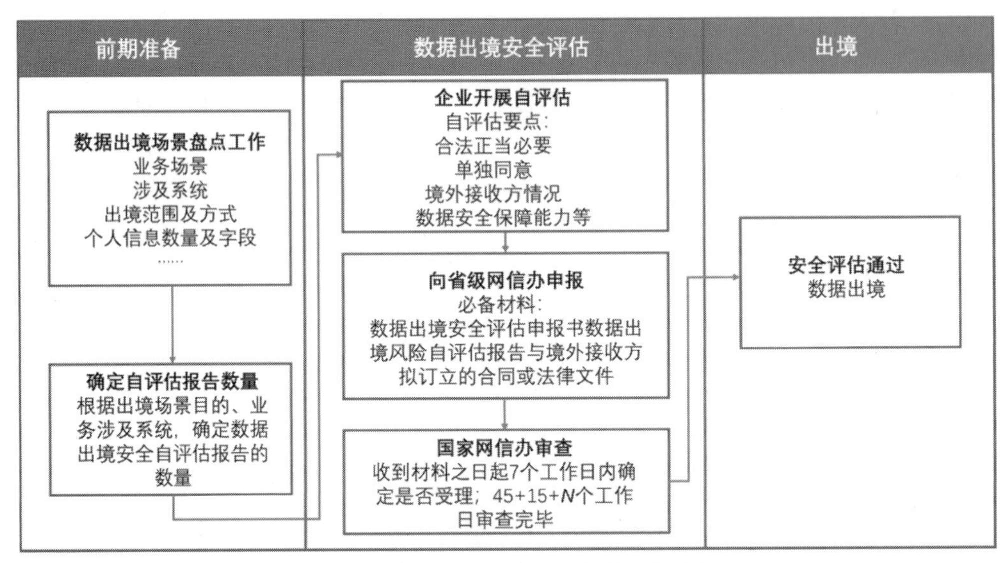

图7-14 数据出境安全评估申报工作重点

三是预留充足时间与境外关联机构进行沟通。企业在开展数据出境风险自评估时，应提前梳理好内部的岗位分工架构、数据安全制度、技术能力及保障措施的有效性证明，以及与境外的法律文件。对于外资企业而言，这些材料的准备往往需要与境外总部进行深入沟通。鉴于境外总部可能对材料需求的认知不足，建议企业提前预留时间，以避免在报告完成阶段因材料缺失而影响整体进度。

四是紧密跟踪监管动态，及时响应补充要求。企业在完成数据出境风险自评估后，需依次通过省级网信部门的完备性评估和国家网信部门的受理与实质性审查。在提交申请材料及后续的补充、更正过程中，企业应确保材料的真实性。同时，企业在评估有效期内应持续监督个人信息的变化情况，并根据需要进行重新评估。若有效期届满或触发特定情形而未重新申请评估，继续数据出境的行为将被视为违法。

7.8.1.2 个人信息保护认证的合规要点

2022年12月，全国信息安全标准化技术委员会发布《网络安全标准实践指南—个人信息跨境处理活动安全认证规范V2.0》，为个人信息跨境处理安全认证的落地提供标准化实践指引，为企业数据出境提供了新方案。

2022年11月，国家市场监管总局、国家网信办联合印发《个人信息保护认证实施规则》，为我国个人信息保护认证制度提供了具体的“认证规则”，鼓励个人信息处理者通过认证方式提升个人信息保护能力。该规则对个人信息保护认证实施程序作出了详细规定，规定获得认证需经过“认证申请—技术验证—现场审核—获证后监督”等一系列环节。个人信息保护认证流程如图7-15所示。

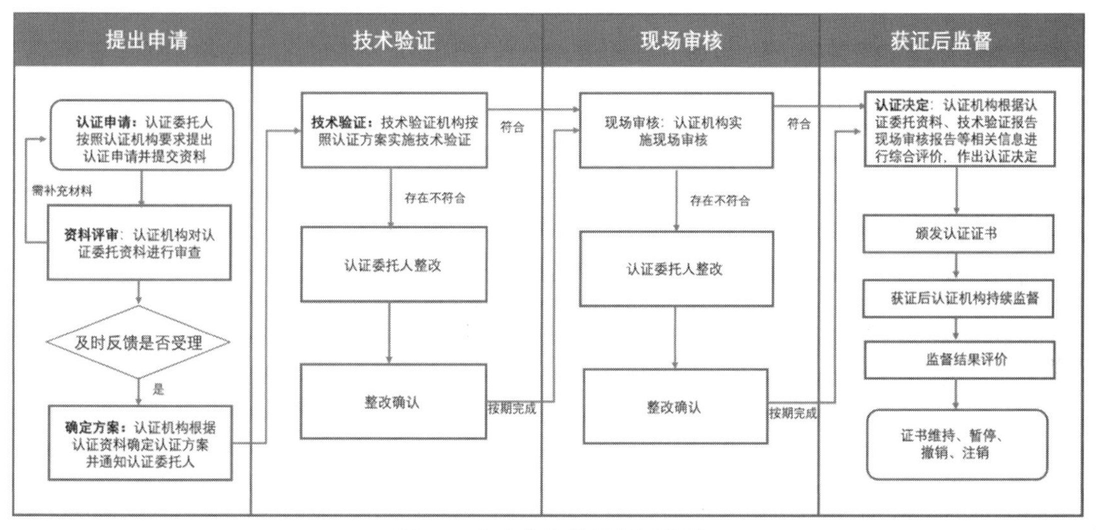

图7-15　个人信息保护认证流程

在个人信息保护认证过程中，需要重点关注以下方面的问题，包括：

在认证依据方面，个人信息处理者要符合《信息安全技术　个人信息安全规范》（GB/T 35273—2020）和《网络安全标准实践指南—个人信息跨境处理活动安全认证规范V2.0》的要求，这不仅是对个人信息处理活动的严格规范，更是确保个人信息安全的重要保障。

在组织管理层面，要指定个人信息保护负责人，并设立专门的个人信息保护机构，加强组织内部的个人信息保护责任体系，确保个人信息得到妥善处理。

在处理规则方面，个人信息跨境处理活动需遵循明确的处理规则，包括处理个人信息的基本情况、目的、方式和范围等，确保个人信息的安全性和合规性。此外，个人信息处理者还需对拟向境外提供的个人信息活动进行保护影响评估，并形成报告。

在获证后监督方面，认证机构在认证有效期内会对获证者进行持续监督，并根据情况确定监督频次。个人信息处理者在获得认证后，仍需持续投入管理与技术资源，确保持续符合各项监督评价要求。同时，若发生认证信息变更，认证委托人应及时向认证机构提出变更委托，以确保认证的准确性和有效性。

7.8.2　数据跨境安全风险监测

面对多样化的数据跨境安全风险，数据跨境安全风险监测需要识别评估潜在威胁、制定安全政策、确保合规性、及时应对安全威胁、持续改进安全策略。通过监测跨境数据传输活动，可以有效管理和降低个人、组织和国家面临的安全风险，维护数据安全，保护个人隐私。

7.8.2.1 数据跨境流动合规监管平台架构

在数据跨境过程中，数据流向难以清晰可见，难以确定是否存在敏感或重要数据流出的问题，行业内业务系统交互复杂、数据交互方式多样化，导致数据交换缺乏监管。建设数据跨境流动合规监管平台，旨在对数据跨境进行全面的数据出境流动安全合规监管。该平台的目标是实现对跨境数据全生命周期的风险管控，包括但不限于跨境数据流动的实时监控、风险态势监测、使用区块链技术审计跨境行为、即时告警通报、跨境数据舆情监测，以及对跨境威胁的有效响应与处置。

数据跨境流动合规监管平台架构如图7-16所示，主要包括跨境数据采集分析和跨境数据合规监管两部分。

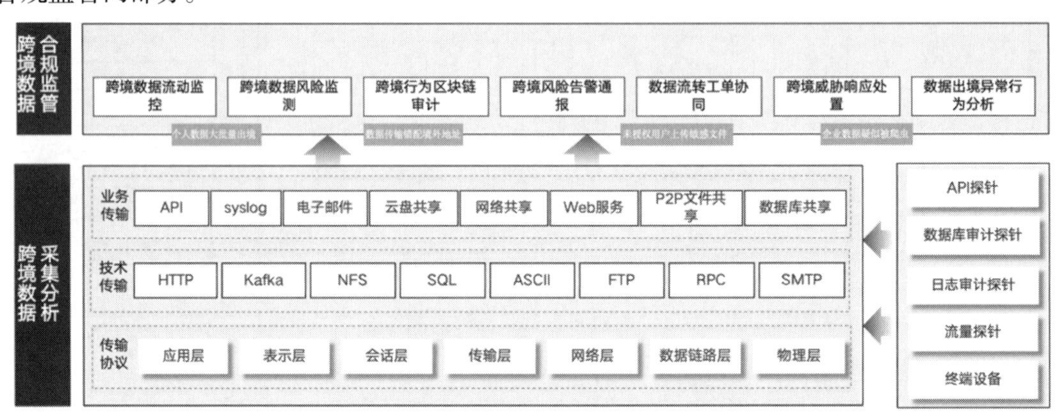

图7-16 数据跨境流动合规监管平台架构

在跨境数据采集分析部分，利用探针工具实现跨境数据全流程日志数据的采集和汇聚，具体采集内容包括安全设备日志、数据库审计日志、数据流动环境的流量等，建立安全数据仓库，为跨境数据安全监控和风险分析提供原始数据支撑。

在跨境数据合规监管部分，围绕着跨境数据全生命周期及数据使用业务场景等数据安全监控预警，实现对数据跨境的全生命周期风险管控，包括跨境数据流动监控、跨境数据风险监测、跨境行为区块链审计、跨境风险告警通报、跨境数据舆情监测、跨境威胁响应处置，对发现的数据安全风险提前预警和处置，实现数据跨境安全监管对象安全可知、可管、可控。

7.8.2.2 数据跨境安全服务方案

跨境流通安全服务方案包含三个主要组成部分，分别是跨境数据安全基础能力、安全可信融合计算中台和跨境安全服务能力。

跨境数据安全基础能力旨在构建全方位的数据安全防线，确保跨境数据传输的安全可靠。跨境数据安全基础能力涵盖多个关键环节：首先，通过实时监测数据传输过程中的各项参数及网络流量特征，及时发现并应对潜在的安全风险；其次，利用行为分析技术，识别异常行为，预防数据泄露事件的发生；再次，系统能够监测网络和系统中的安全漏洞，并提供修补建议，确保数据传输的安全性和完整性；同时，跨境数据安全风险监测工具还具备合规性检查功能，确保数据传输符合国际和地区的数据保护法律法规要求；在发现安全威胁或违规行为时，系统能够迅速发出警报，并提供应对方案，助力企业迅速应对安全事件；最后，通过数据可视化技术，直观展示数据传输的安全状态和风险情况，为管理员和决策者提供有力支持。此外，跨境数据安全基础能力还涉及数据分类分级、运维控制、接口安全管理、统一身份认证、数据脱敏及防泄露等方面，以实现对跨境数据的全方位保护。

安全可信融合计算中台是跨境数据安全体系的核心支撑，致力于提供安全可信的计算环境。该平台通过构建安全可信的执行环境，确保数据计算过程的安全性和可信度；同时，支持多方参与的安全计算，保护数据隐私和计算安全；在数据传输过程中，对数据进行严格的审核和授权，防止未经授权的访问和数据泄露；采用密文存储技术，保护数据的隐私和安全；通过密钥管理，确保数据加密和解密过程的安全性；利用区块链技术进行合规审计，确保数据操作的合法性和可追溯性。这些功能的综合运用，为跨境数据安全提供了坚实的技术保障。

跨境数据安全服务旨在为企业提供全方位的数据安全保障。具体而言，该方案提供数据出境场景识别服务，帮助企业准确识别数据出境的情况和场景；提供数据出境安全评估服务，对出境过程中的安全风险进行全面评估；提供数据分类分级服务，协助企业对数据进行科学分类和分级管理；通过数据加密和数据脱敏等服务，确保数据在出境过程中的完整性、保密性和可用性；提供数据跨境安全风险应急响应服务，帮助企业在面对安全威胁时迅速作出反应，最大可能减少损失并恢复业务正常运行。这些服务的综合运用，将为企业跨境数据安全提供有力保障。

7.8.3 自贸区数据跨境试点探索

《促进和规范数据跨境流动规定》提出了设立自由贸易试验区负面清单制度。该规定提出，自由贸易试验区在国家数据分类分级保护制度框架下，可以自行制定区内负面清单，经省级网络安全和信息化委员会批准后，报国家网信部门、国家数据管理部门备案。自由贸易试验区内数据处理者向境外提供负面清单外的数据，可以免予申报数据出境安全评估、订立个人信息出境标准合同、通过个人信息保护认证。

在履行程序上，各自贸试验区负面清单报省级网络安全和信息化委员会批准后，报国家网信部门备案，简化了履行程序。这有利于负面清单之外的数据出境流动，加大了自贸试验区创新力度。国家网信部门可以依据个人信息保护法第三十八条规定的“国家网信部门规定的其他条件”，授权各自贸试验区分别制定清单，为各自贸试验区预留了足够的创新和改革空间。此前，自贸试验区在探索数据出境创新监管方面已有先例。例如，《中国（上海）自由贸易试验区临港新片区条例》第三十三条规定，按照国家相关法律、法规的规定，在临港新片区内探索制定低风险跨境流动数据目录，促进数据跨境安全有序流动。《关于深圳建设中国特色社会主义先行示范区放宽市场准入若干特别措施的意见》提出，在国家及行业数据跨境传输安全管理制度框架下，开展数据跨境传输（出境）安全管理试点，建立数据安全保护能力评估认证、数据流通备份审查、跨境数据流通和交易风险评估等数据安全管理机制。由自贸试验区探索负面清单制度，不仅因为自贸试验区在我国经济发展中的定位，也是基于自贸试验区行业发展情况的实际考量。面对自贸试验区企业较迫切和多元的数据出境需求，自贸试验区可以在兼顾安全基础上，促进数据的跨境流通。

一些自贸区在实践过程中提供了数据出境管理操作便利，包括设置数据跨境安全评估小组、缩短安全评估所需的时间等，确保及时通过安全评估申请。对于自贸区（港）内安全评估到期的企业申请再评估的情形可进一步适当简化程序。此外，由政府牵头在试点区域打造数据跨境基础设施，通过政策引导，资金补贴式，鼓励数据跨境服务商和数据跨境企业使用数据跨境基础设施。通过集中化的建设可降低数据跨境整体成本，同时也能够管控风险。

第 8 章 数据安全技术原理

在前述章节中，我们深入探讨了数据安全的主要风险、常用的技术框架、产品技术方面的实践，以及具代表性的行业案例等。要构建实战化的、具有实际落地能力的数据安全系统，基础的数据安全技术是不可或缺的。本章将在技术原理层面对数据安全技术进行深度解读。对数据安全技术原理的理解有助于规避项目建设过程中可能出现的风险。

8.1 数据资产扫描（C）

8.1.1 技术概况

在广义的理解中，数据资产扫描涵盖了一系列的技术，包括但不限于数据资产嗅探、数据风险监测扫描及数据结构扫描等。这些技术提供了全面的数据资产视角，帮助用户更好地管理和保护数据资产。

1. 数据资产嗅探

数据资产嗅探解决的问题是，尽可能全面地向用户呈现各主机端口下的不同数据资产的分布情况。数据资产嗅探需做到自动发现数据库的功能，也可以指定IP段和端口的范围进行指定搜索。通过数据资产嗅探，能够自动发现数据的基本信息，包括端口号、数据库类型、数据库实例名、数据库服务器IP地址等。

需要指出的是，有些端口的扫描将会非常耗时，需要在技术上做一些优化才能较好完成任务，例如，设置好断点执行任务的机制、自动拆解地址段并行等。在配置扫描任务时，尽可能指定较准确的端口范围（尽可能避免对全端口的扫描），设置合理的超时时间——用可配置化的超时时间参数来平衡扫描结果的覆盖率与扫描耗时。

2. 数据库风险检测扫描

数据库风险检测扫描的工作主要是根据当前数据库的类型、版本等关键信息进行的。这些信息为我们提供了一个基础的出发点，从而使我们能够有效地识别和评估与特定数据库相关的潜在风险。针对数据库漏洞风险与日俱增的情况，需特别注意会出现大量漏洞修复不及时或者由于怕影响业务而不敢修复的现象。

3. 数据库结构扫描

数据库结构扫描是一种获取指定数据库中表结构、表注释、字段名、字段注释及字段内容等信息的过程。这不仅是我们深入理解数据库信息的必要手段，也为数据分类、分级等后续工作奠定了基础。这一过程让我们能够清晰地理解数据库的组织结构，有助于进行更有效的数据管理和利用。

8.1.2 技术路线

通常，我们可以使用一些开源的数据资产嗅探工具来完成数据库扫描的任务。常见的嗅探工具有Network Mapper（简称Nmap）、Zmap、Masscan等。下面以Nmap为例介绍其工作原理。Nmap执行原理如图8-1所示。主循环会不断进行主机发现、端口扫描、服务与版本侦测、操作系统侦测这四个关键动作。在数据安全实践中，主要利用其主机发现和端口扫描的能力来定位数据资产。

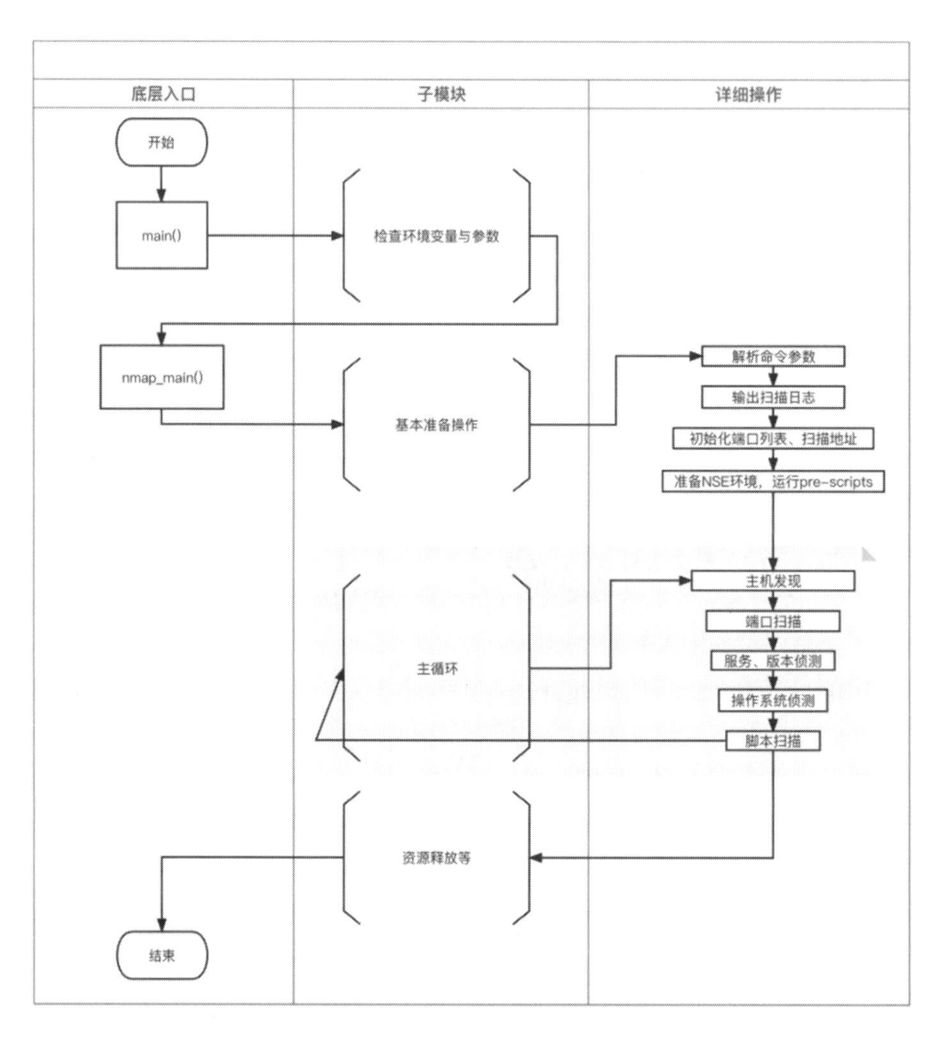

图8-1　Nmap执行原理图

Nmap会使用基于ARP、ICMP、TCP、UDP、SCTP、IP等协议的方式进行主机发现。以地址解析协议（Address Resolution Protocol，ARP）为例，Nmap向所在网段请求广播，通过是否在指定时间内收到ARP响应，来确认目标主机是否存活。

我们还可使用Nmap的版本侦测能力来定位相应的数据库漏洞，再借助虚拟补丁技术来进行修复。虚拟补丁技术基本原理如图8-2所示。

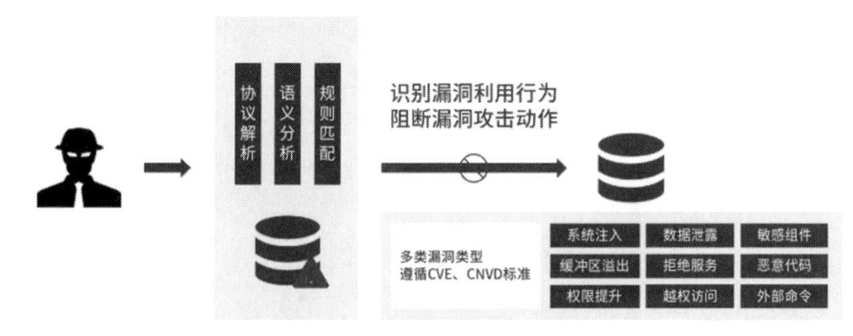

图8-2　虚拟补丁技术基本原理

基线配置监测是数据库风险检测扫描的重要组成部分。这种监测可以帮助我们发现和修复潜在的安全隐患，从而保证数据库的安全运行，包括数据库是否允许本地未授权登录、密码过期警告天数不合规、未配置密码复杂度策略、存在不受IP地址限制的账号、存在默认管理员账号；也包括动态的数据库权限监控，要求系统定期扫描并且比对每一次扫描结果，数据库账号的权限变动情况。另一个需要提及的技术点则是弱口令检测，简而言之，它意味着维护一个弱口令库，扫描的过程即模拟“撞库”行为。

在数据库结构扫描技术上，朴素的方式即采用数据库自带的函数获取表名、表注释、字段名、字段注释等信息。广义的数据库结构扫描还包括字段内容的获取。

朴素的方式是用简单随机抽样来完成字段内容的获取。然而，在遇到一些行数非常多的大数据表时，这种直接处理方式会带来非常大的性能损耗。一种可行的处理方式是先获取一个数据子集（如选取limit = 1000），再在这个子集当中进行随机抽样。但这样做也存在一定的弊端。例如，这种方式无法抽样到数据表中靠后的数据，对数据分布的反映是不够准确的。因此，是否采用这一方案，需要综合考虑数据扫描后的用途、用户对扫描时间的敏感程度、用户对数据分布要求等各种综合因素。

8.1.3　应用场景

数据库扫描在以下场景中发挥着重要作用。

（1）面对类型和数量庞大的数据库，或者存在许多数据迁移的历史时，数据库扫描可以帮助我们全面了解自身的数据资产。

（2）对于频繁变动的业务环境，数据库扫描可以实时监测数据内容和数据库结构的变动，这为进一步的数据安全工作（如数据分类、数据脱敏、数据访问控制等）提供了依据。

（3）如果当前的数据库没有进行定期的维护，通过数据库扫描可以系统性地发现并修复数据库的漏洞，解决基线配置、弱口令等问题，从而确保数据库的安全和稳定运行。

8.2　敏感数据识别与分类分级（A）

8.2.1　技术概况

敏感数据识别与分类分级是数据安全的核心内容，包括敏感数据识别、模板类目关联、相似数据聚类等技术，通过对不同类型的数据进行甄别，识别其中存在的敏感数据并对其进行分类定级处理，为细粒度的数据安全管控奠定基础。

首先，敏感数据识别是指对数据的“业务属性”作出的划分。例如，数据描述的是什么，是姓名、性别、手机号还是IP地址；或者只作出宽泛的识别，例如，是整数、浮点数还是英文字母等。

其次，模板类目关联是指将识别得到的“业务属性”数据，划分到某个具体分类分级树形结构的叶子节点的过程。依据行业数据分类分级标准并进行扩展，可以得到不同的“模板类目”。金融行业分类模板树形结构示例如图8-3所示。

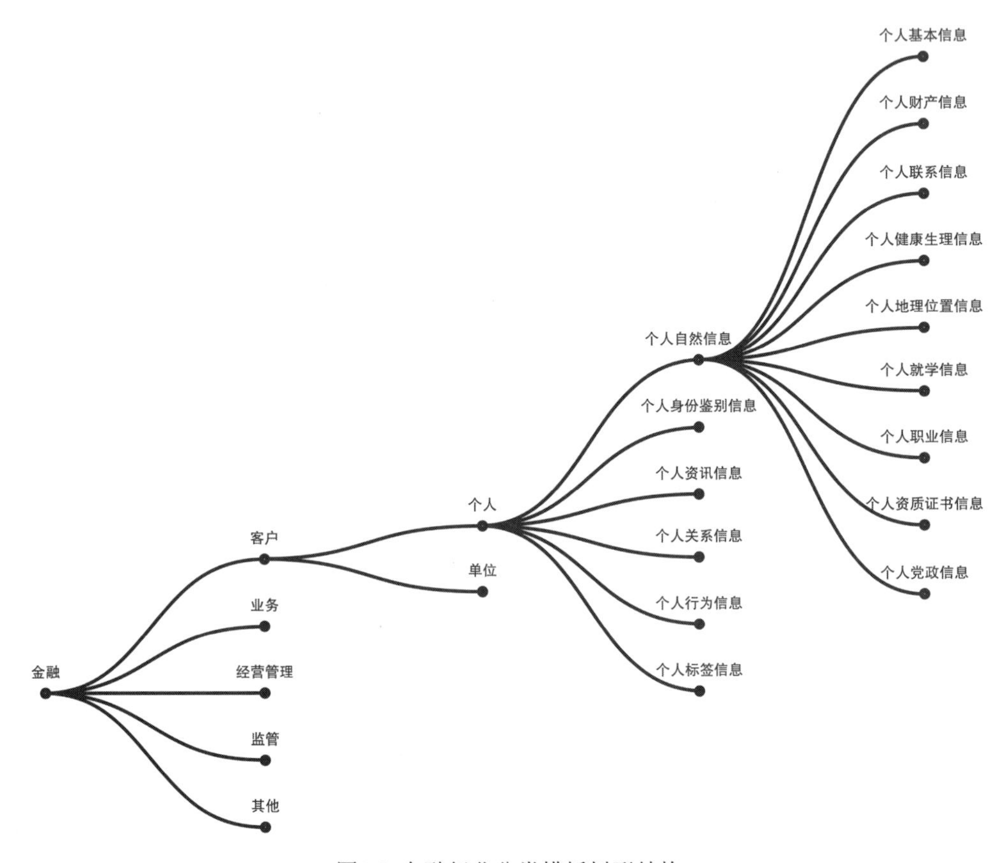

图8-3 金融行业分类模板树形结构

以金融行业为例，在金融业务的某个库表中，通过“敏感数据识别”已知某个字段描述的业务属性为“姓名”。为了完成完整的分类分级，需要进一步明确：它是“经营管理—营销服务—渠道信息—渠道管理信息”分类下的“渠道代理人姓名”，还是“经营管理—综合管理—员工信息—一般员工信息（公开）”分类下的“员工姓名”，又或者是其他类型的姓名。

8.2.2　技术路线

1. 敏感数据识别

敏感数据识别旨在发现海量数据中的重要数据，为后续数据分类分级奠定基础。企业中存在相当一部分临时表、历史开发表，这些表可能存在建表不规范，元数据缺失等问题。因此，在技术层面，我们基于数据内容来进行识别。常用的敏感识别模型有以下几种。

（1）基于正则表达式的模型。此类模型用于识别特征明显的敏感数据，如手机号、MAC地址等。技术难点在于如何尽可能地兼容复杂情况。以手机号类的数据为例，号码是否以+86开始、是否包含各个电信运营商的新增号段、是否包含虚拟号等，都会影响敏感数据识别的最终效果。

（2）基于字典匹配的模型。此类模型用于识别国籍、民族等枚举字段。字典匹配的技术实现看似简单，但在实践中为了取得较高准确率，往往需要附加额外的逻辑。例如，我们以血型来举例，常见血型可以通过字典枚举A、B、O、AB等进行判断，但实际数据情况是：如果某字段内容仅包含三个字母：大量的A、B和少量的C，那么它极有可能只是在描述一个具有三种状态的枚举值（可能是被脱敏处理后得到的），而不是在描述血型。在这种情况下，需要我们在字典算法基础上嵌套一个合理的损失函数来进行训练，从而得到更为客观的置信度，最终判断该字段是否代表血型。

（3）基于机器学习、命名实体识别（Named Entity Recognition，NER）的模型。此类模型用于识别姓名、地址等包含文本信息的字段。基于主题挖掘和文本分类、聚类等技术，可对大段文本信息进行识别和分类，如合同、专利等；此外，添加相关的正则、字典，以及训练特定的智能分类模型，也可完成对指定数据内容的识别。

在技术层面，我们需要解决的另一个问题是在识别的时候如何获取高质量的数据。如果直接在数据库中选择若干行数据，很容易获取到连续的空值或脏数据，进而影响模型的识别效果。一种解决思路是，在选择逻辑的外层嵌套一个循环，循环结束条件是对当前样本中数据随机性、脏数据比例的评估。如果采样数据不符合评估要求，则会剔除低质量数据并继续循环直到获取到足够的高质量数据。这个边界条件对“足够”的判断也需要结合当前库表中的整体数据量。例如，相比于1万行的数据表，当我们处理一个100万行的数据表时，则需要获取更多数据内容，才能保证相同的数据精度。但是，这种采样处理方式意味着扫描性能的急剧下降，在实践中必须综合考虑性能和精度。

2. 模板类目关联

举例来说，在电信行业，仅通过敏感数据识别的技术手段搞清楚了某张表某个字段描述的是“地址”，是远远不够的。在新的监管要求下，我们只有搞清楚这个“地址”，将其明确划分为“用户身份数据-用户身份和标识信息-用户私密资料-用户私密信息”类别，并将其指定为三级数据，才真正意义上完成了对这一敏感数据的分类分级工作。电信行业数据分类分级模板类目示例如图8-4所示。

一级子类	二级子类	三级子类	四级子类	类别	识别字段	数据级别
用户身份数据	用户身份和标识信息	用户私密资料	用户私密信息	用户身份数据-用户身份和标识信息-用户私密资料-用户私密信息	种族	3
用户身份数据	用户身份和标识信息	用户私密资料	用户私密信息	用户身份数据-用户身份和标识信息-用户私密资料-用户私密信息	家属信息	3
用户身份数据	用户身份和标识信息	用户私密资料	用户私密信息	用户身份数据-用户身份和标识信息-用户私密资料-用户私密信息	地址	3

图8-4　电信行业数据分类分级模板类目示例

我们也可在金融行业中阐述这一过程。假定我们采用同一敏感数据识别模型对“姓名”完成了识别，并已取得预期的覆盖率与准确率，那么在接下来的“模板类目关联”中，则需要区别“个人基本信息-姓名”“单位联系信息-联系人”“企业工商信息-企业法人”等，并赋予它们不同的数据级别。金融行业涉及“姓名”的多类别信息示例如图8-5所示。

分类模板	类别	类别编码	敏感项	数据级别
行业-金融	客户-个人-个人自然信息-个人基本信息	A-1-1-1	姓名	3
行业-金融	客户-单位-单位基本信息-单位联系信息	A-2-1-4	联系人	2
行业-金融	客户-单位-单位资讯信息-企业工商信息	A-2-3-4	企业法人	1

图8-5　金融行业涉及“姓名”的多类别信息示例

这里的技术要点就是，我们需要用准确而通用的业务规则来处理获取到的元数据信息。敏感数据识别元数据被定义为描述数据的数据，是对数据及信息资源的描述性信息，包括数据库中数据表和字段的名称、注释、类型等。

我们仍以姓名举例：“员工姓名”与“客户姓名”的敏感数据识别结果均为“姓名”（已通过前文所述NER等算法完成识别），但它们处于不同的类别。为了准确进行区分，我们利用表名、表注释、字段名、字段注释，甚至是同表中其他字段的元数据信息，判断是否出现了类似employee（雇员）、customer（客户）等类目的关键词，从而自动完成模板类目关联。当然，实际情况会更加复杂，注释填写不规范或者填写内容是拼音缩写等难以解析的情况也屡见不鲜，需要我们具体情况具体分析。

3. 相似数据聚类

在一般情况下（理想的实验室条件除外），难以通过全自动的算法模型直接完成完整的数据分类分级流程。在实际情况中，总存在着相当部分的重要数据表等文件未分类，此时需要用户手动指定数据分类与分级。

针对这一类的“手动梳理”工作，为了提高人工梳理效率及最终的分类分级准确度，一套可行的技术方案是使用聚类算法：具备相似表、相似文件的聚类功能，辅助用户批量完成数据的分类分级，以相似表的聚类为例（其中表簇的定义为彼此相似的表组成的簇），基于聚类算法辅助用户批量完成分类分级如图8-6所示。

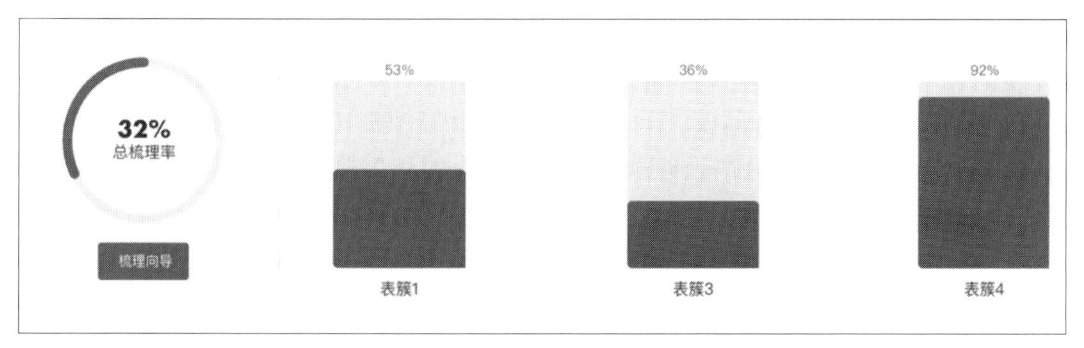

图8-6　基于聚类算法辅助用户批量完成分类分级

该技术要点在于明确如何界定同一个表簇、同一个字段簇（彼此相似的字段组成的簇），在此基础上辅助用户按照某个顺序来进行手动分类分级。

8.2.3　应用场景

敏感数据识别与分类分级在以下场景中发挥着重要作用：

（1）对于那些需要采取特别安全措施的高机密性数据，我们首先需要对数据进行全面的分类分级。这样可以明确哪些数据的分级满足了采用特别安全措施的要求，从而消除盲区，避免遗漏。

（2）在需要对数据使用条件进行约束，并满足监管要求的场景中，基于数据分类分级的结果来规定数据是否允许共享、是否允许出境等。

（3）对于已完成敏感数据识别的数据，直接应用既定的脱敏规则，从而避免在每个任务中都需要进行脱敏参数配置的烦琐工作。

8.3　数据加密（P）

8.3.1　技术概况

密码技术，作为信息安全发展的核心和基础，一直以来都是安全工作的重点。随着《密码法》实施和密码管理政策要求陆续出台，大力推动了商用密码的普及和融合应用。数据库作为数据资产重要载体，一旦发生数据泄露必将造成严重影响和巨大损失。数据库加密是基于加密技术和主动防御机制的数据泄露防护系统，能够实现对数据库中的敏感数据加密存储、访问控制增强、应用访问安全、安全审计等功能。

数据库加密技术，按照不同的分类方式，可以展现出其多样性和复杂性。从加密的粒度来看，主要分为列级别加密、表（空间）级别加密及数据文件级别加密。这三种加密方式在保护数据的机密性上各有侧重，能够根据不同的业务需求和数据特点提供精细化的加密解决方案。

数据库加密技术又可分为透明加密和非透明加密。其中，透明加密是指在不影响原有应用程序逻辑和用户操作体验的前提下，对数据库中的数据实施加密处理。这种方式能够确保数据的机密性和安全性，同时避免对应用程序进行大规模的改造，降低了实施成本和风险。透明加密技术的核心在于，它能够在数据存储和传输过程中自动进行加密和解密操作，无须用户或应用程序进行额外的操作。这使得敏感数据在数据库中始终以加密的形式存在，即使数据库被非法访问或泄露，攻击者也无法轻易获取到明文数据。同时，透明加密还提供了灵活的密钥管理和访问控制机制，确保只有授权的用户或应用程序才能够访问和使用加密数据。

总之，数据库加密技术在保护数据安全方面发挥着至关重要的作用。通过选择合适的加密粒度和应用改造程度，可以实现对数据的全方位保护，确保数据的机密性、完整性和可用性。

8.3.2 技术路线

本节介绍几种主要的数据加密方式：网关代理加密方式、用户自定义函数加密方式、表空间数据加密（TDE）方式、文件层加密方式。

1. 网关代理加密方式

采用此方式的产品通常是将数据加密代理平台部署在数据库前端，一般为应用终端或访问链路中。平台对SQL语句进行拦截并进行语法解析，形成SQL抽象语法树，如图8-7所示。然后对需要加密/解密的部分进行改写。对需要加密的数据做加密处理后存入数据库，数据以密文形式存储在数据库内，且数据与密钥相互独立存储，保证了数据的安全性。

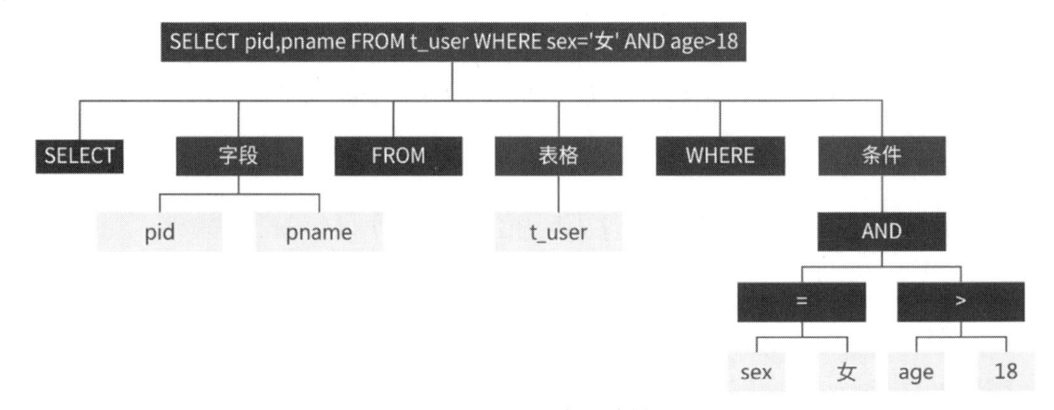

图8-7　SQL抽象语法树

该方式与应用系统存在一定程度的解耦，平台部署灵活性较高，既可以避免应用系统的大幅改造，也可以保证数据加密的快速实施；该部署模式的另一个优点是可支持的数据库类型较多，且较容易支持国产加密算法及与第三方KMS的对接。但这种部署模式存在的主要问题是其部署在访问链路中不可被绕过，一旦加密设备出现故障，易导致密文数据无法解密。因此，需要依赖高可用能力，有效降低单点故障风险，提升稳定性。

另外，由于该平台部署在数据库服务器前，所有访问都流经加密设备，因此可以对敏感数据的访问进行细粒度控制，实现“加密入库、访问可控、出库解密”的效果，从而保证数据的安全存储，访问可控。网关加密数据访问流程如图8-8所示。

但是，该方案存在以下风险：一是对部分数据库私有通信协议的解析和改写有可能面临破坏软件完整性的法律风险；二是对协议的解析技术要求很高，尤其对复杂语句的解析及改写，存在解析不正确或不能解析的可能，而加密数据无法读取可能导致应用系统运行异常或数据一致性被破坏；三是用此类方式加密以后一般只能对密文字段进行等值查询，不支持大于、小于、LIKE等范围查询，限制较大；四是如果数据库访问压力很大，加密设备性能很容易造成瓶颈；五是数据膨胀率大，通常会达到原大小的数倍甚至数十倍，同时对存量数据的加密时长较长，容易造成较长的业务停机时间，与加密的数据量有关。

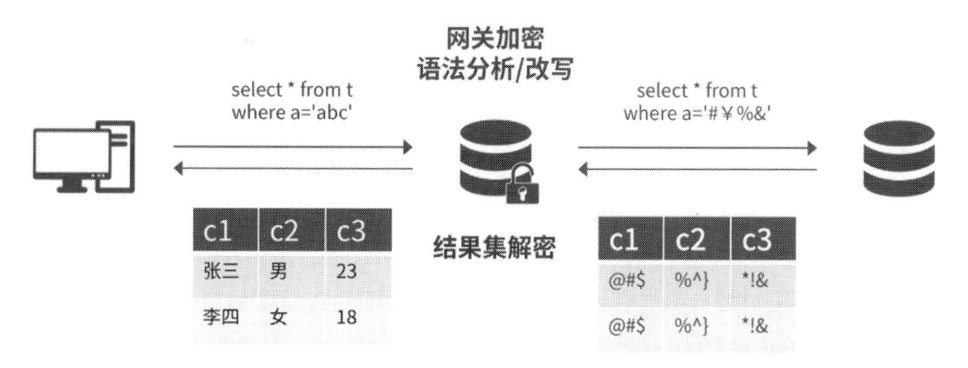

图8-8 网关加密数据访问流程示意图

2. 用户自定义函数加密方式

采用用户自定义函数加密（User Defined Function，UDF）方式的产品，多利用数据库扩展函数，以触发器+多层视图+密文索引方式实现数据加密/解密，可保证数据访问完全透明，无须应用系统改造，同时保证部分数据使用场景的性能损耗较低。用户自定义函数加密示意如图8-9所示。

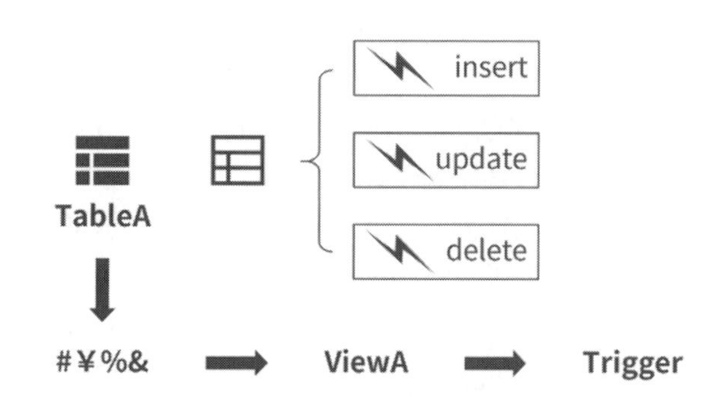

图8-9 用户自定义函数加密示意图

在写入数据时，通过触发器调用加密函数将数据加密后写入数据库；在读取数据时，通过在视图内嵌解密函数实现数据的解密返回。同时，在加密/解密函数内可添加权限校验，实现敏感数据访问的细粒度访问控制。用户自定义函数加密数据访问流程示意如图8-10所示。

此类产品主要应用在列级加密，且加密列数较少的情况，即保证基本的敏感信息进行密文存储，减少了加密量。加密膨胀率取决于加密列数的多少，且较容易支持国产加密算法及第三方KMS的对接。

此方式对于存量数据加密时间较长，容易造成较长的业务停机时间（可通过先对备数据库加密，然后切换后再对主数据库做加密），但支持的数据库类型较多。由于每种数据库的编程语法不同导致程序通用性差，且受数据库自身扩展性的影响，密文索引功能通常仅有极少的数据库（如Oracle）支持，实现难度又较大，因此，通常此类加密方式适用于密文列不作为查询条件、基于非密文字段为查询条件的精确查找，以及密文列不作为关联条件列的情况，使用时有较多限制。

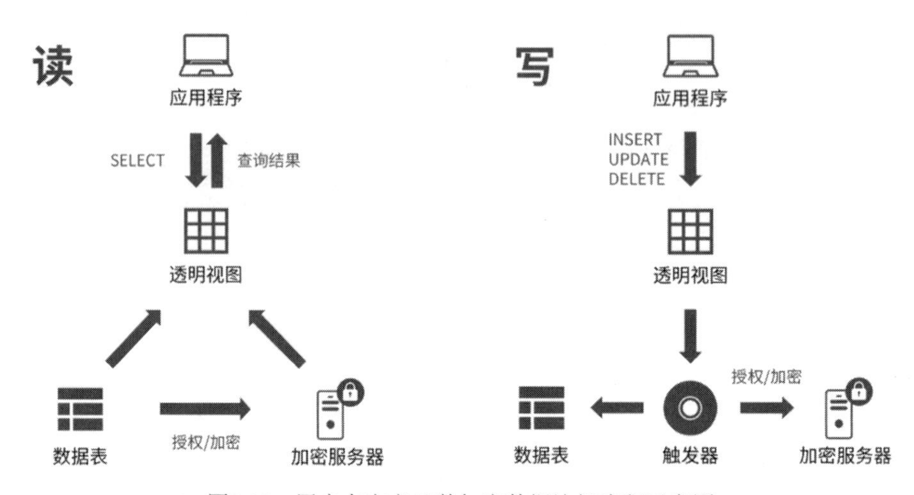

图8-10　用户自定义函数加密数据访问流程示意图

3. 表空间数据加密（TDE）方式

表空间数据加密（Tablespace Data Encryption，TDE）是在数据库内部透明实现数据存储加密和访问解密的技术，适用于Oracle、SQL Server、MySQL等默认内置此高级功能的数据库。数据在“落盘”时加密，在数据库被读取到内存中时是明文，当攻击者“拔盘”窃取数据时，由于无法获得密钥而只能获取密文，从而起到保护数据库中数据的效果。除对MySQL一类开源数据库进行开发改造之外，在通常情况下，此类方式不支持国产加密算法，但可通过HSM方式支持主密钥独立存储，保证密钥与数据分开存储，从而达到防止“拔盘”类的数据泄露情况。表空间数据加密示意如图8-11所示。

TDE方式可实现数据加密的完全透明化，无须应用改造，对于模糊查询、范围查询的支持较好，且性能损坏很低，如在Oracle通常场景下损耗小于10%。但此类方式适用的数据库较少，且需要较高版本。敏感数据的访问控制通常由数据库本身执行，粒度较粗，且无法防控超级管理员账号。如需增强访问控制需添加额外控制类产品，如数据库防火墙。

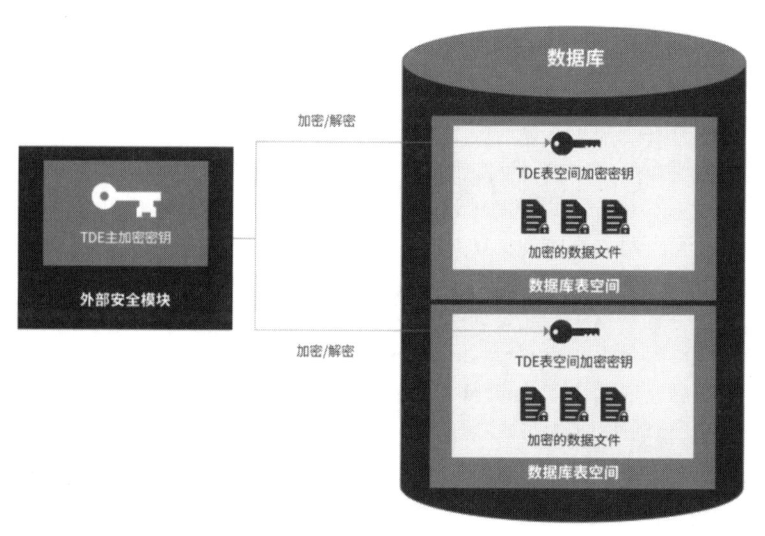

图8-11　表空间数据加密示意图

4. 文件层加密方式

此类方式多为在操作系统的文件管理子系统上部署扩展加密插件来实现数据加密。基于用户态与内核态交付，可实现“逐文件逐密钥”加密。在正常使用时，计算机内存中的文件以明文形式存在，而硬盘上保存的数据是密文。如果没有合法的身份、合法的访问权限及正确的安全通道，加密文件都将以密文状态被保护。文件层加密示意如图8-12所示。

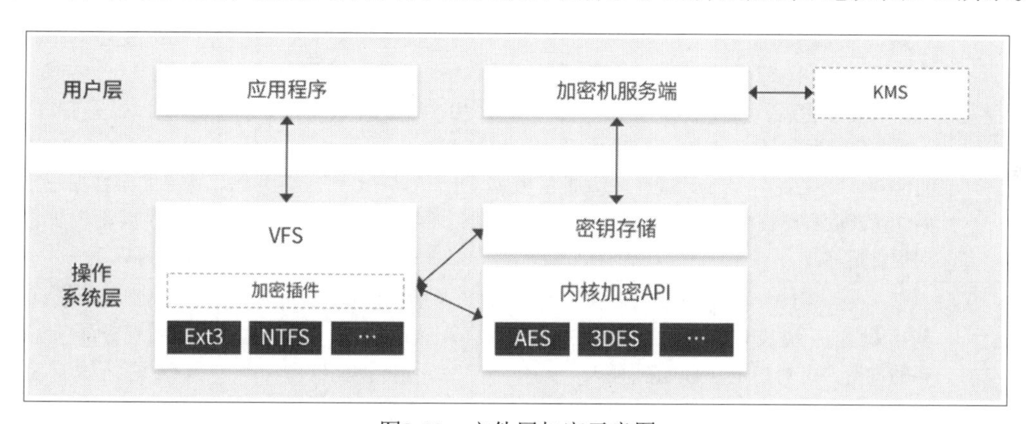

图8-12　文件层加密示意图

文件层加密方式与TDE方式类似，该方式性能损耗低，数据无膨胀，无须应用系统改造，可支持国密算法及第三方KMS，只是加密移到了操作系统文件层，从而可以支持更多的数据库类型，甚至可支持Hadoop等大数据类组件。

但此方式通常缺乏对密文的独立权限管控，当用户被授予表访问权限后即可访问全部敏感数据。加密时需要对整个数据文件加密，加密数据量大，且加密效果不易确认。

各种加密方式的综合对比情况如表8-1所示。

表8-1　加密方式综合对比

产　品	原　理	缺　点	优　点	适用场景
网关加密	以前置代理模式部署在客户端和数据库服务器之间，所有数据访问流经网关处理，在处理过程中将语句中的敏感信息加密改写，将结果集进行解密返回给客户端/应用，例如：insert 'aaa' 改写成 insert '#￥%'	1. 所有数据流量都经网关处理，影响大 2. 密文列不支持范围查询，只支持等值比较 3. 密文列不支持关联字段，如 where A表.name=B表.name 4. 密文列不支持运算，如 sum（密文列） 5. 数据空间膨胀率大	1. 直接改写SQL语句，不依赖具体数据库 2. 业务连接代理IP和端口 3. 加密效果显而易见 4. 可支持国密算法等扩展算法 5. 可支持第三方KMS	1. 对敏感数据的使用很明确 2. 敏感字段只有等值操作 3. 密文列无运算操作 4. 密文列不作为关联条件 5. 数据量较少，建议千万以下
表空间数据加密	利用数据本身表空间/库加密的特性，使其原有的命令行操作转变为图像界面操作，降低使用者的技术门槛	1. 确认加密效果不直观，一般直接查看数据文件 2. 不支持针对密文的独立权限管控 3. 不支持国密算法 4. 不支持第三方KMS	1. 加密/解密速度快，性能损失10%以内 2. 加密机宕机，业务不影响 3. 无须业务改造 4. 数据无膨胀	1. 数据量大，对性能要求高 2. 不清楚敏感信息的具体使用 3. 无国密算法要求 4.无权控要求
UDF加密	利用触发器+视图+队列的后置代理模式，设置加密后，写入数据由触发器将明文写入密文表，然后由队列任务按批次更新成密文	1. 当密文列作为 where 的条件时，性能差 2. 当对密文列进行统计或命中大批量数据时性能较差 3. 数据空间膨胀大	1. 加密效果显而易见 2. 无须业务改造 3. 密钥与数据独立存储	1. 密文列不作为查询条件 2. 对敏感列的使用很明确：无统计操作，命中数据量较小 3. 数据量较少，建议千万以下
文件加密	基于操作系统文件层的加密，可对指定的文件进行加密	1. 加密效果不易确认 2. 整改文件加密，加密数据量大 3. 无法直接对数据库用户进行权控	1. 透明性好，无须应用改造 2. 性能损耗低 3. 兼容性高	1. 对性能要求高 2. 模糊查询、统计、无法评估敏感字段的使用方式 3. 无权限管控要求

8.3.3　应用场景

数据库加密技术一般用于应对数据泄露问题，比如防止直接盗取数据文件、高权限用户或者内部用户直连数据库对数据进行窃取等。数据库加密产品利用独立于权限管控体系的加密方式实现防护。

（1）明文存储泄密。

若敏感信息集中存储的数据库因为历史原因导致无防护手段或者防护手段过于薄弱，那么攻击者就有可能将整个数据库拖走，以明文方式存储的敏感信息就会面临泄露的风险。

此时使用数据库加密系统就可以对这样的敏感信息进行加密，将敏感明文数据转化为密文数据存储在数据库中。这样即使发生了数据外泄的情况，对方看到的将是密文数据。破解全部密文信息或者从中找到有价值的数据是一件极为困难的事情。

（2）高权限用户或者内部用户对数据进行外泄。

由于工作性质的原因，一些岗位例如运维人员、外包人员可以接触到敏感数据，这就意味着存在数据泄露或被篡改的风险。一旦发生这些情况，很可能会直接影响业务的正常运转，导致商业信誉受损或造成直接的经济损失。此时使用数据库加密系统的权限管控体系，可以防止高权限的管理人员或者内部人员对数据进行非法篡改或者获取敏感数据，保证敏感数据在未授权的情况下无法访问。

（3）外部攻击。

数据库系统由于庞大而复杂，会存在一些持续暴露的高危漏洞，这些漏洞一旦被利用，黑客便很容易窃取到敏感数据。由于漏洞的存在很可能是普遍的、长期的，因此，一个安全健康的数据库就需要另一道防线来抵御因漏洞问题导致的权限失控的风险。使用数据库加密系统可构建独立于数据库权限管控的密文权限管控体系，即便因为漏洞等原因导致数据库权限管控体系被突破，入侵者也无法获得敏感数据。数据库加密系统还可实现安全审计功能，对访问敏感信息的行为进行审计，可以对异常访问行为进行事后溯源。

8.4　静态脱敏（P）

8.4.1　技术概况

数据脱敏是指对某些敏感数据通过脱敏规则进行数据变形，实现敏感数据的可靠保护。在涉及客户安全数据或者一些商业性敏感数据的情况下，在不违反系统规则的条件下对真实数据需要进行改造方可供测试使用，如身份证号码、手机号、银行卡号、客户号等个人信息都需要进行数据脱敏。

一般来讲，在完成敏感数据发现之后，就可以对数据进行脱敏。目前被广泛使用脱敏模式有两种：静态脱敏和动态脱敏。两者针对的是不同的使用场景，并且在实施过程中采用的技术方法和实施机制也不同。一般来说，静态脱敏具有更好的效果，动态脱敏更为灵活。

数据静态脱敏的主要目标是对完整数据集中的大批数据进行一次性全面脱敏。通常，根据适用的数据脱敏规则并使用类似于ETL技术的处理方法对数据集进行标准化。通过制定最优的脱敏策略，可实现在根据脱敏规则降低数据敏感性的同时，减少对原始内部数据和数据集统计属性的破坏，并保留更多有价值的信息。

图8-13给出了一种常见的静态脱敏流程。数据静态脱敏系统直接将生产环境和开发测试环境连接，将待脱敏的数据从生产环境抽取进入脱敏系统内存中（不落盘），然后将脱敏处理后的数据直接写入目的环境，即开发环境和测试环境。需要特别注意的是，在此过程中如果存在源数据库和目标数据库异构（例如生产库为Oracle、脱敏数据写入的测试库为MySQL）的情况，则需要特殊处理。

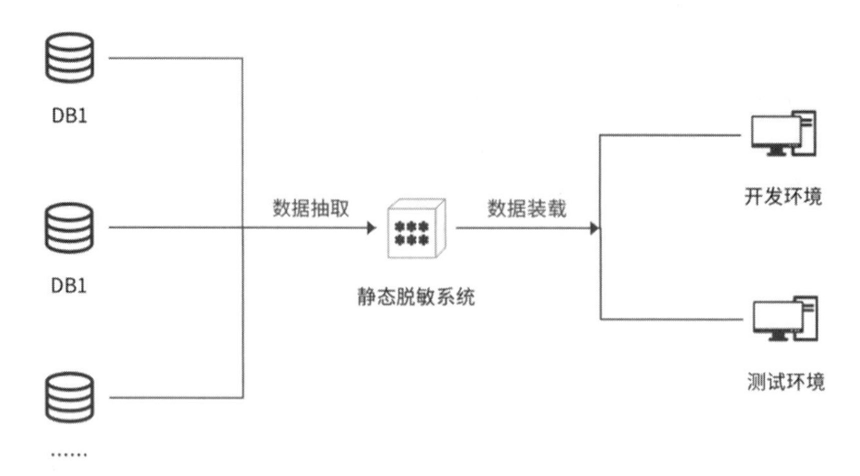

图8-13　静态脱敏流程

8.4.2　技术路线

1. 常用脱敏方式

常用的数据脱敏方法有以下几种。

（1）置空/删除。

直接将待脱敏的信息以填充空字符或者删除的形式抹除。这种方式是最彻底的脱敏方式，但数据也丧失了脱敏后的可用性。

（2）乱序。

此方法在结构化数据（例如数据库）中颇为常用。对于待脱敏的列，不对列的内容进行修改，仅对数据的顺序进行随机打乱。除了这种简单方式，在某些强调分析的场景中，还需要保留不同列的关联关系，例如身份证号码、年龄、性别等列，此时就需要多列同步进行打乱。乱序可以大规模保证部分业务数据信息（例如正确的数据范围、数据的统计属性等），从而使非敏感数据看起来与原始数据更加一致。乱序方法通常适用于大型数据集需要保留数据特征的场景。它不适用于小型数据集，因为在这种情况下，可以使用其他信息来恢复乱序数据的正确顺序。

（3）遮蔽。

保留数据中一些位置上的信息，对于敏感位置的信息使用指定的字符进行替换，例如将身份证号码里的出生日期信息进行遮蔽，110101190202108616→11010××××××××8616（注意：该身份证号码为编造数据，仅作示例展示使用，若有雷同纯属巧合）。这种方法可以保持数据的大致形态，同时对关键细节进行藏匿，简单有效，被广泛使用。

（4）分割。

保留数据中一些位置上的信息，对于敏感位置的信息进行删除。例如：浙江省杭州市滨江区西兴街道联慧街188号→浙省杭州市。

注意：分割与遮蔽虽然都是对关键位置信息的处理，但是相较于分割，遮蔽的方式仍保留了关键数据的位置及长度信息。

（5）替换。

替换是用保留的数据完全替换原始数据中的敏感内容的方法。使用此方法，受保护数据无法撤销，并且无法通过回滚来恢复原始数据以确保敏感数据的安全性。替代是最流行的数据脱敏方法之一。具体方法包括固定值替换（用唯一的常数值替换敏感数据）、表搜索和替换（从预置的字典中使用一定的随机算法进行选择替换）、函数映射方法（以敏感数据作为输入，经过设计好的函数进行映射得到脱敏后的数据）。在实际开发过程中，应根据业务需求和算法效率来选择替代算法，尽管替代方法非常安全，但替代数据有时会失去业务含义，且没有分析价值。

（6）取整。

对数值类型和日期时间类型的数据进行取整操作。例如，数值：99.4→99，时间：14:23:12→14:00:00。此外，取整操作还可以针对区间进行，例如可将99.4取整至步长为5的区间中，则取整后的数值为95。这种方法在一定程度上可以保留数据的统计特征。

（7）哈希编码。

将哈希编码后的数据作为脱敏结果输出，例如123→40bd001563085fc35165329ea1ff5c5ecbdbbeef。该方法可以较好地达到脱敏的目的，但是脱敏后的数据也面临着不可用的问题。

（8）加密。

加密分为编码加密和密码学加密，其中编码加密使用编码方式对数据进行变换。编码方式可以为GBK和UTF-8等，例如数据“安全”→%u 5B89%u 5168。密码学加密可细分为对称加密和非对称加密，在脱敏中常用对称加密。常见的对称加密方式有DES和AES等。这些方法同时也关注到了数据的可还原性，即可以通过密钥等方式获取原始数据。由于其可逆性，加密方法将带来一定的安全风险（密钥泄露或加密强度不足会导致暴力破解）。具有高加密强度的加密算法通常具有相对较高的计算能力要求，并且它们在大规模数据上需要消耗很大的计算资源。通常，加密数据和原始数据格式是完全不同的，并且可读性很弱。保留数据个数加密技术可以在保留数据格式的同时对数据进行加密，加密强度相对较弱，是脱敏时常用的加密方法。

2. 保留数据格式的方法

除了以上常用方法，在实际的测试场景中，用户更希望在剔除敏感信息的同时仍保留数据的可读性和业务含义。这里的可读性指的是脱敏后的数据仍可以直观理解，例如数据12经过脱敏后为34，同为可直观理解的数字，而非类似加密之后的未知含义字符串；而保留业务含义的最简单理解为脱敏后的数据仍符合原始数据的字段核验规则，例如身份证号码经过脱敏之后仍可以通过身份证号码的核验规则。表8-2和表8-3给出了一个用保留数据格式的方法进行数据脱敏前后的数据样例。

表 8-2　数据脱敏前示例

Id	姓名	性别	年龄	手机号
1	张三	男	23	14250907669
2	李四	女	34	15421712547

表 8-3　数据脱敏后示例

Id	姓名	性别	年龄	手机号
1	张尊	男	20	14250903456
2	李华	女	30	15421713223

通过对比脱敏前后的数据可以看出：脱敏后的数据将保留原始数据格式，但实际信息将不再存在。尽管名称和联系信息看起来很真实，但它们没有任何价值，并且可以通过系统数据格式的校验，在测试系统时可以很好地模拟真实情况下的数据。

为了满足保留数据可读性和业务含义的需求，业内出现了一些保留数据格式的脱敏处理方式。

（1）通用处理方式。

若忽视字段的业务含义，仅将数据当作字符串处理，则通用处理方式可理解为：原来是什么数据类型，脱敏之后仍为什么数据类型。例如：123abc%#$→456def!@&，在本例中，数字脱敏为数字、字母脱敏为字母、符号脱敏为符号。

（2）考虑业务含义。

若考虑到业务含义，则生成的数据需符合核验规则，主要包括长度、取值范围、校验规则和校验位的计算等。例如身份证号码：340404204506302226→150204205512294777（注意：该身份证号码为编造数据，仅作示例展示使用，若有雷同纯属巧合）。脱敏后的数据要满足由17位数字本体码和1位校验码组成的规则。排列顺序从左至右依次为：6位数字地址码，8位数字出生日期码，3位数字顺序码和1位数字校验码。

（3）一致性约束方式。

在开发和分析场景中，对脱敏后数据的一致性有一定的要求。例如在业务开发时会涉及多表联合查询，在数据分析中需要融合单个个体的多维度信息（这些信息往往分布在不同的库表中）。为了保证这些需求在脱敏之后仍能满足，需要保证脱敏策略的一一映射属性，亦即相同的数据经脱敏后的结果相同，不同的数据经脱敏的结果不同，单个数据多次脱敏后的结果相同，即具有一致性。这类一致性的算法，在保留数据格式层面的实现方式可采用保留格式加密（Format Preserving Encrypt，FPE）算法。FPE是一类特殊对称加密算法，它可以保证加密后的密文格式与加密前的明文格式完全相同，加密解密通过密钥完成，安全强度高。FF1算法是一种常用的FPE算法。

3. 保留统计特征的方法

除了测试场景，在数据分析场景中，针对复杂建模分析和数据挖掘的需求，会对类别类型和数值类型的数据有额外要求，即期望数据的统计特征得以保留。

类别类型的数据：主要指的是反映事物类别的数据类型，此类数据具有有限个无序的值，为离散数据，例如我国的不同民族，又如在机器学习当中的类别标签等。对此类数据的脱敏主要是对类别信息的脱敏，不同的类别之间保留区分性即可。例如数据“苹果，苹果，香蕉”对应“A，A，B”，在分类任务当中仅需知道A和B为两个不同的类即可，无须知道具体哪个对应苹果、哪个对应香蕉。

数值类型的数据：指取值有大小且可取无限个值的数据类型。在此类数据中，可能关注的是数据间的相对大小关系，也可能关注数据的各阶统计特征或是分布。

若想保留数据间的相对大小关系用于后续建模分析，则可使用归一化或者标准化等数据预处理方式实现。

（1）标准化：对数值类型的数据进行标准化缩放，使得数据均值归为0，方差归为1。用本算法脱敏后的数据基本保留数据分布类型，可用于常见的分类、聚类等数据分析任务。

（2）归一化：对数值类型的数据进行归一化缩放，将数据线性缩放至[0，1]区间。本算法脱敏后的数据可限定数据范围，保留数据相对大小，剔除量纲影响。可根据分析模型和分析需求选用本算法。

若关注各阶段统计特征，期望脱敏后的数据尽可能在统计意义上不失真，则可围绕概率密度函数的估计展开，因为概率密度函数中包含了数据的各阶统计特征信息，具体地，可首先通过对原始数据的核密度估计完成数据概率密度函数估计；接着通过对概率密度函数采样完成数据重建等操作进行数据脱敏。通常来说，可将数据假定为高斯分布，使用原始数据对高斯分布进行参数估计，得到显式的概率密度函数，对此概率密度函数进行采样即得到脱敏后的数据。

8.4.3　应用场景

数据静态脱敏主要应用于以下几个场景。

（1）开发与测试环境：在软件开发和测试过程中，通常需要使用到生产环境中的真实数据。为了保护敏感信息，通常会对这些数据进行静态脱敏处理，这样即使数据泄露，也不会对真实数据造成影响。

（2）数据分析与报告：在进行数据分析或者生成报告时，为避免涉及敏感信息，通常会对数据进行静态脱敏处理。这样既可以保护敏感信息，也可以保证数据分析的准确性。

（3）数据共享与外包：在数据共享或者数据外包时，为防止敏感信息泄露，通常会对数据进行静态脱敏处理。

（4）满足数据合规和隐私保护要求：在某些行业，比如金融、医疗等，由于合规要求，需要对存储和处理的数据进行脱敏处理，以保护客户的隐私。

8.5　动态脱敏（P）

8.5.1　技术概况

数据脱敏分为静态脱敏和动态脱敏，前面已经详细介绍了静态脱敏相关技术，本节将就动态脱敏的一些技术路线和应用场景进行介绍。

数据动态脱敏的主要目标是对外部应用程序访问的敏感数据进行实时脱敏处理，并立即返回处理后的结果。该技术通常会使用类似于网络代理的中间件，根据脱敏规则实现实时失真转换处理，并返回外部访问应用程序的请求。通过制定合理的脱敏策略，可在降低数据敏感性的同时，减少数据请求者在获取经过处理的非敏感数据时所面临的延迟。整个过程不会对原始真实数据进行修改，有效避免了数据泄露，保证了生产环境的数据安全。此外，数据动态脱敏模式可针对不同的数据类型设置不同的脱敏规则，还可以根据访问者的身份权限分配不同的脱敏策略，以实现对敏感数据的访问权限管控。

动态脱敏与静态脱敏有着明显的区别，静态脱敏一般用于非生产环境，主要应用场景是将敏感数据由生产环境抽取出来，经脱敏处理后写入非生产环境中使用。而动态脱敏的使用场景则是直接对生产环境数据实时查询，在访问者请求敏感数据时按照请求者权限进行即时脱敏。图8-14和图8-15给出了两种常见的动态脱敏流程示意图[1]。

图8-14所示的方式为代理接入模式，该模式采用逻辑串行、物理旁路。在实现数据实时脱敏处理方面，将应用系统的SQL数据连接请求转发到脱敏代理系统，动态脱敏系统进行请求解析，再将SQL语句转发到数据库服务器，数据库服务器返回的数据同样经过动态脱敏系统后由脱敏系统返回给应用服务器。

图8-15所示的动态脱敏流程为透明代理方式。该方式将动态脱敏系统串接在应用服务器与数据库之间，动态脱敏系统通过协议解析分析出流量中的SQL语句来实现脱敏。注意这种方式对连接方式不需要作出修改，但所有的流量都会经过网关，会造成性能瓶颈。

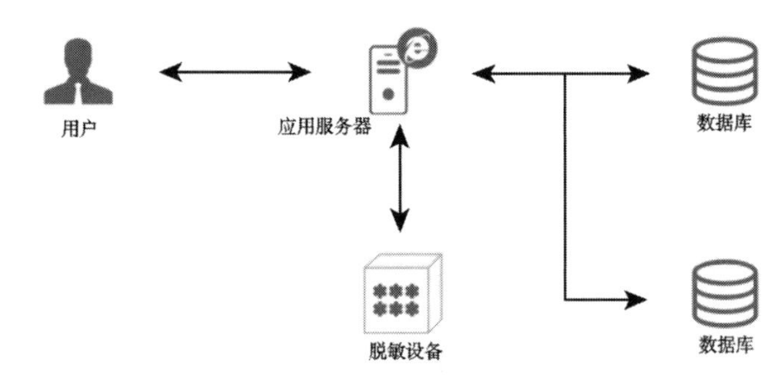

图8-14 动态脱敏流程（代理接入模式）

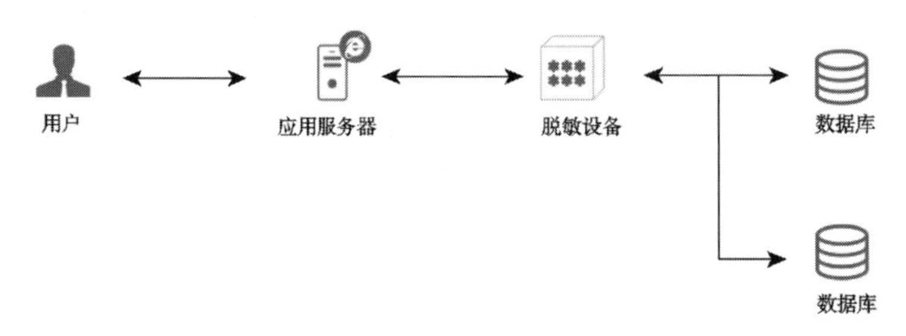

图8-15 动态脱敏流程（透明代理模式）

8.5.2 技术路线

1. 常用脱敏方式

动态脱敏常见的脱敏方式有遮蔽、替换、乱序、置空、加密和限制返回行数等方式。前几种方式在讲解静态脱敏时已经介绍过，在此不再赘述。限制返回行数方法主要是保证

[1] 董子娴. 动态数据脱敏技术的研究[D]. 北京：华北电力大学（北京），2021

限制返回给请求者的结果条数不得多于系统约束的数目，达到保护敏感数据的目的。

2. 常见技术路线

动态脱敏技术在实际使用中有三种常见的技术路线：结果集处理技术、SQL语句改写技术，以及结合了结果集处理技术和SQL语句改写技术的混合模式脱敏技术[1]。

（1）结果集处理技术。

该技术对查询结果集进行脱敏，不涉及改写发给数据库的语句。在脱敏设备上拦截数据库返回的结果集，然后根据配置的脱敏算法对结果集进行逐个解析、匹配和改写，再将最终脱敏后的结果返回给请求者。

结果集处理技术的优势：该技术在针对返回的结果集进行处理的过程中，不涉及对查询语句的操作，理论上与数据库类型无关，兼容性较高。同时，由于该技术可以获取真实数据的格式和内容，在进行脱敏处理时使用的算法和策略可以依据数据做更精细的配置，所以，脱敏结果可用性更高。另外，由于不涉及对具体数据库的复杂操作，用户的学习和使用成本较低，易用性较好。

结果集处理技术的劣势：由于结果集处理技术要在脱敏设备处对返回的结果集进行逐条改写，故而脱敏效率较低，会成为业务的性能瓶颈。另外，在针对相同数据类型的字段按业务需求执行不同脱敏算法时，该技术难以同时配置差异化的脱敏算法，故而导致脱敏灵活性较低。

（2）SQL语句改写技术。

该技术对发给数据库的查询SQL语句进行捕获，并基于敏感字段实施脱敏策略，对SQL语句进行词法和语法解析，对涉及敏感信息的字段进行函数嵌套或其他形式的改写，然后将改写后的SQL语句发给数据库，让数据库自行返回脱敏后的处理结果。SQL语句改写技术示意如图8-16所示。

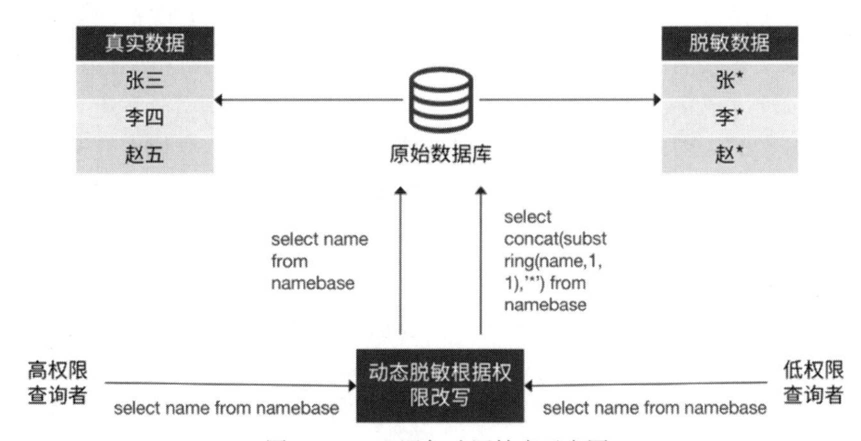

图8-16　SQL语句改写技术示意图

从图8-16中可以看出，语句改写技术还可以根据查询者的权限动态返回不同的结果。

SQL语句改写技术的优势：该技术的主要计算逻辑由数据库服务器完成，数据库服务器

[1] 张海涛.《数据安全法》语境下看三代动态脱敏技术的演进[Z].中国信息安全.2021.

返回的结果就是最终的结果，与标准SQL语句执行耗时相差无几，故对脱敏设备而言不会成为性能瓶颈。另外，针对相同数据类型的字段可同时指定不同的脱敏算法，从而实现有针对性的脱敏，灵活性较强。

SQL语句改写技术的劣势：该技术本质是利用数据库自身的语言机制进行数据脱敏，该脱敏方式与具体的数据库类型存在强耦合。由于数据库类型和SQL语句千变万化，所以SQL语句改写技术的适配工作量会较大，导致兼容性较低，易用性较差，学习成本较高。同时，SQL语句解析是一项复杂的技术，一般都是由数据库厂商掌握，所以在处理复杂语句时，对SQL语法分析和改写是极大的挑战。常见的复杂情况包括复杂函数转换、标量子查询、where条件中的内联视图等，这些复杂情况均需进行深入研究才能顺利分析和改写其SQL语句。

（3）混合模式脱敏技术。

由于结果集处理技术和SQL语句改写技术这两种常用方式各有利弊和各自适用的场景，故而可将两种方式结合起来，根据场景智能选择，实现高兼容性、高性能和高适用性的平衡。例如，在面对大数据量的列级查询时，可选用SQL语句改写技术；而在面对非查询类例如存储过程或者结果集数据量较少的情况下，可选用结果集处理技术。

8.5.3 应用场景

动态脱敏的核心目的是，根据不同的权限对相同的敏感数据在读取时采用不同级别的脱敏方式，在实际使用时主要面向的对象为业务人员、运维人员及外包开发人员，各类人员需要根据其工作定位和被赋予的权限访问不同的敏感数据。

1. 业务场景

业务人员的工作必定会接触到大量业务信息和隐私信息，由别有用心的内部业务人员造成的信息泄露是数据安全面临的风险挑战之一。一般来说，一个成熟的业务系统在开发时需要根据业务人员身份标识及其对应的业务范围标识做不同的数据访问限制。例如在一些信息公示场景下，仅需展示姓名和手机尾号，具体身份证号码等敏感信息无须展示，因此，手机号可以进行截断、身份证号码字段可以采用“*”号遮蔽等处理方式。对于老旧的业务系统或者开发时未考虑数据安全等合规性要求的系统来说，合规性改造会过于复杂，甚至成本极高，此时，通过部署动态脱敏产品实现敏感数据细粒度的访问控制和动态脱敏是一个很好的选择。

2. 运维场景

数据运维人员从自身的工作职能出发，需要拥有业务数据库的访问权限；但是从数据归属的角度看，业务数据隶属于相关业务部门而非运维部门。实际上，动态脱敏需求最为迫切的一个使用场景，就是调和运维人员访问权限和数据安全之间的矛盾。例如，运维人员需要高权限账号维护业务系统的正常运转，但不需要看到业务系统中员工的个人信息和薪资等敏感信息，此时就可以使用动态脱敏对关键信息脱敏处理后再进行展示。

当然，目前也有使用数据审计对高权限账号的操作进行审计监控，用以约束高权限账号的行为。但这是一种事后溯源的能力，而动态脱敏则是事前防护，在一定程度上从源头扼杀了数据泄露的可能性。

8.6　文件内容识别（P）

8.6.1　技术概况

文件内容识别作为一项数据安全保护技术，通过一定的技术手段识别相关的文件类型，并将文件中的实际内容提取出来为后续的分析提供依据，主要包括以下实现方式。

（1）根据文件对象的内容特征识别文件类型。

（2）对已经识别的文件类型分别进行解析，提取文件内容，转换为UTF-8类型的txt文件。

（3）提取文件对象的元数据。

常用的识别技术手段如表8-4所示。

表 8-4　常用的识别技术手段

<table>
<tr><th>技术类别</th><th>技术子类</th><th>技术名称</th><th>应用效果</th></tr>
<tr><td rowspan="8">文本特征智能识别</td><td rowspan="4">智能切词</td><td>基于改进型最大熵的词性标注</td><td>基于最优路径与兼类词性识别的文档词性准确标注</td></tr>
<tr><td>基于机械匹配的初步文档切词</td><td>基于词典及语料库的多种匹配算法实现兼类词的准确切词</td></tr>
<tr><td>基于 BiLSTM-CRF 短语提取</td><td>基于词语相关性，结合 CRF 字词标签预测模型，实现短语词的准确提取</td></tr>
<tr><td>基于短语句法分析的长词识别</td><td>基于句法分析树的词性组合实现文档长词的有效提取</td></tr>
<tr><td rowspan="2">文档聚类</td><td>基于主题模型的文档主题中心识别</td><td>通过 LDA 模型识别文档主题及主题中心，实现文档的初步分类</td></tr>
<tr><td>基于主题中心的改进 K-Means 文档聚类</td><td>将文档主题中心作为基于距离计算文档类型的初始中心点进行迭代运算实现文档的快速准确分类</td></tr>
<tr><td rowspan="8">关键词提取</td><td>基于 TF-IDF 的词频权重标识</td><td>基于中文词库在文档中出现的概率模型标识文档中词语的权重</td></tr>
<tr><td>基于词频权重的改进 TextRank 关键词提取</td><td>基于词语 TF-IDF 权重排序词图分析，准确提取反映文档特性的关键词</td></tr>
<tr><td rowspan="2">指纹提取</td><td>基于 Minhash 多类型指纹提取</td><td>采用向量降维算法实现文档句、段等的指纹特征有效提取</td></tr>
<tr><td>基于 Simhash 快速指纹提取</td><td>基于相似性归并方法快速计算文本的指纹特征</td></tr>
<tr><td rowspan="4">分类模型构建</td><td>词向量分布式表示</td><td rowspan="4">基于分布式词向量的文档快速分类预处理，融合深度神经网络的学习模型，构建高精度的文档分类模型，实现新文档的准确分类</td></tr>
<tr><td>基于句子内容的文档分类预处理</td></tr>
<tr><td>基于词序关联分析的文档分类模型预处理</td></tr>
<tr><td>基于变长上下文关联分析的文本分类</td></tr>
</table>

8.6.2 技术路线

1. 文本特征智能识别

文本特征智能识别流程如图8-17所示，主要实现文档解析、文档智能切词、文档聚类及关键词提取。

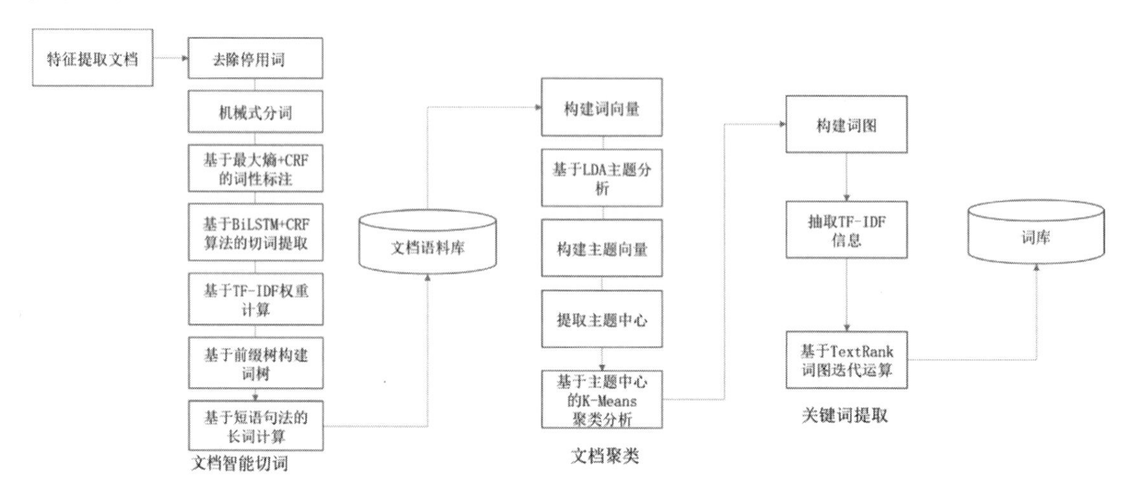

图8-17　文本特征智能识别流程

2. 智能切词

智能切词技术流程如图8-18所示，通过去除停用词、机械式切词预处理、文件内容提取等过程，构建文档语料库，为后续深度分析提供基础数据。

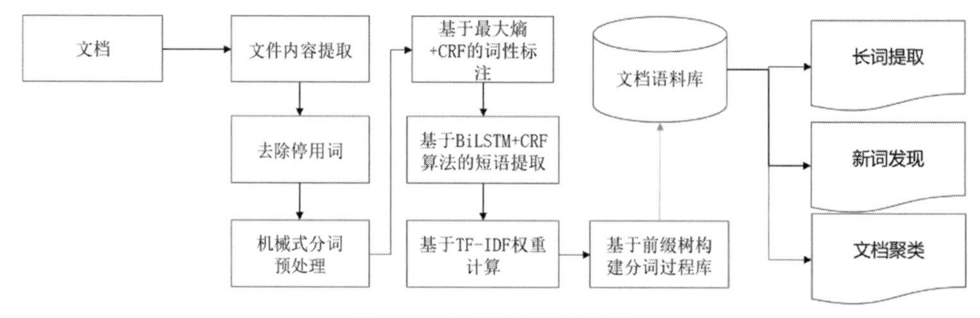

图8-18　智能切词技术流程

（1）基于改进型最大熵的词性标注。

采用最大熵进行初次标注，保留最优路径，通过在其他几条比较好的路径中为每个兼类词挑选第二个候选词性，再利用条件随机场（Conditional Random Field，CRF）模型对兼类词的候选词性进行优化选择，结合最大熵标注内容进行文档词性标注，并将标注结果作为最终的词性标注。基于改进型最大熵的词性标注流程如图8-19所示。

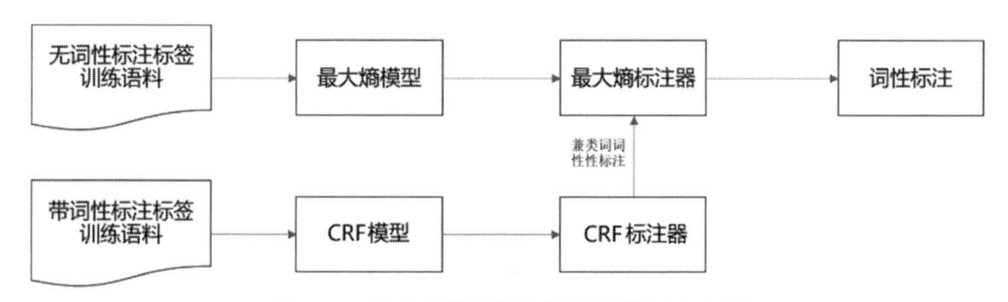

图8-19　基于改进型最大熵的词性标注流程

（2）基于机械匹配的初步文档切词。

该方法对待切词文件文本主要采用字符串匹配的策略进行切词。依据多种匹配策略，将待分析的文件文本与一个大词典中的词条进行匹配，若在词典中找到某个字符串，则切词成功。按照扫描方向的不同，分为正向匹配和逆向匹配。

（3）基于BiLSTM-CRF短语提取。

首先，以基于机械匹配后文档切词的结果作为输入，使用BiLSTM（Bi-directional Long Short-Term Memory）模型对相关词语进行编码解码。然后，根据解码结果，使用CRF模型预测相关字词的标签；并根据预测结果对新标签进行词语组合，生成文档短语。使用BiLSTM-CRF进行短语提取的流程如图8-20所示。

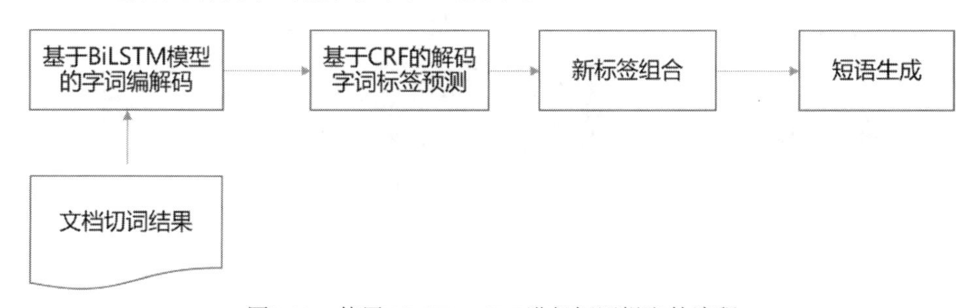

图8-20　使用BiLSTM-CRF进行短语提取的流程

（4）基于短语句法分析的长词识别。

基于上述三个步骤的处理结果对解析后文本词语构建句法分析树，根据已标注词性进行长词组合，提取文档长词，将此过程进行重复运算，最终经过人工审核确认，将生成的文档长词加入行业语料库和词库。基于短语句法分析的长词识别流程如图8-21所示。

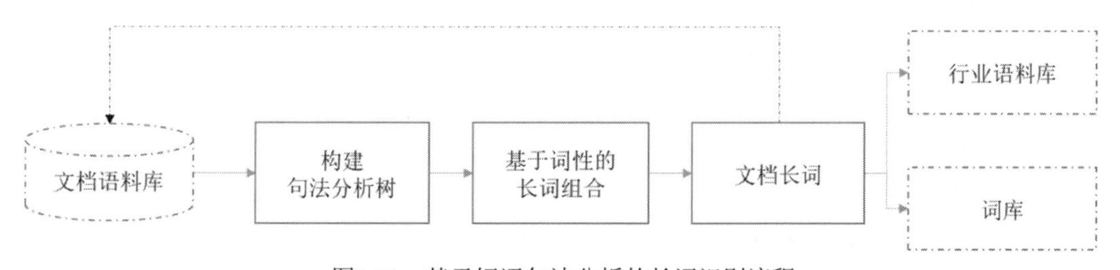

图8-21　基于短语句法分析的长词识别流程

3. 文档聚类

文档聚类过程如图8-22所示，将文档语料库中的词语构成文档的词向量，并通过隐含狄利克雷分布（Latent Dirichlet Allocation，LDA）模型进行文档主题分析，将主题中心作为K-Means聚类分析的初始值进行文档聚类处理，实现文档快速准确聚类。

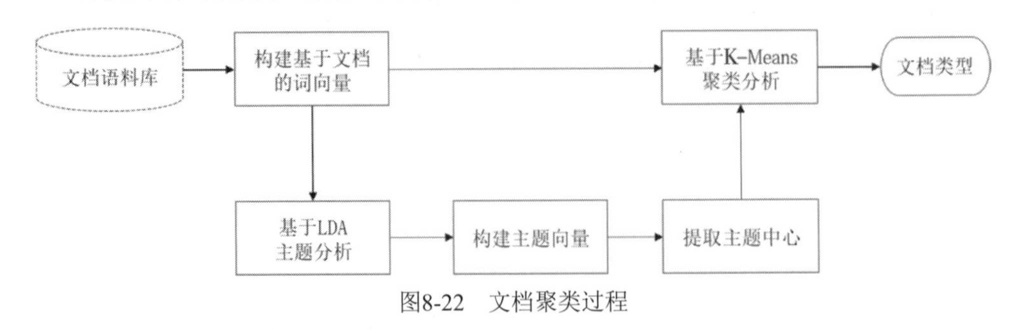

图8-22 文档聚类过程

（1）基于主题模型的文档主题中心识别。

给定一批无序的语料，基于LDA的主题训练过程如图8-23所示。

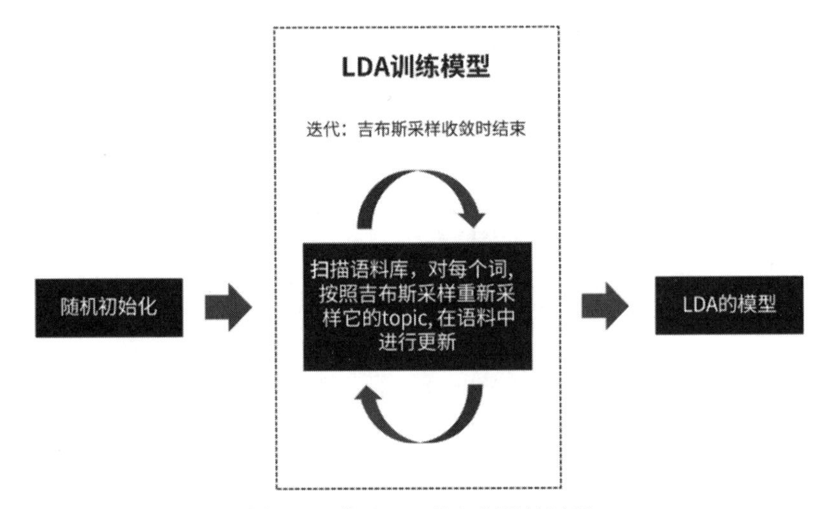

图8-23 基于LDA的主题训练过程

随机初始化：对语料中每篇文档中的每个词，随机地赋一个topic（主题）编号。

重新扫描语料库，对每个词，按照吉布斯采样重新采样它的topic，在语料中进行更新。

重复以上语料库的重新采样过程直到吉布斯采样收敛。

统计语料库的topic-word共现频率矩阵，该矩阵就是LDA的模型。

（2）基于主题中心的改进K-Means文档聚类。

通过主题模型的学习，初步得到相关文档的主题及主题中心，选择主题中心作为K-Means文档聚类的初始中心进行迭代运算，最后得出聚类结果。

4. 关键词提取

关键词提取是将文档预处理后生成的文档语料库中的词语构建词图，并将词图的词按照TF-IDF权重进行排序，进行TextRank模型计算，得到文档的关键词。关键词提取流程如图8-24所示。

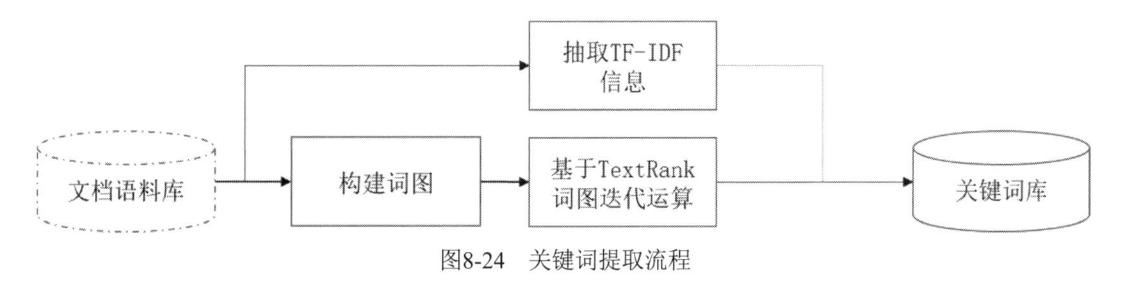

图8-24　关键词提取流程

（1）基于TF-IDF的词频权重标识。

使用词频—逆向文件频率算法（Term Frequency–Inverse Document Frequency，TF-IDF）提取关键词的方法，其中TF衡量了一个词在文档中出现的频率。TF-IDF值越大，则这个词成为一个关键词的概率就越大。

（2）基于词频权重的改进TextRank关键词提取。

该方法有效融合标题词、词性、词语位置等多种特征。同时，结合基于TF-IDF计算后所得到的词频权重值，能够提取代表此类文档特征的有效关键词。

5. 指纹提取

敏感文档指纹特征的提取是针对文本预处理结果进行，且根据企业具体的业务应用场景，采用基于Simhash和Minhash的指纹提取算法对敏感文件进行指纹特征提取。敏感文档指纹特征的提取流程如图8-25所示。

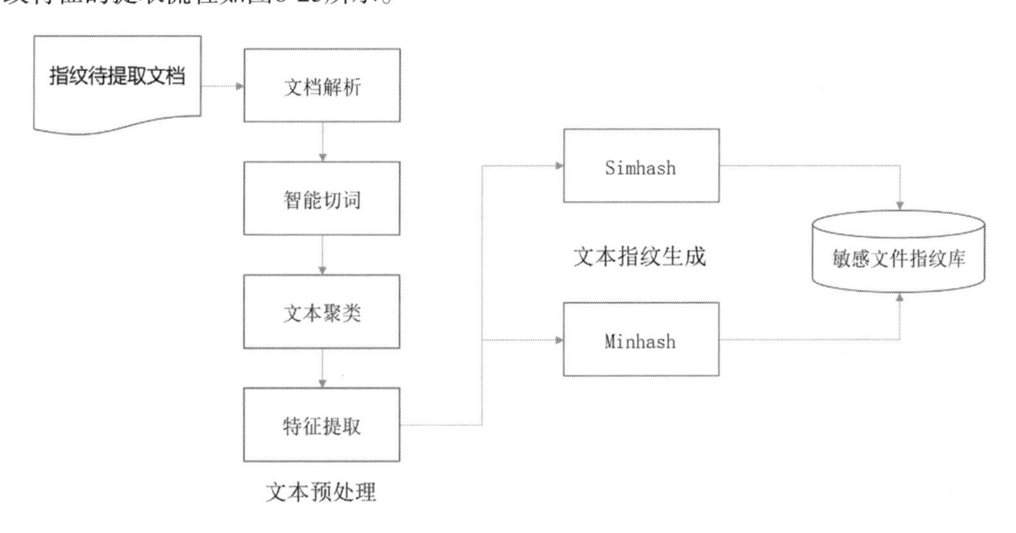

图8-25　敏感文档指纹特征的提取流程

注：在逐条实时匹配场景下，使用 Simhash；在定期批量匹配场景下，使用 Minhash。

关键技术解析如下。

（1）基于Minhash多类型指纹提取算法。

Minhash采用最小哈希函数簇来构建文档的最小哈希签名。文档的最小哈希签名矩阵是对原始特征矩阵降维的结果。降维后的文本向量从概率上保证了两个向量的相似度和降维前是一样的，结合LSH技术构建候选对，可以大大减小空间规模，加快查找速度。

（2）基于Simhash快速指纹提取算法。

Simhash可以将相似的文件哈希化得到相似的哈希值，使得相似项会比不相似项更可能哈希化到同一个簇中的文件间成为候选对，可以以接近线性的时间去解决相似性判断和去重问题。

6. 分类模型构建

针对样本文件的文档语料库构建分类模型，主要步骤如下。

（1）构建样本文档分布式词向量，将文档语料库的词向量输入FastText进行文本预分类。

（2）将基于FastText词句训练的预分类结果输入卷积神经网络（Convolutional Neural Network，CNN），提取文本局部相关性。

（3）将带有文本局部相关行的处理结果输入递归神经网络（Recurrent Neural Network，RNN），利用RNN对文档上下文信息加长且双向的"n-gram"捕获，更好地表达文档内容。以此构建分类模型并进一步训练，得到更精确的文本分类模型，并使用该模型对新输入文档实现准确分类。

分类模型构建流程如图8-26所示。

图8-26　分类模型构建流程

关键技术解析如下。

（1）词向量分布式表示。

采用分布式表示（Distributed Representation）将文本解析切词后的内容向量化，将每个词表达成n维稠密且连续的实数向量。

（2）基于句子内容的文档分类预处理。

将分布式词向量传输给FastText，FastText将句子中所有的词向量进行平均，通过一定的线性处理实现文档的初步分类，并将分类结果直接接入Softmax层。

（3）基于词序关系分析的文档分类预处理。

由于FastText中的分类结果是不带词序信息的，卷积神经网络核心点在于可以捕捉局部相关性，因此，CNN有效弥补了FastText的关联缺陷。将FastText的Softmax层结果输入CNN，进一步提取句子中类似于n-gram的关键信息。

（4）基于变长上下文关联分析的文本分类。

CNN在一定程度上关注了文档的局部相关性，但基于固定filter_size的限制，一方面，无法对更长的序列信息建模；另一方面，由于filter_size的超参调节很烦琐，因此无法更好地关注文档的上下文信息。在文本分类任务中，递归神经网络通过Bi-directional RNN捕获变长且双向的"n-gram"信息，可以有效弥补CNN缺陷，实现文本分类模型的精确构建。

8.6.3　应用场景

通过文件类型特征识别、嵌套提取等技术手段，可以对Office系列文档、PDF文档、压缩文件等几百种文件的识别和文字提取，并将文字统一转化为编码。包括但不限于表8-5所示的常见文件内容识别应用文件类型。

表 8-5　常见文件内容识别应用文件类型

文件支持类别	具体类型
超文本标记语言格式	HMTL
XML 格式	XHTML，OOXML 和 ODF 格式
Microsoft Office 办公文件格式	Word、Excel、PowerPoint、visio 等
PDF 格式	PDF
富文本格式	RTF
压缩格式	Zip、7z、RAR、Tar、Archive 等压缩格式
Text 格式	txt
邮件格式	RFC/822 邮件格式，微软 outlook 格式
音视频格式	WAV、mp3、Midi、MP4、3GPP、flv 等格式
图片格式	JPEG、GIF、PNG、BMP 等格式
源码格式	Java、C、C++等源码文件
iWorks 文档格式	支持苹果公司为 OS X 和 iOS 操作系统开发的办公软件文档格式

常见文件内容识别应用场景如表8-6所示。

表 8-6　常见文件内容识别应用场景

业务场景名称	业务场景描述	技术实现思路	关键技术点
无敏感文件样本集	企业保密单位不提供敏感文件的样本，但需要识别出外发文件及内部存储文件是否为敏感文件	基于自然语言学习，进行文档聚类，提取文档特征及主题内容，识别文档类别及敏感类型	文本特征智能识别（智能切词、文档自动聚类、关键词提取）
有敏感文件样本集	企业保密单位提供敏感文件的样本，基于该样本，识别出外发文件及内部存储文件是否为敏感文件	基于对敏感文件样本的数据建模分析，学习出样本文件的分类模型，通过模型应用识别敏感文件	指纹提取（Simhash、Minhash） 分类模型构建（基于神经网络的分类模型构建）

文件内容识别技术的典型应用场景如下。

（1）打印机监控。

打印机监控实时监控各类文档打印过程。若打印的文件内容为非敏感信息，则对打印过程不予干预；若为敏感信息，则依据策略决定是否予以打印。当出现敏感信息打印事件时，打印机监控模块会上报该事件。

（2）移动存储介质监控。

移动存储介质监控实时监控由终端向各类移动存储介质复制、剪切、拖动文件的动作。若操作的文件内容为非敏感信息，则对动作过程不予干预；若为敏感信息，则依据策略决定是否执行动作。当出现敏感信息复制、剪切事件时，移动存储介质监控模块会上报该事件。

（3）共享目录监控。

共享目录监控实时监控由终端向共享目录复制、剪切、拖动文件的动作。若操作的内容为非敏感信息目录，则对动作过程不予干预；若为敏感信息目录，则依据策略决定是否执行动作。当出现敏感信息目录复制、剪切事件时，共享目录监控模块会上报该事件。

（4）光盘刻录监控。

光盘刻录监控实时监控CD/DVD的刻录过程。若光盘刻录内容为非敏感信息，则不予干预；若为敏感信息，则依据策略决定是否予以刻录。当出现敏感信息刻录事件时进行事件上报与管控。

（5）核心数据保护。

核心数据保护识别核心数据在终端及网络上如何存储、使用和传输，通过对核心数据的有效识别进行分级管理，设定访问权限，同时使用加密存储方式确保核心数据的安全管理。

8.8 数据库网关（P）

8.8.1 技术概况

数据库网关的概念最早脱胎于Oracle的security label，需要解决的核心问题是将权限管控从数据库本身的权控体系中剥离出来，实现细粒度的权限管控。例如在通常情况下，拥有DBA角色的特权账号，涉及的工作可能是备份/恢复、故障处理、性能调优等，虽然这些特权账号本身具有对业务对象的访问权限，但从业务视角来说，业务对象不应当被运维账号访问。业务权限逻辑如图8-27所示。

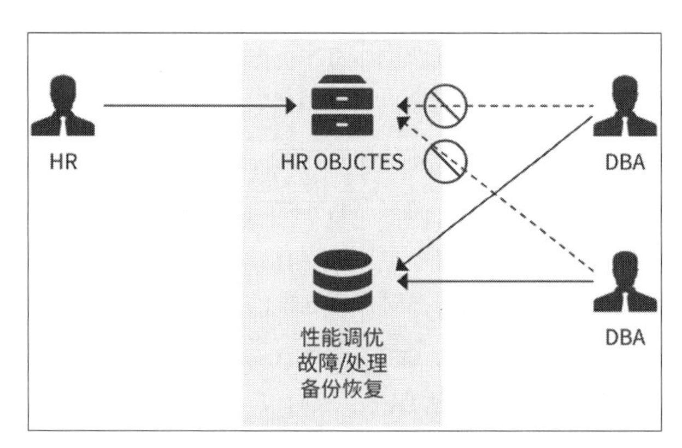

图8-27 业务权限逻辑

即使都是业务账号，由于部门或者职级不同，能访问的数据也是不同的。为了解决这个问题，Oracle 10g推出了security label。该组件的实现思想基于安全管理员预先配置的规则。安全组件会去修改数据库用户执行的SQL，对其添加谓词过滤条件。原始数据表如图8-28所示，假设有两个用户user20和user30，user20属于部门编号（DEPTNO）为20的部门，user30属于部门编号为30的部门。虽然两个账号都对该表有select权限，但security label可以基于预设条件，自动对用户发起的SQL添加过滤条件。

	EMPNO	ENAME	JOB	MGR	HIREDATE	SAL	COMM	DEPTNO
1	7369	SMITH	CLERK	7902	1980/12/17	800.00		20
2	7499	ALLEN	SALESMAN	7698	1981/2/20	1600.00	300.00	30
3	7521	WARD	SALESMAN	7698	1981/2/22	1250.00	500.00	30
4	7566	JONES	MANAGER	7839	1981/4/2	2975.00		20
5	7654	MARTIN	SALESMAN	7698	1981/9/28	1250.00	1400.00	30
6	7698	BLAKE	MANAGER	7839	1981/5/1	2850.00		30
7	7782	CLARK	MANAGER	7839	1981/6/9	2450.00		10
8	7788	SCOTT	ANALYST	7566	1987/4/19	3000.00		20
9	7839	KING	PRESIDENT		1981/11/17	5000.00		10
10	7844	TURNER	SALESMAN	7698	1981/9/8	1500.00	0.00	30
11	7876	ADAMS	CLERK	7788	1987/5/23	1100.00		20
12	7900	JAMES	CLERK	7698	1981/12/3	950.00		30
13	7902	FORD	ANALYST	7566	1981/12/3	3000.00		20
14	7934	MILLER	CLERK	7782	1982/1/23	1300.00		10

图8-28　原始数据表

User20执行SQL：

```
select * from emp
```

User20实际执行SQL：

```
Select *
From (select empno, ename, job, mgr, hiredate, sal, comm, depto from emp) e
Where e.deptno=20
```

User30执行SQL：

```
select * from emp
```

User30实际执行SQL：

```
Select *
From (select empno, ename, job, mgr, hiredate, sal, comm, depto from emp) e
Where e.deptno=30
```

这种方法虽然可以在不修改代码的情况下实现细粒度的数据访问控制，但也带了大量的弊端。比如实际的业务SQL往往非常复杂，涉及大量的子查询或视图引用，使用security label，由于是通过内部语法解析后添加where过滤条件，假如条件加得不恰当会引起诸多SQL性能方面的问题甚至是逻辑错误，从而导致获取数据不全；且security label只对select语句生效，对于dml及ddl操作则没有限制。为了弥补性能和逻辑方面的问题，Oracle在后来的版本中推出了虚拟私有数据库（Virtual Private Database，VPD）的功能，核心逻辑同security label一样也是动态添加where过滤条件。VPD在性能上有所提升，但主要问题依然很明显：VPD同样仅支持select语句，采购成本过高，且仅针对Oracle 11g以上版本有效。

8.8.2 技术路线

由于数据库自身的安全机制有诸多的限制，因此才诞生了基于网络的数据库网关类产品。常见的部署方式有如下四种：旁路镜像模式、串联部署模式、反向代理模式和策略路由模式。

（1）旁路镜像模式。

旁路镜像是一种纯监控模式，是将所有对数据库访问的网络报文以流量镜像的方式发送给数据库网关进行分析。受到部署形态的限制，一般仅能做审计告警使用，也有部分数据库网关宣称旁路模式下可以支持阻断。实现思路是根据预先配置好的规则，向违规操作的会话发起一个tcp reset报文，来重置整个会话。这样做的问题在于，防火墙分析与响应与用户执行SQL之间有延时，尤其是在高并发场景下更为明显。所以实际的情况是，当tcp reset报文发起时，SQL请求可能早已结束了，根本无法实现阻断的效果，因此旁路阻断的技术才不被大多数用户所采纳。

（2）串联部署模式。

串联部署是将数据库网关串联在交换机与被防护数据库服务器之间，这样所有业务系统和维护人员的访问流量都会经过数据库防火墙。所有通过TCP网络访问数据人员的访问行为均被记录和防护，串联部署拓扑图如图8-29所示。

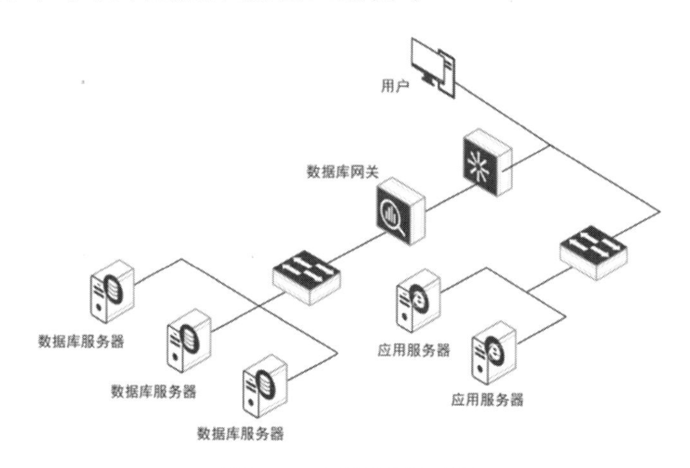

图8-29　串联部署拓扑图

（3）反向代理模式。

反向代理是指对外暴露数据库网关的代理IP与代理端口。对于用户而言，需要修改原本访问数据源配置连接串中的IP地址和端口，将其改为数据库网关的代理IP与代理端口。通过代理后访问到数据库，从数据库层面看到的客户端IP地址就是数据库网关的IP地址，这样数据库在回包时同样会返回给数据库网关，进而对上下游报文进行控制。同时，可利用iptables、数据库的event触发器、用户与IP绑定等机制指定数据库用户只能通过数据库网关访问数据库服务，避免出现反向代理被绕开的情况。反向代理模式部署拓扑图如图8-30所示。

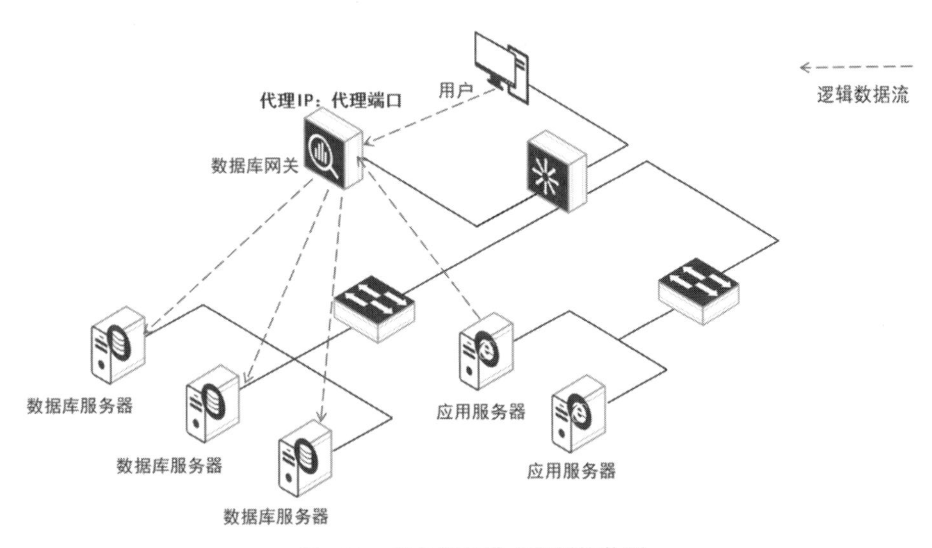

图8-30　反向代理模式部署拓扑图

（4）策略路由模式。

策略路由模式通过路由策略引流将访问数据库流量引向数据库网关，同时避免数据库网关设备直接物理串接在数据库系统与应用系统之间，从而来应对复杂或有控制需求但同时不具备串接部署条件的网络环境。在策略路由模式下，需要在交换机上面配置策略路由，将原地址为指定网段，或目的地址为指定数据库IP地址的数据流引流至数据库网关；同时将数据库返回的流量也牵引至数据库网关，保证双向流量都会经过网关。这种模式适用于较为复杂的网络场景，在其中既无法找到汇聚点将设备串联；同时由于工作量巨大，也无法修改客户端连接串联反向代理模式。策略路由模式部署拓扑图如图8-31所示。

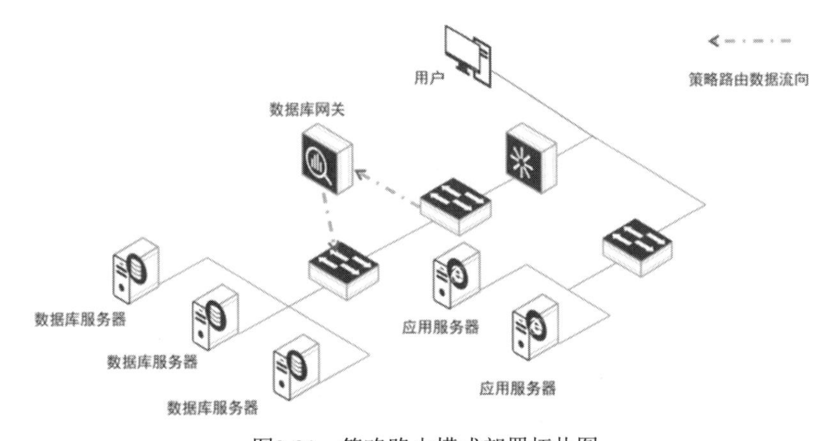

图8-31　策略路由模式部署拓扑图

一般来讲，数据库网关类产品具备的能力如下。

（1）对数据库种类的支持。常见的数据库有Oracle、MySQL、PostgreSQL、DB2、SQL Server、DB2、Sybase、Informix、达梦、Kingbase等；此外随着大数据技术的发展，对常见的NoSQL如MongoDB、HBase、Elasticsearch及大数据组件如Hive、Impala、ODPS等也需要有比较好的支持，来适应更广泛的使用场景。

（2）权限管控。需要能支持到字段级别的细粒度的权限管控，同时能支持update、delete等dml操作，以及drop table、truncate table等管控操作。主流的数据库网关基本都能实现基于返回行数的控制，如业务系统的一个分页查询一般为500～1000条，超出这个阈值的操作行为就可以被标记为拖库行为，进而被阻断或告警。现在很多厂商都开始做基于返回结果的访问控制，比如对特权账号直接查询某些特殊的VIP用户信息进行权限管控。

（3）动态脱敏。基于访问控制功能的基础之上，数据网关产品还衍生出了动态脱敏的能力。动态脱敏是一种不改写数据库中的数据而对返回值进行掩码的技术能力。动态脱敏可以基于SQL改写，也可以基于结果集改写，比如医院的叫号系统，在展示患者姓名的时候通常会将名字中的一位以“*”代替，但后台数据库中还是存储该患者的真实姓名，这就是常见的动态脱敏。但是，实际应用中有一种需求场景：在报表系统中通过同一个业务系统（即使用相同的数据库账号）访问数据库，但由于部门权限不同，即使查询的是同一张报表，也需要按照部门权限的不同进行区别显示。对于该需求就可以通过返回行数控制+返回内容控制来实现，例如，当user20访问部门编号为30的部门时进行告警或拦截。为了不影响业务正常运行，也可以通过动态脱敏功能将脱敏后的数据返回给user20。

（4）虚拟补丁能力。给数据库系统打补丁的操作通常会伴随一些风险，特别是对于MySQL这种没有补丁包概念，只能通过升级数据库版本来实现补丁能力的开源数据库。数据库网关将针对特定安全漏洞的攻击行为进行分析，提取行为特征进行阻断拦截，变相实现为数据库打上补丁的防护效果。

（5）分析能力。经过一定的学习期后，能够辨别哪些是正常的SQL操作，哪些是存在一定风险的SQL操作。同时，结合会话、用户与应用等相关元素进行行为建模，减少误报、误拦截。

8.8.3 应用场景

数据库网关应用场景广泛，主要包括以下方面。

（1）数据库安全：数据库网关可以为数据库提供一个额外的安全层。它可以控制对数据库的访问权限，只允许经过验证和授权的用户访问。此外，它还可以监控数据库的活动，监测并阻止任何可疑或恶意的行为。

（2）数据脱敏：在某些场景下，需要对敏感数据进行脱敏处理以保护用户隐私。数据库网关可以在数据传输过程中实时地对敏感数据进行脱敏，确保只有授权用户才能访问原始数据。

（3）数据审计：数据库网关可以记录所有对数据库的访问请求，包括谁访问了什么数据、何时访问的、执行了什么操作等，这对于后续的数据审计和分析非常有用。

（4）性能优化：数据库网关可以通过负载均衡和请求路由等技术，提高数据库的处理能力和响应速度。当面临大量并发请求时，数据库网关能有效地分配资源，保证系统的稳定运行。

（5）数据整合：在复杂的IT环境中，可能存在多个不同类型或者来自不同厂商的数据库。数据库网关可以作为一个统一的接入点，使得应用程序无须关心后端数据库的具体情况，简化了数据库的访问和管理。

综上所述，数据库网关作为一个数据库和应用程序之间的接口，起着关键的作用，能有效地保护数据的安全，同时提升数据库的性能和可用性。

8.9　API 安全防护（P）

8.9.1　技术概况

随着互联网的不断发展，API（Application Programming Interface）已成为Web应用程序中的重要组成部分，它允许不同的软件系统之间进行通信，从而促进了数据的共享和交换。然而，API的开放性也带来了一定的安全风险，如未经授权的访问、数据泄露等。随着攻击者的技术手段不断升级，API的安全漏洞和风险变得更加复杂和隐蔽，攻击者可以利用API漏洞或不当使用API来访问敏感数据、篡改数据或破坏系统。API安全防护系统可以保护API避免遭受安全攻击和数据泄露。

8.9.2　技术路线

构建API安全系统对于保证企业数据安全至关重要。下面是API安全系统技术路线图，该系统旨在实现对API风险检测与防护。

1. 系统架构

API安全防护系统架构如图8-32所示。API安全防护系统的核心组成部分包括API资产发现与管理、API安全监测、API实时防护及API安全分析四个部分。API资产发现与管理功能旨在自动探测并精确记录企业的所有API资产，确保API资源可见并纳入安全管理范畴；API安全监测着重于实时监控API调用行为，通过检测异常行为、合规性请求、漏洞攻击及敏感数据传输，及时预警潜在安全风险；API实时防护模块强调对API的主动防护，包括对API攻击的抵御、策略执行的准确无误、身份验证的严密实施及细粒度的访问控制机制，以防止非法访问和数据泄露；API安全分析能力是对上述安全实践的深度总结和前瞻洞察，它涵盖了风险分析、安全事件关联分析、安全策略管理、API调用安全审计记录及报表分析，以便对API安全态势进行全面把握和智能决策，确保API服务安全运行。

2. 实现方法

（1）API资产发现与管理组件致力于全面检视并精确识别组织内部全部API资源。通过整合多元技术途径，不论是在传统IDC环境还是现代云原生架构中，均可通过捕获核心交换机镜像流量或植入探针在业务节点中实时收集API流量，实现API资产立体化的发掘。需要能够自动辨别网络中多种协议与传输框架下的API接口类型，通过深度解析流量，不仅要抽取出API的基本要素（如请求路径、方法和参数等），还能智能判定API的功能类别，并配以相应功能属性标签，助力精细化分类管理。在API资产归属识别上，系统需要支持手动指定和导入业务应用信息，并可根据实际流量特征定制API识别规则，确保API资产与业务情境紧密结合。系统持续监测可识别API资产的运行状态，覆盖访问量、调用成功率、响应时间等关键参数，实时监控API资产全生命周期的任何变化，包括上线、更新等状态转换。

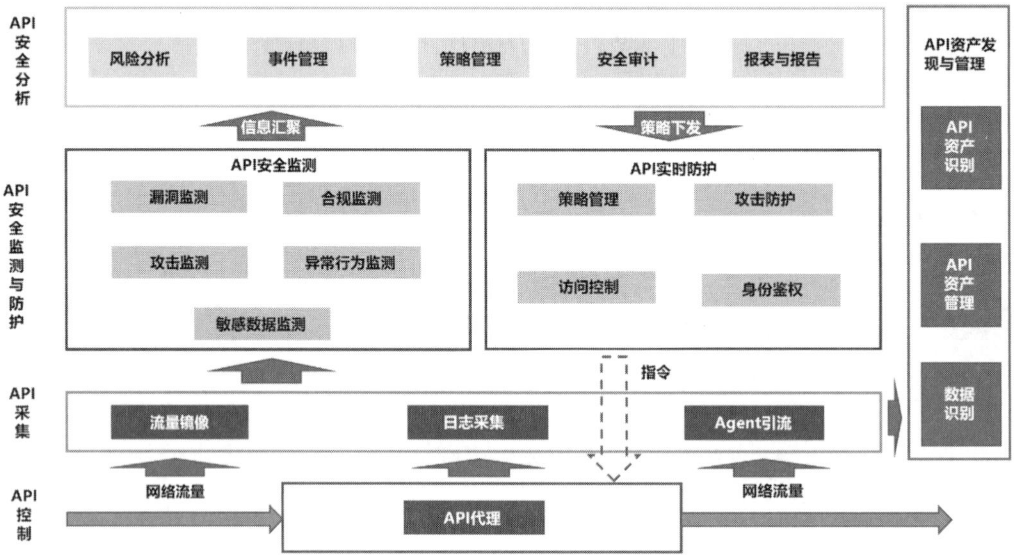

图8-32　API安全防护系统架构图

（2）API安全实时监测组件是一个专为实时监控和分析API调用活动设计的安全机制，其核心目标是迅速发现并有效应对潜在安全威胁和合规问题。系统通过设立行为基准实时对比API调用行为的各个属性，如调用量、来源地、时间模式及参数变化，识别并预警异常行为，如突发的大规模异常请求、非典型访问时段或来源不明的访问，进而采取拦截、限速等防御措施。系统对每一项API调用请求执行合规性检查，确保请求头、主体、认证信息及权限管控等严格遵循预设安全政策，确保调用者权限合法、调用方式和内容合规。利用安全漏洞数据库与最新情报，系统实时排查是否存在利用已知漏洞的攻击行为，如SQL注入、XSS攻击、命令注入等，并凭借深度包检测（DPI）技术和机器学习算法识别新型或未知攻击手法。针对敏感数据传输，系统实时扫描API通信内容，检测是否存在个人身份信息、财务信息等敏感数据泄露风险，若检测到敏感数据传输，系统将按预定策略采取拦截、记录异常，并及时向API安全分析组件上报数据。API安全实时监测组件集成了一系列先进技术，如流量分析引擎、智能算法模型、安全策略匹配引擎、实时日志审计工具及分布式追踪技术，共同形成了全面实时的监控闭环，以确保API服务在高度透明和安全的状态下运行。

（3）API实时防护组件在确保API使用安全方面扮演关键角色。首先，系统通过设定行为基准和阈值，实时监控API调用行为特征，识别并阻断异常访问，如DDoS攻击、暴力破解和爬虫活动，必要时采取限速或拦截。同时，组件结合安全漏洞库与情报信息，运用深度包检测技术防御已知API安全漏洞，如SQL注入、XSS攻击等，并运用机器学习预测新型攻击模式，提前预防安全威胁。在策略执行上，组件严格执行身份鉴别，利用OAuth、JWT令牌验证及API密钥管理等方式，确保合法用户和应用方可访问API资源。结合RBAC和PBAC策略，确保API调用遵循预设权限和策略，仅接受合规请求。针对敏感数据保护，系统采用加密传输与数据脱敏技术，实时监控API调用中敏感数据的流转情况，一旦监测到泄露，即刻触发告警并执行防护措施，阻止数据流出和记录泄露事件。针对中间件安全，组件增强了对常见中间件漏洞的监控能力，如WebLogic、JBoss等，在遇到存在漏洞利用的API请求时，会自动执行阻断及日志审计等安全措施。此外，组件支持用户个性化安全策略配置，如黑白名单管理，允许用户根据实际需求灵活控制源IP、目标IP和接口地址的访问权限，黑名单拥有最高优先级。最后，系统还支持限速策略，以防止高风险或异常请求过多消耗系统资源。

（4）API安全分析组件作为API安全防护系统的核心组成部分，集成了风险分析、事件管理、策略管理、安全审计及报表等多功能于一体。在风险分析方面，需运用关联分析技术，结合历史告警、API标签及授权状况，能够精准识别和评估风险等级，对认证缺陷、未授权访问、安全漏洞等问题实施自动告警，并给出详尽的安全建议。在数据安全层面，组件需实现对API请求与响应中敏感数据的自动化识别和分类分级管理，支持用户自定义策略，对各类敏感数据进行统计分析，并能输出分类分级结果，确保敏感数据得到有效管控。

在API安全防护系统中，API代理的高可用直接影响业务连续性。API代理的高可用性实现依赖于负载均衡、集群部署、健康检查、会话持久化、数据同步、故障转移与恢复、冗余配置、实时监控、服务注册与发现等多个层面的技术融合和协作，共同确保服务在全生命周期内保持高效稳定的运行状态。

8.9.3 应用场景

API安全防护主要有以下应用场景，以应对不同的安全挑战。

（1）摸清企业资产家底。内置资产自动梳理引擎，可将海量无序的API梳理成分类有序的API资产台账，助力企业掌握数据资产全貌，将僵尸API、影子API、涉敏API一网打尽。自动区分API和应用URL，聚焦传输数据的API。

（2）API安全风险防护。洞悉业务流量中可能存在的安全风险，呈现当前API安全问题和数据健康状态，为持续改进提供依据；通过多维度对API的访问行为进行建模，对API的访问行为进行长效监测，识别出异常行为和攻击行为，进行风险告警并提供实时的访问控制和响应。

（3）事后风险溯源。对数据使用行为能够做到全面留痕，有效保存API访问日志，让网络运营者在发现问题时能够及时有效地溯源。

（4）API安全合规运营。持续识别 API暴露面、生命周期，支持多种合规审计场景，全面监测内部数据合规运营。

8.10 数据泄露防护（P）

8.10.1 技术概况

数据泄露防护（Data Leakage Prevention，DLP）是一套综合性安全措施，旨在预防敏感数据的无意或恶意泄露、丢失或被盗用。它通过识别、监控和保护组织内外的敏感数据，管理数据流动，确保数据安全性和合规性。DLP系统包括数据发现、监控、分类和标记、阻止和加密、审计和报告等关键功能，能有效减少数据泄露风险，保护敏感数据，满足法规和标准的要求。

8.10.2 技术路线

数据泄露防护的技术路线主要有三种，包括数据加密技术、权限管控技术、基于内容深度识别的通道防护技术。

1. 数据加密技术

数据加密（Data Encryption）技术是指将信息经过加密钥匙及加密函数转换，变成无意义的密文，而接收方则将此密文经过解密函数、解密钥匙还原成明文。数据加密包含磁盘加密、文件加密、透明文档加解密等技术路线，目前以透明文档加解密最为常见。透明文档加解密技术通过过滤驱动对受保护的敏感数据内容进行相应参数的设置，从而对特定进程产生的特定文件进行选择性保护，写入时加密存储，读取文件时自动解密，整个过程不影响其他受保护的内容。

加密技术从数据泄露的源头对数据进行保护，在数据离开企业内部之后也能防止数据泄露。但加密技术的密钥管理十分复杂，一旦密钥丢失或加密后的数据损坏将造成原始数据无法恢复的后果。对于透明文档加解密来说，如果数据不是以文档形式出现，将无法进行管控。

一般的数据加密可以通信的三个层次来实现：链路加密、节点加密和端到端加密。

（1）链路加密。

对于在两个网络节点间的某一次通信链路，链路加密（又称在线加密）能为网上传输的数据提供安全保证。对于链路加密，所有消息在被传输之前进行加密，在每一个节点对接收到的消息进行解密，然后先使用下一个链路的密钥对消息进行加密，再进行传输。在到达目的地之前，一条消息可能要经过许多通信链路的传输。

由于在每一个中间传输节点消息均被解密后重新进行加密，因此，包括路由信息在内的链路上的所有数据均以密文形式出现。这样，链路加密就掩盖了被传输消息的起点与终点。由于填充技术的使用，并且填充字符在不需要传输数据的情况下就可以进行加密，这使得消息的频率和长度特性得以掩盖，从而可以防止他人对通信业务进行分析。

尽管链路加密在计算机网络环境中使用得相当普遍，但它并非没有问题。链路加密通常用在点对点的同步或异步线路上，它要求先对在链路两端的加密设备进行同步，然后使用一种链模式对链路上传输的数据进行加密。这就给网络的性能和可管理性带来了副作用。

在线路/信号不佳的海外或卫星网络中，链路上的加密设备需要频繁地进行同步，带来的后果是数据丢失或重传。另一方面，即使仅一小部分数据需要进行加密，也会使得所有传输数据被加密。

在一个网络节点上，由于链路加密仅在通信链路上提供安全性，消息以明文形式存在，因此所有节点在物理上必须是安全的，否则就会泄露明文内容。然而保证每一个节点的安全性需要较高的费用，为每一个节点提供加密硬件设备和安全的物理环境所需要的费用由以下几部分组成：保护节点物理安全的雇员开销，为确保安全策略和程序的正确执行而进行审计时的费用，以及为防止安全性被破坏时带来损失而参加保险的费用。

在传统的加密算法中，用于解密消息的密钥与用于加密的密钥是相同的，该密钥必须被秘密保存，并按一定规则进行变化。这样，密钥分配在链路加密系统中就成了一个问题，因为每一个节点必须存储与其相连接的所有链路的加密密钥，这就需要对密钥进行物理传送或者建立专用网络设施。而网络节点地理分布的广阔性使得这一过程变得复杂，同时增加了密钥连续分配时的费用。

（2）节点加密。

尽管节点加密能给网络数据带来较高的安全性，但它在操作方式上与链路加密是类似的：两者均在通信链路上为传输的消息提供安全保障；都在中间节点先对消息进行解密，然后进行加密。因为要对所有传输的数据进行加密，所以加密过程对用户是透明的。

然而，与链路加密不同，节点加密不允许消息在网络节点以明文形式存在，它先把收到的消息进行解密，然后采用另一个不同的密钥进行加密，这一过程是在节点上的一个安全模块中进行。

节点加密要求报头和路由信息以明文形式传输，以便中间节点能得到如何处理消息的信息。这种方法对于防止攻击者分析通信业务是脆弱的。

（3）端到端加密。

端到端加密（又称脱线加密或包加密）允许数据在从源点到终点的传输过程中始终以密文形式存在。采用端到端加密，消息在被传输到终点之前不进行解密，因为消息在整个传输过程中均受到保护，所以即使有节点被损坏也不会使消息泄露。

端到端加密系统的价格便宜些，并且与链路加密和节点加密相比更可靠，更容易设计、实现和维护。端到端加密还避免了其他加密系统所固有的同步问题，因为每个报文包均是独立被加密的，所以一个报文包所发生的传输错误不会影响后续的报文包。此外，从用户对安全需求的直觉上讲，端到端加密更自然些。单个用户可能会选用这种加密方法，以便不影响网络上的其他用户，此方法只需要源节点和目的节点是保密的即可。

端到端加密系统通常不允许对消息的目的地址进行加密，这是因为每一个消息所经过的节点都要用此地址来确定如何传输消息。由于这种加密方法不能掩盖被传输消息的源点与终点，因此它对于防止攻击者分析通信业务是脆弱的。

2. 数字权限管理技术

数字权限管理（Digital Right Management，DRM）技术，也称权限管控技术，是通过设置特定的安全策略，在敏感数据文件生成、存储、传输的瞬态实现自动化保护，以及通过条件访问控制策略防止敏感数据非法复制、泄露和扩散等操作。

数字权限管理技术通常不对数据进行加解密操作，只是通过细粒度的操作控制和身份控制策略来实现数据的权限管控。权限管控策略与业务结合较紧密，对用户现有业务流程有影响。一方面通过用户权限限制用户访问的数据，并在数据访问日志中记录用户访问数据的痕迹；另一方面在用户界面中使用隐写术嵌入用户身份信息，实现数据扩散溯源追责定责。

3. 基于内容深度识别的通道防护技术

基于内容深度识别的通道防护技术概念最早源自国外，是一种以不影响用户正常业务为目的，对企业内部敏感数据外发进行综合防护的技术手段。数据泄露防护技术以深层内容识别为核心，基于敏感数据内容策略定义，监控数据的外传通道，对敏感数据外传进行审计或控制。基于内容深度识别的通道防护技术不改变正常的业务流程，具备丰富的审计能力，便于对数据泄露事件进行事后定位和及时溯源。

基于内容深度识别的通道防护核心技术包括以下几个方面。

（1）内容识别技术，包括关键字、正则表达式、文档指纹、确切数据源（数据库指纹）等。这些技术能够精准地识别敏感数据，并根据预先定义的策略执行相应的防护措施。

（2）智能内容识别核心技术，包括内容指纹匹配、计算机视觉（OCR、人脸、图章等识别）、高级语义分析等。这些技术可以实现对敏感数据的全方位洞察和保护，支持多种文档类型和图片格式的识别，甚至能够识别加密行为等数据泄露行为。

（3）网络监控与保护技术，通过对网络流量的监控和分析，系统能够及时发现并阻止潜在的数据泄露行为，防止敏感数据通过网络途径被非法获取。

（4）数据发现与邮件保护技术，自动发现存储在网络中的敏感数据，并对邮件内容进行审查，防止敏感数据通过邮件泄露。

（5）终端安全技术，包括主机的控制能力、加密权限和控制权限等，确保数据在终端设备上的安全。

上述三种技术路线各有优劣势，对比分析结果如表8-7所示。

表 8-7　数据泄露防护技术路线对比分析

技术路线	主动泄密防御	与应用程序兼容性	被绕过难度	是否易造成数据损坏	部署方式	系统效率影响	业务影响	用户使用习惯改变
数据加密技术	能	一般	较难	是	复杂	大文件加密速度慢	有影响	有改变
数字权限管理技术	能	一般	一般	否	复杂	不影响	影响较大	改变加大
基于内容深度识别的通道防护技术	防御部分	极好	一般	否	简单	串行网关可能造成网络瓶颈	无影响	无改变

8.10.3　应用场景

数据泄露防护技术综合应用于数据全生命周期的传输、存储和使用的场景中。

1. 数据传输防泄露

数据传输防泄露通常采用VPN技术，可分为基于数据加密技术的VPN和基于秘密分割技术的VPN两个类别，基于数据加密技术的VPN应用广泛，技术标准成熟，但安全性较低。基于秘密分割技术的VPN是近期发展成熟的新一代VPN产品，其安全性更高，但尚缺乏统一的技术标准。数据防泄露综合防护体系建设应优先选择集成了数据加密和秘密分割两种技术的VPN产品和解决方案，充分利用两种技术的长处，强化数据传输防泄露。

2. 数据存储防泄露

数据加密技术应用在数据存储防泄露领域，主要包括以下几种。

（1）文件加密。该技术属于文件级别的数据泄露防护，一般会在网络附加存储NAS这一层嵌入实现，最大隐忧就是它对存储性能的影响。

（2）数据库加密。该技术主要部署在数据库前端，针对结构化数据实现加密保护。由于数据库操作中涉及大量查询修改语句，因此数据库加密会对整个数据库系统造成重大影响。

（3）存储介质加密。该技术主要在存储阵列上实现，一般通过在控制器或磁盘柜的数据控制器上实现静态的数据加密算法。

（4）主机应用加密。该技术主要部署在主机端，目前大多整合在备份产品之中，作为其中的一项功能以实现数据备份的安全策略。主机应用的加密负载由主机自身承担，对网络及后台存储的影响较小，但在面对海量数据的加密处理时对主机性能要求高、开销大。

3. 数据使用防泄露

在数据使用过程中的防泄露常用技术主要有以下四种。

（1）内容过滤。需要预先定义安全策略，确定需要保护的具体内容、存储位置等，进而深度内容扫描，建立所需保护的机密信息样本库。安全策略定义完成后，通过在终端、网络出口部署扫描和控制设备，可实时监测包含机密信息在内的文件操作，如复制、上传、U盘拷贝和邮件发送等，依照预先定义的安全策略进行拦截和预警，以避免数据泄露。因该技术存在遗漏和误报两大缺陷，通常只作为辅助手段。在数据防泄露综合防护体系建设中，现已很少使用内容过滤技术，而是采用禁用终端设备USB接口、蓝牙接口，禁止邮件服务器与其他网络互通等更强制的方式，隔绝对外数据交换途径，取消所有可能对外数据接口，实现数据泄露防护。

（2）数据加密。该技术由于需要使用密钥导致管理复杂，同时解密后的文件也失去了保护措施，因此，仅限于小范围单个文件的防护。在数据防泄露综合防护体系建设中，通常只提供数据加密工具，由用户根据个人需要自行选择加密与否。

（3）权限管控。权限管控防泄露技术是数据防泄露综合防护体系建设需要强化的技术手段。该技术既可从访问控制与留痕上强化用户可信身份鉴别与安全日志审计，以加强身份防伪和操作防抵赖能力；也可通过在数据中嵌入身份水印的方式来强化扩散溯源能力，以防范通过拍摄屏幕、打印、复印等系统外部复制数据的方式扩散敏感或涉密数据。

（4）秘密分割。该技术将数据分割为多个不同的保密数据包，每个保密数据包都无法直接使用。秘密分割技术是信息安全技术的一个重要分支，是一种创新型数据泄露防护技术，也是数据安全领域的前沿技术，目前已经成为重要数据防泄露的最有效方式。主要在终端设备（保护手机、PC机和服务器等）内部安装数据安全沙盒，一方面完成对数据的分割和组装，另一方面存储这些保密数据包。敏感数据在终端设备上被分割存储，且只能在数据安全沙盒中使用，脱离了数据安全沙盒，数据即失效。该技术可实现诸如数据主权保护、数据轨迹溯源、数据回撤与自毁、数据时空围栏、数据知识产权保护等方面的数据安全加固功能，目前常用于图像可视加密、终端设备缓存数据安全防护、数据应用防扩散和数据交易版权保护等领域。

8.11 数字水印与溯源（E）

8.11.1 技术概况

数字水印是由数据版权归属方嵌入数据中用以进行版权追溯的信息。一般这种信息具有一定的隐秘性，不对外显示。在发生数据外泄或者恶意侵犯版权时，数据归属方可根据水印嵌入方式对应的一系列提取算法完成数据中水印信息的提取，以此来声明对该数据的所有权。此外，在数据受到攻击时，水印信息可以做到基本不被破坏，即通过正确的提取算法仍可以做到完整的信息提取，具有一定的健壮性。

数字水印一般是将不影响原始数据主体的、数据量占比较少的数据，以一定的方式隐式嵌入大批量的原始数据载体。根据水印嵌入的位置，一般分为两类：一类是嵌入文件头，另一类是嵌入结构型数据的关系表。数字水印技术流程框架如图8-33所示。

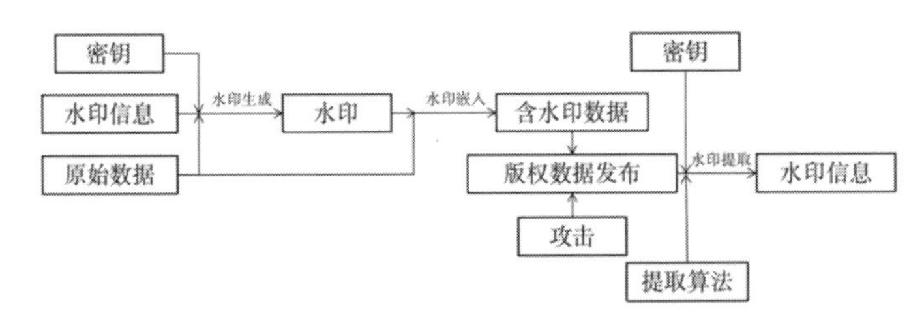

图8-33　数字水印技术流程框架

该流程主要包括水印生成、水印嵌入、版权数据发布、攻击、水印提取等。其中水印生成是利用数据归属方的密钥信息，并结合原始数据属性信息，通过某些算法生成待嵌入的水印；水印嵌入是根据原始数据的主键信息，结合密钥信息，通过某些算法确定水印数据嵌入的位置；版权数据发布是指在将水印嵌入之后，数据就有了版权信息，数据归属方便可将处理后的数据进行发布；攻击指的是版权数据遭到了外泄，或者经过某些未授权的操作；在数据归属方拿到了外泄或者侵权数据后，可以通过和水印嵌入算法相对应的提取算法对这些数据的水印进行尝试提取，若可提取到有效信息，则说明数据为版权方所有。

需注意，数据归属方的数据发布对象可能有多个，例如测试方和分析方。在这种情况下可根据发布对象的不同使用不同的密钥，亦即水印信息也可通过密钥进行区分。

1. 常见攻击

在数据外泄后，由于泄露方可能会无意或恶意对未授权的数据进行一些操作，例如修改、删除或者调整顺序等，将对水印数据产生影响。

在良性更新时，应常规处理携带水印关系的元组或数据，其结果可能导致已标记元组的增删改，进而移除或妨碍水印的监测。

恶意修改更为复杂，包括添加攻击，即向版权数据添加额外信息如元组或新属性，甚至篡改水印以宣示版权；删除攻击，即选择性使用版权数据的部分元组和属性；替换攻击，即随机或以特定方式替换数据内容以去除水印；置换攻击，即打乱元组或属性的排列顺序；混合攻击，即综合运用上述手段以达成攻击目的。

2. 数字水印特征

根据水印攻击和水印自身特点，数字水印有以下特征。

（1）隐蔽性。水印嵌入后是难以感知和不易察觉的，不应造成原始数据在指定用途上的失真和不可用；水印嵌入前后在特定衡量指标上的偏差较小，例如数值型数据在水印嵌入前后均值和方差的变化较小。

（2）健壮性。即便面临水印攻击，仍应确保水印信息的可靠提取。

（3）不易移除性。水印设计应高度复杂，使攻击者难以或无法去除。

（4）安全性。在无密钥或算法支持时，攻击者无法操作水印信息，包括提取、伪造、替换和篡改。

（5）盲检性。水印提取无须依赖原始数据或水印内容本身，这在工程实践中尤为重要。考虑到数据库实时更新的特点，盲检性避免了额外存储需求，降低了安全风险与资源消耗。

需注意的是，上述特征之间相互制约，例如隐蔽性和健壮性是一对相互矛盾的特性，健壮性的增强势必意味着水印信号的增强，而水印信号的增强一般意味着更多的数据会被修改，这就与隐蔽性的要求背道而驰。实际应用中需根据业务需求合理权衡与取舍。

8.11.2　技术路线

数据嵌入水印要求水印信息具有隐蔽性、可区分性，加入水印信息后的数据具有不失真性，类比到信号处理中，就等同于在原始信号的基础上添加噪声，这个噪声是可区分的，添加方式可为加性添加也可为乘性添加，添加噪声后的信号要求不影响信号特性的估计。根据水印嵌入数据元组的影响方式，水印嵌入技术可分为三类。

1. 通过脱敏实现的数字水印嵌入技术

此类技术属于基于数据修改的技术的一种，其工作原理为：针对满足条件的数据内容（长度大于一定值的数字或字母的组合），对特定位置上的字符进行修改。首先，选出某几个位置作为水印信息的嵌入位置，将这些位置上的原始字符丢弃即可；然后，使用剩余位置上的字符，通过一定映射和运算后，得到与待嵌入长度相同的字符作为水印信息；最后，将生成的水印信息嵌入指定位置即完成水印信息的嵌入，其中位置的选取方法和水印字符的计算方式可设计为和密钥相关的操作。

可以看出，此类方法针对所有满足条件的数据都会进行修改，这样的好处是在理想情况下仅需一条水印数据便可实现水印信息的追溯，且对于删除攻击和置换攻击等可以做到有效抵御。但缺点也很明显：对原始数据进行了一定规模的修改，会造成数据在某些特定场景中（例如分析场景）失真，以至于不可用。

2. 通过低限度修改数据实现的数字水印技术

通过低限度修改数据实现的数字水印技术可以解决数据的失真问题。首先，选择水印嵌入的元组位置。选择方式通常利用密码学中的单向哈希函数来完成。具体地，通过给定的水印比例、密钥、水印强度及元组主键值等参数，用哈希函数选择待嵌入水印的元组。

然后，根据可进行修改的属性的数目和比特位数来确定嵌入水印的属性及比特位。此过程也可使用哈希函数通过模运算来完成。接着，依据一定的水印嵌入算法将选定元组的待嵌入的属性中的某个比特位的值置为0或者1，即可完成水印信息的嵌入。目前一般使用最低有效位（Least Significant Bit，LSB）进行替换。

类别属性的特征的水印嵌入方式一般与数值型的类似，只不过是将插入的内容由0/1比特转化为文本内容较难感知的回车符、换行符和空格；此外，针对文本内容词义不变的需求，还可以通过近义词替换等方式实现水印的嵌入。

本类方法可约束属性中值的修改范围，做到在容许范围内的不失真，在数据分析场景中可以在加入水印的同时保持数据分析的可用性。本类方法亦可以抵御一定程度的添加攻击、删除攻击等常见攻击。但是其还是会在一定程度上影响原始数据。

3. 通过添加伪行、伪列实现的数字水印技术

为了满足在实际应用中完整保留原始数据的需求，需要一类无失真的水印方法。这类方法中较为常用的是通过添加伪行、伪列实现（参见6.2.6节）。此方法的原理为：对原始数据的各元组和属性的内容不做修改，仅在原始数据的基础上新增伪行（元组）和伪列（属性）。

（1）添加伪行水印。

根据数据各属性的数据类型、格式，并以业务含义（若有）作为取值范围进行约束生成仿真的数据，然后根据密钥确定的插入位置对仿真元组进行插入操作。一般为按照数据元组总数的比例确定伪行的数目，均匀插入；然后按密钥指定的水印计算方式对插入元组中的可修改属性进行水印添加。添加伪行水印示意如图8-34所示（注意：图中手机号为编造数据，仅作示例展示使用，若有雷同纯属巧合）。

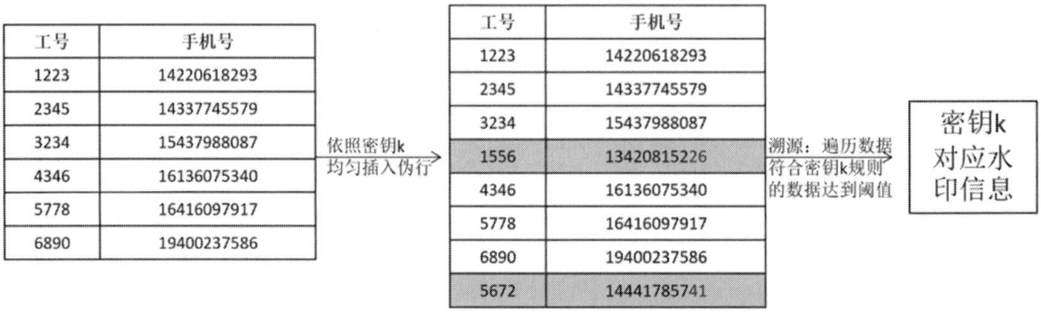

工号	手机号
1223	14220618293
2345	14337745579
3234	15437988087
4346	16136075340
5778	16416097917
6890	19400237586

依照密钥k
均匀插入伪行

工号	手机号
1223	14220618293
2345	14337745579
3234	15437988087
1556	13420815226
4346	16136075340
5778	16416097917
6890	19400237586
5672	14441785741

溯源：遍历数据
符合密钥k规则
的数据达到阈值

密钥k
对应水
印信息

图8-34　添加伪行水印示意

构建伪行并均匀插入原始数据，对可修改的属性“手机号”，在伪行中复用基于脱敏的水印技术可将水印信息插入。在溯源时，遍历每条元组记录，当符合水印构成条件的元组数目超过或达到阈值（例如在本例图8-34中的阈值为两个元组），则认为水印提取成功。

（2）添加伪列水印

在伪造新的属性列时，生成的伪列需与原始数据中其他属性尽量高度相关，这样不容易被攻击者察觉。伪列属性的选取可使用数据挖掘中的Apriori关联分析法或者一些推荐算法。然后根据选定的属性生成合理的仿真数据，根据密钥信息将水印信息嵌入伪造的新列，方式与伪行类似。

可以看出，本类方法对原始数据不会进行任何修改，只是在数据中按照约定的规则新增一些元组和属性，此类方法可以抵御一定程度的添加、删除和替换等常见攻击，但是水印有一定的被识别、被删除的风险。

8.11.3　应用场景

数字水印和溯源技术主要用于保护数据安全、防止数据泄露、追踪数据流向等方面。

（1）数据著作权保护。在音频、视频、图片等内容中添加不可见的水印，以标识内容的所有者。如果内容被非法复制或分发，可以通过水印来追踪源头。

（2）数据泄露监测和防止。在敏感数据中添加数字水印，可以帮助监测和防止数据泄露。如果数据被非法访问或泄露，则可以通过水印来识别和追踪泄露的源头。

（3）数据溯源。数据溯源技术可以用于追踪数据的来源和流向。例如，在供应链管理中，可以使用数据溯源技术来追踪产品的生产和分销过程。

（4）数据完整性验证。数字水印可以用于验证数据的完整性和真实性。如果数据被篡改，则水印可能会被破坏，从而可以监测到数据的篡改。

（5）广告效果追踪。在网络广告中，可以使用数字水印和溯源技术来追踪广告的展示和点击情况，以评估广告的效果。

（6）防止深度伪造。对深度伪造（如AI合成图像或视频），使用数字水印和溯源技术可以识别和防止伪造内容的传播。

8.12　用户和实体行为分析（E）

8.12.1　技术概况

用户和实体行为分析（User and Entity Behavior Analysis，UEBA）主要用于检测用户及网络中实体（网络设备、进程、应用程序等）的异常行为，然后判断异常行为是否存在安全威胁，并及时向运维人员发出告警。UEBA可以在企业现有网络安全系统或解决方案的基础上增强企业的安全能力，覆盖传统安全系统或解决方案无法覆盖的盲点，降低企业的安全风险。

UEBA可以识别过去无法基于日志或网络的解决方案识别的异常，是对安全信息与事件管理（Security Information and Event Management，SIEM）的有效补充。虽然经过多年的验证，SIEM已成为行业中一种有价值的必要技术，但是由于SIEM尚未具备账户级可见性，因此安全团队无法根据需要快速监测、响应和控制。

UEBA是垂直领域的分析者，它进行端到端的分析，从数据获取到数据分析，从数据梳理到数据模型构建，从得出结论到还原场景，自成整套体系，UEBA记录了人员产生和操作的数据，并且能够进行实际场景还原，从用户分析的角度来说非常完整并且直接有效；UEBA可以帮助用户防范信息泄露，避免商业欺诈，提高新型安全事件的监测能力，增强服务质量，提高工作效率。

8.12.2 技术路线

UEBA系统目的是实现对用户整体IT环境的威胁感知。首先通过业务场景的梳理，整合当前的资产信息并辅助梳理和识别具体的业务场景，然后通过数据治理能力，将原本零散分布于各类不同信息系统的数据进行标准化和规范化，辅助梳理和选择正确的数据；同时通过深度关联的安全分析模型及算法，利用AI分析模型发现各系统存在的安全风险和异常的用户行为。在此基础上，实现统计特征学习、动态行为基线和时序前后关联等多种形式场景建模，最终赋予用户包含正常行为基线学习、风险评分、风险行为识别等功能的实体安全和应用安全分析能力，可作为企业SIEM、SOC或DLP等技术和企业安全运营体系的升级，为企业提供内部安全威胁更精准的异常定位。

UEBA系统主要包括三大功能模块，数据中心，场景分析（算法分析）层和场景应用层。各层之间采用集中的数据总线进行数据传输和交换，以此降低各类安全应用对底层数据存储之间的强依赖性，各层之间独立工作，方便后期的安全业务扩展和保障各层之间的稳定运行。UEBA系统功能架构如图8-35所示。

图8-35　UEBA系统功能架构图

数据中心是实现分析相关数据的集中采集、标准化、存储、全文检索、统一分析、数据共享及安全数据治理。具备数据自动识别、智能解析、用户和实体行为捕获、威胁情报关联碰撞和管理等数据治理能力。通过数据服务总线向上一层提供数据服务，同时接受上层的分析结果并进行统一存储。

场景分析层定义了UEBA的主要分析能力，包含分析引擎和内置分析场景。分析引擎包括实时分析、离线分析和分析建模能力，可辅助客户根据实际网络环境模拟的异常场景进行建模分析，具备基于实体内容的上下文关联、基于用户行为的时空关联分析能力。

场景应用层包含了UEBA的主要功能用途，包括为客户提供用户总体风险分析、账户风险评分、单用户行为画像、用户群体画像、异常行为溯源、用户行为异常场景建模等功能，具备特征权重调整、风险自动衰减及自动化学习运维人员反馈等智能机制，同时提供原始日志、标准化日志及用户异常行为的快速检索与即席查询功能，辅助客户风险预警和风险抑制。UEBA功能业务图如图8-36所示。

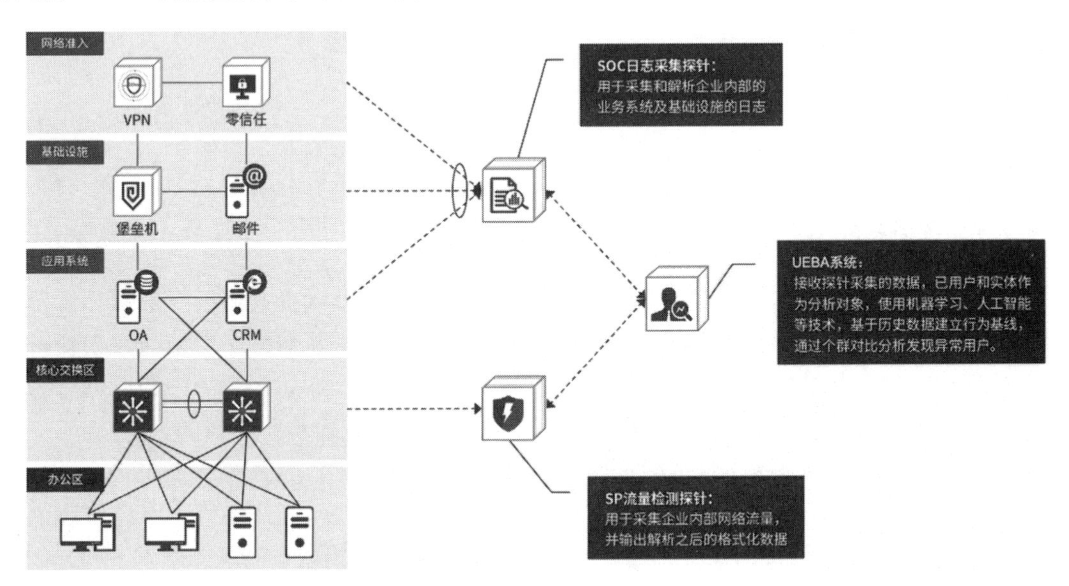

图8-36　UEBA功能业务图

8.12.3　应用场景

在数据访问安全解决方案中，UEBA能够对进出的核心数据访问流量进行数据报文字段级的解析操作，完全还原出操作的细节，并给出详尽的操作返回结果，通过内建的机器学习AI引擎，使用机器学习算法来确定用户和数据行为基准，以监测异常。

从时间维度来看，数据访问和数据业务的时间是有规律的。UEBA可以根据用户历史访问活动的信息刻画出一个数据的访问“基线”，而之后则可以利用这个基线对后续的访问活动做进一步的判别。

以医疗场景为例，医院的第三方运维人员众多，如果运维人员对数据访问权限过大，又缺乏相应的管理控制手段，很容易在利益驱动下窃取医药售卖情况等敏感信息、篡改运营数据甚至删库跑路等，给医院造成严重后果。针对这种场景，UEBA以高风险事件为切入点，发现某用户在短时间内高频查询了敏感级别较高的数据，如药物名称、药物金额等，且这段时间访问数据的敏感程度已经偏离了自身的历史基线，进而确认该用户账号可能存在问题。通过排查分析，发现该用户违规进行了药物销量信息的统计查询操作，且在此之前，曾有过遍历数据库表的操作，疑似在检索敏感数据的存储位置，两者结合分析，进一步证实该账号存在违规盗取数据信息行为。

又如，应用系统存在数据暴露面广且较难梳理问题，外部或者内部人员通过网络爬虫高频窃取应用系统中核心数据，或者利用第三方数据共享导致的API接口泄露，通过接口遍历的形式获取敏感数据。针对这种场景，UEBA以高风险事件为切入点，发现某用户在短时间内，存在高频访问敏感信息的行为，且从查询的SQL语句的查询内容及条件看，存在不断修改参数，遍历敏感数据的情况，该用户存在风险的可能性较大。通过排查分析，发现该账号在查询敏感信息的同时，伴随着大量的相似SQL语句执行失败，或执行不同类型SQL语句执行失败的记录，说明该用户对数据库的表及表字段信息并不熟悉，存在遍历猜测行为，进一步说明该账号存在问题。

8.13 数据审计（E）

8.13.1 技术概况

数据审计系统是一款基于对数据库传输协议深度解析的基础上进行风险识别和告警通知的系统。系统对主流数据库系统的访问行为进行实时审计，让数据库的访问行为变得可见、可查；同时，通过内置安全规则，可以有效地识别出数据库访问行为中的可疑行为并实时触发告警，及时通知客户调整数据的访问权限进而达到安全保护的目的。

数据审计系统需要支持主流的数据库系统，如Oracle、MySQL、SQL Server、Postgre SQL、DB2、MongoDB、HANA、人大金仓、达梦、Oceanbase、HBase、Hive等，以满足客户复杂数据场景下的审计需求；同时，应满足部分数据库协议加密场景下的审计需求，如Oracle、MySQL、SQL Server的SSL加密审计需求、Hive等协议的Kerberos加密审计需求。

数据审计系统还需支持大量风险识别的安全规则。安全规则主要有SQL注入规则、漏洞攻击规则、账号安全规则、数据泄露规则、违规操作规则，通过审计行为和安全规则的匹配，发现违规操作，并给出告警和建议措施。

8.13.2 技术路线

数据审计系统发展大概经历了四代，数据审计系统版本的特点如图8-37所示。

第一代（1.0）数据审计系统能记录对数据的访问，且审计结果可查询并展现；而对于审计全面性、准确性的要求则比较简单，有时甚至不太关注是否能够做到全面审计。

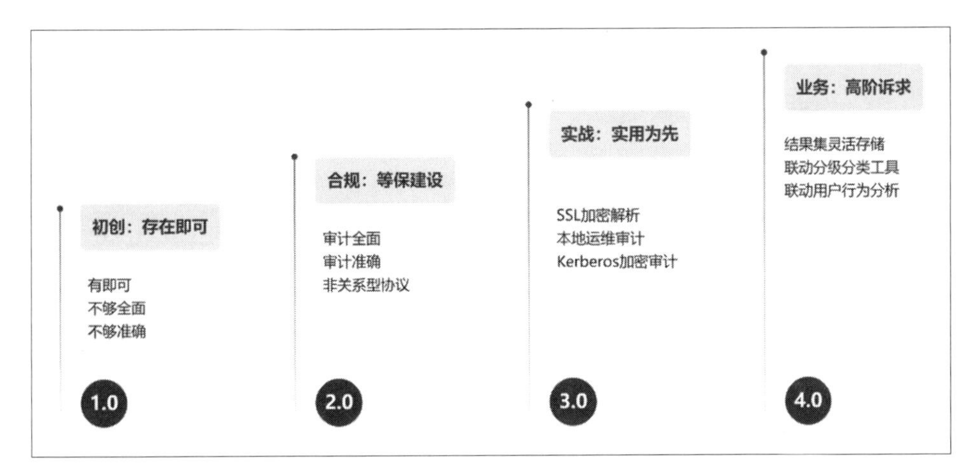

图8-37　数据审计系统版本的特点

第二代（2.0）数据审计系统实现了更为全面的审计功能，涵盖了对会话和语句信息的详尽记录，确保了审计内容的准确性。系统运用DPI技术分析各类数据库通信协议，精准识别SQL语句、句柄、参数等核心信息，并通过“会话”“语句”“风险”间的内在联系优化界面交互与线索关联，提升审计追踪的效能与便捷性。同时，系统兼容性强，支持主流关系型、非关系型数据库及大数据平台组件。然而，因业务系统共用数据库用户，难以区分不同业务人员的操作，故市面上出现了基于时间戳和插件的关联审计技术，后者理论上能实现更高的审计准确率。

第三代（3.0）数据安全审计产品则根据业务行为和分类统计追踪信息，不仅支持加密协议的解析与审计，还通过本地代理捕获实际SQL指令，实现对本地运维操作的审计。该产品不仅展示丰富的审计记录，更将分散的SQL语句重组为业务操作，为业务人员提供直观的业务操作视图。同时，系统强调风险监控能力，支持灵活的策略配置与及时告警，以迅速应对安全风险。

第四代（4.0）数据安全审计产品则实现了从单一能力到广泛联动的转变，并专注于复杂场景下的极端审计性能提升。通过与分级分类工具和用户行为分析工具联动，实现对不同等级数据的针对性审计和对异常访问行为的监测。面对业务量与设备性能的矛盾，产品采用分布式部署和削峰审计策略，确保在超大流量和流量高峰场景下仍能实现高效、准确的数据库行为审计。

数据审计系统从产品功能框架上可以自下而上分为流量输入，信任过滤、协议解析、流量采集，规则引擎，数据入库，数据输出，系统管理几部分。数据审计系统产品功能框架如图8-38所示。

图8-38 数据审计系统产品功能框架

其中，流量输入层是接入需要审计的流量信息，并对流量的二三层网络协议和TCP层协议进行解析，提取IP、端口等信息；信任过滤、流量采集、协议解析层，根据信任过滤（过滤规则）去除不需要进行审计的流量，进行流量采集，按照各种不同数据库的传输协议解析数据包中包含的有效信息，提取出数据库名称、SQL语句、客户端工具等信息，一般知名的数据审计系统在协议解析领域已经积累多年的经验，对数据库协议有着很深的理解，对流量的解析精确且全面。规则引擎的功能是将数据库协议解析出来的SQL语句和安全规则进行匹配，以此来发现SQL语句中存在的可疑风险，基于有限状态机（Deterministic Finite Automaton，DFA）的AC算法进行匹配，实现多条安全规则只需进行一次匹配，实现了高效的规则匹配。如果规则匹配的过程中没有发现风险，那么需要将SQL语句进行字段标准化形成一条审计日志，如果发现了风险，还会根据风险级别相应地产生一条标准化的告警日志。为了实现审计日志和告警日志可回溯，需要将日志进行存储，此时数据入库程序就会将产生的日志存储到磁盘当中。当需要进行审计日志和风险日志查询时，数据输出模块提供了Web端查询功能，并且还可以将这些日志信息通过syslog、Kafka的方式将日志发送到第三方的平台。系统管理模块提供了丰富的管理功能，包括规则管理、软件升级等功能。

8.13.3 应用场景

数据审计主要用于保护数据的完整性、确保数据的准确性，满足各种合规要求，在许多场景中都非常重要。以下是一些常见的数据审计应用场景。

（1）合规性管理。金融、医疗和教育等行业有严格的数据管理规定，数据审计通过检查和记录所有的数据访问和修改行为，确保数据的处理符合相关法规。

（2）数据安全。数据审计可以帮助防止数据泄露和篡改。通过记录所有的数据访问和修改行为，数据审计可以检测到非法或可疑的活动，并及时采取行动。

（3）数据质量管理。数据审计可以帮助企业确保数据的准确性和完整性。通过检查数据的来源、处理过程和最终结果，数据审计可以发现和纠正数据的错误和不一致。

（4）运营优化。数据审计可以帮助企业理解和优化运营。例如，通过分析用户的行为和交易数据，企业可以了解其产品或服务的使用情况，以便进行改进和优化。

（5）企业风险管理。数据审计可以帮助企业识别和管理风险。例如，通过分析财务数据，企业可以识别可能的财务风险。通过分析操作数据，企业可以识别可能的操作风险。

业务人员和运维人员一般会通过网络和数据库进行数据的交互，通过部署数据审计系统实现用户、业务访问的审计。常见的数据审计部署场景有两种，镜像部署方式和代理客户端部署方式。

（1）镜像部署。该方式审计系统时采用旁路部署，不需要在数据库服务器上安装插件，不影响网络和业务系统的结构，无须与业务系统对接，与数据库服务器没有数据交互，也不需要数据库服务器提供用户名和密码。镜像部署拓扑图如图8-39所示。

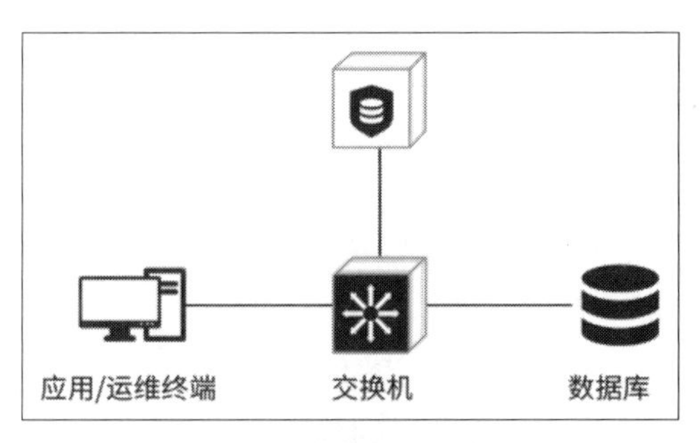

图8-39　镜像部署拓扑图

（2）代理客户端部署。该方式不需要云环境底层支持流量镜像，只需要安装代理（Agent）即可完成云环境数据库的安全审计，一般支持主流的云环境中的主流的Linux和Windows等虚拟主机。代理客户端部署拓扑图如图8-40所示。

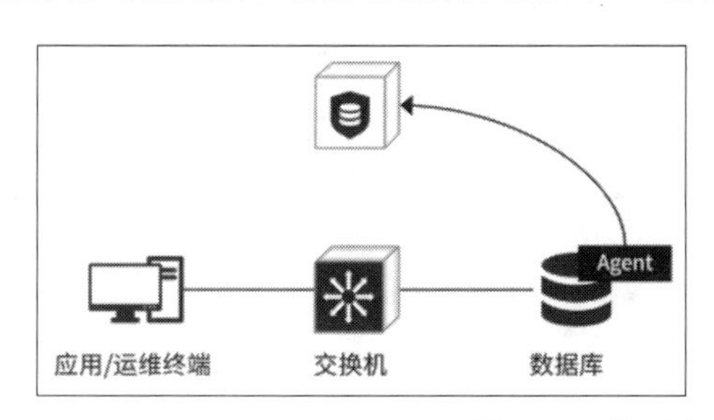

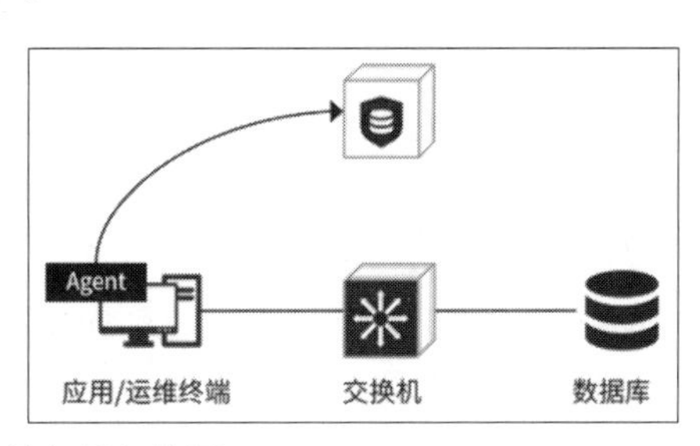

图8-40　代理客户端部署拓扑图

第 9 章　大模型与数据安全

大模型是大型机器学习模型的简称。大模型技术作为人工智能领域的重要突破，为数据处理和分析赋予了前所未有的能力。然而，随着数据规模的日益庞大和复杂，数据安全问题也日益凸显。因此，如何将大模型技术用于提升数据安全能力，成为当前亟待解决的关键问题。

一方面，结合大模型能力和数据安全的需求，可以为数据保护提供了更高效、智能的解决方案。另一方面，通过引入先进的数据加密和隐私保护技术，可以确保大模型在处理海量数据时的安全性，防止数据泄露和滥用。同时，优化大模型的算法和架构，使其更好地适应数据安全的需求，也是未来发展的重要方向。

9.1　大模型赋能数据安全技术

在数据安全领域，大模型所具备的丰富行业知识和优秀的自然语言识别能力为数据分类分级、API安全、用户和实体行为分析等细分场景提供了强大的支持。首先，传统数据分类分级的规则编写方式在面对不规范的数据元信息时效果有限，大模型利用其丰富的行业知识和语义理解能力，可以显著提高数据分类分级的准确率和识别率，尤其在缺乏元数据质量的情况下，能够自动完成任务，提高工作效率。其次，在API安全防护方面，大模型能够精确识别API中的敏感信息及潜在的风险攻击行为，具备优秀的降噪能力，有效减少误报和重复报警，为API安全提供了可靠的保障。此外，大模型在用户和实体行为分析方面也发挥着关键作用。通过命名实体识别能力，大模型可以提取文本、json、xml等各种格式数据中的关键信息，为用户和实体行为分析提供重要支持。同时，大模型还可以辅助生成行为分析规则，并在人工反馈后进行模型微调，进一步提升用户和实体行为分析的准确性和效率。综上所述，大模型技术在数据安全领域的应用为各种细分场景提供了智能、高效的解决方案，为数据安全保障提供了新的思路和工具。

以数据分类分级为例，传统的自动化分类分级技术路线主要有基于专家经验的规则匹配、基于数据驱动的有监督学习、基于语义相似度模型等方式，但均存在一定的局限性，如数据完整性要求高、模型预测可解释性差、规则或模型准确率受限于人为因素或数据质量等。随着大模型技术的发展，尤其是大规模预训练语言模型的崛起，让我们看到了弥补传统方案不足并进一步提升自动化分类分级质量的可能性。

1. 建立分类分级规则框架

在数据分类分级实践中，由于不同行业专业性和分类分级规则的复杂性，需要工作人员具有深厚的知识背景和实践经验才能准确执行。这导致初期阶段的工作进度可能会受到较大影响，学习成本和理解难度成为阻碍工作效率提升的关键因素之一。针对这一挑战，大模型技术驱动下的问答智能体应运而生，它们可以扮演在线咨询专家的角色，显著降低分类分级工作的门槛。通过构建一个包含全国乃至各地方、各行业分类分级指南详尽内容的知识库，并结合检索增强生成（Retrieval Augmented Generation，RAG）技术，问答智能体能够以精准且流畅的问答方式为用户提供实时咨询服务。

检索增强生成技术是一种将大规模预训练语言模型与检索系统相结合的先进方法，其原理在于融合了深度学习中的自动生成能力和信息检索系统的精准匹配能力。在数据分类分级场景中，RAG问答智能体的工作流程如下：一是检索阶段，在预先构建的知识库中进行高效检索；二是候选抽取阶段，检索系统根据问题的相关性从知识库中提取出最相关的片段或文档作为候选答案来源；三是融合生成，RAG模型利用其强大的自然语言理解能力对检索到的信息进行理解和分析，并结合自身生成模型的能力，综合这些候选答案来生成最终的回答。这样生成的答案既准确反映了法规政策和指南文件的要求，又能够针对具体情境提供定制化的解决方案。

在实际应用过程中，基于RAG技术的问答智能体无疑能显著提高数据分类分级工作的效率。它极大地减少了人工阅读理解政策文件、摸索执行规则所需的时间投入，同时也保证了工作流程的一致性和准确性，避免因人为判断差异导致的分类分级偏差。这种智能化辅助工具不仅有助于提升整体工作效率，更能确保数据管理工作严格遵守国家法律法规和行业规范，有力地保障数据安全，推动数据资源的合法合规、高效利用。

2. 提升分类分级准确性

针对数据项信息缺失的问题，大模型的生成能力具有独特的优势。由于大模型经过大规模数据集的预训练，在知识覆盖和语言理解方面表现出色，它能基于已有信息推断并生成缺失的信息。例如，在处理包含缺失注释字段的数据表时，大模型可以根据字段名、字段值、上下文关联及其他相关字段的内容生成合理且准确的注释内容，从而确保即使在信息不完整的情况下也能有效地完成数据分类。

针对数据分类的可解释性和准确性问题，大模型同样发挥着重要作用。借助其强大的推理能力，当将分类框架和待分类数据项的具体信息作为输入提示词时，大模型不仅能给出数据项所属的类别，还能提供详细的分类依据。比如，模型可能会根据数据项的关键属性、业务逻辑、行业规定等因素生成一段说明性的文字，清晰地阐述为何该数据项应当被归入某一特定类别，这样就极大地增强了分类结果的可信度和透明度。

综上所述，大模型技术的应用为数据分类分级工作带来了革命性的变化。它在处理信息缺失、提高分类准确性、提供可解释性输出等方面表现出了超越传统方法的能力。在未来，随着大模型技术的持续优化和创新应用，在更多复杂的数据管理场景下，可以实现更加高效、精准且易于理解的数据分类分级解决方案。此外，结合图神经网络、知识图谱等先进技术，大模型有望更好地挖掘隐藏在数据背后的深层次关联，使得数据分类分级更加智能和全面，从而有力地支撑各行业的数据治理和价值挖掘工作。

3. 冲突结果二次校验

大模型在人工智能领域展现出前所未有的智能水平，它们能处理复杂的语义理解、逻辑推理及知识生成任务，并已在众多应用场景中崭露头角。然而，这些卓越性能背后需要庞大的计算资源支持，对于不少企业和组织而言，高昂的硬件成本和运行效率问题成为采用大模型时不得不权衡的因素。尤其在数据分类分级这样的大规模批量处理场景下，尽管大模型具备卓越的理解与推理能力，但在同等硬件条件下，其预测效率相较于传统的规则匹配、有监督学习或基于相似度的算法来说可能较低。

在实际应用中，一种更为务实且高效的方法是将大模型与传统技术路线进行有机结合，以实现分类分级任务中效果与效率的兼顾。具体策略的设计如下。

首先，在执行基础数据分类分级阶段，可以利用传统技术手段，如预设专家规则集、经过训练的小型分类模型或语义相似度计算工具，对大批量数据进行初步筛选与归类。这一阶段的目标在于快速完成大部分数据项的识别工作，同时降低大模型直接处理海量数据带来的计算压力。

当遇到一些边界模糊、复杂性较高或者不同分类方法产生冲突的数据项时——比如一条数据被多个规则命中时，小型分类模型给出的结果可信度不明确；或者当不同识别方式对同一数据项得出迥异的结论时——大模型的价值得以显现。将这些难以界定或存在争议的数据项作为输入，借助大模型强大的上下文理解和推理能力进行二次识别和判断，可以弥补传统方法可能存在的不足之处，并最终确定数据项的准确类别。

另一方面，在跨渠道数据整合过程中，为了确保分类分级结果的可靠性和一致性，通常会采取多源并行处理的方式。从不同的信息渠道收集数据后，各个独立执行者依据各自的分类标准产生各自的分类结果。不可避免的是，由于数据来源的差异性或处理过程中的偶然错误，可能会出现各渠道间分类结果的冲突现象。这时，若依赖人工审核来解决这类矛盾不仅耗时耗力，还可能出现人为判断的主观偏差。

为了解决此类问题，可以引入大模型替代部分人工审核环节，针对不同渠道得出的冲突分类结果进行综合分析和仲裁。大模型能够通过深度理解各个渠道数据的特点及背景信息，结合已学习到的知识，提供一个相对客观公正的最终分类决策，从而大大提升分类质量与一致性。

总之，在分类分级的实际操作中，合理运用大模型与传统技术的互补优势，既能有效提高分类准确性，又能避免大模型资源的过度消耗，使得每一分算力都得到恰到好处的应用。这种混合式解决方案既体现了好钢用在刀刃上的原则，又充分展示了AI技术在解决复杂业务问题时的灵活性与实用性。

4. 基于人工反馈进行模型微调

在大模型应用于数据安全场景的过程中，基于人工反馈的强化学习技术对于持续优化模型表现至关重要。通过收集和分析人类专家对模型生成结果的反馈，可以训练一个奖励模型来捕捉并学习人类专家的偏好与判断标准。随后，利用该奖励模型指导大模型进行迭代更新，使得其输出更加贴近实际需求，减少潜在的安全风险。

例如，在分类分级任务中，当大模型为某个敏感数据项提供了一个初步分类结果后，可通过专家评估确认其准确性。若发现分类错误或不准确，将这一反馈整合至强化学习过程中，作为负向信号调整模型参数，促使模型在后续处理相似数据时能作出更正确的决策。同时，对于正确识别的数据项，同样给予正向激励，进一步巩固和提升模型的性能。

此外，鉴于大模型可能存在的“偏见”或不恰当输出问题，定期通过人工审查和反馈机制对其行为进行纠正也是保证模型自身安全的重要措施。通过对大模型的长期监控和持续微调，不仅可以提高其在数据安全领域的应用效果，还能有效防止潜在的数据滥用、泄露等安全风险。

9.2　大模型自身数据安全防护

作为庞大而复杂的机器学习系统，大模型通常训练于海量数据，其中可能包含敏感信息，因此，确保大模型本身的数据安全是至关重要的，以防止未经授权的访问或泄露。同时，由于大模型在处理数据时可能存在潜在的安全风险，如针对模型的攻击或误用，因此必须采取有效措施来保护其免受这些威胁。

数据脱敏是保护大模型中敏感信息的重要手段。通过对数据进行脱敏处理，可以在保留数据的基本特征的同时，有效隐藏敏感信息，降低数据泄露的风险。API安全防护也至关重要。大模型通常会通过API与其他系统进行数据交互，而这些API可能成为攻击者入侵系统的入口。因此，确保API的安全性，采取有效的授权、认证和加密措施，以及对API的合法使用进行监控和审计，都是保护大模型数据安全的重要环节。

本节将介绍大模型数据脱敏和API安全防护等措施，从而有效保护大模型及其所处理的数据，确保其安全性和可信度。

9.2.1　大模型训练数据脱敏

数据脱敏是当今大数据时代和人工智能领域中至关重要的数据保护手段之一。尤其是在涉及客户安全数据和商业敏感信息的情况下，诸如身份证号码、手机号、银行卡号、地址、邮箱等个人信息，以及商业合同、交易记录等企业保密信息，都面临着严重的泄露风险。为了确保这些敏感数据在模型训练、测试、运维等各个阶段得到有效保护，同时不影响业务流程和模型学习效能，数据脱敏技术的应用显得尤为关键。

静态脱敏和动态脱敏是两种被广泛使用的脱敏模式，两者针对的是不同的使用场景，并且在实施过程中采用的技术方法和实施机制也不同（参见8.4节和8.5节）。一般来说，静态脱敏具有更好的效果，动态脱敏更为灵活。在大模型的生命周期中，静态脱敏和动态脱敏两种模式，各自适用于不同的场景并采用不同的技术方法。

静态脱敏，作为一种常见的数据保护方式，主要运用于数据采集和初步处理阶段。它通过一系列标准化的技术手段，对原始数据进行不可逆的变形处理，如使用伪随机数替换敏感数值、运用散列函数对信息进行加密，或者对字符串进行部分字符掩蔽等。这种方式的优势在于，经过脱敏后的数据能够在不泄露原始敏感信息的前提下，仍然保持一定的数据分布特征，有利于模型在训练阶段把握真实世界的数据规律，提升模型的泛化能力和预测准确率。例如，在训练大模型时，静态脱敏后的数据集可以让模型在模拟真实世界的语境中学习语言表达，同时避免了敏感信息的直接暴露。

静态脱敏在大模型的训练过程中起着基础性的作用。在预处理阶段，当数据工程师准备大规模的历史数据集用于模型训练时，他们会对其中涉及的敏感信息进行精细化的静态脱敏操作。这样，无论是在分布式训练环境下还是模型参数的多次迭代更新过程中，敏感数据始终保持在加密、混淆的状态，杜绝了任何可能的敏感信息泄露途径。不仅如此，静态脱敏还能确保即便数据集不慎外泄，攻击者也无法从中还原出原始的敏感信息，从而极大地增强了数据安全性。

相比之下，动态脱敏则着重于模型实际运行时的即时保护，它在模型部署上线后提供实时数据保护，确保在用户与模型交互过程中产生的每一次数据流转都能得到有效控制。动态脱敏技术可以根据实时情境和预先定义的策略，在模型输出结果的瞬间对可能包含敏感信息的内容进行自动过滤、替换或模糊处理。例如，在聊天机器人应用场景中，当用户询问涉及个人信息的问题时，动态脱敏机制能够在模型生成回复内容前进行实时干预，移除或替换掉可能泄露用户隐私的详细信息，转而提供相对模糊但不失实用性的回答。

动态脱敏在大模型的服务上线和内容生成阶段扮演了守门员的角色，确保大模型产出的内容始终符合隐私保护法规要求，同时也保障了用户体验，让用户能在安全的环境中享受人工智能带来的便利。为了适应各种复杂的业务场景，动态脱敏策略可以灵活配置，既可以针对固定类型的敏感信息进行统一处理，也能根据不同用户的权限级别和业务场景需求动态调整脱敏规则。此外，动态脱敏还可以结合上下文理解和深度学习技术，智能识别潜在的敏感内容，进一步提升了对敏感信息保护的精准度和适应性。

综合来看，静态脱敏在前期阶段为模型训练奠定了坚实的数据安全基础，而动态脱敏则在后期运行中实现了对实时交互内容的实时防护，两者相结合，确保了在大规模使用大模型的过程中，无论是模型训练还是实际应用，都能最大限度地保护敏感信息免遭泄露。

9.2.2 大模型API安全防护

大模型不仅展现出令人瞩目的预测和分析能力，并且通过代理和API接口等方式支持行业领域垂直模型应用。用户无须深入了解模型的底层实现细节，通过API接入轻松与大模型进行交互，从而实现了模型的易用性、跨平台性、实时性及商业化运营，极大地提升了模型的价值和应用范围。然而，随着大模型应用的日益广泛，其API的安全性问题也日益凸显，迫切需要使用API安全防护技术来对大模型API进行保护。

（1）API的合法性。确保API的合法访问是保障模型安全的关键。大模型服务提供商应通过收费机制对用户账号进行管理，费用与服务级别挂钩，以此维持运营所需资金。同时，采用多因素身份认证、令牌验证等技术手段，确保仅有授权用户能访问模型API，并严格限制其操作范围。

（2）API的敏感性。大模型在处理个人身份信息、财务数据等敏感数据时，必须高度重视数据的隐私保护。除使用脱敏技术外，还应采用加密技术对API返回数据进行加密存储和传输，并严格限制用户对数据的访问权限。同时，对API行为进行监控建模，及时发现并预警数据泄露风险。

（3）API的脆弱性。在敏捷开发模式下，API接口的频繁构建增加了其脆弱性。由于API多由编码人员创建，可能存在大量未知或影子API，这些缺乏维护的API易成为攻击者的目标。因此，需实施API漏洞发现机制，持续挖掘和收集API相关漏洞，以防范注入攻击、参数篡改等安全威胁。

（4）API的稳定性。API的稳定性对业务运行至关重要。面对DDoS攻击等威胁，需采取限流、请求验证和自动伸缩等手段，确保API服务器的稳定运行，避免服务中断对用户体验和企业声誉造成不良影响。

第三部分　隐 私 计 算

第 10 章　可信数据流通交易空间

在数字化时代，数据已成为驱动经济社会发展的关键要素。然而，数据的流通与交易往往伴随着安全与隐私的挑战。构建可信数据流通交易空间，不仅有助于保障数据的安全与隐私，还能促进数据的合规流通和高效交易，从而推动数据要素市场的健康发展。通过这一空间，各方参与者可以在信任的基础上开展数据交易，降低交易成本，提高交易效率，实现数据的价值最大化。

本章分析了数据流通交易过程中面临的可信性挑战，提出了构建可信数据流通交易空间的必要性和重要性。这一架构需要综合考虑数据安全、隐私保护、交易规则、监管机制等多个方面，确保数据在流通和交易过程中的可信性。在此基础上，本章介绍了可信数据流通交易空间的整体架构、框架支撑平台、数据供给平台、数据交易平台和数据交付平台，形成了一个完整、高效的数据流通交易生态系统，不仅有助于保障数据的安全与隐私，还能促进数据的合规流通和高效交易，为数据要素市场的健康发展提供有力支撑。

10.1　关键问题与整体框架

10.1.1　关键问题

《中共中央 国务院关于构建数据基础制度更好发挥数据要素作用的意见》第八条提出，“建立合规高效、场内外结合的数据要素流通和交易制度，完善和规范数据流通规则，构建促进使用和流通、场内场外相结合的交易制度体系，规范引导场外交易，培育壮大场内交易；有序发展数据跨境流通和交易，建立数据来源可确认、使用范围可界定、流通过程可追溯、安全风险可防范的数据可信流通体系。”

2024年3月发布的《政府工作报告》再次强调，健全数据基础制度，大力推动数据开发开放和流通使用。增强数据要素的流动性是千行百业数字化转型、做强做优做大数字经济的重要前提条件。当前，我国数据要素市场建设取得积极进展，但是由于权属纷争、数据滥用、数据泄露、失控传播等安全合规风险挑战，数据要素的市场化配置效率还有待提升，亟待从供给、流通、使用等环节全方位强化数据流通安全合规治理，以数据流通畅通赋能百业兴旺。

当前，制约数据“供得出”“流得动”“用得好”的卡点堵点问题依然突出，数据产权、流通交易、收益分配、安全治理等制度还需完善，安全可控的数据流通服务生态尚未形成。

从供给源头看，由于数据权属界定的复杂性、数据安全责任的连带性、数据合规要求的约束性，部分数据提供者持“不愿流通、不敢流通”的态度，造成高质量的数据供给不足。

从流通过程看，由于数据具有可复制性、可传播性强的特点，在流通过程中极易造成失控传播，很难完全规避数据滥用风险。加之数据流通是跨多元数据主体的动态过程，进一步增强了数据流通安全合规治理的复杂性。

从流通结果看，对不同数据需求场景的探索尚不成熟，多数企业的数据管理水平有待提升。在合规评估、质量评价、价值衡量、登记备案及智能撮合等环节，均存在较大的优化空间。

从“监管溯源”角度看，数据流通安全合规点最终落在使用环节。海量多源异构数据的关联汇聚将产生复杂的“化学反应”，一旦脱离监管，将会造成难以预估的风险，对利益相关方造成重大损失。因此，需加强使用环节的监管力度，构建“使用可控可计量”的数据使用监管机制，以确保数据流通安全合规治理的“最后一公里”得到有效保障。

10.1.2 整体框架

可信数据流通交易空间是一套以促进数据要素市场高速发展为目的，对数据要素市场进行全方位考量后构建的实现数据流通、治理的基础制度技术框架。可信数据流通交易空间示意如图10-1所示。数据提供方将数据提供给可信数据流通交易空间，按照数据提供方、数据需求方及数据加工方达成共识的数据产品合约内容，数据加工方安全地传输和加工数据，然后交付给数据需求方。

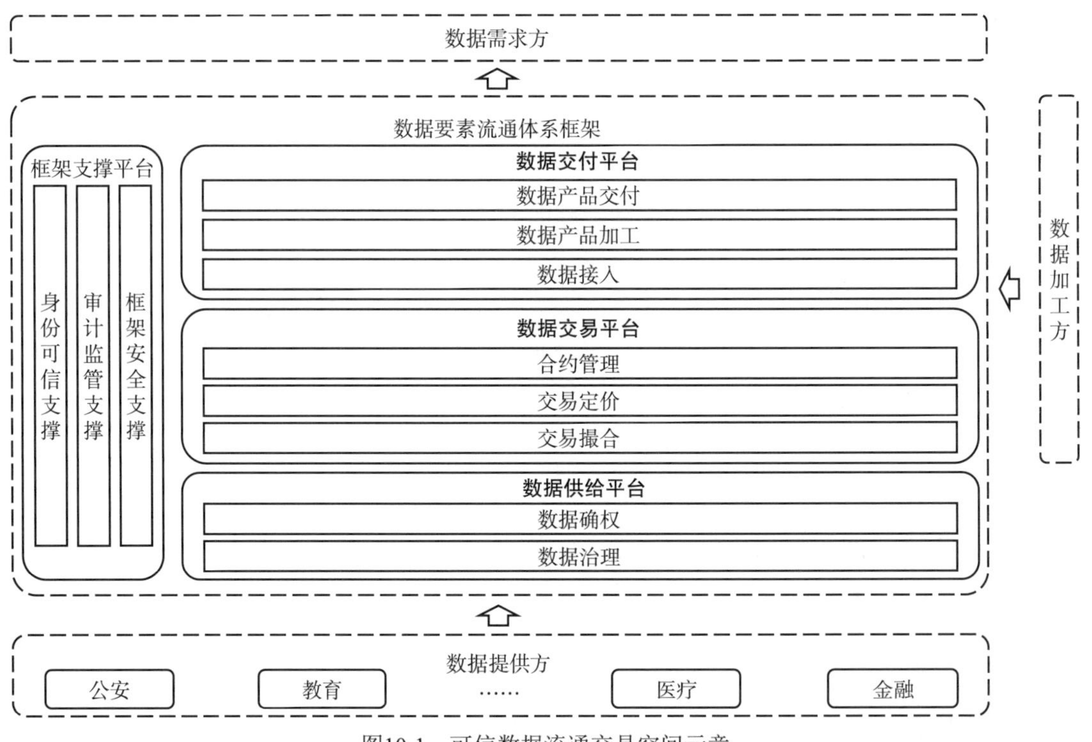

图10-1　可信数据流通交易空间示意

图10-1从广义上描绘了以“三横一纵”形式呈现的可信数据流通交易空间。三横分别为用于收集数据信息，并界定数据权属关系的数据供给平台；挖掘数据与应用场景的关系，完成数据要素流通，实现数据要素价值释放的数据交易平台；通过保障数据要素安全流通，

实现数据产品生产、加工与交付的数据交付平台。一纵则是指对数据供给、交易、交付平台和数据本身提供安全性保护的框架支撑平台。

10.2　框架支撑平台

框架支撑平台通过给可信数据流通交易空间提供可信身份、审计监管、安全保护的支撑，确保数据供给平台、数据交易平台、数据交付平台及数据要素流通过程中数据的安全、可信。

10.2.1　身份可信支撑

在可信数据流通交易空间中，身份可信支撑是保障框架安全的核心模块，涉及严格的身份认证与访问控制机制。数据供给平台需验证数据提供方的真实身份，确保数据权属清晰；数据交易平台在合约签订过程中需核实交易双方身份，防止身份欺诈；数据交付平台则通过身份认证，确保数据准确交付至合法接收方。

在此交易空间中，一个主体可能兼具数据提供方与需求方双重身份。身份在此代表独立的交易主体，包括个人、企业或政府部门，形成一对一的映射关系。然而，一个身份（交易主体）可能拥有多个账户、凭据或虚拟身份，以满足不同交易需求。

（1）账户是身份的电子表示，一个身份可以对应多个账户。账户可以拥有一些许可和权限。通过许可和权限，账户可以通过许可和授权，允许身份的资源参与数据流通活动。身份的资源包括待交易的数据资源和数据资产，以及执行购买行为的交易资源。

（2）凭据是指拥有相关口令、密码、证书或其他类型密钥的账户。

（3）人格可以看成是一种对身份相关信息的通用描述，包括交易主体中的任何角色，如数据交易人员、公司高管及其他任何与数据交易相关的群体。一个身份（主体）可以有多种人格，技术上的实现方式通常是同一身份（主体）对应多个账户，以及多个凭据。

身份认证 = 账户 + 凭据

身份认证是对参与数据流通主体身份正确性进行验证的过程。身份验证的本质是验证参与方的确是其所声称的主体。即身份认证是通过验证账户与凭据的对应关系是否成立完成的。

不同应用场景对身份认证的安全性需求各异，因此账户与凭据的复杂度需求也非统一。账户可以是简单的身份缩写，易遭猜测；也可为复杂的员工编号，有效隐藏身份信息。凭据的复杂度同样可变，从易破解的弱口令到难以模拟的生物特征，安全性差异显著。此外，通过增加安全机制数量，如单因子、双因子及多因子认证，可提升身份认证的安全性。

在正确识别主体的身份后，还需要结合访问控制技术才能构建完整的身份可信支撑模块。访问控制技术基于主体的身份特征及预设权限，对主体访问资源的操作进行授权或限制，确保资源的安全可控流通。

10.2.1.1 身份认证技术

身份认证技术主要包括以下三类。

（1）基于信息秘密的身份认证。信息秘密，即用户专有的身份认证凭据，包括网络身份证、静态口令及动态口令等。网络身份证，即虚拟身份电子标识（Virtual identity electronic identification，VIEID），是互联网身份认证的关键工具，用于网络通信中的身份识别与验证。静态口令为用户自定义且固定不变的认证信息，但是为了完成认证步骤，用户或者系统需要对静态口令进行记忆与存储，会降低口令的安全性。因此，在考虑安全性的设计上，静态口令不是一种推荐的认证方式。动态口令是一种按照时间或者次数周期性变化的口令，每个口令只能使用一次的认证方法。

（2）基于信任物体的身份认证。信任物体作为身份认证凭据，涵盖了智能卡、短信口令等认证方法。智能卡，即集成电路卡，是个人安全器件的代表，主体身份凭证存储于卡内硬件，用户通过展示并验证卡片信息以确认身份。短信口令认证则是用户向平台请求随机短信口令，利用手机短信进行动态身份认证。鉴于短信网关技术的成熟性与低成本稳定性，短信口令认证得到了广泛应用。

（3）基于生物特征的身份认证。基于生物特征的身份认证运用人体固有生理特征，如指纹、虹膜和脸像等，进行身份识别。指纹具有独特性和稳定性，广泛应用于多个场景；虹膜识别利用虹膜的独特复杂图像特征确保身份真实性；人脸识别则通过面部特征建模实现高效验证。这些生物特征识别技术因难以伪造且使用方便，正逐渐成为身份验证的重要手段。

10.2.1.2 访问控制技术

访问控制主要是通过对访问资源的硬件、软件及管理策略进行控制，实现对主体的授权访问，并防止未经授权访问的技术手段。访问控制技术的实践需要先通过身份认证技术完成对主体身份的验证，在确定预先设置主体的访问权限后，将主体对资源的访问操作进行授权或限制，最后监控和记录所有的访问行为。

访问控制技术有多种分类方式，常见的有时间维度和实现方式两种分类维度。时间维度的访问控制是根据访问控制的实施阶段划分的；实现方式维度的访问控制是根据对资源访问控制的具体实现方式进行划分的。

1. 时间维度

根据对主体访问资源行为进行控制时间阶段的不同，可以分为预防性、检测性及纠正性访问控制。不同类型的访问控制技术通常具有不同的特点。

（1）预防性访问控制是在访问发生之前，试图阻止不必要的或者未授权的访问活动的技术。常见的预防性访问控制技术有数据分类、渗透测试、加密、安全策略、反病毒软件、防火墙、入侵防御系统等。通常，预防性访问控制发生在恶意行为发生之前，需要通过入侵检测等方式检测或推测恶意行为的发生。因此，这类访问控制的准确度和误报率依赖于恶意行为检测工具的准确性。

（2）检测性访问控制是在访问发生之后，试图检测出不需要或者未授权的访问活动的技术。虽然，不需要或未授权的访问是一个过程，但是对这些事件的检测通常只能在事后根据日志等信息进行回溯。常见的检测性访问控制的技术手段包括日志审计、蜜罐、蜜网、入侵检测系统、用户监督与审查、事故调查等。通常，检测性访问控制发生在恶意行为完成之后，根据日志等方式回溯恶意行为。因此，具有较高的准确性，但无法阻挡恶意行为的进行。

（3）纠正性访问控制是在发生未授权访问后，将系统状态恢复正常的技术。纠正性访问控制的目的是通过纠正因安全事件而引发的改变，增强系统的可用性。纠正性访问控制的技术手段包括，终止恶意活动、重新启动系统、删除或隔离恶意程序、备份和恢复计划等。

2. 实现方式

访问控制也可以按照控制技术的实现方式分为管理访问控制、技术访问控制、物理访问控制。

（1）管理访问控制是通过实施组织的安全策略和相关法规或要求定义的策略完成的。管理访问控制的重点是通过控制业务流程和人员活动的边界实现对资源的访问控制。常见的管理访问控制手段有背景调查、数据分类分级、安全意识培训、人员培训、报告和评审等。

（2）技术访问控制是通过软件或硬件技术手段对资源和系统访问行为进行管理的控制方式。上文中提到的加密、访问控制列表、防火墙、入侵检测系统、入侵防御系统等都是常见的技术访问控制手段。

（3）物理访问控制是通过物理机制给信息系统提供保护，防止通过物理手段获取对资源的未授权访问的控制方式。常见的物理访问控制技术手段包括门禁、监控、警报等。

10.2.1.3　身份认证与访问控制的生命周期

身份认证和访问控制的生命周期指的是在可信数据流通交易空间内，对主体身份及相应的资源访问权限的创建、管理到删除全过程。如果没有对主体账户的正确定义和维护，系统就无法执行身份认证，无法进行访问授权与控制，也无法完成跟踪与问责。可信数据流通交易空间中的身份可信支撑模块的正常运行依赖于身份认证与访问控制生命周期中访问配置、账户审核及账户撤销这三个模块。

（1）访问配置是身份认证与访问控制的第一步，访问配置指的是为主体创建新账户并为其配置适当的权限。新账户创建的过程通常被称为登记或注册，在这个过程中会明确身份认证所需的条件。首先，主体向系统提供合法合规的身份证明文件，系统根据主体身份完成身份认证的注册步骤。其次，系统会给主体账号配置适当的访问控制权限。通常，会通过一些自动化权限配置系统完成这项任务：如果账号属于某个已经定义了的组，则自动化权限配置系统会根据组对应的职责赋予账号适当的、最小化的权限；如果账号是一个全新的角色，则根据职责范围创建并赋予合适的权限。

（2）账户审核是身份认证与访问控制的第二步，通常是持续时间最长的一个步骤。在账户启用的过程中，应该定期对账户活动进行审核，以确保安全策略的正确执行。在这个阶段，主要检测并解决两个问题：过度权限和蠕变权限。过度权限是指账户拥有比完成所需任务更多的权限；蠕变权限是指主体账户随着角色更改而积累的权限，这可能是因为主体角色变化而导致添加了新的权限，但是没有将不再需要的权限删除。这两个问题均违反了最小特权原则。

（3）账户撤销是指当主体出于某种原因不再使用系统时，对账户停用的操作。

10.2.1.4 身份可信支撑在可信数据流通交易空间内的应用

可信数据流通交易空间依赖于身份可信支撑模块对通过框架流通的数据产品的访问进行控制。身份可信支撑模块通过对数据提供方进行身份认证，确认其身份的真实性；对数据加工方进行身份认证与访问控制，确保数据加工方只有在被授权的情况下才能对框架内的数据产品进行相应的操作，例如访问、计算、共享等；对数据需求方进行身份认证与访问控制，确保没有恶意用户伪装成数据需求方非法获取数据产品，同时确保数据需求方无法获取其他未获得授权的数据产品。

可信数据流通交易空间还可以进一步与密钥管理和密码算法相结合，具备对资源访问进行监视、跟踪、审核的能力，提高数据产品在流通过程中的受控、合规及隐私保护能力。具体而言，可信数据流通交易空间包括数据供给、数据交易及数据交付三个平台，身份可信支撑模块在这三个平台中都起着至关重要的作用。

数据供给平台的主要目的是，将从不同数据源采集到的数据，根据法律和法规的要求，完成数据权属的划分与确定工作。数据产品的确权是明确不同的参与方（如多个数据提供方）对某个数据产品分别具有哪些权利。虽然数据产品的确权过程依赖的是相关的法律和法规；但是，对法律法规正确应用的前提是对主体身份的正确识别。若参与方的身份无法正确识别，则会导致错误的数据产品确权结果，从本质上影响数据产品的安全性和隐私性。

数据交易平台的主要目的是辅助数据产品的提供方、数据需求方及数据加工方完成包括供需、责任、使用范围、交易价格等在内的交易合约，并通过技术手段确保合约的真实性、完整性及不可抵赖性。在这个阶段，身份认证与访问控制模块主要起到两个作用。首先，需要通过身份认证与访问控制模块，确保交易磋商过程中各参与方身份的真实性，以防止攻击者通过假冒参与方等手段，伪造交易合约造成损失。交易合约的真实性、完整性和不可抵赖性通常是通过将身份认证技术与密码学技术相结合的方式实现的；使用签名、消息摘要等技术手段保护交易合约，确保交易合约的安全性。

数据交付平台的目的是根据交易合约的限制条件，将对应的数据产品安全地交付给对应的数据需求方。其中，主要有两个步骤牵涉及身份可信支撑模块。首先，对数据需求方进行身份认证，正确识别出数据产品交付对象的身份，且确保交付的对象就是交易合约中的数据需求方，是数据产品安全交付的前提；其次，在对交付的数据产品进行确认的过程中，身份可信支撑模块能防止合法用户（如数据需求方）对其他未授权数据产品的非法获取。

10.2.2 审计监管支撑

即使集合最优人才、策略、程序和技术，可信数据流通交易空间的安全亦难保长久，需持续评估与优化。审计监管旨在从合规、安全管理与技术层面全面评估空间安全态势，确保数据流通的合法性与安全性。审计监管支撑模块将对数据供给、交易、交付平台的行为与状态进行深度审计，涵盖数据来源、权属、交易流程、定价、合约管理、数据准入、使用授权及融合计算等环节，以全面筑牢数据安全防线。

审计监管的目的是从合法合规、安全管理、审计技术等多个维度出发，完成对可信数据流通交易空间安全态势的评估。为了完成对安全态势的评估任务，需要根据整体框架，确定审计监管的目标。可信数据流通交易空间的审计目标是确保在合法合规的前提下，验证数据在流通过程中的安全性。

审计监管支撑模块分别针对框架中的数据供给平台、数据交易平台及数据交付平台的行为与状态进行审计。数据供给平台的审计监管主要是对数据来源的审计及数据采集过程中数据权属状态的审计。数据交易平台的审计监管主要是对数据交易撮合与合约建立过程中的磋商流程与合约内容的审计，对交易定价过程中交互的信息与定价结果的审计，以及交易合约管理过程中的行为审计。数据交付平台的审计监管主要分为数据准入过程中的数据合法合规性审计、数据使用授权过程中的数据权属审计、数据交易融合计算过程中的参与方行为审计。

10.2.2.1　合规要求

根据流通场景的不同，可以将流通内容和流通对象的合法性评估分为境内流通与跨境流通两个部分。数据要素境内流通的合法性由《中华人民共和国数据安全法》和《中华人民共和国网络安全法》明确，并基于2022年2月15日起实施的《网络安全审查办法》开展数据审查。根据《网络安全审查办法》第十条的规定，网络安全审查重点评估采购活动、数据处理活动以及上市可能带来的国家安全风险，主要考虑以下三项与数据安全相关的因素：① 核心数据、重要数据或大量个人信息被窃取、泄露、毁损以及非法利用或出境的风险；② 上市存在关键信息基础设施、核心数据、重要数据或者大量个人信息被外国政府影响、控制、恶意利用的风险，以及网络信息安全风险；③ 其他可能危害关键信息基础设施安全、网络安全和数据安全的因素。

跨境流通的合法性可以参考《中华人民共和国数据安全法》与《中华人民共和国网络安全法》，具体实施办法在《数据出境安全评估办法》中进行了描述。依据《中华人民共和国数据安全法》第31条规定：“关键信息基础设施的运营者在中华人民共和国境内运营中收集和产生的重要数据的出境安全管理，适用《中华人民共和国网络安全法》的规定；其他数据处理者在中华人民共和国境内运营中收集和产生的重要数据的出境安全管理办法，由国家网信部门会同国务院有关部门制定。”

《数据出境安全评估办法》，对数据出境安全评估的情形、要求、程序进行了规定。《数据出境安全评估办法》主要从以下四个方面考虑数据跨境流通过程中的合法性：① 数据跨境的目的、范围、方式等的合法性；② 数据本身的规模、范围、种类、敏感程度及其风险，例如数据的安全及数据中的个人信息权益是否能够得到充分有效的保障；③ 境外接收方所在国家或者地区的数据安全保护政策法规、数据保护水平对跨境交易数据产品的影响；④ 接收方拟订立的法律文件中是否充分约定了数据安全保护责任义务。

《促进和规范数据跨境流动规定》对数据出境安全评估、个人信息出境标准合同、个人信息保护认证等数据出境制度进一步作出优化调整。在规定中，明确了重要数据出境安全评估申报标准，提出未被相关部门、地区告知或者公开发布为重要数据的，数据处理者不需要作为重要数据申报数据出境安全评估。同时，规定了免予申报数据出境安全评估的条件，有效降低了数据跨境流通的合规成本。

目前，分别有相关法律法规对数据在境内与跨境两种场景下流通过程中的安全问题提出要求，但暂时还没有相关的法律法规针对交易行为本身。

10.2.2.2 安全管理

对安全管理控制措施的审计是审计监管中极其重要的一个部分。由于安全管理措施可能比技术控制措施更普遍、更不明显，它甚至比系统技术层面的审计更加重要。管理控制措施主要是通过账户管理、灾难备份、安全培训等策略或程序实施的。为了验证安全管理措施的效果，审计监管需要从可信数据流通交易空间的各个平台收集与安全管理流程相关的数据。安全管理控制措施主要包括账户管理、备份验证和安全培训。

（1）账户管理。攻击者最常用的一种攻击方式就是成为可信数据流通交易空间的“正常”特权用户。通常有三种方式可以完成这个目标：盗用现有特权账户、创建新的特权账户、将普通账户的权限提升为特权账户。在技术层面，要阻止第一种攻击，常用的是强身份认证技术，如强密码、多因素身份验证等；对于第二、三种攻击方式通常只能通过及时修复可信数据流通交易空间内信息系统的漏洞来缓解。针对账户管理相关的问题，在管理层面的措施更有助于问题的修复。例如，通过密切关注账号的创建、修改和使用的情况，对非授权或异常使用情况通过及时检测、报警、阻断在账户安全的维度提高可信数据流通交易空间的安全性。

（2）备份验证。考虑到数据流通框架需支持大量数据的安全流通，虽然流通数据本身可能不被备份，但对其他运维数据如交易合约、记录和用户身份存证至关重要。在管理的维度对备份机制进行审计时，需要关注相关的数据是否被周期性备份，备份的数据是否被定期测试、以确保备份是真实可用的。

（3）安全培训。安全培训的目的是通过培训的方式，让可信数据流通交易空间的参与者了解相关的安全问题，获得特定技能，能够有意识地减少由人为因素给框架引入的安全问题。

10.2.2.3 审计技术

审计技术根据审计过程的时间先后可以分为，日志产生、日志存储及日志分析三个阶段。

1. 日志产生

日志是在对可信数据流通交易空间进行审计活动中生成的与框架活动相关的信息。根据审计对象的不同，可以将日志产生过程中的审计分成两类：软件系统审计、运行事件审计。

（1）软件系统审计。

软件系统的安全性是可信数据流通交易空间稳固的基石。安全测试者在无法获取源码时，漏洞测试和渗透测试是评估安全性的关键手段；而在拥有源码时，代码审查和接口测试则更为适用。

软件的漏洞测试至关重要且复杂，自动化扫描工具难免存在误报或漏报。单一漏洞风险有限，但多个漏洞组合可能引发严重安全问题，需资深检测人员精准评估。然而，漏洞测试结果仅反映测试时安全状态，随着新漏洞形态的不断发现，先前的测试结果可能失效。

渗透测试是模拟攻击者行为的授权测试，旨在全面评估网络及系统安全性。测试由专家执行，利用专业工具和程序，挑战系统安全防线。鉴于攻击者的专业性和创造力，渗透测试准确性高度依赖测试专家的能力。测试覆盖Web服务器、DNS服务器等多个关键模块。

代码审查指由软件开发者以外的第三方人员，系统地检查软件系统各部分的源码。通过理解系统的实现逻辑，验证系统的安全性。这种审查模式常用于公司内部的开发流程、开源框架等场景等，不是可信数据流通交易空间软件的典型审计方式。

接口测试则针对框架内不同平台和模块间的交换节点，通过输入多样化数据评估安全性。接口处理规则各异，测试准确性依赖测试数据构建。例如，某个接口可以接受所有数值输入，但是仅当输入的数值是“-1”时会引起错误；在这种情况下，测试人员构建的输入中是否包含“-1”就极为关键。

（2）运行事件审计。

众所周知，不存在百分之百的防御机制，再坚固的城堡也可能被攻破。因此，需要对可信数据流通交易空间运行过程中的运行事件进行安全审计。审计的核心目标在于揭示框架遭受的攻击行为。在众多审计方式中，日志审查以其直接、有效而备受青睐。通过详尽分析交易空间的日志文件，我们不仅可以检测安全事件的发生，还能验证安全控制机制的有效性。

然而，由于日志信息的场景特性各异，并不存在一种普适的日志记录方式。为确保日志蕴含丰富的有价值信息，需将操作日志与数据要素安全流通体系框架紧密结合，使框架上的所有活动都能得到详尽的记录。在实际操作中，运行事件审计常通过日志审计、数据库安全审计、运维审计等手段共同完成。

日志审计。针对可信数据流通交易空间中大量应用及安全防护模块生成的相互独立的日志信息，管理人员在处理时往往面临效率低下、安全隐患难以察觉的困境。通过构建综合日志审计系统，能够有效整合应用模块、网络设备、安全设备和主机日志，实现安全威胁与异常行为的及时发现，从而强化安全事件追溯能力，协助管理员精准定位和跟踪安全事件，并为事件还原提供确凿证据。

数据库安全审计。数据库作为数据存储的关键载体，在可信数据流通交易空间的安全体系中占据核心地位。数据库安全审计旨在将数据库的所有访问行为置于管理员的监控之下，确保数据库的可感知性和可控性，以实现数据库威胁的快速发现和响应。其核心功能包括实时行为监控和关联审计。实时行为监控能够保护数据库免受特权滥用、漏洞攻击和人为失误等威胁，确保任何违反审计规则的操作都被实时监测并触发告警。关联审计则能够将业务系统与数据库之间的审计记录相互关联，追溯威胁的具体来源。

运维审计。运维审计主要针对可信数据流通交易空间内不同使用人员不同账号之间引起的账号管理混乱、授权关系不清晰、越权操作、数据泄露等安全问题。根据各类法规对运维审计的要求，可以采用浏览器/服务器（Browser/Server Architecture，B/S）架构，集身份认证（Authentication）、账户管理（Account）、控制权限（Authorization）、日志审计（Audit）于一体，支持框架各模块的安全监控与历史查询。

2. 日志存储

日志存储方式对日志审计而言也是至关重要的。在多数情况下，大多数系统的日志文件都被存储在本地设备中。这种方法的优势是易于开发、部署与运维。但是劣势也十分明显，当存储日志的服务器发生服务中断时，日志文件将无法记录系统信息；集中式的日志存储设备还可能成为攻击者的攻击目标，攻击者可以通过对日志文件的篡改隐藏攻击行为。因此，日志的完整性和可用性对于审计监管而言十分重要。

区块链技术的出现为日志存储提供了新的解决思路。区块链以其独特的机制，天然支持数据的完整性和可用性，因此在日志审计场景中得到了广泛应用。然而，区块链技术的上链效率相对较低，对于大吞吐量的应用场景可能会带来一些挑战。

在可信数据流通交易空间的日志审计系统中，可以考虑将区块链技术与传统的日志存储方式相结合。具体而言，可以同时维护集中式的日志审计系统与基于区块链的日志审计系统。在日志记录过程中，将与交易合约相关的日志信息同时保存在区块链和本地日志系统中。通过这种方式，在进行日志审计时，可以通过对比区块链上的日志与本地日志，确保数据交易记录的真实性和完整性。同时，由于两个并行日志系统的存在，可以根据系统负载对区块链上日志的负载进行调节，从而在一定程度上解决区块链在大吞吐量下的局限性。

3. 日志分析

日志分析是日志审计中不可或缺的一环，然而传统的日志审计方法存在明显的滞后性。专业人员需要定期梳理与分析大量日志文件，才能完成对可信数据流通交易空间运行安全性的审计。这种方法的效率低下，已难以满足现代安全需求。因此，基于自动化日志分析的入侵检测与防御技术被广泛使用。用户和实体行为分析（UEBA）是其中一种针对用户（数据交易参与者）行为的入侵检测技术（参见8.12节）。

Gartner公司对用户行为审计的定义是“基本分析方法（利用签名的规则、模式匹配、简单统计、阈值等）和高级分析方法（监督和无监督的机器学习等），用打包分析来评估用户和其他实体（主机、应用程序、网络、数据库等），发现与用户或实体标准画像或行为相异常的活动所相关的潜在事件。检测对象包括受信内部或第三方人员对系统的异常访问（用户异常），或外部攻击者绕过安全控制措施的入侵（异常用户）”。

UEBA实现了对可信数据流通交易空间整体IT环境的威胁感知，具备用户管理、资产管理等核心能力，辅助梳理和识别框架的业务场景，为框架提供内部安全威胁更精准的异常定位。

总之，在可信数据流通交易空间中，UEBA发挥着至关重要的作用。它通过感知整体IT环境的威胁，辅助用户管理和资产管理等核心功能的实现。同时，利用数据治理能力和深度及关联的安全分析模型及算法，UEBA能够发现系统内存在的安全风险和异常用户行为。此外，UEBA还能为监管部门提供安全审查的辅助参考，为提升整体安全水平提供有力支持。

10.2.3　空间安全支撑

在构建可信数据流通交易空间的过程中，数据供给平台、数据交易平台和数据交付平台三者紧密合作，旨在通过实现合法合规、合理定价和安全流通三个核心目标，有效推动数据要素的顺畅流通。这一框架不仅满足了业务与功能层面的需求，还着重强调了纵深防御能力的重要性，以应对多样化的攻击手段。为此，基于本章所介绍的空间安全架构与技术，我们构建了一个空间安全支撑模块，该模块能够为框架的业务系统和基础设施提供坚实的纵深防御保障。

多年的实践经验表明，可信数据流通交易空间的安全性保护与传统的信息系统存在着一些不同。可信数据流通交易空间除需要具备传统信息系统的安全防护手段外，还需要有针对性地提供数据治理与数据安全相关的安全性保护。因此，本章从数据生命周期、信息系统体系架构及纵深防御技术手段等三个维度详细阐述如何保护可信数据流通交易空间。空间安全架构的三个维度如图10-2所示。

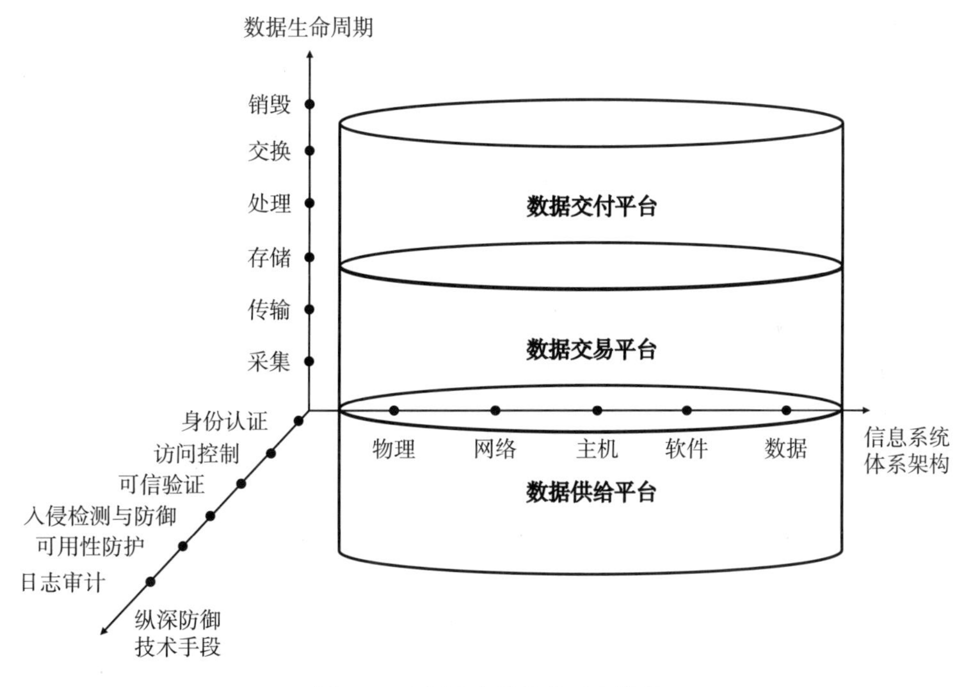

图10-2　空间安全架构的三个维度

10.2.3.1　信息系统体系架构

1. 物理安全

物理安全作为信息系统安全的首要保障，具有至关重要的作用。当攻击者获取了物理访问权限，其他的安全防护措施都可能形同虚设。因此，确保物理环境的安全是维护整个信息系统安全的基础。物理安全的核心目标是防范来自现实世界的各种威胁，这些威胁既包括自然灾害，如火灾、水灾、地震、风灾和雷电等，也包括人为因素，如爆炸、破坏、偷窃，以及因疾病、交通等客观因素导致的人力损失。

在构建物理安全防护体系时，IT基础设施场所的选择是第一个关键要素。数据流通的安全性在很大程度上依赖于基础设施的物理安全。无论是数据资产还是数据产品，其安全性都与基础设施的物理环境息息相关。因此，在选择部署地点时，必须避免政治环境不稳定或犯罪活动高发的地区，同时也要考虑避开自然灾害频发的区域，如台风、洪水、地震等灾害多发地。此外，为了保障业务的连续性和可用性，还需远离供电不稳定或供电线路故障高发的地区。

物理安全防护的部署需要遵循一套完整的控制流程，主要包括吓阻、阻挡、监测和延迟四个步骤。吓阻是通过威慑的方式，打消攻击者的意图；阻挡是通过技术与管理手段组织攻击者接触物理基础设施；监测是指当阻挡失败的时候，对入侵行为的及时发现；延迟是指推迟攻击者成功实施破坏的时间。

2. 网络安全

通过使用不同的机制、设备、软件和协议，网络使不同的设备之间能够互相联通，相互协作构成一个整体，以便协同完成复杂的工作任务。针对网络的架构体系，国际标准化组织（International Standards Organization，ISO）定义了一套适用全球网络产品供应商的网络产品互联互通协议集，以确保网络能在全球范围内跨越国界互联互通，这就是著名的开放系统互联（Open Systems Interconnection，OSI）模型。

网络安全问题通常是由协议架构设计及实现的漏洞导致的。网络攻击的主要目的是破坏网络中传输数据的机密性、完整性及可用性。破坏机密性的网络攻击以窃取网络中传输的数据内容为目的。破坏完整性的网络攻击通常以破坏网络通信完整性为手段，达到伪装网络身份窃取网络数据的目的；破坏网络通信完整性常见的技术手段包括对网络报文的篡改和重放。破坏可用性的网络攻击通常是利用海量资源或者网络协议漏洞，向网络中塞入海量数据，消耗网络设备资源，导致网络无法正常使用的攻击手段。

网络的安全防护体系主要依靠密码学、身份认证、网络可用性优化三类技术实现。密码学作为安全防护体系的基础，对网络数据进行加密，阻止如网络嗅探攻击等针对网络数据机密性的攻击。将身份认证技术与网络协议结合，可以降低网络完整性被破坏的可能性。网络可用性的提升，除用高性能网络设备堆砌提升网络性能外，通常会通过优化网络协议、部署内容分发网络（CDN）、部署抗DDoS网关等方式实现。

加密技术的应用提升了网络的机密性。加密技术在网络中应用的常见场景包括：链路加密与端到端加密、电子邮件加密及Internet加密。

身份认证提升了网络的完整性。现如今越来越多的网络协议兼容了身份验证相关的能力。常见的网络协议身份认证的方式有口令身份认证协议（PAP）和挑战握手身份验证（CHAP）。PAP对使用网络协议的用户通过输入口令的方式进行身份标识和身份验证；CHAP通过挑战/响应机制对用户完成身份验证，相比PAP方式提升了身份认证的健壮性。

3. 系统安全

系统安全主要是有针对性地解决操作系统层面的安全性问题。

（1）操作系统。

操作系统构建在多种硬件之上，包括中央处理器（CPU）、其他计算单元（如GPU）、存储器（如内存、缓存等）、总线、网络接口等。操作系统通过在内核模式中对硬件功能的抽象，实现对硬件资源使用与分配的管理后，通过统一的标准化的接口向上层应用程序提供多种不同的服务。操作系统架构如图10-3所示。

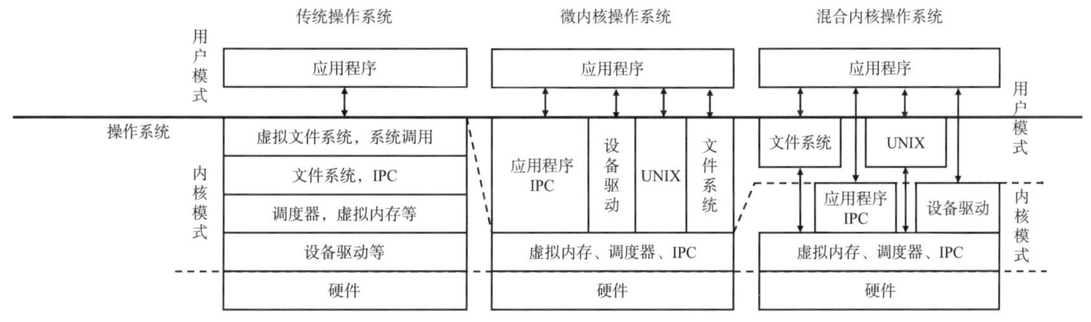

图10-3　操作系统架构

操作系统主要完成了对内存设备、I/O设备及中央处理器这三类硬件设备的抽象；并使用进程技术，对用户态的应用程序实现了隔离，使操作系统支持多应用程序的并行处理。具体而言，内存是支持操作系统及应用程序高效运行的核心部件，操作系统通过实现物理隔离、逻辑隔离、内存共享、重新分配及内存保护5项能力实现了内存安全管理。I/O是操作系统获取数据的核心通道，操作系统通过程序控制式、中断驱动式、直接内存访问（DMA）式、预映射式及全映射式的I/O控制方式实现I/O管理，给应用程序提供了抽象、安全的交互方式。CPU管理模块通过实现对CPU类型的识别，自动化地运行对应的指令集，使应用程序能正常运行。进程是应用程序的指令、数据及计算资源的总和。进程管理通过进程调度、进程隔离和线程管理三个模块，保证每个进程中运行的应用程序及操作系统的安全性和可用性。

（2）操作系统安全保护机制。

操作系统内安全机制的目标可以归纳为：应用程序不应该被信任。为了保证操作系统内数据及应用程序的安全性，操作系统从技术和策略两个维度设置了安全保护机制。

在技术机制方面，操作系统通过分层、抽象、进程隔离和硬件分隔等手段来加强安全。分层机制将权限按等级区分，确保不同层级的权限互不干扰。抽象技术则对具有相似权限和角色的用户进行分组，通过统一管理实现更高效的权限管控。进程隔离技术确保每个进程的指令和数据在独立的内存空间中运行，并由操作系统保护其边界，防止相互干扰。硬件分隔与进程隔离目标相似，利用硬件特性增强安全隔离效果。

在策略机制方面，操作系统遵循最小特权原则、特权分离原则和问责制。最小特权原则确保每个角色仅获得完成任务所需的最小权限，减少潜在的安全风险。特权分离原则进一步细化权限，将不同特权分隔开，提高系统的安全性。问责制则通过记录不可篡改的日志，对操作系统中的操作进行回溯和审计，确保行为的可追溯性和责任明确。

4. 软件安全

软件安全主要指的是保护运行在操作系统之上的应用程序的安全性。应用场景、使用人员、设计方案、开发经验等变量都会极大地影响软件安全。本节将从两个维度探讨软件安全：恶意软件和软件漏洞。恶意软件是指为了达到某种恶意的目的而特别开发的软件。软件漏洞则是指，在软件设计和开发过程中，有意或疏忽引入的安全问题。空间安全架构需要具备对恶意软件的监测能力，在架构的设计及实现过程中也需要尽量避免软件漏洞的引入。

（1）恶意软件。

根据恶意的目的或者恶意行为的不同，恶意软件有多种不同的形式。综合而言，恶意软件常通过对插入、避免、删除、复制、触发、载荷六种能力的组合实现不同的恶意功能。插入是指安装攻击载荷的副本；避免是指对监测软件的逃逸；删除指的是完成攻击后对攻击载荷的删除动作；复制是指通过复制的方式传播攻击载荷或恶意软件的行为；触发是指通过一些条件初始化攻击载荷的行为；载荷是执行具体攻击能力的代码和数据片段。

常见的恶意软件有病毒、蠕虫、Rootkit、间谍软件、僵尸网络、逻辑炸弹、特洛伊木马及勒索软件。

病毒可能是最早出现的恶意软件形式之一。电脑病毒与生物病毒有着相似之处，是一个可以感染其他软件的小型的程序或代码段。与生物病毒类似，电脑病毒主要的功能是破坏和传播。病毒的破坏是通过执行病毒内的有效载荷来释放破坏力，造成系统和数据的机密性、完整性、可用性的破坏。病毒的传播可以通过不同的技术手段实现，常见的病毒传播技术手段包括：主引导记录感染、文件程序感染、宏病毒及服务注入病毒。

蠕虫，与病毒不同，是不需要借助宿主应用程序就能完成复制行为的独立程序。就如生物界的蠕虫一样，可以自主活动，并自主完成复制。近年来，最著名的蠕虫病毒是2010年的震网病毒（Stuxnet），它针对的是西门子的监控和数据采集系统（Supervisory Control And Data Acquisition，SCADA）。震网病毒可以通过U盘、数据库系统、Windows零日漏洞等渠道进行传播，寻找目标系统。找到目标系统后，通过激活特定的攻击载荷操纵西门子设备完成预先设计的操作，导致西门子控制器的离心机物理损毁。

Rootkit是攻击者获得管理员级别访问权限后上传的一整套工具包。Rootkit中通常会包含一个后门程序，便于攻击者再次访问系统。

间谍软件是指安装到目标系统中、以收集敏感信息为目的的恶意软件。

僵尸软件指的是一段能够控制被植入的系统完成攻击者任意任务的代码或程序，被植入僵尸软件的机器被称为“僵尸”。当攻击者通过僵尸软件控制了大量的系统时，这些被控制的系统的集合就是僵尸网络。僵尸网络可以被用来直接实施恶意行为，如被用来实施DDoS攻击；也可以被攻击者用来间接获利，如被僵尸网络控制者出租以换取回报。

逻辑炸弹，与炸弹相似，也包含引线和炸药。逻辑炸弹的引线是特定的逻辑触发器，例如用户执行的某个特定动作；逻辑炸弹的炸药是完成破坏工作的恶意载荷。虽然逻辑炸弹有清晰的定义，但在实际应用中，逻辑炸弹也可以作为其他恶意软件的组件。例如，病毒感染了系统后，可以使用逻辑炸弹完成攻击载荷的部署及触发。

特洛伊木马是一种表面无害，但内部包含恶意载荷，可以对系统造成破坏的程序。不同的特洛伊木马可以具有不同的功能。特洛伊木马可能以破坏系统内的数据为目的，也可能以窃取系统或用户的敏感信息为目的，还可能以出租资源获取收益为目的等。

勒索软件是一种通过威胁公布受害者的个人数据，或解除受害者对系统的访问权限的方式向受害者勒索赎金的恶意软件。最早被记录的勒索软件出现于1989年。在20世纪90年代，赎金的交付容易留下痕迹，因此勒索软件不是很多。近些年，随着比特币的兴起，勒索软件的数量急剧增加。2013年出现的Cryptolocker是最出名的勒索软件之一，它通过加密系统内数据的方式阻止受害者对系统的正常使用；只有当受害者通过比特币交付赎金后，攻击者才会解密系统内的数据，恢复受害者对系统的控制权。

（2）软件漏洞。

软件漏洞是指软件开发阶段引入的漏洞。软件在开发过程中首先要满足的是功能性需求，对软件的安全防护通常是在软件开发完成后独立部署的。这类软件安全防护方式通常具有较低的准确性和及时性。只有将安全深度融入软件的设计和开发阶段，才能给软件提供足够的安全性。软件的开发设计通常需要经历需求分析、软件架构设计及软件产品开发三个阶段。

在功能性需求分析阶段，软件的研发小组需要研究软件的要求，并有针对性地整理出功能需求。在安全性分析阶段，需要依次完成安全需求分析、安全风险评估、隐私风险评估及风险承受能力评估。

设计阶段要根据需求分析阶段确定的安全问题及安全策略完成解决方案的设计。安全设计通常需要完成威胁模型确定和暴露面分析两项任务。威胁模型确定的目的是对攻击者能力边界的确认；暴露面分析是指分析攻击者对软件产品发起攻击的范围。

进入开发阶段，安全需求和安全设计的落实成为重中之重。开发团队需要确保在实现软件功能的过程中不引入任何软件漏洞。这通常通过选择安全的编程语言，并严格遵循安全编程实践原则来实现。通过这种方式，可以降低在源码层面引入漏洞的可能性，提升软件的整体安全性。

5. 数据安全

根据《中华人民共和国数据安全法》，数据安全的定义是“通过采取必要措施，确保数据处于有效保护和合法利用的状态，以及具备保障持续安全状态的能力”。从功能性角度出发，软件是实现信息系统功能的核心组件，提升软件的安全性可以有助于提升信息系统中数据的安全性。但是，从安全角度出发，恶意用户并不一定按照软件的逻辑实现其意图。数据安全的目的就是从数据本身出发，通过技术手段提升数据在其全生命周期中的安全性。数据安全的相关技术主要包括数据资产扫描、敏感数据识别与分类分级、数据加密、数据脱敏和数字水印。

10.2.3.2　数据生命周期安全

数据的生命周期包括数据采集、传输、存储、处理、交换和销毁六个阶段。数据生命周期安全技术是指为处于上述阶段的数据提供机密性、完整性及可用性保护的技术手段。

1. 数据采集

数据采集是利用一种装置，从系统外部采集数据并输入系统内部接口的过程。通俗地说，在数字化、信息化转型已初见成效的今天，数据采集就是将社会中产生的数据进行搜集、归纳，并提供给数据需求方的过程，这些数据可以是用摄像头采集的视频，用麦克风采集的音频，用传感器采集的数值等。不同数据提供方所拥有的数据类型、格式、质量等均是不同的。可信数据流通交易空间对从不同数据提供方获得的数据可以使用数据采集技术进行统一梳理。

在进行数据采集时，通常采用多源异构的手段从多途径收集海量的数据。被采集数据在输出给使用方之前，需要通过数据治理的技术手段处理，使最终输出的数据满足要求。数据治理是一个庞大的技术体系，是将数据作为组织资产围绕数据全生命周期展开的相关工作的集合，以保障数据及其应用过程中的运营合规、风险可控和价值实现。数据采集系统通常包含元数据管理、数据质量管理、数据合规管理三个功能模块。

（1）元数据管理。

元数据是描述数据的数据，描述了数据的定义和属性。主要包括业务元数据、技术元数据和管理元数据。元数据管理的目的是厘清元数据之间的关系与脉络，规范元数据设计、实现和运维的全生命周期过程。有效的元数据管理为技术与业务之间搭建了桥梁，为系统建设、运维、业务操作、管理分析和数据管控等工作的开展提供了重要指导。

元数据管理包含了元数据采集、元数据基础管理及元数据分析管理三个模块。元数据管理示意如图10-4所示。

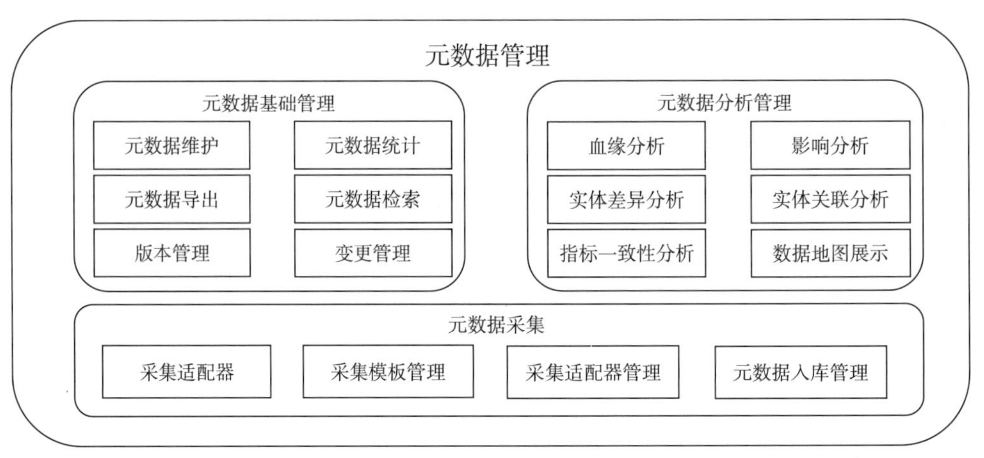

图10-4　元数据管理示意

元数据采集：元数据采集模块的目的是从数据提供方快速地获得数据。其中采集适配器需要实现对不同类型的数据源（如数据库、Excel、API等）的采集能力。

元数据基础管理：通过元数据基础管理，确保元数据管理模块的正常运行。

元数据分析管理：通过集成不同的元数据分析技术，辅助对元数据关系的厘清。

在数据采集阶段，可以借助元数据管理辅助确保数据的全面性及多维性。数据的全面性需要保证数据的覆盖程度满足需求，数据的多维性需要确保数据具有足够的信息量与信息深度。通过元数据分析管理中的血缘分析、影响分析、实体差异分析、实体关联分析、指标一致性分析、数据地图展示等技术，可以辅助厘清元数据之间的关系与脉络，助力数据覆盖率与信息深度的提升。

（2）数据质量管理。

在数据采集阶段，可以通过数据质量管理模块辅助保证数据的时效性。数据质量管理是指对可能引发的各类降低数据质量的问题进行识别、度量、监控、预警等一系列管理活动，并使得数据质量获得进一步提高的方式。数据质量管理通过多种数据度量、检测技术，对业务数据、技术数据及管理数据进行规则匹配和质量监控。

数据质量管理模块中的时效性衡量的是在指定数据与真实业务情况同步的时间容忍度内，即在指定更新频度内被及时刷新的数据的占比。因为有些数据库中没有完整、清洁、可用的时间戳，从而导致数据时效性的判定非常困难；有些数据经过扩散与传播后原始时间戳丧失，导致数据真实的时效性难以判定。在数据采集过程中运用数据质量管理模块，可以对已有的时间戳进行统一管理，对缺失的时间戳进行溯源补充，以保证被采集数据的时效性。

（3）数据采集合法性约束。

在数据采集阶段，数据信息的采集可以通过爬虫、嗅探等技术获取，也可以通过场内或场外交易的方式购买。可信数据流通交易空间需要确保个人、企业的数据均是在保障个人隐私信息安全及企业机密信息安全的前提下流通并创造价值的。因此，在数据采集阶段，需要对数据提供方提供数据的合法性进行辨别。从合法性角度，依据收集信息是否符合法律规定，可将数据采集分为法定采集、授权采集及未授权采集（不当采集）三类。

法定采集，指为了公共利益的需要，法律明确规定需要收集的信息。这些法律规定散布在各种法律规范之中，一般收集这些数据的主体是国家机构或事业单位，收集的数据都与国计民生息息相关。例如，气象数据、地震监测信息、水污染数据及传染病数据等都是国家法律法规明确要求收集，并且要求民众或者相关企业配合收集报送检测的。这些为了公共利益的需要而由立法指定采集的数据就是法定采集数据。

例如，《中华人民共和国水污染防治法》要求实行排污许可管理的企业事业单位和其他生产经营者对所排放的水污染物自行监测，并保存原始监测记录，以及对监测数据的真实性和准确性负责。《中华人民共和国防震减灾法》明确国务院地震工作主管部门需要对地震信息进行监测并公开，其他单位和个人可以对地震相关的数据进行监测与研究。《中华人民共和国气象法》规定了海上钻井平台、航空器、远洋传播进行气象数据探测与报告的权利与义务。《中华人民共和国传染病防治法》明确了疾病预防控制机构、医疗机构对疾病信息采集的权力，以及对采集获得的个人隐私信息保护的要求。

授权采集，主要指互联网企业在收集数据信息时需征得数据所有人的授权或者同意的一种数据采集方式。收集数据信息时需征得当事人的同意已经是普遍的共识，并且得到了法律法规的确认。授权采集是法定采集之外最广泛的采集方式。在授权采集中，是否获得授权是至关重要的一步。获得授权意味着采集已经得到当事人的同意，在通常情形下，获得授权的数据采集是合法合规的。如果未获得数据当事人的“知情同意”，则可能衍生出各种法律责任。

《中华人民共和国网络安全法》《中华人民共和国个人信息保护法》等法律规范都明确要求采集数据时必须先获得授权，得到当事人的同意。《中华人民共和国网络安全法》中

第二十二条规定：“网络产品、服务具有收集用户信息功能的，其提供者应当向用户明示并取得同意；涉及用户个人信息的，还应当遵守本法和有关法律、行政法规关于个人信息保护的规定”。第四十一条规定：“网络运营者收集、使用个人信息，应当遵循合法、正当、必要的原则，公开收集、使用规则，明示收集、使用信息的目的、方式和范围，并经被收集者同意。网络运营者不得收集与其提供的服务无关的个人信息，不得违反法律、行政法规的规定和双方的约定收集、使用个人信息，并应当依照法律、行政法规的规定和与用户的约定，处理其保存的个人信息。”

针对个人同意，《中华人民共和国个人信息保护法》作出更加详细明确的规定。第十三条规定，处理个人信息应当取得个人同意，有法定采集情形的除外。第十四条规定，基于个人同意处理个人信息的，该同意应当由个人在充分知情的前提下自愿、明确作出；个人信息的处理目的、处理方式和处理的个人信息种类发生变更的，应当重新取得个人同意。第十五条规定，基于个人同意处理个人信息的，个人有权撤回其同意；个人信息处理者应当提供便捷的撤回同意的方式；个人撤回同意，不影响撤回前基于个人同意已进行的个人信息处理活动的效力。第十六条规定，个人信息处理者不得以个人不同意处理其个人信息或者撤回同意为由，拒绝提供产品或者服务；处理个人信息属于提供产品或者服务所必需的除外。第十七条规定，个人信息处理者在处理个人信息前，应当以显著方式、清晰易懂的语言真实、准确、完整地向个人告知“个人信息的处理目的、处理方式，处理的个人信息种类、保存期限”等事项。

未授权采集（不当采集）是指采集信息时未获得当事人同意和授权的采集。这种不当采集信息的行为主要包括窃取、侵入、破坏等表现方式。

窃取行为是指网络运营者未经其他平台允许，窃取其数据信息为己所用。这种行为未经他人允许，在窃取过程中极易侵犯其他平台的商业秘密，或者平台用户的个人隐私。

侵入行为是指在数据采集时，网络运营者利用爬虫、撞库等技术，未经其他平台允许，擅自侵入其他平台计算机信息系统内部获取数据的行为。例如，使用爬虫技术，非法侵入国家事务、国防建设、尖端科学技术领域等高敏感级别的计算机信息系统，只要实施了侵入行为即构成犯罪。

破坏行为是指网络运营者为了收集信息，利用App、撞库等技术对计算机信息系统功能或计算机信息系统中存储、处理、传输的数据和应用程序进行破坏，或者故意制作、传播计算机病毒等破坏性程序，影响计算机系统正常运行，后果严重的行为。比如，行为人编写爬虫程序，将其植入计算机信息系统，对计算机信息系统中存储的数据进行删除。

另外，未授权采集还包括政府部门的工作人员在执行公务时中不当获取、传播数据的行为。例如，有关部门将在履行网络安全保护职责中获取的信息用作其他用途，违反了《中华人民共和国网络安全法》第三十条的规定。

2. 数据传输

数据从采集到创造价值的整个过程都离不开数据传输。数据传输安全是指通过采取必要措施，确保数据在传输阶段的安全。数据传输过程中主流且有效的安全保护方式就是通过数据加密技术实现对数据机密性、完整性、可用性的保障。在实践过程中，除数据加密技术外，对数据进行访问控制管理，也能够有效控制数据传输安全。

（1）数据传输加密。

加密技术是实现数据传输安全的关键。它主要包括网络通道加密和信源加密两种方式。网络通道加密依赖于安全的网络协议，利用协议中的加密和认证技术来保护网络数据包的机密性和完整性。而信源加密则是在应用层对数据进行加密解密，实现端到端的加密保护。这两种方式的本质都是基于密码学的加密，但应用场景和实施方式有所不同。

密码学算法的选择对于数据传输安全至关重要。正确选择并合理配置密码算法是保护数据安全的第一步。此外，管理人员还需根据数据传输场景及安全性需求，对密码算法配置、密钥管理方式等安全策略进行适配、审核和监控，确保数据传输的安全性。

（2）数据传输访问控制。

除了加密技术，访问控制也是保障数据传输安全的重要手段。通过身份认证和权限限制，可以防止非授权人员访问、修改、篡改或破坏系统资源，从而保护数据的机密性和完整性。身份认证技术能够确保用户的身份被正确识别，防止攻击者通过伪造身份进行攻击。权限限制则确保只有授权用户才能访问和传输数据，进一步增强了数据的安全性。

在构建数据传输加密通道前，访问控制技术发挥着至关重要的作用。通过对两端主体的身份进行鉴别和认证，可以防止恶意非授权用户使用身份欺骗的方式截获传输数据。这有助于建立一个安全、可靠的数据传输环境，为数据的合法利用和创造价值提供有力保障。

3. 数据存储

数据的存储是数据生命周期的关键阶段，其安全性对于确保数据的完整性、保密性和可用性至关重要。数据存储安全同时需要考虑数据的完整性、保密性和可用性三个方面。数据安全能力成熟模型（Data Security Model，DSMM）为数据存储安全提供了明确的指导，将数据存储安全过程划分为存储介质安全、逻辑存储安全、数据备份和恢复三个核心过程域。

（1）存储介质安全。

存储介质安全，顾名思义是为了确保存储数据的介质本身的安全性。数据可以存储在多种存储介质之上，例如物理实体介质（磁盘、硬盘），虚拟存储介质（容器、虚拟盘）等。存储介质安全就是通过有效的技术和管理手段，防止由于对介质的不当使用而引发的数据泄露风险。这类风险更加偏重于物理层面的安全威胁。例如，攻击者可以窃取或损坏重要的 IT 资产（服务器、存储介质等），可以通过接入物理设备（USB、FPGA卡等）的方式窃取信息或上传恶意软件。

存储介质安全方案以“管理手段为主，技术手段为辅”的方式展开。管理手段中明确了制度规范与人员能力的要求。具体而言，要求建立包含介质的使用审批和记录流程、购买的可信渠道及初始化（净化）的相关规程、存储介质的分类标识标记、定期对存储介质进行常规检查等的制度规范；需要有专人专职负责介质安全相关事宜，熟悉介质使用的相关合规要求。在技术手段中，需要部署对介质进行访问和使用的记录审计工具（如门禁、监控系统）。

（2）逻辑存储安全。

逻辑存储安全的目标是保护存储架构以及相关软硬件逻辑的安全性和完整性。通常使用管理与技术相结合的手段，针对数据逻辑存储和存储架构建立有效的安全控制手段，以达到在逻辑层面保护数据存储安全的目的。逻辑存储的安全风险更加偏重于系统、软件逻辑层面的安全威胁，常见的安全威胁包括软件故障、硬件故障、入侵与攻击，以及其他不可预料的未知故障等。

逻辑存储安全方案的实施应遵循“技术为基，管理为纲”的原则。在技术层面，应利用认证鉴权、访问控制、日志管理、通信举证、文件防病毒等安全技术，并结合安全配置策略，构建坚实的安全防线。由于存储数据的容器主要是服务器，因此加强服务器的安全措施至关重要。这包括加强服务器的常规安全配置，通过安全基线或安全配置检测工具进行定期检查和评估；同时，强化存储系统的日志审计，通过采集和分析操作日志，识别访问账号和鉴别权限，监测数据使用的规范性和合理性，以便及时发现和处理潜在的安全问题。

在管理层面，需要建立完善的逻辑存储安全管理体系。这包括设立专人专岗，负责逻辑存储安全管理的全面工作，确保相关人员熟悉逻辑存储安全架构和运维流程；制定数据逻辑存储安全管理规范，明确各项技术模块的技术要求和实施方法；加强技术人员的培训，提升他们使用相关工具和技术进行配置扫描、漏洞扫描、监测数据使用规范性及数据加密等工作的能力。

（3）数据备份和恢复。

数据备份和恢复，是指通过定期进行数据备份的技术手段，实现对存储数据的冗余管理，在数据存储服务中断时具备使业务快速恢复的能力。数据备份和恢复是为了提高信息系统的高可用性和灾难可恢复性。在数据存储系统崩溃的时候，保证数据可用性是数据安全的基础，没有备份就没法找回数据。

数据备份和恢复实践通常是在制定好备份与恢复相关的安全规范后，是由数据备份、数据恢复技术与工具自动化执行任务来实现的。根据不同的数据内容和系统情况，需要选择合适的数据备份方式（全量备份、增量备份、差异备份）。同时，应制定完备的数据备份管理制度，以保证数据备份工作的规范性。数据备份管理制度包括但不限于需备份数据、备份周期、备份留存时长等。当存储数据的完整性或可用性被破坏后，为保证数据恢复过程中的安全性和规范性，应制定数据恢复的相关安全规范。

当存储数据的完整性或可用性受到威胁时，数据恢复的安全规范应得到严格执行，以确保恢复过程的安全与可靠。主流的数据备份技术包括LAN备份、LAN Free备份和SAN Server-Free备份，每种技术都有其适用场景和优缺点。LAN备份技术成本低廉且应用广泛，但对网络带宽和服务器资源消耗较大；LAN Free备份技术则避免了局域网带宽占用，服务器资源消耗相对较低，但成本较高；而SAN Server-Free备份技术对服务器资源消耗最小，但实施难度和成本也最高。因此，在选择备份技术时，需根据实际情况进行权衡。

在部分数据流通场景中，尽管数据提供方可能不希望其数据被备份，但可信数据流通交易空间的业务数据备份仍至关重要。这需要在确保数据提供方权益的同时，实现业务数据的可靠备份。

总之，制定完善的数据备份与恢复安全管理制度和操作规范是保障数据安全的关键。这些规范应涵盖备份范围、频率、工具选择、过程控制、日志记录、保存时长、恢复测试流程、访问权限设定、有效期保护及异地容灾等方面。同时，需由具备资质的技术人员利用自动化工具和技术手段，如数据加密和完整性校验等，执行数据备份与恢复任务，确保数据的完整性和可用性。

4. 数据处理

数据处理，顾名思义是对数据进行操作、加工、分析等处理的行为。数据处理的过程对数据接触得最深入，所以安全风险也最大。数据处理安全就是为了解决数据处理过程中的安全问题，降低该阶段的安全风险。数据处理过程的安全问题可以根据保护对象的不同分为内向保护与外向保护。内向保护防范的对象是数据加工方，外向保护防范的是授权用户外的其他攻击者。

1）内向保护

内向保护的目的是确保数据的隐私信息在数据处理的过程中不被数据加工者非法获取。内向保护可以通过数据脱敏、数据安全分析及数据正当使用三种方式实现。其中，数据脱敏是通过对数据变形的方式隐藏数据隐私信息的技术手段。数据安全分析是指通过在数据分析过程中采取适当的安全控制措施的方式，防止数据处理者在数据分析过程中非法提取数据中的隐私信息。数据正当使用是通过建立机制的方式防止内部合法人员违规、违法地获取、处理和泄露数据。

（1）数据脱敏。数据脱敏通过保护数据本身提供内向保护。在数据脱敏的实施过程中，以在数据采集阶段获得的数据作为输入，首先根据数据目录，明确数据脱敏的范围与脱敏的方式；其次采用相应的技术手段完成脱敏操作，以达到保护敏感数据的目的。数据脱敏的核心是实现数据可用性和安全性之间的平衡，既要考虑系统开销，满足业务系统的需求，又要兼顾最小可用原则，最大限度地防止敏感信息泄露。

数据脱敏范围的划分需要根据应用场景及数据分类分级的要求展开。检测的内容包括文件中携带的电子密级标识和文档中的涉密标识，相关文件包括但不限于压缩文件、加密文件、图片文件及文档中包含的图片信息。脱敏信息的定位可以通过关键词检测、机器学习、深度学习等技术手段实现。常用的数据脱敏技术手段有无效化、随机值替换、数值替换、对称加密、平均值、偏移取整。

（2）数据安全分析。数据安全分析通过保护数据使用过程提供内向保护。数据安全分析旨在通过技术手段或者规范行为的方式，使原始数据不会泄露给数据分析者，实现内向数据的安全保护，防止数据加工者在进行数据挖掘、分析的过程中获取被分析数据的原始数据、未被授权的信息和个人隐私信息，造成内向数据泄露。

使用隐私计算技术可以提升数据安全分析能力。隐私计算技术是一类在保护数据与隐私信息安全的前提下实现数据安全流通、计算，激发数据价值的技术手段。将隐私计算技术与不同的数据分析技术手段深度融合，能够给数据分析过程提供安全支撑。

（3）数据正当使用。数据正当使用是指基于国家相关法律法规对数据使用和分析处理的相关要求，通过建立数据使用过程中的相关责任和机制，保证数据使用的合法合规的过程。相关责任和机制包括：对数据的使用要有明确的权限授权管理，数据使用目的必须遵守国家相关法律法规和行业安全规范，数据访问权限严格控制最小化并建立惩罚措施，对过程要进行审计记录等。

2）外向保护

外向保护是通过防止系统外的攻击者破坏被处理数据的机密性和完整性，实现数据处理环境的安全。简言之，数据处理环境安全是通过在数据处理过程中应用安全控制技术，建立外向的安全保护机制，防止外部人员对数据造成破坏。安全控制技术可以包括身份认证与授权、数据资源隔离、日志管理与审计等。身份认证与授权是指通过对用户的身份及权限进行管理，平台可以将数据资源授权给合适的用户，以达到对权限的细粒度控制，从而最大限度地保护数据处理过程中的安全。数据资源隔离是指通过技术手段构建外向的隔离环境，确保框架内的数据、系统功能、会话、调度和运营环境等资源的隔离。日志管理与审计是指记录数据处理的所有行为，以备后期追溯。

5. 数据交换

完成对数据的处理，发挥数据的价值之后，需要通过数据交换将数据的价值在市场中进行传播。相较于关注传输信道安全问题的数据传输，数据交换安全着重在于针对不同应用场景的数据交换方式下的安全风险控制。根据数据安全能力成熟模型（DSMM）对数据在应用层面的交换方式进行抽象，明确了数据共享、数据发布及数据接口这三种数据交换方式。

数据共享是指通过业务系统、产品向外部组织提供数据，或者通过合作的方式与合作伙伴交互数据的共享数据场景。在这种方式下，被交换的数据的格式、范围等信息是由双方协商确定的。数据发布是指将数据提供给外部组织使用的过程。在这种方式下的数据格式、适用范围、使用者等信息是由发布方决定的。数据接口特指使用OpenAPI等接口的方式将数据由数据所有方提供给指定的数据需求方。

数据交换安全的核心在于管理、控制和降低数据交换时的安全风险。数据交换安全方案通常从技术与管理两个维度展开。

（1）在技术层面，针对数据共享和数据发布两种方式，主要通过内容审核、数据脱敏、日志审计等技术手段，在保证重要数据及隐私数据安全的同时，保证向外部提供的数据真实、正确、有效、可控和合规。在数据接口方式下，则采用身份认证、加密、时间戳、参数过滤、日志审计等手段降低数据通过接口泄露的风险，以及提高数据泄露后追溯的能力。

（2）在管理层面，三种方式都需要明确数据共享的管理与审核制度、安全规范与控制策略，并设立岗位与选取人员负责相关事宜。

6. 数据销毁

数据销毁安全作为数据安全生命周期的最后一个阶段，目的是在数据提供方实施数据销毁操作后，被销毁的数据应该被永久删除且不可恢复。数据销毁存在以下两种情况。

（1）数据销毁。通过建立针对数据内容的清除、净化机制，实现对数据的有效销毁，防止因对存储介质中的数据内容进行恶意恢复而导致的数据泄露风险。

（2）介质销毁。数据的存储介质在被替换或淘汰后，需要对介质进行彻底的物理销毁，保证数据无法复原，以免造成信息泄露。

介质销毁常采用硬盘消磁、粉碎、折弯等物理手段，但因其成本高昂，非必要情况通常不采用。数据销毁方式是更常用的选择。数据销毁软件主要采用对数据存储区域填充覆盖垃圾信息的方式销毁数据，数据存储区域包括硬盘的扇区、内存的页、CPU缓存的Cache Line等。

10.2.3.3　纵深防御技术手段

纵深防御技术体系的思想是，体系中的每个防御技术或防御层都具有独立性和相关性。独立性是指，假设所有其他防御技术或防御层都不能正常运行，单独的防御技术或防御层也能起到防御作用。相关性是指，多项防御技术或防御层的相互结合能够具备更强的安全保护能力。数据要素安全流通技术框架纵深防御的技术手段包含以下6个方面：身份认证、访问控制、可信验证、入侵检测与防御、可用性防护及日志审计。

1. 身份认证

用户身份认证是通过用户名和某种形式的私密数据（过去一般指密码）关联的方式，对数据要素安全流通技术框架中的参与方身份进行验证，在多个参与方之间构建信任的技术。身份认证的核心技术是用户标识和用户鉴别。用户标识是通过对参与方的身份进行核实，将参与方的用户名和用户标识符进行对应。用户鉴别是采用令牌、生物特征、数字证书、口令等方式，在参与方登录数据要素安全流通平台时，对参与方的用户身份进行鉴别。

身份认证的生命周期通常包括开通实现、合规控制、密码管理、角色管理、数据治理及访问请求六个阶段。开通实现是指向参与方提供对平台、数据访问权限的过程。合规控制的目标是实现可持续的安全透明度和风险管理，防范平台内部真实存在的安全威胁。密码管理是对参与方的密码进行管理的模块，好的密码管理模块可以提高业务敏捷性。角色管理的主要目的是赋予参与方完成自身工作所需的最小访问权限。数据治理的目的是通过对数据细粒度的分析，将访问控制模型与应用层面数据的控制与监督进行同步。访问请求是指完成相应的审批和控制后，开通平台的服务访问权限。

2. 访问控制

访问控制是实现机密性、完整性、可用性和合法使用性的重要基础，通常包括三个要素：主体（参与方）、客体（数据）和访问控制策略。主体是指提出访问资源具体请求的实体；客体是指被访问资源的实体；访问控制策略是主体对客体相关访问规则的集合，即属性集合。

访问控制技术，是指在完成主体和客体身份认证的基础上，主体依据某些控制策略或权限对客体本身或其资源进行的授权访问。正确的访问控制策略与机制可以对两类攻击起到防御作用：保证合法用户访问受保护的网络资源，防止非法主体进入受保护的网络资源；防止合法用户对受保护的网络资源进行非授权访问。因此，访问控制的内容包括控制策略和安全审计。

（1）控制策略。控制策略即明确主体可以对何种数据资源（客体）进行何种类型的访问。通过合理地设定控制规则集合，确保授权用户对信息资源在授权范围内的合法使用。

（2）安全审计。系统可以自动根据用户的访问权限，对计算机网络环境下的有关活动或行为进行系统的、独立的检查验证，并作出相应评价与审计。

3. 可信验证

可信验证的发展经过了三个阶段。在可信1.0时代（20世纪70年代）可信指的是系统的一种基本属性，用于确定系统为用户提供服务的持续能力，这种能力也被称为容错能力。随着信息技术的发展，信息安全对可信的需求愈加强烈。从1997年开始，人们对可信的概念进行提升，进入了可信2.0时代。可信2.0的理念是，从物理安全的可信根出发，在计算环境中构筑从可信根到应用的完整可信链条，为系统提供可信度量、可信存储、可信报告等可信支撑功能，支持系统应用的可信运行。近年来，我国可信计算研究者将基于主动免疫体系的可信计算技术命名为可信3.0。可信3.0提出了全新的可信计算体系框架，在网络层面解决可信问题。

可信数据流通交易空间安全性的前提条件之一就是可信。可信表示可预期性，即平台会按照预期的方式运行。可信验证的原理类似人体的免疫系统，把平台中按照要求部署和运行以完成所需要特定功能的部分当作“自己”，可能干扰功能正常执行的部分定义为“非己”。可信验证对系统的保护是通过及时地识别“自己”与“非己”，并且及时地破坏与排斥“非己”来完成的。

空间安全架构中的可信验证与数据交付平台中使用的机密计算技术中“可信”的意义不尽相同。机密计算技术中的可信仅指由机密计算技术创建出的运行环境的可信。而空间安全中的可信则是指，针对平台的所有软硬件模块建立的免疫机制；通过保证模块如期执行，防止漏洞被攻击者利用，增强平台的安全性，抵抗已知与未知的威胁。平台的软硬件模块可以分为两大类：一类是平台基础设施，例如平台的硬件、操作系统等；另一类是平台业务应用，例如平台业务逻辑、平台身份管理、平台配置信息、平台资源管理等。

4. 入侵检测与防御

入侵检测与防御是一类对框架内的资源访问情况进行持续性追踪和防御的技术。本节主要介绍防火墙、入侵检测系统、入侵防护系统、高级持续威胁攻击防御系统这四类入侵检测与防御技术。

（1）防火墙。

为防止火灾发生及蔓延，人们通过将石块、砖头等材料堆砌成屏障，这种防护结构就被称为防火墙。这是防火墙的本义。在计算机科学领域中，防火墙是一个架设在互联网与内网之间的信息安全系统，根据持有者预设的策略监控往来的传输。防火墙是目前最重要的网络防护技术之一，它可能是一台专属的网络设备部署于网关之上，控制流经网关的网络报文；也可能是执行在主机内的软件，以检查各个网络接口的网络传输。

防火墙最基本的功能就是隔离。防火墙在计算机网络领域中是实现最小特权原则的核心技术之一：将防火墙部署于不同安全性的区域之间，它通过隔离将网络划分成不同的区域，并通过设置合适的安全策略，控制不同信任程度区域之间传送的数据流，提供不同区域之间受控制的连通性。例如，互联网是不可信任的区域，而内部网络是高度信任的区域，就可以将防火墙置于内外网的网关处，以实现互联网与内部网络的隔离，避免安全策略中禁止的通信发生。

（2）入侵检测系统。

入侵检测是指“通过对行为、安全日志、审计数据或其他网络上可以获得的信息进行操作，检测对系统的闯入或闯入的企图”。入侵检测系统（Intrusion Detection System，IDS）是检测和响应计算机入侵行为的系统，其作用包括威慑、检测、响应、损失情况评估、攻击预测和起诉；支持在信息化、数字化、数据化的大场景下第一时间检测出漏洞、攻击，阻断入侵路径，保护数据要素市场基建框架免受攻击。传统的入侵检测系统可以基于检测技术和检测对象进行划分。

根据检测技术的不同，IDS可以划分为基于异常检测模型的IDS和基于误用检测模型的IDS。基于异常检测模型（Anomaly Detection）的IDS采用类似白名单的检测技术，定义正常的行为及其阈值，超出阈值的非正常行为就被认为是入侵。这种检测模型漏报率低，误报率高。因为不需要对每种入侵行为进行定义，所以能有效检测未知的入侵。基于误用检测模型（Misuse Detection）的IDS采用类似黑名单的检测技术，通过收集并分析入侵方式，建立相关的特征库，将入侵的特征进行抽象并检测，当特征与库中已知的攻击记录相匹配时，系统就认为是入侵。这种检测模型误报率低、漏报率高。

根据检测对象的不同，IDS可以有三种不同的分类：基于主机的IDS、基于网络的IDS、混合型IDS。

基于主机的IDS保护的一般是主机系统。分析的数据是计算机操作系统的事件日志、应用程序的事件日志、系统调用、端口调用和安全审计记录。基于主机的IDS存在一种进化版，即基于状态的IDS。基于状态的IDS会先分析并构建系统状态的有限状态机，然后监控系统经历的所有状态变化，对不符合有限状态机的情况报警。以操作系统为例，常见的状态包括：用户输入数据、用户登录、用户打开应用程序、应用程序之间通信等。

基于网络的IDS主要是通过分析网络中传输的数据报文，对整个网段的安全状态进行检测。基于协议异常的IDS是基于网络的IDS的一个子类。基于协议异常的IDS会先给相应协议构建一个“正常”的协议使用模型，在实际使用过程中，不遵循该模型的协议通信认为是异常网络报文。

混合型IDS对基于网络和基于主机的IDS进行了互补融合，既可以发现网络中的攻击信息，也可以从系统日志中发现异常情况。

（3）入侵防护系统。

随着网络入侵事件的不断增加和黑客攻击水平的不断提高，一方面企业信息系统感染病毒、遭受攻击的速度日益加快；另一方面企业网络受到攻击作出响应的时间却越来越滞后。传统的入侵检测系统（IDS）对解决这一矛盾显得力不从心，入侵防护系统（Intrusion Prevention System，IPS）就被引入。IPS是信息系统安全设施，是对防火墙的补充，是一种能够监视信息系统行为的计算机安全设备或软件系统。IPS在IDS检测到威胁的基础上，进一步实现了实时中断、调整或隔离一些不正常或是具有伤害性行为的功能。IPS根据保护对象的不同，可以分为基于主机的入侵防护系统（Host-based IPS，HIPS）、基于网络的入侵防护系统（Network-based IPS，NIPS）、基于应用的入侵防护系统（Application- based IPS，AIPS）。

一是基于主机的入侵防护系统（HIPS）：通过在主机或服务器上安装软件代理程序，防止攻击入侵操作系统及应用程序。基于主机的入侵防护能够保护服务器的安全漏洞不被不法分子利用。基于主机的入侵防护技术可以根据自定义的安全策略及分析学习机制来阻断对服务器和主机发起的恶意入侵。HIPS可以阻断缓冲区溢出攻击、改变登录口令、改写动态链接库及其他试图从操作系统夺取控制权的入侵行为，整体提升主机的安全水平。

二是基于网络的入侵防护系统（NIPS）：通过检测流经的网络流量，提供对网络系统的安全保护。NIPS工作在网络上，直接对数据包进行检测和阻断，与具体的主机和服务器操作系统平台无关。另外，由于NIPS是实时在线的，就需要具备很高的性能，以免成为网络的“瓶颈”。因此，NIPS通常被设计成类似交换机的硬件网络设备，以实现千兆级网络流量的深度数据包检测和阻断功能。现阶段，常见的硬件网络设备可以分为三类：第一类是网络处理器（网络芯片）；第二类是专用的FPGA编程芯片；第三类是专用的ASIC芯片。随着处理器性能的提高，NIPS的实时检测与阻断功能很有可能出现在未来的交换机上。

三是基于应用的入侵防护系统（AIPS）：把HIPS扩展成为部署于应用服务器之前的网络设备。AIPS被设计成一种高性能的设备，配置在应用数据的网络链路上，以确保用户遵守设定好的安全策略，保护服务器的安全。

（4）APT攻击防御。

高级持续威胁（Advanced Persistent Threat，APT）攻击作为当前网络空间安全领域非常具有威胁性的攻击形式之一，已逐渐演化为结合了社会工程学攻击与零日漏洞利用的综合体。APT这一术语自诞生以来，尚未形成权威且统一的定义，但不同研究机构和学者纷纷提出了各自对APT的深入理解和独特描述。美国国家标准技术研究所（NIST）对APT的定义强调了攻击者具备的专业知识和资源，以及通过多种攻击途径在目标组织的信息技术基础设施中建立并转移立足点，以实施窃取、破坏或阻碍关键系统功能的复杂攻击行为；而FireEye公司则侧重于APT的商业间谍威胁属性，指出它是黑客以窃取核心资料为目的，精心策划并实施的有针对性的网络攻击。

APT攻击的出现改变了全球网络空间的安全格局，使得网络防御面临前所未有的挑战。近年来，APT攻击已经演变为某些国家之间网络空间对抗的新手段。一些APT攻击针对政府部门、军事机构、商业企业、高等院校等具有战略意义的关键部门，采取多种复杂且高效的攻击技术和手段，窃取敏感信息或破坏目标系统的正常运行。

基于上述理解，本文认为APT攻击是一种由组织（尤其是政府）或小团体发起的新型攻击和安全威胁，其特点是使用先进的攻击手段，对特定目标进行有组织、有目标、隐蔽性强、破坏力大且持续时间长的攻击。由于APT攻击的背后往往有技术精湛、资金雄厚的黑客组织或集团支持，他们在攻击前进行充分的准备，攻击过程中表现出极强的隐蔽性，使得攻击后难以取证。因此，APT攻击已经演变为一种有目的、有组织、有预谋且高度隐秘的群体式定向攻击。

纵观当前主流的APT防御解决方案，大致分为以下四类：

一是恶意代码监测类，其核心思想是基于恶意代码的行为异常特征的边界防御。通过将未知程序载入沙箱进行模拟运行，进而根据程序行为判断其合法性。

二是主机应用保护类，其核心思想是基于白名单机制的终端防御，实施“有则放行，无则禁止”的策略。

三是网络入侵检测类，其核心思想是基于私有云网络实现多层次威胁防御。

四是大数据分析监测类，其核心思想是通过对APT攻击生命周期所产生的海量数据进行收集、分析、监测、监控，及时准确地发现相关攻击。

5. 可用性防护

数据要素市场的顺畅运作依赖于数据的确权、定价和流通的连续性，以及可信数据流通交易空间中各个平台的可用性。任何环节的中断或平台的不可用，都将严重影响数据的流通与利用，进而阻碍数据价值的创造。因此，确保数据流通交易空间的可用性至关重要。在保障系统可用性的技术手段中，DDoS攻击防护和负载均衡是两种最为常见且有效的技术。

（1）DDoS攻击防护。

DDoS攻击是最常见的破坏系统可用性的攻击方式之一，其目的是使系统崩溃瘫痪，进而造成巨大的经济损失。DDoS攻击旨在通过大量无效或高流量的网络请求，使目标系统资源耗尽，进而崩溃或瘫痪。为了有效应对这种攻击，抗DDoS网关发挥着至关重要的作用。这类网关能够精确监测异常流量，识别并阻断攻击流量，从而保护主机及网络设备的安全。此外，抗DDoS网关还能缩短攻击发现的时间，增加平台在线的可用时间，通过流量分析与连接跟踪技术，最大限度地确保平台的互操作性与可靠性。

（2）负载均衡。

负载均衡则是另一种提升系统可用性和稳定性的重要技术。通过将工作任务均衡地分配到多个机器上运行，负载均衡可以最大化计算资源的利用率，提高平台的吞吐率。当系统遭受DDoS攻击时，负载均衡能够将攻击流量分散到多台机器上，从而降低DDoS攻击的成功率，有效保护系统的可用性。负载均衡的实现方式多样，既可以通过软件方式完成，也可以通过硬件方式实现，应根据具体需求和场景选择合适的方案。

6. 日志审计

众所周知，没有任何一种防御机制能够确保百分之百的安全。因此，在可信数据流通交易空间遭受入侵或正在遭受攻击时，日志审计显得尤为重要。日志审计的主要目的是通过收集、分析和监控系统的日志信息，及时发现异常行为和安全事件，从而采取相应的措施进行应对。

10.3　数据供给平台

数据供给平台在构建可信数据流通交易空间的过程中扮演着至关重要的角色。该平台通过精准界定输入数据在不同空间、时间及场景下的各项属性，进而明确数据的权属关系，随后将经过正确定义的数据提供给数据交易与交付平台，确保数据流通的透明性和合法性。这一过程主要由数据接入、数据治理、数据确权三个核心模块共同实现。数据供给平台框架如图10-5所示。

具体而言，数据接入模块负责将来自不同数据源、涵盖多种类型的数据整合至数据供给平台内，为后续的治理和确权工作奠定基础。数据治理模块则通过对接入的数据进行详尽的分类分级，以及实施一系列数据治理操作，不仅为数据权属的界定提供便利，还促进了数据产品的精细化加工。而数据确权模块则专注于辅助完成对数据的确权工作，确保数据在交易平台上能够合规地签订交易合约，从而推动数据的合法流通。

其中，数据确权是一项复杂的系统工程，涉及众多参与主体和多重法律关系。在这一过程中，需要坚持发展与规范并重、个人信息保护底线及分级分类管理等基本原则。同时，应充分发挥法律、技术及监管等多重手段的作用，确保数据确权方案的顺利实施，为数据流通交易空间的健康发展提供有力保障。

（1）发展和规范并重的原则重在维持对企业数据集中和无序竞争问题的管控，以及使企业数据在推动经济高质量发展和保持高品质生活服务之间的平衡。

（2）个人信息保护底线原则重在维持用户对个人数据的隐私需求、数字经济健康发展，以及我国数据规模优势有效利用之间的平衡。

（3）分级分类原则重在根据行业及应用场景，维持企业拥有的不同数据类型，以及不同场景下对不同类型数据的管理和使用需求之间的平衡。

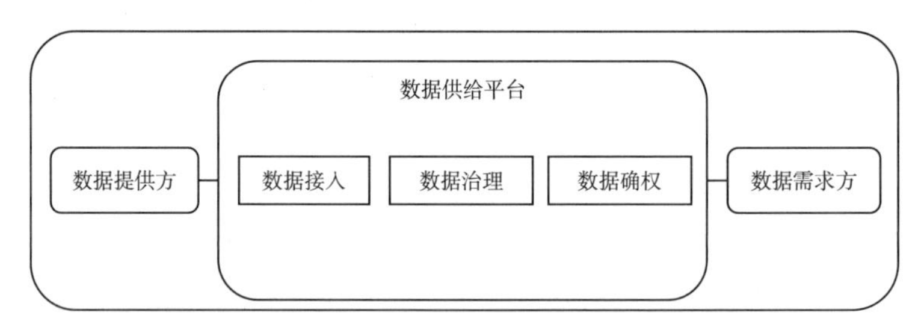

图10-5　数据供给平台框架

10.3.1　数据的来源

在经济学范畴内，数字经济是以大数据（即数字化的知识与信息）为基础，通过识别、选择、过滤、存储及应用这些数据，来引导和实现资源的快速优化配置与再生，进而推动经济高质量发展的新型经济形态。其核心在于大数据的有效处理，即对不同领域、类型及意义的数据进行采集、识别、处理，最终实现其价值化。

数据价值化的过程是一个渐进式的转化链条，涵盖数据、信息、知识、观点及智慧五个关键形态，数据的价值形态示意如图10-6所示。在这一过程中，数据作为最基础的元素，扮演着信息载体的角色；信息则是对数据所蕴含的意义及关系的提炼和解读；知识是我们通过深入理解和总结信息所获得的成果，它代表了对数据和信息内在联系的深刻洞察，例如，一年中日出与日落时间的规律性变化便是知识的体现，它是对太阳时间信息的精准把握和系统总结；观点是针对某个问题，根据相关的信息与知识总结出来的对该问题的理解；能够综合分析多种观点，进而作出正确决策的能力，则可以称之为智慧。

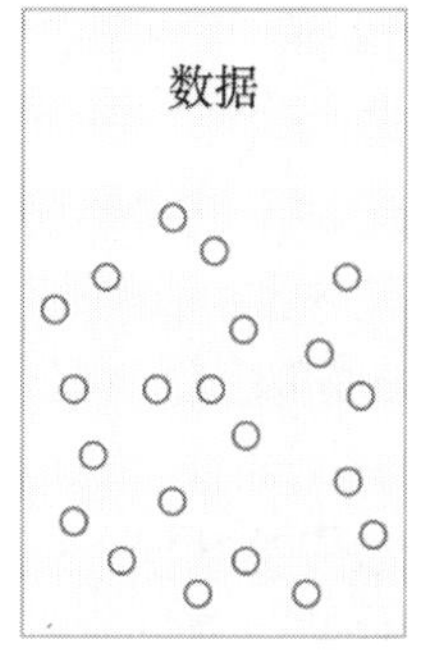

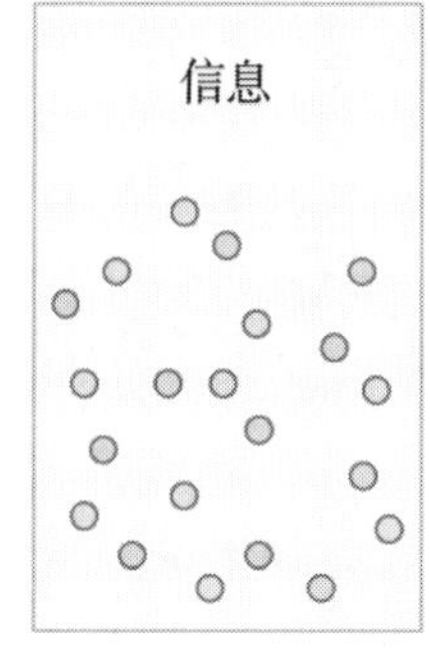

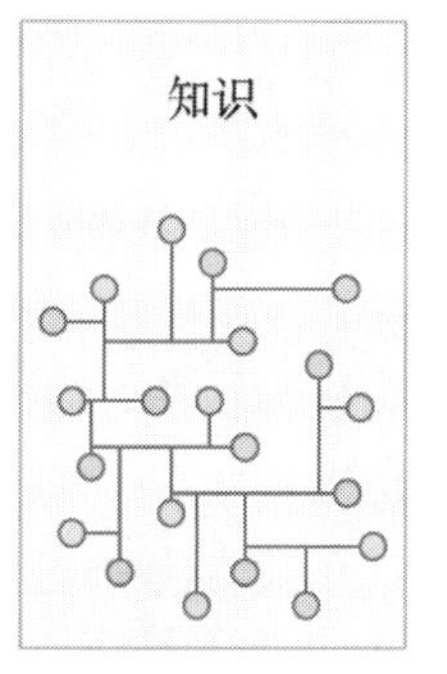

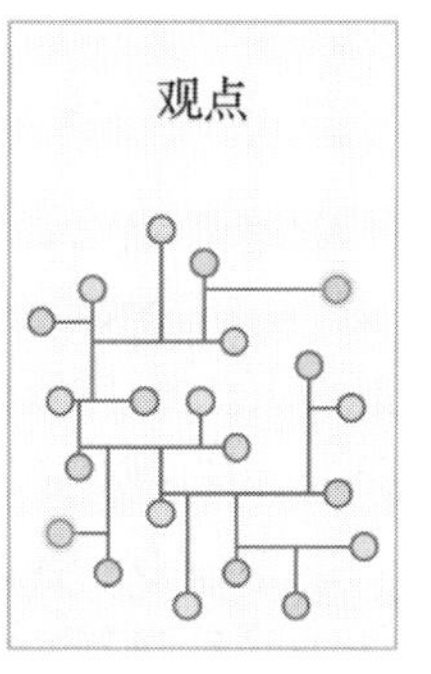

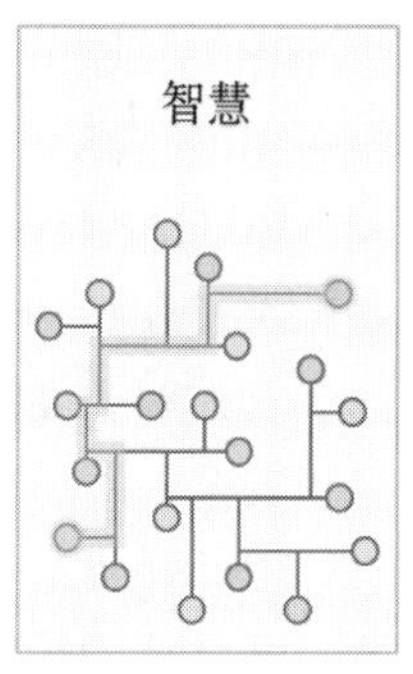

图10-6　数据的价值形态示意

假设数据是我们工厂生产所需的原材料，那么数据来源就如同进货渠道，对于工厂的顺利开工至关重要。在开工之前，精确选择数据来源是至关重要的第一步。这一选择过程需综合考虑多个维度，确保所获取的数据既符合生产需求，又具备足够的可靠性和安全性。

首先，确定行业是选择数据来源的关键。不同行业的数据特征差异显著，如同制作木桌子需要木材，而制作石桌子则需要石料。因此，在选择数据来源时，必须深入了解目标行业的特性，确保所获取的数据与业务需求相匹配。

其次，数据的敏感程度是另一个重要的考虑因素。不同敏感度的数据有不同的获取途径和使用限制。例如，涉及国家安全、商业秘密或个人隐私的高敏感度数据，其获取和使用必须遵循严格的法律法规和道德规范。对于这类数据，应通过专门的进货渠道或合作伙伴来获取，确保数据的安全性和合规性。

最后，在市场中选择数据时，还需要考虑数据的类型。不同的数据类型具有不同的特性和价格，如同木材市场中的原木和木板。因此，在选择数据来源时，应明确所需的数据类型，并比较不同来源的数据质量和价格，以便找到最具性价比的数据源。

综上所述，数据来源的选择是一个综合考虑行业、数据敏感程度和数据类型的过程。综合以上因素选择最合适的数据源，方可为后续的数据处理和价值化奠定坚实基础。

10.3.1.1　按照行业类型区分数据来源

数据来源的确定是数据应用的首要任务，它直接关系到数据处理的效率和数据价值的挖掘。不同行业的数据具有鲜明的特点和意义，如交通行业的图像数据记录着路况信息，而金融领域的数值数据则反映着市场的动态变化。

在我国，行业类型的划分因划分粒度不同而有所差异。根据我国统计局的统计数据，数字经济中的数据要素能够赋能九大产业，如农业、制造业、交通业等。这种宏观的分类有助于我们从整体上把握数据在不同行业中的应用潜力。为了更精准地指导数据应用，一些地方或机构对产业类型进行了更为细致的划分。例如，贵州省发布的《政府数据 数据分类分级指南》细化了23种行业类型，涵盖了从经济、政治到信息技术等多个领域。这种细化的分类不仅有助于我们更深入地理解各行业的数据需求和应用场景，还能为数据安全和管理提供更为具体和有针对性的指导。

10.3.1.2 按照数据敏感程度区分数据来源

在同一个行业中，数据的敏感程度呈现出显著的差异，这种差异直接影响了数据的获取途径和方式。

低敏感程度的数据，由于其公开性和通用性，通常可以从公共途径轻松获取完整数据，这些数据为广泛的研究和应用奠定了基础。

中敏感程度的数据则涉及一定程度的隐私和保密性，虽然不能直接获取完整数据，但可以通过技术手段（如隐私计算技术），在不暴露原始数据的情况下获得计算结果，实现数据的价值创造。这种方式既保护了数据的隐私性，又充分利用了数据的价值。

高敏感程度的数据，如涉及国家安全、商业秘密或个人核心隐私的信息，由于其极高的风险性和敏感性，不能参与任何形式的流通。这类数据的处理和使用必须严格遵守相关法律法规和行业规范，确保数据的安全性和合规性。

在将数据提供给数据交易平台及数据交付平台进行交易与处理时，不同敏感程度的数据也有着严格的要求。例如，个人隐私数据的处理必须得到个人用户的明确授权，确保用户的隐私权益得到充分保障。同时，受限流通数据的使用也需要得到数据提供方的授权，以确保数据的合法使用和流转。

10.3.1.3 按照类型区分数据来源

确定好数据所属的行业与敏感程度后，需要对数据具体的结构类型进行划分。数据通常可被归纳为结构化数据、非结构化数据、半结构化数据三大类。

1. 结构化数据

结构化数据指的是那些采用标准化格式进行记录与存储的数据类型，它们具有清晰定义的结构，并遵循特定的数据模型，能被便捷地访问。其中，定义明确的表格数据（包含行和列）便是结构化数据的一个典型代表。这类数据能够直观地展示列信息、行数及数据类型，从而使用户快速理解数据的含义。通常，表格数据以Excel格式保存在磁盘上，或以数据表的形式存储在数据库中。我们可以利用多种工具，如SQL、Python语言等，处理这些数据，以满足各种需求。

2. 非结构化数据

与结构化数据不同，非结构化数据则呈现出不规则或不完整的数据结构，缺乏预定义的数据模型，因此难以用传统的数据库二维逻辑表进行表现与存储。非结构化数据是数据最常见的表现形式，涵盖了文字、图片、声音和视频等多种形式。这类数据通常存储在文件系统中。由于非结构化数据中的信息是隐式的，提取这些信息变得尤为困难，且这一过程往往带有强烈的主观色彩。例如，不同的读者对同一句名言或同一张图片可能会有截然不同的解读，这充分体现了非结构化数据信息提取的主观性和多样性。近年来，人工智能领域的深度学习模型在挖掘非结构化数据信息方面展现出了巨大的潜力，尤其在图像识别、语音识别和语义识别等领域取得了显著成果。

3. 半结构化数据

半结构化数据则位于结构化数据和非结构化数据之间。虽然它包含标记信息用于分隔语义元素，并对记录和字段进行分层，但并未严格遵循结构化数据中数据结构与数据表或关系型数据库的强关联特性。半结构化数据的结构相对宽松，部分数据可能不完整或类型各异。常见的半结构化数据存储格式为JSON和XML等，它们通常保存在文件系统中。这类数据在处理和分析时，需要采用特定的方法和工具来适应其灵活多变的结构特点。

10.3.2　数据分类分级

数据分类分级是数据治理与权属界定的基石。细粒度、高精度的数据分类是实现风险防控、合规运营及价值实现的必要步骤。不同类别的数据因其敏感程度各异，在流通使用中各有要求。以结构化数据为例，用户身份证与地方财政收入虽同为数据，但信息价值、敏感等级及法律约束截然不同，流通加工时需采用不同的技术手段，确保合规高效。

10.3.2.1　数据分类分级的关系

国际上对于数据分类与分级一般统称为Data Classification，其中的种类（Classification Categories）对应分类、级别（Classification Levels）对应分级。我国将数据分类与分级进行了区分。分类强调的是根据数据的属性或特征，将其按照一定的原则和方法进行区分和归类，并建立起一定的分类体系和排列顺序，以便更好地管理和使用数据。分级则侧重的是按照一定的分级原则对分类后的数据进行定级，从而为数据的开放和共享安全策略的制定提供支撑。

对于分类与分级两项工作，目前尚未出台法规或标准明确阐明其顺序关系，但一般都是遵循先分类再分级的顺序。例如，《中共中央 国务院关于构建更加完善的要素市场化配置体制机制的意见》指出“推动完善适用于大数据环境下的数据分类分级安全保护制度，加强对政务数据、企业商业秘密和个人数据的保护”。可以看出该文件对数据先进行了基础划分：政务数据、企业商业秘密和个人数据，然后才在基本分类下进行细化分级保护机制，即先分类再分级。又如2016年贵州省经济和信息化委员会（贵州省大数据发展领导小组办公室）发布的DB52/T1123—2016《政府数据 数据分类分级指南》中提出“政府数据分类是通过多维数据特征准确描述政府基础数据类型，以对政府数据实施有效管理，有利于按类别正确开发利用政府数据，实现政府数据价值的最大挖掘利用”“政府数据分级是通过政府数据的敏感程度确定数据类型，从而为政府不同类型数据的开放和共享策略的制定提供支撑”。并提出采用自主定级的分级原则：“各政府部门单位在开放和共享政府数据之前，应该按照分级方法自主对各种类型政府数据进行分级。”其中隐含逻辑也是先分类再分级。

10.3.2.2　数据分类方式

从数据交易的角度，数据可以分成政务数据、企业商业数据和个人数据三大类型。数据分类框架示例如图10-7所示。

1. 政务数据

政务领域需要覆盖社会各行各业的行业特征，政务数据的种类极其繁多且复杂。我国政府对政务数据梳理十分重视，政务数据结构已完成了系统性的梳理，结构十分清晰。例如，四川省地方标准《政务数据　数据分类分级指南》对政务数据根据资源属性、共享属性及开放属性三类进行了划分。在资源属性下，政务数据包括含有政务基础信息的基础信息资源类数据、围绕经济社会发展这一主题领域的主题信息资源类数据、包含各行各业发展现状信息的行业信息资源类数据、针对某特定主体或客体对象的对象信息资源类数据，以及包括不同政府职能部门的部门信息资源类数据。共享属性或开放属性的分类方式相似，均包含无条件共享或开放、有条件共享或开放、不予共享或开放三种细分方式。共享数据的共享对象是其他政务部门，而开放数据的开放对象是整个社会。

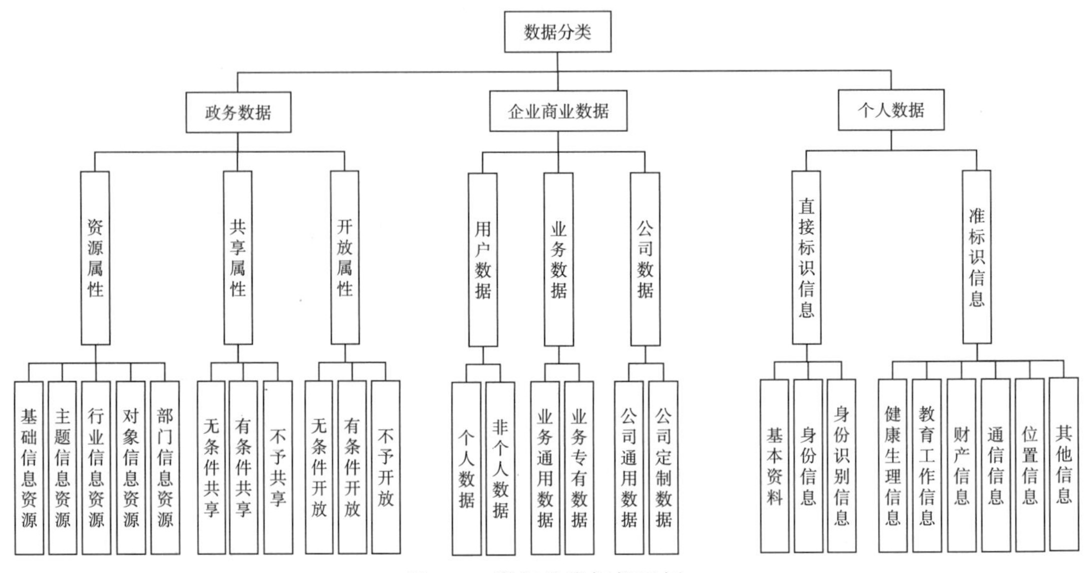

图10-7　数据分类框架示例

2. 企业商业数据

企业商业数据可以被分为用户数据、业务数据、公司数据三个类别。用户数据是与用户相关的数据，根据用户数据与公民身份信息的关联程度可以分为个人数据与非个人数据。业务数据是与组织的业务形态息息相关的数据，包含业务通用数据和业务专有数据。业务通用数据是指与市场、业务分析相关的业务数据，业务专有数据指的是与具体业务流程相关的业务数据（如电子商务公司的订单物流、商品详情数据，视频网站中的视频数据等）。公司数据是指维持公司正常运行过程中产生的相关数据，可以分为公司通用数据和公司定制数据两类。公司通用数据主要是指对于不同的公司却比较相似的数据，包括日志数据、制度数据等；公司定制数据是指蕴含公司机密的信息，具有极高价值的、专属于各个公司的数据，如人事数据、财务数据、法务数据、采购数据、代码数据等。

3. 个人数据

个人数据是指包含公民个人信息的数据，分为直接标识信息与准标识信息两类。直接标识信息是指在特定环境下可以单独唯一识别特定自然人的信息。准标识信息则是指在特定环境下无法单独唯一识别特定自然人，但是结合其他信息可以通过推断的方式唯一识别特定自然人的信息。根据国家标准《信息安全技术　个人信息安全规范》（GB/T 35273—2020）中的统计，直接标识信息包括个人基本资料、身份信息、身份识别信息三类；准标识信息包括健康生理信息、教育工作信息、财产信息、通信信息、位置信息及其他信息。

10.3.2.3　数据分级方式

数据的分级通常需要同时考虑当数据遭到篡改、破坏、泄露或者非法获取、非法利用时的危害对象和危害程度。

危害对象是指受到危害的对象，可以包括国家安全、公共利益、个人合法权益、组织合法权益四类对象。在具体行业的数据分级实践中，危害对象可以是上述四类对象的一个子集。例如，在《证券期货业数据分类分级指引》中，考虑的危害对象为公共利益、个人合法权益、组织合法权益，并不涉及国家安全。危害程度是数据的安全性被破坏后，所造成的危害大小。

危害程度一般也分为无危害、轻微危害、一般危害、严重危害、特别严重危害的危害等级。

例如，根据危害对象与危害程度的不同定义了5个数据安全级别，第1级是最低敏感程度及危害程度的数据安全等级，第5级是最高敏感程度及危害程度的数据安全等级，如表10-1所示。在行业性数据分级的实际应用中，结合行业特点，进一步将影响程度及数据安全级别进行更为精细的划分。如在《金融数据安全　数据安全分级指南》中的分级方法和《网络安全标准实践指南——网络数据分类分级指引》完全一致，根据金融机构数据安全遭破坏后的影响对象和影响程度，将数据安全级别由高到低划分为5个级别。而在证券期货行业，《证券期货业数据分类分级指引》根据行业特点，将数据根据安全性由高到低划分为了4个级别。

表 10-1　数据定级规则参考

<table>
<tr><th>最低级别</th><th>危害对象</th><th>危害程度</th><th>一般特征</th></tr>
<tr><td>5 级</td><td>国家安全</td><td>严重危害、特别严重危害</td><td rowspan="2">一旦遭到篡改、破坏、泄露或者非法获取、非法利用，可能危害国家安全、国民经济命脉、重要民生、重大公共利益</td></tr>
<tr><td>5 级</td><td>公共利益</td><td>特别严重</td></tr>
<tr><td>4 级</td><td>国家安全</td><td>轻微危害、一般危害</td><td rowspan="4">一旦遭到篡改、破坏、泄露或者非法获取、非法利用，可能危害国家安全</td></tr>
<tr><td>4 级</td><td>公共利益</td><td>严重危害</td></tr>
<tr><td>4 级</td><td>个人合法权益</td><td>特别严重危害</td></tr>
<tr><td>4 级</td><td>组织合法权益</td><td>特别严重危害</td></tr>
<tr><td>3 级</td><td>公共利益</td><td>一般危害</td><td rowspan="3">一旦遭到篡改、破坏、泄露或者非法获取、非法利用，可能对公共利益造成一般危害，或对个人、组织合法权益造成严重危害，但不会危害国家安全</td></tr>
<tr><td>3 级</td><td>个人合法权益</td><td>严重危害</td></tr>
<tr><td>3 级</td><td>组织合法权益</td><td>严重危害</td></tr>
</table>

（续表）

最低级别	危害对象	危害程度	一般特征
2 级	公共利益	轻微危害	一旦遭到篡改、破坏、泄露或者非法获取、非法利用，可能对个人、组织合法权益造成一般危害，或对公共利益造成轻微危害，但不会危害国家安全
2 级	个人合法权益	一般危害	
2 级	组织合法权益	一般危害	
1 级	个人合法权益	轻微危害	一旦遭到篡改、破坏、泄露或者非法获取、非法利用，可能对个人、组织合法权益造成轻微危害，但不会危害国家安全、公共利益
1 级	组织合法权益	轻微危害	

10.3.3 数据的治理

数据治理是确保数据安全、私有、准确、可用和易用的一系列综合操作，它涵盖了行动、流程和技术支持，贯穿于整个数据生命周期。治理的目标在于实现风险可控、运营合规和价值实现三大核心目标。

风险可控是数据治理的首要任务，通过建立健全的数据风险评估管理机制，确保数据风险始终保持在组织可承受的范围之内。这一目标的实现依赖于对资产的脆弱性、威胁及已有安全措施的深入识别和分析，进而对残余风险进行精准评估。基于这些评估结果，可以准确判定数据安全风险值，为数据安全风险防控提供有力支撑。

运营合规是数据治理在法律法规框架下的重要体现。企业或组织需要在法律法规的指引下，根据合规项建立安全策略，并落实相应的安全措施。这包括对安全标准和规范的解读、合规库的建立，以及基于合规库的安全策略规则制定。通过这些措施，可以确保数据要素流通的合规性，为数据治理提供坚实的法律保障。

价值实现是数据治理的最终目标，也是数据治理成效的重要体现。通过对数据的生产、加工等操作，可以释放数据价值，赋能数字经济。在可信数据流通交易空间中，由于数据价值的实现涉及多个参与方和复杂的问题，如数据确权、定价和安全等，因此数据治理需要与其他平台如数据交易平台和数据交付平台紧密合作，共同实现数据的价值。

10.3.4 数据的权属

在可信数据流通交易空间中，数据供给平台提供的是清晰的符合业务逻辑的法律边界。高屋建瓴的法律条文通常需要解读与适配才能在实际应用场景中得以落地。数据要素供给平台通过数据治理过程中运营合规阶段对法律法规合规性的约束，给使用框架的用户提供法律法规方面的支撑。

10.4 数据交易平台

10.4.1 总体思路与交易流程

传统商品交易的前置条件，包括供需关系的确立、交易价格的磋商及交易的合法合规性，这些条件在交易过程中扮演着至关重要的角色。

（1）传统商品的供需关系是明确的。在传统商品交易中，供需关系通常表现为商品用途与买家需求之间的直接对应关系。例如，汽车是交通工具，人们购买汽车的主要目的便是满足出行需求；床是休息工具，人们购买床的主要目的便是满足睡眠需求。这种明确的供需关系有助于交易双方快速了解对方的需求和意图，进而推动交易的顺利进行。

（2）传统商品具有成熟的价格体系。商品价格的形成受到多种因素的影响，包括产品本身的价值、生产成本、供需关系及边际效益等。在传统商品交易中，有多种成熟的经济学模型被用于产品定价，如利用投入产出关系建立价格的模型、根据宏观经济线性规划价格的模型，以及在古典经济学一般均衡理论指导下的可计算一般均衡模型等。这些模型为交易双方提供了科学的定价依据，有助于减少价格争议，促进交易的顺利进行。

（3）传统商品交易相关法律法规也是健全的，在交易过程中，双方必须遵守相关的法律法规，以确保交易的合法性和安全性。例如，《中华人民共和国民法典》《中华人民共和国电子商务法》《中华人民共和国政府采购法》《中华人民共和国进出口商品检验法》等法律法规，都对传统商品交易过程形成了系统性覆盖。这些法律法规为交易双方提供了明确的法律指引和保障，有助于维护市场秩序和消费者权益。

在交易场景中，传统商品与数据存在显著差别。传统商品如汽车，人们购买时主要关注的是其交通、舒适等属性，其属性范围相对固定。而数据作为信息的载体，其属性则具有无限的可能性。同一数据集对于不同角色可能产生不同的信息价值，例如个人财产信息数据集在金融领域可用于评估财产风险，在互联网领域可用于分析消费偏好，而在国家层面则可提取贫富分布等统计信息。因此，数据的交易远比传统商品交易复杂，需要进行更深入的探讨和研究。

因此，数据的交易与传统商品的交易差异很大，是一件十分复杂且困难的事情。

（1）数据交易的供需关系很难建立。数据的本质在于其蕴含的信息，而这些信息种类繁多且应用场景多变。因此，数据提供方难以准确描述数据的价值，而需求方往往由于信息的不对称性，无法提前预知自身对数据的需求。这种供需关系的不确定性导致了数据交易市场的复杂性和不稳定性。

（2）数据产品的价格磋商机制尚不成熟。传统商品的定价往往基于其物理属性、生产成本和市场供需等因素，而数据产品的价值则主要取决于其蕴含的信息的价值。然而，由于信息的不确定性，以及提前泄露可能导致的价值降低，数据产品的定价变得极为困难。此外，供需关系的不确定性也进一步增加了数据定价的难度。

（3）数据交易的法律法规尚不健全。尽管近年来出台了一些与数据交易相关的法律法规，如《中华人民共和国数据安全法》《中华人民共和国个人信息保护法》等，但这些法律主要侧重于数据的保护和规范，对于数据交易的具体操作和规则尚未形成完善的法律体系，这使得数据交易在一定程度上仍缺乏明确的法律指引和保障。

为了在一定程度上缓解数据交易的难题，可以通过建立数据交易平台的方式，促进数据交易活动的发展。数据交易通常有数据提供方、数据需求方和数据加工方三个角色，每个角色可以是单一的实体，也可以由多家实体构成。数据交易平台由交易撮合、交易定价及合约管理三个模块组成。交易撮合模块用于协助数据提供方、数据需求方及数据加工方沟通并确定需求；交易定价模块用于辅助完成数据的定价；合约管理模块则用于对数据供需双方达成一致的交易合约进行管理，数据交易平台如图10-8所示。

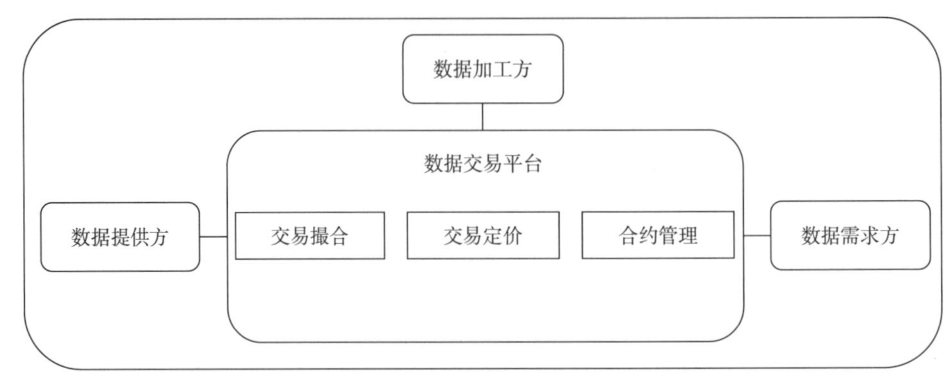

图10-8 数据交易平台

10.4.2 交易主体与交易内容

在数据交易过程中，交易的主体（数据提供方和数据需求方）与交易的内容（数据）的边界是需要最先确定的。只有确定了交易的主体内容后，才能开始交易的过程。因此本节主要探讨数据交易活动中的主体和内容。

10.4.2.1 交易主体

数据交易的主体为参与数据交易活动的参与方。参与的角色包括数据提供方、数据需求方及数据加工方。数据加工方可以由数据提供方、数据需求方，或者被双方同时授权的第三方主体担任。当前涉及数据交易的主体主要分为个人、企业及政府。

（1）个人。个人的利益诉求主要集中于个人信息权益保护方面，如限制企业使用其个人信息或要求政府部门更正其个人信息等。

（2）企业。企业的业务领域主要涉及数据收集、数据交易、数据加工、数据共享等。企业能够通过提供服务等方式获取大量个人信息，利用技术、人力等资源对海量原始数据进行深加工，实现数据增值。

（3）政府。政府部门及具有公共管理职能的机构在履行职责的过程中，会收集个人信息或获取企业数据，并基于税收、扶贫等特定目的分析整理数据，形成公共数据资源。政府与企业之间的数据法律关系包括签订数据处理委托协议，委托数据处理公司整合、分析、利用数据资源等。政府与政府间的数据法律关系表现形式是各部门间的数据共享，以数据驱动形式实现国家治理能力现代化建设。同时，在保障国家机密、商业秘密和个人隐私的前提下，政府也有义务向社会提供可供开放、共享、利用的公共数据。

10.4.2.2 交易内容

1. 交易内容

数据交易的内容根据不同的交易场景可以有不同的形态。常见的数据交易场景及交易内容有以下三种。

（1）数据通信。以通信服务提供商为例，提供商给每个手机用户提供的网络数据通信服务是一种数据交易的场景。在这种场景中，数据通信服务的价格由多个因素决定，例如单位时间内（如一个月）传输的数据量，位置（如是否漫游）和传输速度等。数据通信服务的价格与传输的具体内容无关。

（2）数字产品。以视频媒体平台为例，用户观看节目实际上是对数字内容的消费。数字产品的定价策略灵活多变，既可以按内容定价，如单部电影的费用；也可以采用打包销售的方式，如包月会员制度。此外，有些平台甚至会采取免费策略，通过收集和分析用户数据来实现商业价值，这体现了数字经济的创新性和多样性。

（3）数据产品。如用户的消费信息，对于广告商而言具有极高的商业价值。这些数据不仅能够帮助广告商提高广告投放的精准度，还能为他们的决策提供有力支持。在数据产品的交易中，数据的新鲜度和范围是两个重要的考量因素。一般来说，越新鲜的数据越能反映用户的当前状态和需求，因此价值更高。同时，不同时间范围内的数据也能提供不同的分析视角，满足广告商多样化的需求。因此，数据产品的价格也会根据这些维度进行差异化设定。

2. 数据产品的特点

在以上三种场景中，数据通信和数字产品的交易模型可以参考传统产品的交易方式，且已较为成熟。这两类产品也可以利用数据交易平台获取再创造的资源，如视频创作者在交易平台上获取多方视频资源，通过联合计算生成新的视频内容，并将新的视频内容进行售卖。但由于这种交易类型本质上还是数据产品（多方视频资源）的交易，因此在可信数据流通交易空间中，主要探讨的是以数据产品作为交易内容展开的交易行为。

在对数据产品的研究和探索过程中，学术界和企业界都将关注点放在了数据产品的商品属性上。从交易流通领域审视数据产品的商业价值和社会价值，数据产品除了具备传统数据产品的经济特征和物理特征外，还拥有以下几个特点。

（1）数据产品的实时性。很多数据产品需要进行周期性更新以确保数据产品所蕴含信息的实时性，以满足用户对数据产品的实时性需求。在决策相关的应用场景中，数据产品的实时性需求尤为重要，因为过时的数据可能导致错误的决策或者产生误导性的结果。例如，在城市大脑为上下班高峰期交通情况赋能的场景中，给城市大脑提供的数据需要具备很强的实时性，如分钟级的更新频率，以便及时获得交通状态的最新信息，辅助公共交通管理部门作出正确的决策；物流公司获取的天气预报信息可能需要每隔一天就进行一次更新，以确保物流业务的正常运行。

（2）数据产品的定制化。很多数据产品都有根据用户和场景进行定制化的需求。虽然，有些数据产品具有通用性，可以用来解决一系列问题；但是定制化的数据产品能提高效率，给用户提供更高的价值，给卖家带来更高的收益。例如，一款旨在分析零售公司销售情况的数据产品，在针对该公司的销售产品、客户信息、业务流程进行定制后，就会具有更高的价值。

（3）数据产品的多样性。由于用户需求和场景的不同，数据产品可以有很多不同的种类。例如，数据产品可以用来辅助数字孪生、辅助决策、提高效率、优化流程、提升用户体验、辅助科研等。

3. 数据产品的分类

数据产品可分为两大类、四小类。两大类分别是数据资产和数据服务，四小类则分别是原始数据集、脱敏数据集、模型化数据和人工智能化（AI化）数据。数据产品的分类如图10-9所示。

（1）数据资产。数据资产包括原始数据集和脱敏数据集。原始数据集指从网络、传感器等渠道收集到的，针对特定场景及对象的信息记录，例如天气数据、工业网络数据、经济数据、车联网数据、新闻数据等。脱敏数据集则是指对原始数据集中的敏感信息经过脱敏技术，将数据进行变形，将原始数据集中的敏感隐私信息隐藏保护后的数据集。这两类数据资产一般无法根据买方需求进行定制，其价值的高低由数据资产的质量决定。在对数据资产进行定价时，由于是直接交付数据集本身，数据的价值需要充分考虑对数据资产的隐私保护水平。

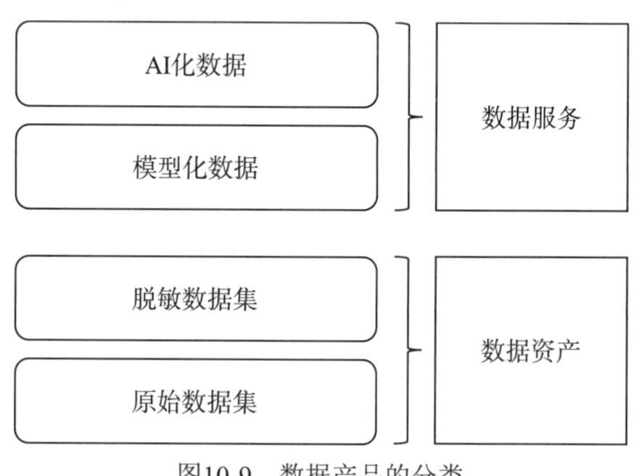

图10-9　数据产品的分类

（2）数据服务。数据服务指模型化数据和AI化数据。模型化数据是指根据应用场景及用户的需求进行特定的模型化开发形成的结果数据。例如，针对特定的数据资产和明确的应用场景，完成了数学建模后，将数据集经过模型计算得到了数据集，就是一种模型化数据。基于这种模型开展的服务是模型化数据服务。

AI化数据指的是基于原始数据集、脱敏数据集，或者模型化数据，使用人工智能相关技术形成的用于数据服务的数据。相较于模型化数据、AI化数据用人工智能（AI）的方式而不是传统的基于可解释的数学建模的方式。AI化数据常在人脸识别、语音识别、拍照翻译等广泛应用人工智能的领域被频繁交易。

数据服务的形式具有多样性，可以是提供服务的完整软件，可以是一段能够提供服务的脚本代码，也可以是一个能够提供服务的装置等。

相较于数据资产，数据服务的产品均基于客户的应用需求而定制，与应用场景及业务场景具有极高的相关性。同时，这类场景的数据可能由多方同时提供。因此，在对这类数据产品进行定价时，需要结合场景评估数据服务的效用；并且需要针对模型的具体情况，建立科学的贡献评估机制，进而促进多方收益的合理分配。

10.4.3　交易撮合

交易撮合，作为一种数据交易的核心机制，主要致力于实现数据交易需求的精准匹配。在数据交易市场中，数据提供方、数据需求方及数据加工方通过交易平台，根据各自的需求和供给情况，提出相应的匹配需求。数据提供方负责将数据通过数据供给平台传递至交易平台，而数据需求方则根据自身的业务需求，在交易平台上进行数据申请。

在某些情况下，数据产品可能需要经过加工后才能满足数据需求方的需求。这时，在数据提供方与数据需求方均表示同意的前提下，可以引入数据加工方参与交易过程，负责完成数据产品的加工任务。数据交易平台则扮演着撮合者的角色，通过对数据产品和需求进行精准匹配，协助数据提供方、数据需求方及数据加工方完成交易的协商与确定。

交易撮合辅助模块在这一过程中发挥着至关重要的作用。它首先需要协助各方完成交易合约的签订工作，确保交易的合法性和有效性。此外，该模块还具备深入挖掘需求者潜在需求的能力。它可以根据需求者在交易平台上的历史记录，分析其数据使用习惯、偏好及潜在的业务需求，并主动推送相关的数据产品或服务，从而进一步提升交易的效率和成功率。

10.4.3.1　交易合约的签订

在交易合约的磋商阶段，数据提供方、数据需求方及数据加工方往往需要深入沟通，共同明确数据产品的界定范围、商定合理的价格与付款条件、确立明确的使用条款，并妥善处理涉及的法律与监管问题。为有效推动交易合约的顺利签订，数据交易平台应发挥智能化、可视化的引导作用，旨在最大程度减轻数据提供方、数据需求方及数据加工方在这些关键环节的负担，从而加快数据要素的安全流通，促进市场的高效运作。

1. 定义数据产品的范围

定义数据产品范围是商业协议谈判的关键环节，旨在精确界定产品中包含与排除的内容。数据产品范围涉及特定的数据集、格式及相关服务。通过清晰、专业的定义，数据提供方、数据需求方及数据加工方能够确保对产品全面理解，明确各自职责，并有效预防后续可能出现的误解或纷争。为完成数据产品范围的定义，各方可遵循以下步骤。

（1）确定数据集。首要任务是识别并选定数据产品中所需的特定数据集。这包括明确数据类型、数据源，以及任何相关的元数据或文档，以确保数据的完整性和准确性。

（2）确定数据格式。数据提供方、数据需求方及数据加工方应共同协商并确定数据的格式标准。这涵盖文件格式、API形式、数据结构及任何其他相关细节的指定，以保障数据的可读性和易用性。

（3）定义附加服务与支持。若数据提供方或数据加工方计划作为数据产品的一部分提供额外的服务或支持，如培训或技术援助，应在此阶段明确界定服务内容及其可能涉及的额外费用，以确保双方权益得到保障。

（4）指定排除条件。在定义数据产品范围时，明确指定未包含的内容同样重要。这有助于消除潜在的误解，并确保双方对产品中实际包含的内容有清晰的了解。例如，应明确数据提供方提供的数据集不包括哪些内容，数据加工方完成的数据产品不包括哪些功能等。

2. 确定定价和付款条款

数据提供方、数据需求方及数据加工方应该根据数据产品的范围，确定数据产品的价格和付款条款。在这一步骤中，还需要考虑任何额外费用，例如许可费或维护费。

3. 考虑使用条款

数据提供方、数据需求方及数据加工方需要就数据产品的使用条款达成一致。包括数据需求方或数据加工方如何访问、使用、共享、维护数据，以及使用数据过程中的任何限制条件。例如，对于数据修改和版权的协商，对于数据使用开发过程中的最小化原则的协商，对于数据泄露的溯源与追责问题的协商，对于违约责任的协商等。以下是数据提供方、数据需求方及数据加工方在考虑使用条款时可以参考的几个步骤。

（1）确定数据的预期用途。这涉及数据需求方和数据加工方要明确数据产品的特定使用方式和目的，如研究、分析、营销等。

（2）确定访问条款。数据提供方和数据需求方应就访问数据产品的条款达成一致，包括谁有权访问数据，如何访问数据等。这可能涉及对用户账户、密码和其他安全措施的相关要求。

（3）澄清共享条款。数据提供方、数据需求方及数据加工方还应明确对数据产品的共享条款，包括是否可以与第三方共享，在什么情况下可以共享，哪些内容可以共享等。建立明确的共享条款对保护数据的隐私和安全性十分重要。

（4）确定限制条款。数据提供方、数据需求方及数据加工方需要就使用数据产品过程中的各种限制条件达成一致，例如对用户数量的限制、对数据准许使用时长的限制等。

4. 解决法律或监管方面的考虑

数据提供方、数据需求方及数据加工方需要考虑在交易过程中与法律和监管相关的问题，包括与数据隐私、数据安全和知识产权相关的问题。对交易过程中的法律与监管问题可以参考以下步骤。

（1）研究适用交易合同的相关法律法规。不同的国家和地区具有不同的法律和法规，因此对当地的法律法规的了解十分重要。可以通过律师或其他专业的方式，对合约进行审查，以确保其在法律上是合理并符合相关法律法规的。

（2）考虑寻求法律建议。如果不确定如何解决合同中的法律或监管方面的考虑，或者存在其他问题或疑虑，最好向具有合同法方面经验的专业人员和平台寻求法律建议。

（3）了解交易的税收情况。任何交易都是需要缴税的，在对交易的法律和监管问题进行考虑的时候，也需要对交易缴税相关的内容有所了解。

在实际场景中，由于上述方面跨越了多个领域，需要与多方机构进行沟通，才能完成合约的签订。因此，在数据交易平台中，交易撮合模块的主要目的是，通过对以上细节问题的梳理，帮助数据交易的参与方快速、安全地完成交易合约的确定。经过梳理，对常见的交易场景，可以形成符合法律和法规规范的自动化合约磋商机制，使交易参与方只需要就数据价格与特别的使用条款进行沟通；对特别的交易场景，根据交易合约的磋商步骤，给交易参与方提供交易合约签订指引。

10.4.3.2　需求挖掘

数据交易平台通过强化运营分析能力，能够深入挖掘数据需求方的潜在需求，并主动进行推送，从而提升交易撮合的成功率。运营分析是一种结合用户行为分析的方法，旨在全面掌握数据产品的市场运营状况，为用户提供有针对性的产品或服务优化建议，进而提升数据产品的经营指标。

运营分析的对象主要包括交易平台的参与方和数据产品。通过对参与方的运营分析，我们可以系统地梳理数据提供方的用户情况，如行业分布、企业规模等统计信息，从而辅助平台精准地拓展数据提供方资源。同时，我们还能深入分析数据需求方的用户分布，预测其潜在需求，为其数字化转型提供有力支持，助力其提升运营效率。此外，对于数据加工方，我们将梳理其能力分布，并根据加工需求，为其推荐合适的加工合约，实现资源的优化配置。

对于数据产品的运营分析，我们将基于其历史运营指标、技术指标、行业指标和统计指标等多维度数据进行深入分析，从而全面掌握数据产品的行业现状和发展趋势。这将有助于我们更精准地把握市场脉搏，为数据提供方和需求方提供有价值的市场洞察，推动数据产品的持续创新和发展。

10.4.4　交易定价

数据定价的问题是数据要素市场构建的重要问题之一，也是难点之一。在2.2.2节中对数据定价的难点、影响因素、方法和模型进行了介绍与探讨，这里不再赘述。

10.4.5　合约管理

在交易磋商阶段，数据提供方、数据需求方及数据加工方经过充分的沟通与确认，就数据产品交易达成了共识。随后，在交易定价阶段，各方对交易合约内的数据产品价格进行了深入讨论并最终达成一致。接下来，合约管理模块在数据交易平台中发挥着至关重要的作用，其负责完成合约的签订，并对数据产品的交易合约进行全面管理。

交易合约管理的核心目的是确保交易合约的内容能够正确、按时地执行，从而保障各方均能履行其义务。为实现这一目标，合约管理可以涉及以下几个方面。

（1）合约真实性管理。合约真实性管理的目的有两点，一是确保签订合约的参与方，也就是数据提供方、数据需求方及数据加工方身份的真实性；二是确保参与双方签订了合约后无法对签订合约的行为进行抵赖。合约的真实性管理需要结合框架的身份认证模块完成。通过应用身份认证模块，可以确保合约参与方的身份的真实性；再将用户身份信息与公钥密钥体系中的数字签名技术相结合，能够提升对抗参与方抵赖的能力。

（2）合约完整性管理。通过合约完整性管理可以实现两个目标：首先，确保合约的内容的完整性，合约内容在签订以后，不会被合约的参与方、交易平台，或者第三方攻击者任意篡改；其次，确保交易平台内的合约不会丢失，或者丢失后能够回溯。

合约内容的完整性可以使用消息摘要等密码学技术实现。消息摘要是把任意长度的输入糅合产生长度固定的伪随机输出算法。通过消息摘要技术可以保证合约内容的完整性。具体而言，在合约签订完成后对合约内容进行计算生成消息摘要并存储，在需要验证的时候再次计算并生成合约的消息摘要，若两次消息摘要值相等，则可以证明合约未被更改。此方法成立的核心是消息摘要记录的安全性，若被记录的消息摘要值可以被轻易篡改，则合约内容的完整性就无法得到验证。消息摘要值的安全性可以通过可信平台模块（Trusted Platform Module，TPM）等不可篡改的硬件，或者类似区块链的分布式记账系统实现。

平台内合约数据的完整性可以通过冗余备份、纵深防御、分布式记账等技术手段实现。冗余备份针对的是非恶意的数据丢失及系统错误的情况，如磁盘损坏、掉电等场景。纵深防御针对的是恶意外部攻击者，通过系统性地部署多种安全机制，监测并防止恶意外部攻击者对交易合约的攻击。分布式记账则是一种分布式记录交易合约的方式，这种方式可以确保交易合约的完整性；但该方法的缺点是，合约的机密性可能遭到破坏，对于机密的合约可能不适用该种方法。

（3）合约条款执行管理。合约条款执行管理的目的是确保合约中约定的任务正确、合法合规地完成。在可信数据流通交易空间中，合约中具体任务的执行在数据交付平台中进行。需要合理地设计数据交易平台的交易合约管理模块接口，使之与数据交付平台对接，将合约的任务及时、正确地传递给数据交付平台执行。

（4）合约进度管理。合约进度管理的目的是跟踪合约内所约定条款的工作进度，并确保合约参与各方履行了其应尽的义务。有效的合约进度管理可以帮助合约条款的正常执行，并能提高合约约定任务的质量。在交易合约出现问题时，合约进度管理可以及时发现这些问题，并在造成更大损失之前及时辅助交易参与方解决这些问题。

（5）合约终止与续约管理。合约终止与续约管理的目的是通过对合约终止过程的审查，最大限度地降低出现争端的风险。该过程包含两个方面，首先是合约终止管理，通过审查合约中的条款是否已经达到了终止条件，对满足终止条件的合约进行管理，确保在正式结束合约之前采取了所有必要的步骤。其次是续约管理，对于已经或者快要完成的合约，可以根据交易效果及交易双方的需求，辅助交易双方对后续合作展开沟通。如果交易双方有续签需求，辅助双方完成新合约的签订并自动进入新合约的管理。

（6）合约纳税管理。合约纳税管理模块需要对数据产品流通过程中的交易情况进行记录，以提供足量的信息，辅助后期的报税纳税。需要记录与管理的信息包括合约参与方的身份信息、合约交易的商品、合约执行的情况、合约的金额等。

10.5 数据交付平台

数字经济时代的特点之一便是将数据视作关键的生产要素，通过跨领域、跨行业、跨地域的机构间的数据流通，释放要素价值。在数据交易过程中，数据交易平台和数据交付平台各自扮演着重要的角色。对于权属明确且可直接交易的数据产品，如专利、版权、游戏装备等，数据交易平台具备撮合交易、分账、存证等关键功能，确保交易过程顺利进行。而数据交付平台则专注于数据产品的直接交付，确保数据的安全、高效传输。

然而，对于经过加工处理的数据产品，情况则更为复杂。这类数据产品需要依靠数据交付平台作为底层技术支撑，完成数据的加工、生产和交付过程，从而避免数据的二次传播和滥用。数据加工的内容丰富多样，包括利用数据融合计算提取数据价值、根据特定场景定制开发模型化数据和AI化数据等。

为了满足数据交易的多样化需求并确保数据的安全性及合规性，数据交付平台需要以隐私计算为底层技术支撑，构建一套完善的基础设施平台。这个平台应实现数据存储、流通、授权、加工、交付和存证等功能，支撑数据的汇聚、融合计算和创新应用。同时，还需要在数据要素市场流通的运营模式、交易模式、技术支撑和安全保障等方面不断探索和创新，形成可复制、可推广的经验做法，推动数据要素市场的规范有序发展。

最终，数据交付平台通过数据接入、数据产品加工和数据产品交付三个核心模块，完成了交易合约的内容，将经过加工处理的数据产品安全、高效地交付给数据需求方。数据交付平台流程如图10-10所示。

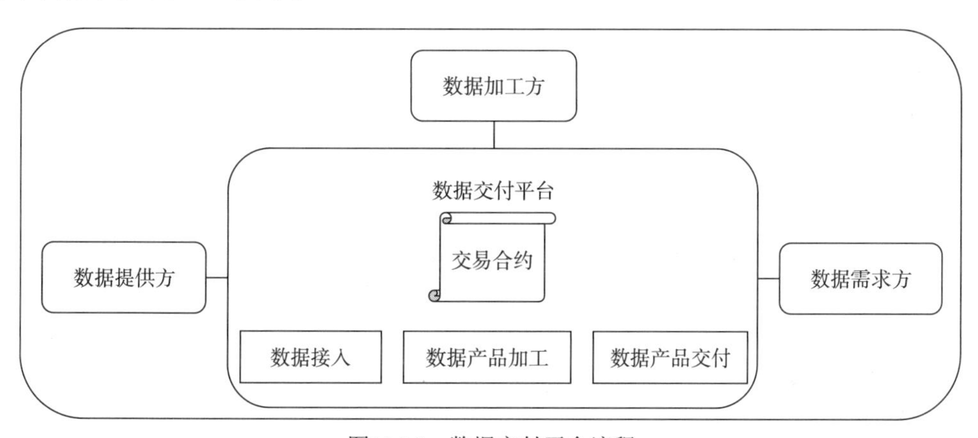

图10-10　数据交付平台流程

10.5.1　数据接入

数据作为数据价值交易的基石，承载着交易双方的核心利益。在数据正式接入之前，数据供给平台肩负着重大的责任，必须对数据进行严格的合法合规性准入审计，确保每一份数据都符合法律法规的要求，为后续的交易提供坚实的保障。

数据交付平台则扮演着承上启下的角色。它根据交易合约的具体内容，精准地获取所需的数据，并确保数据使用的授权得到妥善管理。由于数据交易需求的多样化，数据交付平台需要支持多种数据接入形式，以满足不同场景下的需求。

同时，考虑到数据的时效性对交易的重要性，数据交付平台对数据准入审计和数据接入的效率提出了明确要求。它利用先进的技术手段，优化审计流程，提高接入速度，确保数据能够迅速、准确地交付到需求方手中。

10.5.1.1　数据接入方式

数据存储的环境和数据种类的多样性决定了访问数据的方式需要灵活多变。具体来说，当数据存储在数据库中时，通常需要使用专业的数据库管理系统（Database Management System，DMS）或者通过编程语言来接入数据；而若数据是以CSV格式等文件形式存储，则可以通过网络直接传输文件来访问数据。

在实际应用中，根据具体的需求和场景，数据接入可以采用多种常见的方式。以下是几种主要的数据接入方式的详细解释。

1. 离线文件接入

离线文件接入是数据接入的一种基本形式，通常涉及文件的上传和下载操作。离线文件接入的优点是简单直接，适用于大规模数据的批量处理。

离线文件接入的一种方式是一次性接入，是由数据提供方一次性上传数据，上传后数据不再更新的离线文件接入方式；另一种方式是周期性接入，是由数据提供方上传数据后，对数据进行周期性覆盖或增量更新的离线文件接入方式。例如，数据集可按分钟、小时、日、周、月等周期设置触发条件进行更新。

2. 数据库直连接入

数据库直连接入是通过对接已有的数据库，直接连接数据库表读取数据的接入方式。数据库直连接入支持从多种类型的DMS（如关系型和非关系型数据库）中获取数据，典型的DMS包括但不限于Hive、Spark、HDFS、MySQL、Oracle等多种数据库类型。

数据库直连接入通过监控数据库中的数据，实现离线数据的自动同步。在数据同步方式建立完成后，需要通过配置的方式，将数据库中源数据的属性信息与数据交付平台的数据仓库的属性进行关联，这样才能自动将数据从数据源转化为数据仓库的数据结构，适应后续的数据清洗、计算、归总等处理过程。

3. API 接口接入

API接口接入是指通过对接API接口完成数据接入的方式。API接口的性能要求较高。数据交付平台可以使用API接口的方式从数据提供方获取数据，也可以通过API接口的方式向数据需求方提供数据。

数据交付平台使用API接口获取数据提供方数据时，数据交付平台会通过API接口采集数据并传送到数据产品加工模块中，通过数据产品加工模块，通过对数据的实时分析与存储，完成数据产品的加工。

数据交付平台在使用API接口向数据需求方提供数据时需要提供一套标准化的API接口，并提供API接口的说明文档、示例程序或者SDK包。数据需求方利用API接口从数据交付平台获取数据产品，并应用于实际生产场景中，包括基于数据产品的应用程序开发、基于数据产品的自定义分析模型与OLAP分析等。这种方式需要数据需求方具有开发能力，需要开发人员来进行数据对接的开发与调试。

4. 实时数据接入

实时数据接入是一种对数据时效性要求极高的数据接入方式。当源数据发生变更时，这种接入方式能够实时地将新的数据接入到数据交付平台中。为了实现实时数据接入，数据交付平台需要与数据提供方共同定义一套统一的数据格式标准。数据提供方需要按照这套标准生成相应的数据文件，而平台则负责监控这些数据文件的变化，并将其实时地传输到平台进行处理和存储。对于那些数据量巨大且时效性要求极高的数据，如日志数据等，实时数据接入方式显得尤为重要。然而，在追求实时性的同时，也需要密切关注实时数据的质量，确保数据的准确性和完整性。

10.5.1.2 数据使用授权

数据需求方在达成数据交易前，需要取得数据使用授权。数据使用授权决定了数据“持有权”和“使用权”的界定和分离。数据持有权应当归属数据提供方，而数据需求方仅得到数据使用权。虽然数据交易合约的签订代表着数据提供方将数据持有权授予了数据需求方，但是在实际应用过程中，为了提高数据交易的安全性，数据提供方通常会要求以更高的粒度（如每个数据集）对数据进行授权操作。

数据使用授权的申请内容应包含数据的基本信息（如数据量、数据结构等）和任务的基本信息（如计算目的，使用时长、计算结果的归属等）。通过细粒度的数据授权控制，当数据被需求方使用时，能够保障数据提供方具备知情和拒绝的权利，让交易合约的各个参与方都可以安全、便捷、灵活地进行数据共享和交换，并保证数据安全和个人隐私。

交付数据产品包含两种情况，一种是对权属明确的数据产品直接交付；另一种是对加工后的数据产品进行交付。

前者，是将数据提供方提供的数据产品完整地交付给数据需求方。当数据提供方与数据需求方就该种交付方式签订了交易合约，并由数据提供方将数据产品上传至交付平台时，数据产品交付给数据需求方后所产生的隐患则假定已经由数据供需双方在交易合约阶段完成了磋商。

后者，数据提供方需要对数据的使用权及数据加工方的加工方法进行验证并授权。数据提供方仅将数据的使用权授权给了数据加工方与数据需求方，数据加工方与数据需求方需要在无法访问原始数据的前提下，完成对数据产品的生产、加工与获取。另外，仅依赖使用授权并不足以确保数据在加工过程中的安全，例如，数据需求方或数据加工方的不当操作可能造成被授权的原始数据泄露。因此，数据提供方同时需要对加工方法进行审批与授权。

然而，单纯技术手段的数据使用授权并不能够解决数据在实际使用过程中的所有问题。因此，数据提供方、数据需求方及数据加工方还需在数据使用授权的过程中对数据交易的其余事宜达成协议，如对数据修改和版权的规定、数据使用开发过程中关于最小化原则的规定、数据泄露的溯源与追责、违约责任的限定等。同时，针对数据需求方与数据加工方在数据交付过程中的违约行为，交付平台可以通过允许数据提供方无理由随时撤回数据的授权以降低损失，并在事后对违约行为进行认定。

10.5.2 数据产品加工

数据产品加工过程性需要实现的是“数据可用不可见”。数据需求方和数据加工方通过数据产品加工的方式，在不访问原始数据的前提下，使用原始数据加工产生了全新的数据产品。因此，数据产品加工的过程分成两个阶段。首先需要明确加工逻辑，由于计算场景的多样性，交付平台具有灵活的模型算法开发能力。例如，在使用银行数据训练获得风控模型的过程中，模型训练过程就是加工逻辑，交付平台可以给数据需求方和数据加工方提供安全的模型训练环境。该模型训练环境，需要确保在加工逻辑运行过程中原始数据的“可用不可见”。该要求可以通过技术实现，主流的技术手段包括机密计算、安全多方计算、联邦学习。

10.5.2.1 模型算法开发

数据交付平台提供的数据产品加工模块应该包含丰富的算法库，并提供易用、统一的用户界面，支撑用户联合建模/推理、联合查询/统计、匿踪查询等各类应用场景。使各参与方在不用交换存储在本地的原始数据的前提下，即可实现数据安全协作建模，解决数据隐私与数据共享的矛盾，释放数据价值，为多企业、多部门间的数据交互、融合应用奠定基础。

1. 模型算法开发能力

由于计算场景与计算任务的多样性，数据交付平台具备的模型算法开发能力可以辅助数据加工方与数据需求方完成自定义模型算法的开发，提高数据交付平台的灵活性。模型算法的开发能力，数据交付平台可以提供Hive、Spark、Python、R语言等开发环境。

（1）Hive。Hive是基于Hadoop的一个数据仓库工具，用来对存储在Hadoop中的大规模数据进行数据提取、转化、加载、查询和分析。Hive数据仓库工具能将结构化的数据文件映射为一张数据库表，并提供SQL查询功能，能将SQL语句转变成MapReduce任务来执行。

（2）Apache Spark。Spark是专为大规模数据处理而设计的快速通用的计算引擎，是类Hadoop MapReduce的通用并行框架。不同于MapReduce的是，Spark的Job中间输出结果可以保存在内存中，从而不再需要读写HDFS，除能够提供交互式查询功能外，它还可以优化迭代工作负载。

（3）Python。Python是可以实现应用程序快速开发的编程语言。Python具备高效的高级数据结构，能简单有效地实现面向对象编程，被广泛应用于机器学习和数据挖掘领域。

（4）R语言。R语言是一套完整的支持数据处理、计算和制图的编程语言，主要用于统计分析、绘图、数据挖掘等应用场景。相较于其他编程语言，R语言的优势在于：强大的数据存储和处理系统、数组运算工具（在向量、矩阵运算方面功能尤其强大）、完整连贯的统计分析工具、优秀的统计制图功能等。

2. 模型算法开发环境

数据产品加工模块作为数据交付平台的关键部分，应着重强调功能的多样性和开发环境的易用性。

在功能方面，模块需支持多种常见模型的开发，如数学表达式、数理统计、逻辑回归、XGBoost及神经网络模型等，以满足不同数据流通场景的需求。这种多样化的支持使得用户能够灵活应对各种数据挑战，并高效地完成数据产品的加工任务。

在易用性方面，模块采用算法能力的功能性抽象与拖拉拽界面设计，使得用户能够通过简单的操作构建新的任务。例如，用户可以通过拖拉拽算子轻松完成数据集的预处理、模型训练等操作。这种直观的操作方式降低了使用门槛，提高了用户的操作效率。

此外，模块还具备算法自动优化功能，能够针对特定场景如复杂算法、复杂数据、高精度无损联邦学习等，自动完成算法的优化工作，提升任务执行效率。这种自动化、透明的优化过程进一步增加了模块的易用性，使用户能够更加专注于数据本身的价值挖掘。

例如，用户在构建模型训练任务时，模块可以自动推荐合适的算法和优化参数，帮助用户快速构建出高效的模型。同时，模块还支持可视化展示任务构建和执行过程，使得用户能够清晰地了解任务的进展和结果。

数据产品加工模块通过简洁明了的界面设计和强大的功能支持，为用户提供了一个高效、便捷的数据加工环境，使用户能够轻松应对各种数据挑战，充分释放数据的价值。

10.5.2.2　数据安全加工

数据交付平台以保障数据安全为前提，而数据安全加工离不开隐私计算。隐私计算是在保护数据本身不会对外泄露的前提下，实现对数据价值挖掘和开发利用的信息技术；是一套包含人工智能、密码学、数据科学等众多领域交叉融合的跨学科技术体系。隐私计算技术可以在不泄露原始数据信息的前提下，支持数据查询、数据建模等多方数据协同利用的场景，实现对于数据价值的挖掘。隐私计算主要的技术实现思路分为三种：依托可信硬件的技术实现，即机密计算；以密码学为核心的技术实现，即安全多方计算；融合隐私保护技术的联合建模，即联邦学习。三种隐私计算技术的安全性和可用性比较见表10-2。这里先对这三种隐私计算技术做简单介绍，在第11章中将进一步详细讲述。

表 10-2　三种隐私计算技术的安全性和可用性比较

技术名称	安全性						可用性		
	不可得	不可知	不可还原	不出域	不可篡改	可追溯	可算	可查	可再利用
机密计算	★★★★★	★★★★	★★★★	★★★★	★★★★★	★★★★★	★★★★★	★★★★★	★★★★
安全多方计算	★★★★★	★★★★	★★★★	★★★★★	★★	★	★★★★	/	★★★★★
联邦学习	★★★★★	★★★	★★★	★★★★★	★★	★	★★★★	★★★★★	★★★★★

说明：★ 越多表示能力越强

1. 机密计算（Confidential Computing，CC）

机密计算是指基于受信任的硬件，构建出一个加密、隔离、可证明的计算环境，用来对数据的使用提供保护的计算模式。机密计算技术常被用来保护数据应用中的隐私安全。硬件可信执行环境（Trusted Execution Environment，TEE）是目前最常见的实现机密计算的受信任硬件技术。TEE技术可以在数据机密性、数据完整性和代码完整性三个方面提供极高保护水平的环境。机密计算的基本原理是：将需要保护的数据和代码存储在由硬件技术构建出的机密计算环境中（如TEE等），对这些数据和代码的任何访问都必须通过基于硬件的访问控制，防止在使用中被未经授权访问或篡改，从而提高对敏感数据的安全管理水平。

基于机密计算技术的隐私保护方案的优势之一在于不受算法和网络限制，其支持算法的灵活度及计算任务的执行效率相比一般的计算模式几乎没有损失。基于硬件实现的安全性保护方案相较于纯软件实现的方案也更安全、可信。由于机密计算技术是基于硬件的保护技术，因此就算操作系统、内核等特权软件被恶意使用，也无法对被机密计算技术保护的数据和代码造成威胁。但是，作为基于可信硬件的方案，其劣势也在于需要信任机密计算硬件厂商对机密计算技术的设计和实现。

在数据交付平台中，可以将计算数据与交易合约通过安全的方式传入机密计算环境内部，利用机密计算技术安全地完成计算任务，实现数据“可用不可见”的安全性防护能力。通过将机密计算环境与交易合约绑定，为每个交易合约创建独立的机密计算环境，实现不同合约之间的数据完全隔离。数据交付平台为关键数据计算任务创建独立的机密计算环境，所有需要高度保密的操作在硬件机密计算环境中执行，提供了极高的安全保护等级。通过对机密计算环境内的计算任务和操作的记录，可实现对交易合约执行情况的监控，便于安全审计。

在实际应用中，为了提高数据交付平台的易用性与灵活性，平台也可能会向用户提供安全调试沙箱。安全调试沙箱是数据进入机密计算环境进行运算前，数据交付平台提供给开发人员的用于安全测试的环境，资源消耗较小。数据交付平台会向安全调试沙箱开放部分样本数据进行算法的调试。

2. 安全多方计算（Secure Multi-Party Computation，SMPC）

安全多方计算，作为一种基于密码学的技术，能够在无可信第三方的情况下，实现多个参与方共同计算目标函数，同时确保各方仅能获取自身计算结果，而无法从交互数据中推断其他方原始数据的隐私性。作为隐私计算的一种关键技术，安全多方计算在安全性和易用性方面展现出显著优势。在数据交付平台中，安全多方计算的能力可为用户提供丰富的应用支持。它能够实现数据的“可用不可见”，促进公平、透明的交易环境构建，支持联合数据分析、数据安全查询和数据可信交换等高级应用场景，为数据交付平台提供以下强大的技术支撑。

（1）隐私求交，是指在原始数据不出域的前提下，支持多个数据集求交集，但是却不泄露任何一方除了交集之外的信息。

（2）匿踪查询，是指在隐匿查询条件的前提下，获得准确的查询结果。查询条件对被查询方不可见。

（3）通用计算，是指在保护本地原始数据的前提下，支持多方联合完成基础计算（算术运算、关系运算、逻辑运算）、多项式计算等通用计算任务。

（4）隐私保护机器学习，是指在保护本地原始数据的前提下，支持多方联合完成机器学习算法的训练、预测任务。具体而言，需要支持多种数据预处理、特征工程及模型算法。

3. 联邦学习（Federated Learning，FL）

联邦学习是由两个或两个以上的参与方协作构建一个共享的机器学习模型的计算模式，每个参与方都拥有若干能够用来训练的数据。联邦学习训练过程中原始数据始终存储在本地，不直接互相传输，体现了数据最小化原则。数据最小化原则可被理解为在多方联合进行机器学习模型训练的场景中，以完成模型的构建为标准，在模型可构建的前提下实现交互数据量最小化。

联邦学习技术通过一系列细节优化措施，显著提升了多方联合训练与预测过程的安全性。以逻辑回归纵向联邦学习为例，原始的训练模型方法涉及双方直接交换模型参数，这种做法虽避免了原始数据的直接共享，但参数作为原始数据的函数化表示，其暴露仍可能导致数据泄露风险。

为实现更高级别的个人信息和隐私保护，多种技术手段被引入以保护中间计算过程的明文数据。其中，同态加密技术允许模型参数以加密形态传输，确保即便在传输过程中，数据也无法被未经授权的第三方解密。差分隐私方法则通过在中间参数中注入噪声，以模糊原始数据特征，从而防止敏感信息的泄露。此外，安全多方计算方法的应用，使得模型参数在传输过程中即便被截获，也难以还原为原始数据，进一步增强了数据的安全性。

这些技术手段虽然路径各异，但均遵循减少中间计算过程明文数据传输的原则，体现了数据最小化的核心理念。同时，在预测阶段，对模型使用的控制同样重要。无节制地使用模型进行预测可能增加模型参数或样本数据泄露的风险。通过控制预测过程的用法用量，或结合更先进的密码学手段（如安全多方计算技术），能够有效降低预测过程中的数据披露风险。

将联邦学习技术应用于数据交付平台时，通常应该具备以下几项能力。

（1）隐私求交。在模型训练之前，为了确保数据的准确性和一致性，必须基于共同的ID进行数据准备。隐私求交技术能够有效地协助模型训练参与方完成ID的对齐过程，同时确保这一过程中不泄露任何敏感信息。对于ID敏感的场景，依托隐私求交的非对称联邦技术，联邦学习平台能够巧妙地避免样本ID交集泄露的问题，从而保障了数据的安全性。

（2）特征工程。通过联邦定制化改造，平台需要支持多种主流特征工程方法，包括但不限于分箱、特征标准化、特征筛选和热编码等。这些方法的引入能够提升模型的准确性和稳定性，从而优化训练效果。

（3）数据分析。算法人员需要对模型特征的统计分布、相关性等进行深入了解，以便对模型进行有针对性的优化。因此，联邦学习技术需要具备在保护各方数据隐私的前提下，完成联合数据分析的能力，如统计分析和相关性分析等。这既满足了算法人员对数据深度探索的需求，又确保了数据的安全性和隐私性。

（4）模型训练。数据交付平台在模型训练方面应具备基于联邦学习技术的定制化优化能力，包括支持逻辑回归、XGBoost、神经网络等多种主流算法，以满足不同场景的联邦学习需求。通过这些算法的定制化优化，平台能够实现无损的模型训练效果，提升模型的性能和准确性。

（5）模型应用。模型训练完成后，会生成对应的模型实例。算法人员可以在调试过程中生成多个模型实例，通过对比模型参数和效果数据，进行有针对性的优化。模型应用功能包括模型导出、模型验证和模型预测等，这些功能共同构成了模型从训练到应用的完整闭环，确保了模型在实际应用中的有效性和可靠性。

10.5.3　数据产品交付

数据提供方、数据需求方及数据加工方达成交易意向后，数据提供方及数据加工方需要通过合适的交付方式向数据需求方提供数据产品。数据产品的交付包括交付内容和交付形式两个方面。

对于交付内容，在目前交易的数据产品中，公共数据占据主导地位。以金融业为例，根据《金融业数据流通交易市场研究报告（2022年）》，2022年，个人信息类和企业信息类数据占金融业数据交易市场交易总量的90%以上。金融业数据产品交易情况如图10-11所示。

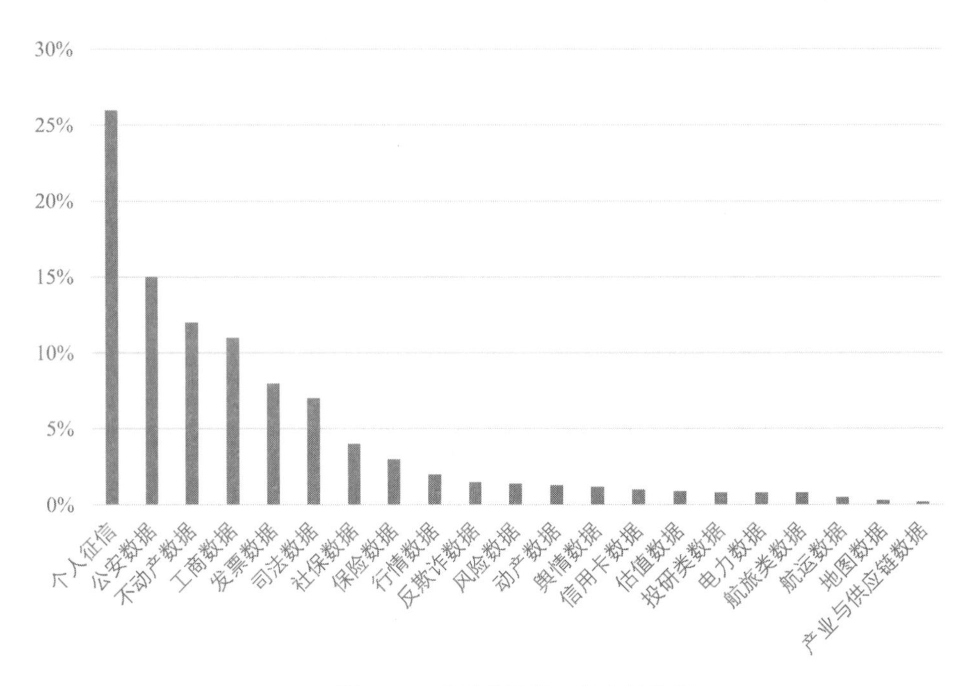

图10-11　金融业数据产品交易情况

对于交付形式，由于业务场景、数据性质和面向对象等方面的不同，数据产品的输出也应适应多种形式。但如表10-3所示，无论使用哪种形式的产品交付，都需要考虑交付产品的准确性、完整性、时效性和安全性。

表 10-3　数据产品交付方式

	准确性	完整性	时效性	安全性
数据文件	★★★	★★★	★★	★★★
API 接口	★★	★★	★★	★★
模型算法	★★★	★★★	★★★	★★★
Web 服务	★★★	★★★	★★★	★★
分析类产品	★★★	★★★	★★	★★★

（1）数据文件。数据文件是交付数据产品时一种传统且常见的方式。在这种方式下，数据提供方会根据交易规定，将特定范围的数据以文件形式交付给数据需求方。为确保数据的质量和安全，数据提供方需采用数据治理和数据加密等手段，以符合业务场景的要求。这种方式的优点是灵活性强，可以根据需求定制数据内容，但也可能存在数据格式不统一、数据安全性难以保障等问题。

（2）API接口。API接口交付是一种高效、便捷的数据产品交付形式。通过API接口，数据提供方可以标准化、定制化地提供数据，满足数据需求方的直接需求。API接口作为数据输出端口，具有标准化和易于集成的特点，能够大大提高数据交付的效率。同时，API调用的计价方式相对明确，一般采用调用次数作为计价依据，有助于降低交易成本。

（3）模型算法。模型算法交付是数据分析领域的一种重要服务形式。与直接提供数据不同，模型算法交付是根据业务场景定制的服务。通过将模型算法嵌入业务流程或决策过程，可以提高工作效率和决策质量。数据交付平台应支持用户自主分析和建立模型算法，同时结合行业和业务底层数据，提供多样化的分析模板，以增强数据探索的灵活性和深度。

（4）Web服务。Web服务交付是一种基于互联网的数据产品服务形式。数据提供方可以利用自身数据开发具备计算、存储、展示、分析等功能的产品，并通过Web服务的方式向外部提供。用户可以通过调用远程Web服务方便地获取所需的数据产品服务。Web服务的计费方式相对明确，通常以按次或订阅形式收费，部分Web服务甚至免费提供，这有助于降低用户的使用门槛和成本。

（5）分析类产品。分析类产品交付通常以决策分析报告、市场调研报告等形式呈现。这类产品是从基础数据中派生出来的，通过整合不同渠道的数据并经过处理形成可视化产品。分析类产品能够清晰地展示数据的脉络和关系，揭示隐藏的问题和原因，帮助数据需求方快速获取大数据分析结果。然而，这类产品的缺点在于无法提供用于验证的基础数据，且不同分析工具和方法对结果的影响具有不确定性，因此数据需求方可能需要购买多个不同分析类产品以获取更全面的信息。

10.5.4　实践与挑战

数据交付平台产品在实际应用场景的部署实践中存在着技术复杂、平台开发部署成本高昂、隐私计算产品性能低下、多平台间相互独立等问题。随着行业的发展，越来越多从业者加入到这个行业中，开发出了很多开源/非开源的隐私计算平台，大大降低了数据交付平台开发的技术复杂度与成本。但是，隐私计算技术的性能及多平台之间的互联互通问题仍是限制数据交付平台快速发展的两个主要矛盾。

1. 性能“瓶颈”

性能瓶颈是当前隐私计算技术发展的一个显著制约因素。基于密码学的安全多方计算和基于联合建模的联邦学习等技术，由于采用了复杂的加密机理和频繁的交互过程，导致了大量的计算和通信负载。尽管硬件算力的提升和建模活动的线下进行在一定程度上缓解了性能压力，使得传统机器学习建模的时间在可接受范围内，但当涉及更为复杂的深度学习算法时，隐私计算的性能瓶颈便显得尤为突出，建模时长可能变得难以接受。此外，隐私计算作为一种多方同步计算技术，其整体性能受限于性能较弱的一方，这对参与方的计算和网络资源提出了更高要求。虽然在目前的技术发展中存在一些挑战，但随着软硬件技术的不断突破和算法的不断优化，未来隐私计算仍拥有广阔的发展空间。

2. 跨平台互联互通

隐私计算的兴起，为数据要素的流通和价值释放提供了新的模式，但是面对技术产品百花齐放的情形，用户不仅关心产品的基础功能、性能和安全性，还希望能够与已经部署了不同平台产品的机构进行互联互通。跨平台互联互通的需求应运而生，它要求不同组织、不同场景、不同隐私计算平台之间能够实现平台互操作和数据可携带。用户的最终目标是希望在不同底层技术平台之间实现数据的流畅传输、交互和融合，以协同完成计算任务。

因此，数据交付平台跨平台互联互通的目标形态是：具有不同隐私计算系统架构或功能实现的数据交付平台（包括同一平台的不同版本）之间通过统一规范的接口、交互协议等实现跨平台的数据、算法、算力的互动与协同，以支持部署不同技术平台产品的用户共同完成同一数据产品的加工任务。

（1）跨平台互联互通的难点。跨平台互联互通的难点确实涉及多个方面。首先，隐私计算技术本身的复杂性就是一大挑战。隐私计算并非单一技术，而是包含多种技术的复杂体系，这些技术之间的底层思想差异巨大，导致在实现跨平台互联互通时面临天然的技术壁垒。其次，隐私计算算法的实现方案也是复杂多样的，每个算法在基础原理、工程优化、计算架构等方面都存在不同，这使得算法之间的兼容性和互操作性成为难题。再次，不同厂家的数据交付平台在应用管理设计上也有所不同，如资源授权、任务管理、任务编排、流程调度等功能实现方式的差异，进一步增加了跨平台互联互通的难度。最后，驱动力不足也是一个不可忽视的问题。要实现跨平台互联互通，各厂家需要在技术路线选择、产品实现、知识产权等方面进行妥协，但目前由于跨平台互联互通尚未成为刚需，各厂家的动力并不足。

（2）跨平台互联互通的现状。自2021年开始，隐私计算技术提供者和应用方已经开始推进跨平台互联互通的尝试，并提出了不同的思路和方案，取得了一定的进展。这表明行业内已经认识到了跨平台互联互通的重要性，并开始付诸实践。然而，要实现真正的跨平台互联互通，还需要在技术、标准、商业等多个层面进行持续的努力和突破。

（3）跨平台互联互通的未来推进思路。首先，在技术层面，需要继续攻关，解决隐私计算技术本身的复杂性和算法实现方案的多样性问题。其次，在标准体系层面，需要制定和完善相关技术标准，规范跨平台互联互通的具体方案，确保不同平台之间的兼容性和互操作性。此外，还需要在商业层面进行突破，通过推广标准，选择适合的技术方案，促进各厂家之间的合作和妥协，共同推动跨平台互联互通的实现。

第 11 章　隐私计算技术原理

数据的共享与利用往往伴随着隐私泄露的风险，如何在保护个人隐私的同时实现数据的有效利用，成为亟待解决的问题。隐私计算技术正是在这一背景下应运而生，为数据的隐私保护与共享提供了全新的解决方案。

隐私计算技术原理，是构建数据安全共享体系的核心。它涉及数学、密码学、计算机科学等多个领域的知识，旨在通过一系列复杂的算法和技术手段，实现在数据不离开本地的情况下进行计算和推理。本章将深入探讨隐私计算的技术原理，从机密计算、安全多方计算和联邦学习等多个方面展开详细介绍，帮助读者全面理解隐私计算的核心思想和技术实现，为在实际场景中运用隐私计算技术提供有力的理论支持和实践指导。

11.1　隐私计算技术路线

隐私计算技术可以在保护数据与隐私信息安全的前提下，有效实现数据要素的安全流通，最大化地释放数据价值。隐私计算技术并不是单一的技术，而是集计算机体系结构，密码学、计算机网络、大数据、人工智能等众多领域融合的技术体系。中国信息通信研究院发布的《隐私计算白皮书（2021年）》给出了隐私计算技术的定义，即"在保证数据提供方不泄露原始数据的前提下，对数据进行分析计算的一系列信息技术，保障数据在流通与融合过程中的'可用不可见'"。当前阶段，隐私计算技术主流路线包括机密计算、安全多方计算、联邦学习，三者各有优劣，适用于不同的场景。

机密计算技术是一种基于硬件的安全保护技术。通过使用特定的硬件功能，创建一个被硬件保护且与外部隔离的机密计算环境，为运行的应用程序和被处理的数据提供安全性保护，实现隐私安全，机密计算技术示意如图11-1所示。

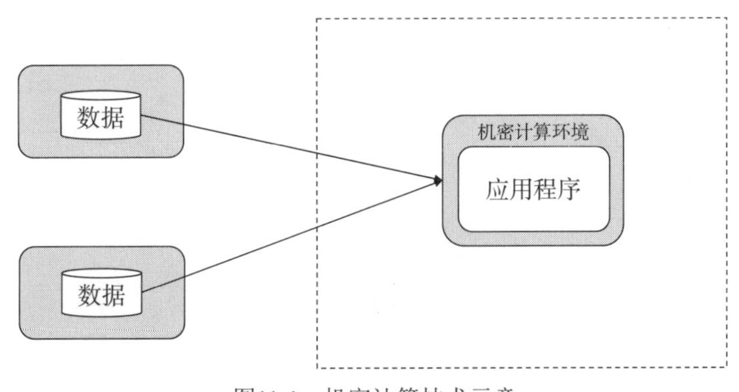

图11-1　机密计算技术示意

安全多方计算（MPC）是一种完全基于密码学协议的技术，通过一系列密码学协议来实现多方联合计算的过程。各参与方在运算时，其数据都会被本地MPC模块加密且拆分成若干份，然后系统将所有方拆分的数据进行随机组合分发，最后执行相应的运算任务，以此实现了多个参与方之间基于密文数据的基本运算，可以达到多个互不信任的参与方在不泄露各自私有信息的前提下进行多方合作计算目的。安全多方计算技术示意如图11-2所示。

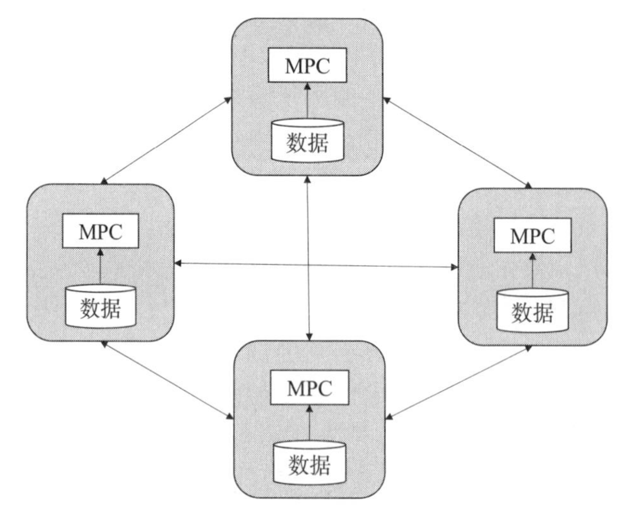

图11-2　安全多方计算技术示意

联邦学习是分布式机器学习的演进，由多个参与方联合起来进行机器学习。核心思想是“数据不出模型出”。由多个参与方在各自本地进行明文数据的模型训练，完成分布式训练。训练结束，将训练出的模型结果或者中间参数在一个中心参数服务器进行交互，以此优化相应的模型参数，完成梯度训练和模型更新的方式，实现最终模型的安全聚合。联邦学习技术示意如图11-3所示。

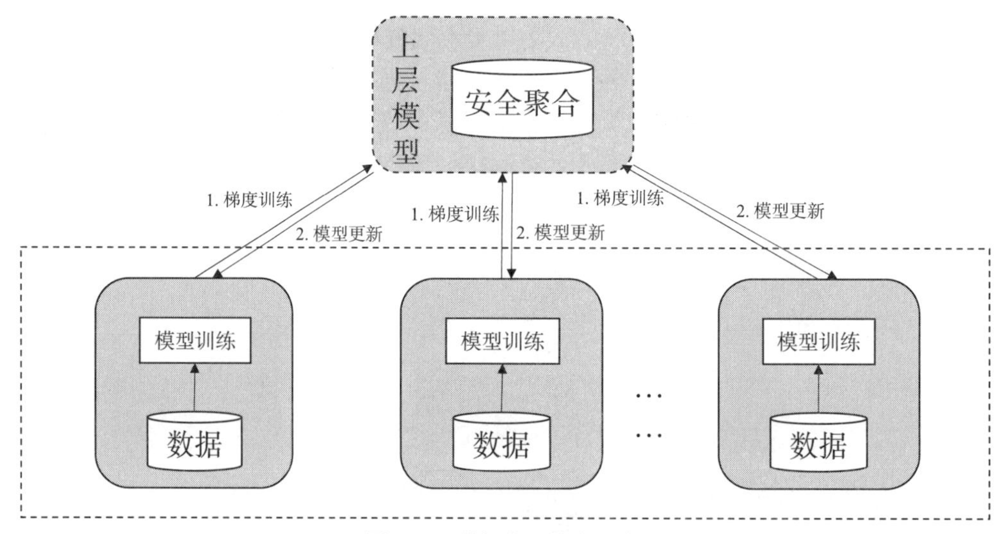

图11-3　联邦学习技术示意

隐私计算技术的不同技术路线有着不同的优势和不足。隐私计算技术路线介绍与对比见表11-1。机密计算具有几乎等同于明文计算的性能和通用性，安全性基于可信硬件；安全多方计算的安全性高但普遍存在计算和通信“瓶颈”；联邦学习在机器学习领域速度较快，但对于隐私信息保护的能力有待提升。总体而言，尚没有任何一种技术路线能在所有维度全方位领先。

表11-1 隐私计算技术路线介绍与对比

对比项	机密计算	多方安全计算	联邦学习
核心思想	硬件保护数据隔离计算	数据密文协同计算	数据不动，模型动
适用场景	联合统计、共享查询、机器学习等任意场景	联合统计、共享查询、机器学习	机器学习
安全性	较高（取决于可信硬件）	高（密码学证明安全）	中（梯度安全保护）
通用性	强(支持原文场景下所有计算)	强(通过算子组合，可以实现任意计算功能)	一般（只适合机器学习场景）
性能	强（等同于明文计算）	弱(密文计算性能远低于明文计算)	中（需要通信模型梯度）
技术成熟度	强	中	强

11.2 机密计算

近年来，随着隐私计算技术的兴起，机密计算（Confidential Computing）技术逐渐发展为隐私计算主要的技术实现思路之一。机密计算是一种基于可信硬件实现数据应用保护的技术。Gartner公司在2019年隐私成熟度曲线报告中将机密计算定义为是一种将基于特定CPU的硬件技术、IaaS、云服务提供商、虚拟机镜像及相关软件进行组合，使得云服务消费者能够成功创建隔离的可信执行环境（Trusted Execution Environment，TEE）的计算模式。机密计算联盟（Confidential Computing Consortium，CCC）在2021年将机密计算的定义更新为“一种通过硬件可证明的可信执行环境对使用中的数据提供安全保护的计算模式”。

随着越来越多不同的基于硬件的数据安全保护方案被提出，人们对机密计算的定义有了全新的思考。虽然当前还没有对机密计算的国标定义，但业界通常认为机密计算是“基于受信任的硬件，构建出一个加密、隔离、可证明的计算环境，用来对数据的使用提供保护的计算模式”。基于受信任硬件的可信执行环境（TEE）技术是常用的机密计算技术之一。

机密计算技术常用的应用场景是云计算，用户会希望自己的数据对主机OS和云提供商都不可见。机密计算技术提供了一个只基于可信硬件能力的隔离执行环境，具备对主机OS的隔离、可证明的能力，机密计算近年来逐渐成为大家关注的焦点。机密计算可以为数据和代码的机密性、完整性，以及代码运行时的机密性提供一定保护水平的环境。此外，除了云计算场景外，机密计算也可在更广泛的数据流通场景中得到应用。

首先，通过可信、抗篡改的软硬件体系在计算单元中构建一个安全、可信的区域——机密计算环境，保证其内部加载的程序和数据在机密性和完整性上得到保护。其次，外部数据（包括数据集、代码等）的输入与结果数据的输出均经过安全信道传输，保证数据传输过程中的安全性。最后，该区域的所有数据，包括原始数据、代码和过程数据均被就地销毁，以保证数据使用后的安全性。以上三点的结合，实现了数据的“可用不可见”。

其中，机密计算环境的构建完全依赖于机密计算技术的硬件实现，而安全信道的建立及数据的销毁通常在应用软件层面实现。本节主要针对机密计算环境构建的相关问题进行介绍。首先，通过硬件为机密计算环境单独分配隔离的内存区域，所有敏感数据均在这块内存中完成计算任务；隔离管理机制也由硬件完成，可以保证主机操作系统在内的其他软硬件模块无法窃取或篡改这块隔离内存内的数据。其次，在任务在隔离环境内启动的过程中，使用以硬件为可信根的逐级验证方式，保证了启动内容的完整性；并且，在环境构建完成后，通过以可信第三方为可信根的远程证明技术证明机密计算环境的安全、可信。最后，针对云提供商针对机密计算环境的物理攻击（如针对内存的冷启动攻击），可使用内存加密的方式进行保护；同时，一些机密计算方案也将内存加密作为一种实现硬件级隔离管理的技术手段。

本节首先介绍机密计算环境构建的相关原理，其中包括：可信启动、隔离执行和内存加密。其次对现有TEE技术方案进行归类和介绍。最后，对现有TEE技术方案展开易用性和安全性方面的分析。

11.2.1 机密计算原理

机密计算主要通过可信启动、远程证明、隔离执行、内存加密四种技术手段来构建一块安全可信的执行区域。其中，可信启动保证了运行于可信执行区域中的内容的完整性、真实性，隔离执行给运行中的可信执行区域提供了运行时的保护，内存加密主要针对离线攻击进行了防御。下面对这四种技术手段的原理依次展开介绍。

1. 可信启动

可信启动是一种通过对机密计算环境启动过程中的每个阶段进行验证，以防止启动数据被非授权或恶意篡改，保证系统在启动过程中完整性的技术。可信启动基于一个信任根，通过依次对被执行的组件进行完整性验证，构建了一个信任链。通过完整性验证，可信启动确保只有经过验证的代码可以被加载，如果检测到准备启动的组件被非法修改，则会中断启动过程。可信启动是一项早已成熟的技术。早在1997年，Arbaugh等人就在论文《一种安全可靠的启动架构》（*A secure and reliable bootstrap architecture*）中提出了这种安全可信的启动方式。首先，这种启动方式需要通过对启动过程中的每个组件计算消息摘要的方式构建基准值；其次，在可信启动过程中根据基准值验证每个组件的完整性。由于可信启动过程中是由当前组件对待启动组件进行可信验证，因此信任链可以用递归式表示：

$$I_0 = True$$

$$I_{i+1} = I_i \cap V_i\left(L_{i+1}\right)$$

其中，I_0是初始引导代码的完整性；I_i代表第i层完整性的布尔值；L_i表示每层级的相关信息；V_i为可信验证函数，其输入参数为被验证组件的信息，返回值为布尔值；$\cap$为布尔与运算。验证函数计算第i层的散列值，并将结果与基准值进行比较。

以裸机上启动操作系统为例，操作系统可信启动流程如图11-4所示。机器加电后，首先会启动BIOS或者UEFI，也就是I_0；然后会由BIOS/UEFI激活操作系统的启动引导程序；启动引导程序会装载操作系统的内核；之后依次装载并启动系统驱动、系统文件、第三方驱动；最后用户登录，完成操作系统的启动。在可信启动中，上述模块逐级完成可信验证，即系统启动序列上的各个部件逐级进行完整性度量，将度量值与存放在硬件可信根的初始系统状态基准值进行比较。如果验证通过，说明系统没有被恶意攻击者篡改，将控制权逐级移交给上一层直至用户应用程序，通过完整的信任链来保护平台启动过程每步的安全，实现可信启动。

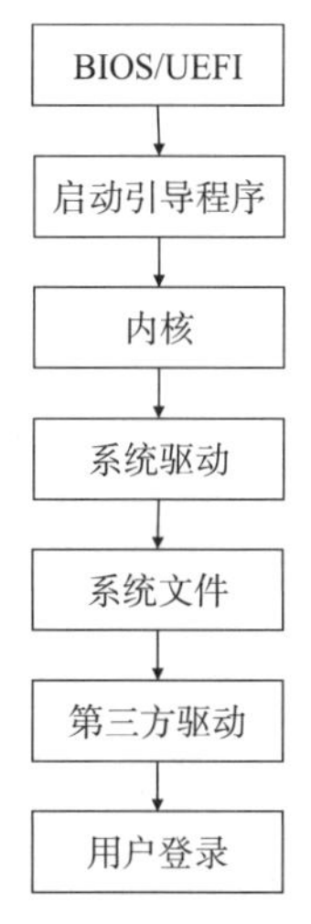

图11-4　操作系统可信启动流程

可信启动过程安全性的根基是信任根，也就是上例中对BIOS/UEFI的可信验证。在传统操作系统中，会假设BIOS/UEFI是安全可信的，也就是假设$I_0 = True$。在机密计算背景下，出于更高的安全需求，BIOS/UEFI的安全可信也需要进行验证。通常的做法是将BIOS/UEFI的基准值存入不可篡改的硬件中，在可信启动过程中，由硬件对BIOS/UEFI进行验证，确保I_0的正确性。可信平台模块（Trusted Platform Module，TPM）属于该类硬件，并且被广泛应用。

2. 远程证明

可信启动可以确保机密计算环境创建过程中的安全性，但是由于可信启动的过程是透明的，用户无法感知运行的程序是否在一个机密计算环境之内。那么如何让用户相信当前的程序运行在机密计算环境内呢？这时就需要借助远程证明（Remote Attestation）技术。

总体而言，尽管各类机密计算技术的验证方法千差万别，但远程证明的标准流程是统一的，都是通过公钥基础设施（Public Key Infrastructre，PKI）体系中的签名与验签技术实现的。远程证明在技术上采取的是挑战响应的模式，远程证明流程示意如图11-5所示。机密计算硬件生产厂商会在每个硬件中植入用户无法触及的一把私钥，而对应的公钥在硬件生产厂商手中。远程证明的步骤如下。

步骤1：挑战者（用户）向运行在机密计算环境中的应用程序发起远程证明认证请求，请求中包含挑战信息。

步骤2：运行在机密计算环境中的程序将挑战信息使用私钥通过硬件进行签名，并生成独特的远程证明验证报告。

步骤3：系统将包含签名信息的远程证明验证报告发送给挑战者（用户）。

步骤4：挑战者（用户）收到远程证明验证报告后，向硬件生产厂商请求公钥进行验签；验签结果可以告知用户应用程序是否运行在机密计算环境中。

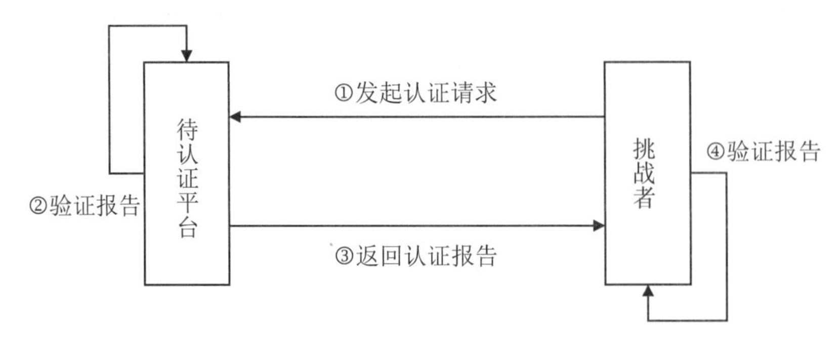

图11-5　远程证明流程示意

远程证明技术与其他机制的结合可以进一步提升安全性的证明能力。例如，在远程证明认证报告中加入程序的度量值，并使用硬件私钥对度量值签名，可以赋予用户验证机密计算环境内运行程序完整性的能力。此外，还有一些定制化的机密计算解决方案，如可以在检测到物理攻击的时候，通过销毁存储在硬件中私钥的方式，使之无法生成远程证明报告，间接告知用户机密计算环境已经不安全。硬件厂商在知悉机密计算硬件漏洞的时候，可以将这些硬件对应的公钥去除，使远程验证的报告验证过程无法成功，增加用户的安全性。

3. 隔离执行

可信启动可以确保机密计算环境可信且安全地创建，机密计算环境在执行过程中的安全性则由隔离执行技术保证。隔离执行的目标是，确保机密计算程序在运行的过程中，攻击者无法破坏包括操作系统内核在内的系统机密性和完整性。与可信启动类似，计算机软件的运行隔离技术并不是一项全新的技术，早在1964年由贝尔实验室、麻省理工学院及美国通用电气公司所共同参与研发的多人多任务操作系统Multics就实现了用户与任务间的隔离。

在操作系统中，CPU访问的是虚拟地址，操作系统中的寻址是基于虚拟地址完成的，内存中的寻址是通过物理地址进行的，页表用于记录虚拟地址到物理地址转换的相关信息。操作系统虚拟地址与物理地址转换关系如图11-6所示。

页表是一张映射表，即虚拟地址到物理地址的映射。以32位操作系统为例，二级页表会把32位虚拟机地址空间划分为三大部分：页目录项、页表项和页内偏移值。页目录项中记录着页表项的地址，页表项中记录着页框的地址，最后通过虚拟地址中最低12位的偏移值在页框内寻找虚拟地址对应的物理地址。页表结构示意如图11-7所示。

早期的虚拟地址与物理地址的转换过程是由操作系统负责完成。由于寻址操作的频繁性及页表转换的复杂性大大降低了操作系统的性能，因此多数CPU中提供了名为MMU（Memory Management Unit）的硬件组件，用于完成虚拟地址到物理地址的转换工作，提升系统的性能。MMU主要负责的是内存地址的寻址，对I/O设备也提供了名为IOMMU（I/O Memory Management Units）的硬件组件，用于转换I/O设备的DMA（Direct Memory Access）地址到物理地址。MMU工作示意如图11-8所示。

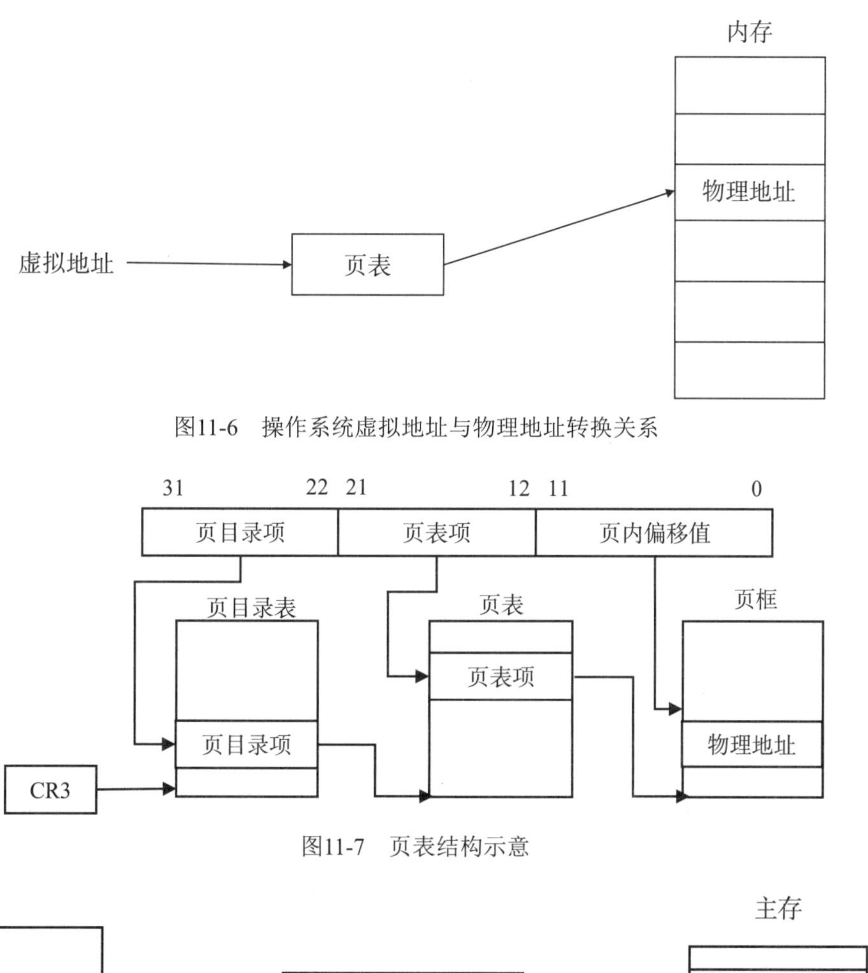

图11-6　操作系统虚拟地址与物理地址转换关系

图11-7　页表结构示意

图11-8　MMU工作示意

操作系统中最常见的隔离执行技术手段就是基于页表的隔离。操作系统基于处理器提供的硬件MMU将不同地址空间分配给不同的进程，以实现进程隔离，这样就实现了软件组件之间的隔离，进一步提高了系统的安全性。在操作系统中，不同的进程有不同的地址空间，不同的地址空间有不同的页目录表，图11-7中的CR3寄存器的作用是根据进程信息定位不同的页目录表，实现了操作系统进程间的隔离。类似地，IOMMU转换设备DMA地址到物理地址，一个IOMMU能限制设备仅能访问其得到授权的那部分内存。在页表项（Page Table Entry，PTE）中，除页框的地址外，还存在12个标志位，其中包含指示物理地址是否可被读写的R/W标志位、指示物理地址是否只有特权用户才能访问的U/S标志位等。操作系统可以根据这些标志位获得更细粒度的隔离能力。

在机密计算场景中，当操作系统被认为不可信的时候，由于操作系统具备对页表进行更改的权限，单纯基于页表的隔离已经不足以对机密计算环境提供隔离执行保护了。因此，在机密计算技术中，将上述原本由操作系统完成的基于页表的隔离交于硬件完成。简单地说，机密计算技术中通过硬件将机密计算环境和非机密计算环境进行隔离。通过基于硬件严格的访问控制技术，确保了只有机密计算环境内的程序可以访问该环境内的数据，以保证存储在机密计算环境的敏感资源不被非法访问或获取。

目前，硬件的隔离执行技术存在基于页表和基于内存加密两种技术路线。基于页表的隔离执行又存在两种类型，一类是由硬件将内存中一整块区域划分为机密内存，由硬件对针对这块内存的访问实施访问控制技术；另一类利用了页表项中的标志位，由硬件对标志位进行修改及读取的方式，限制机密计算环境外的程序对机密计算内存的访问。基于内存加密的隔离执行方式是通过硬件将机密计算环境的内存空间加密的方式实现隔离。如果机密计算环境的内存空间被非授权访问了，硬件会拒绝对该内存空间解密，或者无法使用正确的密钥解密，导致攻击者无法读出有效数据，进而保护机密计算环境内数据的机密性，实现了隔离。

4. 内存加密

内存加密技术是通过对称加密解密手段对系统硬件的精心设计构造而实现的，确保了计算过程中内存数据的机密性。具体而言，机密计算环境在启动时，由硬件生成密钥用于该环境内存的加密解密操作，通常是以页为粒度对内存加密解密。

内存加密技术主要针对的是部分侧信道攻击，包括冷启动、内存接口窥探等常见攻击方式。冷启动攻击是指具有计算机物理访问权限的攻击者通过拔取物理内存并异步读取的方式获得内存中的机密信息。2009年，Halderman等研究员发表了题为*Lest We Remember：Cold Boot Attacks on Encryption Keys*的论文，成功读取了内存中的密钥、图片等机密信息，阐述了针对内存的冷启动攻击步骤如下。

（1）使用计算机读取机密信息。

（2）使用液氮等方式使内存快速降温至零下50°C。

（3）将内存拔下，插入另一台电脑读取内存中的数据。

内存加密技术将从CPU进入内存的数据加密后，确保了在内存中的机密信息均为密文状态。即使使用了冷启动攻击，成功读取了内存中的数据，获取的也是密态数据。由于缺少加密密钥，冷启动攻击无法成功获取机密信息。

各大CPU厂商机密计算技术中的内存加密手段虽然有多种形式，但是简单地说，内存加密技术由机密计算应用控制单元和内存控制器两个部分构成。机密计算应用通过控制单元控制其自身的内存加密属性，决定哪些内存是需要被加密的。内存加密示意如图11-9所示。机密计算应用控制单元的信息通过硬件的方式传递给内存控制器，内存控制器中的相关硬件采用对称加密解密技术完成特定内存的加密解密工作，该硬件在向内存写数据时加密数据，从内存读取数据时解密数据。所有加密解密密钥的生成和管理均由一个特有的硬件模块来负责，上层的软件通过相应的内存映射寄存器对该硬件模块发送请求来生成、安装、更换或撤销密钥。

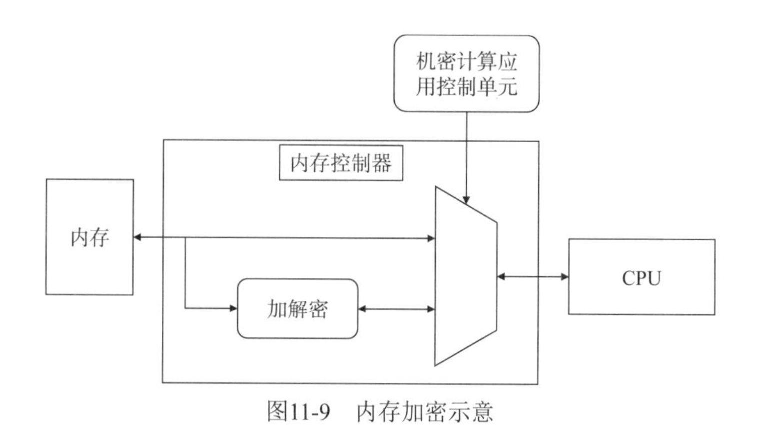

图11-9　内存加密示意

11.2.2　机密计算技术分类

近些年，机密计算相关技术方案和产品不断涌现。其中，包含国外众多知名厂商提出的机密计算技术方案，如：ARM组织于2006年提出TrustZone，通过总线设置将系统资源划分为安全世界（Secure World）和普通世界（Normal World），实现对用户应用的安全隔离执行和完整性验证。Intel公司于2013年推出了第一个相对完备的机密计算方案Intel SGX（Software Guard Extensions），该技术方案首次完整实现了可信启动、隔离执行和内存加密。并于2020年提出Intel TDX，它是一种基于硬件的虚拟机隔离技术，可以用于保护客户虚拟机免受云主机的安全威胁。AMD公司于2016年提出了首例保护虚拟机免受更高特权实体攻击的商用解决方案AMD SEV（Secure Encrypted Virtualization）。2019年，美国加州大学伯克利分校提出了Keystone。Keystone设计的核心目标是构建一个简单、灵活且易于扩展的框架，使得开发者可以配置、建立和实现符合特定需求的机密计算环境。上述技术方案也是目前社区和生态中较为成熟的几类方案。国内的CPU芯片厂商海光、飞腾、兆芯、鲲鹏等公司分别推出了支持机密计算技术的海光CSV、飞腾TrustZone、ZX-TCT和鲲鹏TrustZone，蚂蚁集团推出了基于libOS的机密计算开源框架Occlum。

根据机密计算实现所依赖的硬件架构的不同，可以将上述技术方案归纳为基于x86、基于ARM（Advanced RISC Machine）、基于RISC-V和GPU的技术方案三类。其中x86指令集架构的有Intel SGX、AMD SEV技术和KubeTEE等技术；基于ARM指令集架构的有TrustZone和CCA等技术；基于RISC-V和GPU的架构有Keystone和NVIDIA H100。每种架构下的TEE技术方案各具特色，设计构造千差万别。机密计算分类见表11-2。

表11-2　机密计算方案分类

机密计算环境 \ 硬件架构	x86	ARM	RISC-V	GPU
App-CC	Intel SGX	TrustZone，鲲鹏	Keystone，蓬莱	NVIDIA H100
VM-CC	AMD SEV，Intel TDX，海光 CSV	CCA	无	无
Container-CC	KubeTEE，KataTEE	无	无	无

根据实现的机密计算环境粒度的不同，机密计算技术方案可以分为三大类：分别是基于应用程序的机密计算方案（Application-based Confidential Computing，App-CC）、基于虚拟机的机密计算方案（Virtual Machine-based Confidential Computing，VM-CC）、基于容器的机密计算方案（Container-based Confidential Computing，Container-CC）。简单而言，这三类技术的区别在于隔离执行所应用的边界不同。App-CC将隔离执行应用在应用程序内部，人为地将应用程序划分成“安全世界”（安全环境）和“普通世界”（不安全环境）两个部分，将隔离执行应用于这两个环境边界，以达到安全环境对不安全环境的硬件隔离。符合这类的机密计算方案有Intel SGX，ARM TrustZone等。VM-CC将隔离执行应用在每个虚拟机的边界处，以达到被机密计算保护的虚拟机与其他虚拟机和宿主机之间的硬件隔离。符合这类的机密计算方案有AMD SEV，海光CSV，Intel TDX等。Container-CC则是将隔离执行应用在每个容器的边界处，使被机密计算保护的容器与其他容器和宿主机之间的硬件隔离。符合这类的机密计算方案有基于Intel SGX的KubeTEE和基于海光CSV的KataTEE等。

App-CC架构如图11-10所示。App-CC先对目标应用程序进行划分，将需要被保护起来的数据和代码放置于安全世界中执行，最终将执行的结果再返回到普通世界。加载到安全世界的代码和数据必须被可信启动，也可以成为App-CC进行远程证明时的依据之一。当应用程序被保护的部分加载到安全世界之后，安全世界底层的可信硬件保护将不被外界访问及篡改，底层可信硬件根据该App-CC的度量信息生成其身份密钥，可以用于加密保护存储App-CC之外的数据和密钥，同时只允许该App-CC访问，从而实现了应用层面的数据隔离。所有App-CC都被加载到特定的内存区域中，每个App-CC只能访问属于自己的物理内存区域。根据不同机密计算技术的设计初衷，部分App-CC方案暂时还未支持内存加密。

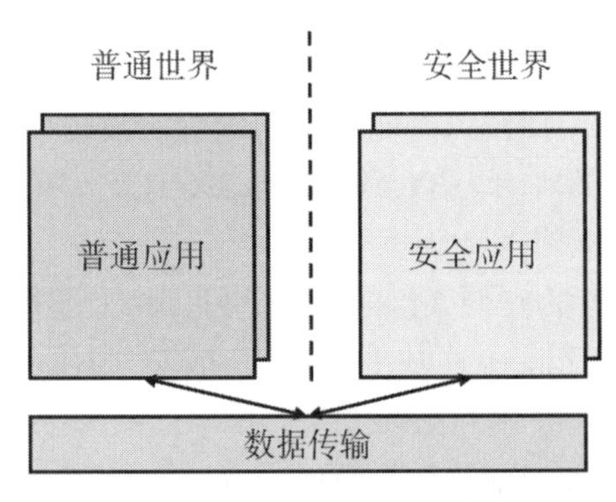

图11-10　App-CC架构

VM-CC架构如图11-11所示。VM-CC是通过将机密计算技术和虚拟化技术相结合实现的机密计算环境。在虚拟化技术中，需要通过虚拟机监控器（Virtual Machine Monitor，VMM）控制运行多个客户虚拟机（Guest Virtual Machine，Guest VM）的状态。在VM-CC技术方案中，每个Guest VM在被创建时，会由底层硬件控制的硬件模块生成其内存加密密钥，该密钥用于加密该虚拟机的内存页。同时，Guest VM在运行时，底层硬件指定其特殊标记符号并与内存加密密钥相关联，并基于此标记加密该虚拟机中所有的代码和数据，从而实现虚拟机之间的强隔离。因此，不同虚拟机之间、宿主机和VMM都不能直接读取或窃取虚拟机的内存数据，只有拥有对应标记的虚拟机才可以访问明文状态下的代码和数据。此外，相较于App-CC，VM-CC不需要对应用进行划分和重构，易用性较高。

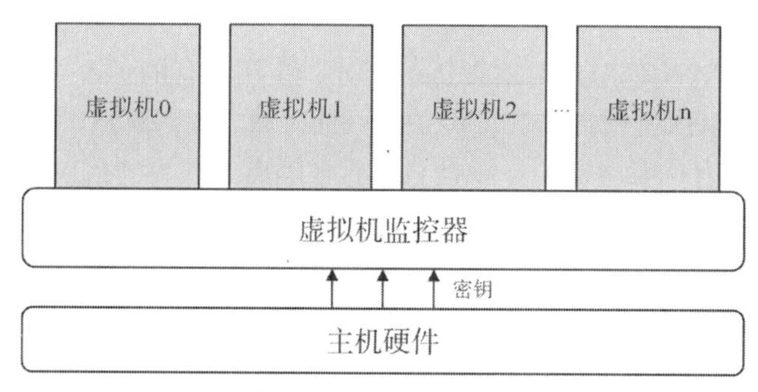

图11-11　VM-CC架构

Container-CC是将机密计算技术与容器技术、Kubernetes技术结合，构建出的机密计算技术架构。严格来说，Container-CC不是全新的基于硬件的机密计算技术，而是将已有的App-CC和VM-CC与容器技术相结合而产生的一类解决方案。Container-CC的目标是对容器使用者屏蔽多种机密计算技术的底层实现细节，在使用感受上保持与使用普通容器进行开发和部署的一致性。Container-CC有两种典型的架构：Pod级Container-CC和进程级Container-CC。

（1）作为Pod级Container-CC的代表，KataTEE是一种将基于普通虚拟化技术实现的轻量级沙箱替换为基于机密计算技术实现的轻量级机密计算环境的技术方案。目的是将用户的整个Pod及其中的容器运行在受机密计算技术保护的环境中。其使用的机密计算技术可以是AMD SEV、Intel TDX及海光CSV。

（2）作为进程级Container-CC的代表，KubeTEE是一种基于App-CC实现的Container-CC。区别于Pod级Container-CC，进程级Container-CC将容器工作负载运行在LibOS之上，并由App-CC对容器的生命周期进行管理。

11.2.3　机密计算方案介绍

下面从实现机密计算技术所依赖的信息系统硬件架构入手，对已有的几种机密计算技术方案进行简单介绍。

11.2.3.1　基于 x86 架构的机密计算

1. Intel SGX

2015年，Intel推出SGX（Software Guard Extensions）指令集扩展，旨在提供一套依靠硬件安全来提供可信、隔离和加密的机密计算环境，依赖一组新的指令集扩展与访问控制机制，实现不同程序间的隔离执行，保障用户关键代码和数据的机密性和完整性。Intel SGX的可信计算基为硬件CPU，这避免了将存在安全漏洞的软件作为可信计算基所导致的安全隐患，极大提升了系统安全性。

具体而言，开发者使用SGX扩展指令把计算应用程序的安全计算过程封装在一个被称为Enclave的容器内，并划分出一块特定的内存空间用于隔离保护该容器内的代码和数据，结合其特殊的内存加密和访问机制保障用户程序运行时数据的机密性，从而免受拥有特殊权限的恶意软件攻击。

SGX属于App-CC，构建应用时需要进行划分，在用户态的（不可信）应用程序可以通过调用门的接口嵌入SGX机密计算环境保护的可信区域。支持SGX的Intel CPU保证Enclave中的受保护内容是在内存中加密的，并且与外界强隔离。外界的代码如果想进入Enclave中执行其中的可信代码必须通过指定的入口点，后者可以实施访问控制和安全检查以保证Enclave 无法被外界滥用。同时，Enclave中的数据和代码的机密性和完整性均由SGX保护。因此，SGX能够实现可信启动、远程证明、隔离执行和内存加密等功能，可以保护用户应用程序的机密性和完整性。

1）Intel SGX的可信启动

用户对基于Intel SGX的机密计算环境Enclave的构建，主要通过ECREATE、EADD、EEXTEND和EINIT四条指令实现。

（1）ECREATE指令负责实例化一个新的Enclave，定义其基地址、内存空间和信任根证书，并将这些元数据存储在关联Enclave的SGX Enclave控制结构（SGX Enclave Control Structure，SECS）中。

（2）EADD指令负责向处于未初始化状态的Enclave中添加初始代码和数据。

（3）EEXTEND指令负责在系统加载Enclave时，更新Enclave的度量值。

（4）EINIT指令负责对Enclave的完整性进行校验，来判断用户程序在创建过程中是否被篡改，并将Enclave的状态修改为已初始化。因此，Enclave在创建时，系统会进行页面分配、复制程序代码与数据和度量操作，通过对每个添加的页面内容进行度量，最终得到一个创建序列的度量结果，保存在Enclave的控制结构中。然后，SGX通过一条初始化指令EINIT将这个结果结合Enclave所有者签名的证书中的散列值完成完整性校验。至此，完成了Enclave的安全启动。

2）Intel SGX的证明方案

Intel SGX技术根据不同的应用场景，提供了远程证明和本地证明两种证明方案。远程证明是该技术的完整实现，本地证明是针对特定无法连接远程服务器的场景提出的其他实现。

（1）远程证明是提供给远程用户完成验证的方式，它需要一个特殊的Enclave（引用Enclave）创建当前平台用于远程证明的非对称密钥对（Enhanced Privacy Identification，EPID），该密钥对代表平台身份和底层硬件的可信度。具体而言，由远程验证者发起验证请求到平台，平台请求目标Enclave根据自身的信息和附加信息生成报告，并使用引用Enclave的报告密钥生成MAC值返回给平台，平台请求引用Enclave完成目标Enclave的本地证明，验证通过后使用EPID私钥对目标Enclave报告签名，并重新封装返回给远程验证者，远程验证者请求远程验证服务器完成目标Enclave的远程证明。Intel SGX远程证明示意如图11-12所示。

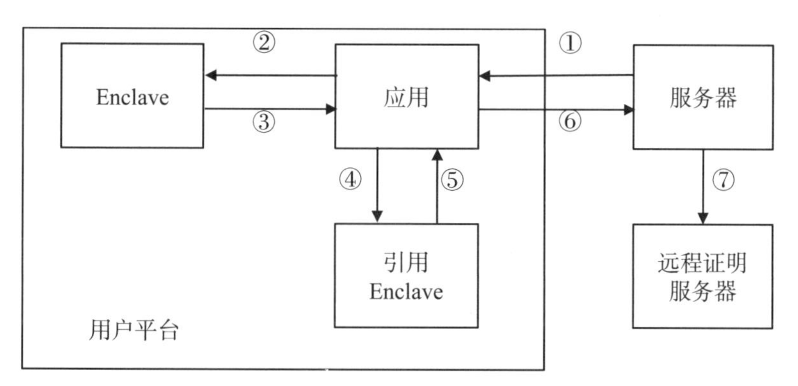

图11-12　Intel SGX远程证明示意

（2）本地证明通过两个运行于同一平台上的Enclave间的互证明来完成。Enclave A是本地验证发起方，Enclave B是验证方。在需要进行本地认证时，Enclave B先将挑战信息发给Enclave A；然后，Enclave A根据自身的信息和Enclave B的密钥生成本地证明报告及MAC值，随后将报告发送给Enclave B；Enclave B获取报告和MAC值并进行校验，并将验证结果返回给Enclave A，Intel SGX本地证明示意如图11-13所示。

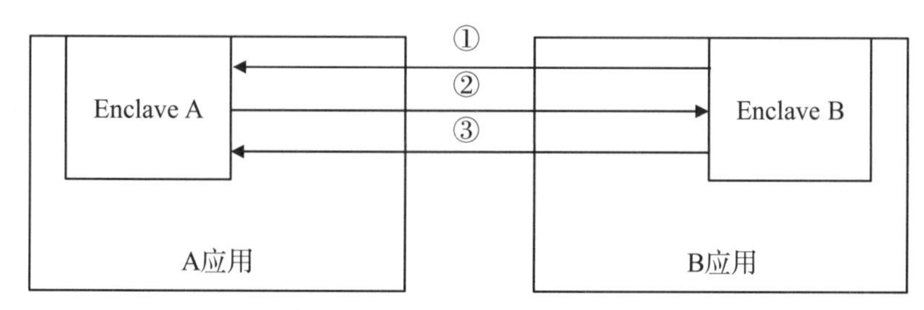

图11-13　Intel SGX本地证明示意

3）Intel SGX的隔离执行和内存加密

Enclave是一个被硬件保护的机密计算环境，可以用于存放应用程序敏感数据和代码。Enclave允许用户加载指定的代码和数据，这些代码在加载前必须被度量，在保证加载到Enclave中的代码和数据的完整性的同时，还需要保证在程序运行态时被加载到Enclave内的数据和代码的安全性，即它们无法被外部软件访问；并保证存放于内存中的数据的安全性。Intel SGX通过一套特殊的内存管理机制来实现Enclave之间的内存隔离。Enclave中的代码和数据被存放在处理器预留内存（Processor Reserved Memory，PRM）中，PRM是动态内存DRAM中一段用于SGX的保留区域，这段连续的内存空间处于最低的BIOS层而不能被任何软件访问。CPU中集成的内存控制器会拒绝任何外设对PRM的访问。此外，每个Enclave的内容及关联的数据结构被存放在Enclave页面缓存（ Enclave Page Cache，EPC）中。同时，由于EPC是由不可信的操作系统进行分配的，EPC的分配信息存储在Enclave页面缓存映射（Enclave Page Cache Map，EPCM）中，CPU会根据EPCM中的内容进行相应的安全检查，每个Enclave在访问EPC时，会根据EPCM中的信息检查目标EPC是否属于当前Enclave，以达到互相隔离执行的目的。另外，当EPC因为空间不足等原因被从PRM中移出时，CPU会对EPC中的内容进行加密后存放在内存的其他区域。而对于PRM以外的内存，则按照系统中其他保护机制进行访问。这样的内存保护机制，防止了Enclave内部运行的程序被其他恶意软件盗取和篡改隐私信息。同时，Intel CPU通过内存加密引擎（Memory Encryption Engine，MME）保证了DRAM的机密性和身份的真实性。Intel SGX的内存控制示意如图11-14所示。

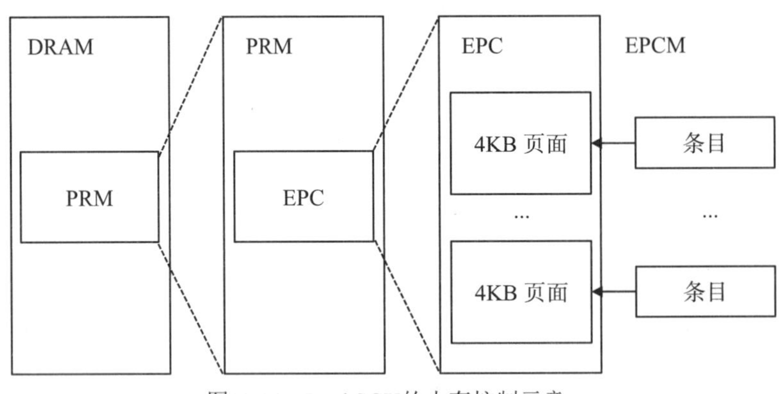

图11-14　Intel SGX的内存控制示意

2. AMD SEV

与Intel SGX的推出仅相隔1年，AMD在2016年推出了安全加密虚拟化SEV（Secure Encrypted Virtualization）技术，这是首个VM-CC类型的保护虚拟机免受更高特权实体攻击的机密计算技术方案。以Intel SGX为代表的App-CC类别的技术方案，主要是通过重构甚至重写被保护软件的方式保护软件中的数据和代码逻辑免受攻击，因此利用App-CC类别的技术方案来保护规模如操作系统内核、虚拟机大小的代码较为困难。相比而言，以AMD SEV为代表的VM-CC类别的技术方案构建的机密计算环境可以保护整个虚拟机，在可用性方面得到了极大提升。

AMD SEV技术的主要应用场景是云环境。在云环境中，云管理员通常具有比用户更高的特权，可以直接访问VM的内存。通过应用SEV技术可以使用户虚拟机能够抵御来自高特权用户的攻击。简单地说，AMD通过使用一个安全处理器，利用AES加密算法加密虚拟机的内存，并且将它们与现有的AMD-V虚拟化技术进行结合实现了SEV技术。在实现上，AMD在原有硬件上扩充了一个片上系统（System on Chip，SoC）固件，并将其与内存控制器（Memory Management Unit，MMU）进行了结合以支持安全内存加密与SEV功能。SEV允许每个虚拟机使用自己的密钥来选择性地加密和管理自己的内存，这就为在不可信云环境下保护虚拟机及其中的数据提供了可能。所有密钥均由安全处理器进行管理且不对外暴露接口，提升了SEV技术的安全性。

1）AMD SEV的可信启动

AMD SEV的可信启动始于“SKINIT”指令，该指令是在不可信环境中开始创建VM-CC类型的机密计算环境的初始动作。在不可信环境中调用“SKINIT”指令之后，处理器会进入机密计算环境的初始化阶段，为安全加载器（Secure Loader，SL）构建一个安全执行环境。这个初始化过程是由CPU以一种无法被篡改的方式完成的，由硬件保证了过程的安全性。然后，SKINIT会调用SL载入虚拟机镜像，并且对被载入的镜像进行度量，将度量的结果与存储在硬件中的基准值进行比较。最后，会跟操作系统的可信启动流程一样，依次校验并启动IOS/UEFI、启动引导程序、操作系统的内核、系统驱动、系统文件、第三方驱动，最后完成操作系统的启动。

2）AMD SEV的远程证明

为了让用户验证云环境上运行的是被AMD SEV技术保护且根据用户的配置正确部署的虚拟机，AMD设计并实现了一套适用于SEV的远程证明机制。AMD SEV的远程证明首先在虚拟机内部根据用户的随机挑战生成证明报告，并使用平台认证密钥（Platform Endorsement Key，PEK）对报告签名，然后由用户借助AMD芯片的证书链完成报告有效性的校验。

AMD芯片的证书链在远程验证过程中至关重要。在系统初始化时，SEV固件会使用安全熵源生成一对非对称密钥PEK，并使用固化在芯片中的芯片认证密钥（Chip Endorsement Key，CEK）对其签名来保证PEK的真实性。同时，若在云服务环境下，云服务提供商会使用（Owner Certificate Authority，OCA）密钥签署PEK。SEV固件还会派生出一对平台协商密钥（Platform Diffie-Hellman key，PDH）密钥，该密钥用于与远程方协商共享密钥，如用于用户和SEV虚拟机之间建立的安全通道。SEV固件使用PEK对派生出的PDH签名，保证PDH的真实性。此外，为了保证芯片密钥CEK的真实性，AMD在芯片出厂的时候，会使用AMD厂商的AMD SEV签名密钥ASK（AMD SEV Signing Key）对CEK签名。同时，ASK的真实性由AMD根密钥ARK（AMD Root Signing Key）来保证。AMD SEV认证密钥链如图11-15所示。

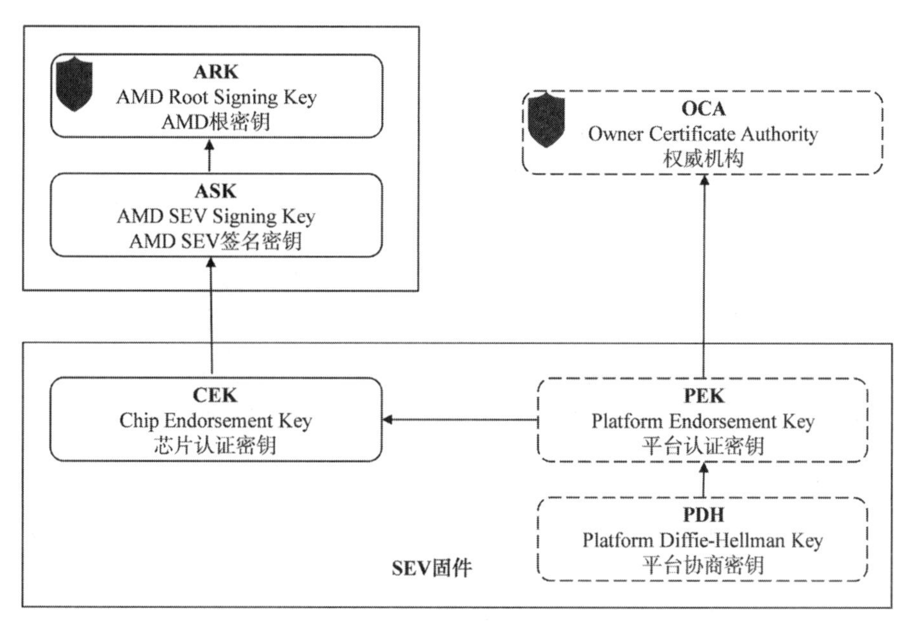

图11-15　AMD SEV认证密钥链

3）AMD SEV的隔离执行与内存加密

AMD SEV通过对不同SEV虚拟机设置不同的地址空间标识（Address Space ID，ASID）的方式实现隔离执行；通过对不同的SEV虚拟机的内存使用不同的密钥进行加密，使其也具备了抵抗部分物理攻击和侧信道攻击的能力。简单地说，在SEV功能启用后，SEV虚拟机页表项中物理地址的43位到47位分别表示地址空间标识（Address Space ID，ASID）和C-bit，页表项中的加密位C-bit来决定内存是否需要被加密，地址空间标识用于表明当前页属于哪个SEV虚拟机。当SEV虚拟机访问内存时，地址中会携带与之对应的虚拟机ASID，CPU可以通过ASID实现不同SEV虚拟机的隔离执行。具体而言，每当一个虚拟机在SEV模式下启动后，加密固件会在片上系统（SoC）里生成虚拟机的SEV上下文并返回一个处理句柄给VMM，每个处理句柄对应一个SEV上下文，其中存有虚拟机的加密密钥。随后，安全处理器会在SoC的SEV上下文中根据处理句柄查找当前虚拟机的密钥并安装到MMU中，同时用ASID进行标记。客户虚拟机VM1与VM2能够使用各自的密钥，通过设置自己客户页表（Guest Page Table，GPT）中的加密位C-bit来加密自己的内存，从而也实现了内存加密。AMD CPU也会根据地址中的ASID完成不同SEV之间的隔离执行。AMD SEV内存加密示意如图11-16所示。

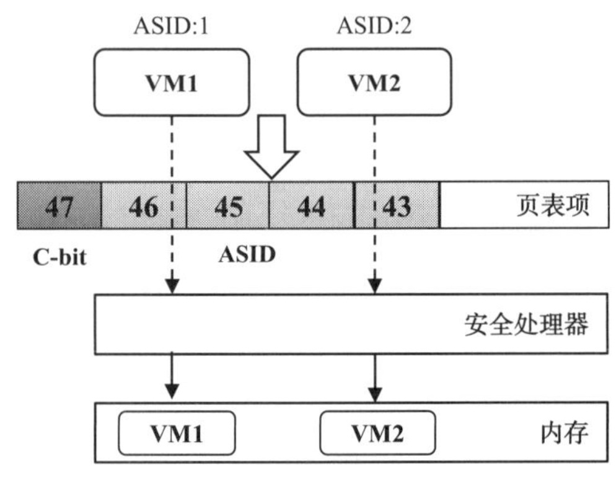

图11-16　AMD SEV内存加密示意

3. Intel TDX

Intel TDX（Intel Trust Domain Extensions）是一种基于硬件的虚拟机隔离技术，可以用于为客户虚拟机构建一块机密计算环境，使其免受云主机的安全威胁。Intel TDX技术旨在通过一套软硬件结合的方式将客户虚拟机与平台上的高权限虚拟机管理程序（VMM）和任何其他非信任域隔离，以保护被机密计算环境保护的客户虚拟机免受外部软件的威胁，进而确保系统安全与可靠。同时可以防止不同系统组件之间相互干扰而导致的未知威胁，从而达到保护用户的隐私数据和敏感信息的目的。

Intel TDX技术方案属于VM-CC类，其不仅可以通过虚拟机实现，还可以通过安全容器kata来支持容器的安全隔离。同时，Intel TDX的设计思路是将整个虚拟机VM放在一个机密计算环境里，这样不管应用在私有云还是公有云上，都无须再对运行于虚拟机中的应用程序和数据进行受信任或不受信任的划分和修改，只需操作系统支持TDX技术。

Intel TDX是通过将英特尔虚拟机扩展（Intel Virtual Machine Extensions，VMX）技术、多密钥全内存加密（Multi-Key Total Memory Encryption，MKTME）技术拓展应用到虚拟机上，为虚拟机提供了一个名为信任域（Trust Domain，TD）的机密计算环境。TDX的基本思路就是引入新的CPU工作模式，然后通过对内存加密技术，将不同虚拟机用不同的key加密，同时key由CPU直接进行管理。Intel TDX方案中的核心模块为Intel TDX模块及支持TDX功能的虚拟机管理模块（VMM）。主机通过VMM控制信任域中的机密虚拟机的创建和生命周期管理；信任域（TD）的构建，信任域（TD）内虚拟机的保护等安全性能力则由被硬件机密计算环境保护的TDX模块进行管理。Intel TDX系统架构如图11-17所示。

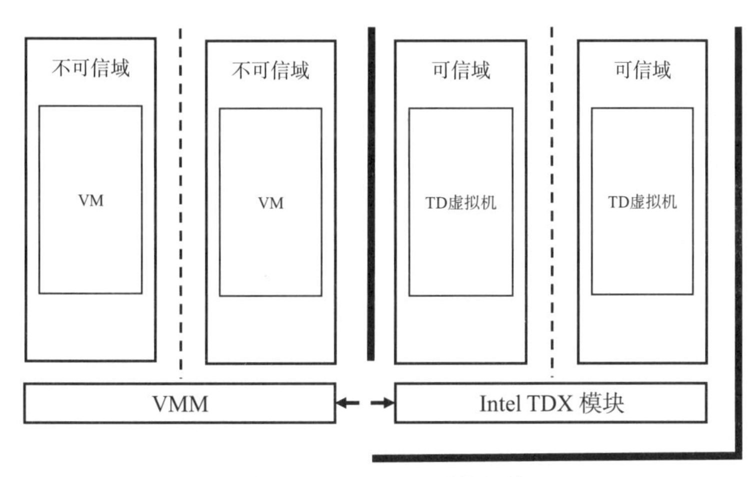

图11-17　Intel TDX系统架构

在Intel TDX技术中，只有四个实体被信任：TDX Module、TDX、ACM、TD Quoting Enclave和Intel CPU。其中，TDX module向VMM提供接口，用来创建、销毁、执行TD，解决特权应用的问题；TDX ACM帮助TDX Module验签；Intel CPU提供了加密引擎等物理保护手段。相对的是，VMM、其他软件、平台固件、主机系统和BIOS都被划入了不可信区域。Intel TDX信任边界如图11-18所示。

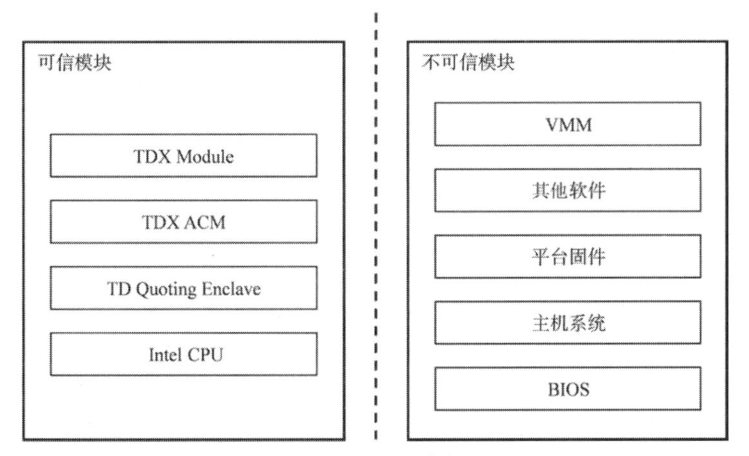

图11-18　Intel TDX信任边界

1）Intel TDX中的可信启动

可信启动的过程包括两个部分：TDX模块的可信启动和TD虚拟机的可信启动。

（1）TDX模块的可信启动依赖于Intel CPU的一个全新的、名称为SEAM（Secure-Arbitration Mode）的运行模式，这个模式提供了一些扩展指令辅助TDX模块的可信启动。

在SEAM运行模式下，会将SEAM范围寄存器（SEAMRR）划分的内存区域单独分配给SEAM模式。当TDX模块的可信启动的时候会执行SEAMLDR指令，SEAMLDR指令会先验证TDX模块的完整性，通过后将其装载入SEAM的内存区域。在之后的运行过程中，Intel CPU保证除了特定扩展指令，这块属于SEAM模式的内存区域无法被访问与篡改。

（2）TD虚拟机的可信启动则是通过TDX模块对TD虚拟机的完整性的校验实现。详细地说，系统在创建TD虚拟机时，TDX模块会初始化TD的测量寄存器。同时，VMM会请求TDX模块将测量寄存器的地址空间包含在TD内，并将TD虚拟机初始化时的内存页面和虚拟机镜像数据的度量值存储在其中。此外，TDX模块还会提供一组运行时的扩展寄存器，这些寄存器将存储对TD虚拟机运行时度量的结果。用户在启动TD虚拟机时，Intel TDX模块会完成启动时和初始创建状态的度量值的校验。

2）Intel TDX的远程证明

Intel TDX在进行远程证明时，TD虚拟机会借助一个名为TD引用Enclave的模块来生成远程证明报告。TD引用Enclave会通过TDX模块调用SEAMREPORT指令由CPU创建一个与硬件绑定的本地证明报告。该报告中包含TD虚拟机相关的认证信息、TD虚拟机的测量值等信息。

挑战方对本地证明报告进行验证的时候，挑战方也是通过TD引用Enclave完成验证工作。TD引用Enclave则会通过CPU的EVERIFYREPORT指令完成本地证明报告的校验，校验通过则会生成远程证明报告。

3）Intel TDX的隔离执行

Intel TDX 通过对VMM访问TD虚拟机的限制保证TD虚拟机运行过程中的安全，主要包括以下两个方面的操作。

（1）TDX模块能够保证在运行过程中，拦截不受信的软件（如VMM）对TD虚拟机资源的访问，比如TD虚拟机内程序的CPU控制寄存器、MSR寄存器、调试寄存器、性能监控寄存器、时间戳寄存器等。

（2）TD虚拟机创建的时候可以选择禁止TD虚拟机的调试和性能监控功能，这样VMM就无法获得TD虚拟机的相关信息，降低了TD虚拟机被侧信道攻击的风险。

4）Intel TDX的内存加密

Intel TDX使用MKTME加密技术进行内存加密，MKTME是一种软件透明的全内存加密技术。相较于传统的全内存加密（TME）技术，MKTME加密技术实现了以页为粒度的加密，并支持使用多个密钥对内存进行加密。密钥由内存控制器产生并持有，软件不可访问，且拥有密钥ID。Intel CPU不允许除TDX模块和对应的TD虚拟机外的软件或硬件使用密钥ID进行内存访问。在Intel TDX技术中，使用不同密钥加密不同的TD虚拟机，同时密钥由CPU直接管理，继而在不同TD虚拟机之间实现了隔离。

TD虚拟机可以访问两类内存：保存TD机密数据的私有内存，用于与外部的非可信实体通信的共享内存。TD虚拟机的私有内存通过MKTME技术加密，实现了对内存数据的机密性和完整性保护。共享内存用于与外部代理进行通信，具体包括I/O操作、网络访问、存储服务等。VMM使用Extended Page Table（EPT）将TD虚拟机的内存地址与外部的地址空间进行映射实现了共享内存。为了确保安全性，对EPT的操作需要由TDX模块完成。

11.2.3.2　基于 ARM 架构的机密计算

1. TrustZone

2003年，ARM公司提出了CPU指令集的安全扩展TrustZone，主要面向的应用场景是低功耗的移动电子产品，目的是建立一个基于硬件保护的安全框架来抵御各种潜在的攻击。TrustZone是App-CC的一种，是将软件切分为可信应用（Trusted Application，TA）和客户端应用（Client Application，CA），通过构建机密计算环境对软件的TA部分进行保护的一种机密计算技术。CA与TA之间的数据交互只能通过精心设计并实现的接口进行，通过接口可以将高安全级别的数据和操作放置于TA内执行，这大大提升了TA的安全性。ARM芯片是由不同的芯片生产企业向ARM公司购买ARM架构设计成果授权后自行生产而成，全球范围内已有数百家企业购买了ARM的授权。其中，全球平台（Global Platform，GP）定义的标准API接口是应用最广泛的与TA交互的接口规范。

具体而言，TrustZone通过总线设置将系统软件和硬件资源划分为安全世界）和普通世界，两个世界通过监视器模块进行切换。同时，在处理器架构上将原有的物理核也虚拟成两个世界，一个安全核（Secure Core），执行安全世界中用户的代码；一个非安全核（Non-Secure Core），执行普通世界中用户的代码。因此，每个世界都具备自己独有的软件和硬件资源，如应用软件、内存区域、外设和物理核等。通常，在安全世界中进行需要保密的操作，如数据加密解密、密钥管理、身份认证和指纹识别等，其余操作在普通世界中进行。TrustZone体系架构如图11-19所示。

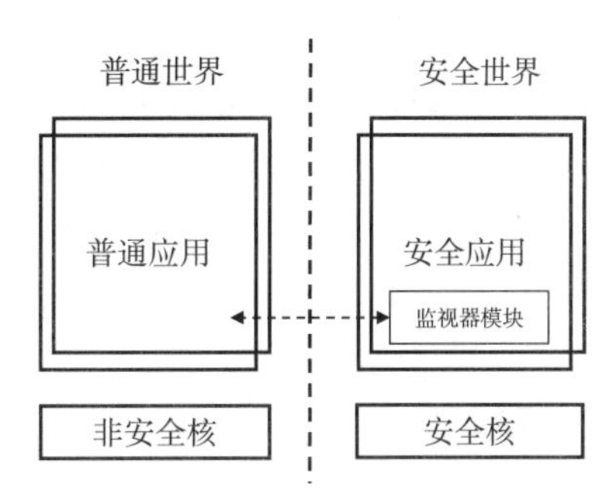

图11-19　TrustZone体系架构

1）TrustZone的可信启动

TrustZone架构中的可信启动，符合基本的可信启动原理。TrustZone的可信启动开始于受信任的只读存储器ROM，基于ROM完成系统各个组件的度量和初始化校验。在引导加载过程中先启动安全世界并对启动状态做完成性校验，依赖芯片内置的安全硬件，逐级完成整个安全系统信任链的校验，验证通过后再启动普通世界，保证了系统启动过程中的安全性。

2）TrustZone的远程证明

ARM公司设计的TrustZone中并未明确定义其远程证明方案的实现方式，但是一些硬件厂商定制了解决方案。例如，华为公司基于鲲鹏920处理器实现了TrustZone并提出了一套远程证明方案。在该方案的设计中，在安全世界内的TA部分编译时，处理器中的机密计算模块会对其进行度量并储存度量值。该TA在后续实际部署加载时，机密计算模块会重新对其度量，并生成度量报告。度量报告由底层可信基派生的密钥签名。用户通过完成证书链的校验来确认度量值的真伪，然后与编译时生成的度量值比较，从而完成对TA的远程证明。

3）TrustZone的隔离执行

ARM TrustZone与其他App-CC类型的机密计算架构类似，也是在硬件层完成了安全世界和普通世界的隔离。具体而言，ARM架构中设计了AMBA3 AXI（AMBA3 Advanced eXtensible Interface）系统总线作为TrustZone的基础架构设施，该总线可以确保普通世界的软件无法访问安全世界的软硬件资源，提供了安全世界和普通世界的安全隔离机制。

TrustZone中安全世界和普通世界在系统资源的划分，大多是基于NS比特位来实现的。TrustZone在系统总线上针对每个信道的读写增加了一个额外的控制信号位，被称作Non-Secure或者NS位，使用该比特位表示当前总线传输数据的安全状态。总线上的所有主设备在发起新的操作时会设置该信号位，总线或从设备上解析模块会对主设备发起的信号进行辨别，来确保不会发生越权访问。

具体而言，在安全世界与普通世界之间切换的机制被称为监视器模式。监视器模式通过NS位控制系统软硬件组件的安全状态。普通世界的进程可以通过SMC（Secure Monitor Call）指令调用或者异常机制进入监视器模式，经过验证后可以使用安全世界提供的相关服务，但是不能直接访问安全世界的数据。作为保护系统安全的守卫，监视器模式还会保存当前执行环境的上下文状态：当要切换环境时，监视器先保存当前普通世界运行的非安全进程状态，然后设置安全状态寄存器的值，再切换到安全世界进行安全操作。同理，在内存管理中，缓存和内存的隔离也是通过类似的方式实现的：当CPU经过内存管理单元（Memory Management Unit，MMU）将虚拟地址向物理地址转换时，会同时使用硬件机制进行内存访问鉴权，只有通过鉴权验证的安全操作才可以通过监视器模式修改NS位进入安全世界访问相关内存和缓存。

4）TrustZone的内存加密

ARM公司设计的TrustZone中并未设计、定义实现内存加密的模块。部分TrustZone厂商根据各自的产品市场情况，在芯片设计过程中加入了内存加密模块，实现了对安全世界内存数据的安全性保护。

2. CCA

2021年，ARM公司发布全新ARMv9架构下的ARM机密计算架构（ARM Confidential Compute Architecture，ARM CCA）的技术方案。与x86架构下的Intel TDX和AMD SEV类似，ARM CCA属于VM-CC类型的机密计算技术，便于用户直接开发和使用。ARM CCA旨在解决特权软件和硬件固件可以明文读取云平台中用户代码和数据的问题。ARM CCA提供基于硬件的机密计算环境，使云服务提供商失去访问客户数据的能力，从而减小系统攻击面，降低用户数据泄露的可能性。从整体上说，ARM CCA只允许VMM管理CCA虚拟机，而禁止其访问CCA虚拟机的内存、寄存器和数据。

ARM CCA提出了全新的RME(Realm Management Extension)扩展，并引入了名为Realm的机密计算环境的概念。ARM CPU通过创建受保护的执行空间Realm机密计算环境来实现保护CCA虚拟机环境中用户的敏感信息的目的，而Realm机密计算环境是通过RME扩展完成构建的。RME是ARMv9-A架构的延伸/扩展，是ARM机密计算体系结构（ARM CCA）的硬件组件，它还包括软件元素。RME实现了受保护地址空间与高特权软件或信任区固件之间的通信与隔离。ARM CCA整体架构如图11-20所示，包含监视器模块、Realm空间、VMM、RMM（Realm管理监视器）、分区管理器、安全世界和普通世界。Realm空间可以被VMM动态分配，VMM负责Realm虚拟机的资源分配和管理，其中包括创建、销毁、申请和释放内存页。RMM提供操控Realm页表的服务、Realm虚拟机上下文管理，向Realm虚拟机提供认证和加密服务，并负责管理VMM下发的Realm虚拟机与Realm空间的创建、销毁等请求。监视器模块负责不同模块空间之间的信息转发，其连接着安全世界、普通世界和Realm空间，保证各个空间的隔离。例如，由VMM发送的请求指令需要经由监视器模块转发到RMM。

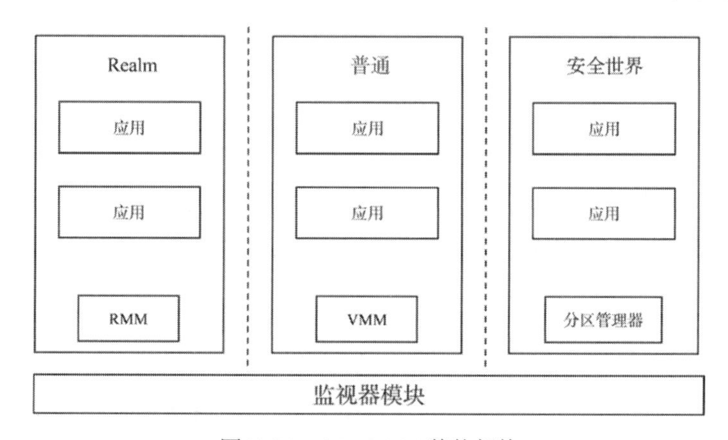

图11-20 ARM CCA整体架构

1）ARM CCA的可信启动

ARM CCA的可信启动同样开始于受信任的只读存储器ROM，依据可信启动原理依次完成CCA可信固件的校验与启动。只有在实际启动时计算的度量值与在固件中存储的具有签名标识的度量值一致时，才可以加载CCA虚拟机镜像。

2）ARM CCA的远程证明

当用户对一个CCA虚拟机发起远程证明请求时，首先，该CCA虚拟机向RMM的安全域发起域认证挑战；然后，RMM将根据CCA虚拟机的元数据生成对应的报告，由CCA底层硬件对报告验证签名，生成完整的远程证明报告；最后，用户获得远程证明报告后，通过硬件厂商的根证书完成远程证明报告的验证。ARM CCA的远程证明可以与其他技术相结合，为其他应用场景提供更安全的解决方案，例如可以将远程证明与密钥协商相结合，在CCA虚拟机与用户应用程序之间建立一个端到端安全的通道。

3）ARM CCA的隔离执行

在ARM CCA中，由Realm保护的任何代码或数据都不能被普通世界中的内核、VMM、其他Realm和不受Realm信任的设备访问或修改，无论这些代码和数据是在内存中还是在寄存器中。这些实体访问Realm的代码、数据或寄存器状态的尝试会被硬件阻止并抛出错误异常。

为了保证实现隔离执行，使得CCA虚拟机在Realm空间中运行时的内存可以在普通世界和Realm空间之间、在普通世界和安全世界之间移动，ARM引入了名为颗粒度保护表（Granule Protection Table，GPT）的技术。该表会跟踪内存页的使用范围，MMU模块在进行地址转换时会使用该表中的信息进行合法校验。GPT会对每个内存页是用于Realm空间、安全世界还是普通世界进行跟踪与记录。硬件在每次内存访问时会根据GPT进行世界之间的强制隔离，阻止非法访问。在同一个世界中，GPT具备了更细粒度的隔离能力，这就是CCA虚拟机之间相互隔离的方式。当内存页在不同空间之间迁移时，硬件会对这部分内存页中的数据进行加密和清理，以确保数据的安全性。

4）ARM CCA的内存加密

针对TrustZone官方没有支持的内存加密的问题，在ARM CCA中利用RME完成了支持。RME会使用名为内存保护引擎（Memory Protection Engine，MPE）的硬件模块实现内存加密，且对不同的CCA虚拟机会使用不同的密钥完成加密操作。

11.2.3.3 基于 RISC-V 架构的机密计算

1. Keystone

美国加利福尼亚大学伯克利分校于2018年提出，并于2020年开源了一个针对RISC-V架构的机密计算技术——Keystone。Keystone属于App-CC类型，其针对RISC-V架构提出了一个可以对机密计算能力进行定制化开发的开源框架，便于硬件制造商、开发商及研究人员定制开发自己的机密计算技术。Keystone技术同时满足机密计算中的安全启动、隔离执行和远程证明。

Keystone着眼于构建一个可定制的机密计算框架，通过功能模块化来定制机密计算技术。可定制化机密计算框架允许使用者基于RISC-V架构创建一个硬件，并在特定的标准上根据使用者的需求构造和配置不同的技术实现机密计算。

Keystone的核心模块包括Keystone安全监视器（Security Monitor，SM）、根信任模块（Root of Trust，RoT）及物理存储器保护模块（Physical Memory Protection，PMP）。Keystone安全监视器是用来完成机密计算环境构建，并且负责维持机密计算安全边界的运行逻辑。Keystone安全监视器的完整性由硬件的根信任模块验证与保证。安全检视模块安全保护逻辑的底层实现，是由硬件的物理内存保护模块（Physical Memory Protection，PMP）实现的。Keystone着重强调将资源管理和安全检查解耦。每个应用程序运行在各自被硬件隔离出的物理内存区域，并且拥有自己的Enclave Runtime组件来管理应用程序。Enclave Runtime负责管理Enclave 应用程序的用户代码的生命周期、内存管理、系统调用，并且完成与Keystone安全监视器间的通信。Keystone系统架构如图11-21所示。

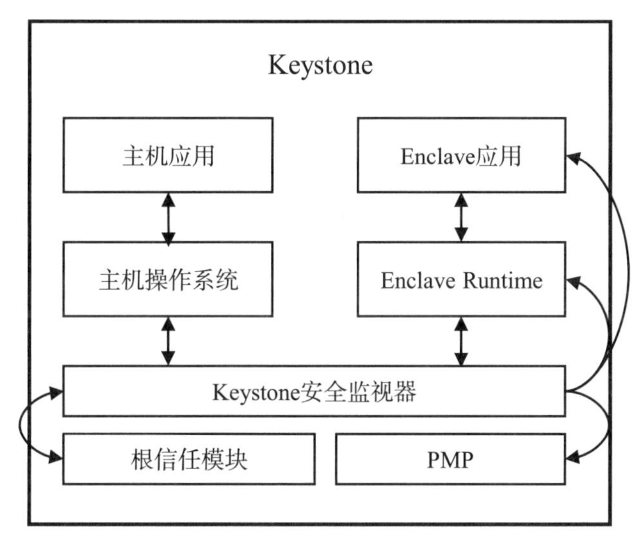

图11-21　Keystone系统架构

1）Keystone的安全启动

Keystone在安全启动时，根信任模块完成对Keystone安全监视器镜像的度量，并由硬件生成随机密钥存储到Keystone安全监视器的私有内存中。底层硬件会对度量值和密钥签名。

2）Keystone的远程证明

在远程证明过程中，Keystone安全监视器会在Enclave应用程序启动的时候进行度量。在执行远程证明过程的时候，Keystone安全监视器会对正在运行的Enclave应用程序进行度量，并将度量结果、挑战信息、签名及其他根据应用场景自定义的信息包含在远程证明报告中，提交给远程证明发起方进行验证。

3）Keystone的隔离执行

Keystone的隔离是由Keystone安全监视器和物理内存保护模块共同完成的。Keystone安全监视器通过对不同的Enclave应用程序的识别、对中断异常等需要应用到硬件不同总线操作的处理，将需求转化翻译成对应物理内存区域标识后交给物理内存保护模块。物理内存保护模块通过对区域标识的验证，完成不同Enclave应用程序之间内存的隔离。

4）Keystone的内存加密

Keystone的方案中目前还没有对内存加密的模块。

2. 蓬莱

蓬莱机密计算环境是基于RISC-V架构CPU的最主流的机密计算技术之一，同时是国内唯一开源的机密计算方案。与其他RISC-V架构下的机密计算方案相比，蓬莱在可扩展性（隔离环境数量、安全内存大小）和系统性能（通信时延、启动开销）等方面具有显著的优势。蓬莱先后被OpenEuler和OpenHarmony两大开源社区接收，并与国内多家芯片厂商实现合作，形成了良性发展的开源生态。蓬莱可以与任意RISC-V架构的芯片适配，既可应用于物联网与边缘计算领域，也可应用于云计算等领域，通过机密计算环境对应用程序提供全生命周期的保护。

蓬莱在整体架构上与Keystone的区别不大，但是在细节实现上却千差万别。例如，蓬莱引入了保护页面表（Guarded Page Table，GPT）技术，依靠GPT保护页粒度的内存隔离，以完成隔离执行，实现可伸缩的内存保护。

为了降低机密计算技术的准入门槛，鼓励更多从业人员介入。蓬莱架构在安全监视模块和具体的硬件间，设计了一层“安全原语”接口。机密计算环境实例的管理逻辑将实现在这层通用的接口上，而不需要关心具体的硬件隔离和保护机制。具体地，蓬莱扩展了现有RISC-V硬件原语，通过软硬件协同的方式来支持隔离环境的可扩展性。当前，蓬莱系统实现了一套新的RISC-V指令扩展sPMP，即特权级物理内存保护机制（s-mode Physical Memory Protection，sPMP），允许在安全监视器中实现可扩展的物理内存隔离。除了sPMP硬件扩展，蓬莱同时支持通过现有的物理内存隔离机制（Physical Memory Protection，PMP）对Enclave实施保护，实现隔离执行。蓬莱体系架构如图11-22所示。

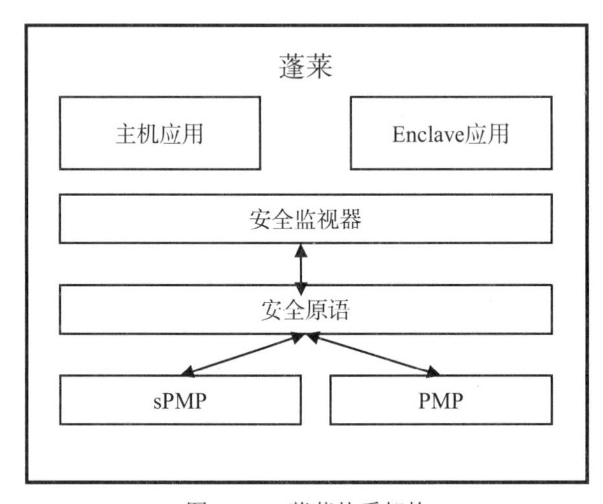

图11-22　蓬莱体系架构

11.2.3.4　基于 GPU 架构的机密计算

2022年，NVIDIA推出了基于全新Hopper架构的GPU（NVIDIA H100），是全球首个支持机密计算的GPU，可以保护在GPU中使用数据和代码的机密性与完整性。NVIDIA H100为AI和HPC等计算密集型工作负载提供了运行态的安全保护。通常，无论是在本地还是云环境中，数据、AI模型、正在运行的应用程序都可能是对用户有价值的敏感信息，因此容易受到各种攻击。基于NVIDIA Hopper架构中设计与实现的机密计算技术可缓解上述威胁，在保证AI工作负载效率的同时，为用户数据提供基于硬件的安全性保护，保护敏感数据和专有AI模型免受未授权的访问。

在NVIDIA H100的机密计算模式开启下，会创建一个机密计算环境，除机密计算环境的拥有者外，没有人可以访问环境内部的数据与代码。这种设计阻止任何未经授权的访问或篡改，包括VMM、主机操作系统，甚至是物理访问。数据在GPU的机密环境与CPU之间传输的时候，都会以PCIe线束进行加密和解密。除此之外，GPU还提供了访问控制的支持，确保只有经过授权的用户才能将数据和代码放入机密计算环境中执行，缩小了针对AI数据的攻击面。同时，NVIDIA的GPU机密计算方案类似VM-CC，在大多数情况下不需要对GPU加速工作负载进行代码更改，提升了机密计算环境的易用性。

NVIDIA H100至少可以应用在以下三种应用场景中。

（1）保护AI知识产权。AI模型提供商可以将其AI模型置于GPU机密计算环境中，在保护知识产权（即AI模型）免受未经授权的访问或篡改的同时，让更多受众获享AI解决方案。

（2）保护AI训练和推理过程中数据的安全。在AI模型训练和推理的过程中需要使用大量的、多维的数据。这些数据可能包含很多敏感信息，例如个人身份信息。在数据监管日渐严格的当下，如何保护这些数据在使用过程中的安全性至关重要，GPU机密计算环境提供了技术支撑。

（3）安全的多方协作。当前，被广泛使用的模型，如ChatGPT等，多为神经网络模型。神经网络的构建和改进需要使用仔细标记的、多样化的数据集。在多数情况下，单一来源的数据无法支撑训练出足够强大的模型，这要求多方在不影响数据源的机密性和完整性的情况下进行协作。GPU机密计算环境可以帮助解决该问题。

11.2.4　易用性分析

11.2.4.1　技术的易用性

基于应用程序的机密计算方案（App-CC），由于在设计之初需要对应用程序进行拆分，易用性较低。基于虚拟机的机密计算方案（VM-CC），以及基于容器的机密计算方案（Container-CC），可以在不对应用程序进行修改的情况下使用，易用性较高。

（1）以SGX、ARM TrustZone为例的App-CC类型的机密计算技术方案，在提供代码和数据安全性保护的同时需要对应用程序进行重新划分，将需要被保护起来的部分放置于机密计算环境中实现。同时，需要基于机密计算技术提供的SDK对应用程序在源码层面进行适配。因此，使用代价较高，需要学习机密计算架构及其相关API。

Intel SGX的开发者需要将目标应用程序分成两个部分，因此需要决定哪些组件应该置于机密计算环境内部，哪些可以置于不可信的环境中，以及双方如何通信。对于复杂的应用，确定并完成高效、合理且安全的划分方案是一件颇具挑战性的工作。出于硬件限制和安全考虑，机密计算环境中是无法直接访问机密计算环境外的资源的。而App-CC的机密计算环境内由于较小的可信基，使很多现有的软件或工具都无法在机密计算环境中运行。

另外，Intel SGX的应用开发者通常需要使用某种SGX SDK，且这些SDK的学习与使用成本高昂。被广泛使用的Intel SGX的SDK有Intel SGX SDK、Open Enclave SDK、Google Asylo或 Apache Rust SGX SDK。由于这些SDK是基于不同的开发语言实现的，且SDK之间缺少统一的接口标准，因此进一步提升了Intel SDK的学习和使用成本。上述困境使得为SGX的应用开发较为困难，制约了SGX和机密计算的普及度和接受度。

ARM TrustZone相较于Intel SGX具有泛用性广、成本低的特点。由于TrustZone是基于ARM架构进行开发的，所以可以根据相关需求进行具体的匹配，虽然它允许厂商根据自己的技术进行定制化开发，但其泛用性却远远强于Intel SGX等依靠单个厂商的可信计算硬件技术。相对于Intel SGX等一系列可信硬件解决方案，TrustZone只需要在原有芯片上进行操作和改进即可，相对于专用芯片，由于其是通过ARM架构安全扩展引入的，因此在成本上也优于其他解决方案。

ARM TrustZone在应用程序的设计与实现方面，也需要划分为两大部分：包含正常模式的客户端应用（Client Application，CA）和安全模式的可信应用（Trusted Application，TA）。CA和TA通过通用唯一辨别码（Universally Unique Identifier，UUID）进行识别，只有使用相同的UUID，双方才能实现交互。同时，这类方案普遍存在开发语言限制的问题，不支持更加友好的编程语言，使用者需要依据SDK所提供的接口完成程序的适配工作。

（2）VM-CC和Container-CC两类机密计算技术方案构建了虚拟机及容器级别的机密计算环境，VM-CC允许每个虚拟机使用自己的密钥来选择性地加密和管理自己的内存，并对系统模块的访问作出限制。Container-CC的目标在于容器级别的加密和隔离，以便让用户在无感知的前提下使用机密计算技术所带来的系统安全性上的提升。该类技术方案可以使应用程序不再需要分割或修改程序即可受到机密计算环境的保护，这极大降低了开发人员适配的成本。

11.2.4.2 部署运维

在部署运维方面，机密计算技术方案需要依赖底层硬件和上层软件的支持。因此，在实际应用的过程中，需要同时部署固件、操作系统驱动及上层软件栈，提升了部署难度。不同的机密计算技术形态各异，且尚未形成统一的行业标准，也给异构的机密计算平台部署带来了一定的障碍。另外，机密计算方案在更新升级时需要同步对软硬件进行升级，增加了运维的成本。

11.2.5 安全性分析

机密计算技术假设只有硬件是可信的，包括操作系统内核、VMM在内的所有用户和程序均是不可信的。在如此强大的安全假设之下，自2015年Intel SGX及2016年AMD SEV发布以来，业界和学术界对不同机密计算技术的安全性进行了持续、深入的研究。一系列安全漏洞被研究者们相继发现并提交，机密计算厂商也先后使用微指令（MICROCODE）对已知的漏洞完成了修复，使机密计算技术的安全性得到了大幅提升。

机密计算技术的安全问题大致可以分为两大类：一类是由不完善的系统设计导致的漏洞；另一类是侧信道漏洞。对机密计算的安全性研究在持续进行中，机密计算厂商对安全问题的修复也从未间断，本节中介绍的有些安全漏洞已经被修复。

11.2.5.1 不完善的系统设计

为了保证落盘数据的安全性，达到安全持久的数据存储目的，机密计算技术提供了一种密封机制，允许每个机密计算环境使用硬件对其中需要落盘的数据进行加密和验证。密封机制可以防止恶意操作系统对落盘数据的读取和篡改。但是，部分机密计算技术不完善的设计，使恶意操作系统可以用旧的加密和验证版本替换最新的密封数据，通过欺骗机密计算硬件，使计算硬件误以为旧的数据是合法的而完成解密操作，获得机密信息。这类攻击被命名为回滚攻击。

机密计算技术对机密计算环境不完善的身份认证机制也可能导致安全性漏洞。具体而言，攻击者可以对同一个应用程序创建两个机密计算环境实例，然后通过各种重定向技术将通信导向伪造的机密计算环境中，以达到破坏机密计算环境完整性的目的。

机密计算环境与非可信环境的交互过程需要完善的系统设计，不完善的交互机制也很容易导致安全漏洞。例如，AMD SEV创建的机密计算环境保护的是整个虚拟机，非可信环境的交互过程主要是通过虚拟机控制块（Virtual Machine Control Block，VMCB）来实现的。VMCB包含很多SEV虚拟机相关的关键信息（如指令指针、控制寄存器等），同时能通过VMCB实现对SEV虚拟机的控制（如上下文切换进入、虚拟机运行、退出条件变更等）。通过结合VMCB中的信息及CPU寄存器中的数据，如VMM等特权用户就能够实现对SEV虚拟机任意内存的明文读取。2017年AMD推出SEV的升级版本SEV-ES，通过对VMCB中内容加密的方式，保证了交互信息的机密性，解决了上述问题。

然而，由于SEV-ES虚拟机的ASID与虚拟机句柄的关联关系，以及负责虚拟机内地址向物理地址转换的嵌套页表（Nested-Page Table，NPT）未被SEV-ES机密计算技术所保护，研究人员针对这两个设计上的疏漏，实现了对SEV-ES虚拟机数据的攻击和对SEV-ES虚拟机的加密内存数据的任意读写。随后，AMD又推出了SEV-SNP，SEV-SNP建立在原始AMD SEV和SEV-ES的基础上，可提供额外的基于硬件的内存完整性保护，以抵御上述两类已知的安全漏洞。

机密计算环境与外界的内存共享也常常出现安全漏洞。举例而言，出于安全方面的考虑，DMA通常是不被机密计算环境允许直接访问机密计算环境内的内存空间的。因此，机密计算环境需要将共享数据以明文的方式放入内存页，这一过程中可能会对I/O数据的机密性造成威胁。当管理共享内存的授权表（Grant Table）可以被攻击者篡改时，攻击者就可以通过将内存页恶意授权给由攻击者创造的恶意机密计算环境的方式，破坏内存中数据的机密性。

11.2.5.2　侧信道漏洞

侧信道漏洞是机密计算技术最常见的漏洞类型。不完善的系统设计是由机密计算方案设计过程中的疏漏造成的，是偶发性漏洞。当数据和应用程序在机密计算环境内执行的时候，其实是在被硬件保护的区域内明文执行，机密计算技术保证了攻击者无法突破安全边界攻入机密计算环境内部。而利用侧信道漏洞进行攻击的时候，攻击者则是在机密计算环境的外部，通过收集信息的方式完成攻击。因此，这类漏洞是机密计算技术漏洞中很难被根除的类型。

根据收集到信息类型的不同，侧信道攻击也可以进一步分为两大类，一类是特权用户收集操作系统相关的信息；另一类是用户收集机器运行的物理信息。

（1）在操作系统中，缓存和页表是两种经常会被用来泄露机密信息的侧信道。

缓存的侧信道攻击常采用的一种技术是Prime＋Probe。顾名思义，Prime+Probe攻击分为Prime和Probe两个阶段。首先，Prime阶段攻击者会使用垃圾信息填充缓存空间；然后，攻击者需要等待机密计算环境中的应用程序通过读内存的操作更新缓存中的垃圾数据；最后，Probe阶段攻击者需要测量读取缓存中在Prime阶段填充的垃圾信息的时间，如果读取的时间过长，则表明机密应用程序使用了这部分缓存。这种攻击利用缓存粒度的数据访问模式对机密数据进行攻击。

页表的侧信道漏洞也是一种常见的漏洞。例如，Controlled Channel攻击利用页表破坏被Intel SGX保护的数据的机密性。Intel SGX是App-CC类型的机密计算技术，SGX机密应用程序的缺页请求需要由操作系统进行处理。这就使恶意操作系统能够通过监视缺页中断的方式，收集SGX机密应用程序访问了哪些内存页。根据内存页的访问信息，攻击者可以还原机密应用程序相关的数据，破坏机密计算环境的机密性。

（2）机器运行的物理信息包括能耗、电压、CPU频率、电磁辐射等信息在服务器刚刚兴起的时候，就已经有很多使用示波器、热成像仪、能耗传感器等硬件收集信息、推测服务器中运行数据的攻击存在了。随着技术人员对这类攻击的重视，以及能屏蔽这类信息泄露材料的发明，这类侧信道攻击的热度有所降低。

随着机密计算技术的诞生，安全边界从机房的围墙变为了由CPU硬件保护的虚拟围墙，攻击者们具备了使用CPU的性能检测接口收集机器运行相关的物理信息的能力，这类侧信道攻击又再次进入了研究员们的视野。不同的组织与专家已经分别通过收集CPU能耗、CPU电压、CPU频率这几项物理信息，成功获取了被机密计算系统保护的机密数据，破坏了机密计算系统的机密性。

11.3 安全多方计算

安全多方计算（Secure Multiple-party Computation，MPC）是现代秘密学中的重要分支，也是大数据时代协同计算中保护数据隐私的核心技术。其主要研究内容是，在无可信第三方的情况下，一组互不信任的参与者如何安全地协同计算一个函数，最终只输出函数计算结果，而不暴露任何除结果之外的其他信息，如各参与方的隐私数据等。在整个计算过程中，各参与方对其所拥有的隐私数据有绝对的控制权。

MPC起源于一个安全两方计算问题，即姚期智院士于1982年提出的“百万富翁问题”，该问题可以描述为：“假设有两个富翁，他们想知道谁更富有，但他们又想保护好自己的隐私，不愿意让任何人知道自己拥有多少财富，如何在保护好双方隐私的前提下，计算出谁更有钱呢？”1986年，姚期智院士针对该问题，给出一种电路加密的解决方案，适用于通用型的安全两方计算问题，该方法在后续的工作中被称为混淆电路技术。

自从1982年姚期智院士开创工作以来，经过数10年的研究，MPC已经从理论逐步进入实际应用中。随着大数据时代的到来，新兴技术不断涌现，如云计算、人工智能等。而MPC由于其在数据安全性和隐私性上的天然优势，成为隐私计算中核心技术之一，受到了广泛关注。近几年，MPC在学术界已产生大量研究成果，在工业界也产生了许多实际应用。近十年来，MPC领域出现了一系列优秀开源库，进一步推动了MPC的应用和部署，如ABY、EMP-toolkit、FRESCO、JIFF、MP-SPDZ、MPyC和Crypten等。

在实际的MPC工程部署中，参与方主要承担的角色可分为数据方、计算方、结果方。数据方指原始秘密输入数据的提供者；计算方指安全多方计算协议算力的提供者，负责安全多方计算协议的实际执行；结果方指安全多方计算结果的接收方。

MPC技术并不是一个单一的技术，其构成还涉及秘密分享、不经意传输、同态加密等多种密码学原语。目前，MPC主要有两条实施技术路线，即通用MPC和针对特定问题的MPC。在学术界和具体应用场景中，通用MPC的解决方案包括基于秘密共享、混淆电路及同态加密的计算解决方案；针对特定问题的MPC的主流计算解决方案包括两种：一种是隐私求交（PSI）；另一种是匿踪查询（PIR）。

下面对MPC中涉及的主要技术原理、应用技术，以及MPC协议常见的安全性分析方法和安全挑战模型进行介绍。

11.3.1　技术原理

11.3.1.1　混淆电路

混淆电路（Garbled Circuit，GC）最初是1986年姚期智院士为解决安全两方计算而提出的一种电路加密思路。之后，Goldreich等人将此方案中的两个参与者扩展为多个。混淆电路对于安全多方计算意义重大，但该方法一直是以一种处理技巧进行描述，没有具体的定义和证明。直至2012年，Bellare等人给出了混淆电路的具体形式化定义，随之给出其语义定义、安全定义等，此项工作奠定了混淆电路作为一项独立密码方案的基础。后续发展出混淆电路技术大多是在姚氏协议的技术上构造得来的，虽然此协议的通信复杂度已不是现有协议中最优的，但由于其协议的执行轮数是常数，避免了由于协议本身引入较大的通信延迟。

混淆电路是一种密码学协议，它使两个参与方能够在无须知道对方数据的情况下共同计算某一函数。其关键在于可计算的函数问题都可以转换为一组电路，由加法电路、乘法电路、比较电路等表示，而电路本质上由一个个逻辑门组成，包括与门、非门、或门、与非门等。即使是复杂的计算过程也是可以转换成电路的。

为帮助读者理解，我们以姚期智院士提出的百万富翁问题为例，尝试将这些函数转化为电路。在“百万富翁”问题中，两个富翁Alice和Bob想比较一下谁更富有，又不向对方透露自己有多少财富，该问题本质上要解决的函数是比较大小。假设Alice的财富表示为整数a，Bob的财富表示为整数b。转换为二进制后，a和b可表示为$a_n a_{n-1} \ldots a_1$ 和$b_n b_{n-1} \ldots b_1$，其中a_i、$b_i \in 0，1$，可以使用归纳法来判断它们的大小。定义变量如下：

$$c_{i+1} = \begin{cases} 1, & a_i a_{i-1} \ldots a_1 > b_i b_{i-1} \ldots b_1 \\ 0, & a_i a_{i-1} \ldots a_1 \leqslant b_i b_{i-1} \ldots b_1 \end{cases}$$

初始值$c_1 = 0$，$a_1 a_{i-1} \ldots a_1 > b_i b_{i-1} \ldots b_1$的充分必要条件是$a_i > b_i$，或$a_i = b_i$且$a_{i-1} \ldots a_1 > b_{i-1} \ldots b_1$。显然，通过$c_1 = 0$可以推导出$c_2$，$c_3$，…，$c_{n+1}$，而$c_{n+1}$为最终比较结果。在已知$a_i$，$b_i$，$c_i$的情况下，$c_{i+1}$可总结为：$(a_i > b_i)$或$\left(a_i = b_i\text{并且}c_i = 1\right)$。这一总结等价于如图11-23所示的部分逻辑电路。

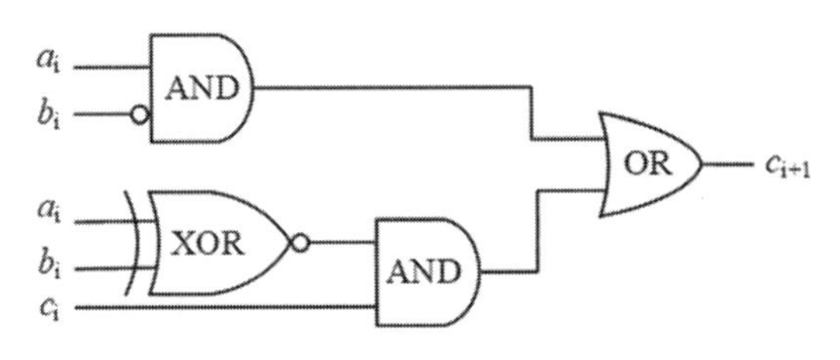

图11-23　部分逻辑电路

将上述逻辑电路封装成拥有三个输入$\left(a_i，\ b_i，\ c_i\right)$和一个输出$(c_{i+1})$的电路模块。将$n$个模块串联可以得到判断$a_n a_{n-1} \dots a_1 > b_n b_{n-1} \dots b_1$的电路。完整逻辑电路如图11-24所示。

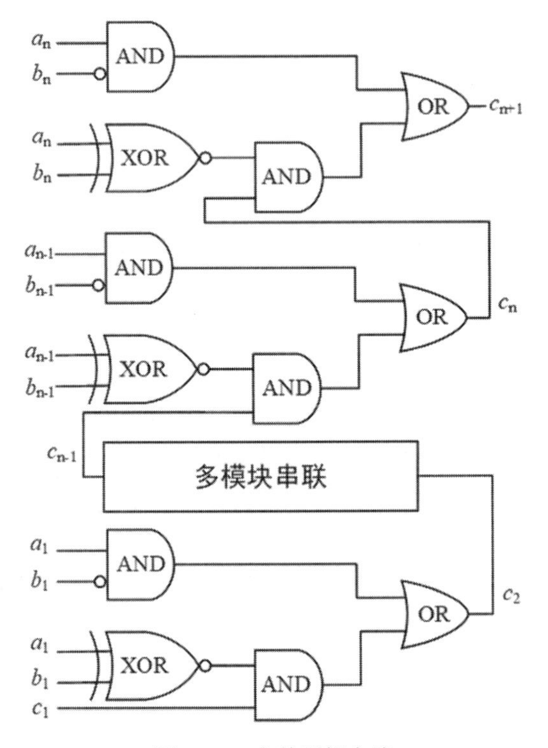

图11-24　完整逻辑电路

在上述电路中，c_{n+1}为整个电路的输出。当$c_{n+1} = 1$时，则$a > b$。至此，已经将比较函数转化为一个逻辑电路，但该电路还不能解决“百万富翁”问题，因为现在仅有电路，没有混淆，电路中每一根导线的输入值是明文状态，而我们要求参与方不能获得对方的数据。接下来我们介绍如何将逻辑电路变成真正的混淆电路，其中将使用到密码学原语不经意传输技术（Oblivious Transfer，OT），该协议能使接收者输入选择比特后获得发送方输入信息中的对应信息，同时保证双方输入的私密性。

假设Alice和Bob要基于混淆电路计算某一函数$f\left(a，\ b\right)$，主要步骤如下。

（1）Alice将目标函数$f(a，\ b)$转换为布尔电路，并对电路进行加密混淆。

（2）Alice将混淆表和部分输入字符串发送给Bob。

（3）Bob对混淆电路进行计算。

（4）Alice和Bob恢复秘密，获得电路计算结果。

为帮助读者理解上述步骤，我们以与门为例，对混淆电路执行步骤进行介绍。

1. 生成混淆电路

与门逻辑电路图及真值表如图11-25所示，有两个输入导线和一个输出导线，三个导线分别对应真值表的3列。

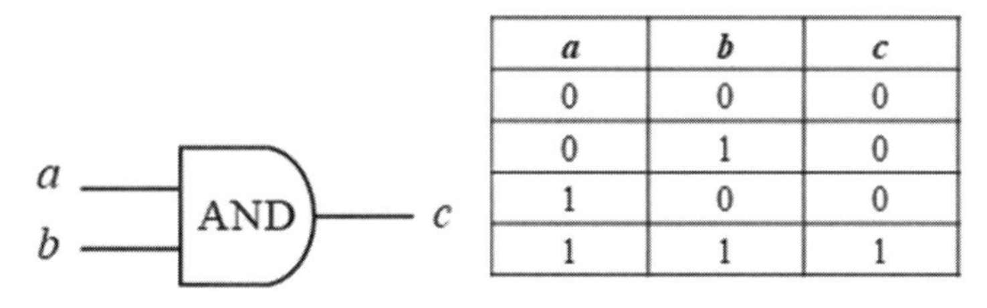

a	*b*	*c*
0	0	0
0	1	0
1	0	0
1	1	1

图11-25　与门逻辑电路图及真值表

Alice首先生成逻辑电路的真值表，然后将真值表中每根导线对应列的0、1数值使用不同字符串进行替换。针对上述与门我们生成6个不同的字符串k_a^0，k_a^1，k_b^0，k_b^1，k_c^0，k_c^1，分别用于替换a，b，c三个导线输入0或1的两种情况。与门的真值表转换如图11-26所示。

a	*b*	*c*
0	0	0
0	1	0
1	0	0
1	1	1

➡

a	*b*	*c*
k_a^0	k_b^0	k_c^0
k_a^0	k_b^1	k_c^0
k_a^1	k_b^0	k_c^0
k_a^1	k_b^1	k_c^1

图11-26　与门的真值表转换

Alice使用与a、b导线相对应的字符串作为密钥，使用对称加密算法，对c导线对应的字符串进行两次加密，以第一行为例：$Enc_{k_a^0}\left(Enc_{k_b^0}(k_c^0)\right)$，简写为$Enc_{k_a^0,\ k_b^0}(k_c^0)$，对其余行执行类似操作得到四个密文。最后，将得到的密文顺序打乱。至此，我们得到了逻辑电路的与门混淆表（Garbled Table），如图11-27所示。

a	*b*	*c*
k_a^0	k_b^0	k_c^0
k_a^0	k_b^1	k_c^0
k_a^1	k_b^0	k_c^0
k_a^1	k_b^1	k_c^1

➡

$Enc_{k_a^0,k_b^0}(k_c^0)$
$Enc_{k_a^0,k_b^1}(k_c^0)$
$Enc_{k_a^1,k_b^0}(k_c^0)$
$Enc_{k_a^1,k_b^1}(k_c^1)$

shuffle ➡

$Enc_{k_a^1,k_b^0}(k_c^0)$
$Enc_{k_a^1,k_b^1}(k_c^1)$
$Enc_{k_a^0,k_b^1}(k_c^0)$
$Enc_{k_a^0,k_b^0}(k_c^0)$

图11-27　与门混淆表

2. 发送混淆表与部分输入字符串

Alice将其输入对应的字符串发送给Bob，如Alice输入a导线的值为0，则将k_a^0发送给Bob，由于Bob不知道其对应关系，所以无法从k_a^0推测任何有用信息。随后，Alice将混淆表发送给Bob，即上文中经过打乱后的四个密文。

Bob通过不经意传输协议，从Alice处获得其输入值对应的字符串。不经意传输保证了当Bob输入0时，仅能得到k_b^0，反之，得到k_b^1，且Alice对Bob的输入值一无所知。

3. Bob 计算混淆电路

Bob基于收到的k_a^*和k_b^*对混淆表进行解密，由于仅有两个密钥，Bob仅能解开混淆表中4个密文中的其中一个，得到k_c^*，例如当Alice输入值a=0，Bob输入值b=1时，仅能解开$Enc_{k_a^0}\left(Enc_{k_b^1}(k_c^0)\right)$得到$k_c^0$的值。由于混淆表是经过打乱的，所以此时$k_c^*$仍不带任何有用信息。

Bob仅能解开其中一个值，而现在有4个密文，Bob如何判断应该解密哪个呢？此处用到了一个小技巧，Alice在生成k_c^*时，会在其前缀加一定数量的0，作为成功解密的标识，Bob则将4个密文全部解密，通过前缀判断成功解密了哪一个密文。

4. 获得计算结果

最后，Alice分享k_c^0、k_c^1，或者Bob分享最后的k_c^*，即可得到电路的计算结果。

上面介绍了逻辑电路与门构造混淆电路的方法，现实场景中通常要计算的函数是十分复杂的，如前文中我们构造的比较函数单个比特逻辑电路就用到了4个逻辑门，需要标注7条导线。但理解上述与门的构造方法后，将上一个逻辑门的输出作为下一个逻辑门的输入，则很容易就能将其拓展为更复杂的电路。

11.3.1.2 秘密共享

秘密共享（Secret Sharing）由Adi Shamir和George Blakley各自独立提出，指将秘密以适当的方式拆分，拆分后的份额由不同参与方持有，单个参与方无法恢复秘密信息，当且仅当足够数量的参与者协作才能恢复原始秘密值，是构造MPC协议的重要支撑技术之一。主流MPC框架和协议中使用到的秘密共享主要有门限秘密共享、算术共享、布尔共享和Yao共享，本节将逐个进行介绍。

秘密共享方案主要由秘密分发和秘密重构两个方法组成。

（1）秘密分发：构建多项式$f(x) = s + a_1x^1 + a_2x^2 + \cdots + a_{k-1}x^{k-1} mod q$，其中s为要分享的秘密，$q$为一个可公开的大素数。$n$个参与者记为$P_1$，$P_2$，…，$P_n$，$P_i$分配到的子密钥为$(i，f(i))$。

（2）秘密重构：构造多项式$f(x) = \sum_{j=1}^{k} f\left(i_j\right) \prod_{l=1，l \neq j}^{k} \frac{(x-i_l)}{(i_j-i_l)}$，代入$k$个子密钥，取$x$为0，计算$f(0)$即可得到原始秘密s。

1. 门限秘密共享

在如导弹发射控制、密钥托管等某些重要任务中，往往需要多人同时参与才能生效。这时需要将秘密分给多人保存，在一定数目持有秘密的人同时到场时才能恢复秘密。由此，我们引入门限秘密共享的一般概念。秘密共享概念图如图11-28所示。设秘密s被分成n个份额，每个份额也可称为1个子密钥，每个份额由一个参与者持有，使得：

（1）由t个或多于t个参与者所持有的份额可重构s。

（2）由少于k个参与者所持有的份额则无法重构s。

（3）由少于t个参与者所持有的份额得不到秘密s的任何信息。

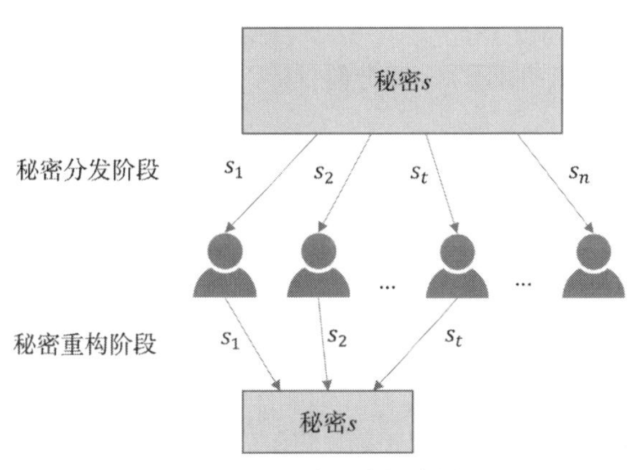

图11-28　秘密共享概念图

下面介绍最具代表性的Shamir门限秘密共享方案，Shamir门限秘密共享方案是基于多项式Lagrange插值公式构造的。

Lagrange插值：已知$\varphi(x)$在k个互不相同的点函数$\varphi(x_i)$，$(i=1，\ ...，k)$，可构造k-1次插值多项式为：

$$f(x)=\sum_{j=1}^{k}\varphi(x_j)\prod_{l=1,\ l\neq j}^{k}\frac{(x-x_l)}{(x_j-x_l)}$$

Lagrange插值问题也可认为是已知k-1次多项式$f(x)$的k个互不相同的点的函数值$f(x_i)$，$(i=1,\ldots，k)$构造多项式$f(x)$。若把密钥s取作$f(0)$，则n个子密钥取作$f(x_i)$，$(i=1，2，\ ...，n)$，那么利用其中的任意k个子密钥可重构$f(x)$，从而可得密钥s，这就是Shamir的$(k，n)$门限秘密共享方案。

2. 算术共享

在算术秘密共享中，没有如Shamir门限秘密共享方案所述的门限特点，当一个秘密x基于算术共享产生n个子密钥时，只有拥有全部的n个子密钥才能恢复出原始秘密x，一个长度为m比特的值x，将会被分为两个或多个在环$\mathbb{Z}_{2^m}$上的值的和。算术共享拥有秘密分发和秘密重构两个方法，通过加法共享各参与方间的隐私值，加法门如图11-29所示。

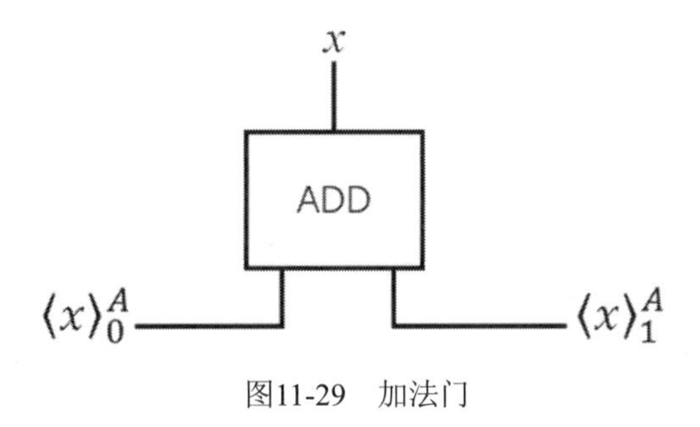

图11-29　加法门

1）秘密分发和秘密重构的实现

秘密分发：参与方P_i在环$\mathbb{Z}_{2^m}$内任取随机数r，计算$\langle x\rangle_0^A = x - r$，将$r$发送给$P_{1-i}$，定义$\langle x\rangle_1^A = r$，此时满足$x = \langle x\rangle_0^A + \langle x\rangle_1^A$。

秘密重构：P_{1-i}发送其拥有的秘密份额$\langle x\rangle_{1-i}^A$给P_i，则P_i可恢复原始秘密$x = \langle x\rangle_{1-i}^A + \langle x\rangle_i^A$。

2）技术优势

此外，算术共享还支持秘密份额间的加法和乘法操作。假设现已对x和y进行算术共享，P_i拥有$\langle x\rangle_i^A$和$\langle y\rangle_i^A$。

加法：要求P_i获得秘密份额$\langle z\rangle_i^A$，满足$z = x + y$，P_i仅需本地执行$\langle z\rangle_i^A = \langle x\rangle_i^A + \langle y\rangle_i^A$。

乘法：要求P_i获得秘密份额$\langle z\rangle_i^A$，满足$z = x * y$，执行乘法操作需要乘法三元组$\langle c\rangle^A = \langle a\rangle^A * \langle b\rangle^A$辅助计算，$P_i$设定$\langle e\rangle_i^A = \langle x\rangle_i^A - \langle a\rangle_i^A$，$\langle f\rangle_i^A = \langle y\rangle_i^A - \langle b\rangle_i^A$，双方执行秘密重构恢复出$e$和$f$，$P_i$执行$\langle z\rangle_i^A = i * e * f + f * \langle a\rangle_i^A + e * \langle b\rangle_i^A + \langle c\rangle_i^A$，即可获得$x * y$的秘密份额$\langle z\rangle_i^A$，乘法三元组的获得可以使用不经意传输或同态加密算法获得，更多细节可以参考Demmler等人设计的ABY框架，在此不做过多赘述。

3. 布尔共享

布尔共享使用基于异或（XOR）的秘密共享方案来共享变量，通常使用Goldreich等人提出的GMW协议来作为布尔电路函数。为了简化表示，我们下述方法以单个比特为例，m比特的情况下，可以并行处理m次。布尔共享同样拥有秘密分发和秘密重构两个方法。布尔共享异或门如图11-30所示。

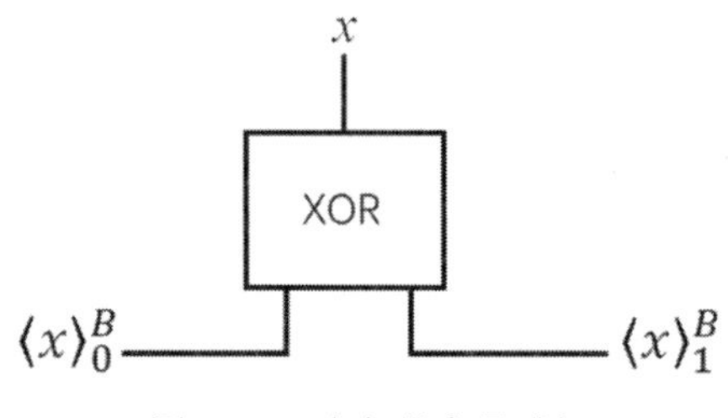

图11-30　布尔共享异或门

1）秘密分发和秘密重构的实现

秘密分发：参与方P_i选择一个随机比特位r，计算$\langle x\rangle_0^B = x \oplus r$，将$r$发送给$P_{1-i}$，定义$\langle x\rangle_1^B = r$，此时满足$x = \langle x\rangle_0^B \oplus \langle x\rangle_1^B$。

秘密重构：P_{1-i}发送其拥有的秘密份额$\langle x\rangle_{1-i}^B$给P_i，则P_i可恢复原始秘密$x = \langle x\rangle_{1-i}^B \oplus \langle x\rangle_i^B$。

2）技术优势

此外，布尔共享还支持秘密份额间的异或（XOR）和与（AND）操作。假设现已对x和y进行布尔共享，P_i拥有$\langle x\rangle_i^B$和$\langle y\rangle_i^B$。

异或（XOR）：要求P_i获得秘密份额$\langle z\rangle_i^B$，满足$z = x \oplus y$，P_i仅需本地执行$\langle z\rangle_i^B = \langle x\rangle_i^B \oplus \langle y\rangle_i^B$。

与（AND）：要求P_i获得秘密份额$\langle z\rangle_i^B$，满足$z = x \wedge y$，执行乘法操作需要布尔三元组$\langle c\rangle^B = \langle a\rangle^B \wedge \langle b\rangle^B$辅助计算，$P_i$设定$\langle e\rangle_i^B = \langle x\rangle_i^B \oplus \langle a\rangle_i^B$，$\langle f\rangle_i^B = \langle y\rangle_i^B \oplus \langle b\rangle_i^B$，双方执行秘密重构恢复出$e$和$f$，$P_i$执行$\langle z\rangle_i^B = i * e * f \oplus f * \langle a\rangle_i^B \oplus e * \langle b\rangle_i^B \oplus \langle c\rangle_i^B$，即可获得$x \oplus y$的秘密份额$\langle z\rangle_i^A$，布尔三元组的获得使用$R - OT_1^2$预处理，具体细节可以参考 ABY 框架的实现方法。

除Shamir门限秘密共享、算术共享和布尔共享外，在安全多方计算领域还经常用到姚氏秘密共享。用混淆电路（参见11.3.1.1）计算步骤最后恢复获得的计算结果作为恢复秘密使用的子密钥，即为姚氏秘密共享的份额。值得一提的是，Demmler等人在ABY框架的工作中实现了算术共享、布尔共享和姚氏秘密共享之间的转化，使用混合秘密共享协议方法比使用单个协议有更好的性能。

11.3.1.3　不经意传输

不经意传输（Oblivious Transfer，OT）作为重要的密码学基础协议之一，是MPC协议的关键构造模块。1988年，Kilian提出了一个著名的结论：拥有一个实现不经意传输的黑盒就可以完备地构建任何一个安全计算协议。该结论证明，MPC和OT在理论层面是等价的，基于OT可以在不引入其他任何额外假设的条件下构造MPC协议。

不经意传输最早由Michael O.Rabin在1981年提出。Rabin的OT定义旨在模拟信号在传输过程中的失真现象，即Alice和Bob进行通信，Alice发送一个信息给Bob，通信的结果是Bob可能会收到Alice发送的消息，也可能收不到该信息，这两个事件发送的概率都为二分之一，同时Alice不知道Bob是否收到了消息。1985年Even等人提出了应用更为广泛的标准OT协议，其中同样涉及两个参与方：持有两个消息m_0，m_1的发送方Sender，持有一个选择比特$c \in 0$，1的接收方Receiver。OT允许Receiver得到m_c，但无法得到另一个消息m_{1-c}的任何信息。与此同时，Sender也无法得到选择比特的任何信息。标准OT结构如图11-31所示。

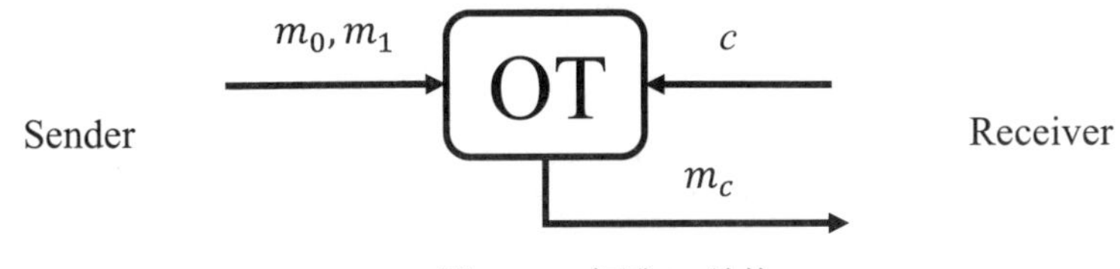

图11-31　标准OT结构

除上述接收方在两个信息间获得其中一个信息（1-out-of-2 OT…OT_1^2）的OT协议外，还有n个信息间取其中一个的OT_1^n、n个信息间取其中k个的OT_k^n等多种标准OT变体。此外，还有衍生的Random OT、Correlated OT、OT Extension等多种技术。

首先，介绍半诚实敌手模型下基于公钥的OT协议。

参数：发送方Sender和接收方Receiver。Sender输入秘密m_0，$m_1 \in \{0，1\}^n$，Receiver的输入为选择比特$c \in 0$，1。

协议的步骤：

步骤1：Sender生成两对公私钥$\left(pk_0，sk_0\right)$，$\left(pk_1，sk_1\right)$，将公钥pk_0，pk_1发送给

Receiver。

步骤2：Receiver随机生成对称加密密钥k，使用公钥pk_c对k进行加密，将密文$\mathrm{Enc}_{\mathrm{pk}_c}(k)$发送给Sender。

步骤3：Sender使用两个私钥对收到的密文分别进行解密，则执行$Dec_{sk_0}\left[Enc_{pk_c}(k)\right]$和$Dec_{sk_1}\left[Enc_{pk_c}(k)\right]$，并利用解密结果作为对称密钥，对$m_0$，$m_1$加密，并将加密后的结果发送给Receiver。假设c=1，则此步Sender收到的为$Enc_{pk_1}(k)$，则$Dec_{sk_0}\left[Enc_{pk_1}(k)\right]$解密结果可以视为随机数，我们用$R$表示，而$Dec_{sk_1}\left(Enc_{pk_1}(k)\right)$的解密结果为$k$。此时，利用$R$对$m_0$加密得到$Enc_R(m_0)$，利用$k$对$m_1$加密得到$Enc_k(m_1)$，将上述两个密文发送给Receiver。

步骤4：Receiver收到利用k对收到的两条信息进行解密。当c=1时，Receiver收到$Enc_R(m_0)$和$Enc_k(m_1)$，显然，k仅能解开$Enc_k(m_1)$，因此仅能获得m_1。

上述方案基于公钥简单实现了一个“1-out-of-2”的OT协议，Sender无法知道 Receiver的选择比特c，Receiver也无法从收到的信息中获取任何与m_0相关的信息。

标准OT协议实现了一个确定性功能，所有的消息和选择位均有参与方输入，具有一定现实意义。除标准OT外，还有Random OT协议，该协议实现了一个随机功能，所有的消息和选择位由函数自发产生，不具有现实意义。

Random OT协议使得Sender获得消息m_0，$m_1 \in_R \{0，1\}^n$，Receiver获得其中一个消息m_c和对应的选择比特位c。Beaver等人证明了能够使用极低的代价将Random OT转换为标准OT。许多学者在构造方案时，在离线阶段产生大量Random OT实例，在线阶段再以较低的代价将这些Random OT转化为实际要使用的Standard OT。上述Random OT如图11-32所示。

图11-32　Random OT

在上述给出的构造中，执行一次OT协议需要一轮公钥操作，而公钥加密解密是比较昂贵的。基于OT构造MPC协议时往往需要大量OT实例，如在姚氏混淆电路中，每个输入比特位，都需要执行一次OT协议，OT协议的执行效率，直接影响MPC协议的执行效率。而OT协议需要非对称密码学原语才能保障协议的安全性，Impagliazzo等人证明，如果使用对称密码学构造OT协议，则无法规约到NP问题上。因此，许多研究工作都致力于研究降低生成大量OT实例所需要的公钥密码学的操作次数。

降低公钥使用次数的常见办法是使用混合加密满足实际需求，即使用公钥密码学加密对称密钥k，然后使用对称加密密钥k加密长信息。该思路是否能使用到OT的构造中呢？Beaver最早引入了OT拓展的概念，其目的是使用快速运算算法将少量基本OT有效地拓展为大量的OT实例。Beaver的第一个OT扩展协议以非黑盒方式使用伪随机生成器（PRG），但仅在理论上有效。目前，具体有效的OT扩展协议主要分为两种风格：一种基于IKNP框架；另一种基于PCG框架。基于IKNP框架的协议采用对称密钥原语PRG进行扩展并支持选择位，而基于PCG

框架风格的协议利用LPN问题中噪声的稀疏特性来实现扩展，只允许随机选择位。

11.3.1.4　同态加密

随着互联网的发展和云计算概念的诞生，以及人们在密文搜索、电子投票、移动代码和多方计算等方面需求的日益增加，同态加密（Homomorphic Encryption，HE）变得更加重要。同态加密是一类具有特殊自然属性的加密方法，此概念由Rivest等人在20世纪70年代首次提出。与一般加密算法相比，同态加密除了能实现基本的加密操作之外，还能实现密文间的多种计算功能，即对密文先计算后解密的结果等价于先解密后计算。这个特性对保护信息的安全具有重要意义，利用同态加密技术可以先对多个密文进行计算之后再解密，不必对每个密文解密而花费高昂的计算代价；利用同态加密技术可以实现无密钥方对密文的计算，密文计算无须经过密钥方，既可以减少通信代价，又可以转移计算任务，由此可平衡各方的计算代价；利用同态加密技术可以实现让解密方只能获知最后的结果，而无法获得每个密文的消息，可以提高信息的安全性。正是由于同态加密技术在计算复杂性、通信复杂性与安全性上的优势，越来越多的研究力量投入其理论和应用的探索中。近年来，云计算受到广泛关注，其在实现中遇到的重要问题之一即是如何保证数据的私密性。同态加密可以在一定程度上解决这个技术难题。

1. 同态加密算法概念

同态加密是基于数学难题的计算复杂性理论的密码学技术。对经过同态加密的数据进行处理得到一个输出，将这个输出进行解密，其结果与用同一方法处理未加密的原始数据得到的输出结果是一样的。本质上，同态加密是指这样一种加密函数，对明文进行环上的加法和乘法运算再加密，与加密后对密文进行相应的运算，结果是等价的。同态加密密文计算示意如图11-33所示，原始数据经过同态加密后，在密文下进行计算处理，在进行解密时得到的计算结果，与直接明文进行相同计算得到的计算结果相等。由于这个良好的性质，人们可以委托第三方对数据进行处理而不泄露信息。具有同态性质的加密函数是指两个明文a、b满足$\mathrm{Dec}(\mathrm{Enc}(a) \odot \mathrm{Enc}(b)) = a \oplus b$的加密函数，其中$Enc$是加密运算，$Dec$是解密运算，$\odot$ 、$\oplus$分别对应明文和密文域上的运算。当$\oplus$代表加法时，称该加密为加法同态加密：当$\oplus$代表乘法时，称该加密为乘法同态加密。

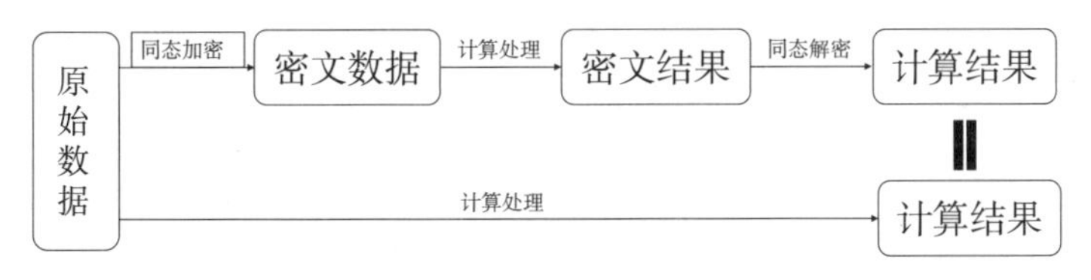

图11-33　同态加密密文计算示意

全同态加密是指同时满足加法同态和乘法同态性质，可以进行任意多次加法和乘法运算的加密函数。2009年，IBM的研究人员Gentry首次设计出一个真正的全同态加密机制，即可以在不解密的条件下对加密数据进行任何可以在明文上进行的运算，使对加密信息仍能进行深入分析，而不会影响其保密性。经过这一突破，存储他人机密电子数据的服务提供商就能受用户委托来充分分析数据，而不用频繁地与用户交互，也不必看到任何隐私数据。

同态加密技术允许公司将敏感的信息储存在远程服务器里，既避免了从当地主机端发生泄密，又保证了信息的使用和搜索；用户也得以使用搜索引擎进行查询并获取结果，而不用担心搜索引擎会留下自己的查询记录。为提高全同态加密的效率，密码学界对其研究与探索仍在不断推进，这将使全同态加密越来越向实用化靠近。

2. 同态加密算法分类

同态加密包括多种类型的加密方案，可以对加密数据执行不同类别的计算。根据性质不同可以分为半同态加密、类同态加密、全同态加密。

1）半同态加密（Partially Homomorphic Encryption，PHE）

支持无限次的运算，但是只支持加法或者乘法中的一种。根据支持的运算不同，可分为加法同态加密和乘法同态加密。

（1）加法同态加密：该加密方案支持的同态函数簇为所有可以仅由加法实现的函数。目前使用比较广泛的是Paillier加法同态加密。

（2）乘法同态加密：该加密方案支持的同态函数簇为所有可以仅由乘法实现的函数，经典乘法同态方案有RSA加密方案。

2）类同态加密（Somewhat Homomorphic Encryption，SWHE）

类同态加密算法可以对密文进行有限次数的加法和乘法操作。例如，Boneh-Goh-Nissim同态加密方案可以支持任意次加法和1次乘法的任意组合。但是执行第二次同态乘法操作将使得解密结果无效。

3）全同态加密（Fully Homomorphic Encryption，FHE）

支持对密文进行不限次数的任意同态操作，理论上只要支持任意次数的加法和乘法操作就能支持任意的其他操作。目前，可实现全同态加密的方案主要有Gentry方案、BGV方案、BFV方案、GSW方案、FHEW方案、TFHE方案和CKKS方案。

目前，支持全同态加密算法的方案均存在计算和存储开销大等问题，距离高效的工程应用还有不小的差距，同时面临国际与国内相关标准的缺失，因此在半同态加密算法满足需求的情况下可优先使用半同态加密算法。

3. 同态加密算法方案

为帮助读者理解同态加密算法，接下来对具有代表性的方案进行简单介绍。

1）半同态乘法加密算法

在半同态乘法加密算法中具有代表性的有RSA加密算法和ElGamal加密算法，基于RSA加密算法的加密方法和密文结构，可推导出RSA的乘法同态性质。

（1）假设有两个明文数据m_1和m_2，经RSA加密后的密文数据为c_1和c_2。

（2）易得$(c_1 \times c_2)^d = (m_1^e \times m_2^e)^d = ((m_1 \times m_2)^e)^d$。

（3）根据加密计算公式$m^e \equiv c\ (mod\ n)$和解密计算公式$c^d \equiv m\ (mod\ n)$，很容易得出$(c_1 \times c_2)^d \equiv m_1 \times m_2\ (mod\ n)$。

由于原始RSA加密算法在加密过程中没有使用随机因子，相同密钥加密相同明文所得的结果是相同的，因此利用RSA的乘法同态性质实现同态加密运算在选择明文攻击下存在安全风险。此外，ElGamal加密算法也满足乘法同态性，并在加密过程中使用了随机因子，因此使用相同密钥相同明文两次加密的结果是不同的，且满足乘法同态性。ElGamal加密算法是同态加密国际标准中唯一指定的乘法同态加密算法。关于ElGamal加密算法原理，在此不做过多介绍。

2）半同态加法加密算法

在半同态加法加密算法中具有代表性的有Paillier加密算法，Paillier加密算法基于复合剩余类的困难问题，是一种满足加法的同态加密算法，已经广泛应用在加密信号处理或第三方数据处理领域。其通过将复杂计算需求以一定方式转化为纯加法的形式来实现，再基于Paillier加密算法完成计算。此外，Paillier加密算法还支持数乘法同态，即支持密文和明文相乘。Paillier加密算法是同态加密国际标准中唯一指定的加法同态加密算法。关于Paillier加密算法原理，在此不做过多介绍。目前，Paillier加密算法已在众多具有同态加密需求的场景中产生了实际应用。

3）全同态加密算法

任何计算都可以通过加法和乘法门电路构造，因此加密算法只要同时满足乘法同态和加法同态特性，且运算操作次数不受限制就称其满足全同态特性。

（1）第一代全同态加密方案。

2009年Gentry提出了首个满足全同态性的加密算法，该方案是一种基于电路模型的全同态加密算法，支持对每个比特进行加法和乘法同态运算。Gentry方案的基本思想是在类同态加密算法的基础上引入Bootstrapping方法来控制运算过程中的噪声增长问题，这也是第一代全同态加密方案的主流模型。

（2）第二代全同态加密方案。

Gentry方案之后的第二代全同态加密方案通常基于容错学习（Learning with Error，LWE）和环上容错学习（Ring Learning with Error，RLWE）假设，其安全性基于格上（Lattice）困难问题，典型方案包括BGV方案和BFV方案等。BGV方案采用模交换技术代替Gentry方案中的Bootstrapping过程，不需要通过复杂的解密电路控制同态运算产生的噪声增长问题，BFV与BGV类似，但经过改进不需要通过模转换进行密文噪声控制。

（3）第三代全同态加密方案。

典型的第三代全同态加密方案包括GSW和CKKS。GSW是一种基于近似特征向量的全同态加密方案，其性能不如BGV方案等其他基于RLWE的方案，但GSW方案的密文为矩阵形式，而矩阵相乘并不会导致矩阵维数改变，因此，GSW方案解决了以往方案中密文向量相乘导致密文维数碰撞的问题。CKKS方案支持针对实数或复数的浮点数加法和乘法同态运算，但是得到的计算结果是近似值，其适用于不需要精确结果的场景，比如机器学习等。

11.3.1.5 实现框架

通过前面的介绍我们已经知道，安全多方计算（MPC）可以将一群互不信任的各方组织起来进行安全的联合计算，而不泄露计算结果以外的任何信息。这种计算方式非常强大，目前在学术界、工业界及政府部门的应用都非常广泛。但是也必须承认，使用这种技术需要具备多学科的知识，将底层密码学原语与上层业务逻辑结合起来，这是非常有难度和挑战性的。

近年来，MPC框架的发展如火如荼，这些框架的出现极大地降低了使用MPC的门槛，让非专业的用户不需要去了解底层的MPC计算细节，只需要在开发过程中，通过一些安全关键字对变量进行定义，编译器就可以自动把这些程序编译成对应的中间层。中间层会被输入计算框架，通过底层协议的接口完成最终的密态运算。

MPC框架任务执行流程如图11-34所示。可分为两个部分，一个是MPC计算任务自左而右的三个模块，分别是安全输入、安全计算及安全输出；在安全计算部分则自上而下由用户开发语言、优化器/编译器及底层协议构成。

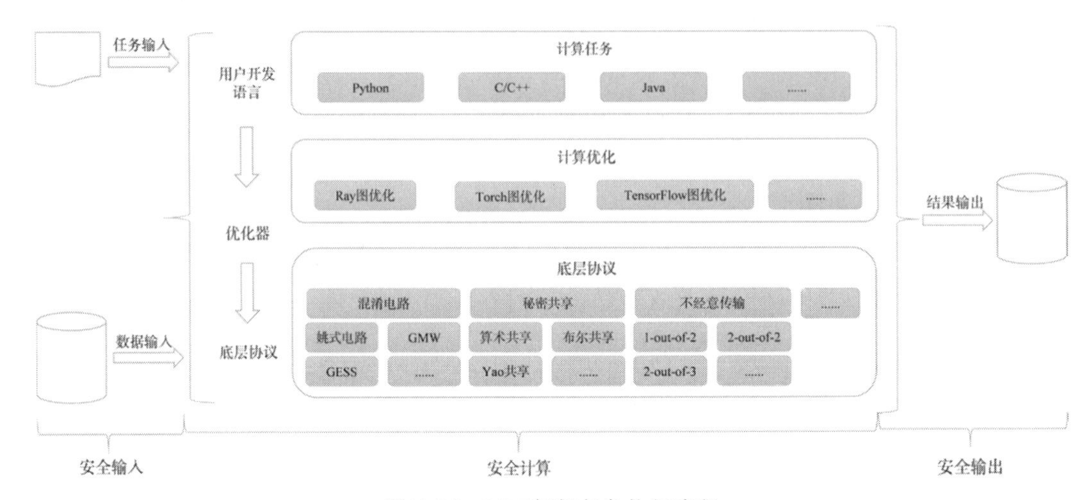

图11-34　MPC框架任务执行流程

1. MPC 的安全计算过程

安全多方计算的过程大体可以分为安全输入、安全计算及安全输出。

1）安全输入

安全输入，即数据提供方输入隐私数据的过程。在这个过程中，涉及很多安全问题，如通信安全如何保证，即参与计算的多方两两之间维持可信的加密通信信道，并在此基础上，数据提供方输入数据，通过协议将数据转换为密态数据。如何保证数据输入的原始数据存留在本地，与各参数方交换的数据为加密的密文数据等。

2）安全计算

安全计算的过程，重点是底层的安全多方计算协议，不同的协议所支持的参与方数量是不同的，如支持两方计算的姚氏混淆电路、SecureNN、ABY2、Pond等，又如支持三方计算的BMR、ABY3、SPDZ等。同时，不同的协议所采用的密码学手段是不同的，例如SPDZ采用加法秘密共享、GMW采用Shamir秘密共享、ABY3采用复制秘密共享等。另外，不同的密码学原语对网络层和计算层的要求是不同的。例如，当采用秘密共享的方式进行环上的乘法操作时，由于无须进行复杂的加密解密，性能较好。然而当用于比较操作时，需要转化为在环上的大量进位加法和进位乘法操作，通信轮数的激增将致其运行效率低下。在此时，如采用混淆电路方案，则只需进行一轮混淆和评估就能完成任务，虽然需要加密解密，但是相较大量的通信，耗时更少。

3）安全输出

安全输出，即多方运算之后的结果数据保存至指定方的过程。该过程涉及密态数据运算后的结果如何恢复成明文状态，在恢复成明文状态的过程中如何保证数据只被指定的结果获取方获得，以及如何保证恢复出来的明文结果是计算得出的正确结果。

2. MPC 框架的基础构成

一个MPC框架基本可以抽象成三部分，分别是底层协议、解释器/编译器/优化器及用户开发语言。

1）底层协议

MPC的底层协议是MPC最为核心的技术部分，该协议包括基础的密态运算定义，例如密态加法和密态乘法，以及相关的密态逻辑运算。同时考虑到上层调用的效率，部分框架针对代数运算做了有针对性的优化工作，如密态矩阵乘法，神经网络相关的如密态卷积运算、密态求导运算等操作。

2）解释器/编译器/优化器

MPC框架具备编译优化功能，具体来说就是在用户使用上层语言开发完算法之后，框架会将算法翻译成安全多方计算协议的接口，以此来调用底层的MPC协议运行算法，同时，还需要根据底层的MPC优化算法结构，如进行图优化、网络优化等操作。由此可见，该部分是框架的核心，不同的框架采用同种MPC协议，其整体运行效率差异主要也体现在这里。

3）用户开发语言

MPC框架让用户可以使用高级编程语言进行算法开发。语言通常保留了传统高级开发语言的关键字和特性，使开发者便于上手。同时，会增加一些表示安全性语义的关键字，为下层的编译器提供一些编译指导。

3. 框架比较

目前涌现了大量的多方安全计算框架，如开源项目ABY、EMP-toolkit等。表11-3中列出了常见框架的比较。其中，GC（Garbled Circuit）表示混淆电路，MC（Multi-party Circuit Protocol）表示基于多方电路的协议，Hy（Hybird Models）表示混合模型，在支持安全计算的同时支持非安全计算，表中●表示支持，○代表不支持。

表11-3　安全多方计算框架比较

框架名称	协议	计算方数量	混合模式	半诚实模式	恶意模式	是否开源
EMP-toolkit	GC	2	●	●	●	●
Obliv-C	GC	2	●	●	○	●
OblivVM	GC	2	●	●	○	●
Wysteria	MC	2+	○	●	○	●
ABY	GC，MC	2	●	●	○	●
SCALE-MAMBA	Hy	2+	●	●	●	●
Sharemind	Hy	3	●	●	○	○
PICCO	Hy	3+	●	●	○	●

下面简单地介绍表11-3中的各个框架。

（1）EMP-toolkit是一个基于混淆电路的MPC框架，其包含了不经意传输调用库、安全类型库、支持自定义协议的调用库（用户可以使用自己设计的协议）。

（2）Obliv-C是一个C的扩展，在调用Obliv-C后用户可以在定义类型时添加Obliv关键字来声明该类型为安全类型。该框架支持两方运算，其采用混淆电路来实现安全计算。

（3）OblivVM是一个支持两方计算的混淆电路MPC框架，其实现了类似Java语言的编译器。类似Java的开发语言使用户无须具有安全背景知识就可以进行程序的开发。其支持大量的数据类型和用户自定义的类型，不支持Boolean类型，但其可以进行逻辑操作。

（4）Wysteria与OblivVM类似地开发了一种新的高级函数编程语言，专门为分布式安全计算设计。Wysteria支持任意数量的计算方，其解释器动态地将程序Wysteria编译为布尔电路，并使用GMW协议执行。

（5）ABY是一个混合协议框架，既支持混淆电路，又支持安全多方计算算术电路。

（6）SCALE-MAMBA实现了恶意威胁模型下的安全计算框架，是SPDZ协议的升级框架。其采用类似Python的语言模式供用户调用。由于是基于SPDZ协议族的，其采用了离线和在线阶段的划分，在离线阶段生成随机数，在线阶段进行计算。

（7）Sharemind是一个安全数据处理框架，其采用了加法秘密分享的方法，基于安全三方计算实现。

（8）PICCO框架实现了一个安全编译器，包括三个部分：C语言程序安全扩展翻译、安全输入/输出的I/O程序、基于混合模型的计算程序。

除以上介绍的MPC框架外，市面上还有很多其他的MPC框架，如PySyft、MP-SPDZ等，但是由于这些框架采用的底层协议本质上还是ABY、SecureNN等类似协议，所以不再赘述。

表11-4给出了许多框架支持的数据类型，其中动态数组指的是可以进行数组内容的添加和删除的数组类型，而结构体则是支持用户自定义类型的结构。

表11-4　支持的数据类型

框架名称	布尔	定点整数	浮点数	数组	动态数组	结构体
EMP-toolkit	●	●	●	●	●	●
Obliv-C	●	●	○	●	●	●
OblivVM	○	●	●	●	●	●
Wysteria	○	●	○	○	○	●
ABY	○	●	○	●	○	●
SCALE-MAMBA	○	●	●	●	○	●
Sharemind	●	●	○	●	●	●
PICCO	○	●	●	●	●	●

表11-5给出了许多框架支持的操作类型。其中，逻辑运算是在布尔域上的操作，而比较运算则是在算术域上的操作。

表11-5　支持的操作类型

框架名称	逻辑运算	比较	加法	乘法	除法	位移
EMP-toolkit	●	●	●	●	●	●
Obliv-C	●	●	●	●	●	●
OblivVM	●	●	●	●	●	●
Wysteria	○	●	●	●	○	○
ABY	●	●	●	●	○	○
SCALE-MAMBA	○	●	●	●	●	●
Sharemind	●	●	●	●	●	●
PICCO	●	●	●	●	●	●

通过上述对各框架之间的比较可以看到，不同的框架支持的MPC协议和模型假设有所不同，这导致了它们在功能实现上的巨大差异，在功能和可用性上还需要进一步研究。

11.3.2　应用技术

11.3.2.1　隐私求交（PSI）

隐私求交（Private Set Intersection，PSI），也称隐私集合交集、隐私集合求交。隐私求交计算属于安全多方计算领域的特定应用问题，具有很强的应用背景和研究意义，其允许持有各自集合的参与方来共同计算隐私集合交集，而不暴露任何额外信息。隐私求交技术还有众多分支技术和针对不同场景的方案，如仅计算交集的元素数量，而不计算出具体的交集元素等。

隐私求交场景如图11-35所示，Alice持有一个集合$X = \{x_1, x_2, \dots, x_n\}$，Bob持有一个集合$Y = \{y_1, y_2, \dots, y_n\}$，他们想解出集合交集$I = \{t|t \in X \cap Y\}$，但要求Alice无法得到$Y - (X \cap Y)$中的任何元素，Bob无法得到集合$X - (X \cap Y)$中的任何元素。

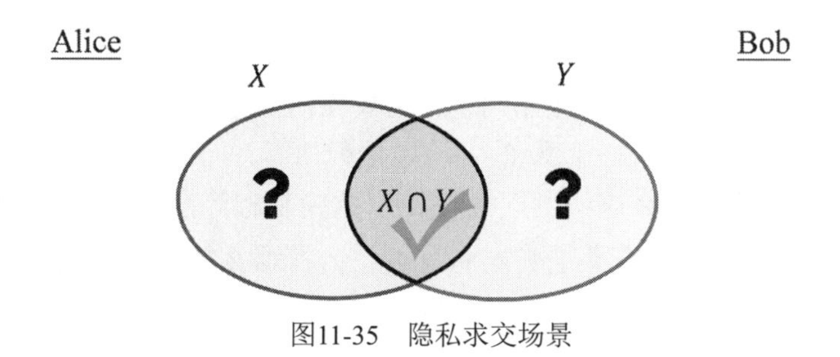

图11-35　隐私求交场景

1. 应用场景

1）私有联系人匹配

当我们注册或者使用一款新的App时，从通讯录中查找同样在使用该App的联系人成为十分常见的操作。通过将用户的通讯录发送给服务提供商可以有效完成该项功能，但与此同时用户的通讯录数据将遭到泄露。在这种场景下，使用隐私求交（PSI）技术，将用户的联系人作为一个参与方的集合，服务提供商的注册用户号码库作为另一参与方的集合，即可在用户数据和服务提供商数据均不暴露的前提下完成联系人匹配这一功能。

2）在线广告曝光效果追踪

在线广告常常按照广告曝光次数收费。不过广告平台希望能够协助广告主了解广告曝光后的效果，即从广告曝光到广告点击乃至商品购买的转化率如何，或者反过来，购买了某个商品的消费者中有多少曾经看到过平台上曝光的广告。然而，其中的隐私问题是难关，因为网购平台往往记录了商品的订单信息，而广告平台掌握着广告的曝光数据。从理论上讲，只有双方把数据拿出来核对才能找到同时出现在两个平台中的数据，从而计算曝光效果。但在实际应用中，这种直接核对的操作是绝不可行的。不仅因为网购平台和广告平台经常不是同一家企业，仅仅出于保护商业机密就不可能向对方直接透露信息。更因为这些都是消费者的个人隐私数据，不可以泄露，也不可以用来识别消费者的身份。因此，隐私求交（PSI）技术可用于对网购平台订单信息与广告平台曝光数据求隐私集合交集来分析广告曝光和购买之间的关系。

3）金融联合建模

在跨机构联合建模场景中，首先需要对各个参与机构的不同样本集进行安全对齐。在传统方法中，需要把各个参与方的样本汇集到同一个中心节点或者某一个参与方求出交集，实现样本对齐，再进行模型训练。在真实应用场景中，用于对齐的数据往往是身份证、手机号等唯一确定信息，如何在不泄露私密数据的前提下进行数据对齐是联合建模能否保护用户隐私并大规模应用的关键步骤。若在数据准备阶段就泄露了隐私数据，则联合建模的合规性将受到极大的质疑。在这种场景中，隐私求交技术可以实现在跨机构建模过程中，各个参与方通过交集部分ID，再通过匹配内部的特征数据来发起训练任务。

2. 技术发展

在隐私求交（PSI）概念还未被提出时，遇到隐私集合求解交集这一问题往往采用朴素哈希方案，即直接计算集合元素的哈希值再求解哈希值的交集而得出对应集合元素的交集信息。优势是速度快，通信量低，但不安全。攻击者可通过哈希碰撞攻击来窃取发送方的集合信息。

为了解决朴素哈希方案产生的碰撞问题，需要使用安全的对比方法对比双方元素是否相等（隐私相等性测试，判断两个隐私的字符串是否相等，而不泄露字符串的具体信息），如果双方各持有m个元素，那么这项工作将需要m^2次隐私相等性测试。举例说明，假设P_1持有集合$X = x_1$，x_2，x_3，P_2持有集合$Y = y_1$，y_2，y_3，那么P_1需要对元素x_1与Y集合中的y_1，y_2，y_3分别执行隐私相等性测试协议，以判断x_1是否在集合Y中。通过该方法进行隐私求交计算通信复杂度和计算复杂度高，但能保证双方集合数据的保密性。在性能优化上主要集中在两个方面，一方面是对集合元素隐私相等性测试方法的优化，现在主流使用的隐私相等性测试方法主要基于不经意传输、同态加密、密钥交互、混淆电路等方法设计，在不同场景下有不同的性能表现。另一方面，优化方向是在数据结果上，利用Cuckoo哈希等方法对要进行隐私相等性测试的元素进行优化。

通过计算集合元素的哈希值将元素映射到哈希表中，隐私相等性测试次数能减少至$O(nlog_2n)$，n为哈希表长度，参与方选择哈希函数$h:\{0，1\}^* \rightarrow 0，1，\ldots，n-1$并通过哈希函数$h$计算的哈希值将元素映射至长度为$n$行容量为$b$的二维哈希表中，随后参与双方对哈希表的每行分别使用隐私相等性测试协议逐个对比元素是否相等，该方案需要nb^2次隐私相等性测试，若将容器中的每行元素再映射到子哈希表中去，隐私相等性次数能进一步减少。为便于读者理解行对行执行PSI协议，在此假设双方分别持有集合$X=\{x_1, x_2, x_3, x_4\}$，$Y=\{y_1, y_2, y_3, y_4\}$。分桶计算交集示意如图11-36所示。不构建哈希表的原始对比方法如图11-36（左）所示，需要16次元素对比；构建哈希表的原始对比方法如图11-36（右）所示，则仅需第一行1次，第二行2次，第三行2次，共5次元素对比，对比次数大幅下降。

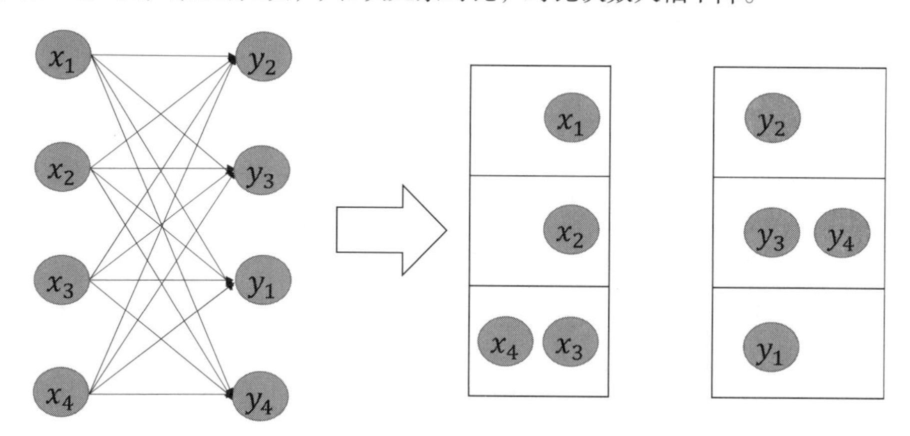

图11-36　分桶计算交集示意

Pinkas等人将上述其中一个哈希表替换成Cuckoo哈希表并基于OT拓展设计了不经意OPRF（Oblivious PRF，OPRF）协议以此完成了隐私相等性测试。举例说明，Alice和Bob共同协商两个哈希函数，Alice通过这两个哈希函数将持有的每一个元素映射到二维哈希表的两行中，Bob使用相同的两个哈希函数将元素映射到Cuckoo哈希表中，如果遇到映射失败的情况，则将元素存储在临时的存储空间Stash中，随后Bob将Cuckoo哈希表中各位置的单个元素与Alice构造的二维哈希表的对应行中的每一个元素进行隐私相等性测试，将大小为s的Stash中的元素与Alice的所有元素进行隐私相等性测试，最终可以求出双方隐私集合的交集；需要做$O(m)+O(ms)$次隐私相等性测试，复杂度接近线性。Kolesnikov等人在2016年提出了一个更高效的OPRF协议。Pinkas等人2019年提出了一种新型OT拓展协议，并利用该协议完成隐私相等性测试，该方案使用多项式打包集合信息，计算量略大于Kolesnikov等人在2016年提出的方案，但通信量大幅减少，从通信量上考虑优势明显。Chase等人在2020年提出轻量多点OPRF函数，并基于该函数设计了两方PSI协议，与现有的PSI协议相比在计算和通信之间实现了更好的平衡。

3. 实现方法

目前已有大量隐私求交（PSI）方案被提出（以下简称PSI方案），主要有基于公钥密码学的PSI方案、基于混淆电路的PSI方案和基于不经意传输的PSI方案。在此我们介绍在工程实践中有一定优势的两个方案。

1）基于Diffie-Hellman密钥交换协议实现的PSI

Decisional Diffie-Hellman（DDH）假设：双方协定群G和生成元g，对于随机选取的a，b，c，$(g^a$，g^b，$g^{ab})$与$(g^a$，g^b，$g^c)$是不可区分的。

我们首先对基于Diffie-Hellman的PSI方案进行介绍。基于Diffie-Hellman的PSI方案数据流如图11-37所示，参与双方各自生成私钥，参与方1对自己的集合加密后发送给参与方2，参与方2基于已有私钥对收到的集合加密并将自己的加密后发送给参与方1，参与方对收到的参与方2的密文集合再加密后，即可对比得出双方集合交集。具体流程如下。

参数：Alice输入集合$\{x_1$，x_2，…，$x_n\}$，Bob输入集合$\{y_1$，y_2，…，$y_n\}$，$H(\cdot)$为充当随机预言机的哈希函数。

协议的步骤如下。

步骤1：Alice生成随机密钥$\alpha \leftarrow \mathbb{Z}_q$，Bob生成随机密钥$\beta \leftarrow \mathbb{Z}_q$。

步骤2：Alice计算$\{H(x_1)^\alpha$，$H(x_2)^\alpha$，…，$H(x_n)^\alpha\}$，并将其发送给Bob。

步骤3：Bob计算$\{H(x_1)^{\alpha\beta}$，$H(x_2)^{\alpha\beta}$，…，$H(x_n)^{\alpha\beta}\}$及计算$\{H(y_1)^\alpha$，$H(y_2)^\alpha$,…，$H(y_n)^\alpha\}$并将结果发送给Alice。

步骤4：Alice计算$\{H(y_1)^{\alpha\beta}$，$H(y_2)^{\alpha\beta}$,…，$H(y_n)^{\alpha\beta}\}$ 。

步骤5：Alice对比$\{H(x_1)^{\alpha\beta}$，$H(x_2)^{\alpha\beta}$,…，$H(x_n)^{\alpha\beta}\}$和$\{H(y_1)^{\alpha\beta}$，$H(y_2)^{\alpha\beta}$,…，$H(y_n)^{\alpha\beta}\}$中的公共元素即可得到隐私集合的交集。

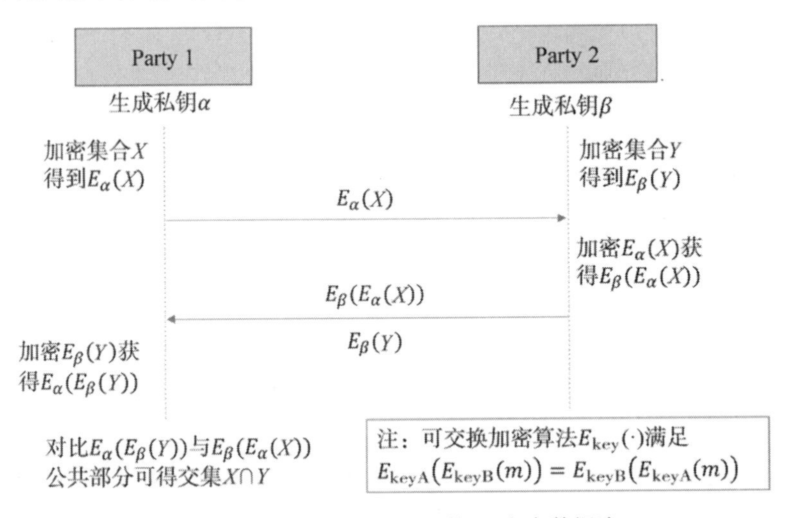

图11-37　基于Diffie-Hellman的PSI方案数据流

安全性分析：密文的安全性由已被证明的DDH假设保证。

正确性分析：

（1）若$x = y$，则$H(x)^{\alpha\beta} = H(y)^{\alpha\beta}$。

（2）若$x \neq y$，则$H(x)^{\alpha\beta} \neq H(y)^{\alpha\beta}$且Alice无法从$H(y)^{\alpha\beta}$中获得任何敏感信息。

2）基于OPRF实现的PSI方案

不经意伪随机函数（Oblivious Pseudorandom Function，OPRF）是一个安全两方协议，

参与对象由接收方和发送方组成。在协议执行时，随着接收方输入值x，不经意伪随机函数计算协议产生种子值k。最终，发送方得到种子值k，接收方得到OPRF结果$F(k, x)$。发送方可通过种子值k计算$F(k, y)$，其中y为待计算的参数值。OPRF抽象过程如图11-38所示。

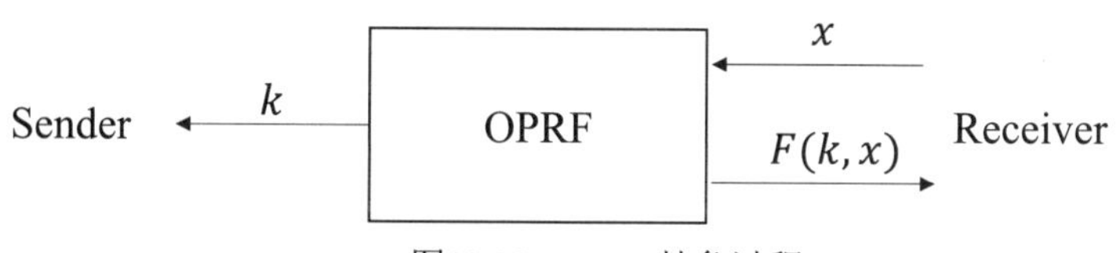

图11-38 OPRF抽象过程

步骤1：等待接收者输入值x。

步骤2：生成一个随机PRF种子k将其发送给发送者。

步骤3：将$F(k, x)$发送给接收者。

OPRF可被用于测试接收方的私有元素x是否存在于发送方的私有集合$Y=\{y_1, y_2,\ldots, y_n\}$中，经过上述三个步骤之后发送方持有OPRF密钥$k$，接收方持有$F(k, x)$，发送方使用密钥k计算$F(k, y_i)$，$i\in n$得到集合$\{F(k, y_i)|i\in n\}$并将其发送给接收方，接收方可通过对比是否有$F(k, y_i)=F(k, x)$，从而判断是否存在$y_i=x$。若对接收方集合中的所有元素都执行一次上述步骤可以求出集合交集，但过于烦琐，效率较低。在Pinkas和Kolesnikov等人的针对PSI的研究成果中，使用Cuckoo哈希技术对上述问题进行优化，有效地减少了双方执行上述步骤的次数。基于OPRF的PSI方案示意如图11-39所示。

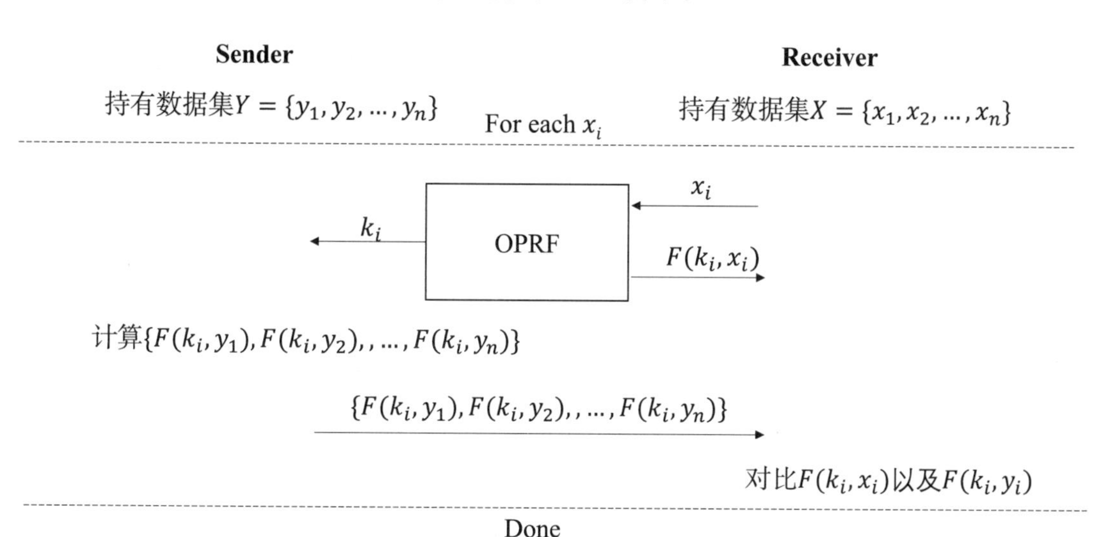

图11-39 基于OPRF的PSI方案

基于OPRF设计PSI方案是常见操作，基于DH也可以设计OPRF协议，很多对PSI的研究都是针对如何设计OPRF的，目前应用在PSI中的主流OPRF大多基于OT拓展协议构造。

11.3.2.2 匿踪查询

匿踪查询也称隐私信息检索（Private Information Retrieval，PIR），是安全多方计算领域内的一项实用技术。已知最早的PIR技术由Benny Chor在1995年提出，其指出在传统查询场景中，通常由Client发送查询请求，由Server回复查询结果。从抽象角度来看，查询场景的安全性可分为Server的数据安全和Client的查询请求的隐私性。在Benny Chor等人提出PIR技术之前，仅有关于如何保护Server端的数据安全的研究。而Benny Chor提出疑问："我们是否可以在查询场景中保护Client的查询请求的隐私性？"PIR技术就是在这个背景下提出的，其目的是保证Client在向服务器提交查询请求时，用户可以在信息不被泄露的前提下完成查询，即整个查询过程中服务器不知道用户具体查询信息和查询出来的数据项。

PIR定义场景由Client和Server构成。Client向Serve发送了一个需要保护的隐私查询，Server向Client返回一个查询结果。如仅需保护Client查询的隐私，而又不在意性能，则有一个简单的解决方案。让Server将所持有的所有数据全量发给Client，由Client本地进行搜索查询获得结果。但显然，该方案效率极低。PIR同样可以视为一种弱化的1-out-of-n OT协议，区别是OT也要求Client不得获得其他数据项的信息。

原始PIR定义场景已经不能满足于我们现实中的很多场景，实际应用中往往不单单要求只保护Client或Server中的某一方，而需要同时保护Server数据的安全性和Client query的安全性，那么我们称这种协议为对称PIR（symmetric PIR，sPIR）。

目前，常见的sPIR方案有三类，分别是：基于不经意传输的PIR、基于同态加密的PIR和基于关键字查询的PIR。其中基于不经意传输的PIR和基于同态加密的PIR属于基于索引的PIR，它们要求Client在查询数据库之前，就已预先得知想要查询的数据索引信息用户可以要求查询第i个数据，而数据库将在不知道i的情况下，使用户获得数据x_i。基于索引的PIR场景如图11-40所示。

图11-40　基于索引的PIR

1. 基于不经意传输的 PIR 方案实现

在1-out-of-n OT的基础上，很容易构建PIR方案，只需Client端和Server端调用1-out-of-n OT，Server端输入n个对称加密密钥作为消息，Client端选择获得第t个消息，Server端使用n个密钥对要查询的n个数据逐个进行加密，将加密结果发送给Client端即可。1-out-of-n OT技术保证了Client端仅能解开其中一个数据，同时保证了Server端不知道Client端获得了哪一个密钥。使用公钥加密简单实现1-out-of-n OT，并构造PIR的方法，过程如下。

步骤1：假设Server有n条数据，则生成与n条数据对应的n个公私钥对$((PK_1, SK_1), (PK_2, SK_2), \ldots, (PK_n, SK_n))$，将$n$个私钥保留，$n$个公钥$(PK_1, PK_2, \ldots, PK_n)$发送给Client，保留私钥。

步骤2：Client随机生成对称加密密钥key，假设Client要检索第t条信息，则用收到的第t个RSA公钥PK_t加密key，将加密结果C发送给Server。

步骤3：Server用保留的私钥（SK_1，SK_2，...，SK_n），依次尝试解密C，获得n个解密结果，依次得到（key_1，key_2，...，key_n）。

步骤4：Server使用对称加密算法，利用(key_1，key_2，...，key_n)对n条数据(m_1，m_2，…，m_n)一一对应加密，将产生的密文数据(c_1，c_2，…，c_n)发送给用户。

步骤5：Server使用对称加密算法，利用(key_1，key_2，…，key_n)对n条数据(m_1，m_2，…，m_n)一一对应加密，将产生的密文数据(c_1，c_2，…，c_n)发送给用户。

2. 基于同态加密的PIR方案实现

基于同态加密的PIR方案采用Paillier加法半同态加密算法，Paillier算法相较传统的公钥加密算法有以下三个重要特点。

（1）可以实现两个密文加法计算。

（2）可以实现一个密文与一个明文相乘。

（3）由于加密时用到随机数，所以相同的明文、相同的密钥，可以产生很多个不同的密文，这些不同的密文解密后都能得到相同的原始明文。

基于Paillier同态加密的性质可以构建PIR方案，由于公钥加密和同态计算操作要比对称加密昂贵得多，因此基于Paillier同态加密的PIR方案相比较基于OT的方案，计算量要高许多，但由于最后仅需返回1个密文，因此通信量更少。以$EPK(x)$表示基于Paillier同态加密算法以PK作为公钥加密x。基于同态加密的PIR具体步骤如下。

步骤1：Client生成Paillier加密公私钥对（PK，SK）。

步骤2：Server有n条数据(m_1，m_2，…，m_n)，客户端要检索第t条数据。则Client产生密文向量(c_1，c_2，…，c_n)，其中$c_t = Enc_P K(1)$为使用Paillier公钥对明文1加密的结果，其余项c_1，c_2,..., c_{t-1}，c_{t+1}，...，c_n 为使用Paillier公钥对明文0加密的结果。

步骤3：Client将(c_1，c_2，…，c_n)和公钥PK发送给Server。

步骤4：Server将(c_1，c_2，…，c_n)和(m_1，m_2，…，m_n)基于Paillier同态加密做明密文的向量内积运算，得到密文结果$C = E(m_1 * 0 + m_2 * 0 + \ldots + m_t * 1 + \ldots + m_n * 0) = E(m_t * 1)$，将C发送给Client端。

步骤5：Client利用私钥SK对C进行解密，得到想要检索的第t条原始明文信息m_t。

3. 基于关键字查询的PIR方案实现

在很多实际应用场景中，Client往往不知道自己要查询数据的索引号，而大多数场景都是根据关键词进行查询，此类方案又称关键字。基于关键字的PIR场景如图11-41所示。

图11-41　基于关键字的PIR场景

利用Paillier同态加密算法和拉格朗日插值多项式可以实现关键字PIR方案，实现过程主要包括以下步骤。

步骤1：Server有明文数据集(x_1, m_1)，…，(x_n, m_n)，对此明文数据集进行拉格朗日多项式插值，插值结果为最高次幂为n-1的最终多项式$g(x) = a_0 + a_1x+\ldots+a_nx^n$。同时构造标识多项式$f(x) = (x - x_1) * (x - x_2) * \ldots * (x - x_n) = c_0 + c_1x+\ldots+c_nx^n$。数据集中的任意点$(x_i, m_i)$，满足$f(x_i) = 0$，$g(x_i) = m_i$。

步骤2：Client生成Paillier同态加密公私钥对(PK，SK)。

步骤3：对于待查关键字x_t，Client利用PK分别加密x_t的1次方到x_t的n次方，组成密文向量$(E_{\text{PK}}(x_t), E_{\text{PK}}(x_t^2), \ldots, E_{\text{PK}}(x_t^n))$，并将该向量和公钥PK发送给Server。

步骤4：Server利用密文向量$(E_{\text{PK}}(x_t), E_{\text{PK}}(x_t^2), \ldots, E_{\text{PK}}(x_t^n))$，和$f(x)$、$g(x)$的系数，分别计算同态密文$E(f(x_t))$、$E(g(x_t))$，将计算结果发送给Client。

步骤5：Client利用私钥SK对两条密文进行解密，如果$f(x_t) = 0$，则$g(x_t)$即为检索结果；否则检索结果为空。

11.3.2.3　隐私保护机器学习

1. 机器学习的隐私泄露问题

机器学习（Machine Learning，ML）是人工智能的一个分支，主要是研究如何从经验学习中提升算法的性能，它是一种数据驱动预测的模型。它可以自动利用样本数据（即训练数据）通过“学习”得到一个数学模型，并利用这个数学模型对未知的数据进行预测。机器学习在数据训练阶段存在的隐私威胁主要为训练数据集的隐私泄露。在训练模型时，往往采用集中式学习（Centralized Learning）的方式，将各方的训练数据集中到一台中央服务器进行学习。训练数据的隐私泄露，就是在模型训练时可能发生数据泄露问题。目前大多数公司或者模型提供商都是使用集中式学习的方式训练模型，因此需要大规模地收集用户数据。但是对于收集用户数据时保护用户隐私没有一个统一的标准，所以在收集用户数据时可能会造成用户的数据隐私被泄露的问题。2018年，图灵奖得主Goldwasser在密码学顶级会议CRYPTO 2018上指出了安全机器学习中密码学的两个主要发展方向：分布式模型训练和分布式预测，通过安全多方计算实现隐私保护机器学习。与联邦学习相比，基于安全多方计算实现的隐私保护机器学习会将全过程中的数据安全性推导至数学难题上，因此是可证明安全的，但相应的运算速度会更慢，适用于对安全性要求高的场景。

在大数据驱动的云计算网络服务模式下，Jiang等人在国际顶级安全会议ACM CCS 2018上提出了基于机器学习的密态数据计算模型，具体是由数据拥有者、模型提供商和云服务提供商组成。其中，数据拥有者对数据的拥有权和管理权是分离的；而云服务提供商也通常被假定为诚实且好奇（半可信）的，即在诚实运行设定协议的基础上，会最大限度发掘数据中的隐私信息，且该过程对数据拥有者是透明的。

密态数据计算模型已经衍生出如多方云服务提供商、多方数据拥有者等众多多方场景。

（1）多方云服务提供商。数据拥有者通过秘密共享的方式将隐私数据信息分别分散到各个服务器上进行计算，各个服务器分别返回相应的计算结果，多个云服务提供商之间不进行主动合谋，最终由数据拥有者进行汇聚并得到结果。

（2）多方数据拥有者。当前的企业组织多采用协作学习模型或联邦学习模型。比如，在分发相关疾病疫苗时，医疗组织希望基于大数据利用机器学习确定高暴发的地区，这就需要不同区域医疗组织的数据，但往往出于法律和隐私的考量，无法及时共享这些数据。

2. 基于 MPC 保护机器学习数据

隐私保护机器学习（Privacy-Preserving Machine Learning，PPML）方法最早可追溯至2000年，Lindell等人提出了两方在不泄露各自隐私的前提下通过协作对联合数据集进行提取挖掘的方法。Agrawal等人允许数据拥有者将数据外包给委托者进行数据挖掘任务，且该过程不会泄露数据拥有者的隐私信息。早期关于PPML的研究工作主要集中在决策树、K-Means聚类、支持向量机分类、线性回归、逻辑回归和岭回归的传统机器学习算法层面。这些工作大多都使用姚氏混淆电路，将问题化简为线性系统求解问题，但这不能推广到非线性模型，而且需要比较大的计算开销和通信开销。

在机器学习训练过程中，模型提供商会对一些训练数据进行记录，而这些训练数据往往会涉及用户个人的隐私等信息。在训练阶段，机器学习基于训练数据集展开模型训练，基于所学习数据的内在特征得到决策假设函数，而预测阶段目标模型的有效性则依赖属于同一分布的训练数据集和预测数据集，但是攻击者仍可以通过修改训练数据的分布从而实施目标模型的攻击。因此，采用隐私保护的手段保护数据和模型的安全必不可少。密码学中保护机器学习中隐私的常见技术，主要包括同态加密技术、安全多方计算技术和差分隐私技术。

1）基于同态加密技术

同态加密技术允许直接在密文上做运算，运算之后解密的结果与明文下做运算的结果一样，全同态加密（Fully Homomorphic Encryption，FHE）可以计算无限深度的任意电路，全同态加密技术一直被认为是进行隐私保护机器学习的一项重要技术。

2016年Gilad-Bachrach等人提出了Crypto-Nets可以借助神经网络对加密数据进行相应推断，此后也有使用层次型同态加密方案对预先训练好的卷积神经网络模型提供隐私保护，但是层次型同态加密技术会使模型精度和效率严重下降。同时，模型中平方级的激活函数会被非多项式的激活函数和转换精度的权重代替，导致推导模型与训练模型得到的结果会有很大不同。Jiang等人则提出了一种基于矩阵同态加密的通用算术运算方法，提出云服务提供商在一些用户提供的密文数据上进行模型训练，该方法可以将加密模型应用到更新后的加密数据上。2019年Zheng等人利用门限部分同态加密实现了Helen系统，该系统能够允许利用多个用户的数据同时训练模型，但不泄露数据。与之前的方案相比，Helen能够抵御在m方中m-1方都为恶意的对手。

尽管从理论层面认为FHE技术可以进行任意计算，但受当前相关实际方案约束，FHE普遍仅能支持整数类型的数据；同时，电路深度需要固定而不能进行无限次的加法和乘法运算；除此之外，FHE技术不支持比较运算操作。虽然目前存在一些实数上计算并有优化的FHE方案，但数据规模大幅扩张、计算负载不断加剧、非线性激活函数的拟合计算误差等原因导致FHE的方案效率无法得到进一步提升。

2）安全多方计算技术

在基于安全多方计算技术的隐私保护机器学习方面，MPC允许互不信任的各方能够在自身私有输入上共同计算一个函数，其过程中不会泄露除函数的输出以外的任何信息。但是，传统的MPC协议往往需要较为庞大的计算量和通信复杂度，导致其难以在实际机器学习中得以大规模部署。目前，常见的基于MPC的PPML解决策略如下。

（1）基于混淆电路、不经意传输等技术的隐私保护机器学习协议，并执行两方MPC协议来完成激活函数等非线性操作计算。

（2）基于秘密共享技术允许多方参与方参与机器学习网络模型训练或预测，且该过程不会透露数据或模型信息。

3）差分隐私技术

差分隐私技术（Differential Privacy，DP）是通过添加噪声来保护隐私的一种密码学技术，加入少量噪声就可以取得较好的隐私保护效果，因此从它被Dwork等人提出来就被广泛接受和使用。相比较前面两种密码学技术，差分隐私技术在实际场景中更易部署和应用。在机器学习中一般用来保护训练数据集和模型参数的隐私。DP技术主要分为中心化差分隐私技术和本地化差分隐私技术，中心化差分隐私技术主要采用拉普拉斯机制（Laplace Mechanism）、指数机制（The Exponential Mechanism）等方法。而本地化差分隐私技术则采用随机响应（Randomized Response）方法。

本节介绍了机器学习中常见的三种隐私保护技术，即基于同态加密技术、安全多方计算技术、差分隐私技术。随着深度学习的兴起，人工智能也迎来了发展契机，但是随着人工智能的广泛应用，其安全与隐私问题也越来越引起人们的关注，安全与隐私问题已经成为阻碍人工智能发展的绊脚石。学术界和工业界涌现了大量隐私保护机器学习框架。典型的两方隐私保护机器学习框架包括TASTY、ABY、SecureML、MiniONN、DeepSecure和GAZELLE等。利用传统分布式机器学习算法，典型的多方参与的PPML方案有ABY3、SecureNN、ASTRA、Flash、Trident、BLAZE和Falcon等。

11.3.3 安全性分析

MPC的目标是让一组参与方在事先约定好某个函数后，可以得到此函数在私有输入下的正确输出，同时不会泄露额外的任何信息。本小节将先介绍“现实—理想范式”（Real-ideal Paradigm），该范式是定义MPC安全性时所用的核心概念。随后，本小节将进一步详细讨论

MPC中最常用的三种安全挑战模型，包括半诚实敌手模型、恶意敌手模型和隐蔽敌手模型。

11.3.3.1　现实—理想范式

现实—理想范式引入定义明确、涵盖所有安全性的“理想世界”，通过讨论现实世界和理想世界的关系来定义安全性，避免枚举安全性要求而导致存在安全漏洞等问题，一般认为Goldwasser和Micali给出的概率加密原语安全性定义是第一个使用现实—理想范式定义和证明安全性的实例。密码学不同领域中采用的安全性证明方法不同。基于可证明安全理论的证明适用于密码学中的加密与数字签名领域，而现实—理想范式是目前安全多方计算研究中广泛接受、普遍采用的证明方法。

（1）理想世界：假设有一个可信的第三方τ，他在任何情况下都不会撒谎，也不会泄露任何不该泄露的信息。在理想世界中，各个参与方借助可信的第三方进行隐私计算，秘密地将自己的私有输入发送给完全可信的第三方τ，由可信第三方τ安全地计算函数F，并将计算结果返回给所有参与方。在计算过程中，各个参与方除了从协议得到可信第三方发送给自己的计算结果外得不到其他任何信息。假设在理想世界存在攻击者，其可以控制任意一个或多个参与方，但不能控制τ，未被控制的参与方被认为是诚实的参与方。显然，攻击者只能得到计算结果，而无法得到任何额外的信息，可信第三方τ发送给诚实的参与方的输出都是一致的、有效的，攻击者选择的输入与诚实的参与方的输入是相互独立的。上述借助理想世界中的可信第三方实现隐私计算模型虽然简单，但具有最高安全性，任何一个实际MPC协议的安全性都不可能超过这个协议，我们可以用理想世界作为判断实际协议安全性的基准。

（2）现实世界：在现实世界中，要找到一个可信的第三方是极不现实的。攻击者可以攻陷参与方，被攻陷的参与方等价于原始参与方就是攻击者，根据MPC中常见的两种安全挑战模型定义，被攻陷的参与方可以遵循协议规则执行协议，也可以任意偏离协议规则执行协议。在现实—理想范式中，如果攻击者实施攻击后，其在现实世界中达到的攻击效果与其在理想世界中达到的攻击效果相同，则可以认为现实世界中的协议是安全的。现实—理想范式的目标是在给定一系列假设条件下，使其在现实世界中提供的安全性与其在理想世界中提供的安全性等价。

11.3.3.2　半诚实敌手模型

半诚实（Semi-honest）攻击者可以攻陷参与方，但会遵循协议规则执行协议。换句话说，攻陷参与方会诚实地执行协议，但可能会尝试从其他参与方接收到的消息中尽可能地获得更多信息。此外，多个攻陷参与方可能会发起合谋攻击，即多个攻陷参与方把自己视角中所看到的通信内容汇总到一起来尝试获得信息。半诚实攻击者也被称为被动（Passive）攻击者，因为此类攻击者只能通过观察协议执行过程中自己的视角来尝试得到秘密信息，但无法采取其他任何攻击行动。半诚实攻击者通常也被称为诚实但好奇（Honest-but-Curious）攻击者。

基于现实—理想范式对安全多方计算协议进行证明的原理是将一个实际的安全多方计算协议与一个理想的安全多方计算协议的安全性进行对比，如果实际的多方保密计算协议不比理想的安全多方计算协议泄露更多信息，则实际的安全多方计算协议是安全的。如果现实世界中参与方所拥有的视角和理想世界中攻击者所拥有的视角不可区分，那么协议在半诚实攻击者的攻击下是安全的。

初看半诚实攻击模型，会感觉此模型的安全性很弱，简单地读取和分析收到的信息似乎根本就不是一种攻击方法。实际上，构造半诚实安全的协议并非易事。同时，在构造可抵御更强大攻击者攻击的协议时，一般都在半诚实安全协议的基础之上进行改进。

11.3.3.3 恶意敌手模型

恶意（Malicious）攻击者，可以让攻陷参与方任意偏离协议规则执行协议，以破坏协议的安全性。恶意攻击者分析协议执行过程的能力与半诚实攻击者相同，但恶意攻击者可以在协议执行期间采取任意行动，这意味着攻击者可以操作网络，或在网络中注入任意信息。恶意攻击者场景下的安全性也将通过比较理想世界和现实世界的差异来定义，但需要考虑以下两个重要的附加因素。

（1）对诚实参与方输出的影响。攻陷参与方偏离协议规则执行协议，可能会对诚实参与方的输出造成影响。例如，攻击者的攻击行为可能会使两个诚实参与方得到不同的输出，但在理想世界中，所有参与方都应该得到相同的输出。在半诚实攻击模型下，也要比较现实世界和理想世界的输出，但诚实参与方得到的输出与攻击者的攻击行为无关。同时，恶意攻击者不一定会给出最终的输出，恶意参与方可以输出任何想输出的结果。

（2）输入提取。在半诚实攻击模型下，参与方会遵守协议规则执行协议，因此可以明确定义诚实参与方的输入，并在理想世界将此输入提供给τ。而在现实世界中，我们无法明确定义恶意参与方的输入，这意味着在理想世界中我们需要知道将哪个输入提供给τ。对于一个安全的协议，无论攻击者可以在现实世界中实施何种攻击行为，此攻击行为应该也可以通过为攻陷参与方选择适当的输入，从而在理想世界中实现。因此，让仿真者选择攻陷参与方的输入。这方面的仿真过程称为输入提取，因此仿真者要从现实世界的攻击者行为中提取有效的理想世界输入，来“解释”此输入对现实世界造成的影响。大多数安全性证明只需考虑黑盒仿真过程，即仿真者只能访问现实世界中实现攻击的预言机，不能访问攻击代码本身。

11.3.3.4 隐蔽敌手模型

上述半诚实敌手模型安全性太弱，而在恶意敌手模型的安全性要求下协议执行的效率又太低，为了克服这些困难，提出了一种隐蔽（Covert）敌手模型。隐蔽攻击者，会试图通过从协议执行过程中获取的内容来推测其他参与方的私密信息，还会试图通过改变协议行为来挖掘其他参与方的隐私信息。然而，如果攻击者尝试发起这样的攻击行为，其会有一定概率被其他参与方检测出来，与恶意敌手模型不同的是，如果没有检测到攻击者，那么在隐蔽敌手模型中的攻击者可能会成功地实施攻击。在隐蔽敌手模型中，对手必须权衡被抓到的风险和攻击带来的好处。在金融或政治领域不能假设参与方是完全诚实的，但所涉及的公司和机构无法承受攻击被发现所受到的名誉损失。

11.4　联邦学习

11.4.1　技术概况

隐私保护机器学习（Privacy-Preserving Machine Learning，PPML）作为一个日益受到瞩目的研究领域，旨在实现机器学习算法对用户私人数据的计算处理，同时严格保障数据的隐私安全。其中，联邦学习（Federated Learning，FL）作为PPML的重要分支，在当前对数据安全和隐私保护高度关注的社会背景下，以其独特的技术优势，有望奠定下一代人工智能协作网络架构的基石。通过联邦学习，能够构建跨域异构参与者间的数据信任机制，从而推动科学技术的不断进步与发展。

本章详细阐述了联邦学习的诞生背景及其核心概念，并对当前联邦学习开源框架进行了系统介绍。最后，对联邦学习系统在实际应用中所面临的挑战进行了深入探讨，并提出了有针对性的解决方案，以期为相关领域的研究与实践提供有益的参考。

11.4.1.1　联邦学习的背景及概念

1. 技术背景

近年来，机器学习技术在人工智能领域迅猛发展，在计算机视觉、自然语言处理和推荐算法等领域都有良好的表现。这些机器学习技术的成功，都是通过大量数据的训练得到的。然而，一方面随着人工智能在各个行业的不断落地，人们对于数据安全和隐私保护的关注程度也在不断提高；另一方面，法律制定者和监管机构也出台了新的法律来规范数据的管理和使用，法律的实施进一步增加了不同组织之间收集和分享数据的难度。因此，各方面原因导致在许多应用领域，满足机器学习规模的数据量是难以达到的，人们不得不面对“数据孤岛”难题和隐私保护难题，特别是两者之间存在一定程度的制衡。

（1）“数据孤岛”难题。通俗地讲，在一个组织中，各级部门都拥有各自的数据，这些数据是存在相互关系的，但是又被存放在不同的部门。从安全性、隐私性等方面考虑，各个部门只能获取本部门的数据，而无法获取其他部门的数据。而这些数据就好似信息这片大海中的一座座孤岛，即“数据孤岛”。

（2）隐私保护难题。许多国家都出台了数据安全和隐私保护法律法规，加强对用户数据隐私保护和对数据的安全管理，包括我国的《中华人民共和国个人信息保护法》、欧盟的《通用数据保护条例》（GDPR）等，这给众多人工智能技术与应用的落地带来了前所未有的合规挑战。

面对上述挑战，联邦学习技术应运而生，成为解决传统机器学习和人工智能方法在获取标注数据以落地过程中所面临的“数据孤岛”和隐私安全难题而进行的全新尝试。

联邦学习是人工智能领域的一项新的基础性技术，其基础便是保护数据隐私并满足法律法规要求，在此基础上它可以在多个参与者或计算节点之间执行高效的机器学习。此外，联邦学习提供“闭环”学习机制，其有效性取决于数据提供者对自己和他人的贡献，这有助于激励更多参与者加入整个数据“联邦”生态。

2. 技术概念

联邦学习的概念最初是由谷歌公司的McMahan等人提出。他们使用“Federated Learning”这一术语来描述这项技术，后来，谷歌公司以及我国的企业大多沿用了这一术语。但是在国外有的企业、组织机构采用不同的术语，以加利福尼亚大学伯克利分校为例，其采用“Shared Learning”这一术语来描述该技术。但是到目前为止，“Federated Learning”这一术语还是被广泛认可和使用的，在国内一般翻译为“联邦学习”。

联邦学习是由两个或两个以上的参与方协作构建一个共享的机器学习模型，每个参与方都拥有若干能够用来训练的训练数据。在联邦学习模型的训练过程中，每个参与方所拥有的数据都不会离开该参与方，在各方之间主要是模型相关的信息加密后进行传输和交换，且各参与方之间均不能通过这些加密的信息推测出其他方的原始数据，在这种模式下训练出来的模型性能会逼近集中训练所得到的模型性能。

从技术架构上来说，联邦学习是一种具有隐私保护属性的分布式机器学习技术，即通过一个中央服务器协调众多结构松散的客户终端进行模型更新。其工作原理是：客户终端从中央服务器下载现有模型，通过使用本地数据对模型进行训练，并将模型的更新内容上传至云端。训练模型通过将不同终端的模型更新进行融合，以此优化预测模型，客户终端再将更新后的模型下载到本地，过程不断重复。在整个过程中，终端数据始终存储在本地，不存在数据泄露的风险。

联邦学习有巨大的商业应用潜力，但是也面临着诸多挑战。首先是通信上面临着挑战，各参与方与中央服务器之间的通信连接可能是低速且不稳定的，因为同一时间可能会有非常多的参与方在通信。其次是数据上面临的挑战，各方身份认证存在困难，这会导致联邦模型被恶意攻击，损害整个联邦系统或者模型性能。为了应对这些挑战，研究人员也做了大量研究。例如，在部署联邦学习平台时使用专线进行通信，最大限度地降低通信连接不稳和带宽较小的问题。通过研究环状网络架构，让每个参与方只与两个参与方进行通信连接，以降低出现网络拥堵的可能性。通过设置精选的基准数据集用于公平比较，针对模型更新和模型聚合算法进行改进，进行个性化的联邦学习等方法来提高非独立同分布数据训练模型的健壮性和效率。

总体而言，联邦学习是可提供隐私保护的分布式机器学习技术。

11.4.1.2　网络架构

根据实际应用场景的不同，联邦学习的系统中可能会有中心服务器，也可能没有中心服务器，进而产生了不同的联邦学习架构，目前常见的联邦学习架构包括带中心服务器的客户—服务器架构（Client-Server，C-S）、去中心化架构的对等网络架构（Peer-to-Peer，P2P）及环状网络架构（Ring）。

1. 客户端/服务器架构

中心化架构也被称作客户端/服务器架构，在该架构中，各参与客户端利用自己的本地数据和本地资源进行本地训练，待训练完成后再将脱敏参数上传到服务器进行整合。客户端/服务器架构如图11-42所示。

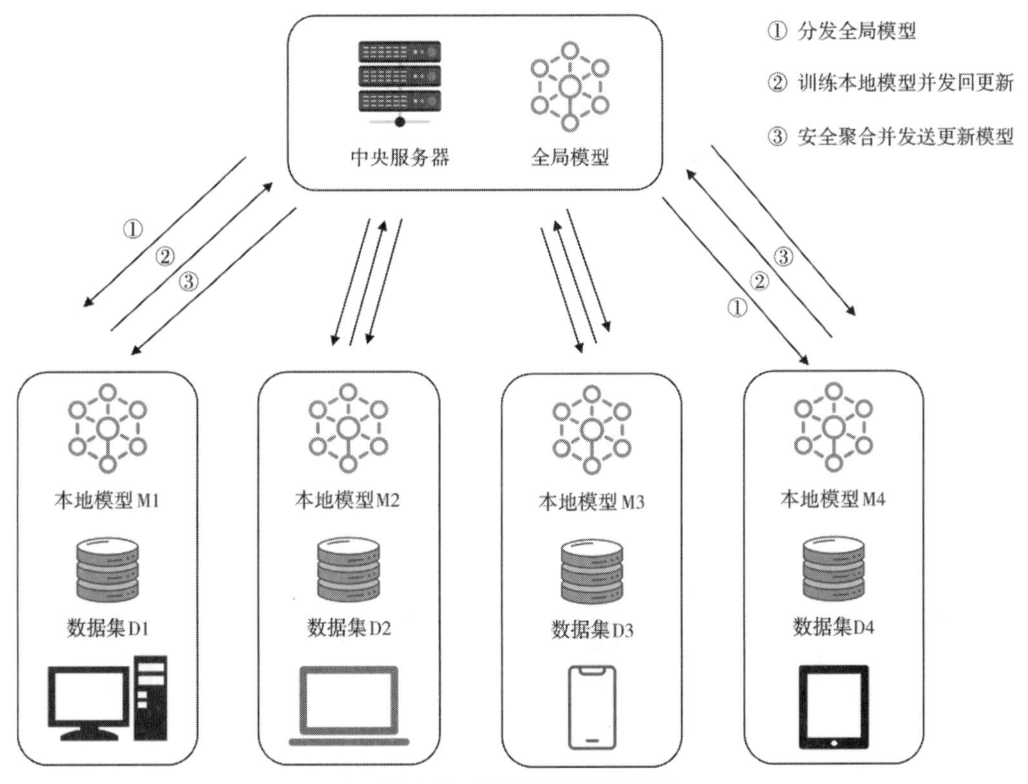

图11-42　客户端/服务器架构

客户—服务器架构的基本流程大致可以分以下三个步骤。

步骤1：分发全局模型。中央服务器初始化全局模型，并根据不同的客户端状态信息选择参与训练的客户端，并将初始化后的模型结构和参数分发给所选客户端。

步骤2：训练本地模型并发回更新。客户端收到模型后利用本地数据执行模型训练，在训练一定次数之后，将更新的模型参数发送给服务器。

步骤3：聚合与更新。服务器对所选客户端参数进行聚合后更新全局模型，并将更新后的模型及参数发送给各客户端，通过重复以上步骤直到停止训练。

中心化架构设计的优点在于架构设计简单，各个参与的客户端设备通过中心节点即可进行管理。同时对客户端的容错性也较好，当少量的客户端发生故障时，中心节点可以暂时将其屏蔽，而不会影响联邦系统的计算过程。在带来优点的同时，也不可避免地产生问题。中心化架构的问题在于如何找到一个可以信赖的第三方作为中心服务端来进行客户端管理、模型的聚合及参数的加密解密等操作。同时，虽然客户端少量发生故障不会对联邦系统产生太大影响，但是当中心节点发生故障时，联邦系统便无法正常运行了。

由于上述这些问题，去中心化的架构也正在成为研究热点。

2. 对等网络架构

对等网络架构（P2P）是一种去中心化的架构设计，在该架构中，各个参与方之间可以直接通信，不需要借助第三方（中心服务器），对等网络架构示意图如图11-43所示。

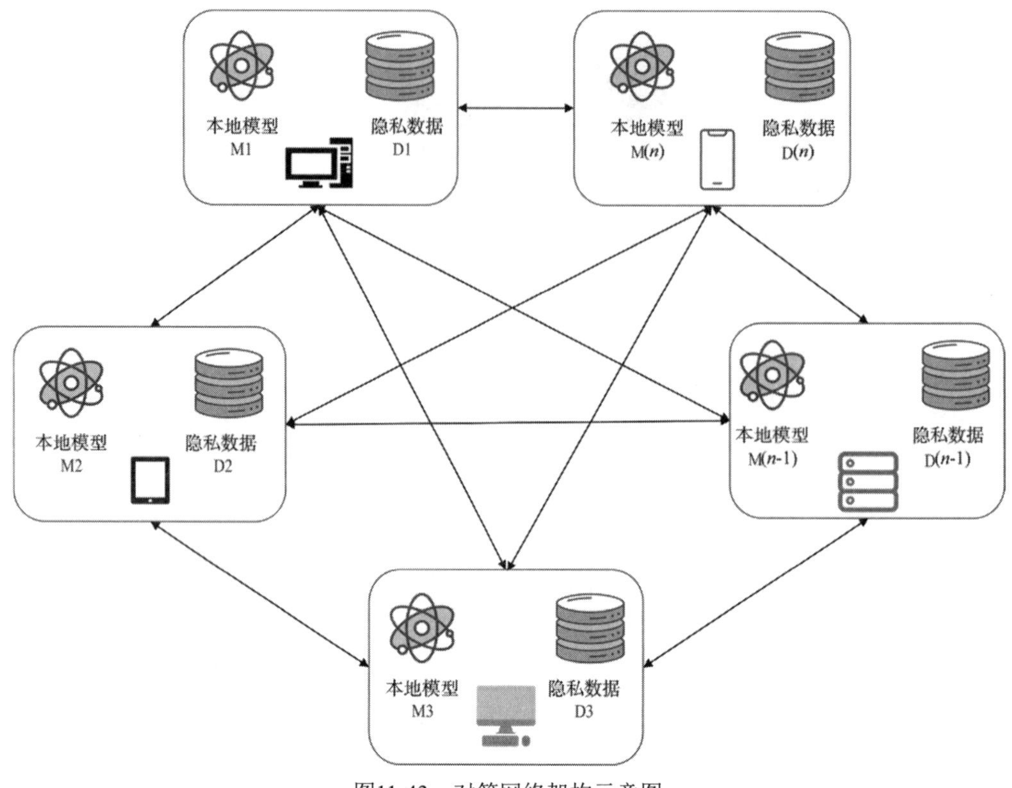

图11-43　对等网络架构示意图

在该架构中，与客户—服务器架构有所不同，训练全局模型的任务是由某一个参与方发起，且当其他参与方对模型进行训练后，各参与方需要将其本地模型加密传输给其余参与方，这样能够更好地保证联邦学习系统的安全性。

显然，由于减少了第三方服务器的参与，在提高安全性的同时也不可避免地带来了一些缺点，由于所有模型参数的交互都是加密的，因此需要更多的加密和解密操作，以及传输更多的中间结果，这对通信和性能的影响是巨大的，并且由于各方是直接进行通信，所以在架构设计上相较于客户—服务器架构而言也更为复杂。

3. 环状网络架构

环状网络架构（Ring）是一种去中心化的设计，与对等网络架构类似，不需要协调方进行模型参数的聚合。环状网络架构示意如图11-44所示。

与客户端/服务器架构相比，环状架构设计由于无须第三方协调者的参与，且各参与方之间直接进行通信，避免了信息泄露给第三方的可能性。同时，由于每个参与方都只有前、后两个参与方，前一个参与方作为输入，后一个参与方作为输出，这种通信方式不仅有效地提高了联邦系统的安全性，而且产生网络拥堵的概率也是极低的。

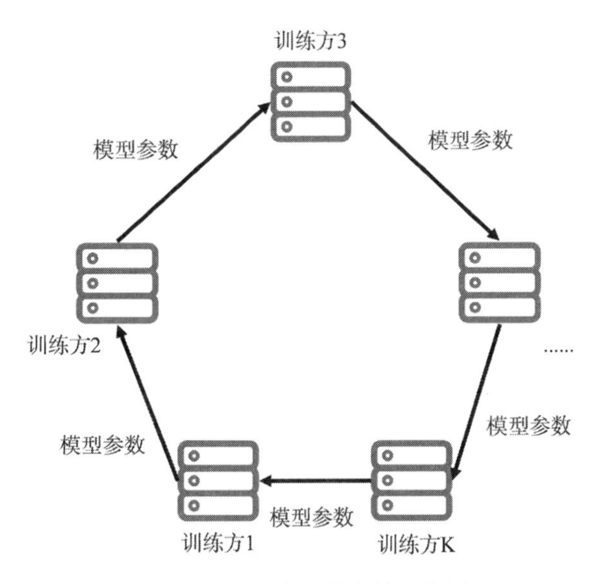

图11-44　环状网络架构示意图

与对等网络架构相比较而言，这种网络架构中的每个参与方只能与某一个参与方进行通信，以一种环状的方式完成数据在各参与方之间的传输流动，这在一定程度上限制了使用的场景，因此，环状结构设计的联邦学习系统用得比较少。

11.4.1.3　分类及适用范围

联邦学习的孤岛数据有不同的分布特征。对于每个参与方来说，自己所拥有的数据可以用一个矩阵来表示。矩阵的每行表示每一个用户或者一个独立的研究对象，所有这些研究对象的集合可以称为样本空间。矩阵的每一列表示用户或者研究对象的一种特征，所有这些特征的集合可以称为特征空间。同时，每行数据都会有一个标签，所有这些标签的集合可以称为标签空间。对于每个用户来说，人们希望通过他的特征X，学习一个模型来预测他的标签Y。在实际生产中，不同的参与方可能是不同的公司或者机构，人们不希望自己的数据被别人知道，但是人们希望可以联合训练一个更强大的模型来预测标签Y。根据训练数据在不同参与方之间数据的特征空间和样本空间的分布情况，可以将联邦学习分为横向联邦学习（Horizontal Federated Learning，HFL）、纵向联邦学习（Vertical Federated Learning，VFL）及迁移联邦学习（Federated Transfer Learning，FTL）。

1. 横向联邦学习

横向联邦学习也称按样本划分的联邦学习（Sample-partitioned Federated Learning 或 Example-partitioned Federated Learning)，当两个参与方的用户重叠部分很少，但是两个数据集的用户特征重叠部分比较多时，这种场景下的联邦学习即是横向联邦学习。比如，一个银行系统在深圳和上海的分部为参与方，两边业务类似，收集的用户数据特征比较类似，但是两个分部的用户大部分是本地居民，用户重叠比较少，当两个分部需要做联邦模型对用户进行分类的时候，就属于横向联邦学习。横向联邦学习的各参与方的数据集有相同的特征空间和不同的样本空间。其公式描述如下：

$$x_i = x_j, \ y_i = y_j, \ I_i \neq I_j, \ \forall D_i, \ D_j, \ i \neq j,$$

式中，D_i 和 D_j 分别表示第i方和第j方拥有的数据集。假设两方的数据特征空间和标签空间对，即（x_i，y_i）和（x_j，y_j）是相同的。并假设两方的客户ID空间I_i和I_j没有交集或交集很小。基于两个参与方的横向联邦学习场景，两个参与方之间的特征数据是对齐的，但是各方所拥有的数据是不同，基于此扩大了机器学习算法的数据量。横向联邦学习场景如图11-45所示。

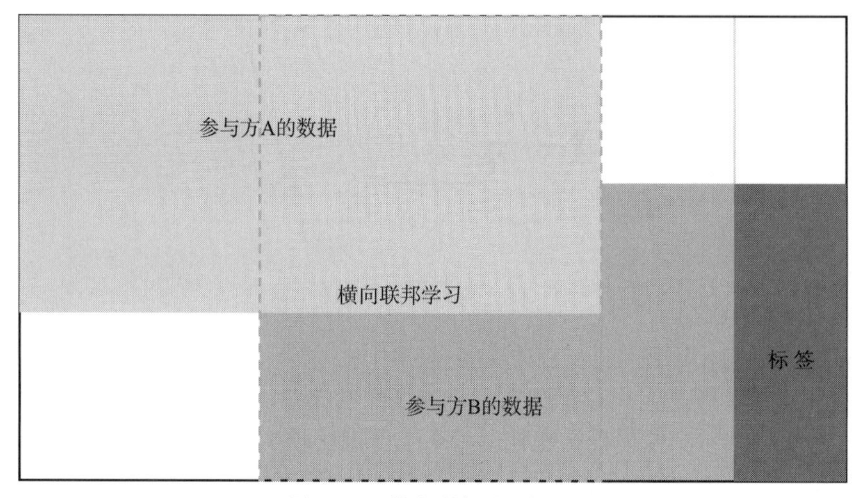

图11-45　横向联邦学习场景

2. 纵向联邦学习

当两个参与方的用户重叠部分很多，但是两个数据集的用户特征重叠部分比较少时，这种场景下的联邦学习称为纵向联邦学习。比如，同一个地区的两个机构，一个机构有用户的消费记录，另一个机构有用户的银行记录，两个机构有很多重叠用户，但是记录的数据特征是不同的，两个机构希望通过加密聚合用户的不同特征来联合训练一个更强大的联邦学习模型，这种类型的机器学习模型就属于纵向联邦学习。

纵向联邦学习通常具有不同的特征空间和相同的样本空间，在这种联邦体系下，每一个参与方的身份和地位都是相同的，这种联邦系统，有以下公式：

$$x_i \neq x_j, \ y_i \neq y_j, \ I_i = I_j, \ \forall D_i, \ D_j, \ i \neq j,$$

式中，x_i 表示特征空间，y_i 表示标签空间，I是样本ID空间，D表示由不同参与方拥有的数据集。

纵向联邦学习的目的是，通过利用由参与方收集的所有特征，协作地建立起一个共享的机器学习模型。基于两个参与方的纵向联邦学习场景，两个参与方之间的样本数据是对齐的，但是特征不同。纵向联邦学习场景如图11-46所示。

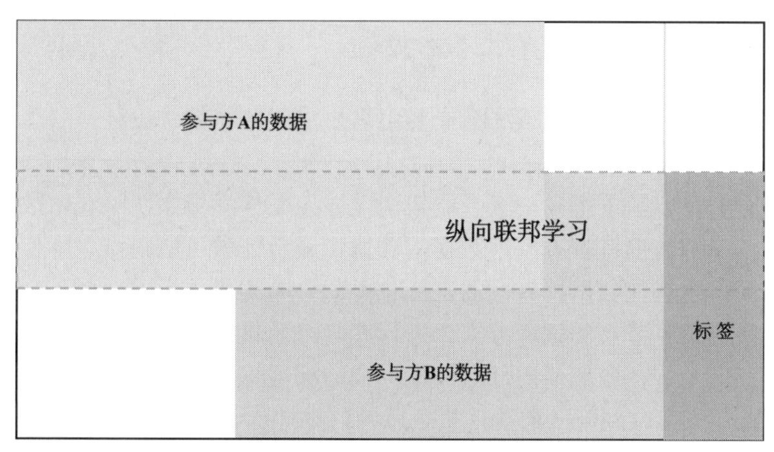

图11-46　纵向联邦学习场景

3. 联邦迁移学习

迁移学习目前也在快速的发展之中，目前基于执行迁移学习的方法，可以将迁移学习主要分为三类：基于实例的迁移学习、基于特征的迁移学习及基于模型的迁移学习。我们下面以基于模型的迁移学习为例进行展开。

迁移学习我们可以理解成，当两个参与方用户重叠部分很少，两个数据集的用户特征重叠部分也比较少，且有的数据还存在标签缺失时，这种场景下的联邦学习叫作迁移联邦学习。比如，两个不同地区的机构，一个机构拥有所在地区的用户消费记录；另一个机构拥有所在地区的银行记录，两个机构具有不同的用户，同时数据特征也各不相同，在这种情况下联合训练的机器学习模型就是迁移联邦学习。

基于两个参与方的联邦迁移学习场景，两个参与方之间的特征空间和样本空间都是不完全相同的。联邦迁移旨在为以下场景提供解决方案：

$$x_i \neq x_j,\ y_i \neq y_j,\ I_i \neq I_j,\ \forall D_i,\ D_j,\ i \neq j,$$

式中，x_i 和 y_i 分别表示第i方的特征空间和标签空间，I_i 表示样本空间，D_i 表示i方拥有的数据集。最终的目标是对目标域中的样本进行尽可能准确的标签预测。

联邦迁移学习场景如图11-47所示。

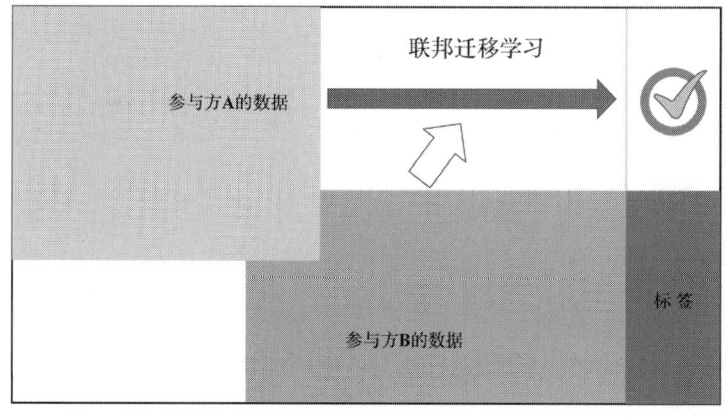

图11-47　联邦迁移学习场景

11.4.1.4 联邦学习流程

目前，大部分开源联邦学习系统都是使用客户—服务器架构设计，这里我们以客户—服务器架构来介绍联邦学习流程。

从物理层面来看，基于客户—服务器架构设计的联邦学习系统一般由数据持有方和中心服务器组成。一个数据持有方本地数据的数据量或特征数可能是难以支持一次成功的模型训练的，因而需要其他数据持有方的支持。类似分布式机器学习，联邦学习中心服务器的主要工作也是汇聚各节点的训练数据，进行聚合之后再下发给各个节点，比如收集各方所持有的梯度信息，并在服务器内部对收集上来的梯度进行聚合之后再给各个节点返回新的梯度信息，各节点接收到新的梯度信息之后各自本地更新模型即可。

在联邦学习的合作建模过程中，数据持有方的数据始终是保存在本地的，模型的训练也是在本地使用数据进行训练，这样做可以保证数据隐私不会被泄露。每轮训练迭代产生的梯度或者模型参数在进行脱敏之后作为交互信息上传到中心服务器，等待中心服务器返回聚合后的参数，对模型进行更新。

不同的基本假设与定义，不同的联邦学习在架构和训练算法上也有不同之处。

1. 横向联邦学习

横向联邦学习的目的主要是利用分布在各方的同构数据进行机器学习建模。对于不同的样本来说，机器学习中常见的损失函数的函数结构通常是相同的。所以在数学上，横向联邦学习的各个参与方对损失函数的贡献就有着相似的数学形式，在计算上往往并不复杂。因此，每个参与方均是在本地使用数据训练一个完整的模型，中心服务器要做的仅仅是对各方的模型参数或梯度信息进行聚合以提高模型的健壮性。横向联邦学习训练流程如图11-48所示。

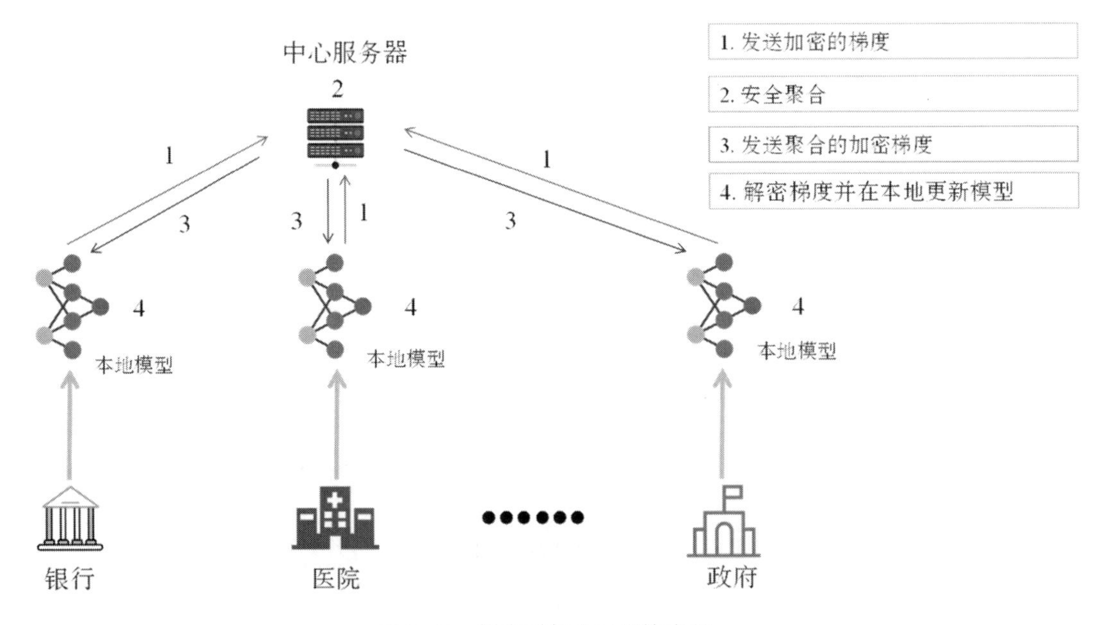

图11-48 横向联邦学习训练流程

步骤1：各参与方在本地计算模型梯度，并使用同态加密、差分隐私或秘密共享等加密技术，对梯度信息进行掩饰，并将掩饰后的结果发送给中心服务器。

步骤2：服务器进行安全聚合操作。

步骤3：服务器将聚合后的结果发送给各个参与方。

步骤4：各参与方对收到的梯度进行解密，并使用解密后的梯度结果更新各自的模型参数。

上述4个步骤是一次完整的训练过程，不断迭代此过程直到损失函数收敛或达到允许的迭代次数的上限。需要注意的是，在上述步骤2中，聚合服务器接收到参数之后进行聚合操作，通常是计算加权平均值。如果参与方发送的是训练过程中的梯度信息，则该过程称为梯度平均；如果发送的是模型参数，则此过程称为模型平均；梯度平均和模型平均均可称为联邦平均算法。

2. 纵向联邦学习

纵向联邦学习的主要目的是利用分布在各方的异构数据进行机器学习建模，与横向联邦学习有所不同，在纵向联邦学习中，不同样本损失函数的结构是有所不同的，在数学形式上有所差异，计算上相对复杂。因此，在纵向联邦学习的模型训练过程中每个参与方仅是使用本地数据计算模型的一部分参数及一部分损失函数，完整的模型参数及损失函数的计算需要将各方本地计算的结果进行融合才能得出。这里，中心服务器的作用便是协调各方进行模型参数及损失函数的计算。

以两方合作建模的场景为例，假设银行提供标签数据，运营商提供数据，协调者为进行模型聚合的服务器方。

纵向联邦学习训练流程如图11-49所示。

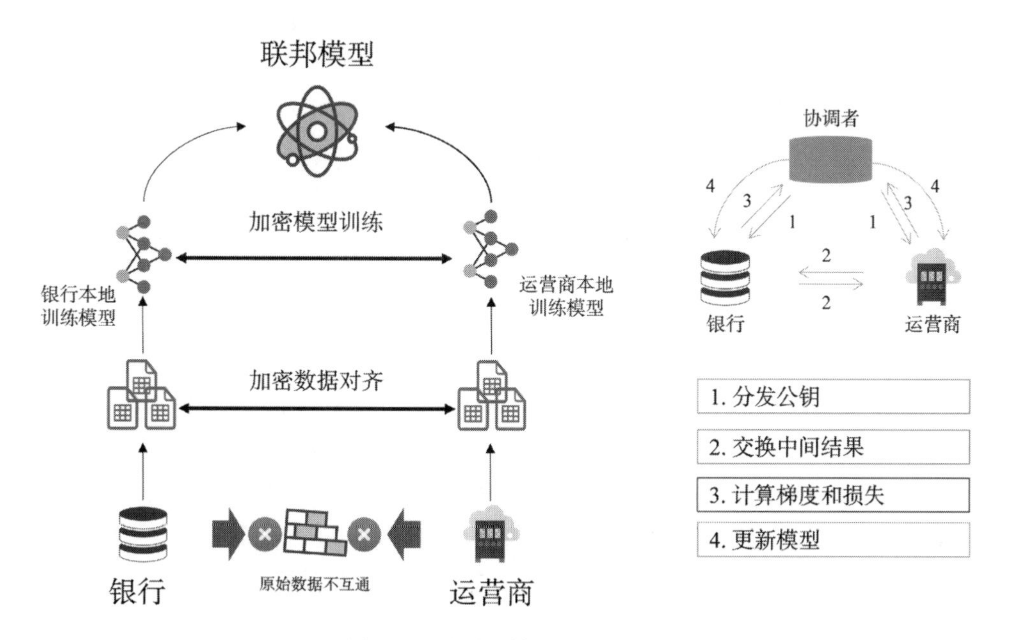

图11-49　纵向联邦学习训练流程

在纵向联邦学习中，训练过程可以分为两个部分。第一个部分对双方的异构数据进行对齐操作，使双方的数据ID能够匹配；第二个部分是对已经对齐后的数据进行模型训练。

（1）加密数据对齐。由于银行和运营商的数据是异构的，所以联邦学习系统使用隐私求交（PSI）技术对双方的数据进行对齐操作。该操作可以确保双方不会暴露各自的原始数据便可以将对应ID的数据进行对齐，并且在对齐过程中也不会暴露其中一方的用户ID。

（2）加密模型训练。在数据进行对齐之后，便可以使用对齐的数据进行模型训练。在该阶段，训练过程主要分为以下步骤。

步骤1：协调者在加密系统中创建密钥对，并将公钥同步给银行和运营商。

步骤2：银行和运营商分别使用自己的本地数据进行模型训练，在训练过程中对中间结果进行加密和交互。中间结果主要是本地计算的梯度信息和损失函数的值。

步骤3：银行和运营商分别将本地的梯度通过从协调者获取的公钥进行加密，并添加掩码。其中，运营商会计算加密的损失函数。银行和运营商将计算结果发送给协调者。

步骤4：协调者获取了银行和运营商的结果之后，使用私钥对结果进行解密，并将解密的结果分别发送给银行和运营商。银行和运营商在接收到明文结果，在本地去除添加的掩码以获取真实的梯度信息，并使用该信息更新模型的参数。

上述4个步骤完成了一轮模型训练，不断迭代此过程直到损失函数收敛或者达到最大迭代次数，训练结束。

3. 联邦迁移学习

在深入探讨联邦迁移学习之前，需要首=先对迁移学习的基本理念有所了解。迁移学习涉及两个核心概念“任务”与“域”。其中，“任务”指的是模型旨在完成的特定目标，例如识别图像中的物体；而“域”则指数据的来源，分为“源域”与“目标域”。源域通常指已经拥有大量标注数据的集合，如已标注物体位置及类别的图像；目标域则指尚未充分掌握，且存在大量未标注数据的集合，例如未经标注的图像。

迁移学习过程不仅利用目标域内的数据作为学习算法的输入，还整合了源域中的学习成果，包括训练数据、模型架构及任务定义。该过程的核心在于，通过汲取源域的丰富知识，以解决目标域中标注数据匮乏的问题。

在联邦学习的框架下，数据分散在不同的参与者之间，且出于隐私保护的考虑，参与者往往不愿意共享其原始数据。联邦迁移学习通过在本地进行学习，随后共享模型参数更新而非原始数据，有效解决了这一难题。此方法在保障数据隐私的同时，实现了跨样本空间和特征空间的知识迁移。

迁移学习示意如图11-50所示。图中清晰地展示了迁移学习是如何利用源域中的学习成果来增强对目标任务的学习能力，可以更直观地理解迁移学习的关键概念。

联邦迁移学习是联邦学习和迁移学习的结合，源域和目标域的概念在联邦迁移学习中同样适用。以刘洋等人提出的联邦迁移学习框架为例，这里假设源域和目标域的数据集分别位于不同的参与方，且各参与方之间的数据在样本上存在有限程度的重叠。

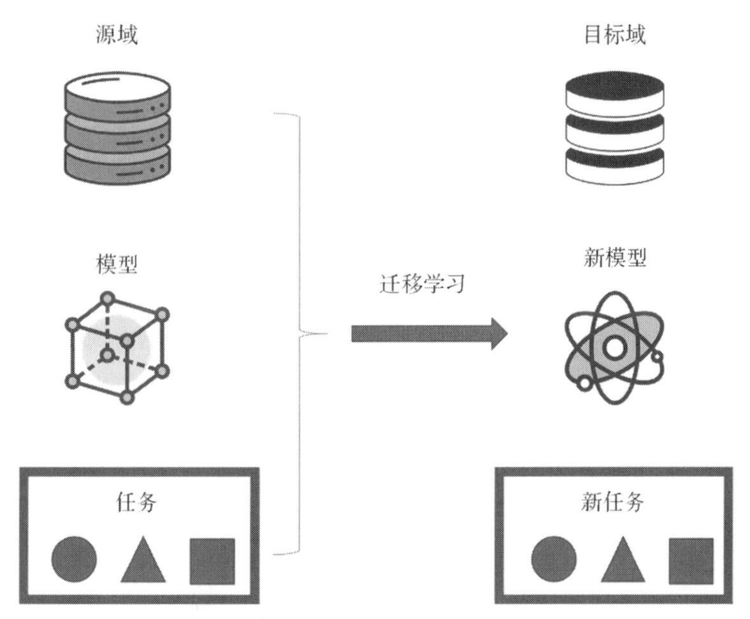

图11-50　迁移学习示意

首先，各参与方在本地先使用本地数据计算出一份数据的隐藏表征信息，在此基础上各参与方通过交换中间数据来完成一个模型的训练。其次，在训练的过程中由于涉及多方的数据，所以整个训练过程不能泄露任意一方的数据及隐私信息，这里可以使用一些隐私计算技术来实现，例如同态加密、多方安全计算等方法。最后当模型训练完成之后，需要使用该模型对目标域的数据进行预测，以达到对目标域中未标记样本的预测。需要注意的是，模型的预测过程也是一个多方协作过程，这个过程中同样需要对数据隐私进行保护。

11.4.2　开源框架介绍

联邦学习的核心是分布式机器学习，与传统的分布式机器学习相比，联邦学习通过上传参数、不上传数据的方式进行分布式机器学习，进而实现了数据的隐私保护。通过整合各个节点上的参数，不同的设备可以在保持设备中大部分数据的同时，实现模型训练更新。当前市场上已经有了一些开源联邦学习框架被用于科研与实际应用，下面介绍几种当下比较流行的联邦学习开源框架的实现方案。

11.4.2.1　FATE

FATE（Federated AI Technology Enabler）是微众银行在2019年开源的联邦学习框架，旨在解决各种工业应用实际问题。在安全机制方面，FATE采用密钥共享、散列及同态加密技术，以此支持多方安全模式下不同种类的机器学习、深度学习和迁移学习。在技术方面，FATE同时覆盖了横向、纵向、迁移联邦学习和同步、异步模型融合，不仅实现了许多常见联邦机器学习算法（如逻辑回归、梯度提升决策树、卷积神经网络等），还提供了“一站式”联邦模型服务解决方案，包括联邦特征工程、模型评估、在线推理、样本安全匹配等。此外，FATE所提供的FATE-Board建模具有可视化功能，建模过程交互体验感强，具有较强的易用性。目前，这一开源框架已在金融、服务、科技、医疗等多领域推动应用落地。

1. FATE 框架

基于高可用和容灾的设计，FATE框架主要包括离线训练和在线预测两个部分。离线部分实现建模，在线部分实现推理。FATE系统架构如图11-51所示。其中FATE-Cloud负责集群节点注册及管理、可视化集群部署及更新及FATE集群监控；FATE-Board为联邦学习过程可视化模块，并具备任务及日志管理功能；FATE-Flow为学习任务流水线管理模块，负责联邦学习的作业调度及联邦模型的生命周期管理；FATE-Serving具备联合推理及在线联邦模型管理功能；FederatedML是联邦机器学习的核心组件，主要具备联邦机器学习算法；安全协议模块支持如同态加密及多方安全计算等安全协议；并且FATE框架支持TensorFlow及Pytorch框架的计算支持，支持EggRoll或Spark作为分布式计算组件；支持HDFS、Hive、MySQL及LocalFS等多种数据存储方式。

2. FATE 系统功能

1）离线训练框架

FATE系统离线训练框架如图11-52所示，其架构设计可划分为多个层次：基础设施层、计算存储层、核心组件层、任务执行层、任务调度层、可视化面板层及跨网络交互层。每一层均承担着特定的功能，共同构成了一个高效且灵活的联邦学习平台。通过这种分层架构，FATE系统不仅能够应对大规模的数据处理需求，还能够确保系统的稳定性和可扩展性，为联邦学习的研究和应用提供了强有力的支持。

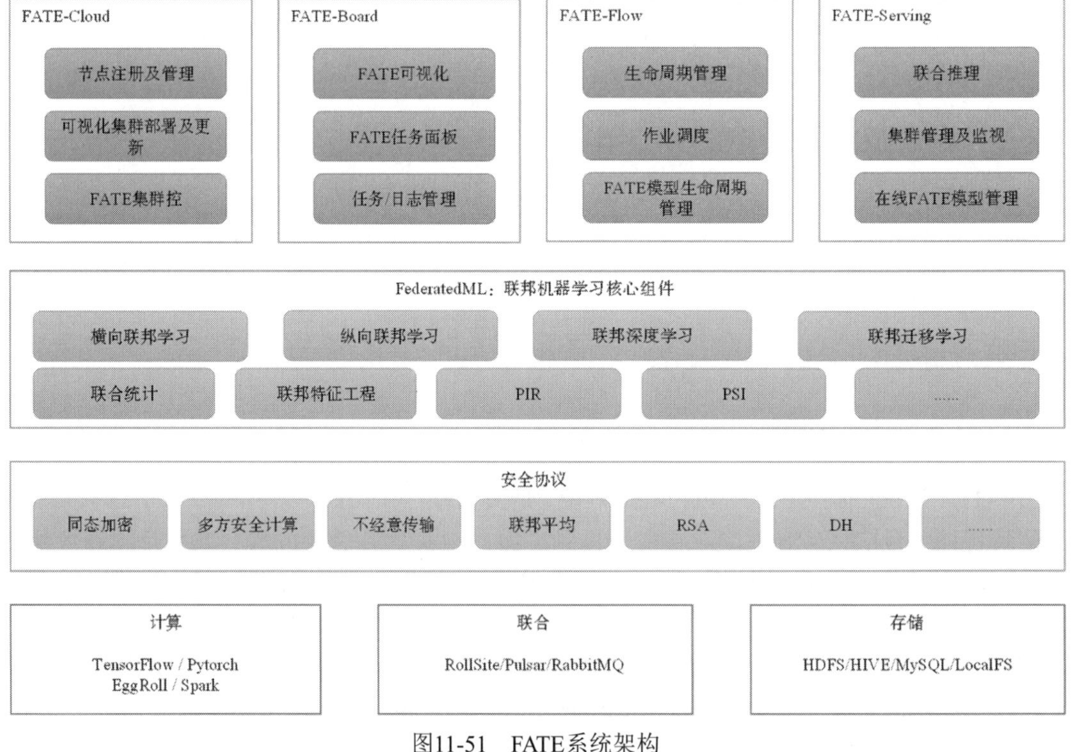

图11-51　FATE系统架构

在基础设施层，FATE系统引入了KubeFATE模式，该模式利用云原生技术来管理联邦学习工作负载。KubeFATE支持通过Docker Compose及Kubernetes两种方式进行部署，使FATE集群拥有了全面的生命周期管理功能。这些功能包括但不限于集群的扩展、缩减、配置修改等，从而为运维人员提供了极大的便利。

图11-52　FATE离线训练框架架构

在计算存储层，离线训练框架使用EggRoll及Spark作为分布式计算引擎。当使用EggRoll作为计算引擎时，簇管理器（Cluster Manager）负责提供服务入口以分配资源，节点管理器（Node Manager）执行实际计算和进行存储，Rollsite负责数据传输。当使用Spark作为计算引擎时，需要使用HDFS来实现数据的持久化，而Pipeline的同步和训练过程中消息的同步则要依赖于Nginx和RabbitMQ服务来完成。

核心组件层主要用于实现数据交互、算法和模型训练评估。本层主要由FederatedML组成，其包括许多常见机器学习算法的联邦实现及必要的实用工具。简单地说，可分为以下几个功能模块。

（1）算法模块，用于数据预处理和联邦特征工程的机器学习算法。

（2）实用程序模块，作为启用联邦学习的工具，例如加密算子、参数定义及传递变量自动生成器等。

（3）框架模块，用于开发新算法模块的工具包和基础模型。

（4）安全协议模块，包括SPDZ、OT等协议，以实现安全联邦学习。

任务执行层和调度层主要由FATE-Flow构成。FATE-Flow是实现联邦学习建模和任务协同调度的重要工具，主要包括：DAG定义联邦学习Pipeline、联邦任务协同调度、联邦任务生命周期管理、联邦模型管理、联邦任务输入输出实时追踪及生产发布功能。

可视化面板层由FATE-Board构成，主要实现联邦建模过程的可视化。FATE Board由任务仪表盘、任务可视化、任务管理与日志管理等模块组成，可以对联邦学习过程中模型的训练状态及输出结果进行可视化展现。FATE-Board提供了矩阵图、回归结果、树模型等可视化展现，从而使研究人员可以更及时地了解模型状态与调整参数，提升联邦学习的效果。

跨网络交互层由Federated Network联邦多方通信网络构成，它的架构如下：元服务为元数据管理者和持有者，负责定位不同数据在不同机器的位置；Proxy为应用程序层联邦学习路由；Federation负责全局对象的抽象和实现；FATE Exchange提供通信功能。

2）在线预测框架功能

FATE服务系统是专为联邦学习模型设计的高性能工业化服务平台。在完成离线建模后，FATE Flow负责将训练完成的模型推送至FATE服务。FATE服务通过加载这些模型，实现在线预测功能，其核心能力包括动态加载联合学习模型、多级缓存机制、生产环境中的预处理与后处理、联邦学习在线批量预测、支持多方并行预测等。FATE-Serving部署框架如图11-53所示。

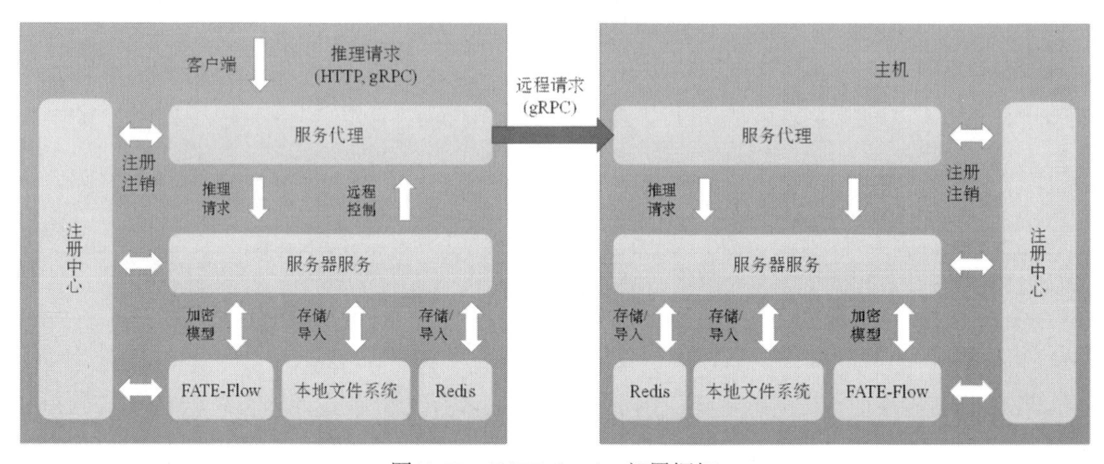

图11-53　FATE-Serving部署框架

在FATE服务系统中，服务器服务（Serving Service）扮演着预测功能的核心角色，负责处理各类请求，并提供基于gRPC协议的模型在线推理服务。服务器服务在从FATE-Flow成功加载模型后，将该模型的服务信息注册至注册中心（如Zookeeper），以便网关服务能够拉取并调用可用的服务。此外，训练完成的模型信息亦会被发送至模型管理服务，以完成模型的持久化存储。这一步骤确保了模型信息的长期保存，并在需要时可以作为备份进行恢复。

服务代理（Serving Proxy）主要是在多方交互时作为网关服务路由，实现客户端与主机之间的通信。它对外提供gRPC接口和HTTP接口，维护一个各参与方PartId的路由表，通过路由表中的信息转发外部系统的请求。

从FATE的系统架构和系统功能可以看出，FATE的优势在于其具有丰富的算法组件，具有简单、开箱即用、易用性强的特点。作为目前唯一的一个可以同时支持横向联邦学习、纵向联邦学习及联邦迁移学习的开源框架，FATE得到了业界广泛的关注与应用。同时，FATE还提供了“一站式”联邦模型解决方案，可以有效降低开发成本，相比其他开源框架，在工业领域优势突出。

11.4.2.2　PySyft

PySyft是OpenMined在2018年提出，开源于2020年的一个基于Python的隐私保护深度学习框架，主要借助差分隐私和加密计算等技术，对联邦学习过程中的数据和模型进行分离。PySyft的设计主要依赖客户端之间交换的张量链，特点是涵盖了多种隐私机制，如差分隐私、同态加密和安全多方计算；并以可扩展的方式进行设计，便于研究人员添加新的联邦学习方法或隐私保护机制。

1. PySyft 系统架构

PySyft是一个对张量进行抽象运算的标准化框架。其核心设计主要依赖于客户端之间交换的张量链，各成员节点之间的数据传输可以表示为一连串的操作，而每个操作都由一个特殊的类来体现。SyftTensor是为了实现该操作的一个抽象概念，其主要作用是用来表示数据的状态。SyftTensor可以通过链子连接起来，链式结构的头部总是有Torch张量，SyftTensors所体现的状态可以向下使用子属性访问，向上使用父属性访问。

一个张量链的一般结构，其中SyftTensors被一些子类的实例所取代，这些子类都有特定的作用。所有的操作都首先应用于Torch张量，然后它们通过转发到子属性的方式使用链来进行传输。链抽象模型如图11-54所示。

SyftTensor有两个重要的子类。首先是LocalTensor，它在Torch张量实例化时自动创建。它的作用是在Torch张量上执行对应于重载运算的本地运算。其次是PointerTensor，它是在张量被发送到远程客户端时创建。张量的发送和取回方式十分简单，首先是整个张量链将被发送到远程客户端，并将该链使用双节点链进行替换，其中包含了谁拥有数据的信息及远程PointerTensor存储位置的信息。PySyft采用了类似指针的方式进行多方调度，当向客户端发送张量时，会返回一个指向该张量的指针，所有操作都将使用该指针执行。张量发送过程如图11-55所示。

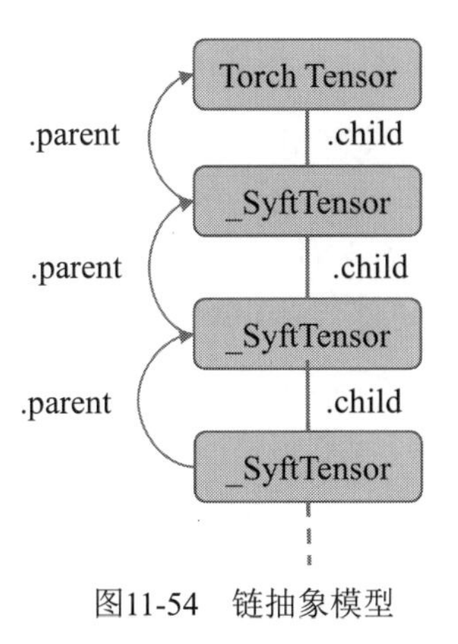

图11-54　链抽象模型

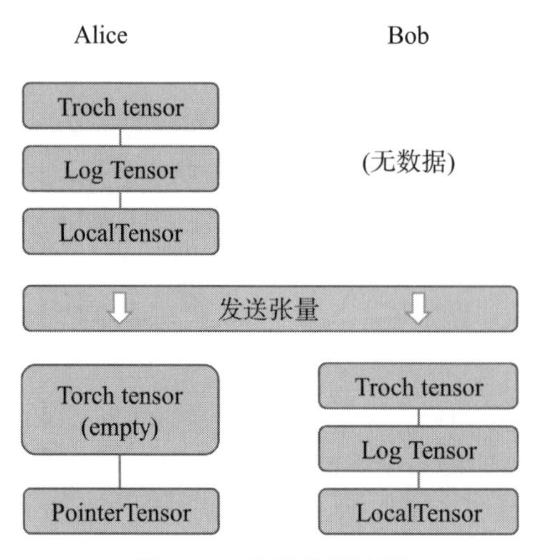

图11-55　张量发送过程

PySyft建立了一个标准化的协议来在各个客户点之间进行通信。在联邦学习的模式下，框架实现两种网络通信模式。一种是建立在普通网络套接字基础上的Network Sockets，而另一种则支持Web Sockets。Network sockets可使客户端通过调用API的方式进行网络通信。而Web Sockets允许从浏览器中实例化多个客户端，每个客户端都视为独立的实体，并通过WebSocketAPI进行网络通信。

2. PySyft 系统功能

作为注重隐私安全的深度学习框架，PySyft重要的一项系统功能就是基于张量指针集成了SyMPC多方安全计算库以实现SPDZ协议。同时，除安全多方计算外，PySyft还支持差分隐私，包括DP-SGD、PATE、Moments Accountant、Laplace和指数机制。同态加密方面由TenSEAL库负责完成，其主要依赖MicrosoftSEAL中的CKKS，允许各方加密它们的数据，以便让不受信任的第三方使用加密数据训练模型，而不泄露数据本身。除此之外，还有PyDP，Petlib等库提供了隐私保护。

对于联邦学习类型，PySyft目前仅可用于横向联邦学习，涵盖联邦算法包括FedAvg等。虽然它可进行基于拆分神经网络的垂直学习，并利用PSI协议以保护数据集隐私，但仍未提供纵向联邦的解决方案。机器学习算法方面，该框架支持逻辑回归和神经网络，如DCGAN和VAE模型。除联邦学习的基本方法外，PySyft还支持联邦的同步和异步机制。操作系统方面，PySyft支持macOS、Windows、Linux系统。研究人员能进行单机模拟、基于拓扑架构的分布式训练和移动端设备训练。

11.4.2.3　TFF

TFF（TensorFlow Federated)是一个基于去中心化数据的开源联邦学习框架，其底层能力是基于TensorFlow实现的，目前还并不支持使用GPU进行加速运算，TFF还不能直接用于生产环境，其旨在促进联邦学习的开放性研究和实验。

1. TFF 系统架构

为协调客户端和中央服务器的交互，TFF除了实现与GKE（Google Kubernetes Engine）、Kubernetes集群的集成，还提供容器映像来部署客户端并通过gRPC调用进行连接。TFF系统架构如图11-56所示。

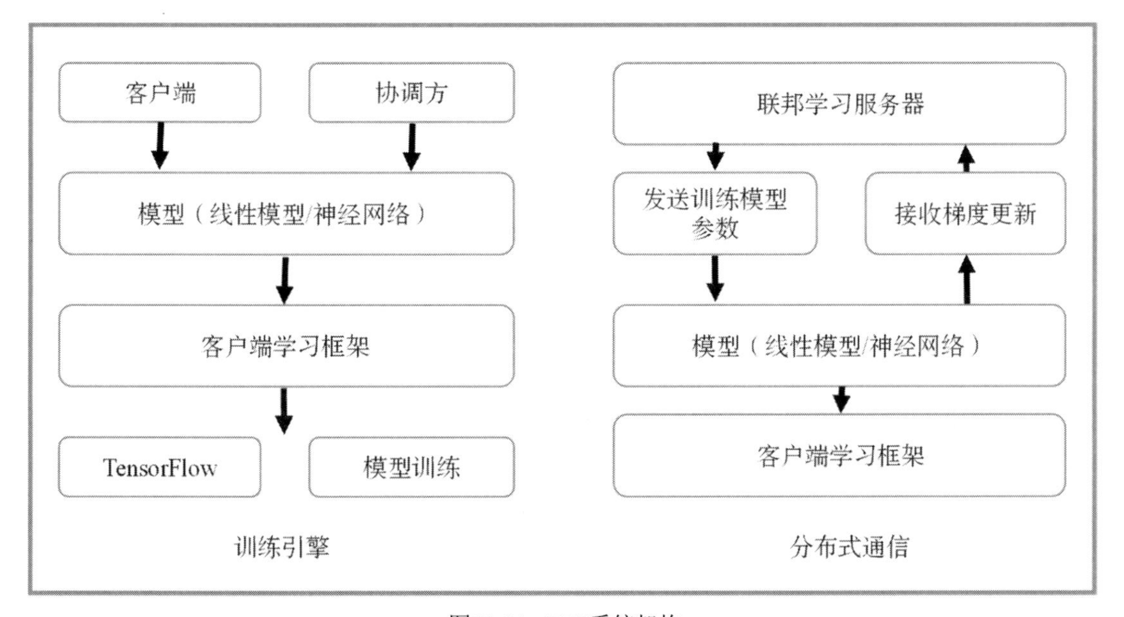

图11-56　TFF系统架构

从系统架构图可以看出，TFF的训练流程如下。

步骤1：服务端周期性地从设备集群中筛选有效的设备子集。

步骤2：服务端向训练设备发送数据，包括计算图及执行计算图的方法。而在每轮训练开始时，服务器向设备端发送当前模型的超参数及必要状态数据。设备端根据全局参数、状态数据及本地数据集进行训练，并将更新后的本地模型发送到服务端。

步骤3：服务端聚合所有设备的本地模型，更新全局模型并开始下一轮训练。

由此可见，TFF客户端的功能主要包括连接服务器，获取模型和参数状态数据、模型训练、模型更新。TFF客户端架构如图11-57所示。

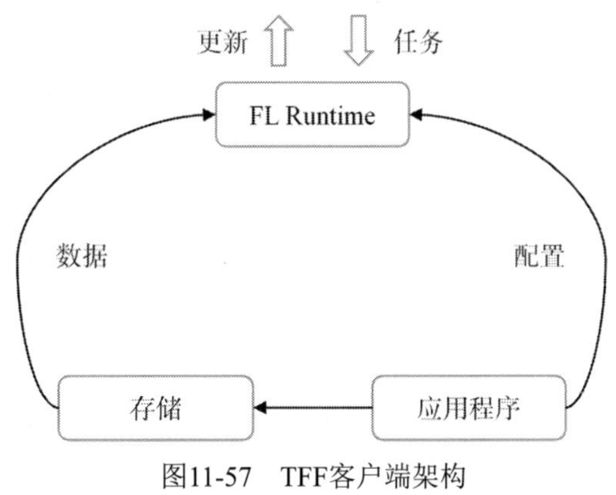

图11-57　TFF客户端架构

对于服务器端，TFF围绕编程模型参与模式（Actor Model）设计，使用消息传递作为唯一的通信机制。TFF采用自顶向下的结构，如图11-58所示。其中，协调方（Coordinator）是顶级参与者，负责全局同步和推送训练。多个协调方与多个联邦学习设备集群一一对应，负责注册设备集群的地址。协调方接收有关选择器的信息，并根据计划指示它们接受多少设备参与训练。而选择器负责接收和转发设备连接，同时定期从协调方接收有关联邦集群的信息，决定是否接受每台设备作出本地决策。主聚合器（Master Aggregator）负责管理每个联邦学习任务的回合数，它可以根据设备的数量作出动态决策，以生成聚合器（Aggregator）实现弹性计算。

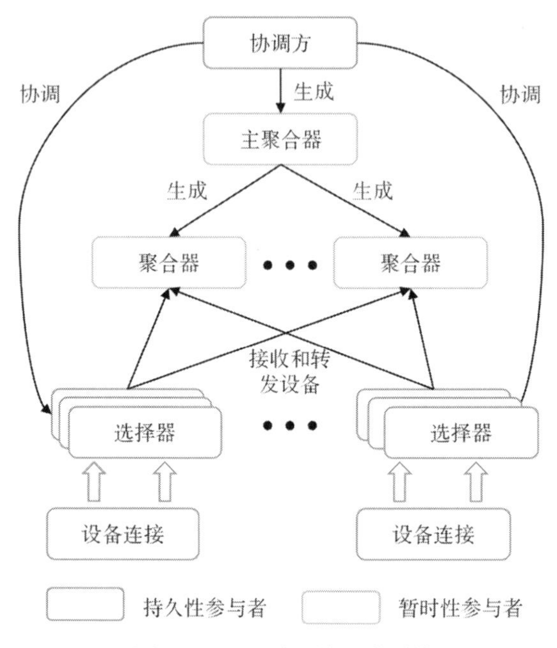

图11-58 TFF自顶向下的结构

2. TFF 系统功能

为实现联邦学习模型训练的实验环境和计算框架，TFF构建了FLAPI（Federated Learning API）和FCAPI（Federated Core API）两个级别的接口。FLAPI包括模型、联邦计算构建器、数据集三个部分。TFF API架构如图11-59所示。

模型部分提供封装完成的tff.learning函数，研究人员可以直接调用该函数实现各种联邦学习算法而无须自行构建，如可以使用FedAvg和Fed-SGD进行模型训练。联邦计算构建器的主要目的是使用现有模型为训练或评估构造联邦计算的帮助函数，主要用于辅助联邦学习的训练和计算过程。在数据集模块，通过Tensorflow API中提供的LEAF生成联邦学习特定训练数据集，给出了用于TFF仿真和模型训练的可直接下载和访问的罐装数据集。除了高级接口外，FCAPI提供了底层联邦学习接口，是联邦学习流程的基础，研究人员可以方便地构建自定义联邦学习算法。

在联邦学习类型方面，TFF目前只支持横向联邦学习，尚无纵向联邦及迁移学习的方案；模型方面，具备FedAvg，FedSGD等算法，同时支持神经网络和线性模型；在计算范式方面，

TFF支持单机模拟和移动设备训练，不支持基于拓扑结构的分布式训练；在隐私保护机制方面，TFF采用差分隐私以保证数据安全。TFF的主要受众目标是研究人员和从业者，他们可以采用灵活可扩展的语言来表达分布式数据流算法，定义自己的运算符，以实现联邦学习算法和研究联邦学习机制。

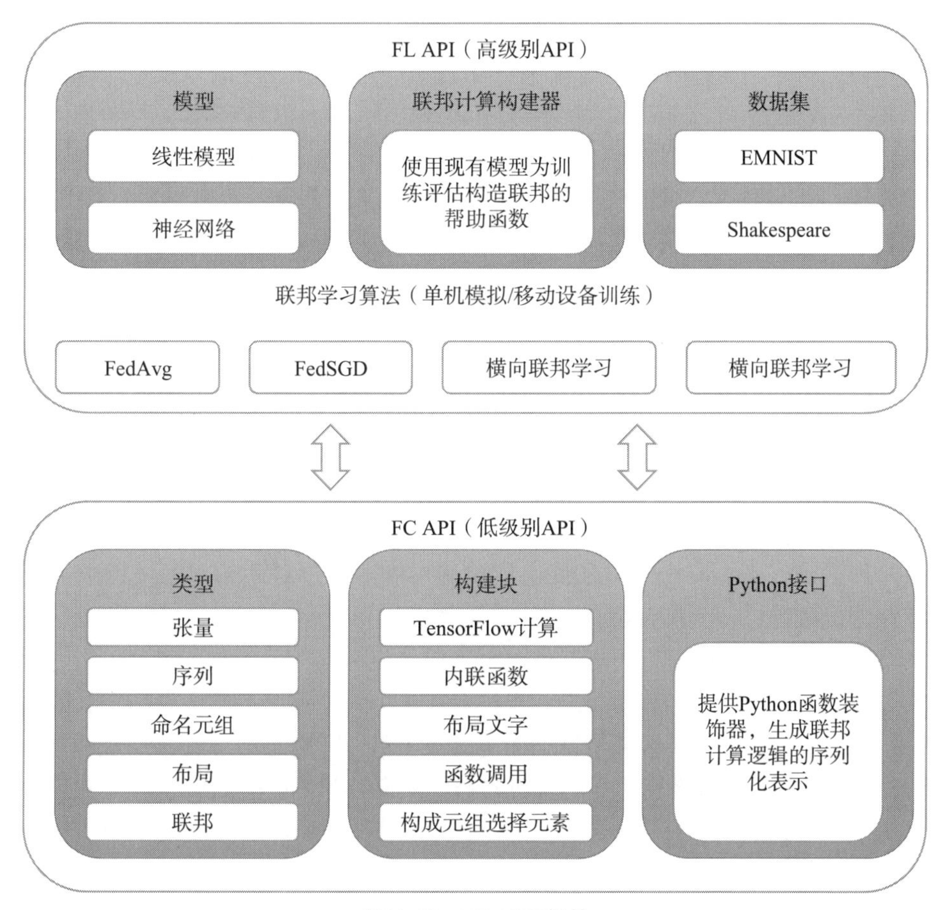

图11-59 TFF API架构

11.4.2.4 其他开源框架

在2019年，百度公司依托其在安全多方计算和差分隐私等领域的深厚实践，开源了PaddlePaddle生态系统中的联邦学习框架——PaddleFL。该框架的发布旨在为整个行业提供一个全面的安全机器学习开发生态。PaddleFL集成了多种联邦学习策略，自发布以来便受到业界的广泛关注。PaddlePaddle本身具备大规模分布式训练能力，加之Kubernetes对训练任务的弹性调度支持，百度已经开源了横向联邦学习的相关场景。

FedML是由美国南加州大学联合多所高校和企业共同发布的联邦学习开源框架。FedML不仅支持单机模拟、基于拓扑结构的分布式训练、移动设备训练三种计算范式，而且通过其灵活且通用的API设计和丰富的参考基准实现，促进了各种算法研究的进展。特别地，FedML针对非独立同分布（Non-IID）数据，提供了精选且全面的基准数据集，以便进行公平的算法比较。

Flower是由英国牛津大学在2020年发布的联邦学习框架，其显著优势在于能够模拟真实场景下的大规模联邦训练。Flower的跨平台兼容性、跨设计语言的易用性、对现有机器学习框架的广泛支持及对框架的抽象封装，使得用户能够迅速且高效地构建所需的联邦学习训练流程。Flower在计算资源、内存空间和通信资源等方面的高效综合利用，特别适用于移动和无线客户端下异构资源的环境。

由此来看，联邦学习在工程应用领域展现出巨大的潜力。相较于传统的分布式学习，后者通常需要构建庞大的计算集群和数据存储集群以训练出高性能的模型，联邦学习则显得更为轻量化。它在保护数据隐私的同时，允许使用真实数据集进行训练。由于联邦学习大幅降低了前期准备与后期维护的成本，因此它适用于不同规模的公司，为其数据隐私保护和机器学习模型训练提供了一种有效的解决方案。

11.4.3 联邦学习的安全问题

联邦学习技术的开发者、参与者与使用者均应遵守信息安全的基本原则，即保密性、完整性和可用性等。联邦学习系统由于其协作训练及模型参数的交互方式容易受到各种攻击，同时面临威胁。识别联邦学习可能存在的漏洞和风险将有助于通过提前部署防御来建立一个更安全的环境。因此，对于联邦学习开发人员来说，分析所有可能存在的漏洞和风险并加强防御是确保数据安全和隐私的必要步骤。本章节将对联邦学习过程中的安全威胁及如何有效进行防御进行分析说明。

在联邦学习场景中，攻击行为不但可以由不受信任的服务器发起，也可以由恶意参与方发起。攻击可分为主动攻击和被动攻击。在被动攻击中，中心服务器、参与方、模型使用者可以从模型参数中推断用户的敏感信息。而主动攻击可以通过篡改训练数据及本地模型，欺骗其他参与方暴露隐私，或者通过上传恶意参数，对联邦学习的全局模型造成负面影响。

11.4.3.1 威胁模型

1. 威胁模型

联邦学习的威胁模型一般可以分为诚实但好奇的服务器和恶意服务器。

（1）诚实但好奇的服务器：该服务器一般是被动的，遵守联邦学习的协议，并不直接观察训练数据及参与方直接上传的模型参数，但可能会从聚合的模型中推断参与方的隐私信息。

（2）恶意服务器：该服务器一般是主动的，会从参与者上报的模型参数中学习参与者的私人信息，并且会进行一些偏离联邦学习协议的破坏性的攻击，如修改、删除等。

2. 攻击位置

联邦学习由中心服务器、参与方和通信协议三个部分构成。这三部分均存在一定的安全隐患。

（1）中心服务器：中央服务器负责分享初始模型参数，汇总本地模型，并将全局模型更新分享给所有参与方。因此，应保证中心服务器的安全性，以确保服务器的公开漏洞不被攻击者利用。

（2）参与方：联邦学习通常有多个参与方，每个参与方基于本地数据进行训练。由于中心服务器无法对参与方本地数据及上报的参数进行审查，因此恶意参与方可对本地训练数据和模型参数进行篡改，以达到影响最终全局模型的目的。另外，参与方有机会接触全局模型，这可能使全局模型受到反演攻击的威胁。

（3）通信协议：联邦学习通过客户以迭代的方式参与训练来完成学习过程，这涉及在特定网络上的大量通信。由于联邦学习通常会进行多轮训练，这极大增加了窃听者破解密钥及对通信过程进行攻击的机会。因此，联邦学习的通信建议采用公钥加密技术的混合网络，以确保整个通信过程中通信内容受到保护。

3. 攻击来源

按照攻击来源分，联邦学习的安全威胁可分为外部攻击和内部攻击。

（1）外部攻击：包括通信窃听者及模型最终使用者发起的攻击。

（2）内部攻击：包括中心服务器或参与者发起的攻击。内部攻击通常比外部攻击更强，也是目前主要研究及防御的目标。

4. 攻击阶段

这些安全威胁在模型训练阶段和推理阶段均可发生。

（1）模型训练阶段：该阶段的攻击将影响或损坏联邦学习的全局模型，主要方式为数据投毒或者模型投毒。

（2）模型推理阶段：该阶段攻击存在于训练结束的模型使用阶段，其目的为使已训练完成的模型产生错误的输出。

11.4.3.2　安全与隐私攻击类型

1. 投毒攻击

投毒攻击（Poisoning Attack）在联邦学习中是一种主要攻击。因为联邦学习中的每个参与方都拥有本地训练数据，所以他们可以篡改数据并通过在篡改的数据上进行训练将被污染的权重添加到全局联邦学习模型中。投毒攻击一般发生在训练阶段，通过篡改训练数据集或本地模型间接篡改全局模型的性能或准确性。投毒攻击可分为随机攻击和目标攻击，其差异在于，随机攻击旨在降低联邦学习模型的准确度，而目标攻击则是使联邦学习模型输出攻击者想要的结果。在联邦学习中，模型的更新是由多个参与方提供的，也就是说，攻击者可以对一个或多个参与方的训练数据中进行投毒，所以投毒攻击发生的概率很高，其威胁的严重程度也较高。投毒攻击根据投毒的对象可分为以下两类。

（1）数据投毒（Data Poisoning）：数据投毒可由任意参与方发起，其后果同参与者介入攻击的程度及被投毒的数据数量相关。最典型的数据投毒攻击为后门攻击，该攻击通过给一部分数据注入触发器（如特定的图形）来干扰联邦学习模型的训练，从而使全局模型被污染，进而对嵌入这些特定触发器的数据进行错误预测。具体而言，后门攻击将触发器加入本地数据样本中，并将这些被污染的训练数据的标签翻转成另一类，如在手写数字分类任务中将所有“1”的数据标签翻转为“7”，并对数据加入特定的后门触发器，而其余数据样本和标签保持不变。攻击后的联邦学习模型将无法正确分类“1”，并会错误地将“1”的数据样本分类为“7”。由于后门攻击并不会降低模型对干净数据的预测效果，因此非常难检测，但需要一定数量的参与方才能得到满意的攻击效果。

（2）模型投毒 （Model Poisoning）：模型投毒攻击通过对直接参与方的本地模型进行修改以达到操纵全局模型的目的。一般来说，在模型投毒攻击中，恶意方可在更新的模型发送到中央服务器进行汇总之前对其进行修改。由于中心服务器无法对上传的模型参数进行验证及审查，因此全局模型极易被投毒。在最近的研究中，模型投毒攻击已经被证明比数据投毒攻击更有效，但模型投毒需要更复杂的技术及更强的计算能力。

2. 推理攻击 （Inference Attack）

该攻击目标在于从模型交换参数中推理出隐私信息。在联邦学习中，即便没有直接交换训练数据，模型参数更新中也可能泄露参与方的本地数据信息。攻击者可以通过分析多轮训练参数的差异推理出训练数据的隐私信息。目前的攻击可推理出大量隐私信息，包括各类训练数据原型，指定数据是否出现在训练集中，及训练数据是否具有某一项属性等。推理攻击的严重性与投毒攻击高度相似，因为在联邦学习过程中，无论是参与方还是中心服务器，都有较大可能遭受推理攻击。

1）梯度反演（Gradient Inversion）

攻击者可通过共享的梯度参数还原训练数据。该攻击可发生在服务器，也可发生在参与方。攻击者通过训练一个生成式对抗网络 （Generative Adversarial Network，GAN）来合成与训练数据相似的数据样本。因为GAN旨在生成与训练数据分布相同的样本，因此通过GAN生成的图像与原始图像几乎相同。也因为此，梯度反演攻击只在所有分类的样本具有很强的相似性时（如人脸识别）才有比较好的效果。

2）成员推理（Membership Inference）

给定一个数据样本和一个预训练过的模型，攻击者可通过一定手段判断该样本是否被用于训练。在联邦学习中，服务器可观察到参与方的模型更新而参与方拥有聚合后的模型参数。因此，无论是服务器还是参与方均可发起成员推理攻击。该攻击可直接导致隐私泄露。例如，特定患者的临床记录用于训练与疾病相关的模型会泄露该患者患有疾病的事实。

3）属性推理（Property Inference）

给定一个预训练过的模型，攻击者判断其对应的训练集是否包含一个带有特定属性的数据点。值得注意的是，该属性并不一定与训练任务有关，而更偏向于与训练任务无关的属性推断。攻击者可发起属性攻击旨在判断特定属性是否在其所对应的训练集中。例如，在实践中，攻击者可推理出患者的年龄、性别等个人信息和是否戴眼镜等个人属性。即使无法获得姓名和临床记录等信息，攻击者依然能根据推理出的患者属性确定患者身份。

（1）生成对抗网络（GAN）：研究人员已经对联邦学习中基于生成对抗网络的攻击进行了实验和分析。基于GAN的攻击具有发起投毒攻击和推理攻击的能力，对联邦学习系统的安全和隐私都构成威胁。由于无法预见所有来自GAN的威胁，导致其影响和威胁程度也较高。

（2）系统中断及停机：系统中断或停机在信息技术行业中不可避免。在联邦学习中，系统中断或停机产生的威胁严重性很低，因为在每个参与方节点上都保存着一个本地—全局模型，这可以保证训练过程在停机后迅速恢复。但是，即使严重程度较低，该威胁也不容小觑，因为停机可能是由攻击者精心策划的，以窃取联邦学习环境中的各类信息。

（3）恶意服务器攻击：在跨设备的联邦学习系统中，大部分工作都是在中央服务器上完成的。从选择模型参数到部署全局模型等。被破坏的或恶意的服务器有巨大的影响，诚实但好奇的服务器或恶意服务器可轻松提取参与方的隐私数据或操纵全局模型，利用共享计算能力在全局机器学习模型中构建恶意任务。

（4）通信“瓶颈”：从多个异构设备的数据中训练一个机器学习模型的制约因素之一是通信带宽。在联邦学习方法中，是传输训练好的模型而不是发送大量数据，这已经在很大程度上降低了通信成本，但依然对通信带宽有所要求。并且，由于网络问题或任何其他意外故障所导致的设备掉线和延迟，可能使参与方无意中错过了训练过程。因为通信“瓶颈”会严重扰乱联邦学习环境，所以这对于联邦学习的威胁性依然很高。

（5）搭便车攻击（Free-Rider Attack）：该攻击属于被动攻击，攻击者参与联邦学习只是为了窃取最终的全局联邦学习模型，却不对训练过程作出任何贡献。攻击者不使用本地数据训练模型，而是通过上传虚构的模型更新，以骗取最终训练完成的全局模型。这种攻击在参与方较少的联邦学习中可造成较大影响，因为搭便车攻击者的存在可能使联邦学习没有充足数据进行训练。由于出现概率较低，因此这种攻击的严重性为中等。

（6）窃听：联邦学习是一个迭代的过程，涉及多轮从参与方到中心服务器的通信回合。攻击者可能会持续窃听并通过保护薄弱的通信渠道提取数据。窃听对于联邦学习来说是中等程度威胁。

（7）与数据保护法的相互作用：这种威胁发生的可能性很低，因为配置联邦学习环境的专业人员会确保在模型投入生产前对所有客户进行充分分析。虽然该威胁的严重性很低，但由于联邦学习中可能因有意无意错误地配置导致安全漏洞产生，所以其后果可能无法预见。

11.4.3.3　现有的防御机制

1. 安全防御机制

防御机制有助于抵御已知的攻击，减少风险概率。这些防御机制可分为主动防御和被动防御。主动防御通过提前预估风险和威胁来将防御技术部署在联邦学习架构中，这是一种具有成本效益的防御方式。被动防御用来识别过程中发生的攻击，通常作为缓解攻击影响的手段之一。我们在此列出主流的FL安全防御技术。

（1）异常检测：该技术通常使用统计与分析方法，以识别不符合预期模式或活动的事件。有效的异常检测系统需要正常行为或事件的白名单，以便检测攻击是否偏离了正常行为。在联邦学习环境中，对于不同的攻击，如数据投毒或模型投毒，应使用不同的异常检测技术进行检测。同时应使用合适的度量对不同的攻击进行检测。一个有效的度量应具有良好的分辨正常行为和攻击行为的能力。

（2）安全聚合算法：安全聚合算法也是一种有效的防御方法，主要思想是引入梯度的统计特征来提升聚合算法的健壮性。典型实例如联邦平均聚合算法（Federated Average，FedAvg）。FedAvg将各个用户上传的参数以不同的权重进行平均聚合，用户权重由其拥有的样本数量决定。许多算法在此基础上应运而生。如修剪均值聚合算法，具体做法是对于m个模型参数，中心服务器首先会对其本地模型的m个参数进行排序，然后删除最大和最小的β个参数，计算（m-2β）个参数的平均值，并将其作为全局模型的参数，如此迭代，最后服务器对参数进行平均汇总。又如中位数聚合算法，对于本地m个模型参数，中心服务器将对本地模型的所有参数进行排序，最终将中位数作为全局模型的参数。

（3）知识蒸馏（Knowledge Distillation）：知识蒸馏是一种模型压缩方法，通过利用复杂模型（Teacher Model）强大的表征学习能力帮助简单模型（Student Model）进行训练。知识蒸馏可在保证模型性能的前提下，大幅降低模型训练过程中的通信消耗和参数数量。通过将知识从深度网络转移到一个小网络来压缩和改进模型，知识蒸馏很适用于联邦学习，因为联邦学习是基于服务器—客户端的架构，可以利用只分享知识而不是模型参数的概念来提高客户数据的安全性。

（4）可信执行环境（TEE）：TEE的思路是基于硬件实现可信安全计算。这种技术可用于机器学习模型中的隐私保护。具体来说，TEE是一个防篡改的处理环境，可为特定任务的执行提供完全隔离的运行空间，为在主处理器的安全区域执行的代码提供完整性和保密性。这种方法也可用于联邦学习。

（5）数据消毒（Data Sanitization）：数据清洁最初是通过异常检测器来过滤那些看似可疑的训练数据点。近期的研究通过不同的健壮统计模型来改进数据消毒技术。在联邦学习环境中，数据消毒技术是抵御数据中毒攻击的常见防御技术之一。然而，它也可能被更强的数据投毒攻击击溃。

（6）剪枝（Pruning）：通过对模型进行剪枝，可以降低模型复杂性及提高模型泛化能力。在联邦学习环境中，计算能力和通信“瓶颈”经常成为训练效果的限制因素，而此时对模型进行剪枝，可优化模型大小，加快本地训练速度，有助于模型的稳健收敛。

2. 隐私保护机制

除了安全防御，在FL中加入隐私保护技术可以极大地缓解隐私威胁。主要的隐私加强算法有安全多方计算（MPC）和差分隐私（DP）等。

（1）安全多方计算：MPC用于解决一组互不信任的参与方各自持有秘密数据，协同计算一个既定函数的问题。MPC在保证参与方获得正确计算结果的同时，不泄露计算结果之外的任何信息。最近，MPC被用来保护联邦学习框架中客户的更新。在联邦学习环境中，只需要对参数进行加密，而不是对大量的数据进行加密。这一特点使MPC成为联邦学习环境中的优先选择。值得注意的是，加密技术在使用中将消耗大量计算资源，占用大量通信带宽，这可能会影响联邦学习效率。目前，基于MPC的解决方案仍然存在挑战。主要挑战之一是效率和隐私之间的权衡。基于MPC的解决方案比典型的联邦学习框架需要更多的时间支出。较长的训练时间往往意味着数据价值的损失，这可能会对模型训练产生负面影响。此外，如何为联邦学习设计一个轻量级的MPC解决方案仍然是亟待解决的问题。

（2）差分隐私：DP是一种广泛使用的隐私保护技术，主要通过使用随机噪声来确保查询请求公开可见信息的结果，而不会泄露个体的隐私信息。当从统计数据库查询时，数据查询的准确性得到保证，同时最大限度地减少单条记录暴露的机会。简单地说，DP就是在保留统计学特征的前提下去除个体特征以保护用户隐私。联邦学习的DP应用按照插入噪声的对象可分为本地化DP和中心化DP。DP对于防御大部分隐私攻击是有效的，但不能防御属性推断攻击，这是因为插入的噪声一般是零平均值的，几乎不会对属性产生影响。DP的联邦学习主要是对梯度信息添加噪声，通信或者计算消耗较低，但由于对梯度进行了加噪，会影响模型收敛的速度，所以可能需要更多的训练轮数才能达到满意的精度。

11.4.4 联邦学习在生产环境中的部署

以参与方属性与数量区分，联邦学习可分为两大类：跨孤岛（Cross-silo）和跨设备（Cross-device）。在跨孤岛的联邦学习环境中，参与方一般是各类机构，如银行、医院、保险公司、政府等，参与方数量从几个到几十个，每个参与方通常能提供大量数据。但因这些数据往往包含大量敏感信息，如姓名、身份证号码、住址、电话等，导致其不可共享，所以这些机构希望通过多方合作来训练一个模型，用于借贷风险评估、医疗影像诊断、产品推荐、社会治理等方面。在此场景下，每个参与方均需要参与整个训练过程，且训练完成后的模型仅限于参与方内部流通使用。在跨设备的联邦学习环境中，参与方通常是移动设备，如手机、可穿戴设备、边缘设备等。与跨孤岛联邦学习相比，这些设备仅能提供少量数据，其训练任务也不尽相同。由于这些移动设备受到计算和通信资源的限制，跨设备联邦学习训练任务通常为较简单但需要大量设备参与的任务，如学习当下网络流行词语及网络聊天表情、手机文本输入预测等。此外，在跨设备联邦学习中每个设备仅需参与少量训练，且训练完成的模型会分配到所有设备上共享使用，不论设备参与训练与否。

联邦学习在部署与应用过程中面临以下三个挑战。

（1）效果和效率：如何以可接受的速率和开销获得令人满意的模型。

（2）安全和隐私：如何降低由于联邦学习不提供安全和隐私保障而带来的模型污染及隐私泄露风险。

（3）合作和激励：如何激励更多参与方加入，提升参与积极性，以达成提升训练效果和长期合作的目的。

下面从以上三个角度分别讨论跨孤岛和跨设备联邦学习在生产环境中的部署与应用。

11.4.4.1 效果和效率

对联邦学习模型训练效果（即收敛性和准确性）影响较大的两个因素分别是数据异质性和系统异质性。数据异质性指参与方本地数据存在样本数量差异及非独立同分布。如由于人口和地理位置的不同，不同医院拥有的疾病数据分布可能不尽相同。又如因区域和经济背景不同而产生的差异化的消费和投资习惯，导致银行数据呈现非独立同分布特性。此外，移动设备收集的数据样本数量也可能存在极大不同。数据异质性在两种联邦学习场景中均会出现，并严重影响模型训练效果，因此两种场景均需应对数据异质性问题。

系统异质性，即硬件异质所导致的通信与计算资源消耗不同而对联邦学习效率下降，主要存在跨设备联邦学习中。典型的例子如拖后腿效应（Straggler Effect），即联邦学习效率通常由最慢的参与方来决定的现象。又如，由于跨设备联邦学习参与方均为资源受限的移动设备，在训练过程中设备可能因电源耗尽，或网络传输不稳定而导致掉线，因此跨设备的联邦学习还需考虑如何应对设备掉线问题。对于跨孤岛联邦学习，无须担忧系统异质性问题，因为参与方通常拥有较为丰富的计算资源及可靠的高速有线网络连接。

总之，由于模型效果对于跨孤岛联邦学习应用至关重要，所以跨孤岛联邦学习的部署重心应在于如何在数据异质性情境下训练高精度的模型，而非提升效率，如医疗机构训练的诊断模型必须要达到足够高的准确性方可投入使用。而跨设备联邦学习的重心应置于如何利用有限的计算和通信资源使中心服务器收集到足够多的模型更新，如设计可应对设备掉线的异步调度算法，或通过压缩技术减少通信量等。

11.4.4.2 安全与隐私

研究表明，联邦学习面临诸多安全和隐私风险。由于参与方的分布式特性，中心服务器无法验证其上传参数的真实性与可信度。攻击方可通过篡改数据及上报模型参数等方式污染全局模型。另外，中心服务器能够探查所有参与者全训练过程中的模型更新信息，参与者也可通过探查全局参数推断出关于参与训练的数据信息。更有甚者，在训练完成后模型的应用中，恶意使用方可反向推断模型的全部参数从而盗取模型，这也是训练组织方的担忧之一。

在各类安全攻击中，模型投毒攻击在跨孤岛的联邦学习中发生的概率较低。若要进行此类攻击，攻击者必须控制这些参与方（如医院、银行等机构）。但现实中并不太可能发生，因为参与方往往会受到协议约束及专业软件保护。即便能绕过上述控制措施，通常也需要多个参与方共同联合来进行攻击，这也使模型投毒攻击在跨孤岛场景中更难以实现。然而，数据投毒攻击可能对跨孤岛的联邦学习产生威胁。即便受到协议和专业软件保护，数据的清洁通常也难以保证。在跨设备的联邦学习环境中，数据投毒至少需要控制超过10%的参与方才能达到攻击效果，这在参与方数量动辄以百万计的跨设备联邦学习环境中几无可能实现。正因如此，模型投毒攻击的效果将会在中心服务器对模型参数进行聚合时被其他正常模型参数所削弱，攻击效果极为有限。

隐私方面，由于孤岛数据往往包含大量个人敏感信息，一旦泄露将会引发重大信任危机。加之各孤岛参与方均有丰富的计算资源和可靠的通信网络，因此跨孤岛联邦学习的参与方可通过调动海量资源，如使用同态加密等密码学的方法来保护通信过程。反之，由于跨设备联邦学习参与方多为计算资源和通信资源有限的移动设备，无法负担高安全度、高复杂度的同态加密和安全多方计算的资源消耗。与之相对，差分隐私具有复杂度低、隐私保护可量化的特点，可能是更合适的隐私保护方案。尽管其具有较小额外资源消耗的优势，但隐私得以保护是以牺牲模型精确度为代价，因此通常需要在二者间进行权衡。

11.4.4.3 合作和激励

联邦学习的效果极度依赖于参与方的数据质量。对于跨设备联邦学习来说，由于训练会产生额外的系统资源消耗，如计算、通信、电池消耗等，参与方在没有足够激励的情况下很难主动参与学习。而跨孤岛联邦学习的参与方可能由于数据具有高敏感性的特征，更担心隐私泄露，例如Owkin公司联合制药企业基于患者扫描影像共同训练药物开发模型，及FeatureCloud公司利用联邦学习来进行生物医药数据分析。在最新的研究中，恶意参与方可通过搭便车攻击（Free-rider attack）在不贡献任何数据的情况下拥有最终模型的使用权。因此，设计激励机制时需考虑以下两点。

（1）如何衡量参与者的贡献。

（2）如何保留吸纳更多参与方。

一个有效的激励机制可以激励更多移动端用户、不同企业、组织参与联邦学习。首先，借助博弈理论、契约理论等有助于设计更有效的激励机制，有效引导参与决策，从而达到理想的模型效果。其次，训练过程中可通过准确衡量不同参与方的贡献程度，给予公平的奖励。最后，鼓励参与者主动增强自身隐私保护能力，以及使用可以抵御搭便车攻击的训练算法，这也能促进良好的隐私保护。

接下来我们以跨孤岛联邦学习为例讨论如何部署实际的生产环境。在此类场景下，设计的防御重心应放在对数据安全及隐私的保护上面。在训练开始之前，需选择合适的数据预处理、激励方案及聚合算法。针对孤岛数据异质性，可通过数据共享或数据增广等机制削弱数据异质性对模型效果的影响。具体来说，中心服务器可将一些公共数据共享给参与方，使数据参与方不仅在本地数据集上训练，并且也在共享数据集上训练。也可基于他人或全局分布的情况对本地数据进行增广。为了激励参与，需将联邦学习模型总收益合理分配至参与各方，也可对样本数量、数据质量、隐私敏感度等通过博弈理论进行分析，以指导改进和完善激励方案设计。由于跨孤岛联邦学习容易受到数据投毒及搭便车攻击，而孤岛数据的特性决定其不可能由第三方或中心服务器进行数据审查，因此可选择具有健壮性的聚合算法，识别与摒弃恶意的模型更新，或削弱其影响。

在训练过程中，由于在跨孤岛场景下只有参与方才能接触到模型参数，所以隐私泄露须着力防范来自内部，而非外部的威胁。又因为在此场景下，参与方通常具有丰富的计算资源及可靠的网络连接，可采取高安全性的同态加密或者安全多方计算来抵御恶意服务器及传输过程中的隐私攻击。另外，模型投毒和数据投毒攻击都会引起全局模型准确率的下降。因此，通过在公共数据集上进行测试从而对全局模型的准确率进行监测，可作为两种投毒攻击的补充防御。除恶意行为外，其他硬件失灵也可影响训练效果。一旦全局模型表现出异常行为，聚合服务器可摒弃可疑的模型参数，并将带有全局模型的检查点（Checkpoint）发送至各参与方，进而从该检查点恢复训练。

11.4.5　联邦学习中安全问题的展望

通过前面的介绍我们可以知道，联邦学习的发展仍旧任重道远，还有一系列的问题需要研究解决。本文将联邦学习中的安全问题分为两个方向，分别是针对联邦系统的安全问题，以及针对数据及模型的安全问题。

11.4.5.1　联邦系统中安全问题的发展展望

（1）零日漏洞对抗性攻击及其支持技术。

目前，联邦学习系统中的防御工作旨在防止已知漏洞和特定的预定义恶意活动，对任务参数进行检测，当检测到外部攻击的恶意参数时，通过让参数的发送方下线使其发送的参数无效来达到保护系统的作用。不过当前也有一些研究显示，使用深度学习来打击此类攻击也是一个非常有前景的解决方案。

（2）可信的可追溯性。

联邦学习的一个主要挑战是全局的机器学习模型在各参与方机器学习模型训练过程中的整个生命周期的可追溯性。例如，如果一个预测值在全局机器学习模型中发生了改变，那么就需要有向后追踪的能力，以确定是哪些参与方的聚合值导致了这种变化。目前，已经有的一些思路是利用区块链技术将交易更新到全局模型中，基于此来实现更加透明的可追溯的训练过程。

（3）完善的流程与API的定义。

隐私保护是联邦学习中最为关键的因素，而联邦学习同时又是一种针对不同方法需要对其优缺点进行详细分析的全新方法，随之，各种邻域都对联邦学习提出了新的要求。如何加强隐私保护和对每个要求进行标准化，并定义一个过程与通用的API来实现这种增强的方法是需要进一步研究的。

（4）在实践中构建FL隐私保护增强框架。

目前已经有一些框架实现了联邦学习系统，例如TensorFlow Federated、PySyft、FATE等。但是这些框架仅实现了联邦学习的基本功能及部分隐私保护库。集成多方安全计算、混淆电路或差分隐私来进行模型训练的框架仍相当少。因此，开发一个集成多种隐私保护方法增强框架也是目前一个紧迫的研究方向。

11.4.5.2 联邦学习中数据及模型保护的发展展望

（1）模型训练的客户端及训练策略选择。

在联邦学习环境中，如何选择训练的客户端以对应算法的训练策略是至关重要的。针对于此，目前已经有了一些工作，但是仍然需要为联邦学习中的每个机器学习算法用例提供标准化的方法。

（2）针对不同的机器学习算法进行优化。

在联邦学习环境中，针对不同的机器学习算法需要进行预定义及标准化的优化算法来建立联邦学习模型。目前的一些研究针对这些联邦学习模型提出了许多聚合或者优化算法来增强联邦学习的性能或隐私保护能力。但是这些建议都是针对特定的机器学习算法，如果能够有一个为当前所有机器学习应用提供特定优化算法的方案，这将有助于联邦学习的开发者或应用者更加轻松地给出联邦学习的具体解决方案。

（3）关于训练策略和参数的设想。

类似机器学习中的早停策略在联邦学习中仍然适用，不同地方在于联邦学习需要对机器学习应用的不同模型和领域进行有针对性的研究后给出方法。由于联邦学习模型训练需要时间、成本和计算资源消耗，如果所有的机器学习算法都能够设置训练的最佳值，这将有助于建立经济高效的联邦学习解决方案。

第 12 章　隐私计算实践案例

隐私计算技术的应用，正在逐步渗透到各行各业，为数据的安全共享和有效利用提供了强大的支撑。本章将选择具有典型代表性意义的实践案例，展示隐私计算在不同行业中的应用效果和实际价值。

从政务行业的公共数据授权运营，到金融行业的信贷风控和智能营销，再到公安行业的打击电信诈骗和跨警种数据共享，隐私计算技术在各个领域都展现出了巨大的应用潜力。此外，在运营商行业的数据共享开放、教育行业的信息化数据隐私保护，以及医疗行业的医疗保险业务和药物研发等场景中，人们也在积极探索隐私计算技术的应用。

这些实践案例不仅证明了隐私计算技术的可行性和有效性，也为我们提供了宝贵的经验和启示。通过深入了解隐私计算技术在各个行业中的实际应用情况，为未来的实践和研究提供有益的参考和借鉴。

12.1　政务行业场景：公共数据授权运营

12.1.1　背景痛点

公共数据授权运营是指政府将公共数据资源授权给特定的机构或企业进行开发利用，以实现数据价值最大化的数据流通与管理模式。这一模式旨在打破数据壁垒，促进数据的共享与开放，推动数据要素的市场化运营。

长期以来，公共数据资源面临供给质量不高、数量不足的问题、公共数据供给不足、市场化程度不高、数据安全和隐私保护、政府数据提供积极性不高、公共数据和个人信息界限不清晰，以及缺乏统一标准和规范等多个痛点问题，这严重阻碍了数据要素价值的释放。另外，在数据开放和共享的过程中，如何保障数据安全和隐私保护也是一个重要的挑战。

截至2023年12月，国内多个省、市、区都已经开展公共数据授权运营的相关实践探索并在制度构建上进行了有益尝试。但公共数据授权运营还是一个全新的事物，在法学理论、具体实践及制度构建上仍有一些模糊地带。该类探索仍是在公共数据的权益配置基础性制度缺失，权益客体范围边界不清、权益内容不明，公共数据授权运营的具体制度设计仍不完善的状态下展开的。导致了实践中公共数据授权运营各参与主体缺乏有效的激励机制，制约着公共数据深化利用和数据要素市场的培育，也成为各地方开展公共数据授权运营亟须破解的核心问题。

12.1.2　解决方案

公共数据授权运营是对公共数据开放的补充，公共数据开放侧重于公众的“知”，而公共数据运营则侧重于公众对数据的“用”。公共数据开放是无偿的，而公共数据运营则是有偿，“有条件开放的公共数据”是授权运营的价值所在。

对公共数据的管理需要持续的经济投入予以支撑，允许公共数据管理机构对公共数据进行增值性利用有助于为公共数据的可持续供给提供必要支持，是以营利反哺公益的重要机制。在传统的公共数据管理使用的机制中，公共数据利用生态相对封闭，公共数据管理机构既是公共数据的管理者，同时也是公共数据的主要利用者。

公共数据授权运营在此基础上引入市场主体的参与，授权市场主体对公共数据的价值进行挖掘利用等运营行为并对产生的经济收益进行分配，这无疑成为公共数据市场化运营的正向激励。

考察现有实践，公共数据授权运营制度设计基本上是按照“行政许可+运营授权”的模式进行，这种做法问题也是很明显的，一是体现在立法上就是对“授权”的具体内容尤其是处理目的难以穷尽和规范，公共数据开放利用的法律秩序不仅包括数据开放秩序，也包括数据利用过程中的数据安全、个人隐私保护，“授权”内容一旦不具体或只是简单的概括性授权，会导致数据处理的“告知—同意”原则和“目的限定”原则难以得到落实，数据主体的权利救济也难以实现。二是收费定价尚未纳入行政收费管理框架下，数据的收费定价、收费程序等尚不完善。公共数据授权运营方案如图12-1所示。

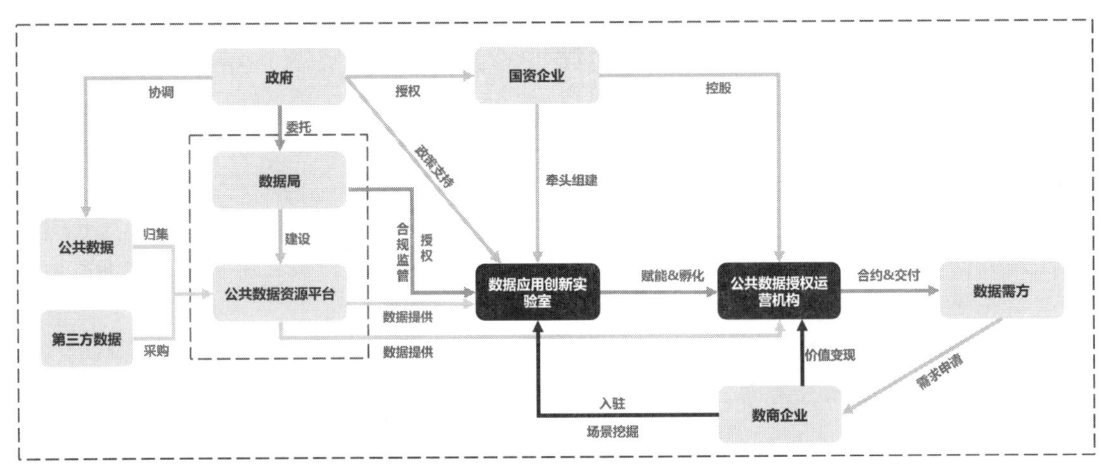

图12-1　公共数据授权运营方案

基于上述背景，公共数据授权运营思路总结为“政府主导、市场运营、企业参与”的特点，明确运营目标和定位，建立数据共享与开放机制，引入市场参与机制。国企作为控股方，应充分发挥其公共服务和政策引导的作用，确保公共数据的授权运营服务于社会公共利益。同时，结合市场参与的需求和特点，将公共数据转化为有价值的资源，推动数据要素市场的繁荣发展。

12.1.3　应用效果

在公共数据授权运营场景中，政府或相关机构可以向公众提供公共数据，并授权其在一定条件和限制下使用、共享和加工这些数据。在确保公共数据安全与隐私要求的前提下，社会各界能更容易地获取和使用这些公共数据，从而提高公共信息的透明度和可用性。这不仅可以通过增加公共数据再利用和再开发的效率提升公共管理服务的效率和质量，还有助于推动社会各界对公共数据的深度挖掘和应用，进一步释放数据的价值。

（1）提升公共管理和服务的效率和质量。决策部门可以根据数据分析结果进行决策和服务，更准确地把握市场需求和社会发展趋势，制定更科学合理的政策。

例如，统计局可以通过公共数据授权运营，融合税务局企业营收数据，实现对准"四上企业"的深度挖掘。"四上企业"是指达到一定规模、资质或限额的法人单位，包括规模以上工业企业、有资质的建筑业和全部房地产开发经营企业、限额以上批发零售业和住宿餐饮业、规模以上服务业法人单位。通过对税务局掌握的企业营收数据分析，能够更全面地了解这些企业的发展状况和市场需求，快速完成"四上企业"挖掘工作，提升公共管理和服务的效率与质量，推动社会的持续健康发展。

（2）推动数字经济的发展。通过数据交易、数据服务等方式，政府可以实现数据的价值变现，增加财政收入。同时，数据的流通和共享也有助于激发市场主体的创新活力，推动数字经济的快速发展。例如，在金融机构的贷前、贷中、贷后管理中，通过引入公共数据，可以构建覆盖客户贷款业务全周期全流程的新型管理服务体系，有效提高贷款授信服务的覆盖面和精准度。

某市基于隐私计算公共数据授权运营实现了"政企"数据融合计算的"内循环"，赋能银行实现了惠民信用贷产品。公共数据包括社保缴纳基础信息、失业保险、养老保险等维度的数据信息，这些数据能够反映借款人的信用状况和还款能力，为银行提供更加全面的信用评估依据。依托基于隐私计算的公共数据授权运营平台，在保障数据安全和隐私的前提下，将银行与公共数据进行安全融合挖掘分析，从而得出有价值的信用评估结果，构建惠民贷产品。该产品针对市民群体，可以提供更高额度、更长期限、更低利率的信贷服务，满足他们在日常生活、教育、医疗等方面的消费需求。客户可以通过手机银行、网上银行等渠道进行申请和操作，实现快速审批和放款。

该案例为公共数据与社会数据、企业数据实现数据共享、融合计算提供了先行示范作用，通过促进政务数据要素共享融合，提升政府单位行政效能，推动政府运行协同高效，不断提升政府运行数字化水平和服务水平，为进一步深化数字政府改革建设提供了新的思路，值得持续探索和推广借鉴。

12.2 金融行业场景 1：银行信贷风控

12.2.1 背景痛点

2015 年，国务院出台《推进普惠金融发展规划（2016—2020 年）》，大力发展普惠金融，缓解个体户、小微企业及个人融资难、成本高等问题。在2023年国务院发布的《关于推进普惠金融高质量发展的实施意见》中，进一步强调要支持小微经营主体可持续发展，提升民生领域金融服务质量。但是，银行在提供普惠金融服务的过程中，会面临各种隐性风险。例如服务对象存在多头借贷的行为风险、出现逾期不还、坏账等情况。因此，在提供服务的同时，必须对服务对象进行必要的风控尽职调查措施，判断贷款用户是否有资格贷款，有能力还款。但是，银行的自身数据十分有限，需要有效整合利用社会上丰富的数据资源，例如政务数据、运营商数据、物流数据等进行精准风控，银行才可以在提供服务的过程中更全面地了解服务对象的实际情况，防止各种金融欺诈事件的发生。但是，由于各数据源机构均互不信任，且各方的数据宝贵又敏感，故而各机构并不愿意将数据明文共享出来，导致个人及中小微企业等用户的融资效率及质量难以进一步提升，普惠金融服务难以更好地发挥作用。

12.2.2 解决方案

通过利用隐私计算技术，银行可以向各地大数据局或公共数据授权运营平台申请，获取个人及小微企业生产生活过程中所产生的政务数据，融合银行自有数据，更好地分析客户的还款能力和还款意愿，丰富客户画像提高风控结果的精准度，降低多头借贷、逾期坏账等风险，提升借贷服务处理效率和用户满意度，让用户贷款能够获得明显性提高。

为了满足原始数据不出本地，可以采用隐私计算中分布式部署的多方安全计算或联邦学习来解决。分别在政务侧及银行侧部署相应的隐私计算节点，融合个人社保数据、公积金数据、小微企业经营状况、用电信息、纳税信用信息等与用户状况相关的政务数据，全方位了解用户的状况，建立实时动态全方位的小微企业及个人用户画像与关系图谱，用于相关银行金融产品的开发。银行信贷风控方案如图12-2所示。

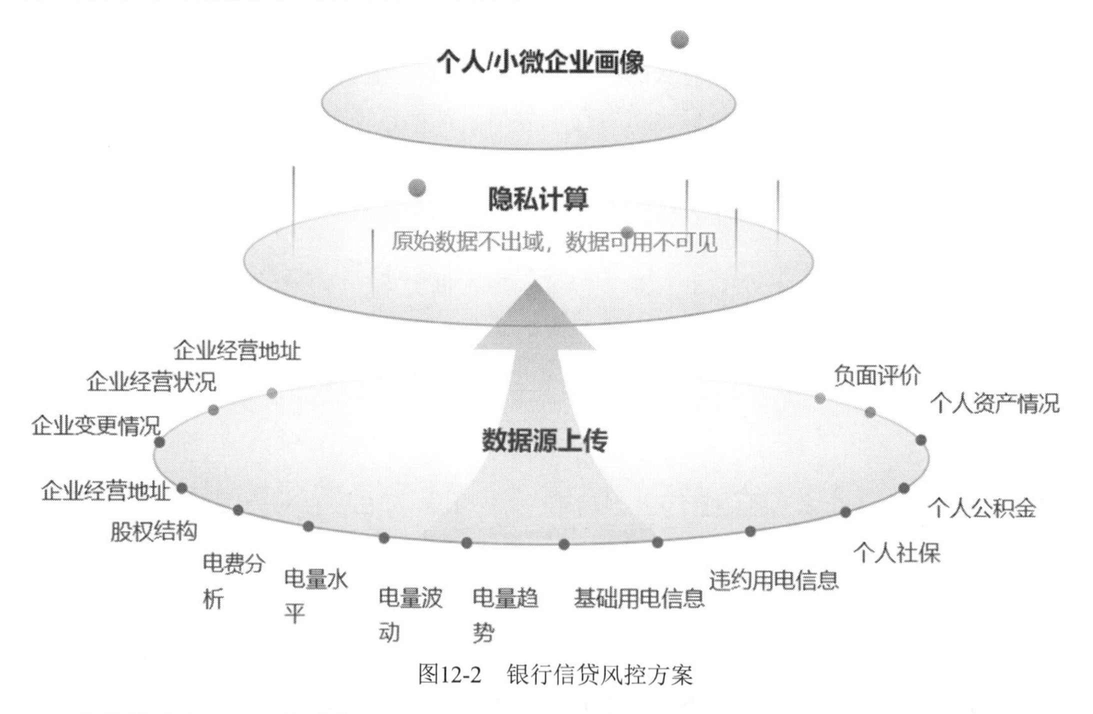

图12-2　银行信贷风控方案

在贷前阶段，通过构建贷前准入模型、黑名单模型及反欺诈模型，可以筛选符合贷款资格的用户。在贷中阶段，通过信用评分卡模型及预授信模型来为每一位能够贷款的用户提供预授权额度及相应的利率。在贷后阶段，基于企业经营状况、企业/个人信用状况、抵押品状况等，可以实现贷后预警。

12.2.3　应用效果

通过隐私计算技术，完善银行信贷风控产品，有助于降低不良贷款造成的坏账风险，提升信贷产品效率。

（1）降低信贷风险。银行通过隐私计算构建的信贷风控体系有助于全面降低信贷业务的风险水平。通过安全合规地融合政务数据，银行能够更加精准地识别和减少潜在的不良贷款风险，从而保护自身资产的安全。这有助于提升银行的信贷资产质量，减少因不良贷款引发的损失。

（2）提升业务竞争力。精准有效的信贷风控有助于提升银行的业务竞争力和市场份额。在竞争激烈的金融市场中，银行通过加强信贷风控，能够提高信贷业务的审批效率和客户满意度，吸引更多的优质客户和业务合作伙伴。从而增强银行的市场地位，提升其在行业内的竞争力。

12.3　金融行业场景 2：银行智能营销

12.3.1　背景痛点

在竞争激烈的商业环境中，银行为了获得更多用户并保持高服务评价，需要不断寻求创新的营销策略。传统的营销方式，如发短信、拨打电话及线下网点客户经理营销，效率相对较低，且往往无法针对每个客户的需求进行精准营销。智能营销利用人工智能等先进技术，能够精确识别和分析用户的消费和社交信息，为每个金融产品制定个性化的营销解决方案，从而提高了营销效率，降低了营销成本，同时也提升了银行的信誉度和客户满意度。但是，人工智能技术的迭代需要海量的数据资源，而银行自身的数据大多是自身沉淀的金融服务数据（例如存量用户的基本信息），这些数据不足以支撑构建精准的用户画像。此时，需要大量外部数据来缓解银行数据片面、单一的问题，更加全面地完善银行的智能营销产品。

12.3.2　解决方案

从业务角度出发，包含工商、税务、司法等数据在内的政务数据，包含用户网络访问行为的运营商数据，体现用户消费习惯的银联数据和物流数据等，都可以极大程度地丰富用户的画像，建立模型（例如价值提升模型、客户分层模型、交叉营销模型等），预判用户的喜好偏好、购买力度等信息，从而进行精准营销。银行智能营销方案如图12-3所示。

涉及银行与外部企业的数据共享，通常采用隐私计算中的分布式技术架构。根据“原始数据不出域，数据可用不可见”的要求，分别在计算参与方（例如银行、运营商、银联等机构）部署相应的隐私计算节点，通过分布式隐私计算技术完成联合统计、联合查询等简单操作，以及联合建模、机器学习等复杂计算，让模型进一步得到优化，让效果更为突出。

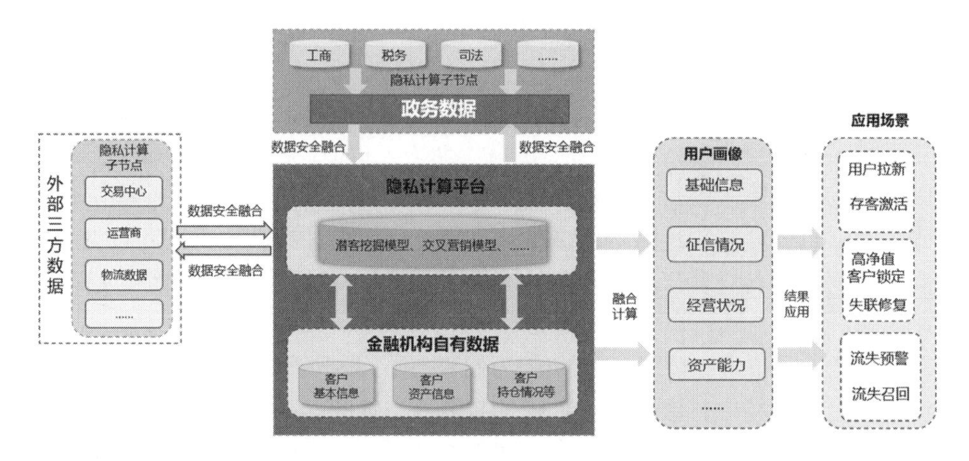

图12-3　银行智能营销方案

银行智能营销涉及的金融产品种类多样，但联合建模的方式和流程大同小异。以信贷营销产品为例的联合建模流程如下。

（1）由银行提供信贷正负样本（信贷存量客户）。

（2）引入运营商、银联等数据，结合正负样本进行联合建模，训练出相应的模型。

（3）基于训练出的模型，应用非银行客户（例如运营商或银联）的数据进行模型推理计算，使用计算结果预测客户未来办信贷的概率。

12.3.3　应用效果

银行智能营销相关的场景和模型种类繁多，从效果的角度出发，这些产品和模型能给银行带来以下四个维度的收益。

（1）提高银行客户满意度和忠诚度。通过隐私计算技术，对客户的多维度数据进行深入分析和挖掘，银行能够了解客户的个性化需求和偏好，从而为客户提供定制化的产品和服务。这种个性化的服务体验能让客户感受到银行对他们的关注和重视，进而提升他们对银行的信任和依赖。

（2）降低银行的营销成本。传统的营销方式，如广告投放、电话营销等，往往成本高昂且效率低下。而隐私计算助力的精准营销则通过精确的目标客户定位和渠道选择，实现了营销资源的优化配置，提高了营销效率，从而降低了银行的营销成本。

（3）提升银行的风险控制水平。通过隐私计算对客户多维度数据的深入分析，银行能够更准确地评估客户的信用状况和风险水平，为信贷决策提供更有力的支持。这有助于降低不良贷款的风险，提高银行的资产质量。

（4）提升银行产品的市场竞争力。使用隐私计算对银行智能营销产品进行优化，可以助力已有智能营销产品突破业务能力瓶颈，提升银行核心产品的市场竞争力。例如，某商业银行，使用隐私计算技术融合了政务数据，面向白领族、小微企业、社会群体及低收入群体分别优化打造了四款普惠金融贷款产品；其中一款产品在运营的头四个月时间里，实现了增量发放2亿元人民币贷款的效果，提升了该商业银行的市场竞争力。

12.4　金融行业场景 3：证券债券定价及风控

12.4.1　背景痛点

企业债券的定价是一个综合考虑多个因素的过程。证券投行部门在发行企业债券时，需要综合考虑市场利率、企业的信用评级、到期期限、信用状况及市场供求关系等因素。尤其是企业信用状况，是影响债券定价的重要因素。评估企业的信用状况需要考虑企业的财务状况、经营情况、纳税信息、市场前景等因素。如果企业的信用状况较差，债券的定价就需要反映这种风险。但是，能够反映企业信用状况的数据都属于政务数据，一般很难直接获取，导致最终定价不能特别精确，甚至未来可能会出现债券违约的现象。

12.4.2　解决方案

证券投行部发行企业债券的时候，可通过基于隐私计算技术的公共数据授权运营，安全合规地融合政府中有关企业信用状况的数据，通过联邦计算分析的方式，实现智能定价、债券违约风险排查等功能。在此过程中，有效的数据包括企业工商、司法、财务、税务、用水、用电、用气等数据。证券债券定价及风控方案如图12-4所示。

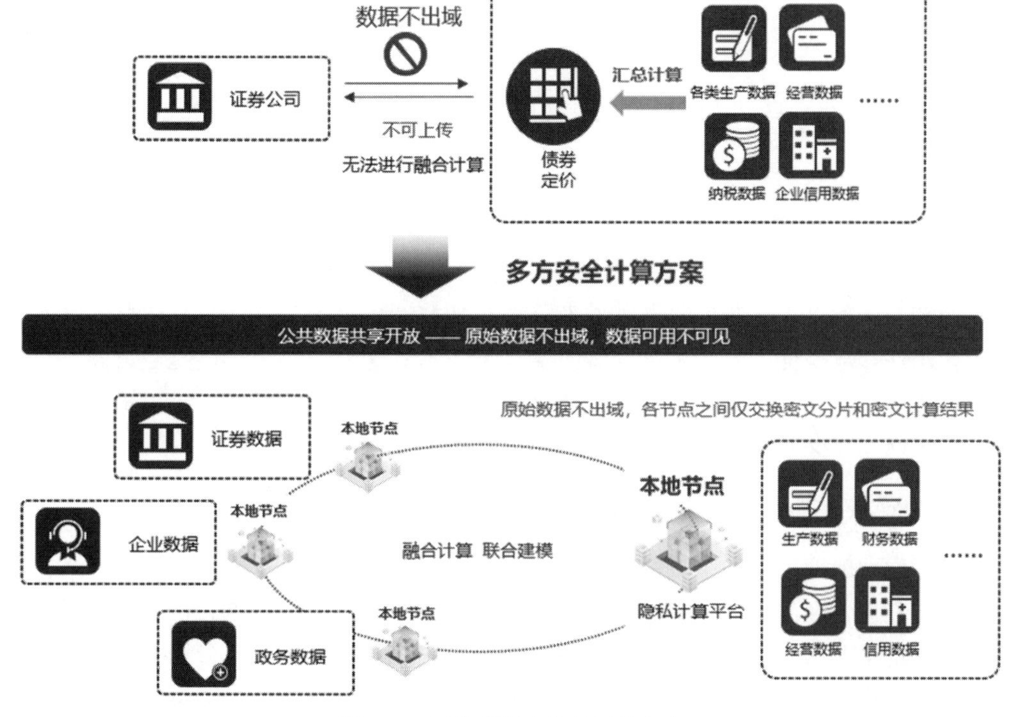

图12-4　证券债券定价及风控方案

以隐私计算中的分布式技术架构为例，流程如下。

（1）分别在券商侧和政府侧部署相应的隐私计算本地节点，获取被授权的数据。

（2）通过隐私计算技术，让多方的数据先在本地节点中加密，然后由调度节点进行任务与数据的分发，最后进行并完成建模计算。

在整个过程中，无论是券商还是政府的各个委办局，都无法看到对方任何一条明文数据，且通过计算出的结果，也无法还原原始数据，有效地保护了隐私计算参与方原始数据的安全。

12.4.3 应用效果

隐私计算技术在证券领域的场景和模型种类多样，至少包括以下两大类的应用场景。

（1）提升债券定价的准确性。债券定价除了与票面利率、市场利率、债券级别等有关，还与企业的信用风险有着直接关系，信用风险高，容易产生违约债，直接影响投资者的利益。而能够反映企业信用风险的数据，除了信用评级之外，还包括企业的经营状况、司法信息、负面消息、税务数据、电力数据等。而这些宝贵且敏感的数据，是可以通过隐私计算技术来安全合规地融合进来。另外，在定价的过程中，还需要参考外部第三方的数据、报价数据等，这些数据均可通过隐私计算有效融合。

（2）提升债券风控的竞争力。通过隐私计算技术，可以实现信用风险预警模型、发债企业违约预测模型、信用溢价模型等产品模型，为债券定价提供重要的参考依据。这些结果有助于投资者更准确地评估债券的风险和收益，从而作出更明智的投资决策。例如，某证券公司，通过隐私计算技术安全合规地结合政务数据，在发行企业债券的时候，有效规避了80%出现违约债的情况，更加智能且合理地进行定价。

12.5 公安行业场景 1：打击电信诈骗

12.5.1 背景痛点

根据公安部最新数据，近年来，全国累计侦破电信诈骗案件达到了惊人的46.6万起。这些案件的涉案金额巨大，紧急拦截的涉案资金高达3180多亿元。这一数字凸显了网络诈骗犯罪的普遍性和危害性。随着网络诈骗日益猖獗，不管是公安、银行还是运营商，都在不断地开展反诈行动，打击电信诈骗。但出于数据安全考虑，目前各方都只运用自有的数据开展反诈业务，并没有将数据进行融合共享，影响了反诈的效果。

12.5.2 解决方案

为了更加准确地识别诈骗人员信息，可以归纳出行骗人员的行为特征，通过融合打通公安、银行和运营商的数据，使用联合统计的方式，提前识别出行骗人员，从根源上阻断诈骗行为的发生。为实现以上目标，可以采用分布式隐私计算技术，分别在公安、银行及运营商侧部署相应的隐私计算本地节点，按照“原始数据不出域，数据可用不可见”的要求，将各方数据安全合规地联合建模分析；使用隐私计算技术，实现公安、银行及运营商三方包括标签数据在内的多项数据的安全融合，创建相应的反诈模型。实现联合反诈行动。

12.5.3 应用效果

在反诈业务中，公安、运营商、银行都拥有各自相关的能力与数据。使用隐私计算技术，实现多方数据的融合，在联合反诈行动中可以提供以下三个方面的核心价值。

（1）融合多家银行数据，识别诈骗人员。使用隐私计算技术，促进不同银行间数据的融合互通，对提升诈骗人员识别率有着至关重要的作用。

（2）融合多家运营商数据，识别诈骗人员。使用隐私计算技术，促进不同运营商间数据的融合互通，对提升诈骗人员识别率有着至关重要的作用。

（3）融合运营商与银行数据，识别诈骗人员。使用隐私计算技术，融合这两方的数据，可以进一步对诈骗行为有更加系统的认知，提升识别诈骗人员的准确性。

12.6 公安行业场景 2：跨警种数据共享

12.6.1 背景痛点

公安机关作为国家法律执行和社会秩序维护的重要机构，其工作内容包含维护社会稳定、预防和打击犯罪、保障公共安全等方面。但随着社会的发展，公安机关所面临工作的复杂性也在提升；例如同时涉及多个警种的犯罪活动急剧提升。

在公安行业中，很多地区的公安机关都想实现不同警种、部门、区域之间的信息资源共享，实现数据的整合，从而方便从整体上对数据进行深度挖掘和关联应用，以提高工作效率。但由于公安部有明确规定，敏感警种的数据必须存放在专网内，不允许跨域共享。因此，给日常工作的开展带来诸多不便。

12.6.2 解决方案

由于敏感警种的数据不允许离开各自的专网，即原始数据不出域，故而可以通过分布式隐私计算技术，利用去中心化的分布式架构，在各警种的专网中部署相应的计算节点，完成分布式数据的密态计算。

12.6.3 应用效果

公安各部门数据安全合规共享后，可以实现警务信息资源的最大化利用，提高公安机关工作的效率和质量。

（1）犯罪预防和预警。通过融合技侦、经侦、网安、户籍管理、交通管理等部门的数据，运用大数据分析和人工智能技术，建立犯罪预测模型，实现对潜在犯罪的实时预警。

（2）案件侦查和破案。通过数据共享平台，侦查人员可以快速访问到犯罪嫌疑人的通讯记录、财务数据、社交媒体数据等分别归属于技侦、经侦、网安、户籍管理、边防检查等部门的数据，辅以高级数据分析工具，帮助迅速锁定嫌疑人。

以跨区域盗窃团伙的侦破场景为例，通过融合归属于刑侦的案件记录、归属于治安管理部门的视频监控数据，归属于道路交通管理部门的车辆交通信息等数据，可以实现嫌疑人的快速识别和锁定。

12.7 运营商行业：数据共享开放

12.7.1 背景痛点

随着5G技术的商用部署和物联网的快速发展，我国运营商掌握的数据流量呈现出爆炸式增长。根据中国信息通信研究院的数据，中国移动数据流量的年复合增长率持续高涨，2023年全球互联网流量同比增长25%。这一增长趋势预示着巨大的数据资产正在形成。移动运营商作为数据流量的主要提供者，掌握着包括用户通信数据、行为数据、位置数据在内的丰富网络数据资源。

这些海量数据的有效利用，对于推动行业创新、优化服务、提升用户体验具有重要的潜力。然而，这些数据不仅蕴含大量的价值，同时也携带了大量个人隐私信息，不仅涉及数据安全，还会影响到个人人身安全及国家安全。在尝试将这些数据开放给行业之外的其他领域时，运营商面临着数据隐私和安全方面的问题，需要在确保用户数据隐私和安全的前提下开放数据，避免数据泄露和滥用。

数据安全管控层级多且复杂、动态性强。大数据经营包括对内运营服务和对外产品开放两方面。不论是对内服务还是对外开放，涉及的供数部门多，用数部门有内有外，几乎都涉及外包单位或外包服务人员。

在国家数据要素战略背景下，运营商需带头做好数据价值释放的排头兵，在合规合法的前提下作出数据价值释放的先进范式探索，给国家数据要素基础制度作出应有的贡献。

12.7.2 解决方案

为了实现运营商网络数据的高效、安全和合规共享，促进运营商数据的对外共享运营，可以建立一套以隐私计算为技术底座的数据共享流通基础设施。面向运营商外的集中式数据开放平台如图12-5所示。

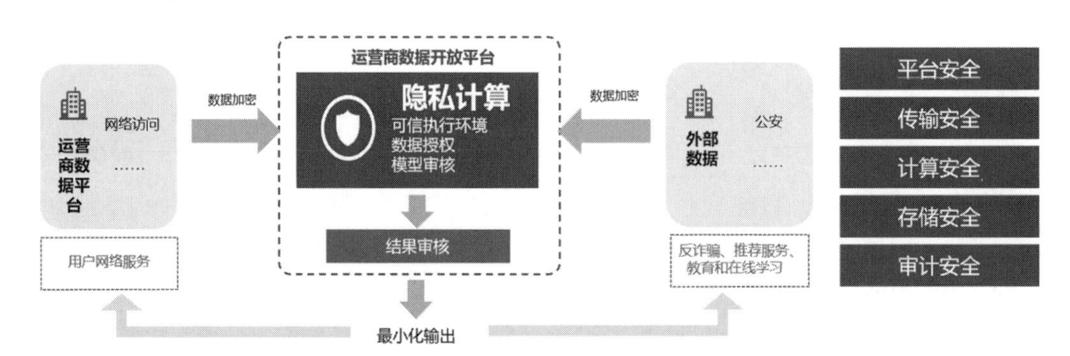

图12-5 面向运营商外的集中式数据开放平台

基于隐私计算的集中式数据开放平台，部署和应用主要涉及以下工作。

（1）将隐私计算部署于运营商外网环境，通过安全网关与运营商的数据仓库实现联通。

（2）根据业务需求，自动化完成授权数据的申请。

（3）申请通过后的运营数商数据加密导入到数据开放平台中，形成数据目录清单。

（4）各行各业的数据需求企业按需发起数据应用请求，由运营商进行审核，并授予数据的使用权。

（5）在隐私计算环境中密态导入授权数据，运行模型算法，得出计算结果。

（6）经审核后，数据需求企业最终获得计算结果。

12.7.3　应用效果

1. 加强欺诈防范

在反诈业务中，公安机关主要拥有受诈用户报警后采集的相关数据、运营商主要拥有用户访问诈骗信息的途径信息。使用隐私计算技术融合公安的精准受诈信息、银行的受诈人员资金流通信息及运营商的受诈链路信息，可以自动化地系统性地分析包含诈骗行为前中后期的行为特征，提高反诈业务的精准度和全面性。

2. 个性化内容与媒体推荐

运营商的互联网使用数据，如用户浏览历史、应用使用情况、视频观看偏好等，可以帮助内容提供商和媒体平台更好地理解用户兴趣。基于这些数据，内容平台可以开发更为精准的推荐算法，向用户推送他们可能感兴趣的内容，从而提高用户满意度，增加用户黏性，并推动订阅模型或广告模型的收入增长。

3. 教育和在线学习

运营商的网络质量和使用数据可以帮助教育机构评估和优化在线学习体验。基于用户的地理位置和网络状况，提供定制化的在线教育资源和服务，如针对偏远地区学生的优化访问策略，确保他们能够平等地接受优质教育资源。

12.8　教育行业：教育信息化的数据隐私保护

12.8.1　背景痛点

教育信息化的推进促使教育数据挖掘成为学术与产业界的关注焦点。教育大数据作为重要的生产要素和战略性资源，为智能教育应用提供了强大支持，包括学术研究合作、数据挖掘、学生管理与服务、校园安全监控及科研数据共享使用等。然而，随着跨机构数据的深度融合，教育数据安全与隐私伦理面临着前所未有的挑战。

当前，教育信息化的广泛覆盖进一步扩大了教育数据隐私的范围。大数据技术打破了数据在时空上的界限，使得隐私保护问题变得更为复杂。此外，数据的公开、共享、深度挖掘及商业化应用均存在隐私泄露的风险，加剧了数据伦理问题的严重性。

在这一背景下，2022年联合国教科文组织发布的《谨防数据泄露：保护学习者隐私与安全》报告，为我们敲响了警钟。报告强调了在教育数字化进程中，必须高度重视教育数据隐私与安全问题，确保每一位学习者的隐私权益得到充分的尊重和保护。

因此，在推动教育信息化的同时，建立健全的数据隐私保护机制至关重要。这不仅能够确保教育大数据在推动教育进步中发挥作用，更能有效维护个人隐私权益，既是技术发展的必然需求，也是社会伦理和法律的底线所在。

12.8.2 解决方案

教育信息化数据集中式开放方案包括面向学校内部的集中式数据开放平台和分布式校内校外数据联合统计建模分析平台，是一套以隐私计算为技术底座的数据共享流通基础设施。目的是实现校内外机构之间、不同学院之间数据的高效、安全和合规共享，促进校内外不同机构、学院间的科研合作和学术交流。

1. 集中式数据开放平台部署架构

教育信息化数据集中式开放方案如图12-6所示。该方案是由学校信息中心牵头建设的，基于机密计算隐私计算技术底座的数据开放平台。通过数据开放平台的数据流转过程如下。

（1）各个学院将开放数据加密导入到数据开放平台中，形成开放数据目录清单。

（2）由数据需求方发起数据应用请求。

（3）数据提供方审核数据应用请求。

（4）模型开发方在平台基于应用场景开发业务模型。

（5）数据提供方审核模型算法（该环节可选。如对模型保密性有较高要求，可选择默认通过模型算法审核）。

（6）在黑盒环境中运行模型算法，得出计算结果。

（7）经审核后，数据需求方获得最终计算结果。

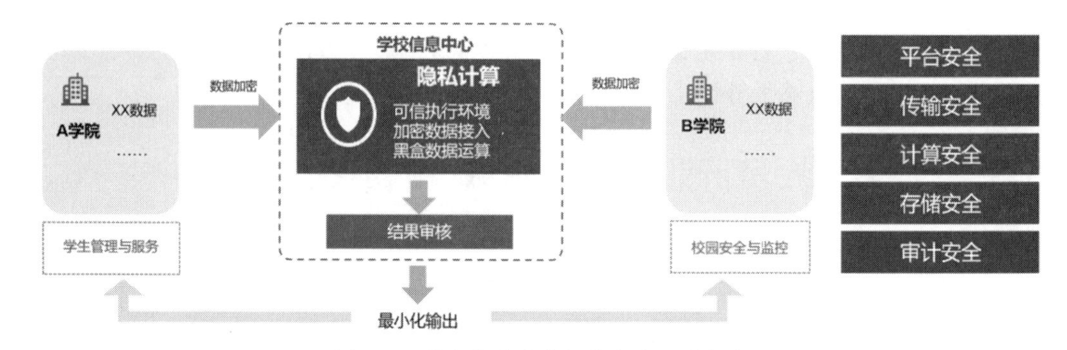

图12-6　教育信息化数据集中式开放方案

2. 分布式校内校外数据联合统计建模分析平台部署架构

教育信息化数据分布式开放方案如图12-7所示。该方案是一个分布式校内校外数据联合统计建模分析平台，平台由多个计算节点组成，每个数据参与方都需要在本地部署计算节点。学校侧节点由信息中心牵头，建设学校本地的安全多方计算节点。校内外多个节点之间通过网络打通。通常安全多方计算平台的最小化部署需要一个管理节点，两个计算节点，计算节点数量可根据实际有多少个数据提供方需要参与计算灵活变动。

基于分布式校内校外数据联合统计建模分析平台，数据流转过程包括以下方面。

（1）各个参与方将数据导入到本地计算节点。

（2）由数据需求方发起数据应用请求。

（3）由数据提供方审核数据应用请求。

（4）模型开发方通过管理节点开发并分发模型到各个计算节点。

（5）由数据提供方审核模型算法；如对模型保密性有较高要求，可跳过本环节，选择默认通过模型算法审核。

（6）各个节点通过安全多方计算算子联合建模统计分析并得出计算结果。

（7）经审核后，数据需求方获得最终计算结果。

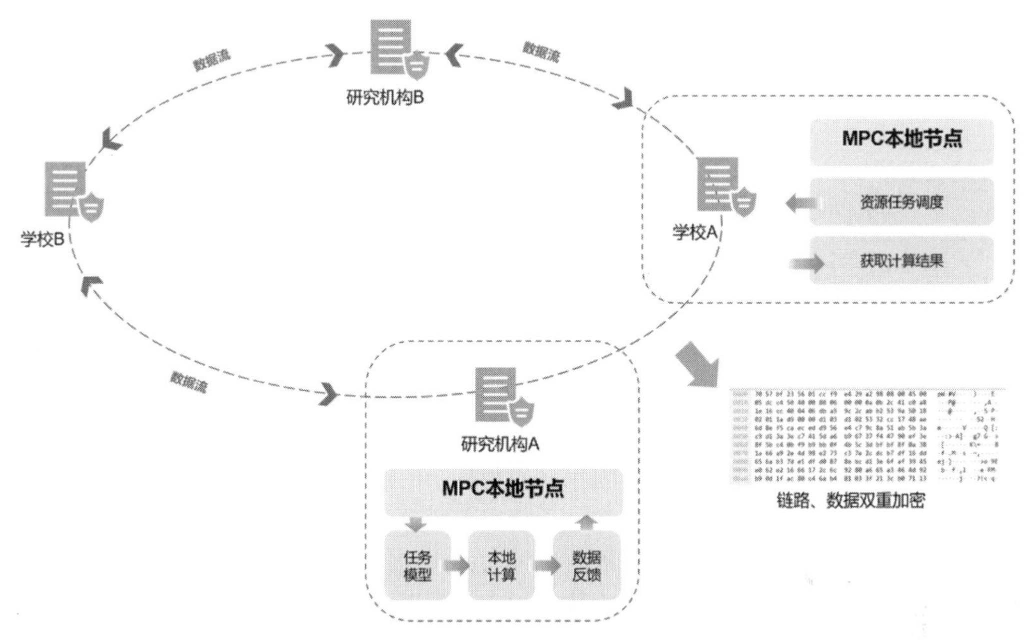

图12-7 教育信息化数据分布式开放方案

不论是集中式还是分布式的方案，都能够在“原始数据不出域，数据可用不可见”的前提下，实现多方数据的联合建模统计分析；整个数据流通过程需要多方授权，任何一方拒绝都可以阻止数据的继续流通；数据可流通整个环节，包括但不限于哪一方发起了申请、哪几方提供了数据、谁授权了数据的使用权、谁开发的模型、谁审核的模型等，都有详细的记录，并保存在区块链中，从而确保教育数据的安全和隐私保护。

12.8.3 应用效果

在数字化转型的浪潮下，教育机构面临着更多个人数据的收集、处理和利用，但同时也面临着数据隐私和安全保护的挑战。隐私计算技术以其独特的优势，为教育数据的安全保护和合理利用提供了创新的解决方案。从学术研究合作到学生管理与服务，再到校园安全与监控，隐私计算技术正逐步成为教育行业数据保护的重要支柱，为教育事业的发展注入了新的动力。

（1）学术研究合作。高校中的研究人员经常需要开展跨机构、跨领域甚至跨境的科研合作，涉及的数据可能包括学生的个人信息、研究成果等敏感信息。隐私计算可以在保护数据隐私的前提下，支持这些研究者进行联合分析、建模等合作研究，推动科研进步。

（2）教育数据挖掘。高校积累了大量的教育数据，包括学生的学习行为、成绩、课程评价等。隐私计算可以在不泄露个人隐私的前提下，对这些数据进行深度挖掘和分析，以支持个性化学习、教学质量提升等教育创新。

（3）学生管理与服务。高校可以通过隐私计算技术，在保护学生隐私的前提下，对学生的个人信息、学习行为等进行分析，以提供更个性化、更精准的学生管理和服务，如学业预警、心理咨询等。

（4）校园安全与监控。高校可以利用隐私计算技术，对校园的监控数据进行处理和分析，以实现对校园安全的实时监控和预警，同时保护个人隐私不被泄露。

（5）科研成果转化。高校的研究成果需要进行转化和应用，但在这个过程中可能会涉及商业秘密和个人隐私。隐私计算可以在保护隐私的前提下，支持这些成果的转化和应用，推动产学研合作。

12.9 医疗行业场景1：医疗保险业务

12.9.1 背景痛点

近年来，医疗保险欺诈手段愈发狡猾多变，由起初的简单伪造病例、票据等手法，逐步演变至团伙作案、医患勾结、联合骗保等更为复杂的形式。欺诈行为日益隐蔽，识别难度大幅提升。为有效遏制医疗保险欺诈，亟待实现医疗机构、保险公司、政府部门等多部门间的数据共享。虽然跨域数据共享展现出极大的应用潜力和优化前景，但同时也面临着一系列挑战和痛点。这些痛点不仅影响数据的有效利用，也对保险公司的运营效率和服务质量构成了制约。

具体而言，医疗行业数据共享在应用场景中主要面临以下痛点。

（1）数据隐私和安全：保护患者信息的隐私并遵守数据保护法规是最大的挑战，要求采用高级的数据保护措施，同时确保数据的有效利用。

（2）欺诈行为的识别：随着医疗保险欺诈手段的演变，持续更新检测系统以识别新型欺诈模式成为一个技术挑战。

（3）法律和监管约束：跨域数据共享涉及复杂的法律和监管环境，不同地区的法律差异可能导致数据流动与使用的障碍，需加强法律与监管的协调与统一。

（4）跨机构合作障碍：医疗机构与保险公司之间的紧密合作是数据共享的关键，但利益冲突与信任缺失可能成为合作深入发展的绊脚石，需加强沟通与协作机制建设。

12.9.2 解决方案

通过部署基于隐私计算的数据共享平台，实现医疗机构、保险公司、卫健委等机构的数据跨域共享，为医疗保险管理提供了一个高度安全且有效的数据处理解决方案，医疗保险业务方案如图12-8所示。本小节给出了部署和使用隐私计算平台实现医疗保险业务的解决方案，其核心是利用先进的隐私计算技术保护数据在处理过程中的隐私性，从而允许跨机构共享和分析数据而不泄露敏感信息。

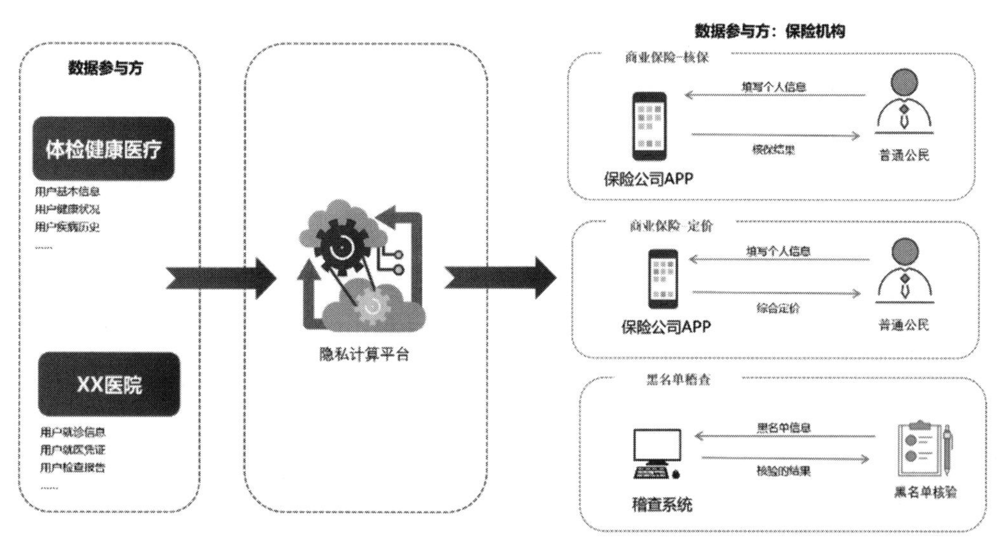

图12-8 医疗保险业务方案

在医疗保险业务中，由于保险种类的繁多与多样化，所需数据的来源也显得尤为复杂。具体而言，这些数据可能来源于医疗机构、保险公司、政府部门等多个领域，每个领域都有其特定的数据格式和信息要求。整体来看，存在着两大类数据跨域共享的场景，在这两大场景中，如何确保数据的准确性、安全性和合规性，是医疗保险业务数据跨域共享面临的重要挑战。

第一类场景是保险产品所需的数据来源归属于某一方（如卫健委、省医保局），数据需求方（如市县级的医保局、保险公司等）按需向数据拥有方申请数据使用权。在这种场景下，可以将集中式的隐私计算平台部署于数据拥有方环境内，向数据需求方提供数据的使用权。

第二类场景是保险产品所需的数据来源于多个不同的数据需求方，例如数据来源于多家不同的医院和医疗机构。在这种场景下，可以将分布式的隐私计算平台部署于不同的数据拥有方环境内，实现分布式的数据密态共享计算。

12.9.3 应用效果

隐私计算技术的应用在医疗保险业务中具有重要意义，它不仅可以保护个人隐私，还能促进数据的流通与共享，为医疗保险业务的提升提供新的解决方案。在医疗保险业务中，隐私计算技术可以应用于省市医保局数据共享、卫生健康委员会数据共享、医疗保险反诈，以及医疗保险产品满意度提升等多个应用场景。通过隐私计算技术，不仅可以实现跨省市医疗保险数据的交换和共享，提升医疗服务质量，还可以有效识别医疗保险欺诈行为，提高医疗保险行业的整体健康和可持续性。同时，在医疗保险产品使用方面，隐私计算技术也可以实现患者保险信息的安全查询和反欺诈调查，提升保险产品的使用满意度，为保险公司和患者提供更加安全可靠的服务。

（1）省市医保局数据共享。医疗保险业务的提升强烈依赖于医保相关的数据，包括患者的医疗服务记录、药品使用记录、费用报销情况等。医保数据大量存储于各级医保局，但是各级医保的数据尚未完全打通，影响了医疗保险产品的质量。使用隐私计算技术，促进医保数据共享涉及跨省市的医疗保险数据交换，对于实现医疗资源的优化配置，提升医疗服务质量，加快医疗报销流程具有重要作用。

（2）卫生健康委员会数据共享。卫生健康委员会（卫健委）所掌握的数据涵盖了公共卫生、医疗服务、疾病预防和控制等多个维度的数据，这些数据来自医院、基层卫生机构、疾病控制中心、医疗实验室等多个源头，包括但不限于患者医疗记录、疫苗接种记录、传染病报告、健康检查结果、环境健康监测数据等。通过与卫健委数据的联合计算，可以提升保险公司的商业保险产品（例如个性化健康保险、长期护理保险、疾病特定保险等）的产品质量。

（3）医疗保险反诈。医疗保险欺诈行为可能包括但不限于虚假理赔、夸大医疗服务费用、伪造疾病诊断、利用不存在的医疗服务进行理赔等。保险公司可以通过使用隐私计算技术，获取来自不同组织数据的使用权，利用大数据和先进的数据分析技术，有效地识别异常模式和潜在的欺诈行为，提高医疗保险行业的整体健康和可持续性。

（4）医疗保险产品便捷性。患者去医院就诊，需要确认患者是否购买商保，并在哪家保险公司投保。此时，需要通过隐私计算去合规安全地查询患者的保险信息，再通知保险公司第一时间获知用户的出险情况。在此过程中，只有患者投保的保险公司才能知道医院要查询的信息，其他保险公司均不知道；另外，保险公司在接收到客户理赔申请时，可通过隐私计算向各医疗机构发起反欺诈调查请求，调查多家医院，确认患者在哪家医院就医，同时把所在医院的患者线索结果数据安全地返回给保险公司，以防止患者骗保。

12.10 医疗行业场景 2：助力药物研发

12.10.1 背景痛点

药品研发行业研发一款新药的研发阶段平均需要10年，花费10亿美元。其中，临床试验阶段是药品全生命周期中花费时间最长，预算最多，且对药品能否成功上市的影响最大的环节。特别临床II期和临床III期大多都历时2~3年，费用占比和时间占比都非常大。

目前，我国合同研究组织（Contract Research Organization，CRO）服务已经比较完善，新药在临床试验机构（Good Clinical Practice，GCP）的临床试验全部委托给CRO机构进行，工作职责及数据权属界面相对清晰，但费用开销巨大、周期长。比如，在临床II期和临床III期的2~3年时间中，收集等待病人的时间占了1~2年，药物试验需要约1年的时间。

12.10.2 解决方案

通过隐私计算技术，在保护患者隐私和数据安全的同时，可以帮助药企安全合规地获取足够数量和质量的临床试验数据和患者数据，以加快临床试验病人信息的收集工作，缩短临床试验阶段，节省时间与资金的开销。

（1）分别在医疗机构和药企研发机构部署相应的隐私计算节点，由各方将相关的数据上传至节点中，通过多方安全计算的密码学协议对数据进行有效的保护。

（2）药物临床试验受试者招募系统的受试者选取流程，是基于药物临床试验受试者招募相关数据及受限开放的患者病历相关数据进行的。

（3）通过隐私计算技术，将隶属于不同的相关方（如药企、CRO、医院等）的数据，通过基于分布式的联合统计、隐私求交、秘密分享、机器学习等先进的模型算法进行安全的联合计算，最终将运算的结果（受试者选取结果）安全地传输给药企研发机构，从而得到更准确和丰富的受试者信息。

综上，隐私计算技术可以在保护患者隐私的同时，快速筛选出符合药物临床试验需求的患者信息，加快临床试验的受试者招募，从而加快整个药物临床试验的速度，让药物更快上市，降低药物研发的成本，助力推进健康中国建设国家战略。

12.10.3　应用效果

在药物研发过程中，医疗数据携带了大量的个人隐私和影响到国家安全的重要数据。隐私计算技术能够在保护数据安全和隐私信息的前提下，对数据进行处理和分析，使得不同机构之间的数据可以安全地共享和交换。

（1）加速药物的研发进程、降低药物研发的成本和风险。通过精确的数据分析和预测模型，隐私计算可以帮助研究人员在研发早期就识别出有潜力的药物候选者，减少不必要的试验和失败，从而节省研发成本和时间。同时，隐私计算还可以对药物的安全性进行更全面的评估，降低药物上市后可能面临的风险。

（2）优化临床试验数据试验质量。隐私计算技术的应用可以在“数据可用不可见”“可用不可取”的前提下实现“数据不动价值动”，可以确保在数据安全和隐私保护的前提下对临床试验的数据进行实时分析和监测，帮助研究人员及时发现潜在的问题和风险，提高试验的安全性和有效性。

第13章　隐私保护大模型基础设施

大模型的训练与推理过程往往涉及大量的敏感数据，如何在保护个人隐私的同时充分发挥大模型的潜力，成为当前亟待解决的问题。隐私保护大模型基础设施的构建，正是为了应对这一挑战而提出的解决方案。

隐私保护大模型基础设施的核心目标，是在确保数据安全的前提下，实现大模型的高效训练与推理。它结合了隐私计算技术、加密技术和分布式计算等多个领域的成果，通过一系列创新的算法和机制，实现了对敏感数据的保护和对大模型性能的优化。

本章将探讨隐私保护大模型基础设施的构建原理和技术实现。我们将分析大模型基础设施在数据安全方面所面临的风险和挑战，揭示隐私保护的必要性和紧迫性。同时，我们还将介绍基于机密计算的隐私保护大模型基础设施的架构设计和关键技术，以及这种基础设施在实际应用中所取得的成效和案例。

13.1　大模型基础设施的安全风险

大模型（如GPT系列）主要存在以下两方面的安全问题：基础设施安全和内容安全。

首先，基础设施安全涉及大模型使用环境的安全保障措施，防止针对大模型的恶意攻击，包括但不限于针对数据泄露的防护、针对模型泄露的防护，以及基础设施抵御外部攻击的能力等。具体而言，用户在对大模型进行训练、微调和推理过程中，海量的训练与推理数据、模型参数都可能包含个人、组织、国家的敏感机密信息，基础设施需要确保这些信息不会直接被恶意用户非授权得到或窃取。

其次，内容安全也是大模型安全的核心问题之一。大模型的内容安全面临着多方面的挑战，包括但不限于提示词注入（其中攻击者通过精心设计的输入诱导模型生成不当内容）、不安全的内容输出（如生成有害或不适宜的信息）、模型滥用风险（恶意个体或组织可能利用模型进行不当活动）、模型过度依赖（过度依赖模型决策可能忽视人类判断的重要性）及数据泄露风险（敏感信息通过模型训练数据暴露）。这些问题不仅对模型的安全性和可靠性构成威胁，也引发了对模型开发和使用过程中伦理和责任的深刻思考，要求开发者、用户和监管机构共同努力，通过技术创新和政策制定来确保大模型的安全和正当使用。

本章主要阐述了构建隐私保护大模型基础设施的必要性和解决方案。

13.2　隐私保护大模型基础设施的必要性

随着数据驱动的决策制定在各个行业中的应用越来越广泛，大模型正在得到越来越大规模的应用。这些模型的能力使它们能够从数据中学习复杂的模式和关联，但同时也引发了关于隐私保护的重大担忧。2023年8月15日正式开始施行的《生成式人工智能服务管理暂行办法》是我国亦是全球针对生成式人工智能服务领域制定的首部法规，其中提出了对生成式人工智能服务进行分级管理和分类监督的规定，确立了提供及使用生成式人工智能服务的基本要求。在一定程度上，这预示着中国在生成式人工智能服务领域步入了一个以严格监管和高标准合规为特征的新时期。

人工智能时代，许多涉及国家安全、涉及国家千行百业产业安全的大数据（含标注数据）均需要参与到大模型的训练和推理过程中。大模型的训练通常是租用云上统一的算力来进行训练或推理，用户会希望自己的数据对主机和云服务提供商都不可见。

出于数据安全或主权的考虑，很多数据提供方也会提出仅在指定算力设施中出售数据（含标注数据）的使用权进行指定的计算的要求，此场景下将要求算力提供方、数据源提供方、模型训练方、推理结果获益方等多方角色需要有一个不互信但又能协同工作的云计算环境。

在大模型的训练、微调及推理过程中，数据和模型的安全与隐私保护面临以下多重挑战。

（1）数据的安全与隐私。为了提高大模型的性能，需要大量的数据。然而，跨机构或跨地域的数据共享涉及严格的隐私问题，这需要确保在合作过程中充分保护各方数据的安全与信息的隐私。

（2）模型安全的保护。大模型自身的安全性，特别是其机密性和完整性，对于保障大模型应用的安全、有效和可靠至关重要。模型中包含的独特算法和训练方法，往往代表着企业和研究机构的大量研发投入，是它们重要的知识产权和竞争优势。

（3）内外部未知威胁的抵御。堡垒最容易从内部被攻破。大模型的训练与使用涉及海量数据，通常需要多方参与并提供数据，并在外部计算环境中完成智算任务。在此过程中，内外部攻击者可能通过各种手段，如网络攻击、社会工程学、物理入侵、侧信道攻击、模型复制和逃避攻击等，试图访问、窃取或篡改存储的敏感数据，从而破坏数据的机密性和完整性。因此，我们必须加强安全防范措施，确保大模型训练与使用的全过程安全可控。

13.3　基于机密计算的隐私保护大模型基础设施

13.3.1　隐私保护大模型平台能力

根据第13.2节中必要性的探讨，我们可以归纳出，隐私保护大模型的基础设施平台至少需要具备以下能力。

（1）云服务提供方提供一个具备机密计算能力的隔离执行环境，具备对主机OS的隔离、可证明的能力，确保数据和代码的机密性、完整性。

（2）在确保“数据可用不可见、可用不可取”与“数据不动价值动”的原则下，支持海量多源数据参与计算过程，保障数源提供方对数据的安全与隐私控制，同时确保其对数据权属的完全掌控。

（3）跨域模型训练需允许多方数据参与。在教育、医疗、金融等敏感行业领域，这种合作尤为关键。

（4）安全模型微调。即使是在多租户的云环境中，模型微调过程中使用的数据也不会被泄露，这对于处理敏感数据（如患者健康记录、个人财务信息等）的企业尤其重要。

（5）私有模型推理阶段的用户数据保护。在模型推理阶段，用户可能需要向模型输入敏感信息以获取预测结果。机密计算技术保证这些输入数据在整个推理过程中保持加密。

（6）大模型本身的安全与防逆向。大模型本身可能包含有价值的知识产权和商业秘密，在模型的训练、微调、推理过程中，可能会被恶意用户非法获取后，通过逆向工程分析推理出大模型的内部结构和权重，盗取商业机密。机密计算技术将大模型全生命周期保持在加密状态，确保恶意用户无法实施有效的逆向工程。

13.3.2 隐私保护大模型技术能力

机密计算技术对于处理海量敏感个人信息或商业机密的大型机器学习模型而言，是确保安全防护能力的关键环节。特别是在医疗健康、金融服务等领域，大模型需要从大量个人数据中学习，机密计算为确保数据和大模型在训练和推理过程中免受外部环境访问提供了强有力保障。具体来说，机密计算可以为大模型提供了以下三个方面的核心保护。

（1）数据安全与隐私的保护。大模型的发展往往需要跨领域、跨机构的数据合作。机密计算技术通过实现数据与模型在处理计算过程中的“原始数据（模型）不出域、数据（模型）可用不可见”，从而使得各机构的数据在大模型的应用过程中得到保护。

（2）模型安全性的保护。大模型面临的内外部威胁要求模型不仅能够处理数据，还要保证数据和模型本身的安全性。机密计算技术通过为数据和模型的完整性提供硬件级的保护，防止未授权访问和篡改，从而满足这一需求。

（3）未知威胁的抵御。大模型使用中常涉及数据提供方、模型提供方、智算资源提供方、外包服务提供方等在内的多个参与方及相关人员，提高了大模型生态的活跃度；但是，由于人员等暴露面的增加，也提升了引入无法预测的安全威胁的可能性。机密计算技术通过将传统的威胁模型需要信任系统管理员、平台建设方等用户，改为只需要信任硬件厂商和第三方公信力机构的方式，提升了抵御大模型计算时未知威胁的能力。

在大模型计算（训练、微调和推理）过程中，主要涉及以下三类硬件环境。

（1）TEE服务器计算环境。大模型计算过程中除了训练和微调任务相关的计算都可以运行在TEE服务器计算环境中，相关任务可以包括支持业务逻辑的应用平台、模型计算任务和数据的调度。

（2）AI加速卡计算环境。一般用于运行大模型的训练和微调任务。

（3）I/O流通环境。I/O主要包括网络、存储和主板三大类。网络在大模型计算过程中，负责在主机和AI加速卡之间传递数据和模型参数；存储主要指服务器内存和磁盘，负责存储暂未使用的数据和模型；主板主要用于同一台主机和AI加速卡的计算环境中的数据和模型参数的传递。

机密计算技术可以为运行于以上硬件环境中的模型、数据和算法提供以下安全保护。

（1）TEE服务器计算环境。机密计算的内存加密、运行时隔离等能力，为TEE服务器中运行的计算任务提供硬件级的安全保护。

（2）AI加速卡计算环境。AI加速卡有独占和共享两种实现机密计算环境的模式。在独占模式下，通过由硬件确保AI加速卡ID的唯一性，且一张AI加速卡同时只能运行一个计算任务的方式实现机密计算环境。任务结束后由硬件销毁卡内的模型和数据。由于大模型训练和微调至少需要多张AI加速卡同时支持运行，独占模式是实现AI加速卡机密计算环境的主流方式。在共享模式下，AI加速卡会在卡内实现隔离的机密计算环境，支持多个计算任务同时在不同的机密计算环境中执行。NVIDIA H100是一款可以支持共享模式的AI加速卡。

（3）I/O流通环境。机密计算技术可以保护网络、存储和主板上的数据安全。通过网络通信与机密计算环境传输的数据的安全性可以由机密计算技术中的安全通道能力保护；存储过程中的数据安全可以由机密计算中实现的基于硬件的存储加密保护；主板上的数据安全可以由机密计算硬件之间的密钥协商与加密保护。

13.4　隐私保护大模型的应用效果

大模型的应用跨越了众多行业，开启了智能化转型的新篇章。在医疗卫生领域，它们通过分析大量的健康数据，能够协助医生作出更准确的诊断和治疗方案。在金融行业，大模型被用于风险评估、欺诈检测和客户服务自动化，极大提升了效率和安全性。在零售业，它们能够通过消费者行为分析来个性化推荐产品，优化库存管理。此外，大模型还在自动驾驶、制造业、能源管理等领域发挥着重要作用，不仅提高了生产效率，也推动了创新和可持续发展。

基于机密计算的隐私保护大模型为大模型在各行各业的应用从以下五个方面提供了安全保障。

（1）数据预处理与加密。在大模型训练前的数据预处理阶段，敏感数据（如个人信息、财务记录等）需要被清洗和格式化。数据预处理阶段通常包含手动预处理、半自动化预处理、自动化预处理及智能预处理四种类型。其中，除了手动预处理，其他的预处理方式都运用了自动化工具（如规则、机器学习、大模型等）对数据进行操作。机密计算允许这些操作在数据保持加密的状态下进行，从而防止在预处理阶段泄露敏感信息。这不仅提高了数据处理流程的安全性，也增强了对数据隐私的保护。

（2）跨域模型训练。跨域模型训练涉及多个组织共享数据以共同训练模型，这在医疗、金融等领域尤为重要。机密计算使得各方可以在不直接访问或暴露原始数据的情况下，进行模型的共同训练。这样，即便是在高度敏感或受严格监管的行业中，也能够利用跨域数据来提升模型的性能和准确性。

（3）安全模型微调。在特定领域内，对预训练的大模型进行微调是常见的做法。即使是在多租户的云环境中，机密计算技术也能确保在微调过程中使用的数据不会被泄露。同时，通过模型微调得到的垂域大模型通常是企业尤为重要的商业秘密与数据资产。

（4）私有模型推理阶段的用户数据保护。机密计算确保在模型推理阶段用户输入的数据在整个推理过程中保持加密，从而保护用户数据不被第三方（包括服务提供者）访问。这在提供个性化医疗建议、金融服务决策支持等场景中极为关键。

（5）大模型本身的安全与防逆向。机密计算技术将大模型全生命周期保持在密态状态，确保恶意用户无法通过实施有效的逆向工程的手段分析推理出大模型的内部结构和权重，从而盗取商业机密，保护大模型的知识产权和商业秘密。这为模型开发者提供了一层额外的安全保护。

总而言之，机密计算技术在人工智能与大模型训练应用的过程中，可以提供数据安全与隐私保护，防止数据泄露、模型窃取和侧信道攻击，同时满足法规合规性要求并支持安全多方计算。这些优势使得机密计算成为AI领域数据保护的重要工具。